华中师范大学出版基金丛书
高校教材系列

本书由华中师范大学出版社提供的出版基金全额资助

热力学与分子物理学

邹邦银 编著

华中师范大学出版社

新出图证(鄂)字 10 号

图书在版编目(CIP)数据

热力学与分子物理学 / 邹邦银编著.
—武汉:华中师范大学出版社,2004.7(2024.7 重印)
ISBN 978-7-5622-2970-4
Ⅰ.①热… Ⅱ.①邹… Ⅲ.①热力学 ②分子物理学 Ⅳ.①O.414 ②O.561

中国版本图书馆 CIP 数据核字(2004)第 065773 号

热力学与分子物理学

© 邹邦银 编著

华中师范大学出版社出版发行
(武昌桂子山 邮编:430079)

新华书店湖北发行所经销 广东虎彩云印刷有限公司

责任编辑:曾太贵 封面设计:罗明波
责任校对:张 忠 督 印:刘 敏

开本:787mm×1092mm 1/16 印张:23.5 字数:600 千字
版次:2004 年 8 月第 1 版 2024 年 7 月第 7 次印刷
定价:69.00 元

前　言

“热力学与分子物理学”是一种打通的教材，即把过去理论物理学中的热力学部分与普通物理学中的热学部分有机地结合起来。该教材是在1996年，根据华中师范大学物理学院“国家理科基础科学研究和教学人才培养基地”建设的需要及物理学院教学改革的意见进行编写的，编写的思路形成于1997年，1998年下半年完成初稿，并打印成讲义，至今已用了六届。本教材在使用过程中，又根据教学改革的实践，并广泛参阅和借鉴了国内外有关的优秀教材、书籍、资料及最新的科研成果，多次进行了修改、补充，使内容日臻完善。在校、院及出版社领导的亲切关怀和帮助下，该教材终于与读者见面了。

该教材的编写，首先是为了适应学科本身的发展及我校物理学院“国家理科基础科学研究和教学人才培养基地”建设的需要，切实加强基础学科的教学，提高教学水平。我们知道，热学研究的对象是包含大量原子、分子及其他粒子的热力学系统，它包含的基本概念、基本定律和基本理论，不但是物理学各分支学科的理论基础，而且也越来越成为化学、生物、工程技术学科，甚至社会科学的理论基础。随着科学技术的发展，物理学和其他有关学科在各个领域中涌现出的许多新现象和新规律，使与之有关的热学理论也由平衡态向非平衡态、由线性向非线性方向迅速发展。这不仅为热学内容的充实和更新创造了条件，而且也为编写新的热学教材提出了更高的要求。在这种背景下，我院将过去普通物理“热学”的内容及“热力学与统计物理学”的内容进行了适当的调整，以便更加充分地适应当前学科发展的需要。

在过去的热学教学中，由于受内容体系及学时的限制，在教学中侧重于平衡态理论的教学，对非平衡态理论及有关熵的教学一直是一个薄弱环节。随着学科的发展，愈来愈显示出熵概念的重要，对非平衡态理论也必须给予足够的关注。现将过去理论物理学中的热力学部分下放到普通物理热学后，为加强这一部分内容的教学创造了有利的条件。

过去在“热力学与统计物理学”的教学中，同样也由于受学时及内容体系的限制，仅侧重于热力学及平衡态统计物理学的教学，把热力学部分下放到热学后，由于时间比较充裕，就可以在更高的起点上讲授“统计物理学”这门课程。现在我们在“统计物理学”的教学中，相应地增加了统计热力学这一章，突出了统计系综理论，并增加了涨落和临界现象的统计理论及非平衡统计基础的教学。在统计热力学这一章，虽然讲的还是热力学的三条基本定律，但它突出了统计的思想，使学生的认识按照螺旋上升的方向进行发展，对热力学三大定律有了更深刻的认识。实践证明，按照现在的教学体系进行教学，可以大大提高热学及统计物理学的教学质量。

在编写“热力学与分子物理学”时，考虑可接受性原则，在内容体系安排上，采用先“宏观”，后“微观”，先“可逆”，后“不可逆”这一循序渐进的方法，使学生对热现象的认识由浅入深，由表及里，由片面到全面，逐步深入，使之更加符合学生思想认识发展的客观规律。这样安排使得全书的内容，显得层次清楚，经纬分明，使学生对热力学与分子物理学的研究方法也一目了然。

在教材中，我们把重点放在基本概念和基本原理的阐述上，在阐述方法上，力求做到由现象到本质，由感性到理性，逐步深入，帮助学生建立起清晰的物理图像。每个章节，都有丰富的例题，以便引导学生应用这些基本概念和基本原理，分析和解决实际问题，从而提高学生学习物理的兴趣和分析解决实际问题的能力。

考虑物理学本身的发展及不同学科之间的相互渗透，同时也为了拓宽学生的知识面，在教材中尽可能地触及一些学科发展的新的生长点，如在§3.9讨论熵的统计意义的基础上，在§3.10中进一步介绍了信息熵及信息量的计算。在教材的其他地方，根据内容还适当地介绍了热力学理论在物理化学、生命科学、宇宙学等方面的应用。此外，在教材的最后一章，即不可逆过程热力学中，介绍了普里高津·I的耗散结构理论及其应用，使学生对非线性热力学有一初步的了解。

为了培养学生应用计算机进行数值计算、统计分析及用计算机进行画图等方面的能力，在教材的第二章、第四章、第六章和第九章中，增加了用计算机进行计算的题目，要求学生能够应用 Mathematica 软件进行计算和画图。

在教材中打“*”号的内容，作为机动用，一般而言，它属于非基本内容，教师可根据需要，灵活掌握。

本教材在编写过程中，得到了我院刘武教授、陈立华教授、杨丕博教授等的大力支持和帮助，特别是武汉大学物理系张哲华教授和我院的陈立华教授仔细地审阅了本教材，并提出了十分宝贵的修改意见。武汉理工大学的王际春教授也对本书编写的指导思想提出了许多中肯的意见和建议，使我获益匪浅。本教材的编写，还得到了海南师范学院物理系刘晓慈教授的大力支持和鼓励。我院谢晓梅老师为本教材提供了部分习题答案，并协助编写了部分有关应用计算机的题目，我院 1998、1999 及 2000 级三个年级的学生，在使用本教材的过程中，也提出了许多宝贵的意见和建议，在此一并表示感谢。

本书在出版过程中，得到了我校马敏校长、蔡勖副校长、教务处洪早清副处长及华中师范大学出版社的同志们的大力支持和帮助，可以说，没有他们的支持和帮助，这本教材是很难出版的，在此谨向他们表示最衷心的感谢。

在教材中，本人在如何使热现象的宏观理论和微观理论融会贯通方面作了一些新的尝试，融入了个人的一些体会，但由于编者水平所限，书中定有许多不当之处，敬请读者批评指正。

编　者

2003 年 3 月 31 日于桂子山

目　　录

绪　论

热学是研究宏观物体的各种热现象、热性质及其相互联系和规律的一门学科，它是物理学的重要组成部分，它与力学、电磁学、光学及原子物理学一起构成了物理学的主要基础。

我们的宇宙是由各种各样的物质构成的，大到天体，小到分子、原子、质子、电子等微观粒子，此外，在宇宙空间中还充满了由各种不同的电磁波构成的辐射场。

所谓宏观物体，是指在尺度上比原子、分子这种微观粒子大得多，并能被人们直接感受到的物体，它是热学研究的对象。

经验告诉我们，宏观物体的各种性质，都是与它的冷热程度密切相关的。随着物体冷热程度的变化，物体的各种宏观性质也跟着发生变化。物体的冷热程度通常用“温度”这个量来表述。我们知道，任何宏观物体的体积都是随温度变化而发生变化的，这就是我们所熟知的热胀冷缩现象。物体的机械性能也是随温度变化而变化的，如钢铁在常温下异常坚硬，但在高温下烧红之后就会变软，并可将它锻打成各种形状，当温度进一步升高达1300℃以上时，它就会变成可以流动的液体，在更高的温度下，它还会变成蒸气。一般金属导体的电阻会随着温度的升高而增大，随着温度的降低而减小，有一些金属或化合物，在低温下其电阻会突然消失，变成超导体。室温下的半导体，在高温下会变成导体，在低温下又会变成绝缘体。室温下的铁、钴、镍呈现出具有剩余磁性的铁磁体，但当加热到一定温度（居里温度）以上时，又会变成没有剩余磁性的顺磁体。宏观物体在各种温度下都在进行热辐射，其辐射强度按波长的分布会随温度的变化而变化，温度越高，对应辐射强度极大值的光波波长越短，因而辐射光的颜色也随温度升高由红向黄、蓝、紫端变化。此外，化学反应的快慢，生物的繁殖生长也都与温度有关。总之，宏观物体的几何性质、力学性质、电磁性质、光学性质、化学性质乃至存在的聚集形态等等都与物体的冷热状态密切相关。**一切与物体冷热状态相关联的自然现象，统称为热现象**，它是自然界的一种普遍现象。

对于热现象可以从宏观和微观两种不同的角度，采用不同的方法进行研究，并由此形成了有关热现象的宏观理论与微观理论。热力学就是热现象的宏观理论，它不涉及物质的微观结构，只是根据由观察和实验所总结出来的有关热现象的三条基本定律为依据，用严密的逻辑推理方法，研究宏观物体的热性质。由于热力学理论是建筑在大量实验事实基础之上的，只要不加进人为的错误假设，由它所得出的有关热现象的种种结论都具有高度的可靠性和普遍性。1949 年爱因斯坦（Einstein A）在谈到这一宏观理论时说：“一个理论，如果它的前提越简单，而且能说明的各种类型的问题越多，适用的范围越广，那么它给人的印象就越深刻。因此，经典热力学是具有普遍内容的惟一物理理论，我深信，在其基本概念适用的范围内是绝对不会被推翻的。”热力学是具有最大普遍性的一门学科，它非常不同于力学、电磁学，因为它不提出任何一个特殊模型，但它又可应用于任何宏观的物质系统，不管它是天文的、化学的、生物的……系统，也不管它涉及的是力学现象、电磁现象……只要与热运动有关，热力学的规律总应遵循。

但是热力学理论也有它的局限性。其一是由于这个理论对任何宏观物体都普遍适用，就限制了这个理论对具体物体不能给出具体的结论，要想给出具体的结论，还要提供反映这个物体本身特性的实验材料。其二是由于这个理论不涉及宏观物体的微观结构，它就不能揭示出热现象的本质，对描述物体热性质一些宏观物理量，它也不能给出更深刻的含义。譬如，“温度”这个热学中特有的物理量，热力学理论虽能给出严格的科学定义和定量测量，但无法回答“温度”这个物理量的本质含义是什么，至于与组成宏观物体的内部微观粒子的运动紧密相关的涨落现象，热力学理论更无能为力了。

分子运动论和统计力学则是有关热现象的微观理论，它们都从任何宏观物体是由大量的分子、原子等微观粒子组成的这一前提出发，运用统计的方法，通过求微观物理量的统计平均找出宏观量与微观量之间的关系，从而说明物体各种宏观热性质的微观本质。这种方法恰好弥补了热力学的不足，使热力学理论获得更深刻的意义。当然这种微观的理论也有它的局限性，这种局限性体现在它对物质的分子结构模型所作的简化假设，使理论结果与实际不能完全符合。热力学与分子运动论、统计力学分别从两个不同的角度去研究物质的热运动，它们彼此联系，相互补充。正如美国物理学家托尔曼（Tolman R C，1881－1948）所说：“以较为抽象的统计力学来对热力学作出了完满的解释，这是物理学的最大成就之一。此外，由于统计力学的研究更带有根本性，因而，它可能使普遍的热力学原理得到极为重要的补充。”[①]本课程不全面讨论统计力学，只限于讨论其中的分子运动论部分。

① 瑞斯尼克 R，哈里德 D. 物理学．第一卷第二册．郑永令等译．北京：科学出版社，1980年．第672页。

第一章　温　度

§1.1　平衡态　状态参量

一、系统、外界

热力学和分子物理学研究的是由大量的分子、原子等微观粒子组成的宏观物体或物体系的热性质及热运动规律的学科。在热力学中，称这个被研究的物体或物体系为热力学系统，简称为系统，而将与系统存在着相互作用的其他物体或物体系称为外界。在热力学中，系统与外界的相互作用一般表现为在二者之间存在着作功、传热及粒子的交换这三种相互作用形式。根据系统与外界相互作用情况，可把系统分为三类：与外界没有任何相互作用的系统称为孤立系统；与外界只有能量交换，但没有物质交换的系统称为封闭系统；与外界既有能量交换，又有粒子交换的系统称为开放系统。

如在图 1-1(a)中，一定质量的某种气体，放在一具有刚性绝热外壳的容器中，该气体就是一孤立系统。在图 1-1(b)中，处在汽缸中的气体，由于可通过汽缸壁与大气交换热量，又可通过活塞对外作功，但不能与外界交换物质，因此汽缸中的气体就是一个封闭系统，活塞、汽缸壁、大气属外界。在图 1-1(c)中，在一封闭的容器内放有一定质量的某种液体(如水或酒精)，它是由液体及其蒸气组成的二相系统。该系统是一封闭系统，但就其中的一相而言，则是一开放系统。

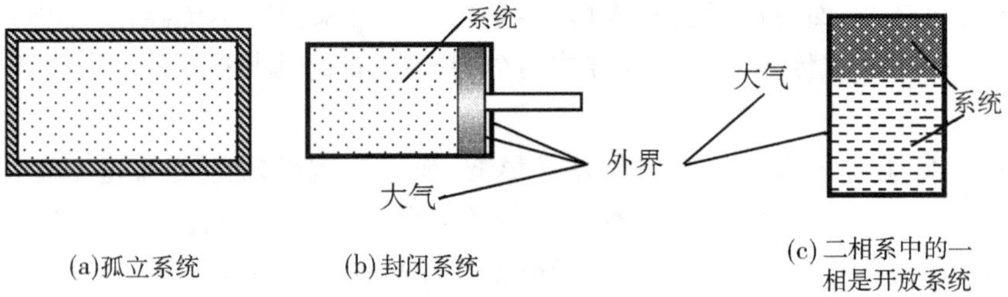

图 1-1　系统的分类

需要指出的是，在自然界中并不存在真正的孤立系统，当系统与外界相互作用可以忽略时，就可以把它近似地看成孤立系统。归根结底，热力学就是研究上述系统的宏观热性质及其变化规律的。

二、平衡态

下面我们首先举例说明系统宏观状态的一种特殊情况——平衡态。

在一个绝热的容器中盛有一定质量的水，此时，若将一个烧红的铁块投入容器中，起初铁和水各部分的冷热程度分布不匀，靠近铁的表面部分，水温较高，离铁越远，水温越低。在铁的内部温度较高，铁的表面温度较低，这时，有热量从较热的部分不断地向较冷的部分进行传递。经过一段时间后，容器中的铁和水将达到冷热均匀的状态。如果没有外界的影响，系统将保持这一状态，不再发生任何宏观变化。

又如，有一绝热的封闭容器，用隔板分成 A 和 B 两部分。A 部贮有某种气体，B 部抽成真空（如图 1-2(a)）。当把隔板抽去后，A 部的气体会向 B 部进行膨胀，该膨胀过程称为气体的自由膨胀过程。在这过程中，气体各处的状况是不均匀的，而且随时间改变（如图 1-2(b)）。但经过一段时间后，气体将达到均匀一致的状态（如图 1-2(c)）。此后如无外界影响，容器中的气体将保持这一状态，不再发生任何宏观变化。

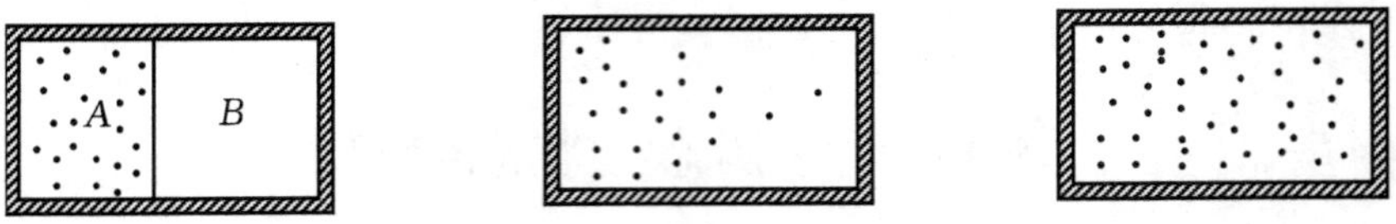

(a) (b) (c)

图 1-2 气体的自由膨胀

再如，将一绝热的密闭容器用隔板分成 A、B 两部分，左边贮有氮气，右边贮有氧气（如图 1-3(a)所示）。当我们将隔板抽去后，左右两边的气体将相互扩散，开始氧气和氮气在容器内各处分布不均，经过一段时间后，两种气体将达到如图 1-3(b)所示的均匀混合的状态。此后如无外界影响，容器中的气体将保持这一状态，不再发生任何宏观变化。

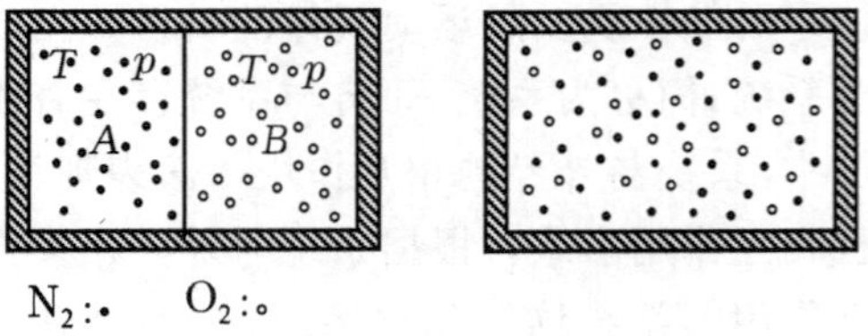

(a) (b)

图 1-3 气体的扩散

类似的现象还可列举许多，从上述诸现象中，可以得出一个结论，即处于没有外界影响条件下的热力学系统（即孤立系统），不管初始状态如何，经过一定时间后，将达到一个没有任何宏观变化的状态。在热力学上称该状态为热力学平衡态，简称为平衡态。实验表明，处于平衡态的系统，各种宏观性质将不随时间发生变化。

应当说明的是，上面说的没有外界影响，是指外界对系统既不传热，也不作功，也不交换物质。如果系统通过传热或作功等方式与外界交换能量，则它就不可能达到并保持在平衡态。

当然，在实际上并不存在完全不受外界影响，而且宏观性质绝对保持不变的系统，所以平衡态只是一个理想的概念，它是在一定条件下对实际情况的概括和抽象。以后将看到，在许多实际问题中，可以把实际状态近似地当作平衡态来处理。

还应指出，平衡态是指系统的宏观性质不随时间变化的状态。从微观方面看，在平衡态下，组成系统的分子仍在不停地运动着，只不过分子运动的平均效果不随时间改变，而这种平均效果的不变，在宏观上就表现为系统达到了平衡态。因此，热力学中的平衡是动的平衡，通常把这种平衡称为热动平衡。

三、状态参量

系统处于平衡态时，系统的各种宏观量都具有确定的值，热力学系统所处的宏观状态就是由这些宏观物理量的数值确定的。另外，由于这些宏观量之间存在一定的内在联系，表现在数学上，它们之间存在一定的函数关系。因此，这些宏观量不可能全部独立地改变。我们可以根据问题的性质和考虑的方便，选择其中几个宏观量作为独立变量，并由它们确定系统的平衡态，我们称它们为状态参量。其他的宏观量可以表达为这些状态参量的函数，因此便称为状态函数。下面举例说明如何用状态参量描述系统的平衡态。

设我们研究的系统，是贮在汽缸中的一定质量的某种单一化学成分的气体。如果使气体压强保持恒定，并对气体加热，则可发现气体的体积将膨胀。反之，如果使气体的体积保持恒定，并对气体加热，则气体的压强会增大。由此可见，气体的体积和压强是可以独立变化的，故我们需用气体的体积和压强这两个参量才能完全描述上述气体的状态。

如果我们研究的是由多种组元组成的混合气体，如空气就是由氧气、氮气、氩气等多种化学组元组成，此时，除了上述的体积和压强外，还需要用反映上述气体化学组成的参量，如用每种化学组元的质量或摩尔数来表征该气体的性质。

如果我们所研究的物质系统是一种处在电场中的电介质，此时，除了体积和压强外，还必须添加一些参量来描述它的电状态，如我们可用外电场强度和物质的电极化强度来描述它的电状态。同样，对于处于磁场中的磁介质，还须用磁场强度和磁化强度来描述它的磁状态。

上述用来描述系统状态的参量中，体积描述系统的几何性质，叫做**几何参量**，压强描述系统的力学性质，叫做**力学参量**。系统中每种组元的质量或摩尔数，描述系统的化学成分，叫**化学参量**。电场强度、电极化强度和磁场强度及磁化强度分别描述系统的**电磁状态**，这类参量叫**电磁参量**。

总的说来，在一般情况下，我们需要用几何参量、力学参量、化学参量及电磁参量这四类独立参量来描述热力学系统的平衡态。在具体问题中，究竟用几个独立参量才能对系统的热力学平衡态进行完全的描述，是由系统本身的性质和所处的外界条件决定。例如，对于一定质量的某种气体、液体或各向同性的固体等均匀系统，在没有外力场时，只需要两个独立参量就能完全确定这种均匀系统的平衡状态，这两个独立参量通常取压强 p 和体积 V。当研究固体的压电效应或磁致伸缩效应时，还须引入电场强度或磁场强度等为态参量。若研究的系统是汽液二相系统，每相的态参量除 p,V 以外，还要引入粒子数或摩尔数为态参量。对于可发生化学反应的多元系，除 p、V 以外，还必须给定各组元浓度才能完全确定系统的平衡态。

从不同角度考虑，用来描述系统热力学性质的物理量，即热力学量，可以划分为内参量和外参量，广延量和强度量。内参量表示系统内部热运动的状态，由组成系统的粒子的热运动情况决定，例如，气体的压强、温度、电介质的电极化强度、磁介质的磁化强度等。外参量表示系统周围环境的状态，或者说表示加于系统的外界条件，如体积、电场强度、磁场强度等。广延量和强度量则是按照热力学量与系统质量的关系来划分的，广延量与系统的质量成正比，而强度量则与系统的质量无关，如粒子数 N、体积 V、内能 U、总磁矩 $\boldsymbol{M}$ 等是**广延量**，而粒子的数密度 $n=N/V$、比容 $v=V/m$、比内能 $u=U/V$，磁化强度 $\boldsymbol{m}=\boldsymbol{M}/V$、压强 p、温度 T 等则是强度量。以后我们将经常看到，某个强度量经常和一个广延量同时出现，这种成对的或共轭的强度量和广延量有：温度 T 和熵 S、化学势 μ 和总分子数 N、压强 p 和体积 V，磁场强度 $\boldsymbol{H}$ 和总磁矩 $\boldsymbol{M}$ 等。

§1.2 温 度

上节中提到的四类参量都不是热现象所特有的，它们都不能直接反映系统的冷热程度。因此，在热力学中还必须引进一个新的，为热现象所特有的物理量，这个量就是**温度**。

在日常生活中，一般凭借我们的感觉来感知物体的冷热程度。通过触摸，感觉热的物体，温度就高，感觉冷的物体，温度就低。但是仅凭主观感觉来判定物体温度的高低是不精确和不可靠的，它不仅不能定量地表示出温度的差异，而且有时还会得出错误的结果。另外，直接靠触摸来感知温度的范围也是很有限的。因此，必须给温度建立起严格的、科学的定义，并且确定一个客观的、可以用数值表示的量度方法。

温度概念的建立和温度的定量测量都是以热平衡定律为基础的。

一、热平衡定律——热力学第零定律

1. 热平衡概念

根据日常经验，当两个冷热程度不同的物体相接触时，热的物体会变冷，冷的物体会变热，经过一段足够长的时间后，凭触觉就会感到两个物体达到了冷热程度相同的状态。为了精确地研究上述的感觉经验，我们可以利用这样的客观事实：对于一定质量的气体，当体积保持一定时的压强，随物体冷热程度的变化而变化。在图 1-4(a)中，开始时用绝热隔板将一绝热容器分隔成 A、B 两部分，每部分都盛有一定质量的某种气体，A、B 两部分各处于一定的平衡态。设此时 A 的状态参量为(p_1,V_1)，B 的状态参量为(p_2,V_2)，A、B 两部分气体具有不同的冷热程度。现将绝热隔板换成一导热隔板(图 1-4(b)所示)，此时 A、B 两部分处于热接触状态。实践证明，此时两部分的状态都将发生变化。经过一段时间后，它们的状态便不再变化了。设此时 A 部的状态参量为(p_1',V_1)，而 B 部的状态参量为(p_2',V_2)。在上述过程中，两部分的体积保持恒定，仅仅由于冷热程度的变化而引起两部分的压强发生了变化。经过一段时间之后，两部分的状态不再变化这个事实，说明它们最后重新达到了平衡。由于这种平衡，是在传热条件下达到的平衡，所以叫做热平衡。

(a)A、B 两部分各自处于一定的平衡态　(b)A、B 两部分达到热平衡

图 1-4　热平衡概念

2. 热平衡定律

为了研究热平衡现象遵从的客观规律，下面我们取 A、B、C 三个物体作热平衡实验。先将物体 A 和 B 用隔热板相互隔开，并使它们同时都与物体 C 进行热接触，如图 1-5(a)所示。经过一段时间后，A、B 两个物体都与第三个物体 C 达到热平衡。这时，如果将物体 A 和 B 都与物体 C 用隔热板隔开，并使物体 A 和 B 进行热接触，如图 1-5(b)所示。则可发现，A 物体和 B 物体的状态不再发生变化。上述事实表明，物体 A 和 B 之间也是热平衡的。由此可得结论：如果两个热力学系统中的每一个都与第三个热力学系统处于热平衡，则它们彼此也必定处于热平衡。这个结论称为热平衡定律，通常也称它为热力学第零定律。

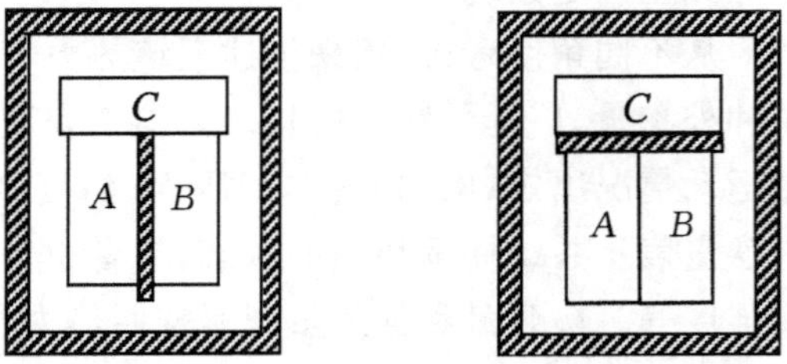

(a)A、B 都与 C 达到热平衡　(b)A、B 之间也是热平衡的

图 1-5　热平衡实验

二、温度

热力学第零定律为温度概念的科学定义和温度的定量测量提供了实验基础。这个定律表明，处于同一热平衡状态的所有热力学系统都具有一个共同的宏观性质，我们定义表征这一宏观性质的物理量为温度。也就是说，温度是决定一个系统是否与其他系统处于热平衡的宏观性质，互为热平衡的一切系统温度相等。

一切互为热平衡的物体都具有相同的温度，这是我们用温度计测量物体温度的依据。只要我们选择适当的系统为标准，用它作为温度计，测量时使温度计与被测物体接触，经过一段时间，使它们达到热平衡后，温度计的温度就等于被测物体的温度。不过要注意的是，被选作温度计的系统，其热容量必须很小，才能使测出的温度，与被测物体未测之前的真正温度无显著差别。

另外，热力学第零定律还指出了比较两个系统温度的方法。如果我们想知道两杯水的温度是否相同，不一定要使它们相互热接触，看它们的宏观性质是否变化。我们可以用一支未经刻度的水银温度计（系统 C）插入第一杯水（系统 A），等到水银柱的高度不变了（即 C 与 A 达到了热平衡），记下这一高度，根据热平衡的性质，这时温度计具有与第一杯水相同的温度。然后，把这支温度计再插入另一杯水（系统 B）中，继续上述操作，如果两次测量，水银柱的高度相等，则表明两杯水的温度相等。经验表明，如果使这两杯水相互接触，它们的宏观性质也不会发生变化。注意，在上述实验中，温度计只指示两杯水的温度相等，而不能确定温度的数值。

实验表明，当几个系统作为一个整体已达到热平衡后，如果再把它们分开，并不会改变系统本身的热平衡状态。这说明，热接触只是为热平衡的建立创造了条件，每个系统在热平衡时的温度，仅仅决定于系统内部的热运动状态。换句话说，温度反映了系统本身内部热运动状态的特征。以后我们将会看到，温度反映了组成系统的大量分子无规则运动的剧烈程度。

三、温标

热力学第零定律关于温度的定义只是定性的，要定量地给出温度的数值，必须制定温度的数值表示法，温度的数值表示方法叫做**温标**。

1. 经验温标

前面我们已经知道，系统的热力学平衡态是由一组独立的态参量来描述的，对于一定质量的气体、液体和各向同性的固体，其平衡态一般用压强 p 和体积 V 两个参量来确定，而系统的温度是这些态参量的函数，称为态函数。为了制定一种温标，首先必须选择某种物质（称为测温物质）的某一随温度变化而发生显著变化的状态参量（称为测温参量）来标志温度。如一定质量的气体、液体的体积、金属丝的电阻、热电偶的温差电动势等均随系统温度的变化而显著地变化。在一定温度下，这些测温参量都具有一定的数值。因此我们可以根据这些参量在不同温度下的数值来标志温度。

其次要想从测得的这些测温参量的数值计算出相应的温度，还必须完成两项工作：第一，必须把一定的冷热程度选作固定点，称为标准温度点，并规定其数值；第二，必须假定测温参量随温度变化的关系。

在 1954 年之前使用的温标，如摄氏（Celsius）温标和华氏（Fahrenheit）温标中，采用两个固定点，一个是**冰点**（指纯水和冰在一个标准大气压下达到平衡时的温度，而纯水中溶解有空气，并达到饱和），另一个是**汽点**（指纯水和水蒸气在蒸气压为一个标准大气压下达到平衡时的温度）。在常用的摄氏温标中规定，冰点温度 $t_i=0$ ℃，汽点温度 $t_s=100$ ℃，℃表示在摄氏温标中温度的单位。而在华氏温标中，规定冰点 $t_i=32$ ℉，汽点 $t_s=212$ ℉，℉表示在华氏温标中温度的单位。1954 年以后使用的国际温标中，只采用一个固定点作为温度标准点，此固定点是水的三相点（即冰、水和水蒸气三相平衡共存的温度），规定其值为273.16K[①]。

在我们还不能测定温度之前，我们没有任何根据确定测温参量随温度的变化关系，因此对这种关系必须作出一定的假设。为简单起见，通常假定测量参量随温度作线性变化或按正比规律变化。设 X 表示选定的测量参量，在冰点时测得其值为 X_i，在汽点时测得其值为 X_s，在某一温度 t 时，若测得其值为 X。现假设 X 随 t 作线性变化，此时有：

$$t = aX + b, \tag{1.2.1}$$

式中 a、b 为两个常数。根据上式，对冰点与汽点有

$$t_i = aX_i + b, \tag{1.2.2}$$

$$t_s = aX_s + b, \tag{1.2.3}$$

由上述三式可得

$$\frac{t-t_i}{X-X_i}=\frac{t_s-t_i}{X_s-X_i},$$

或

$$t=t_i+\frac{X-X_i}{X_s-X_i}(t_s-t_i). \tag{1.2.4}$$

在摄氏温标 t 中，$t_i=0$ ℃，$t_s=100$ ℃，代入上式有：

$$t = \frac{X-X_i}{X_s-X_i}\times 100(℃). \tag{1.2.5}$$

在华氏温标 t_F 中，$t_i=32$ ℉，$t_s=212$ ℉，代入(1.2.4)式有：

$$t_F = 32+\frac{X-X_i}{X_s-X_i}\times 180(℉). \tag{1.2.6}$$

根据(1.2.5)式及(1.2.6)式制定的摄氏与华氏温标，如图 1-6 所示。

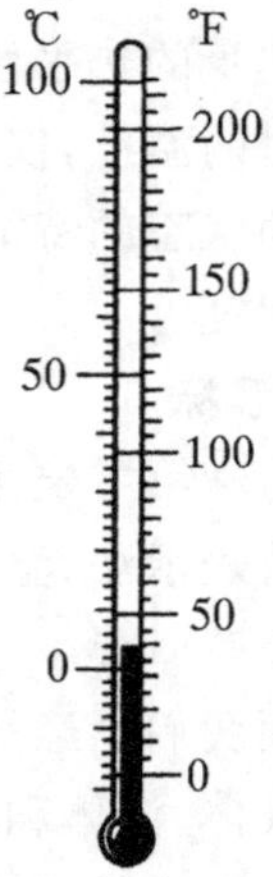

图 1-6 摄氏温标与华氏温标的比较

由图 1-6 可以看出，摄氏与华氏温度之间的换算关系为

$$t_F = 32+\frac{9}{5}\times t_C(℉). \tag{1.2.7}$$

在通常使用的水银温度计中，X 为水银柱的长度 L，在定容气体温度计中，X 为气体的压强，在热电偶温度计中，X 为热电偶的温差电动势，而在电阻温度计中，X 为金属丝的电阻。根据(1.2.5)式或(1.2.6)式，只要我们测定了在某一温度下的测温参量 X 的数值，代入上式就可计算出相应的温度。在实际摄氏温度计中，一般在冰点与汽点之间均匀地刻成 100 等分，每一等分即为 1℃，此时根据参量 X 的数值即可直接指示相应的温度。图 1-7是定容气体温度计和热电偶温度计示意图。

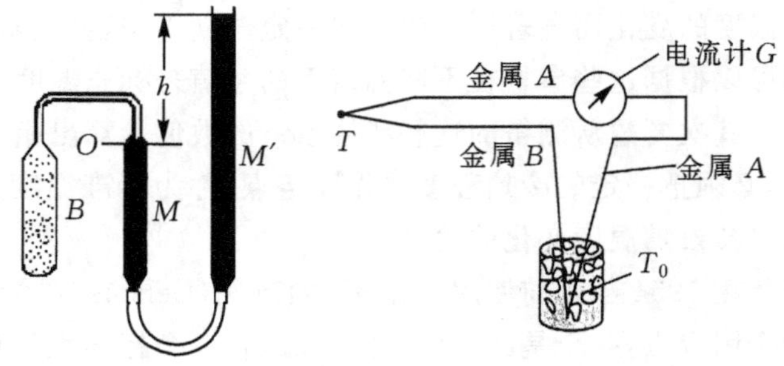

(a)简单定容气体温度计 (b)简单热电偶温度计

图 1-7

① K 为国际单位制中温度的单位开尔文的符号，有关水的三相点的讨论，可参阅本书§9.5 第 274～275 页。

应指出的是，假定了某一测温参量随温度成线性关系变化后，另一种测温参量就不一定也和温度成线性关系变化。这样一来，使用不同温度计测量同一温度时，可能得出不同的数值，如图 1-8 所示。也就是说，应用上述方法制定温标时，所测的温度将依赖于测温物质的测量参量的选择，所以我们把这种温标称为经验温标。图 1-9 中给出了用几种摄氏温度计在 0 度和 100 度之间做实验所得的结果。图中横坐标 t 表示氢定容气体温度计的读数，纵坐标 Δt 表示其他温度计读数低于横坐标的值。由图中可看出，用不同的测温质(或同一种物质的不同测温属性)所建立的摄氏温标，除冰点和汽点按规定相同外，其他温度并不严格一致。

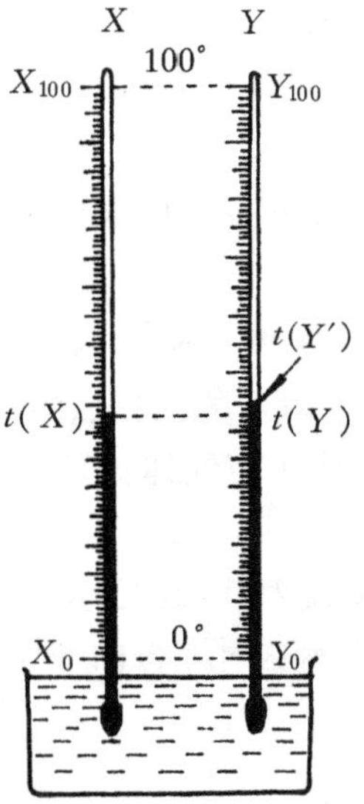

图 1-8 温标与测温物质有关

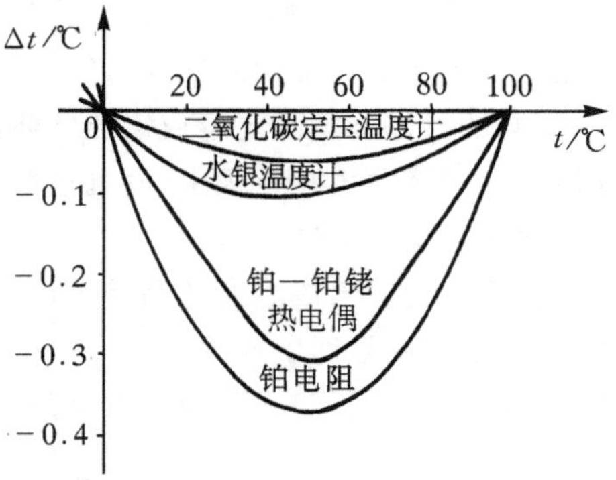

1-9 以氢定容气体温度计为标准的校准曲线

2. 理想气体温标

大家知道，当气体的体积保持不变时，气体的压强随温度的变化而变化，当气体的压强保持不变时，气体的体积随温度的变化而变化，利用气体的这种性质，我们可以制成定容气体温度计与定压气体温度计。在技术上保持气体的体积不变比保持压强不变容易，所以常采用定容气体温度计。图 1-10 为定容气体温度计的示意图。测温泡 B 内贮有一定质量的某种气体，用毛细管 C 和压强计 M 的左臂连通。测温时，使 B 与待测系统热接触，向水银贮存器 R 充气或抽气，可调节压强计 M 左臂中水银面的高度，使它维持在同一位置 O 处，从而保证 B 中气体的体积不变。气体的压强可由压强计两臂水银面的高度差及右臂液面上的气压测定。

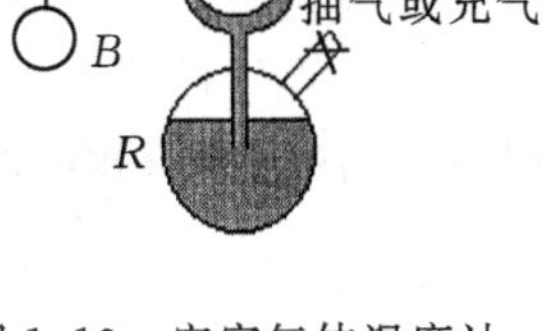

图 1-10 定容气体温度计

若用 $T(p)$ 表示定容气体温度计与待测系统达到热平衡时的温度值，用 p 表示气体的压强，假设 $T(p)$ 与 p 成正比，即

$$T(p) = ap, \tag{1.2.8}$$

式中的 a 为比例系数，它需要根据固定点的温度来确定。

前面已经说过，1954 年以后，国际上规定只用一个固定点作为温度标准点来建立温标，这个固定点就是水的三相点，并严格规定其温度为273.16 K①。

设用 p_{tr} 表示气体在水三相点时的压强，由(1.2.8)式有：

$$273.16\,\mathrm{K} = a p_{tr}, \tag{1.2.9}$$

$$a = \frac{273.16\,\mathrm{K}}{p_{tr}},$$

将 a 代入(1.2.8)式，可得

$$T(p) = 273.16\,\mathrm{K}\,\frac{p}{p_{tr}}. \tag{1.2.10}$$

利用上式，就可通过测量测温泡内气体的压强值 p 来确定待测温度 $T(p)$。

同样，对于定压气体温度计，有：

$$T(V) = 273.16\,\mathrm{K}\,\frac{V}{V_{tr}}, \tag{1.2.11}$$

其中 V_{tr} 为定压气体温度计测温泡内气体在水三相点时的体积，利用上式，通过测量测温泡内气体的体积 V 来确定待测温度 $T(V)$。

定容气体温度计常用的气体有氢(H_2)、氦(He)、氮(N_2)、氧(O_2)和空气等。实验表明，用不同的气体制定的定容或定压气体温标，除根据规定，对水的三相点的读数相同外，对其他温度的读数也相差很少，而且这些微小差别在温度计所用气体极其稀薄时逐渐消失。下面用实验说明这一点。

设想用一定容气体温度计测量水汽点的温度。设最初温度计的测温泡内贮有较多的气体，它在水三相点时的压强 p_{tr} 为 1000 mmHg，用 p_{s1000} 表示这时测得的气体在汽点时的压强值，则根据(1.2.9)式可确定汽点的温度为

$$T(p_s) = 273.16\,\mathrm{K}\,\frac{p_{s1000}}{1000\,\mathrm{mmHg}}.$$

现在设想，从测温泡内抽出一些气体，使 p_{tr} 减为 800 mmHg，这时重新测得汽点的温度为

$$T(p_s) = 273.16\,\mathrm{K}\,\frac{p_{s800}}{800\,\mathrm{mmHg}}.$$

不断地从测温泡内抽出气体，使 p_{tr} 逐渐减少为 600 mmHg，400 mmHg，…，依次重复测量汽点的温度，就可得到一组对应的温度值 $T(p_s)$。最后取 $T(p_s)$ 为纵坐标，p_{tr} 为横坐标作图，就可得到一条直线。把这条直线外推到 $p_{tr}=0$，就可由它与纵坐标的交点来确定压强 p_{tr}，当 p_{tr} 趋于零时，汽点温度的极限值为 $\lim\limits_{p_{tr}\to 0} T(p_s)$。图 1-11给出了用四种不同气体制成的定容气体温度计测量水沸点温度所得的结果。从图中可看出，气体压强 p_{tr} 越低，即测温泡内气体越稀薄，不同气体定容温标差别越小，当 p_{tr} 趋于零时，各种气体定容温标的差别完全消失，给出相同的温度值 $\lim\limits_{p_{tr}\to 0} T(p_s) = 373.15\,\mathrm{K}$。上述的结果，对定压气体温标也完全适用。实验结果表明，无论用什么气体，无论是定容还是定压气体温标，在气体压强趋于零时都趋于一个共同的极限值，这个**极限温标**叫做**理想气体温标**(简称气体温标)，其

① 这个数值的规定，有其历史的原因：i)为使新标度法每一度的温度间隔与摄氏标度法每一度的温度间隔相等；ii)根据查理定律和盖·吕萨克定律我们知道，当气体压强趋于零时，其定容压强系数与定压膨胀系数 $\alpha=\beta\approx 0.003\,661\,0/℃=\frac{1}{273.15}/℃$，由此确定－273.15℃为绝对零度，而冰点的绝对温度为273.15 K；iii)水的三相点温度为 0.01℃，故按理想气体温标确定水的三相点温度规定为273.16 K。

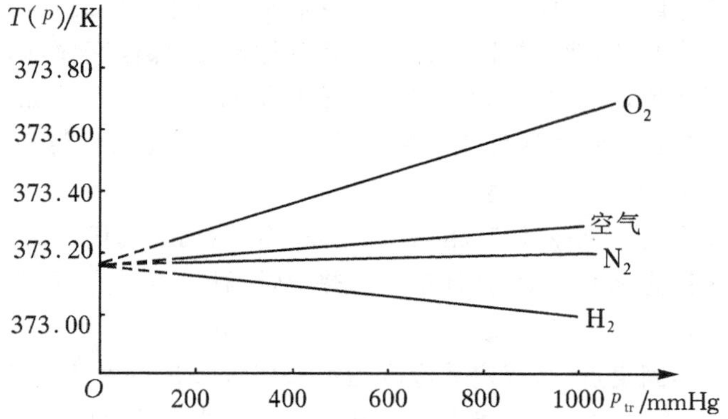

图 1-11 理想气体温标

定义式为

$$T=\lim_{p_{tr}\to 0}T(p)=273.16\text{K}\lim_{p_{tr}\to 0}\frac{p}{p_{tr}},\qquad (V\text{ 一定})\qquad (1.2.12)$$

或

$$T=\lim_{p\to 0}T(V)=273.16\text{K}\lim_{p\to 0}\frac{V}{V_{tr}}.\qquad (p\text{ 一定})\qquad (1.2.13)$$

单位为开尔文(符号为 K)。

理想气体温标确定的温度与使用的气体种类无关,它只依赖于各种气体的共性,与个别气体的特殊性质无关。氦气是最常用的测温气体,因为它的液化温度低于任何其他气体。气体温度计能测量的最低温度为 0.5K(使用^{3}He 气体的温度计),可测量的最高温度为 1 000 ℃。

3. 热力学温标

理想气体温标虽然与所使用的气体种类无关,但它毕竟仍依赖气体的共性,并且理想气体温标适用的温度范围有限。能否建立一种完全不依赖于任何测温物质及其测温属性的温标呢?在第三章中,我们将在热力学第二定律的基础上引入这样一种温标,叫做热力学温标。它在历史上最先由开尔文(Kelven)引入,所以有时也叫开尔文温标。这种温标与任何测温物质的性质都无关。用这样的温标所确定的温度叫热力学温度,用 T 表示,它的单位也不叫“度”,而叫开尔文,简称开,用 K(Kelven 的第一个字母)表示。根据定义,1 开等于水三相点热力学温度的 1/273.16。

在第三章,我们还将证明,在理想气体温标所能确定的温度范围内,理想气体温标和热力学温标是完全一致的。因此,我们也可用 T 表示理想气体温度,并用“开”作为它的单位。

按照国际规定,热力学温标是最基本的温标。但热力学温标只是一种理想温标,理想气体温标由于在它所能确定的温度范围内等于热力学温标,这就使热力学温标具有了现实意义。也就是说,可以用理想气体温标(如采用定容氢气温度计)来实现热力学温标。实际上,在温度计量工作中,在很大的温度范围内,都是用理想气体温度计来测量物体的热力学温度。

4. 国际实用温标

热力学温标虽然可用标准气体温度计来实现,但是制作实现热力学温标的标准气体温度计在技术上非常困难，目前世界上还只有少数实验室才能做到，我们国家至今尚未建立标准气体温度计。此外，使用标准气体温度计测量温度，操作麻烦，修正繁多。因此，为了统一各国的温度计量，有必要制定一种国际实用温标。1927 年开始制定国际温标，这是一种使用方便，容易实现，并尽可能与热力学温标一致的协议性温标。后来几经修改，现在国际上采用的是 1990 年国际温标（ITS-90）。

ITS-90 温标选取了从平衡氢三相点（13.8033 K）到铜凝固点（1357.77 K）间的 16 个固定点的平衡温度作为标准温度，并规定：(1)热力学温度（符号为 T）的单位为开尔文，简称为“开”，符号用 K 表示，热力学温度的大小表示为 xK，其中 x 表示温度的大小。(2)选定水的三相点为基本固定点，并规定其温度为273.16 K，1 K 的大小等于水三相点的热力学温度的 1/273.16。(3)ITS-90 温标规定摄氏温度 t 由热力学温度 T 导出：

$$t=(T-273.15\,\mathrm{K})℃/\mathrm{K}. \tag{1.2.14}$$

摄氏温度的单位为摄氏度，符号用℃表示，根据上述定义，其大小等于开尔文。

1990 年国际温标把整个温度分成四个温区，每个温区用规定的标准仪器（即温度计）去测量，并规定在同一温区的不同温度范围内给出不同的测温关系，以便较好地保证温度计的测量值尽可能与热力学温标相一致。这四个温区规定如下：

从 0.65 K 到 5.0 K 之间，(ITS-90)用^{3}He 和^{4}He 的蒸气压与温度的关系式来定义。

从 3.0 K 到氖三相点（24.5561 K）之间，(ITS-90)是用氦气体温度计来定义，它用三个固定点，并利用规定的内插方法来分度。

从平衡氢三相点（13.8033 K）到银凝固点①（1234.93 K），(ITS-90)是用铂电阻温度计来定义，它用一组规定的固定点，并利用所规定的方法来分度。

银凝固点（1234.93 K）以上，(ITS-90)借助于一个固定点和普朗克辐射定律来定义。

*5. 实用温度计简介

(1)玻璃液体温度计

玻璃液体温度计指测温质为水银、酒精、甲苯等的温度计。这类温度计结构简单，使用方便，可直接读数。但精确度不高，测量范围小（只能测量这种液体的凝固点到沸点之间的温度。例如水银温度计只能测量从 234.28 K 到 629.81 K 之间的温度）。而且选用不同的测量物质所制成的液体温度计，除所选定的固定点（如水的冰点和汽点）温度相同外，其他温度并不严格一致，故不能作为精密温度计使用。

(2)铂电阻温度计

铂电阻温度计是各种电阻温度计中最常用的一种，它是利用铂丝的电阻随温度变化的原理制作的，其测温关系比较复杂，而且随测量温度的范围不同，所使用的测温关系也不相同。ITS-90 规定，在 13.8033 K～273.15 K温区内，用铂电阻温度计来实现。温度值 T 是由该温度时的电阻 $R(T)$ 与水三相点时的电阻 R_0 之比经运算求得的，其比值 $W(T)$ 为

$$W(T)=R(T)/R_0. \tag{1.2.15}$$

标准铂电阻温度计的结构如图 1-12(a)所示，它的主要部分是一只由铂丝绕制而成的感温元件，铂丝末端有引线两根或四根。用四根是为了消除引线电阻的影响。图 1-12(b)是测量温度时常用的线路。通过监视电位差计 D_1 保持流过标准电阻 R_0 的电流恒定，由主电位差计 D_2 测出铂丝两端的电压，由电流表读数，就可测出铂丝的电阻。再按公式换

① 所谓凝固点是指在 101325 Pa 的压强下，固、液两相的平衡温度，如水的凝固点为 0℃。

算，便可得到待测物体的温度值。实验发现用 $W(T)$ 比直接用 $R(T)$ 来计算温度要精确。因为 $W(T)$ 可消除测量仪器本身不稳定引起的误差。

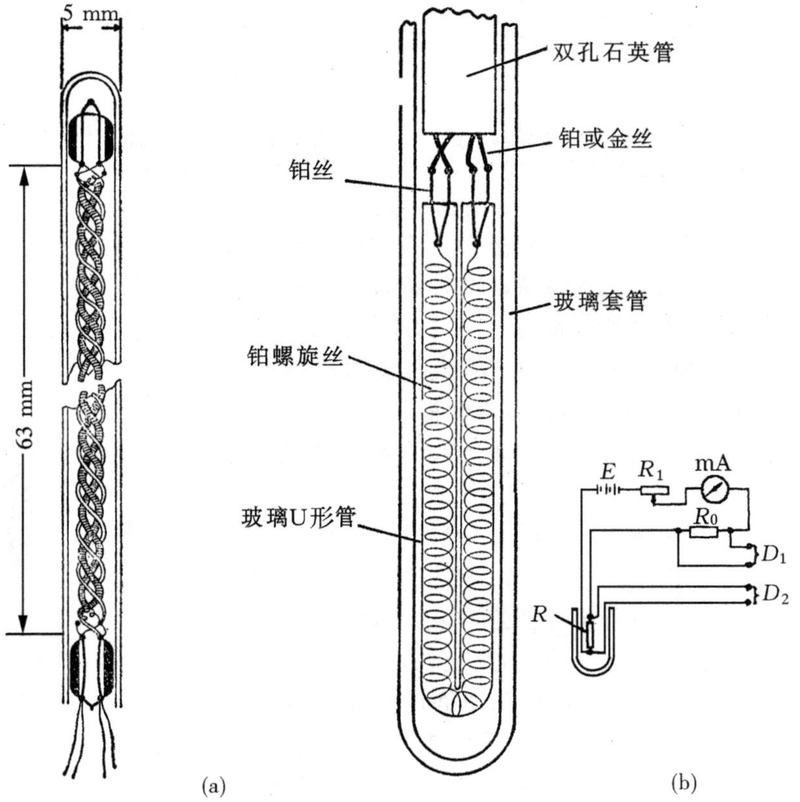

图 1-12　铂电阻温度计结构

铂电阻温度计的优点是测量精度高(可达 10^{-3} K～10^{-10} K)，测量范围大(从 13.81 K 到 1000 K)。但也有缺点，即计温关系复杂，使用不方便，因而大多用作基准温度计。

除上述的铂电阻温度计外，在低温下应用较多的还有锗电阻温度计、铑铁电阻温度计等。这些温度计的稳定性与重复性极好，其中锗电阻温度计广泛地用于 100 K 以下的低温测量。铑铁电阻温度计使用温区较宽，可用于 0.1 K～300 K 的温度测量。应注意的是，使用上述各电阻温度计时，通过温度计的电流应足够地小，以免由于焦耳热产生温度计的自热效应。

(3)热电偶温度计

热电偶温度计是利用塞贝克效应(Seebeck，1780—1831)的测温装置。1821 年法国科学家塞贝克发现，由两种金属导体 A 和 B 组成的回路，如果两个联结点(称为结点)处于不同的温度 T_1 和 T_2，回路中将始终存在电流，这说明两结点间存在温差电动势。这种由两种物理性质均匀的金属丝组成的装置称为温差电偶，其温差电动势与两结点所在的温度范围及温差的大小有关。若两结点的温度保持不变，但 A 和 B 的材料不同，则温差电势也不同。实验发现，温差电动势与导线各部分的温度如何分布无关，也与结点间是否接入第三种金属材料 C 无关。图 1-13 中(a)表示由两种不同材料的导体 A 和 B 所构成，结点温度分别为 T_1 和 T_2 时的情况；而图 1-13 中的(b)则表示在 B 中插入另一种金属材料 C 时的情况。可以证明，只要在图 1-13(a)及图 1-13(b)中由导线 B 和导线 A 所连结的两个结点温度相等,则在二图中的温差电动势仍然相等。

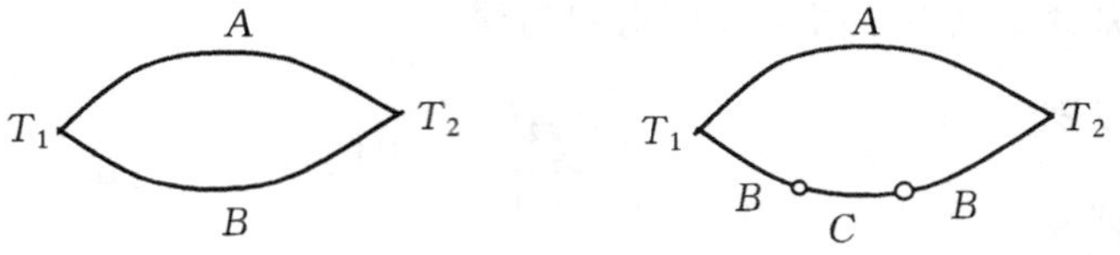

(a)由两种不同金属丝组成的温差热电偶 (b)温差电动势与第三种金属是否接入无关

图 1-13 温差热电偶

热电偶温度计常用的连接方式如图1-14所示。一般把处于较高温度 t 的一端称为测温端,而把较低温度的一端(一般处于冰点 0 ℃)称为参考端,t_0 为参考端的温度。引线 C 常用铜导线,因为数字电压表的内部线路多用铜导线连接,这样可以减少电路中的乱真温差电动势。

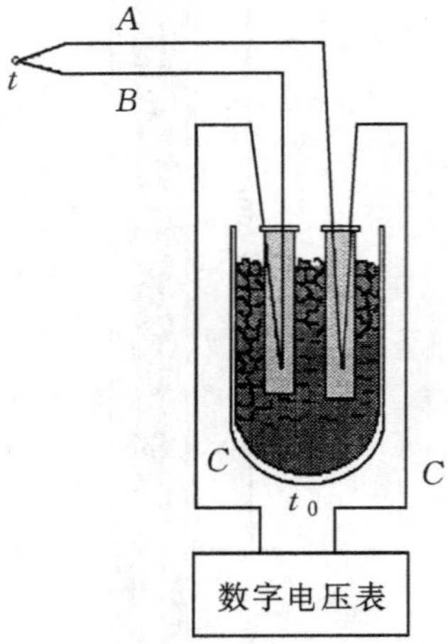

图 1-14 温差热电偶温度计

大多数热电偶的电动势 $\mathscr{E}$ 与温度 t 的关系可用以下定标方程表示:

$$\mathscr{E} = A + Bt + Ct^2 + Dt^3, \qquad (1.2.16)$$

式中 A、B、C、D 为常数。

由于温差热电偶温度计价格便宜,体积小,所以常用它来测量温度分布。由于它热容量小,反应快,容易与待测物体处于热平衡,常用它来测量温度随时间的变化。为了保证测量准确,热电偶材料 A 和 B 必须均匀,无应力,除结点外彼此绝缘。表 1-1 给出了常用的温差电偶的测温范围和室温下的热电势率。

表 1-1 常用温差电偶

温差电偶	工作温度	温差电动势率(室温)
镍铬/金铁	4.2 K～300 K	16μV/K
铜/康铜	77 K～673 K	40μV/K
镍铬/康铜	77 K～1 273 K	50μV/K
铂铑/铂	0 ℃～1 300 ℃	5.98μV/K
镍铬/镍硅	0 ℃～1 200 ℃	40μV/K

(4)光学高温计

若被测物体的温度高于热电偶温度计的使用范围(通常是 1 100 ℃以上),此时需采用光学高温计测量温度。光学高温计有两种类型,常用的是根据光的亮度来测量温度,其结构大致如图 1-15 所示。首先使待测物体(辐射源)经物镜 L_1 成像在光学高温计灯泡 P 的灯丝平面上。通过目镜 L_2 及红色滤光片 F,比较物像与灯丝的亮度。灯丝的亮度可以通过改变流过灯丝的电流加以调节。

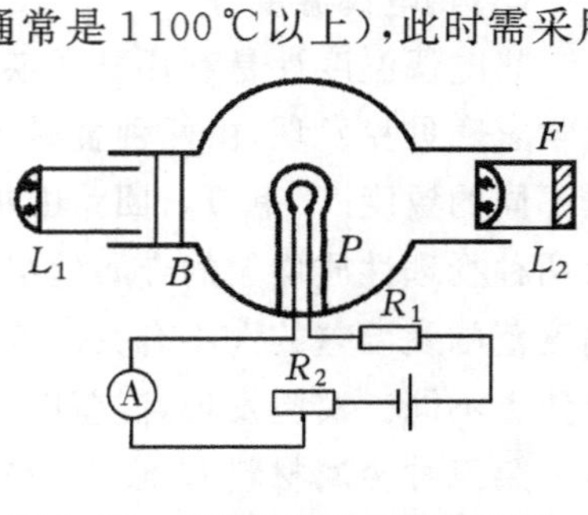

图 1-15 光学高温计的构造及测温时的线路原理图

当灯丝的轮廓恰巧逐渐消失在待测物体的像中时(如图 1-16(c)所示),表明灯丝亮度与物像的亮度相同。

这时就可根据灯丝的电流求出待测物体的温度。电流与温度的关系是事先在已知温度下对仪器标定的。当待测物体的温度超过 1 500 ℃时,灯丝会因挥发而失稳,影响测量精度。所以在一般光学高温计中,都在物镜与灯泡之间加一中性灰色吸收滤光片 B 以降低物体的亮度,提高精度,扩大量程。

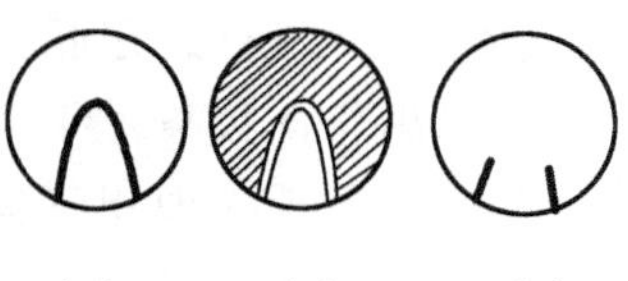

图 1-16
(a)灯丝亮度低于辐射源亮度
(b)灯丝亮度高于辐射源亮度
(c)灯丝亮度等于辐射源亮度

另一种光学高温计是根据热辐射的斯特藩—玻耳兹曼(Stefan-Boltzman)定律来测量温度。绝对黑体在单位时间内向外辐射的热量 $q=\frac{dQ}{dt}$,与表面积 A 成正比,与物体温度 T 的四次方成正比,即

$$q=\frac{dQ}{dt}=\sigma AT^4, \tag{1.2.17}$$

式中 σ 为斯特藩—玻耳兹曼常数。上式称为斯特藩—玻耳兹曼定律。若在高温炉上开一小孔,从小孔向外辐射的热量很好地满足方程(1.2.17)。因此,只要测得单位时间从小孔辐射的热量 q,及小孔的面积 A,便可求得炉子的温度 T。

光学高温计使用时不必与被测物体直接接触,因此可以用来测量金属熔点以上的温度,原则上可以测量任意高的温度。高温测量对于核反应、天体物理、宇宙探索、燃烧动力学的研究等等都有重要意义,辐射测温技术正在不断发展中。

§1.3 状态方程

在§1.1 中曾经讲过,热力学系统的平衡态可以用几何参量、力学参量、化学参量和电磁参量来描述,在一定的平衡态下,这四类参量都具有一定的数值。在上一节中我们又知道,在一定的平衡态下,热力学系统具有确定的温度。可见,温度与上述四类参量之间必然存在着一定的联系,或者说,温度一定是其他状态参量的函数。在热力学中,我们将温度 T 与其他状态参量之间的函数关系叫做状态方程。如果用 $x_1,x_2,\cdots,x_n$ 表示状态参量,则状态方程的一般形式为

$$T=f(x_1,x_2,\cdots,x_n),$$

或

$$F(T,x_1,x_2,\cdots,x_n)=0. \tag{1.3.1}$$

状态方程的具体函数关系式视不同系统而异,它不能由热力学理论导出,而要由实验确定,或者根据物质的微观结构,由热现象的微观理论推出。今后在应用热力学理论研究实际问题时,常需要用到系统的状态方程。下面介绍几种简单系统的状态方程。

一、理想气体状态方程

现在讨论如何根据实验结果,来确定理想气体的状态方程。

1. *玻意耳定律*

实验证明,当一定质量的气体温度保持不变时,它的压强和体积的乘积是一个常数:

$$pV=C \tag{1.3.2}$$

常数 C 在不同温度时有不同的数值。上式称为玻意耳(Boyle)定律,有时也叫玻意耳—马略特定律,因为玻意耳和马略特(Mariotte)曾经独立地发现了这个定律。

实验表明,不论何种气体,只要它的压强不太高、温度不太低,都近似地遵从玻意耳定

律，气体的压强越低，它遵从该定律的精确程度越高。

2. 理想气体状态方程

设一定质量的理想气体，经任一过程由状态 1 (p_1,V_1,T_1) 变到状态 2(p_2,V_2,T_2)。现在要确定该气体处于状态 1 和状态 2 时，状态参量之间的关系。为此，可以设想气体先经等容过程，由状态 1 (p_1,V_1,T_1) 变到状态 $2'(p',V_1,T_2)$，使其温度由 T_1 变到 T_2，压强由 p_1 变为 p'。然后，保持气体的温度 T_2 不变，使其由状态 $2'(p',V_1,T_2)$ 变化到状态2(p_2,V_2,T_2)（图 1-17）。当我们把上述气体理解为定容气体温度计测温泡内的气体时，则由定容气体温标的定义式（1.2.10）有：

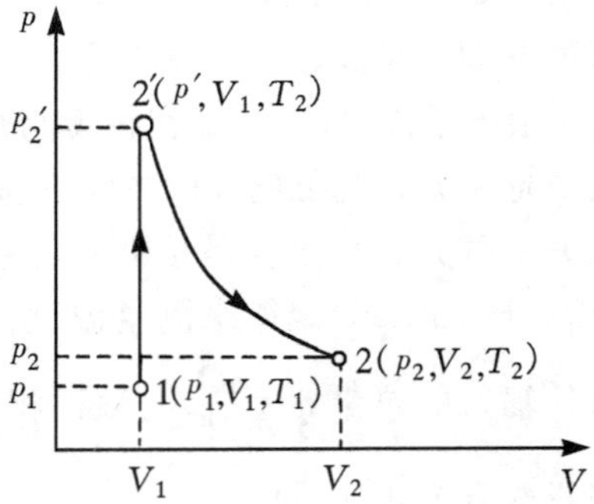

图 1-17 理想气体状态方程的推导

$$T_1(p_1)=273.16\mathrm{K}\,\frac{p_1}{p_{\mathrm{tr}}},\qquad T_2(p')=273.16\mathrm{K}\,\frac{p'}{p_{\mathrm{tr}}},$$

根据上列二式可得

$$p'=\frac{T_2(p')}{T_1(p_1)}p_1.$$

再根据玻意耳定律有

$$p'V_1=p_2V_2,$$

由上列二式消去 p'，得

$$\frac{p_1V_1}{T_1(p_1)}=\frac{p_2V_2}{T_2(p_2)},\tag{1.3.3}$$

上式中 $T_1(p_1)$、$T_2(p_2)$是由定容气体温度计测定的气体在状态 1 和状态 2 时的温度。前面曾提到，实验证明，无论用什么气体，无论是定容或定压气体温标，在气体的压强趋于零时都趋于一个共同的极限值——理想气体温标 T。因此，在气体压强趋于零的极限情形下，我们可用 T 代替上式的 $T(p)$，此时，（1.3.3）式可写为

$$\frac{p_1V_1}{T_1}=\frac{p_2V_2}{T_2},\tag{1.3.4}$$

上式说明，对于给定质量的气体，它的各状态的$\frac{pV}{T}$值是个恒量，即

$$\frac{pV}{T}=\text{恒量}.\tag{1.3.5}$$

在一定的温度和压强下，气体的体积 V 与其质量 M 或摩尔数 n（$n=\frac{M}{\mu}$，μ 为气体的摩尔质量）成正比。如果用 V_{m} 表示 1 摩尔气体的体积，则 $V=nV_{\mathrm{m}}$. 此时，上式可写为

$$\frac{pV}{T}=n\frac{pV_{\mathrm{m}}}{T}=\text{恒量}.\tag{1.3.6}$$

根据阿伏伽德罗（Avogadro）定律，在气体压强趋于零时，在相同的温度和压强下，1 摩尔的任何气体所占有的体积都相同。因此，在气体压强趋于零的极限情形下，（1.3.6）式中的$\frac{pV_{\mathrm{m}}}{T}$的数值对各种气体都是一样的，所以称为**普适气体常数**，并以 R 表示，即令

$$R=\frac{pV_{\mathrm{m}}}{T},\tag{1.3.7}$$

代入(1.3.6)式，即得

$$pV = nRT = \frac{M}{\mu}RT. \tag{1.3.8}$$

状态方程(1.3.8)式是根据玻意耳定律、理想气体温标的定义和阿伏伽德罗定律求得，而这三者所反映的都是气体在压强趋于零时的极限性质。因此，在通常的压强(几个大气压)下，各种气体只近似地遵从(1.3.8)式，压强越低，近似程度越高；在压强趋于零的极限情形下，一切气体都严格地遵从它。我们称严格遵从方程(1.3.8)的气体为理想气体，称方程(1.3.8)为**理想气体状态方程**。理想气体是一个理想模型，在通常的压强下，可以近似地用这个模型来概括实际气体的性质，压强越低，这种概括的精确度越高。

3. 气体普适常数 R

实验表明，在标准状态下($T_0 = 273.15\,\mathrm{K}$，$p_0 = 1\,\mathrm{atm}$)，1摩尔气体所占有的体积 $V_{m0} = 22.414\,10\,\mathrm{L}$。由此求得气体普适常数 R 为

$$R = \frac{p_0 V_{m0}}{T_0} = \frac{1\mathrm{atm} \times 22.414\,10\mathrm{L}\cdot\mathrm{mol}^{-1}}{273.15\,\mathrm{K}}$$

$$= 8.205\,78 \times 10^{-2}\mathrm{atm}\cdot\mathrm{L}\cdot\mathrm{mol}^{-1}\cdot\mathrm{K}^{-1} \approx 0.082\mathrm{atm}\cdot\mathrm{L}\cdot\mathrm{mol}^{-1}\cdot\mathrm{K}^{-1}.$$

在国际单位制中，体积的单位为 m^3，压强的单位为帕斯卡，记作Pa，$1\mathrm{Pa} = 1\mathrm{N/m}^2$. 因 $1\mathrm{atm} = 1.013\,25 \times 10^5\ \mathrm{Pa}$，则

$$R = \frac{p_0 V_{m0}}{T_0} = \frac{1.013\,25 \times 10^5\ \mathrm{Pa} \times 22.414\,10 \times 10^{-3}\mathrm{m}^3\cdot\mathrm{mol}^{-1}}{273.15\,\mathrm{K}}$$

$$= 8.314\,510\,\mathrm{J}\cdot\mathrm{mol}^{-1}\cdot\mathrm{K}^{-1} \approx 8.31\,\mathrm{J}\cdot\mathrm{mol}^{-1}\cdot\mathrm{K}^{-1},$$

又因 $1\,\mathrm{cal} = 4.184\,\mathrm{J}$，所以

$$R = 1.987\,2\,\mathrm{cal}\cdot\mathrm{mol}^{-1}\cdot\mathrm{K}^{-1} \approx 2\mathrm{cal}\cdot\mathrm{mol}^{-1}\cdot\mathrm{K}^{-1}.$$

4. 热学中压强与体积的单位

压强，在工程上又称为压力，这一概念不仅被用于热学，也常用于连续介质力学中(连续介质力学是流体力学与弹性力学的总称)。由于历史的原因，过去各国采用各自不同的单位制，近数十年来才趋于统一，采用国际单位制。在国际单位制(SI制)中，压强的单位是帕(Pa)，$1\,\mathrm{Pa} = 1\,\mathrm{N}\cdot\mathrm{m}^{-2}$。除上述单位外，在气象学、医学、工程技术等领域的文献中还常常用一些其他单位，如巴(bar)、毫米汞柱(mmHg)或称为托(Torr)、毫米水柱($\mathrm{mmH_2O}$)、标准大气压(atm)、工程大气压(at)、千克力每平方厘米($\mathrm{kgf}\cdot\mathrm{cm}^{-2}$)、千克力每平方毫米($\mathrm{kgf}\cdot\mathrm{mm}^{-2}$)、磅力每平方英寸($\mathrm{1b}\cdot\mathrm{in}^{-2}$)、磅力每平方英尺($\mathrm{1b}\cdot\mathrm{ft}^{-2}$)等，其单位主要换算关系如下：

$$1\,\mathrm{Pa} = 1\,\mathrm{N}\cdot\mathrm{m}^{-2} = 1.451 \times 10^{-4}\ \mathrm{1\,b}\cdot\mathrm{in}^{-2} = 0.209\,\mathrm{1\,b}\cdot\mathrm{ft}^{-2},$$

$$1\,\mathrm{bar} = 10^5\ \mathrm{Pa},$$

$$1\,\mathrm{atm} = 1.013 \times 10^5\ \mathrm{Pa} = 1.033\,\mathrm{kgf}\cdot\mathrm{cm}^{-2},$$

$$1\,\mathrm{atm} = 1.013\,\mathrm{bar},$$

$$1\,\mathrm{mmHg} = 1\,\mathrm{Torr} = 133.3\,\mathrm{Pa}.$$

在国际单位制中，体积的单位为立方米(m^3)，经常用到的其他单位有升(L)和立方厘米(cm^3)，它们与立方米的换算关系为：

$$1\,\mathrm{L} = 10^{-3}\mathrm{m}^3, \qquad 1\,\mathrm{cm}^3 = 10^{-6}\ \mathrm{m}^3 = 10^{-3}\ \mathrm{L}.$$

[例题1] 设某种柴油机的汽缸容积为 0.827×10^{-3} 米^3，压缩前汽缸中空气的温度是47℃，压强为

0.85 大气压，当活塞急剧地将空气压缩到原体积的 $\frac{1}{17}$，这时压强增加到 42 大气压，求这时空气的温度（设空气可看作理想气体）。

［解］ 本题只需考虑空气的初状态和末状态，已知 $p_1=0.85\text{atm}$，$T_1=273+47=320\text{K}$，$p_2=42\text{atm}$，$V_2=\frac{1}{17}V_1$，求 T_2。

由(1.3.5)式有 $\frac{p_1V_1}{T_1}=\frac{p_2V_2}{T_2}$，所以

$$T_2=\frac{p_2V_2}{p_1V_1}T_1=\frac{42\times\frac{1}{17}V_1}{0.85\times V_1}\times 320=930\,\text{K}.$$

可见，汽缸内空气的温度已超过柴油燃点，如果此时把柴油喷入汽缸，就会立即燃烧，发生爆炸，并推动活塞作功。

［例题 2］ 容积为 $1.0\times10^{-2}\ \text{m}^3$ 的瓶中盛有温度为 300 K 的氧气。问：在温度不变的情况下，当瓶内压强由 $2.5\times10^5\ \text{N}\cdot\text{m}^{-2}$ 降到 $1.3\times10^5\ \text{N}\cdot\text{m}^{-2}$ 时，氧气共用去多少？

［解］ 瓶中氧气可近似看作理想气体，根据理想气体状态方程 $pV=nRT$，可以得出瓶中原来氧气的摩尔数 n_1 和剩下的氧气的摩尔数 n_2 分别为

$$n_1=\frac{p_1V}{RT},\qquad n_2=\frac{p_2V}{RT},$$

由此用掉的氧气的摩尔数为

$$\begin{aligned}\Delta n=n_1-n_2&=\frac{V}{RT}(p_1-p_2)\\&=\frac{1.0\times10^{-2}}{8.31\times300}(2.5-1.3)\times10^5\\&=0.48\text{mol},\end{aligned}$$

因氧气的摩尔质量 $\mu=32.0\times10^{-3}\ \text{kg}\cdot\text{mol}^{-1}$，所以

$$\Delta M=\Delta n\mu=0.48\times32.0\times10^{-3}=0.015\,\text{kg}.$$

［例题 3］ 在图 1-18 中，两个容积各为 1.00L 和 0.10L 的容器以细长的管子相联，其中储有空气。整个容器置于冰水槽中，这时空气压强为 1.32 atm。现将小容器移出冰水槽而浸入沸水中，那么，当小容器的温度升到 100 ℃时，有多少空气流出？答案用 0 ℃和 1 atm 时的体积(单位用 L)表示。

［解］ 根据题意，细管中的气体可以忽略，只须考虑大小容器中气体由初态到末态的状态变化。现以 p_1、V_1、T_1 和 p_2、V_2、T_2 分别表示大、小容器中气体处于初态时的各量，以带“撇”的符号表示末态时的各个相应量，则由于二容器始终以细管相连，其初态和末态的压强应分别相等，故由题设条件可写出各量如下：

$$V_1=1.00\text{L},V_2=0.10\text{L},$$
$$p_1=p_2=p=1.32\,\text{atm},p_1'=p_2'=p',$$
$$T_1=T_2=T=273\,\text{K},$$
$$T_1'=T=273\,\text{K},T_2'=T'=373\,\text{K}.$$

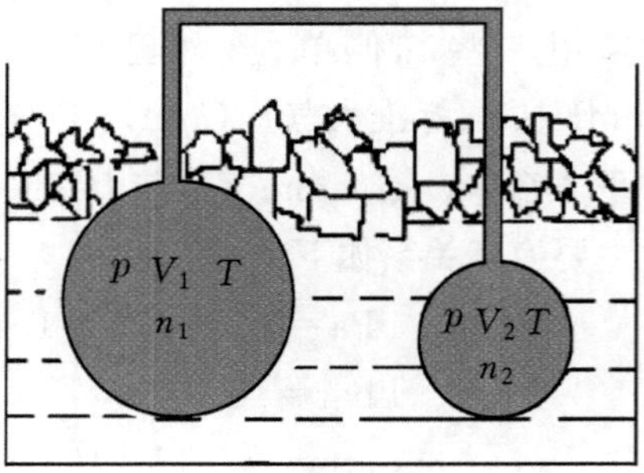

图 1-18

在小容器中气体升温前后，两容器内气体的总摩尔数应不变，由初态计算总摩尔数为

$$n_1+n_2=\frac{p(V_1+V_2)}{RT_1},$$

由末态计算总摩尔数为

$$n_1'+n_2'=\frac{p'V_1}{RT}+\frac{p'V_2}{RT'}=\frac{p'}{R}\left(\frac{V_1}{T}+\frac{V_2}{T'}\right),$$

两者相等，故有

$$\frac{p(V_1+V_2)}{RT_1}=\frac{p'}{R}\left(\frac{V_1}{T}+\frac{V_2}{T'}\right),$$

消去 R，代入已知量得

$$\frac{1.32(1+0.1)}{273}=p'\left(\frac{1}{273}+\frac{0.1}{373}\right),$$

解得末态压强为

$$p'=1.35\,\text{atm}.$$

初态下小容器中气体在 0℃和 1atm 下的体积 V_{20} 为

$$V_{20}=\frac{T_0}{p_0}\frac{pV_2}{T}=\frac{273\times1.32\times0.1}{1\times273}=0.132\text{L},$$

末态下小容器中气体在 0℃和 1atm 下的体积为

$$V_{20}{}'=\frac{T_0}{p_0}\frac{p'V_2}{T_0{}'}=\frac{273\times1.35\times0.1}{1\times373}=0.099\text{L},$$

所以，从小容器中流出的空气的体积为

$$\Delta V_2=V_{20}-V_{20}{}'=0.132-0.099=0.033\text{L}.$$

5. 混合理想气体状态方程

上面我们讨论了单一化学成分气体的状态方程，但在许多实际问题中，往往会遇到包含几种不同化学组分的混合气体。

为确定混合理想气体的状态方程，我们需要用到另一条实验定律——道尔顿(Dalton)分压定律，该定律指出，混合气体的压强等于各组分的分压强之和。所谓某组分的分压强，是指这个组分单独存在时(即在与混合气体的温度和体积相同，并且与混合气体中所包含的这个组分的摩尔数相同的条件下，单独存在时)的压强。道尔顿分压定律也只是在混合气体的压强较低时才准确地成立，即它也只适用于理想气体。设 $p_1, p_2, \cdots, p_k$ 分别表示各组分的分压强，p 表示混合气体的总压强，则道尔顿定律可表示为

$$p=p_1+p_2+\cdots+p_k=\sum_{i=1}^{k}p_i. \tag{1.3.9}$$

根据理想气体状态方程(1.3.8)式和道尔顿分压定律，可以导出混合理想气体的状态方程。把(1.3.8)式分别用于各组分，列出各组分的状态方程，并将所有的方程相加，则得

$$(p_1+p_2+\cdots+p_k)V=\left(\frac{M_1}{\mu_1}+\frac{M_2}{\mu_2}+\cdots+\frac{M_k}{\mu_k}\right)RT, \tag{1.3.10}$$

根据(1.3.9)式，上式左端的括号为混合理想气体的压强 p；右端的括号为混合理想气体的总摩尔数，以 n 表示，即令

$$n=\frac{M_1}{\mu_1}+\frac{M_2}{\mu_2}+\cdots+\frac{M_k}{\mu_k}=\sum_{i=1}^{k}\frac{M_i}{\mu_i},$$

则(1.3.10)式可写为

$$pV=nRT, \tag{1.3.11}$$

这就是混合理想气体状态方程。

不难看出，混合理想气体状态方程在形式上与单一成分理想气体的状态方程相同，只是其摩尔数等于各组分的摩尔数之和。设混合气体的总质量为 M，

$$M=\sum_{i=1}^{k}M_i,$$

若引入平均摩尔质量

$$\bar{\mu}=\frac{M}{n},$$

此时，方程(1.3.11)可改写为

$$pV=\frac{M}{\bar{\mu}}RT, \qquad (1.3.12)$$

形式上看，混合气体好像是摩尔质量为 $\bar{\mu}$ 的单一成分的气体。

[例题 4] 按质量百分比，空气中含有：氮气 76.9%，氧气 23.1%. 已知 $\mu_{N_2}=28.01\times10^{-3}\ kg\cdot mol^{-1}$，$\mu_{O_2}=32.0\times10^{-3}\ kg\cdot mol^{-1}$，求空气的平均摩尔质量。

[解] 空气的平均摩尔质量 $\bar{\mu}$ 为

$$\bar{\mu}=\frac{M}{n}=\frac{M}{\sum\limits_i\frac{M_i}{\mu_i}}=\frac{1}{\sum\limits_i\frac{M_i}{M}\cdot\frac{1}{\mu_i}}$$

$$=\frac{1}{\frac{0.769}{28.0\times10^{-3}}+\frac{0.231}{32.0\times10^{-3}}}=28.9\times10^{-3}\ kg\cdot mol^{-1}.$$

空气的平均相对分子质量为 28.9。

[例题 5] 通常说混合气体中各组分的体积分数，是指每种组分单独处在和混合气体相同的压强及温度的状态下其体积占混合气体体积 V 的分数。已知空气中几种主要组分的体积百分比是：氮(N_2) 78%，氧(O_2)21%，氩(Ar)1%，求在标准状态下空气中各组分的分压强和密度以及空气的密度。已知氮的相对分子质量是 28.0，氧的相对分子质量是 32.0，氩的相对分子质量是 39.9。

[解] 用下标 1，2，3 分别表示氮、氧、氩。在标准状态下，它们的体积分别为

$$V_1=0.78V;\quad V_2=0.21V;\quad V_3=0.01V$$

将三种气体混合成标准状态的空气后，它们的状态变化如下：

氮：$p、V_1、T\longrightarrow p_1、V、T$；

氧：$p、V_2、T\longrightarrow p_2、V、T$；

氩：$p、V_3、T\longrightarrow p_3、V、T$；

式中 $p=1.0\text{atm}$，为混合气体在标准状态下的压强，p_1，p_2，p_3 分别为三种组分的分压强。由于温度不变，所以根据玻意耳—马略特定律有

$$pV_1=p_1V;\ pV_2=p_2V;\ pV_3=p_3V,$$

$$p_1=\frac{V_1}{V}p=0.78p=0.78\text{atm},$$

$$p_2=\frac{V_2}{V}p=0.21p=0.21\text{atm},$$

$$p_3=\frac{V_3}{V}p=0.01p=0.01\text{atm},$$

由状态方程(1.3.8)式，可以导出理想气体的密度为

$$\rho=\frac{M}{V}=\frac{p\mu}{RT},$$

因此，在标准状态下，空气中各组分的密度分别为

$$\rho_1=\frac{p_1\mu_1}{RT}=\frac{0.78\text{atm}\times28.0\times10^{-3}\text{kg}\cdot\text{mol}^{-1}}{8.21\times10^{-2}\text{atm}\cdot\text{L}\cdot\text{mol}^{-1}\cdot\text{K}^{-1}\times273\text{K}}=0.97\times10^{-3}\text{kg}\cdot\text{K}^{-1},$$

$$\rho_2=\frac{p_2\mu_2}{RT}=\frac{0.21\text{atm}\times32.0\times10^{-3}\text{kg}\cdot\text{mol}^{-1}}{8.21\times10^{-2}\text{atm}\cdot\text{L}\cdot\text{mol}^{-1}\cdot\text{K}^{-1}\times273\text{K}}=0.30\times10^{-3}\text{kg}\cdot\text{L}^{-1},$$

$$\rho_3=\frac{p_3\mu_3}{RT}=\frac{0.01\text{atm}\times39.9\times10^{-3}\text{kg}\cdot\text{mol}^{-1}}{8.21\times10^{-2}\text{atm}\cdot\text{L}\cdot\text{mol}^{-1}\cdot\text{K}^{-1}\times273\text{K}}=0.02\times10^{-3}\text{kg}\cdot\text{L}^{-1},$$

所以空气在标准状态下的密度为

$$\rho=\rho_1+\rho_2+\rho_3=1.29\times10^{-3}\text{kg}\cdot\text{L}^{-1}.$$

二、非理想气体状态方程

1. 范德瓦耳斯方程

理想气体状态方程仅在实际气体压强趋于零的极限情况下才严格遵从，在通常的压强和温度下，实际气体近似地遵从理想气体状态方程，而在高压或低温条件下，理想气体状态方程就不适用了，因此，在科研和工程技术中，为了处理高压或低温条件下的气体问题，就需要非理想气体状态方程。

为了建立非理想气体状态方程，人们进行了许多理论与实验的研究工作，并提出了许多状态方程，其中最简单，最有代表性的是范德瓦耳斯(van der Waals)方程。对于1摩尔气体，范德瓦耳斯方程为

$$\left(p+\frac{a}{V_m^2}\right)(V_m-b)=RT, \tag{1.3.13}$$

它是在理想气体状态方程的基础上进行修正而得到的，其中常数 a 是考虑到气体分子之间的相互吸引力而引进的修正数，常数 b 是考虑到气体分子间的斥力，或者说分子本身的体积而引进的修正数。表1-2中列出一些气体的 a 和 b 的实验值。

表1-2 范德瓦耳斯常数 a 和 b 的实验值

气 体	a(atm·L²·mol⁻²)	b(L·mol⁻¹)	气 体	a(atm·L²·mol⁻²)	b(L·mol⁻¹)
氩	1.345	0.032 19	汞蒸气	8.093	0.016 96
二氧化碳	3.643	0.042 67	氖	0.210 7	0.017 09
氯	6.493	0.056 22	氮	1.361	0.038 5
氦	0.034 1	0.023 4	氧	1.369	0.031 5
氢	0.247	0.026 5	水蒸气	5.507	0.030 4

表1-3列出了1摩尔的氮气在0℃时的实验值。在表的第一、二栏中分列给出了氮气的压强 p 和相应的摩尔体积 V_m 的实验值；在第三、四栏中分别给出了 pV_m 和 $\left(p+\frac{a}{V_m^2}\right)(V_m-b)$ 的值。在温度恒定的条件下，理想气体的 pV_m 应为常数，在第三栏中 pV_m 偏离这个常数越多，则说明氮气的性质偏离理想气体模型越远。同样，在温度恒定的条件下，如果氮气准确地遵从范德瓦耳斯方程，则 $\left(p+\frac{a}{V_m^2}\right)(V_m-b)$ 应为常数。因此第四栏内的数值偏离这个常数越多，则说明范德瓦耳斯方程距离真实情况越远。由表可见，在100atm下，理想气体状态方程和范德瓦耳斯方程能较好地反映氮气的性质。超过了100atm，理想气体状态方程偏离实际情况较远，而直到1 000atm，范德瓦耳斯方程所引起的误差还不很大。实验表明，对于二氧化碳气体，在几十个atm时理想气体状态方程就已不能适用，超过100atm时，范德瓦耳斯方程也不能很好地反映实际情况。

表1-3 在0℃时，1摩尔氮气在不同压强下的 pV_m 和 $\left(p+\frac{a}{V_m^2}\right)(V_m-b)$ 值

p(atm)	V_m(L)	pV_m(atm·L)	$\left(p+\frac{a}{V_m^2}\right)(V_m-b)$
1	22.41	22.41	22.41
100	0.224 1	24.41	22.41
500	0.062 35	31.17	22.67
700	0.053 25	37.27	22.65
1 000	0.046 4	46.4	22.0

以上只讨论了1摩尔气体，如果气体质量为 M 克，摩尔质量为 μ，则它的体积为 $V=\frac{M}{\mu}V_m$，则 $V_m=\frac{\mu}{M}V$。把这个关系代入(1.3.13)式，就得到适用于任意质量气体的范德瓦耳斯方程：

$$\left(p+\frac{M^2}{\mu^2}\frac{a}{V^2}\right)\left(V-\frac{M}{\mu}b\right)=\frac{M}{\mu}RT. \tag{1.3.14}$$

[例题6] 试用范德瓦耳斯方程计算，温度为0℃，摩尔体积为0.55 L·mol^{-1}的二氧化碳气体的压强，并将结果与用理想气体状态方程计算的结果相比较。已知二氧化碳气体的 $a=3.592$ atm·L^2·mol^{-2}，$b=0.042\,67$ L·mol^{-1}。

[解] 由范德瓦耳斯方程(1.3.11)式可得

$$p=\frac{RT}{V_m-b}-\frac{a}{V_m^2},$$

已知 $T=273$ K，$V_m=0.55$ L·mol^{-1}，将 T、V_m 及题给的 a、b 代入上式，即得

$$p=\frac{8.21\times10^{-2}\times273}{0.55-0.04267}-\frac{3.592}{(0.55)^2}=32\,\text{atm}.$$

如把二氧化碳气体看作理想气体，则

$$p=\frac{RT}{V_m}=\frac{8.21\times10^{-2}\times273}{0.55}\,\text{atm}=41\,\text{atm}.$$

2. 昂尼斯方程

更准确的实际气体状态方程是由昂尼斯(Onnes)提出的用级数表示的气体状态方程。这种方程常用的形式是

$$pV_m=A+Bp+Cp^2+Dp^3+\cdots, \tag{1.3.15}$$

式中常数 A、B、C、D、…分别叫做第一、第二、第三、第四、…维里系数，它们都是温度的函数。当压强趋于零时，(1.3.15)式应变为理想气体状态方程，即 $pV_m=RT$，所以第一维里系数 $A=RT$。其他的维里系数则需在一定温度下用气体做压缩实验来确定。表1-4中列出了在几个不同的温度下氮气的维里系数的实验值。由表中可以看出，B、C、D 的数量级减小得很快，所以在实际应用中往往只取前两项或前三项就够了。

表1-4 氮的维里系数

T(K)	$B(10^{-3}\text{atm}^{-1})$	$C(10^{-6}\text{atm}^{-2})$	$D(10^{-9}\text{atm}^{-3})$
100	−17.951	−348.7	−216630
200	−2.125	−0.0801	+57.27
300	−0.183	+2.08	+2.98
400	+0.279	+1.14	−0.97
500	+0.408	+0.623	−0.89

昂尼斯方程还常用下列形式来表示：

$$pV_m=A+\frac{B_v}{V_m}+\frac{C_v}{V_m^2}+\frac{D_v}{V_m^3}+\cdots, \tag{1.3.16}$$

式中 A、B_v、C_v、D_v、…也是温度的函数，并与气体的性质有关。它们和 A、B、C、D、…一样，也叫做维里系数。这两组维里系数的关系是

$$B_v=AB,\quad C_v=A^2C+AB^2,\quad D_v=A^3D+3A^2BC+AB^3,$$

这些关系留给读者自己证明。

[例题7] 对于范德瓦耳斯气体，试证明第一维里系数 $A=RT$，第二维里系数 $B_v=RTb-a$，第三维

里系数 $C_v=RTb^2,\cdots$.

［解］ 根据范德瓦耳斯方程$\left(p+\frac{a}{V_m^2}\right)(V_m-b)=RT$,可写作

$$pV_m=RT\left(1-\frac{b}{V_m}\right)^{-1}-\frac{a}{V_m},$$

根据二项式定理,

$$\left(1-\frac{b}{V_m}\right)^{-1}=1+\frac{b}{V_m}+\frac{b^2}{V_m^2}+\cdots,$$

代入上式得

$$pV_m=RT+\frac{(RTb-a)}{V_m}+\frac{RTb^2}{V_m^2}+\cdots,$$

与(1.3.14)式对比,可得

$$A=RT,\quad B_v=RTb-a,\quad C_v=RTb^2,\cdots.$$

三、简单固体和液体的状态方程

对于一定质量的液体与各向同性的固体(称为简单固体),和气体一样,可以用 p、V、T 三个参量中的任意两个作为状态参量,一般选 p、V 为状态参量,故该系统也称为 PV 系统。所以,一定质量的液体与各向同性固体状态方程的一般形式也可以写成

$$F(p、V、T)=0,$$

若选择 p、T 作为状态参量,则体积 V 可表示成 p 和 T 的函数,即

$$V=V(p,T),$$

当系统的 p 和 T 发生一无穷小的变化 dp 和 dT 时,体积的变化可根据微分公式写成

$$dV=\left(\frac{\partial V}{\partial T}\right)_p dT+\left(\frac{\partial V}{\partial p}\right)_T dp, \tag{1.3.17}$$

其中偏导数$\left(\frac{\partial V}{\partial T}\right)_p$表示当系统的压强保持一定时,温度每变化1K时引起的体积的变化。偏导数$\left(\frac{\partial V}{\partial p}\right)_T$表示当系统的温度保持一定时,每变化单位压强时所引起的体积的变化。显然,当系统的体积 V 越大时,偏导数$\left(\frac{\partial V}{\partial T}\right)_p$也越大,因此,为了更好地反映物体本身的属性,定义

$$\alpha=\frac{1}{V}\left(\frac{\partial V}{\partial T}\right)_p. \tag{1.3.18}$$

为**等压体积膨胀系数**。它表示在定压条件下,温度每升高1K时引起物体体积的相对变化。

类似地,可以定义

$$\beta=\frac{1}{p}\left(\frac{\partial p}{\partial T}\right)_V. \tag{1.3.19}$$

为**等容压强系数**。它表示在定容条件下,温度每升高1K时引起物体压强的相对变化。

类似地,还可以定义

$$\kappa=-\frac{1}{V}\left(\frac{\partial V}{\partial p}\right)_T. \tag{1.3.20}$$

为**等温压缩系数**。它表示在等温条件下,每增加单位压强时所引起的体积的相对变化。等式右边的负号是考虑当温度恒定时,物体的体积总是随压强的增大而减小的,此时,等温压缩系数 $\kappa>0$.

利用 α 和 κ 的定义,方程(1.3.15)可改写为

$$dV = \alpha V dT - \kappa V dp, \tag{1.3.21}$$

或

$$\frac{dV}{V}=\alpha dT-\kappa dp, \tag{1.3.22}$$

如果由实验测得 α 和 κ 与 T 和 p 的关系，我们可以由方程(1.3.21)或(1.3.22)积分求得状态方程。反之，如果我们已知状态方程，根据(1.3.18)、(1.3.19)、(1.3.20)三式求得 α、β 和 κ。

在(1.3.22)式中，如果令 $dV=0$，则可得

$$\alpha = p\beta\kappa, \tag{1.3.23}$$

在实验上，定容压强系数 β 不易准确测定，但 α 和 κ 可精确测定，通过(1.3.23)式可以得出系统的 β。

一般而言，α 和 κ 也是温度和压强的函数。对于液体和固体，体胀系数 α 与压强近似无关，只是温度的函数。表 1-5 给出了某些液体在室温下的体胀系数。在一般温度下固体的体胀系数的数量级是 $10^{-5}-10^{-4}\ \mathrm{K}^{-1}$，比液体的体胀系数小一个数量级。固体和液体的压缩系数 κ 对温度有微弱的依赖关系，与压强无关。一般可近似地把压缩系数 κ 看作常数。表 1-6 给出了若干金属材料的压缩系数。液体的压缩系数比固体约大一个数量级。

表 1-5 液体的膨胀系数

材料	$\alpha(10^{-5}\ \mathrm{K}^{-1})$	材料	$\alpha(10^{-5}\ \mathrm{K}^{-1})$	材料	$\alpha(10^{-5}\ \mathrm{K}^{-1})$
酒精	112	四氯化碳	124	苯	124
乙醚	166	甘油	50	松节油	97
水银	18	水	21	石油	95

表 1-6 材料的压缩系数

金属	铝	铜	铁	铅	银	水银
$\kappa(10^{-12}\ \mathrm{Pa}^{-1})$	14	8	6	30	10	38

[例题 8] 简单固体和液体的体胀系数 α 和压缩系数 κ 的数值都很小，在一定的温度范围内，可以把 α 和 κ 看作常数。试证明简单固体和液体的物态方程可以表示为

$$V(T,p) = V_0(T_0,0)[1+\alpha(T-T_0)-\kappa p].$$

[解] 当选 T、p 为独立变量时，$V=V(T,p)$，由(1.3.20)式有

$$\frac{dV}{V} = \alpha dT - \kappa dp,$$

由题知，α 和 κ 可看作常数，故积分上式得

$$\ln V\,\Big|_{V_0}^{V} = \int_{T_0,p_0}^{T,p}(\alpha dT-\kappa dp) = \int_{T_0}^{T}\alpha dT - \kappa\int_{p_0}^{p}dp,$$

$$\ln V(T,P) - \ln V_0(T_0,p_0) = \alpha(T-T_0) - \kappa(p-p_0),$$

$$V(T,p) = V_0(T_0,p_0)e^{\alpha(T-T_0)-\kappa(p-p_0)}$$

$$\approx V_0(T_0,p_0)[1+\alpha(T-T_0)-\kappa(p-p_0)].$$

当选 $p_0=0$ 时，上式即为所求。

[例题 9] 在 0℃和 1 atm 下，测得一铜块的体胀系数和压缩系数为 $\alpha=4.85\times10^{-5}\ \mathrm{K}^{-1}$，$\kappa=7.8\times10^{-7}\ \mathrm{atm}^{-1}$，$\alpha$ 和 κ 可近似看作常数。现给铜加热至 10℃，问

(1)压力要增加多少大气压，才能使铜块体积维持不变？

(2)若压力增加 100 atm，铜块的体积改变多少？

[解]

(1)令 $p=p(T,V)$

$$\mathrm{d}p=\left(\frac{\partial p}{\partial T}\right)_V\mathrm{d}T+\left(\frac{\partial p}{\partial V}\right)_T\mathrm{d}V,$$

当 $\mathrm{d}V=0$ 时,有

$$\mathrm{d}P=\left(\frac{\partial p}{\partial T}\right)_V\mathrm{d}T=p\beta\mathrm{d}T=\frac{\alpha}{\kappa}\mathrm{d}T,$$

积分上式:$\Delta p=p_2-p_1=\frac{\alpha}{\kappa}\int_{T_1}^{T_2}\mathrm{d}T=\frac{\alpha}{\kappa}(T_2-T_1)=\frac{4.85\times10^{-5}}{7.8\times10^{-7}}\times10=622\ \mathrm{atm}.$

即当铜块加压 622 atm 时,方能使其在等容条件下增温 10 ℃。

(2)令 $V=V(T,p)$

$$\mathrm{d}V=\left(\frac{\partial V}{\partial T}\right)_p\mathrm{d}T+\left(\frac{\partial V}{\partial p}\right)_T\mathrm{d}p=\alpha V\mathrm{d}T-\kappa V\mathrm{d}p,$$

$$\frac{\mathrm{d}V}{V}=\alpha\mathrm{d}T-\kappa\mathrm{d}p,$$

积分上式,得

$$\ln V_2-\ln V_1=\alpha(T_2-T_1)-\kappa(p_2-p_1),$$

$$V_2(T_2,p_2)=V_1(T_1,p_1)\mathrm{e}^{\alpha(T_2-T_1)-\kappa(p_2-p_1)}\approx V_1(T_1,p_1)[1+\alpha(T_2-T_1)-\kappa(p_2-p_1)],$$

$$\begin{aligned}\frac{\Delta V}{V}&=\frac{V_2-V_1}{V_1}=\alpha(T_2-T_1)-\kappa(p_2-p_1)\\&=4.85\times10^{-5}\times10-7.8\times10^{-7}\times100=4.07\times10^{-4}.\end{aligned}$$

即铜块体积增加万分之 4.07。

*四、拉紧的金属丝的状态方程

热力学原理是普遍适用的,它不只限于前面讨论的用 p、V 描述的系统,也同样适用于不是用 p、V 作状态参量的系统。

下面我们讨论几种典型的非 pV 系统。这里先讨论某一在张力作用下的金属丝或金属棒。因为金属的拉伸实验大多都是在恒定大气压下进行的,并且体积的变化往往可以忽略,因此我们可以不考虑压强和体积的变化,仅用张力 F(单位用牛顿)和长度 L 作为状态参量描述金属丝(或金属棒)的状态。实验表明,金属丝(或金属棒)的长度 L 依赖于张力 F 和温度 T。L、F 和 T 之间的函数关系就是金属丝(或金属棒)的状态方程,其一般形式可表示为

$$F(F,L,T)=0,$$

它与前面讨论的 pV 系统的状态方程 $F(p,V,T)=0$ 相比,相当于把 p、V 分别换成 F、L。于是与方程(1.3.17)类似,可得

$$\mathrm{d}L=\left(\frac{\partial L}{\partial T}\right)_F\mathrm{d}T+\left(\frac{\partial L}{\partial F}\right)_T\mathrm{d}F,\tag{1.3.24}$$

类似于体胀系数 α,我们定义

$$\alpha'=\frac{1}{L}\left(\frac{\partial L}{\partial T}\right)_F.\tag{1.3.25}$$

为线膨胀系系数,其单位为 K^{-1}。表 1-7 给出了若干固体材料在室温时线膨胀系数 α' 的值。α' 对张力 F 的变化是不敏感的,但随温度的变化却十分显著。多数物质的 α' 值随温度的下降而减小,当温度趋于绝对零度时,α' 值也趋于零。

表 1-7 固体材料在室温时的线膨胀系数

材　　料	$\alpha'(10^{-6}\ K^{-1})$	材　　料	$\alpha'(10^{-6}\ K^{-1})$
铝	24	铅铜	26
铜	14	镍	13
黄铜	19	铂	9
普通玻璃	9	石英	0.4
金	14	银	19
铁	11	钢	12
铅	30	钨	4.5

方程(1.3.24)式右边第二项偏导数，表示当温度 T 不变时，由于张力每变化一个单位值时引起的长度的变化。显然，当张力的变化相同时，若金属丝(或金属棒)的长度 L 越长，金属丝(或金属棒)的横截面积 A 越小，引起金属丝(或金属棒)的长度变化越大。为表征材料属性，引入杨氏模量，其定义为

$$Y=\frac{L}{A}\left(\frac{\partial F}{\partial L}\right)_T, \tag{1.3.26}$$

实验表明，杨氏模量 Y 与张力关系很小，主要取决于温度。在小的温度范围内，可以把 Y 看作常数。Y 的单位是 N/m^2。表 1-8 给出了若干材料的杨氏模量值。

表 1-8 材料的杨氏模量

材　　料	铝	铜	铁	铅	银
$Y(10^{10}\ N/m^2)$	7.0	12.0	20.0	1.16	8.0

利用线膨胀系数 α' 和杨氏模量的定义，可将(1.3.24)式改写为

$$dL=\alpha' L\,dT+\frac{L}{AY}dF, \tag{1.3.27}$$

由于热胀冷缩和张力引起金属丝(或金属棒)长度 L 与横截面积 A 的变化很小，上式中 L 和 A 可近似看作常数。当金属丝(或金属棒)的拉伸不超过其弹性限度，温度变化也不大时，则 α 和 Y 也可以近似认为是常数。积分上式可得状态方程

$$L=L_0\left[1+\frac{F-F_0}{AY}+\alpha(T-T_0)\right], \tag{1.3.28}$$

此处 L_0、F_0、T_0 为初始状态的值。

五、液体表面膜的状态方程

表面膜的研究是固体物理和物理化学中的一个重要分支。液体与蒸气平衡共存时的界面层(几个分子厚)是最简单的表面膜例子。其他像水面上的薄油层(有时是单分子层)，吸附在固体表面的气体层或液体膜、细胞膜等。

在日常生活中有许多现象说明，液体表面膜像绷紧的橡皮膜，有收缩的趋势，使表面积尽量缩小，这导致荷叶上的小水珠和撒落在地上的小水银总是呈球形。想象在液体表面上画一条假想的线段，线段两旁的液体表面之间存在相互作用的拉力，其方向与所画线段垂直。这一对大小相等而方向相反的拉力叫作液体的表面张力。表面张力的大小与线段长度 L 成正比，即

$$F=\sigma L,$$

式中比例系数 σ 称为**表面张力系数**。它表示单位长度的表面张力，单位为 N/m。

对液体表面膜系统，可选用表面张力系数 σ 和表面面积 S 作为状态参量，它们与温度之间的关系，便是液体表面膜的状态方程。

实验证明，纯液体与其蒸气平衡时，表面张力系数 σ 与面积无关，只是温度的函数，状态方程可以写成以下简单形式

$$\sigma = \sigma_0 - \beta t, \tag{1.3.29}$$

式中 σ_0 是 0℃时的表面张力系数，β 为常数，随不同的液体而异。由方程(1.3.27)可见，表面张力系数 σ 随温度升高而减小。

六、电介质的状态方程

电介质就是不导电的绝缘介质。电介质可以分成两类，其中一类电介质，当外电场不存在时，其分子的正负电荷重心重合，这类分子叫无极分子；另一类电介质即使在外电场不存在时，其分子的正负电荷重心不重合，形成电偶极子，这类分子称为有极分子，每个分子都有一固有电偶极矩 $\boldsymbol{P}_0$。由于分子的无规则热运动，在电场为零时，分子电偶极子的取向是无规则的，电介质内分子的电偶极矩平均说来互相抵消，即电介质内电偶极矩的矢量和为零。

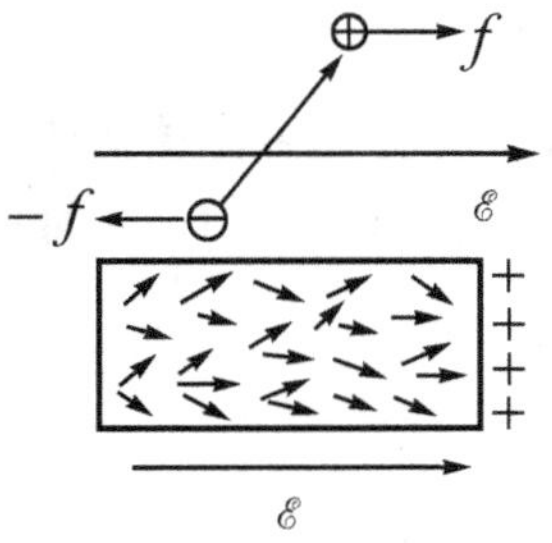

图 1-19 电介质的极化

若把电介质放入电场中，在电场力的作用下，可使无极分子的正负电荷重心错开，形成电偶极子，并在电场力作用下，分子电偶极矩的方向转向外电场方向，如图 1-19 所示。但由于分子热运动，这种转向并不完全。但当外电场 $\mathscr{E}$ 越强时，分子电偶极矩沿外电场方向转向越厉害。总之，无论电介质分子是无极分子或有极分子，在外电场中，电介质体内都会出现未抵消的电偶极矩，使电矩矢量和不为零，称为电介质的极化。我们用电介质单位体积内的分子电偶极矩的矢量和 $_{\mathrm{e}}$作为量度电介质极化状态的物理量，称为**电极化强度**，它取决于外电场的强度、电介质的性质和温度。

在恒定大气压下作实验时，电介质体积的变化是微不足道的。因而我们可以不管电介质的压强和体积，而用电场强度 （单位为伏特/米）和电极化强度$\mathscr{P}_{\mathrm{e}}$（单位为库仑/米^2）作为描述电介质极化状态的参量。电极化强度的大小与电场强度的大小、电介质性质和温度有关，对于许多电介质，在 10K 以上时，其状态方程为

$$\mathscr{P}_{\mathrm{e}} = \left(a + \frac{b}{T}\right)\mathscr{E}, \tag{1.3.30}$$

式中 a 和 b 是常数。

七、顺磁质的状态方程

近代科学实验证明，电子在原子或分子中的运动包括轨道运动和自旋两部分。绕原子核作轨道运动的电子相当于一个小电流环，从而有一定的磁矩，称为**轨道磁矩**；与电子自旋运动相联系的磁矩称为**自旋磁矩**。在顺磁物质中，一个分子中所有电子的轨道磁矩和自旋磁矩的矢量和不为零，整个分子具有固有磁矩 ，且分子磁矩间的相互作用可以忽略。无外磁场时，由于热运动，各个分子磁矩的取向无规，在任何宏观小的体积元内各分子磁矩的矢量和为零，介质处于未磁化状态。当顺磁质处于外磁场中时，每个分子磁矩将受一力矩的作用，力图使分子磁矩沿外磁场方向排列，而热运动却是破坏这种排列。与电介质的电极化相类似，我们定义顺磁质中单位体积内分子磁矩的矢量和 $\boldsymbol{m}$ 为**磁化强度**，用它来描述磁介

质的磁化状态。磁化强度的大小与外磁场强度，磁介质的性质和温度有关。

顺磁体在定压条件下磁化时，其体积的变化极小，可以忽略，这样，我们可以不管磁介质的压强和体积，仅用磁场强度 （单位为安培/米）和磁化强度 $\boldsymbol{m}$（单位是安培/米）两个状态参量来描述顺磁质的磁化状态，它们的大小与温度 T 的关系为

$$f(\mathscr{H}, m, T) = 0,$$

上式为顺磁质的状态方程，其具体形式为

$$m = \frac{a\mathscr{H}}{T}, \tag{1.3.31}$$

上式称为居里(Curie)定律，式中 a 为材料的特征常数，叫居里常数，其大小因物质而异，可由实验测定.

居里定律也可表示成以下形式

$$\chi = \frac{m}{\mathscr{H}} = \frac{a}{T}, \tag{1.3.32}$$

式中 χ 为顺磁固体的磁化率。

利用(1.3.32)式可制成磁温度计，用于测量 1K 以下的温度。

本 章 提 要

一、热力学平衡态　态参量

1. 热力学平衡态　孤立系统的宏观性质不随时间变化的状态，称为热力学平衡态。

2. 态参量　用来描述系统热力学平衡态的一组独立变量称为状态参量，常用力学参量、几何参量、化学参量、电磁参量四类参量去定量地描述系统的热力学平衡态。

二、热力学第零定律

1. 表述　如果 A、B 两个系统都分别与第三个系统互为热平衡，则 A、B 两个系统也必互为热平衡。

2. 意义　(1)给出了温度概念：互为热平衡的系统必定有一个共同的物理性质，这个性质就是温度，一切互为热平衡的系统，其温度相同。(2)指出了设计温度计、计量温度的方法。

三、温标

温度的数值表示法称为温标。温标分为四类：

1. 经验温标　以某种物质的某种随温度变化的属性而制定的温标。

2. 理想气体温标　以理想气体作为测温物质，以理想气体的体积或者压强作为测温参量而制定的温标。该温标不依赖于个别气体的个别特性，在它有意义的范围内与热力学温标相同。

3. 热力学温标　在热力学第二定律的基础上建立的完全不依赖于任何测温物质的温标，它是一种理想温标。

热力学温标的标准温度点是纯水的三相点，其温度值规定为 273.16 K，1 K 等于水的三相点温度的 $\frac{1}{273.16}$.

规定摄氏温标与热力学温标之间的换算关系为

$$t = (T - 273.15\,\mathrm{K})\,℃/\mathrm{K}.$$

4. 国际实用温标　规定一系列的标准温度点的温度数值，还规定不同温度区间中使用的基准温度计和几个相应的补差公式，来保证尽可能地接近热力学温标和保证国际间温度标准在一定精度上的一致而制定的温标。

四、状态方程

指热学参量——温度与其他状态参量之间的函数关系所满足的方程。

1. 一般表达式：$F(T, x_1, x_2, \cdots, x_n)=0$

2. 理想气体状态方程：$pV=\frac{M}{\mu}RT$

3. 非理想气体状态方程

(1) 范德瓦耳斯方程：$\left(p+\frac{a}{V_m^2}\right)(V_m-b)=RT$

(2) 昂尼斯方程：$pV_m=A+\frac{B_v}{V_m}+\frac{C_v}{V_m^2}+\frac{D_v}{V_m^3}+\cdots$

4. 无外力场时均匀系统状态方程的一般形式为

$$f(T,p,V)=0.$$

与均匀系统状态方程有密切关系的几个物理量：

定压膨胀系数： $\alpha=\frac{1}{V}\left(\frac{\partial V}{\partial T}\right)_p$

定容压强系数： $\beta=\frac{1}{p}\left(\frac{\partial p}{\partial T}\right)_V$

等温压缩系数： $\kappa=-\frac{1}{V}\left(\frac{\partial V}{\partial p}\right)_T$

α、β、κ 关系： $\alpha=p\beta\kappa$

5. 表面系统状态方程： $\sigma=\sigma_0-\beta t$

6. 电介质系统状态方程： $\mathscr{P}_e=\left(a+\frac{b}{T}\right)\mathscr{E}$

7. 顺磁质系统状态方程： $m=\frac{a\mathscr{H}}{T}$

思 考 题

1. 取一金属杆，使其一端与沸水接触，另一端与冰接触，当沸水和冰的温度维持不变时，杆中各点的温度虽然不同，但将不随时间变化，这时金属杆是否处于平衡态？为什么？

2. 当热力学系统处于非平衡态时，温度概念是否适用？

3. 在液体温度计中，用水银作测温物质，比用水作测温物质有哪些优点？

4. 理想气体温标是否依赖于气体的性质？在实现理想气体温标时，是否有一种气体比其他气体更优越？

5. 用 p_{tr} 表示定容气体温度计的测温泡在水的三相点时其中气体的压强值。有三个定容气体温度计：第一个用氧作测温物质，$p_{tr}=20\,\text{cmHg}$；第二个也用氧，但 $p_{tr}=40\,\text{cmHg}$；第三个用氢，$p_{tr}=30\,\text{cmHg}$.

(1) 设用这三个温度计测量同一物体温度，其中气体的压强值分别为 p_1, p_2, p_3，则它们所确定的待测温度近似值分别为

$$T_1=273.16\,\text{K}\,\frac{p_1}{20\,\text{cmHg}};\quad T_2=273.16\,\text{K}\,\frac{p_2}{40\,\text{cmHg}};\quad T_3=273.16\,\text{K}\,\frac{p_3}{30\,\text{cmHg}}.$$

试判断下列几种说法是否正确：

(a) 按上述方法，用三个温度确定的温度值都相同；

(b) 两个氧温度计确定的温度值相同，但与氢温度计确定的温度值不相同；

(c) 用三个温度计确定的温度值都不相同。

(2) 若用三个温度计确定的温度都不相同，试说明怎样改进测量方法才可使之相同。

6. 理想气体状态方程 $pV=nRT$ 是根据哪些实验定律导出？这些定律成立的条件各是什么？

7. 若使下列参量增大一倍，而其他参量保持不变，则理想气体的压强将如何变化？

(1) 温度 T； (2) 体积； (3) 摩尔数 $n=\frac{M}{\mu}$.

8. 试根据 pV/T＝恒量的物理意义，回答在下列情况下，此恒量是否相同：

(1) 摩尔数相同，但气体种类不同；

(2) 质量一定，但处于不同状态时的同种气体；

(3) 质量不同的同种气体；

(4) 质量相同而摩尔质量不同的气体。

9. 两筒温度相同的压缩氧气，从压强计指示出的压强不相同，问如何判断哪一筒氧气的密度大。

10. 盖吕萨克定律认为，一定质量的气体当压强保持不变时，其体积随温度按线性规律变化，即

$$V=V_0(1+\alpha_V t),$$

式中 V 和 V_0 分别表示温度为 t℃和 0℃时气体的体积，α_V 称为气体体胀系数。查理定律认为一定质量的气体，当体积保持不变时，其压强随温度按线性规律变化，即

$$p=p_0(1+\alpha_p t),$$

式中 p 和 p_0 分别表示温度为 t℃和 0℃时气体的压强，α_p 称为气体压强系数。试由理想气体物态方程推证上述两定律，并求出 α_V 和 α_p 的值。

11. 试证明道耳顿分压定理等效于分体积定理，即 $V=V_1+V_2+\cdots+V_n$，其中 V 是混合气体的体积，而 $V_1, V_2, \cdots, V_n$ 是各组分的分体积。所谓某一组分的分体积，是指混合气体中该组分单独存在，而温度和压强与混合气体的温度和压强相同时所具有的体积。

12. 系统 A 和 B 原来各自处在平衡态，现使它们互相接触，试问在下列情况下，两系统接触是绝热还是透热的，或两者都可能？(1)当 V_A 保持不变，p_A 增大时，V_B 和 p_B 都不发生变化；(2)当 V_A 保持不变，p_A 增大时，p_B 不变，而 V_B 增大；(3)当 V_A 减少，同时 p_A 增大时，V_B 和 p_B 都不变。

习 题

1. 水银温度计浸在冰水中时，水银柱的长度为 4.0 cm；温度计浸在沸水中时，水银柱的长度为 24.0 cm。

(1) 在室温 22.0 ℃时，水银柱的长度为多少？

(2) 温度计浸在某种沸腾的化学溶液中时，水银柱的长度为 25.4 cm，试求溶液的温度。

2. 设有一定容气体温度计是按摄氏温标刻度的，它在 0.101 3 MPa 下水的冰点及沸点时的压强分别为 0.040 5 MPa 和 0.055 3 MPa，试问：(1) 当气体的压强为 0.010 1 MPa 时的待测温度是多少？(2) 已知在 0.101 3 MPa 下硫的沸点为 444.5 ℃，当温度计放在沸腾的硫中时气体的压强是多少？

3. 铂电阻温度计的测温泡浸在水的三相点槽内时，铂电阻的阻值为 90.35 Ω。当温度计的测温泡与待测温的物体接触时，铂电阻的阻值为 90.28 Ω，试求待测物体温度。假设温度与铂电阻的阻值成正比，并规定水的三相点为 273.16 K。

4. 有一支液体温度计，在 0.101 3 MPa 下，把它放在冰水混合物中的示数 $t_i=-0.3$ ℃；放在沸腾的水中时的示数 $t_s=101.4$ ℃。试问放在真实温度为 66.9 ℃的沸腾的甲醇中的示数是多少？若用这支温度计测得乙醚沸腾时的示数为 34.7 ℃，则乙醚沸点的真实温度是多少？在多大一个范围内，这支温度计的读数可认为是准确的(估读到 0.1 ℃)？

5. 定压气体温度计测温泡内的气体，在水的三相点和汽点时的体积比 $\dfrac{V_{tr}}{V_s}$ 在气体压强 $p\to 0$ 时的极限值是 0.732 038，求汽点在理想气体温标下的值。

6. 当热电偶的一个触点保持在冰点，另一个触点保持在任一摄氏温度 t 时，其热电动势由下式确定：

$$\mathscr{E}=\alpha t+\beta t^2,$$

式中 $\alpha=0.20$ 毫伏·度$^{-1}$，$\beta=-5.0\times10^{-4}$ 毫伏·度$^{-2}$。

(1) 试计算当 $t=-100$ ℃，200 ℃，400 ℃和 500 ℃时热电动势 $\mathscr{E}$ 的值，并在此温度范围内作 $\mathscr{E}-t$ 图。

(2) 设用 $\mathscr{E}$ 作为测温属性，用下列线性方程来定义温标 t^*：

$$t^* = a\mathscr{E} + b,$$

并规定冰点为 $t_i^* = 0$ ℃，汽点为 $t_s^* = 100$ ℃，试求出 a 和 b 的值，并画出 $\mathscr{E}-t^*$ 图。

(3) 求出与 $t = -100$ ℃，200 ℃，400 ℃和 500 ℃对应的 t^* 值，并画出 $t-t^*$ 图。

(4) 试比较温标 t 和温标 t^*。

7. 1990 年国际实用温标规定：用于 13.803 K（平衡氢三相点）到 961.78 ℃（银在0.101 MPa下的凝固点）的标准测量仪器是铂电阻温度计。设铂电阻在 0℃及 t℃时电阻的值分别为 R_0 及 $R(t)$，定义 $W(t) = R(t)/R_0$，且在不同的温区内 $W(t)$ 对 t 的函数关系是不同的，在上述温区范围内大致有：

$$W(t) = 1 + At + Bt^2.$$

若在 0.101 Mpa 下，对应于冰的熔点、水的沸点、硫的沸点（温度为 444.67 ℃）电阻的阻值分别为 11.000 Ω、15.247 Ω 和 28.887 Ω，试确定上式中的常数 A 和 B。

8. 水银气压计中混进了一个空气泡，因此它的读数比实际的气压小，当精确的气压计读数为 768 mmHg 时，它的读数为 748 mmHg，此时管内水银面到管顶的距离为 80 mm。问当此气压计的读数为 734 mmHg 时，实际气压应为多少。设空气的温度保持不变。

9. 一氧气瓶的容积是 32 L，其中氧气的压强是 130 atm。规定瓶内氧气压强降到 10 atm 时就得充气，以免混入其他气体而需洗瓶。今有一玻璃室，每天需用 1.0 atm 氧气 400 L，问一瓶氧气能用几天。设氧气瓶在使用过程中温度 T 保持一定。

10. 现有一端封闭的玻璃管，管长 $l = 70$ cm，贮有空气，气柱上方有一段长为 $h = 20$ cm 的水银柱，将气柱封住，水银面与管口齐。今将玻管轻轻倒转，因而将一部分水银漏出。

(1) 如果大气压相当于 $H = 75.0$ cmHg，问留在管内的水银柱是多长？

(2) 问大气压为何值时水银可完全从管内漏出？

11. 要使潜艇浮起，须使压缩空气进入充满水的柜中把水排出。设排水孔位于水面下 15 m 处，水柜内温度为 30 ℃，压缩空气是 17 ℃，压强是 120 kgf/cm²，体积是 20 L 的钢瓶中放出来的，问一瓶压缩空气可以排出多少升水？

12. 容积为 10 L 的瓶内盛有氢气；假定在气焊过程中温度保持 27 ℃不变，问当瓶内压强由 50 kg·f/cm² 降为 10 kg·f/cm² 时，共用去多少克氢气？

13. 一打气筒，每打一次可将原来压强为 $p_0 = 1.0$ atm，温度为 $t_0 = -3.0$ ℃，体积 $V_0 = 4.0$ L 的空气压缩到容器内，设容器的容积为 $V = 1.5 \times 10^3$ L，问需打几次气，才能使容器内的空气温度为 $t = 45$ ℃，压强为 $p = 2.0$ atm.

14. 两个盛有空气的容器 A 和 B 用备有活塞的细管相连，容器 A 浸入温度为 $t_1 = 100$ ℃的水槽中，而容器 B 浸入温度为 $t_2 = -20$ ℃的冷却剂中。开始时，容器彼此为活塞所分开，容器 A 中空气的压强 $p_1 = 400$ mmHg，B 中空气的压强 $p_2 = 150$ mmHg。如果 A 的容积为 $V_1 = 250$ cm³，而 B 的容积为 $V_2 = 400$ cm³，求活塞打开后稳定的压强。

15. 已知一气球的体积 $V = 8.7$ m³，充以温度 $t_1 = 15$ ℃的氢气，当温度升高到 37 ℃时，维持其压强 p 及体积 V 不变，气球中多余的氢气跑掉了，而使其质量减少了 0.052 kg。试由这些数据求出氢气在 0 ℃、压强 p 下的密度 ρ_0.

16. 一抽气机转速 $\omega = 400$ 转/分，抽气机每分钟能够抽出气体 20 L，设容器的容积 $V = 2.0$ L，问经过多少时间后才能使容器的压强由 $p_0 = 760$ mmHg 降为 $p_t = 1.0$ mmHg.

17. 压强为 1.0 atm，温度为 3 ℃，体积为 8.0 L 的氢气与压强为 2.0 atm，温度为 27 ℃，体积为 2.0 L 的空气相混合，混合后的气体的压强为 3.0 atm，体积为 10 L，求混合气体的温度。

18. 把 20 ℃，1.0 atm，500 cm³ 的氮气压入一容积为 200cm³ 的容器，容器中原来已充满同温同压的氧气，试求混合气体的压强和各种气体的分压强，假设容器中气体的温度保持不变。

19. 通常称范德瓦耳斯方程中 $\dfrac{a}{V_m^2}$ 一项为内压强。已知范德瓦耳斯方程中的常数 a，对二氧化碳和氢分别为 3.592 atm·L²·mol⁻² 和 0.244 4 atm·L²·mol⁻²，试计算这两种气体在 $\dfrac{V_m}{V_{m0}} = 1, 0.01$ 和

0.001 时的内压强，$V_{m0}=22.41\,L\cdot mol^{-1}$.

20. 1 摩尔氧气，压强为 1 000 atm，体积为 0.050 L，其温度是多少？

21. 试计算压强为 100 atm，密度为 100 g/L 的氧气的温度，已知氧气的范德瓦耳斯常数 $a=1.360\,atm\cdot L^2\cdot mol^{-2}$，$b=0.031\,83\,L\cdot mol^{-1}$.

22. 用范德瓦耳斯方程计算密闭于容器内质量 $M=1.1\,kg$ 的二氧化碳的压强。已知容器的容积 $V=20\,L$，气体的温度 $t=13\,℃$. 试将计算结果与用理想气体状态方程计算的结果相比较。已知二氧化碳的范德瓦耳斯常数 $a=3.592\,atm\cdot L^2\cdot mol^{-2}$，$b=0.042\,67\,L\cdot mol^{-1}$.

23. 假设某物质的体膨胀系数和压缩系数分别为

$$\alpha=\frac{3aT^3}{V},\qquad \kappa=\frac{b}{V},$$

式中 a 和 b 为常数，求该物质的状态方程。

24. 将某液体从 0 ℃加温到 100 ℃，压强增加 2 atm，体积不变，若该液体的等温压缩系数是 $4.5\times10^{-5}\,atm^{-1}$，求膨胀系数。假设压缩系数和膨胀系数均为常数。

25. 在温度为 278 K，压强为 2.0 atm 时，水银的密度为 $13.60\,g/cm^3$，已知水银的等温压缩系数为 $3.87\times10^{-6}\,atm^{-1}$，等压膨胀系数为 $18\times10^{-5}\,K^{-1}$。现将水银加压并冷却到270 K，使其密度变为 $13.65\,g/cm^3$。问这时压强为多少？

26. 试求理想气体的定压膨胀系数和等温压缩系数。

27. 某一气体的定压膨胀系数和等温压缩系数分别为 $\alpha=nR/pV$，$\kappa=(1/p)+(a/V)$. 其中 n，R 和 a 都是常数。试求此气体的状态方程。

28. 一弹性棒的热力学状态可用它的长度 L，应力 f 描述。L，f 和温度 T 的关系即为其状态方程。今设此弹性棒发生一微小变化，从一平衡态变到另一平衡态，试证明：

$$df=-\alpha AY\,dT+AY\,dL/L,$$

其中 A 为棒的横截面积，α 为线胀系数，Y 为杨氏模量。

29. 假设在压强不太高时，1 摩尔的真实气体的物态方程表示为 $pV=RT(1+Bp)$，其中 B 为温度的函数。求 α 和 κ，并给出在 $p\to0$ 时的极限值。

30. 证明任何一种具有两个独立变量 T、p 的物质，其物态方程可由实验测得的 α、κ 根据下列积分求得：

$$\ln V=\int(\alpha\,dT-\kappa\,dp),$$

如果 $\alpha=\dfrac{1}{T}$，$\kappa=\dfrac{1}{p}$，试求状态方程。

*31. 学习用计算机进行数值计算：已知 1 摩尔 CO_2 气体的范德瓦耳斯方程为

$$p-\frac{RT}{V_m-b}+\frac{a}{V_m^2}=0,$$

其中，试求当气体的压强 $p=50\,atm$，温度 $T=273\,K$ 时气体对应的体积，并结合 §9.8(一)想想这三个体积对应物质的状态是怎样的？

第二章　热力学第一定律

§2.1　热力学过程

在上一章曾经谈到，当热力学系统处于平衡态时，如果不受外界的影响，系统的各种宏观性质都保持不变。但是，如果系统与外界发生了相互作用（如作功、传热），系统的平衡性质就会遭到破坏而发生状态的变化。当热力学系统状态随时间变化时，我们就说系统经历了一个热力学过程。热力学过程是由一系列中间状态组成的。

设系统由某一平衡态开始变化，状态的变化必然要破坏原有的平衡，原来的平衡态被破坏之后，需要经过一段时间才能达到新的平衡态，这段时间称为弛豫时间。弛豫时间的长短依赖于系统本身的性质和所研究的物理性质。一般而言，系统越大，弛豫时间越长；系统越小，弛豫时间越短。在同一系统中，不同物理量达到平衡所需的时间也不一样。例如压强达到平衡要比温度达到平衡来得快，即压强的弛豫时间比温度的弛豫时间要短。在热力学中取该系统中所有参量都达到平衡的最大弛豫时间，作为系统的弛豫时间。

热力学系统状态变化过程往往进行得较快，在未达到新的平衡之前又继续了下一步的变化。这样，在过程中系统经历的一系列中间状态必然是非平衡状态，在热力学中，这种过程称为非静态过程。但是在热力学中，具有重要意义的是所谓的准静态过程，在这过程进行中的每一时刻，系统的状态都无限接近于平衡态，因而可以作为平衡态处理。下面举例予以说明。

在图 2-1(a)中，设有一带活塞的汽缸，活塞和缸壁绝热，汽缸中盛有一定质量的气体，活塞上放有若干重物，当气体作用在活塞上的压力与重物作用于活塞的压力平衡时，系统处于平衡态，设此时气体的压强为 p_1，体积为 V_1。若减少置于活塞上的重物，活塞受的力失去平衡，气体体积就会膨胀。此时靠近活塞附近的气体，其压强比其他各部分气体的压强小，气体内部各处的压强也不均匀，因此气体处于非平衡态。直到膨胀停止，气体内部各处压强达到均匀，气体重新达到一个压强、体积都具有确定值 p_2、V_2 的新的平衡态。由于在上述过程中，系统经历的每一个中间状态均为非平衡态，故该过程应为非静态过程。在该过程中，每一中间状态各处的压强和密度都不相同。

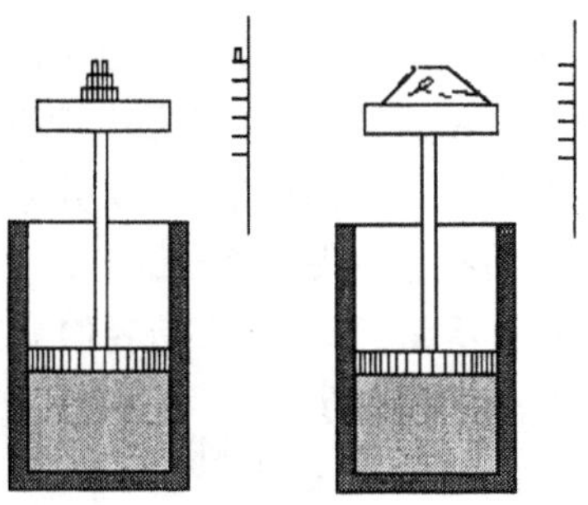

(a)非静态过程　　(b)准静态过程

图 2-1　热力学过程

在图 2-1 中，如果活塞与汽缸壁间的摩擦可以忽略，控制外界的压强，我们每次减少重物的重量非常少，使它们作用在活塞上的压强在每一时刻都比气体压强小一微小量，如图 2-1(b)所示，每次将活塞上的少量沙子移至水平搁架上，这时气体将非常缓慢地进行膨胀。如果气体每膨胀一步（气体体积增加一微小量

ΔV)所经历的时间都比弛豫时间长,那么在膨胀过程中系统几乎随时都接近于平衡态。当这过程进行得无限缓慢时,其经历的每一个中间状态都可视为平衡态,则该过程就是准静态过程。可见准静态过程是实际过程无限缓慢地进行的极限情况。

显然,准静态过程是一种理想过程,因为任何实际过程都不可能无限缓慢地进行。但是,只要系统状态发生一个可测变化所需的时间比弛豫时间长得多,以至于在任何时刻进行观察,系统都有充分时间达到平衡,这样的过程当作准静态过程处理,引起的误差完全可以忽略不计。例如汽缸中活塞对气体作短暂压缩时,在系统内即形成声波,声波在系统内来回传播,可以预料,声波经过几次来回传播后,在系统内即可建立新的平衡态。故可用声速 v 来估算压强的弛豫时间 τ_F,其数量级为

$$\tau_F \propto \frac{L}{v},$$

其中 L 为容器的线度。在空气中声速约为 $330\,\mathrm{m\cdot s^{-1}}$,对于汽缸来说,若 $L=0.3\,\mathrm{m}$,则 $\tau_F \approx 10^{-3}\,\mathrm{s}$。对于转速为 150 r/min 的四冲程内燃机,其压缩冲程的时间约为 $\Delta t \approx 0.2\,\mathrm{s}$,显然 $\Delta t \gg \tau_F$。由此可见,若把活塞在汽缸内的压缩过程看成是准静态过程来分析,不会产生很大的误差。

应指出的是,当活塞与汽缸壁之间的摩擦不可忽略时,虽然仍可使过程进行得无限缓慢,从而使每一步系统都处于平衡态,但这时外界作用的压强显然不等于系统内部的压强。今后本书中所提到的准静态过程,严格来讲,都是指无摩擦的准静态过程。

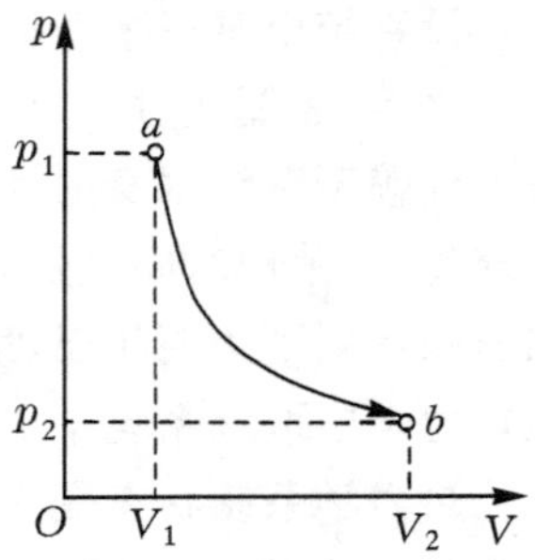

图 2-2
准静态过程可用 p-V 图上的一条曲线表示

对于一定量的气体,p、V、T 三个量中只有两个是独立的,所以给定任意两个参量的数值,就确定了系统的一个平衡态。如果以 p 为纵坐标,V 为横坐标,作 p-V 图,则 p-V 图上任何一点都对应一个平衡态,而图中任意一条曲线都代表一个准静态过程,如图 2-2 所示。对非静态过程是不能用 p-V 图表示的。

§2.2 功

通过力学的学习我们知道,外界对物体作功的结果,一方面会改变物体的机械运动状态,同时在作功过程中,外界与物体间有能量的交换,从而改变了系统的机械能。力学中所研究的只是物体间特殊类型的相互作用,实际上物体间除机械力外,还有电力、磁力、表面张力等。相应地,除机械功外,还有电场功、磁场功、表面张力作的功等等。在一般情况下,外界对系统作功的结果,不仅引起系统机械运动状态发生变化,还会引起系统热运动状态、电磁运动状态等发生变化。作功是引起系统状态变化的方式之一。在热力学中,准静态过程的功具有重要意义,下面我们分别讨论在各种准静态过程中,外界对系统作的功。

一、体积功

1. 功的表达式

首先讨论在准静态过程中,流体(气体或液体)体积发生变化时的功。为简单起见,假定在有活塞的汽缸内盛有一定量的气体,活塞可无摩擦地左右移动,如图 2-3 所示。设气体的压强为 p,活塞的面积为 S,则气体作用在活塞上的压力为 pS。若气体经历一微小

的准静态膨胀过程，活塞向右移动距离 dL，此时气体体积增加

$$dV = SdL. \tag{2.2.1}$$

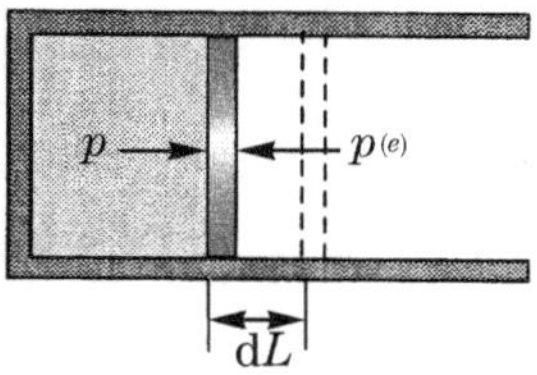

图 2-3
汽缸内气体推动活塞作功

由于过程是准静态的，过程进行的速度趋近于零，流体在任何时刻都处于平衡态，则在过程中的任何时刻，外界作用于活塞的压力也为 pS，而方向与气体作用于活塞上的压力相反。所以在上述微小过程中，外界对气体作的元功 $đW$ 为

$$đW = -pSdL,$$

将(2.2.1)式代入上式，可得

$$đW = -pdV, \tag{2.2.2}$$

其中 p、V 均为系统的状态参量。(2.2.2)式用描述系统的状态参量，把准静态过程的功定量地表示出来了。这样，在具体计算准静态过程功的时候，就可以利用系统的状态方程所给出的 p、V、T 之间的关系。

需注意的是，(2.2.2)式中的 $đW$ 表示外界对系统(流体)在无限小的准静态过程中所作的功。公式中的负号表示 dV 与 $đW$ 符号相反，即当系统被压缩时 $dV<0$，外界作正功，$đW>0$；当系统膨胀时 $dV>0$，外界作负功，$đW<0$。还应注意，系统对外界所作的元功为 $đW'=-đW=pdV$，因为在无摩擦的准静态过程中，气体作用于活塞的压力与外界作用于活塞的压力是一对平衡力，其大小相等，方向相反。

在一个有限的准静态过程中，系统的体积由 V_i 变为 V_f 时，外界对系统所作的总功为

$$W = -\int_{V_i}^{V_f} p\,dV, \tag{2.2.3}$$

在国际单位制中，功的单位是焦耳。

需指出的是，只要系统所经历的过程是准静态的，均可应用(2.2.2)式和(2.2.3)式计算过程中所作的功。同时(2.2.2)和(2.2.3)二式不仅适用于流体，而且在任何系统中，由于体积变化所作的功都可按此式计算。

2. 功是过程量

在§2.1中讲过，任一准静态过程都可用 p-V 图上的一条曲线表示。图 2-4 中曲线 ab 下画斜线的小长方形面积 $pdV=-đW$，而曲线 ab 下的总面积等于 $-W$，即等于外界在这个过程中对系统作功的负值，或者说等于系统在这过程中对外界所作的功。由此可见，在某一过程中，由于系统体积变化，系统对外所作功的大小，可用 p-V 图中过程曲线下的面积表示，因此一般称 p-V 图为示功图。

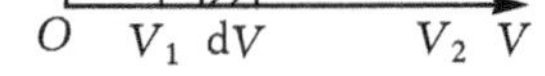

图 2-4　功的图示

应特别指出的是，功的数值是与具体过程有关的，即从一定的初态出发，经不同的过程到达同一终态时，功的数值不同。在图2-5中，初态 $a(p_1,V_1)$ 和终态 $b(p_2,V_2)$ 给定之后，连接初态和终态的曲线可以有无穷多条，它们分别对应不同的过程，图中(a)、(b)、(c)、(d)分别表示四种过程。(a)表示系统从初态 $a(p_1,V_1)$ 出发，先在定压 p_1 下使体积 V_1 膨胀到 V_2，再在一定体积 V_2 下降压到终态 $b(p_2,V_2)$；(b)表示系统从初态 $a(p_1,V_1)$ 出发，先在一定体积 V_1 下降压到 p_2，再在定压 p_2 下，使体积由 V_1 膨胀到 V_2 而到达终态 $b(p_2,V_2)$；(c)表示系统从初态 $a(p_1,V_1)$ 出发，先在定容情况下降压到一个很低的压强，再等压膨胀到 V_2，最后等容升压至终态 $b(p_2,V_2)$；(d)则表示由初态 $a(p_1,V_1)$ 经任意过

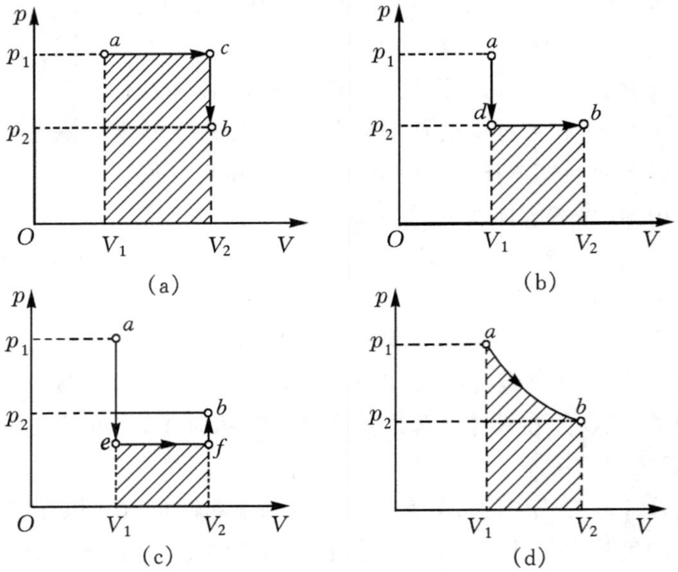

图 2-5 功的大小与过程性质有关

程变化到终态 $b(p_2, V_2)$。由图中的阴影部分可以看出，不同曲线下的面积是不相同的，这就表明，系统从同一初态 $a(p_1, V_1)$ 出发，经过不同过程到达同一终态 $b(p_2, V_2)$ 时，系统对外界作的功是不同的。即功的数值不仅与系统的初、终态有关，而且还与过程性质有关。所以，功不是表征系统状态的量，而是与作功过程有关的量。这一点对任何其他类型的功都同样成立。因此，我们不能说"系统的功是多少"，或"处于某一状态的系统有多少功"，只能说"系统通过某一过程作了多少功"。在无限小过程中，外界作的元功用 $đW$ 表示，以便与全微分相区别。

［例题 1］ 如图 2-6 所示，理想气体通过下述三种途径由初态 $i(2p_0, V_0)$ 变到终态 $f(p_0, 2V_0)$，试计算沿每一路径外界对气体所作的功。

1. 沿 $i-f$ 等温线
2. 沿 $i-a-f$
3. 沿 $i-b-f$

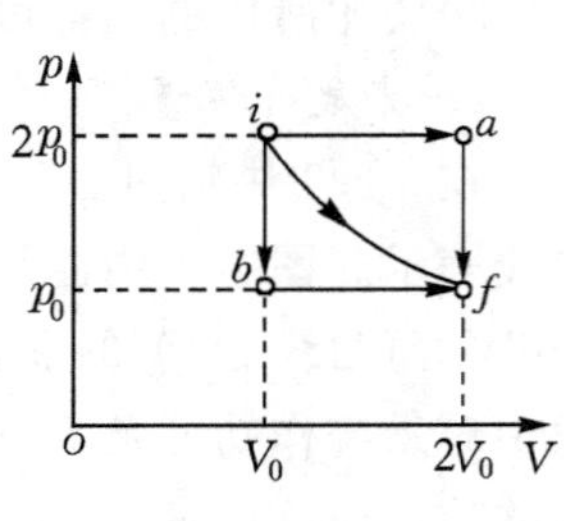

图 2-6

［解］ 1. 沿 $i-f$ 等温线

根据理想气体状态方程，可求得理想气体的压强

$$p = \frac{nRT}{V},$$

将上式代入(2.2.3)式，即可求得在等温过程中，外界对气体所作的功

$$W_1 = -\int_{V_i}^{V_f} p\,\mathrm{d}V = -nRT\int_{V_i}^{V_f}\frac{\mathrm{d}V}{V} = -nRT\ln\frac{V_f}{V_i}$$

$$= -p_f V_f \ln\frac{V_f}{V_i} = -2p_0V_0\ln 2 = -1.386p_0V_0.$$

2. 沿 $i-a-f$，先等压膨胀，后等容降压，在等容过程中 $W=0$，所以沿该路径作的总功为

$$W_2 = -\int_{V_i}^{V_f} p\,\mathrm{d}V = -2p_0(2V_0 - V_0) = -2p_0V_0.$$

3. 沿 $i-b-f$，先等容后等压，外界所作的功为

$$W_3 = -\int_{V_i}^{V_f} p\,\mathrm{d}V = -p_0(2V_0 - V_0) = -p_0V_0.$$

由此可见，$W_1 \neq W_2 \neq W_3$，即外界对气体所作的功与路径有关。

［**例题 2**］ 在 $T=273.15\text{K}$ 的恒温下，对 1.00g 的铜加压，压强从 1.00atm 增到 1000atm，该过程可看作准静态过程，求外界对铜所作的功。

［**解**］ 根据等温压缩系数 $\kappa=-\frac{1}{V}\left(\frac{\partial V}{\partial p}\right)_T$，可得

$$(\mathrm{d}V)_T=-V\kappa(\mathrm{d}p)_T,$$

式中 $(\mathrm{d}p)_T$ 为等温条件下，系统压强的微小改变量，$(\mathrm{d}V)_T$ 为系统体积的相应改变量。将上式代入(2.2.3)式，可得

$$W=-\int_{V_i}^{V_f}p\mathrm{d}V=\int_{p_i}^{p_f}V\kappa p\mathrm{d}p=\frac{1}{2}V\kappa(p_f^2-p_i^2),$$

对于铜，在 $T=273.15\text{K}$ 时，实验测得密度 $\rho=8.93\times10^3\text{kg}\cdot\text{m}^{-3}$，$\kappa=7.63\times10^{-12}\ \text{m}^2\cdot\text{N}^{-1}$，$p_i=1.00\ \text{atm}=1.013\times10^5\ \text{Pa}$，$p_f=1.013\times10^8\ \text{Pa}$，将这些数据代入上式，可得

$$W=\frac{1}{2}\times\frac{1.00\times10^{-3}}{8.93\times10^3}\times7.63\times10^{-12}[(1.013\times10^8)^2-(1.013\times10^5)^2]$$
$$=0.00436\ \text{J}.$$

二、等温拉伸弹性棒作的功

设在外力 F 的作用下，使棒伸长 $\mathrm{d}L$，则外力在拉伸过程中所作的元功为

$$đW=F\mathrm{d}L,\tag{2.2.4}$$

在等温条件下，当外力准静态地从 F_i 增至 F_f，外力所作的功为

$$W=\int_{L_1}^{L_2}F\mathrm{d}L,\tag{2.2.5}$$

利用(1.3.26)式关于杨氏模量的定义：$Y=\frac{L}{A}\left(\frac{\partial F}{\partial L}\right)_T$，则

$$(\mathrm{d}L)_T=\frac{L}{AY}(\mathrm{d}F)_T,$$

式中 $(\mathrm{d}F)_T$ 与 $(\mathrm{d}L)_T$ 分别表示在微小的等温过程中，外力的增加量和棒的长度的增加量。将 $(\mathrm{d}L)_T$ 代入(2.2.5)式，得

$$W=\int_{F_i}^{F_f}\frac{LF}{AY}\mathrm{d}F,$$

一般而言，拉伸过程中棒的形变很小，L 和 A 可近似看作常数，并且实验发现，Y 对 F 的依赖关系很小，故积分上式可得

$$W=\frac{L}{2AY}(F_f^2-F_i^2).\tag{2.2.6}$$

［**例题 3**］ 一金属杆长 2.0 m，横截面积为 $1.0\times10^{-6}\ \text{m}^2$，等温杨氏模量为 $5.0\times10^{10}\ \text{N/m}^2$，在等温条件下，拉力从 0 准静态地增加到 200N. 试计算拉力对金属杆所作的功。

［**解**］ 将题给数据代入(2.2.6)式，得

$$W=\frac{L}{2AY}(F_f^2-F_i^2)=\frac{2.0\times200^2}{2\times1.0\times10^{-6}\times5.0\times10^{10}}$$
$$=0.80\ \text{J}.$$

三、表面张力的功

设有液体薄膜张于金属线框上，线框的一边 ab 可以移动，其长度为 L，如图 2-7 所示。若用外力 F 拉 ab 边向右移动距离 $\mathrm{d}x$，则外力对薄膜所作的功为

$$đW=F\mathrm{d}x,$$

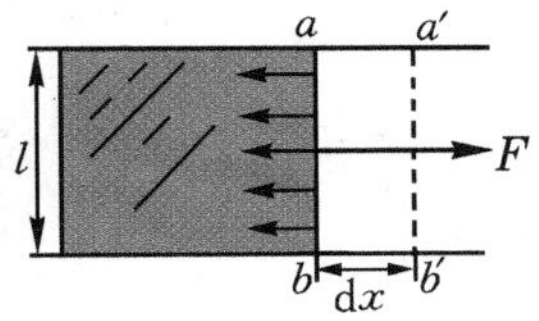

图 2-7
外力克服表面张力作功

在准静态过程中，外力与薄膜上下两个表面的总张力保持平衡，

即 $F=2\sigma L$，所以外力对薄膜所作的功为

$$\mathrm{d}W = 2\sigma L\,\mathrm{d}x = \sigma\mathrm{d}A, \tag{2.2.7}$$

其中 $\mathrm{d}A=2L\mathrm{d}x$ 是 ab 边移动距离 $\mathrm{d}x$ 时，薄膜面积的增量。

若在外力作用下，使液膜的面积由 A_i 准静态地增大到 A_f，则外力所作的功

$$W = \int_{A_i}^{A_f}\sigma\mathrm{d}A, \tag{2.2.8}$$

因 σ 与 A 无关，只是温度 T 的函数。若过程是在等温条件下进行的，则由上式可得

$$W = \sigma(A_f - A_i). \tag{2.2.9}$$

四、可逆电池电荷移动的功

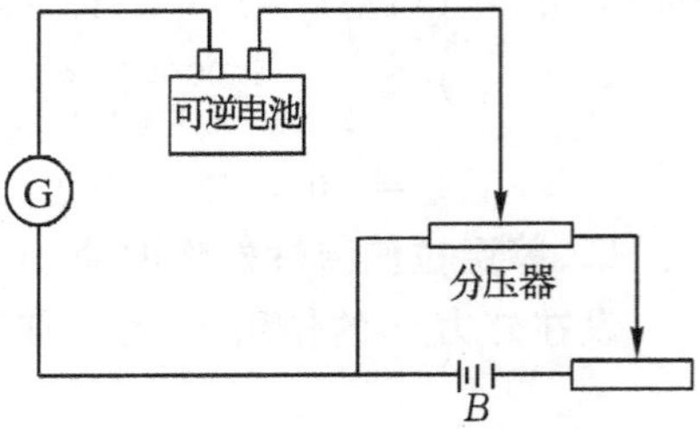

图 2-8 可逆电池电荷移动的功

我们知道，一般的蓄电池是可以充电，也可以放电的。所谓可逆蓄电池，就是在放电过程中，蓄电池内部所引起的化学变化，可通过充电过程完全加以消除的蓄电池。从能量转换的角度来看，放电过程是一个将化学能转变为电能的过程，而充电过程则相反，是一个将电能转变为化学能的过程，如果后者能完全消除前者带来的影响，并使系统和外界完全恢复原状，则该蓄电池就是可逆蓄电池，理想的蓄电池就是可逆电池。在图 2-8 中，将一电动势为 $\mathscr{E}$ 的可逆电池与一分压器相连接，当分压器在电路中的电压与可逆电池电动势 $\mathscr{E}$ 相等时，电流计 G 的指示为零。适当调节分压器，使其电压比 $\mathscr{E}$ 小一无穷小量。这时，可逆电池正极上的正电荷量将改变一无穷小量 $\mathrm{d}q$（$\mathrm{d}q<0$），$\mathrm{d}q$ 通过外电路从可逆电池正极流到负极。于是外界（电池组 B）对可逆电池作的元功为

$$\mathrm{d}W = \mathscr{E}\mathrm{d}q, \tag{2.2.10}$$

应注意，上述 $\mathrm{d}q<0$ 的情况是可逆电池通过外电路放电，这时外界作负功，反之，当可逆电池充电时，$\mathrm{d}q>0$，外界作正功。

若 q 改变一有限值，则

$$W = \int_{q_1}^{q_2}\mathscr{E}\mathrm{d}q, \tag{2.2.11}$$

$\mathscr{E}$ 的单位为伏特，q 的单位为库仑，W 的单位为焦耳。

五、磁介质的磁化功

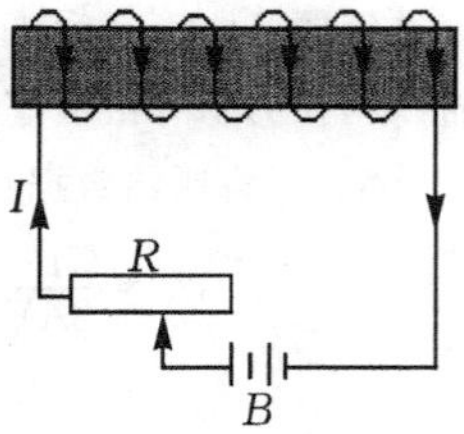

图 2-9

磁介质磁化时外界作功

长为 L，截面积为 S 的磁介质样品放在有 N 匝线圈的螺线管中，如图 2-9 所示。设样品的长度比直径大得多，可近似认为磁介质中磁场和磁化强度都是均匀的，并假设线圈的电阻很小，可忽略不计。首先以磁场和磁介质一起作为系统，研究电源作的功。

当改变螺线管中的电流时，线圈中会产生感应电动势 $\mathscr{E}=-N\dfrac{\mathrm{d}\varphi}{\mathrm{d}t}$，其中 $\mathrm{d}\varphi$ 是一匝线圈中磁通量的变化：$\mathrm{d}\varphi=S\mathrm{d}\mathscr{B}$，故 $\mathscr{E}=-NS\dfrac{\mathrm{d}\mathscr{B}}{\mathrm{d}t}$。为了维持电流，电源必须反抗感应电动势作功

$$\mathrm{d}W = -\mathscr{E}I\mathrm{d}t = NIS\mathrm{d}\mathscr{B},$$

根据安培环路定律，螺线管中的磁场强度 $\mathscr{H}=\dfrac{NI}{L}$，$NI=\mathscr{H}L$，代入上式得

$$đW = LS\mathscr{H}d\mathscr{B} = V\mathscr{H}d\mathscr{B}. \tag{2.2.12}$$

对于均匀磁介质的 $\mathscr{B}$、$\mathscr{H}$、介质的总磁矩 M，真空磁导率 μ_0 与 V 之间的关系为

$$\mathscr{B} = \mu_0\mathscr{H} + \mu_0\frac{M}{V},$$

即

$$d\mathscr{B} = \mu_0 d\mathscr{H} + \frac{\mu_0}{V}dM,$$

把 $d\mathscr{B}$ 代入(2.2.11)式，整理后得

$$đW = Vd\left(\frac{\mu_0\mathscr{H}^2}{2}\right) + \mu_0\mathscr{H}dM. \tag{2.2.13}$$

上式说明，外界(即电源)对系统作的功，一部分用于激发磁场，对应于式中的第一项；另一部分用于使磁介质磁化，对应于式中的第二项。如果我们只研究磁介质磁化过程中外界作的磁化功，则

$$đW = \mu_0\mathscr{H}dM, \tag{2.2.14}$$

相应地，系统(磁介质)在磁化过程中对外作功为

$$đW' = -\mu_0\mathscr{H}dM. \tag{2.2.15}$$

六、电介质的极化功

与讨论磁介质的情况相类似，我们可以计算出外界激发电场和使电介质极化所作的总功为

$$đW = Vd\left(\frac{\varepsilon_0 E^2}{2}\right) + Ed\mathscr{P}, \tag{2.2.16}$$

式中 ε_0 为真空的介电常数，E 为电介质中的电场强度，$\mathscr{P}$ 为电介质的电矩，V 为电介质的体积。如果只考虑电介质极化过程中外界作的功，则

$$đW = Ed\mathscr{P}, \tag{2.2.17}$$

综上所述，在准静态过程中，外界对系统所作的元功，一般可表示为

$$đW_i = Y_i dx_i$$

的形式，其中 x_i 称为广义坐标，dx_i 称为广义位移。前面提到的 V、L、S、q、M、$\mathscr{P}$ 等都是不同种类的广义坐标，它们是广延量。Y_i 称为广义力，前面提到的 $-p$、F、σ、$\mathscr{E}$、$\mathscr{H}$、E 等都是不同种类的广义力，广义力都是强度量。考虑到系统和外界可能有多种功交换，则准静态过程的功一般可写为

$$đW = \sum_i Y_i dx_i. \tag{2.2.18}$$

综合本节所述可见，作功是系统和外界相互作用的一种方式。一般来说，当系统在广义力作用下有广义位移时，就发生了某种类型的作功过程。在作功过程中，外界和系统之间交换能量，从而引起系统状态发生变化。

§2.3 热 量

一、热量

在热力学中，系统和外界之间除存在作功这一相互作用方式之外，还存在另一种相互作用方式，这就是热传递。例如将一壶水放在炉子上加热，壶中的水温就会逐渐升高。这时我们就说有热量 Q 从高温物体(炉子)传给了低温物体(如壶中的水)。传热的结果，不

仅引起系统的热力学状态发生变化，而且还有能量从高温物体传到低温物体。通过热传递这一方式传递的能量称为热量。

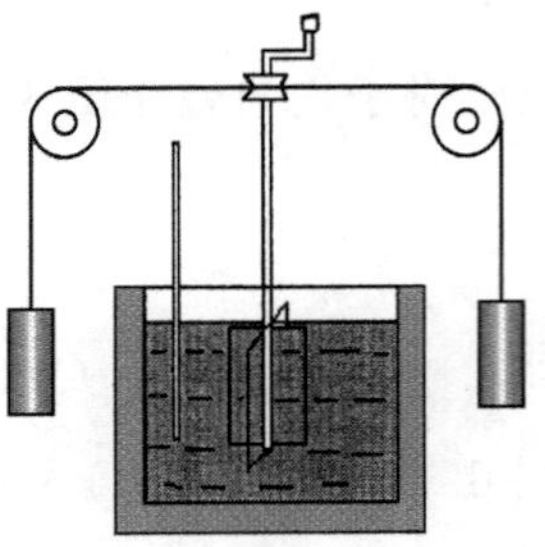
图 2-10 功可以转变为热

在传热条件下，当系统从一个状态变到另一个状态时，它吸收或放出的热量，和功一样也与过程有关。实验表明，单纯用加热方式使 1 kg 水在 1 atm 下，从 10 ℃升到 20 ℃，需要供给41.8 kJ 的热量。如果将 1 kg10 ℃的水，放到一绝热容器中，用机械搅拌的方法(如图 2-10)也可使水升高同样的温度，但这时供给的热量为零。另外，若先用机械搅拌使水升到某一温度，然后再用加热(有时甚至需要冷却)使水温达到 20 ℃，这时供给系统的热量将小于 41.8 kJ(甚至可以是负值，即从系统取出热量)。由此可见，热量和功一样，与过程有关，不是态函数，而是过程量。因此，在无限小过程中系统吸收或放出的热量 $\mathrm{d}Q$ 不是全微分。同样，说系统在某一状态有多少热量，像说系统在某个状态有多少功一样，是毫无意义的。

传热和作功是系统和外界间传递能量的两种方式，但是产生这两种能量传递的原因却不同。作功是由于力学平衡条件不满足而引起，而传热则是由于热平衡条件不满足而引起。因此，传热和作功是两种不同类型的能量传递方式。在作功过程中，系统总是伴随有宏观的位移发生，而系统与外界进行热交换时，两者之间没有任何宏观位移发生，此种形式的能量传递是通过分子间的碰撞来完成的。如将一壶水放在炉子(热源)上时，炉子周围的空气分子具有较高的热运动能量，而容器内的水温度较低，具有较小的热运动的能量。通过空气分子与容器分子间及容器分子与水分子间的碰撞，能量便从热源传递到容器和水。因此，传热虽然也是能量传递的宏观形式，但它和物质内部的微观粒子的无序运动紧密相关。

摩擦生热的事实告诉我们，功是可以转变成热的。焦耳从 1840 年到 1879 年，花了近四十年的时间，进行了多种多样的独创性实验，精确地测定了功与热量相互转化的数值关系——热功当量。并且所有实验都在实验误差范围内，得到一致的结果，即使装在绝热容器中的单位质量的水，温度升高 1 度时所需要的功(机械功或电功)总是一定的。1849 年焦耳在"论热的机械当量"一文中所公布的热功当量较为精确的数值相当于4.157J · cal^{-1}，非常接近于 1956 年国际会议规定的热功当量的精确数值。

1 热工程卡＝4.186 8 焦耳

1 热化学卡＝4.184 焦耳

由于热和功之间可以相互转化，同时一定的热量和一定量的功相当，所以我们用同一个单位来度量这两个量，它们的单位是焦耳，以符号 J 表示。

二、热量的计算 热容量

实验证明，在没有相变及化学反应时，系统在某过程中吸入的热量 ΔQ 与升高的温度 ΔT 成正比，故热量为

$$\Delta Q = C\Delta T, \tag{2.3.1}$$

比例系数 C 称为热容量，其定义为

$$C = \lim_{\Delta T \to 0} \frac{\Delta Q}{\Delta T} = \frac{\mathrm{d}Q}{\mathrm{d}T}, \tag{2.3.2}$$

即物体的热容量，表示其温度升高(或降低)1K 时，吸收(或放出)的热量。1 摩尔物质的热容量叫做摩尔热容量，用 C_m 表示，它与热容量的关系是

$$C = nC_{\mathrm{m}}, \tag{2.3.3}$$

$$C_{\mathrm{m}} = \frac{C}{n} = \frac{1}{n}\frac{đQ}{\mathrm{d}T}, \tag{2.3.4}$$

n 是物质的摩尔数。摩尔热容的单位为 J/(mol·K)。

系统的热容量与其质量成正比，是广延量。为了反映物质本身的属性，常采用单位质量的热容，称为**比热容**，简称**比热**，以 c 表示，单位为 J/(kg·K)。比热 c 的定义式为

$$c = \frac{1}{m}\frac{đQ}{\mathrm{d}T}. \tag{2.3.5}$$

由于热量是与过程性质有关的量，因而在不同的过程中热容量有不同的数值。对于均匀物质系统最常用的热容量是定容热容量与定压热容量。定容热容量是系统在定容过程中的热容量，记作 C_V，即

$$C_V = \left(\frac{đQ}{\mathrm{d}T}\right)_V, \tag{2.3.6}$$

定压热容量是系统在定压过程中的热容量，记作 C_p，即

$$C_p = \left(\frac{đQ}{\mathrm{d}T}\right)_p, \tag{2.3.7}$$

由(2.3.5)式可得

$$đQ = mc\,\mathrm{d}T,$$

故系统在某一过程中，当温度从 T_i 变到 T_f 时，吸收的热量 Q 由下式计算

$$Q = \int_{T_i}^{T_f} mc\,\mathrm{d}T, \tag{2.3.8}$$

式中 m 为系统的质量，小写 c 为此过程的比热。显然，上式应沿给定的过程曲线进行积分。若温度变化范围较小，比热 c 可近似看成常数，于是上式可简化为

$$Q = mc(T_f - T_i). \tag{2.3.9}$$

图 2-11 表示在 1 atm 下，水的比热容与温度的关系，由图可知，在 1 atm 下，从 0 ℃到 100 ℃之间水的比热容变化仅约 1/100。因此，常常可以近似地认为从 0 ℃到 100 ℃的整个温度范围内，水的比热为常数，等于 4.184kJ/(kg·K)。

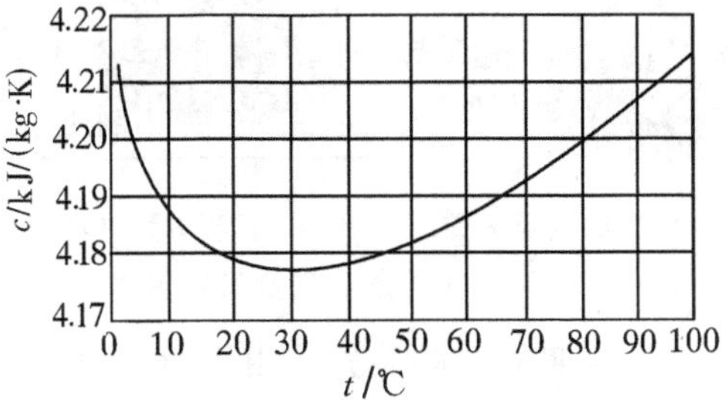

图 2-11　水的比热容与温度的关系

[例题]　假设空气处于容积为 27 m³，并有小泄漏孔与一个大气压下的室外空气相通的绝热室中，试问必须向室内输入多少热量才能使室内空气的温度从 0 ℃缓慢地上升到 20 ℃？（已知标准状态下空气密度 ρ=0.001 29 g/cm³，定压比热为 c_p=0.238 cal/(g·K)。

[解]　因为缓慢加热，我们假定室内压强保持在 1 atm，当空气在定压和定容下加热，室内温度为 T 时的空气质量 $M(T)$，可由状态方程 $pV=\dfrac{M}{\mu}RT$ 或 $M(T)T$=常数决定。若温度为 T_1 时室内空气质量为 M_1，则

$$M(T)T = M_1T_1,\qquad M(T) = \frac{M_1T_1}{T},$$

由于质量为 $M(T)$ 的空气是在定压下加热，当其温度由 T_1 升至 T_2 时，根据(2.3.7)式知所需的热量

$$Q = \int_{T_1}^{T_2} M(T)c_p\mathrm{d}T = M_1T_1c_p\int_{T_1}^{T_2}\frac{\mathrm{d}T}{T} = M_1T_1c_p\ln T_2/T_1,$$

将

$$c_p = 0.238\ \mathrm{cal/(g\cdot K)} = 0.996\times10^3\ \mathrm{J/(kg\cdot K)},$$

$$V = 27\ \mathrm{m^3},$$

$$\rho = 0.00129\ \mathrm{g/cm^3} = 1.29\ \mathrm{kg/m^3},$$

$$T_1 = 273.15\ \mathrm{K},$$

$$T_2 = 293.15\ \mathrm{K},$$

代入上式，得

$$Q = 0.996\times10^3\times27\times1.29\times273.15\times\ln\frac{293.15}{273.15}$$

$$= 6.69\times10^5\ \mathrm{J} = 669\ \mathrm{kJ}.$$

§2.4 内能 热力学第一定律

一、内能

在力学中已经知道，外力对系统作的功可以改变系统的机械能。焦耳的热功当量实验扩展了人们的认识，通过这些实验，有力地说明了外界作功的结果还可以改变系统另一种形式的能量——内能，这是在热力学中我们将认识的一种新的运动形式的能量。

焦耳的最著名的实验装置如图 2-12 所示，其中图(a)中将一定质量的水装在绝热容器中，依靠重物的下落作功，带动叶片转动，叶片搅拌水摩擦生热使容器中水的温度升高。焦耳实验结果表明，使单位质量的水从某一温度升高 1 度所需要的机械功总是一定的。

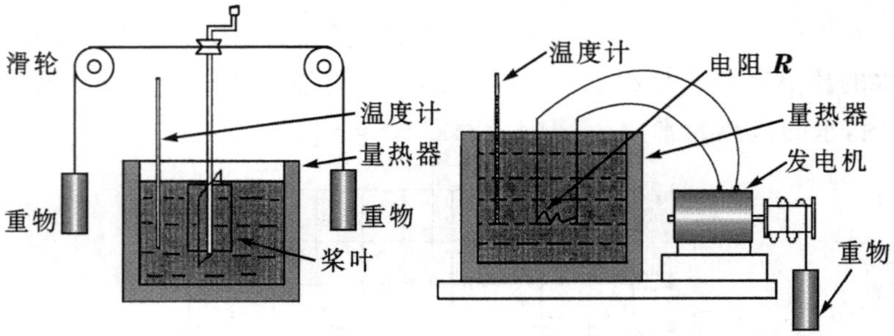

(a)用机械功测热功当量装置　　(b)用电功测热功当量装置

图 2-12 焦耳热功当量实验装置

图 2-12(b)是焦耳另一个早期的实验装置。由下落的砝码驱动发电机发电，并给浸在水中的电阻 R 供电，用电功使装在绝热容器中的水温度升高。实验结果发现，使单位质量的水，从某一温度升高 1 度时所需的电功，在实验误差范围内和前面装置的机械功数值相同。

焦耳还做了各种各样的实验来测定热功当量，所有实验都在实验误差范围内得到一致的结果。

在焦耳的各种实验中，系统平衡态的改变(如水的温度改变)都只是靠机械功或电功来完成的。在系统状态改变的过程中，不从外界吸热，也不放热。我们称这种系统为**绝热系统**，这种过程为**绝热过程**。

焦耳的大量实验无可辩驳地指出，当系统（如水）在各种不同的绝热过程中，从确定的平衡态1（其相应温度为T_1）改变到确定的平衡态2（其相应温度为T_2）时，实验测得的功的数值都相同，也就是说，在绝热过程中，外界对系统所作的功，只与系统的初、末平衡态有关，而与系统经历什么过程无关。现在回忆一下，在有势力场中，物体位置移动时有势力（重力、库仑力、万有引力等）所作的功与路径无关，只与其初终位置有关，在那里我们引入位能这一概念，并用位能的变化来量度物体本身的能量变化。这里的情况与此类似，我们可以引入一个态函数（状态的单值函数）的变化来表示热力学系统本身在绝热过程中的能量变化，这个态函数名为内能，用U表示。一个热力学系统从平衡态1经过任一绝热过程到达平衡态2时，其内能的增加量为

$$U_2 - U_1 = W_a, \tag{2.4.1}$$

式中W_a表示绝热功，即系统从平衡态1到平衡态2的任一绝热过程中，外界对系统所作的功。U_1表示系统在平衡态1时的内能，U_2表示系统在平衡态2时的内能，它们由平衡态的状态参量单值地确定，所以说内能是态函数。

由(2.4.1)式可以看出，根据系统从一个平衡态过渡到另一个平衡态时，外界对系统所作的绝热功，可以确定这两个态的内能差，在实际问题中用到的也只是这两个平衡态间的内能差。这个公式并不能把任一平衡态的内能完全确定，内能函数中还包含了一个任意的相加常数。这个常数是某一被选定为标准态（或称参考态）的内能，其值可以任意选择或规定为零，这和力学中对参考点的重力位能值的选择情况一样。

总之，所谓内能，就是存在于系统内部的能量。从微观上看，内能中包括：所有分子作无规则热运动的动能、所有分子内原子间相互作用的势能、分子间相互作用的势能、组成分子的原子内电子的能量、原子核内的能量等等。此外，当电磁场与系统间存在相互作用时，还应包括相应的电磁形式的能量。当然，在系统经历某一热力学过程时，并非所有这些能量都会发生变化，比如原子内电子的能量及原子核内的能量，在一般的热力学过程中并不改变。因此在热力学中，系统的内能，通常是指组成这一系统的所有分子作各种无规则热运动的动能、分子内原子间的相互作用势能及所有分子间相互作用的势能之和。内能中一般也不包括物体作整体运动的机械能。

二、热力学第一定律

在一般情况下，系统与外界并不绝热，即系统经历的状态变化过程不是绝热过程，在过程中外界对系统所作的功W自然不等于系统内能的变化(U_2-U_1)，我们把二者之差定义为系统从外界吸收的热量Q，即

$$Q = (U_2 - U_1) - W, \tag{2.4.2}$$

或

$$U_2 - U_1 = Q + W, \tag{2.4.3}$$

(2.4.3)式表明，当系统经历一个非绝热过程时，在该过程中，系统内能的增加量等于外界对系统作的功W与系统从外界吸收的热量Q之和。(2.4.2)或(2.4.3)式就是热力学第一定律的数学表述。

对(2.4.3)式中Q的符号规定如下：$Q>0$，表示系统从外界吸热，$Q<0$，表示系统向外界放热。同时，在(2.4.3)式中，当$W>0$时，表示外界对系统作正功，而$W<0$时，有$W'=-W>0$，表示系统对外界作正功。

应当指出的是，在应用(2.4.3)式时，只要求系统的初态与终态是平衡态，至于在过程中所经历的各中间状态不要求一定是平衡态。

考虑 $W'=-W$，因而(2.4.3)式也常写成

$$U_2-U_1=Q-W'. \tag{2.4.4}$$

如果系统经历一个无限小的过程，其内能变化为 dU，系统从外界吸热 $đQ$，外界对系统作功 $đW$，则热力学第一定律可写成如下微分形式：

$$dU=đQ+đW. \tag{2.4.5}$$

此外，如果系统经历的是无限小的准静态过程，则可把(2.2.18)式代入上式，得

$$dU=đQ+\sum_i Y_i dx_i, \tag{2.4.6}$$

对于只有单项膨胀功的系统，将(2.2.2)式代入上式，可得

$$dU=đQ-pdV, \tag{2.4.7}$$

(2.4.7)式是克劳修斯(Clausius. 1822—1888)于 1850 年就理想气体情形写出的热力学第一定律的数学表达式。

严格说来，(2.4.5)式仅是比较狭隘意义上的热力学第一定律的数学表达式，因该式仅涉及到内能与其他形式能量的相互转化过程，在普遍情形下，还应包含系统的机械能。为此，我们讨论一个非平衡态的热力学系统。此时，由于系统处于非平衡态，因而不能直接应用(2.4.5)式，这时，可将系统分成许多宏观小而微观大的部分(如 1 立方微米的体积，从宏观上看就已足够小了，但就处于标准状态下的理想气体而言，其中仍包含有 3×10^7 个分子，因而从微观上看又是足够大的，参看 §5.1)，每一部分近似处于平衡态(称为局域平衡)，每一部分各有其内能 U 和动能 K，且 $K=\frac{1}{2}mv^2$，m 为该部分的质量，v 为该部分的速度。从能量守恒和转化定律出发，对每一部分可写出

$$dU+dK=đQ+đW. \tag{2.4.8}$$

$đQ$ 为这一小部分吸收的热量，$đW$ 为外界对该部分作的功。当系统处在有势力场(如重力场、静电场等)中时，$đW$ 中还应包括各种保守力所作的功。(2.4.8)式就是宏观过程中普遍的能量守恒与转换定律的数学表达式，该式右边表示在热学及力学等过程中，外界通过传热及作功，传给系统的能量，左边表示在该过程中系统内能及动能的增加。(2.4.8)式是 19 世纪物理学的最精辟的概括，也是 19 世纪上半叶，许多科学家冲破传统观念的束缚，不懈进行探索的结晶，直到 1850 年，科学界才将热力学第一定律公认为是自然界中的一条普遍定律，它不仅适用于无机界，也适用于生命过程。尽管在历史上能量及其守恒的思想有悠久的渊源，目前科学界公认能量守恒定律的奠基人是迈尔(Mayer，1814－1878)、焦耳(Joule，1818－1889)、赫姆霍兹(Helmholtz，1821－1894)三人。

当我们将(2.4.5)式应用于循环过程时，考虑 U 是态函数，故有

$$\oint dU=0,$$

因此，对于循环过程，根据(2.4.5)式有

$$\oint đQ+\oint đW=0,$$

或

$$Q=-W,$$

上式说明，欲使系统对外作功，即 $-W>0$，系统必须从外界吸热，即 $Q>0$。若外界对系统作功，$W>0$，则系统必向外放热，即 $Q<0$。在一个循环过程中热可以转换成功，功也可转

换成热，但是决不能无中生有。在历史上，人们曾幻想制造一种机器，它能在循环往复的动作中不断对外作功，即 $-W>0$，而不消耗任何燃料，即 $Q=0$，这种机器叫做第一种永动机。实践证明，不管对此种永动机设计制作如何精巧，都以失败而告终。第一种永动机的失败，从反面对热力学第一定律，或者能量转化与守恒定律的确立起了促进作用。因此，我们可以把热力学第一定律表述为：第一种永动机是不可能制成的。

§2.5　第一定律对均匀物质系统的应用

一、均匀物质系统的定容热容量与内能

如果选择均匀物质系统（即 pV 系统）的状态参量为 T、V，则在温度和体积增量分别为 $\mathrm{d}T$ 和 $\mathrm{d}V$ 的过程中，内能的增量为

$$\mathrm{d}U=\left(\frac{\partial U}{\partial T}\right)_V\mathrm{d}T+\left(\frac{\partial U}{\partial V}\right)_T\mathrm{d}V, \tag{2.5.1}$$

如果在上述过程中系统吸收的热量为 $đQ$，外界作功 $đW=-p\mathrm{d}V$，则根据(2.4.5)式有

$$đQ=\mathrm{d}U+p\mathrm{d}V=\left(\frac{\partial U}{\partial T}\right)_V\mathrm{d}T+\left[\left(\frac{\partial U}{\partial V}\right)_T+p\right]\mathrm{d}V, \tag{2.5.2}$$

对于定容过程，因为 $\mathrm{d}V=0$，所以

$$(đQ)_V=\left(\frac{\partial U}{\partial T}\right)_V(\mathrm{d}T)_V,$$

根据定容热容量的定义(2.3.6)式有

$$C_V=\left(\frac{\partial U}{\partial T}\right)_V, \tag{2.5.3}$$

一般来说，系统的内能 U 不仅是温度 T 的函数，而且还是体积 V 的函数，所以等式右边应写成偏微商形式。一般来说，C_V 也是 T 和 V 的函数。

在热力学中，也可以把(2.5.3)式作为 C_V 的定义，以后会经常用到它。

二、均匀物质系统的定压热容量与焓

在定压过程中，系统从外界吸热 $(đQ)_p$，外界作功 $đW=-p\mathrm{d}V=-\mathrm{d}(pV)$，内能增量为 $\mathrm{d}U$，此时(2.4.5)式可改写为

$$(đQ)_p=\mathrm{d}U+p\mathrm{d}V=\mathrm{d}U+\mathrm{d}(pV)=\mathrm{d}(U+pV),$$

因为 U、p、V 为系统的状态参量和态函数，它们的组合也必然是由系统的状态确定，是系统状态的函数。我们定义一个新的态函数 H，称为焓。

$$H=U+pV, \tag{2.5.4}$$

此时上式可写为

$$(đQ)_p=(\mathrm{d}H)_p, \tag{2.5.5}$$

即在等压过程中，系统吸收的热量等于系统焓的增量。将(2.5.5)式代入(2.3.7)式有

$$C_p=\left(\frac{\partial H}{\partial T}\right)_p, \tag{2.5.6}$$

定压热容量 C_p 一般是 T、p 的函数。

由于相变过程和许多化学反应过程都是在等压条件下进行的，在热力工程及热化学中，应用(2.5.5)式可以计算相变潜热及化学反应热。以后我们还将讨论焓在气体节流过程中的应用。对于一些在实际问题中很重要的物质，在不同温度和压强下的焓值数据已

制成图表可供查阅。当然所给出的焓值是指与参考状态焓值的差。例如在编制水蒸气焓值图时，常取 0℃时饱和水的焓值为零。

[例题 1] 在 1 atm，100 ℃时，水与饱和水蒸气的单位质量焓值分别为 $419.06\times10^3\ \mathrm{J\cdot kg^{-1}}$ 和 $2\,676.3\times10^3\ \mathrm{J\cdot kg^{-1}}$，试求在这条件下水的汽化热。

[解] 根据(2.5.5)式，在定压过程中系统所吸收的热量等于态函数焓的增量，所以在 1 atm，100 ℃时水在汽化为水蒸气过程中所吸收的热量为

$$\begin{aligned}Q_p &= \Delta H = \text{水蒸气的焓} - \text{水的焓}\\ &= 2\,676.3\times10^3\ \mathrm{J\cdot kg^{-1}} - 419.06\times10^3\ \mathrm{J\cdot kg^{-1}}\\ &= 2\,257.2\times10^3\ \mathrm{J\cdot kg^{-1}}.\end{aligned}$$

[例题 2] 设已知下列气体在 $p\to0, t=25℃$ 时的焓值：

$$\text{氢气}\quad h_{H_2}=8.468\times10^3\ \mathrm{J\cdot mol^{-1}};$$

$$\text{氧气}\quad h_{O_2}=8.661\times10^3\ \mathrm{J\cdot mol^{-1}};$$

$$\text{水蒸气}\quad h_{H_2O}=-2.290\,3\times10^5\ \mathrm{J\cdot mol^{-1}}.$$

(符号 h 表示每摩尔物质的焓值，上列各气体的焓值的参考态是同一参考态。)试求在定压下化学反应的反应热：

$$H_2+\frac{1}{2}O_2\longrightarrow H_2O$$

设反应前后各物质均是气体。

[解] 题中所给焓值是气体压强趋于零时的极限值，即理想气体的焓值。因此，本题是假设这些气体可看作理想气体，在 25℃定压过程中进行上述化学反应后，求系统所吸收的热量。由(2.5.5)式知

$$Q_p = h_{H_2O}-\left(h_{H_2}+\frac{1}{2}h_{O_2}\right)=-2.418\,3\times10^5\ \mathrm{J\cdot mol^{-1}}.$$

负号表示当氢与氧化合为水蒸气时要放热。

在物理化学中，把计算焓的参考态定为压强 $p_0=101\,325\mathrm{Pa}$，$T_0=298.15\mathrm{K}$ 时的状态为**标准态**，并规定在此状态下稳定的纯单质的摩尔焓 $h^\circ=0$①，在上述的标准状态下，由稳定的纯单质化合成 1 摩尔某种化合物时的焓变 $\Delta_f h^\circ$，称为该化合物的标准摩尔生成焓，以 $\Delta_f h^\circ$表示，例如

$$H_2(T_0,p_0)+\frac{1}{2}O_2(T_0,p_0)\longrightarrow H_2O(\text{液},T_0,p_0),$$

$$\Delta_f h^\circ = h^\circ(H_2O,T_0,p_0)-\left[h^\circ(H_2,T_0,p_0)+\frac{1}{2}h^\circ(O_2,T_0,p_0)\right]=h^\circ(H_2O,T_0,p_0).$$

由上式也可以看出，任一化合物的标准摩尔焓，等于标准摩尔生成焓。已知纯物质(单质或化合物)的标准摩尔焓，可以计算标准摩尔反应热 Q_{p_0}。

[例题 3] 设已知下列化合物在 $p=1\,\mathrm{atm}$，$T=298.15\,\mathrm{K}$ 时的标准摩尔焓值为：

$$\begin{aligned}&CO_2(\text{气}) && h^\circ(CO_2)=-393.51\,\mathrm{kJ\cdot mol^{-1}};\\ &H_2O(\text{液}) && h^\circ(H_2O)=-285.84\,\mathrm{kJ\cdot mol^{-1}};\\ &C_6H_{12}O_6(\text{固}) && h^\circ(C_6H_{12}O_6)=-1\,274.4\,\mathrm{kJ\cdot mol^{-1}};\\ &O_2(\text{气}) && h^\circ(O_2)=0,\end{aligned}$$

试求在 $p=1\,\mathrm{atm}$，$T=298.15\,\mathrm{K}$ 的条件下，进行光合作用时的化学反应热。已知化学反应过程为

$$6CO_2(\text{气})+6H_2O(\text{液})\xrightarrow{h\nu}C_6H_{12}O_6+6O_2(\text{气}).$$

[解] 根据题设条件可得上述反应过程的化学反应热为

$$\begin{aligned}Q_p &= \Delta h^\circ = [h^\circ(C_6H_{12}O_6)+6h^\circ(O_2)]-[6h^\circ(CO_2)+6h^\circ(H_2O)]\\ &= [(-1\,274.4+6\times0)]-[6\times(-393.51)+6\times(-285.84)] = 2\,807\mathrm{kJ\cdot mol^{-1}}.\end{aligned}$$

---

① 碳在 $p_0=1\mathrm{atm}$，$T_0=298.15\mathrm{K}$ 下有石墨、金刚石等多种同素异晶体，碳规定选石墨的焓为零点。

$\Delta h^{\circ}>0$，表明光合作用是吸热反应，能量来自日光并生成葡萄糖；其逆过程（即葡萄糖的氧化）是放热反应，所以食物里的糖分子通过氧化可以给身体提供热量。

三、均匀物质 C_p 与 C_V 的关系

对均匀物质，如果选 T、p 为状态参量，V 为 T、p 的函数，写出 V 的全微分式

$$\mathrm{d}V=\left(\frac{\partial V}{\partial T}\right)_p\mathrm{d}T+\left(\frac{\partial V}{\partial p}\right)_T\mathrm{d}p,$$

把上式代入(2.5.2)式，并令 $\mathrm{d}p=0$，则

$$(\text{đ}Q)_p=\left(\frac{\partial U}{\partial T}\right)_V\mathrm{d}T+\left[\left(\frac{\partial U}{\partial V}\right)_T+p\right]\left(\frac{\partial V}{\partial T}\right)_p\mathrm{d}T,$$

根据定压和定容热容量的定义，有

$$C_p=C_V+\left[p+\left(\frac{\partial U}{\partial V}\right)_T\right]\left(\frac{\partial V}{\partial T}\right)_p,\tag{2.5.7}$$

上式给出了均匀物质系统 C_p 和 C_V 之间的关系。

§2.6　第一定律对理想气体的应用

一、理想气体内能　焓的表达式

1. 焦耳实验

焦耳在 1845 年曾通过实验研究了气体内能的性质。图 2-13是焦耳实验装置的示意图，容器 A 中充满被压缩的气体，B 部为真空，A、B 相连处用一活门 C 隔开，整个容器放在水中。将活门打开后，气体将充满整个容器。这里所进行的过程叫自由膨胀过程，“自由”是指气体向真空膨胀时不受阻碍的意思。焦耳用精度为 $\frac{1}{100}$℃的温度计测量膨胀前后水和气体的平衡温度，发现膨胀前后温度相同。这一方面说明了膨胀前后气体的温度没有改变，另一方面说明了水与气体没有发生热量交换，即气体进行的是绝热自由膨胀过程。在该过程中外界不对气体作功，气体也不从外界吸热，故有 $\mathrm{d}W=0$，$\text{đ}Q=0$，由(2.4.5)式有

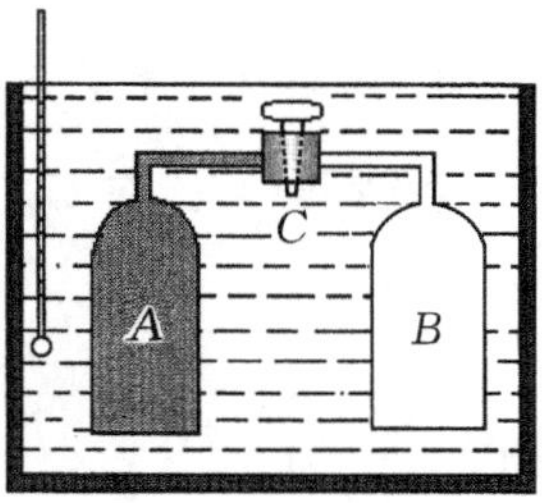

图 2-13　焦耳实验装置

$$\mathrm{d}U=0.\tag{2.6.1}$$

现设气体的内能 U 是温度 T 及体积 V 的函数，则可写出内能的全微式

$$\mathrm{d}U=\left(\frac{\partial U}{\partial T}\right)_V\mathrm{d}T+\left(\frac{\partial U}{\partial V}\right)_T\mathrm{d}V,$$

根据焦耳实验及(2.6.1)式有 $\mathrm{d}T=0$，$\mathrm{d}U=0$，而 $\mathrm{d}V\neq0$，由上式可得

$$\left(\frac{\partial U}{\partial V}\right)_T=0,\tag{2.6.2}$$

(2.6.2)式说明了气体的内能 U 仅仅是温度 T 的函数，与体积 V 无关，即

$$U=U(T).\tag{2.6.3}$$

但是，上面的实验结果也有可疑之处。水的热容量很大，即使气体内能与体积有关，膨胀时所引起的温度变化也不会很大，以至于大到足以引起水温发生可测的变化。因此，气体内能的性质很难从这个实验来确定。后来焦耳和汤姆逊进行了另一个实验来研究气体的内能，将在第四章中讲述。

然而，上述实验结果对理想气体却是正确的，就是说，理想气体的内能只是温度的函数，我们把这个结论，即(2.6.3)式称为焦耳定律。

按照分子运动论，气体的内能是气体分子作各种形式运动的动能，分子内原子间振动的势能，与分子间相互作用的势能之和，而分子平均动能只是温度的函数，分子势能与分子间的平均距离有关，当气体体积发生变化时，分子间的平均距离增大了，因此分子的平均势能将有所改变，即在一般情形下，气体的内能应与体积有关。但对理想气体而言，分子间相互作用可以忽略不计，分子间相互作用势能等于零，所以理想气体内能与体积无关。

根据上面的讨论，我们把严格遵从理想气体状态方程 $pV=nRT$ 及焦耳定律 $U=U(T)$ 的气体称为理想气体，这是有关理想气体的宏观定义。

2. 理想气体的 C_p 与 C_V 关系

对理想气体有 $\left(\frac{\partial U}{\partial V}\right)_T=0$，再根据理想气体状态方程 $pV=nRT$ 可得 $\left(\frac{\partial V}{\partial T}\right)_p=\frac{nR}{p}$，将此结果代入(2.5.7)式得

$$C_p = C_V + nR, \tag{2.6.4}$$

对 1 摩尔理想气体有

$$C_{p,\mathrm{m}} = C_{V,\mathrm{m}} + R, \tag{2.6.5}$$

(2.6.4)或(2.6.5)式正是理想气体的迈尔(Mayer J R)公式。

3. 理想气体的内能表达式

由(2.5.3)式有 $C_V=\left(\frac{\partial U}{\partial T}\right)_V$，根据焦耳定律，此式可写为

$$C_V = \frac{\mathrm{d}U}{\mathrm{d}T},$$

所以

$$\mathrm{d}U = C_V\mathrm{d}T = nC_{V,\mathrm{m}}\mathrm{d}T, \tag{2.6.6}$$

$\mathrm{d}U$ 表示理想气体，在任一元过程中内能的增量。对上式积分，则理想气体在任一平衡态时的内能

$$U(T) = \int C_V\mathrm{d}T + U_0, \tag{2.6.7}$$

或

$$U(T) = n\int C_{V,\mathrm{m}}\mathrm{d}T + U_0, \tag{2.6.8}$$

U_0 是某一参考态的内能。若由实验测出了理想气体的热容量 $C_{V,\mathrm{m}}$，由上式就可得出理想气体的内能。一般而言，$C_{V,\mathrm{m}}$ 是温度的函数，如果实际问题所涉及的温度范围不大，则可近似当作常数处理，此时，由(2.6.8)式可得任意两个平衡态的内能之差为

$$U_2 - U_1 = nC_{V,\mathrm{m}}(T_2 - T_1), \tag{2.6.9}$$

4. 理想气体焓的表达式

根据焦耳定律及焓的定义，理想气体的焓 $H=U+pV=U+nRT=H(T)$，即 H 也只是温度 T 的函数，此时(2.5.6)式可改写为

$$C_p = \frac{\mathrm{d}H}{\mathrm{d}T},$$

或

$$\mathrm{d}H = C_p\mathrm{d}T,$$

积分上式可得

$$H(T)=\int C_p \mathrm{d}T+H_0, \tag{2.6.10}$$

或写作

$$H(T)=n\int C_{p,\mathrm{m}} \mathrm{d}T+H_0, \tag{2.6.11}$$

上列二式就是理想气体焓的表达式，H_0 是某一参考态的焓。C_p 或 $C_{p,\mathrm{m}}$ 一般也是温度的函数。

二、理想气体在一些简单过程中的能量转化情况及过程方程

1. 等容过程

等容过程就是在过程中，系统的体积保持不变，其过程方程可写为

$$V=C, \tag{2.6.12}$$

在 p-V 图上对应一条与 p 轴平行的线段(见图 2-14)。在等容过程中，由于外界所作的功为零，所以根据热力学第一定律(2.4.3)式有

$$Q=U_2-U_1,$$

即在等容过程中，系统吸收的热量，等于系统内能的增加。

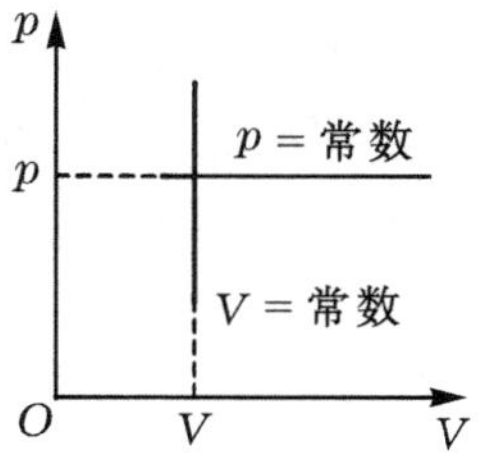

图 2-14
理想气体的等容过程和等压过程

现假定系统初、终态的温度分别为 T_1、T_2，并设定容摩尔热容量 $C_{V,\mathrm{m}}$ 为常数，则由上式及(2.6.9)式可得

$$Q=U_2-U_1=nC_{V,\mathrm{m}}(T_2-T_1). \tag{2.6.13}$$

2. 等压过程

等压过程就是在过程中，系统的压强保持不变，其过程方程可写为

$$p=C, \tag{2.6.14}$$

在 p-V 图上对应一条与 V 轴平行的线段，如图 2-14 所示。在等压过程中，外界对系统所作的功为

$$W=-\int_{V_1}^{V_2} p\mathrm{d}V=-p(V_2-V_1), \tag{2.6.15}$$

式中 V_1 和 V_2 分别代表系统初态和终态的体积。

设以 $C_{p,\mathrm{m}}$ 表示气体的定压摩尔热容量，则根据定压热容量的定义，当 $C_{p,\mathrm{m}}$ 为常数时，气体在等压过程中从外界吸收的热量为

$$Q=nC_{p,\mathrm{m}}(T_2-T_1), \tag{2.6.16}$$

T_1、T_2 分别表示初、终两态的温度。由(2.6.9)式可得，内能的改变为

$$U_2-U_1=nC_{V,\mathrm{m}}(T_2-T_1). \tag{2.6.17}$$

3. 等温过程

如果在整个过程中，气体的温度保持不变，则称该过程为**等温过程**。理想气体在等温过程中满足的过程方程为

$$pV=C, \tag{2.6.18}$$

常数 C 是温度的函数。在 p-V 图上每一等温过程对应一条等轴双曲线，称为**等温线**(图2-15)。

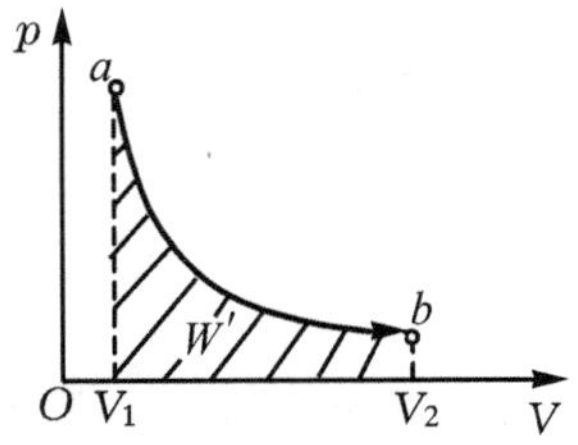

图 2-15
理想气体的等温过程

因为理想气体内能只与温度有关，所以理想气体在等温过程中内能不变，根据热力学第一定律有

$$Q=-W=W', \tag{2.6.19}$$

上式表明，理想气体在等温膨胀过程中，系统从恒温热源吸热

并全部转化为对外作正功；而在等温压缩过程中，外界对系统作正功，并全部转化为热释放给恒温热源。

在等温过程中，外界对气体所作的功为

$$W=-\int_{V_1}^{V_2}p\mathrm{d}V=-nRT\int_{V_1}^{V_2}\frac{\mathrm{d}V}{V}=-nRT\ln\frac{V_2}{V_1},\tag{2.6.20}$$

式中 T 为等温过程中系统的温度，V_1、V_2 分别代表气体在初态和终态时的体积。当 $V_2>V_1$ 时，$W<0$，即外界对系统作负功；反之 $W>0$，即外界对系统作正功。功的数值，等于 p-V 图中等温曲线下的面积。

4. 绝热过程

如果系统在整个过程中始终不和外界交换热量，则该过程称为绝热过程。例如，被良好绝热材料所隔绝的系统，或者由于过程进行较快来不及和外界有显著的热量交换的过程，就可近似地看作绝热过程。在工程上有许多绝热过程的实例，如蒸汽机、内燃机汽缸中气体进行的某些压缩过程和膨胀过程，由于过程进行很快，就可近似看成绝热过程。

在绝热过程中，因 $Q=0$，由热力学第一定律有

$$U_2-U_1=W,\tag{2.6.21}$$

即系统内能的改变等于外界对系统所作之功。若系统被压缩，外界对系统作正功，系统内能增加。反之，外界对系统作负功，内能减少。又因为

$$U_2-U_1=nC_{V,\mathrm{m}}(T_2-T_1),$$

所以有

$$W=U_2-U_1=nC_{V,\mathrm{m}}(T_2-T_1),\tag{2.6.22}$$

下面研究在准静态绝热过程中，理想气体状态参量之间的变化关系。对于某一微小的绝热过程来说，(2.6.22)式有

$$-p\mathrm{d}V=nC_{V,\mathrm{m}}\mathrm{d}T,\tag{2.6.23}$$

另一方面，p、V、T 三个参量不是独立的，它们同时满足理想气体状态方程 $pV=nRT$。对状态方程式两边微分，可得

$$p\mathrm{d}V+V\mathrm{d}p=nR\mathrm{d}T,\tag{2.6.24}$$

由(2.6.23)和(2.6.24)两式中消去 $\mathrm{d}T$，得

$$(C_{V,\mathrm{m}}+R)p\mathrm{d}V=-C_{V,\mathrm{m}}V\mathrm{d}p,$$

因 $C_{V,\mathrm{m}}+R=C_{p,\mathrm{m}}$，令 $\gamma=\frac{C_{p,\mathrm{m}}}{C_{V,\mathrm{m}}}$，则上式变为

$$\frac{\mathrm{d}p}{p}=-\gamma\frac{\mathrm{d}V}{V},$$

或写成

$$\frac{\mathrm{d}p}{p}+\gamma\frac{\mathrm{d}V}{V}=0.\tag{2.6.25}$$

这就是理想气体在准静态绝热过程中所满足的微分方程。在实际问题中 γ 可视为常数，由上式积分可得

$$\ln p+\gamma\ln V=\text{常数},$$

或

$$pV^{\gamma}=\text{常数},\tag{2.6.26}$$

这就是理想气体在准静态绝热过程中压强和体积之间的关系式，称为泊松(Poisson)公式。根据此式，可在 p-V 图上画出理想气体绝热过程曲线(如图 2-16 所示)。利用(2.6.26)式和理想气体状态方程，还可求得绝热过程中状态参量 V 与 T 及 p 与 T 之间

的关系如下：

$$TV^{\gamma-1}=\text{常数}, \qquad (2.6.27)$$

$$\frac{p^{\gamma-1}}{T^{\gamma}}=\text{常数}, \qquad (2.6.28)$$

(2.6.26)、(2.6.27)、(2.6.28)这三式称为绝热过程方程(注意三式中的常数各不相同)。在应用时，可按解题需要，选择其中比较方便的一个应用。

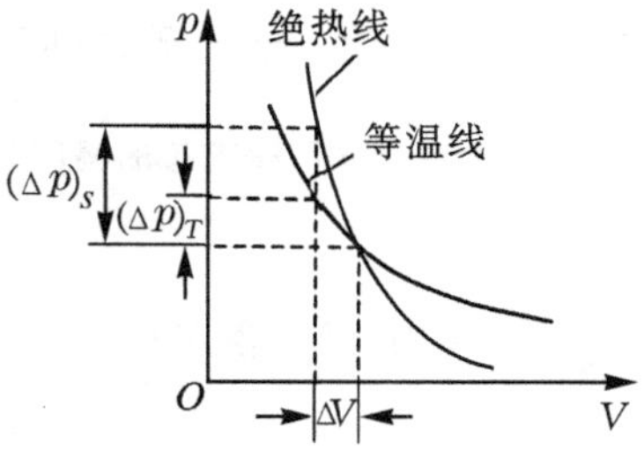

图 2-16

绝热线与等温线的比较

应当注意的是，在推导上述三式的过程中，已假设了过程是准静态的，否则元功不能写为 $-p\mathrm{d}V$，也不能运用状态方程，并对 p、V 等求微分。因此，所得绝热过程方程只能适用于准静态的绝热过程，对于非准静态绝热过程则不适用。

下面将绝热过程曲线与等温过程曲线的斜率进行比较。根据(2.6.26)式，可得绝热线的斜率为

$$\left(\frac{\partial p}{\partial V}\right)_S=-\gamma\frac{p}{V},$$

上式左边下标 S 表示绝热过程。

理想气体在准静态等温过程中有 $pV=$常数，根据此式可得等温线的斜率为

$$\left(\frac{\partial p}{\partial V}\right)_T=-\frac{p}{V},$$

因 $\gamma=\frac{C_{p,\mathrm{m}}}{C_{V,\mathrm{m}}}>1$，所以上述绝热曲线斜率大于等温线的斜率。对于这一点，我们还可作如下解释：

当气体从图 2-16 中两线的交点继续压缩同样的体积 ΔV 时，在等温过程中，气体压强的增大仅仅是由于气体体积的减小。若是绝热过程，则压强的增大除因体积的减小外，还因外界对气体作正功，气体内能增加，温度升高，因此 $(\Delta p)_S>(\Delta p)_T$，由此可得 $\left(\frac{\partial p}{\partial V}\right)_S>\left(\frac{\partial p}{\partial V}\right)_T$。

有了绝热过程方程，我们可以用准静态过程中功的计算公式直接求出绝热过程中外界对系统所作的功。由方程(2.6.26)有

$$pV^{\gamma}=p_1V_1^{\gamma}=\text{常数},$$

$$p=p_1V_1^{\gamma}\cdot\frac{1}{V^{\gamma}},$$

式中 p_1、V_1 分别表示初态时气体的压强和体积。所以，

$$W=-\int_{V_1}^{V_2}p\mathrm{d}V=-\int_{V_1}^{V_2}p_1V_1^{\gamma}\cdot\frac{1}{V^{\gamma}}\mathrm{d}V=-p_1V_1^{\gamma}\int_{V_1}^{V_2}\frac{\mathrm{d}V}{V^{\gamma}}$$

$$=-p_1V_1^{\gamma}\left(\frac{V_2^{1-\gamma}}{1-\gamma}-\frac{V_1^{1-\gamma}}{1-\gamma}\right)=\frac{1}{\gamma-1}(p_2V_2-p_1V_1). \qquad (2.6.29)$$

利用状态方程，并注意 $\gamma=\frac{C_{p,\mathrm{m}}}{C_{V,\mathrm{m}}}$，$C_{p,\mathrm{m}}-C_{V,\mathrm{m}}=R$，则(2.6.29)式就可以化为(2.6.22)式。

[例题 1] 在汽缸中活塞对气体的压缩过程进行很快，而热量传递很慢，若近似将这一过程认为是一绝热过程，试问在 300 K，0.1 MPa 下分别将空气压缩到 1 MPa 及 10 MPa，则末态温度分别有多高？

[解] 由(2.6.28)式可得

$$T_2=T_1\left(\frac{p_2}{p_1}\right)^{\frac{\gamma-1}{\gamma}},$$

对于空气，$\gamma=1.4$，$\frac{\gamma-1}{\gamma}=\frac{0.4}{1.4}=0.285\ 7$.

若$\frac{p_2}{p_1}=10$，由上式可得末态的温度为

$$T_2=300\mathrm{K}\times 10^{0.285\ 7}=579\ \mathrm{K}=306\ ℃,$$

若$\frac{p_2}{p_1}=100$，则末态的温度为

$$T_2=300\mathrm{K}\times 100^{0.285\ 7}=1\ 118\mathrm{K}=845℃.$$

实际上，因活塞在汽缸中运动时，需克服摩擦作功，这部分能量也转化为热，故末态的温度比上述结果还要高。

5. 多方过程

一个实际过程很难达到完全的绝热，在实际问题中气体所经历的过程常常既不是等温方程、又不是绝热过程，而是介于二者之间的过程。在实用上，常常用下列公式表达在气体中进行的实际过程

$$pV^z = 常数, \tag{2.6.30}$$

式中 z 为一常数。我们称凡是满足(2.6.30)式的过程为多方过程，z 叫做多方指数。显然，绝热过程、等温过程、等压过程和等容过程都是多方过程的特例。在(2.6.30)式中，令$z=\gamma$，便得绝热过程方程；令$z=1$，便得等温过程方程；令 $z=0$，便得等压过程方程；令$z=\infty$，便得等容过程方程，如图 2-17所示。

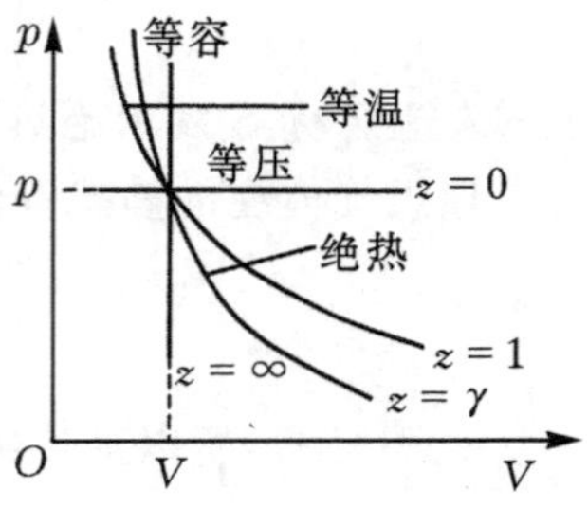

图 2-17
理想气体的多方过程及多方指数

气体在多方过程中外界所作的功，完全可用推导(2.6.29)式的方法求得，并且所得结果和(2.6.29)式相同，只要把(2.6.29)式中的 γ 写成多方指数 z 即可。

下面计算理想气体在多方过程中的热容量。如以 $C_{z,\mathrm{m}}$代表多方过程的摩尔热容量，当系统温度变化 $\mathrm{d}T$ 时，在多方过程中系统从外界吸热$đQ=nC_{z,\mathrm{m}}\mathrm{d}T$，根据热力学第一定律(2.4.5)式和理想气体内能公式(2.6.6)，可得

$$n\,C_{z,\mathrm{m}}\mathrm{d}T = n\,C_{V,\mathrm{m}}\mathrm{d}T + p\mathrm{d}V,$$

将理想气体状态方程式微分，可得

$$p\mathrm{d}V + V\mathrm{d}p = n\,R\mathrm{d}T,$$

因为(2.6.30)式中的 z 为一常数，所以将(2.6.30)式两边取对数再微分，可得

$$\frac{\mathrm{d}p}{p} + z\,\frac{\mathrm{d}V}{V} = 0,$$

由以上三式消去 $\mathrm{d}p$、$\mathrm{d}V$ 和 $\mathrm{d}T$，从而得到

$$C_{z,\mathrm{m}} = \frac{(z-1)C_{V,\mathrm{m}} - R}{z-1},$$

或

$$C_{z,\mathrm{m}} = C_{V,\mathrm{m}} - \frac{C_{p,\mathrm{m}} - C_{V,\mathrm{m}}}{z-1} = C_{V,\mathrm{m}}\left(\frac{\gamma - z}{1-z}\right). \tag{2.6.31}$$

由(2.6.31)式可知，如果 $1<z<\gamma$，则热容量是负的，即 $C_{z,\mathrm{m}}=\left(\frac{đQ}{\mathrm{d}T}\right)_{多方}<0$。由热容量的定义可知，当 $\Delta T<0$ 时，$\Delta Q>0$，说明系统吸收了热量，而温度反而降低。这是因为，在这样的多方过程中，气体所作的功大于所吸收的热量，一部分功来自于气体自身内能的减

少，所以虽吸收了热量，温度反而降低。反之，当 $\Delta T>0$ 时，$\Delta Q<0$，说明系统温度升高，反而要放热，这是多方负热容的特征。

多方负热容在恒星演化过程中是十分重要的普遍现象。万有引力使恒星收缩，因而引力势能降低，所降低的引力势能的一部分以热辐射的形式向外界放热，另一部分能量使自身的温度升高。这一过程在幼年时期恒星（如星际云、红外星）中是十分重要的。因为幼年时期的恒星温度较低，不能发生像现今太阳内部发生的热核反应。当红外星等幼年时期的恒星依靠恒星的引力收缩及多方负热容，使其温度上升到能发生热核反应的温度（10^7 K 数量级）时，该恒星就从红外星演化为青年时期的主序星（即我们所看见的太阳）。

［例题 2］ 把 1kg 氮气等温压缩到原体积的一半，问此过程中放出多少热量？设盛氮容器浸没于冰水池中，使温度保持 0℃。

［解］ 在通常的温度和压强下，氮气可看成理想气体，在等温过程中，其内能的变化 $\Delta U=0$，由热力学第一定律有

$$Q=W',$$

根据(2.6.20)式，可得

$$Q=W'=-W=nRT\ln\frac{V_2}{V_1}$$
$$=\frac{M}{\mu}RT\ln\frac{V_2}{V_1}=\frac{1}{28.0\times10^{-3}}\times8.31\times273\times\ln\frac{1}{2}$$
$$=8.1\times10^4\times(-0.693)=-5.6\times10^4(\mathrm{J}).$$

负号表示系统向外放热。

［例题 3］ 1 摩尔理想气体经图 2-18 所示的两个不同的过程(1—4—2)和(1—3—2)由状态 1 变到状态 2。图中 $p_2=2p_1$，$V_2=2V_1$。已知气体的定容摩尔热容量 $C_{V,\mathrm{m}}=\frac{3}{2}R$，初态温度为 T_1，求气体分别在这两个过程中从外界吸收的热量。

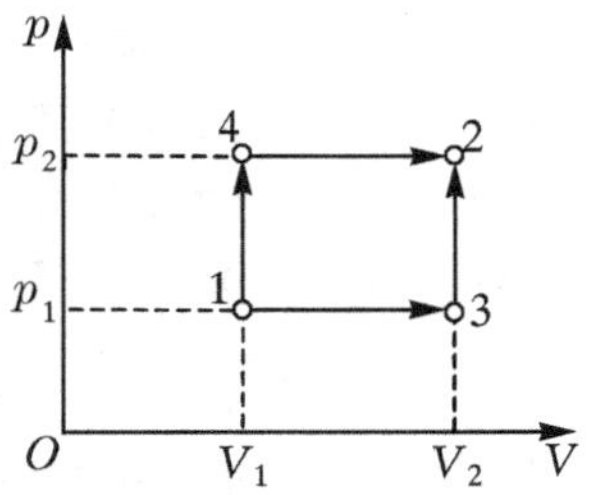

图 2-18

［解］ T_1 应满足状态方程

$$p_1V_1=RT_1,$$

而状态 2 应有

$$p_2V_2=RT_2,$$

已知 $p_2=2p_1$、$V_2=2V_1$，代入上式即得

$$4p_1V_1=RT_2=4RT_1,$$
$$T_2=4T_1.$$

同理可得 $T_3=T_4=2T_1$.

根据(2.6.9)式，可得

$$u_2-u_1=C_{V,\mathrm{m}}(T_2-T_1)=\frac{3R}{2}(T_2-T_1)=\frac{9RT_1}{2},$$

对 1—4—2 过程，其中等容过程部分功为零，总功即为等压过程 4—2 的功，故

$$W_{4-2}=-p_2(V_2-V_1)=-R(T_2-2T_1)=-2RT_1,$$

由热力学第一定律(2.4.2)式有

$$q=\frac{9}{2}RT_1+2RT_1=\frac{13}{2}RT_1.$$

对 1—3—2 过程有

$$W_{1-3}=-p_1(V_2-V_1)=-p_1V_1=-RT_1,$$

同理，由(2.4.2)式有

$$q=\frac{9}{2}RT_1+RT_1=\frac{11}{2}RT_1.$$

[例题 4] 初态温度和压强分别为 17℃和 760 mmHg 的理想气体，经一准静态绝热过程被压缩到原体积的一半。(1)试计算终态的压强和温度。已知该气体的 $c_p=2100\,\mathrm{J\cdot kg^{-1}\cdot K^{-1}}$ 和 $c_V=1500\,\mathrm{J\cdot kg^{-1}\cdot K^{-1}}$。(2)若经过一等温过程压缩到原体积的一半，那么压强、温度又是多少？

[解] (1)绝热过程

因 $\gamma=c_p/c_V=2100/1500=1.4$，$p_1=760\,\mathrm{mmHg}$，$t_1=17\,℃$，$V_2=\frac{1}{2}V_1$，

由(2.6.26)式有
$$p_2V_2^\gamma=p_1V_1^\gamma,$$
$$p_2=p_1\cdot\left(\frac{V_1}{V_2}\right)^\gamma=760\times2^{1.4}=2010\,\mathrm{mmHg}.$$

又由(2.6.27)式有
$$T_2V_2^{\gamma-1}=T_1V_1^{\gamma-1},\qquad T_2=T_1\left(\frac{V_1}{V_2}\right)^{\gamma-1},$$
$$T_2=2^{0.4}\times T_1=2^{0.4}\times(273+17)=383\,\mathrm{K},$$
或
$$t_2=383\mathrm{K}-273\mathrm{K}=110\,℃.$$

(2)等温过程

由 $pV=C$，可得
$$p_2V_2=p_1V_1,$$
$$p_2=\frac{V_1}{V_2}p_1=2\times760=1520\,\mathrm{mmHg}.$$
$$t_3=t_1=17\,℃.$$

[例题 5] 1mol 单原子分子理想气体，经历准静态过程从状态 a 到状态 b，曲线 ab 在 p-V 图上为直线，如图2-19所示。求：

(1)气体在该过程中吸收的热量，所作的功和内能的变化；(2)气体在该过程的最高温度；(3)在该过程中所经历的每个元过程是否总是吸热，已知单原子分子摩尔定容热容量 $C_{V,\mathrm{m}}=\frac{3}{2}R$。

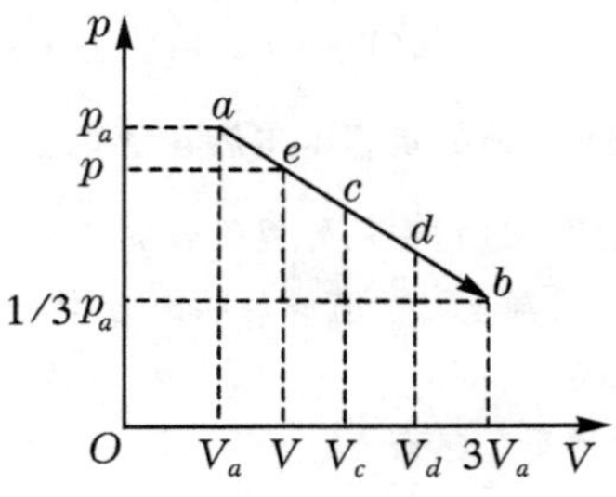

图 2-19

[解] (1)ab 过程中气体所作的功等于直线 ab 与横轴间的面积，故
$$W'=\frac{1}{2}(p_a+p_b)(V_b-V_a)=\frac{1}{2}\left(p_a+\frac{p_a}{3}\right)(3V_a-V_a)$$
$$=\frac{4}{3}p_aV_a=\frac{4}{3}RT_a,$$

内能变化
$$\Delta U=C_{V,\mathrm{m}}\Delta T=C_{V,\mathrm{m}}(p_bV_b-p_aV_a)/R$$
$$=C_{V,\mathrm{m}}\left(\frac{p_a}{3}\cdot3V_a-p_aV_a\right)/R=0,$$

所以，由热力学第一定律可得气体在该过程中吸热
$$Q=W'=\frac{4}{3}RT_a.$$

(2)在 ab 过程中气体温度不是单调上升或下降的，为求最高温度，应先写出过程方程
$$p=p_a-\frac{p_a-p_b}{V_b-V_a}(V-V_a)=p_a-\frac{p_a-\frac{1}{3}p_a}{3V_a-V_a}(V-V_a)$$
$$=p_a-\frac{1}{3}\frac{p_a}{V_a}(V-V_a)=\frac{p_a}{3V_a}(4V_a-V),\tag{1}$$

(1)式中，p,V 为 ab 上任一点 e 对应的压强和体积。

所以
$$T=\frac{pV}{R}=\frac{Vp_a}{3RV_a}(4V_a-V),\tag{2}$$
$$\frac{\mathrm{d}T}{\mathrm{d}V}=\frac{p_a}{3RV_a}(4V_a-2V),\tag{3}$$
令
$$\frac{\mathrm{d}T}{\mathrm{d}V}=0,$$
求得
$$V=V_c=2V_a,$$
V_c 是 ab 上温度最高点 c 对应的气体体积。

将 V_c 代入(2)式,可得
$$T_{\max}=\frac{4}{3}T_a.$$

(3)$a\to b$ 的全过程虽吸热,但它不是单一的吸热过程。由热力学第一定律得
$$\begin{aligned}\text{đ}Q&=\mathrm{d}U+p\mathrm{d}V=\frac{3}{2}R\mathrm{d}T+p\mathrm{d}V\\&=\frac{3}{2}R\mathrm{d}T+\frac{p_a}{3V_a}(4V_a-V)\mathrm{d}V,\end{aligned}\tag{4}$$
由(3)式得
$$\mathrm{d}T=\frac{p_a}{3RV_a}(4V_a-2V)\mathrm{d}V,$$
代入(4)式,整理后得
$$\text{đ}Q=\frac{2p_a}{3V_a}(5V_a-2V)\mathrm{d}V.$$
当
$$5V_a-2V=0,\text{或 } V_d=\frac{5}{2}V_a \text{ 时},\text{đ}Q=0,$$
V_d 是 ab 线上不吸热的 d 点对应的体积。

当
$$5V_a-2V>0,\text{或 } V<\frac{5}{2}V_a \text{ 时},\text{đ}Q>0,\text{吸热},$$
当
$$5V_a-2V<0,\text{或 } V>\frac{5}{2}V_a \text{ 时},\text{đ}Q<0,\text{放热}。$$

[例题 6] 声波在气体中传播时,在空间形成疏密相间的区域。稠密区气体被压缩,稀疏区气体膨胀。上述压缩和膨胀过程可视为绝热过程。试证在此情况下,声波在气体中的传播速度 v 为
$$v=\sqrt{\frac{\gamma RT}{\mu}}.$$

[解] 在声学中已知声速 $v=\sqrt{\frac{B}{\rho}}$,其中 ρ 为气体的密度,B 为气体的体积弹性模量,对绝热过程有
$$B_S=-V\left(\frac{\partial p}{\partial V}\right)_S,\tag{1}$$
角标 S 表示绝热过程。B_S 称为气体的绝热体积弹性模量。由绝热方程 $pV^\gamma=C$,可得
$$\left(\frac{\partial p}{\partial V}\right)_S=-\gamma\frac{p}{V},$$
因此
$$B_S=\gamma p,$$
故声速
$$v=\sqrt{\frac{B_S}{\rho}}=\sqrt{\frac{\gamma p}{\rho}},\tag{2}$$
由理想气体状态方程可得 $\rho=\frac{M}{V}=\frac{p\mu}{RT}$,代入上式得
$$v=\sqrt{\frac{\gamma RT}{\mu}}.\tag{3}$$

由此可见，对于一定的气体，声速与绝对温度的平方根成正比，而与压强无关。

利用(3)式可以从实验测定的 v 和 T 值计算 γ。这是目前测量 γ 值最精确的方法。例如，在 273 K 的空气中，声速约为 331 m/s。空气的平均摩尔质量 $\bar{\mu}=28.96\times10^{-3}$ kg · mol^{-1}，取 $R=8.31$ J/(mol · K)，于是可得

$$\gamma=\frac{v^2\mu}{RT}=\frac{(331)^2\times28.96\times10^{-3}}{8.31\times273}=1.40.$$

理想气体在上述各热力学过程中的主要公式，如表 2-1 所示。

表 2-1　理想气体热力学过程的主要公式

过程名称	等　容	等　压	等　温	绝　热	多　方
过程方程	$V=$常量	$p=$常量	$pV=$常量	$pV^{\gamma}=$常量	$pV^{z}=$常量
始态、终态参量间的关系	$V_2=V_1$ $\frac{T_2}{T_1}=\frac{p_2}{p_1}$	$p_2=p_1$ $\frac{T_2}{T_1}=\frac{V_2}{V_1}$	$T_2=T_1$ $\frac{p_2}{p_1}=\frac{V_1}{V_2}$	$p_1V_1^{\gamma}=p_2V_2^{\gamma}$ $\frac{T_2}{T_1}=\left(\frac{V_1}{V_2}\right)^{\gamma-1}$ $\frac{T_2}{T_1}=\left(\frac{p_2}{p_1}\right)^{(\gamma-1)/\gamma}$	$p_1V_1^{z}=p_2V_2^{z}$ $\frac{T_2}{T_1}=\left(\frac{V_1}{V_2}\right)^{z-1}$ $\frac{T_2}{T_1}=\left(\frac{p_2}{p_1}\right)^{(z-1)/z}$
系统对外作的功 W'	0	$p(V_2-V_1)$ 或 $nR(T_2-T_1)$	$p_1V_1\ln\frac{V_2}{V_1}$ 或 $nRT\ln\frac{V_2}{V_1}$	$\frac{1}{\gamma-1}(p_1V_1-p_2V_2)$ 或 $\frac{p_1V_1}{\gamma-1}\left[1-\left(\frac{V_1}{V_2}\right)^{\gamma-1}\right]$ 或 $nC_{V,m}(T_1-T_2)$	$\frac{1}{z-1}(p_1V_1-p_2V_2)$ 或 $\frac{p_1V_1}{z-1}\left[1-\left(\frac{V_1}{V_2}\right)^{z-1}\right]$
系统内能的增量 ΔU	$nC_{V,m}(T_2-T_1)$	$nC_{V,m}(T_2-T_1)$	0	$nC_{V,m}(T_2-T_1)$	$nC_{V,m}(T_2-T_1)$
系统自外界吸收的热量 Q	$nC_{V,m}(T_2-T_1)$	$nC_{p,m}(T_2-T_1)$	$p_1V_1\ln\frac{V_2}{V_1}$ 或 $nRT\ln\frac{V_2}{V_1}$	0	$nC_{z,m}(T_2-T_1)$
摩尔热容 C_m	$C_{V,m}$	$C_{p,m}$	∞	0	$C_{z,m}=C_{V,m}-\frac{R}{z-1}$ $=C_{V,m}\left(\frac{\gamma-z}{1-z}\right)$

§2.7　第一定律对循环过程的应用

一、循环过程及其效率

在历史上，热力学理论最初是在研究热机工作过程的基础上逐步发展起来的，热力学理论的发展反过来对热机的改进起着重要的指导作用。热机是通过燃料的燃烧，将化学能转变成热能，然后再把热能转化为可以利用的机械能的机器。热机要不断地将热转化为功，必须使热机中的工作物质循环不断地工作。

图 2-20 以蒸汽机为例介绍一般热机的工作原理。蒸汽机经历的循环过程如图所示。燃料在锅炉 A 中燃烧产生的热用来加热锅炉中的水，使其变成温度和压强较高的蒸汽。

这是一个从外界吸热 Q_1 而使内能增加的过程。当蒸汽进入汽缸 B 中时，通过膨胀推动活塞对外作功 W'（或者让它通过汽轮机，推动汽轮机的叶片旋转，对外作功），同时蒸汽的内能减小。在这一过程中内能通过作功转化为机械能。从汽缸中排出的低压蒸汽进入冷凝器 C，在冷凝器中向冷却水放热 Q_2，并重新凝结成水，再由水泵 D 送回锅炉再次加热，从而完成一热力循环。上述热机是用蒸汽作为工作物质的，故称为蒸汽机。

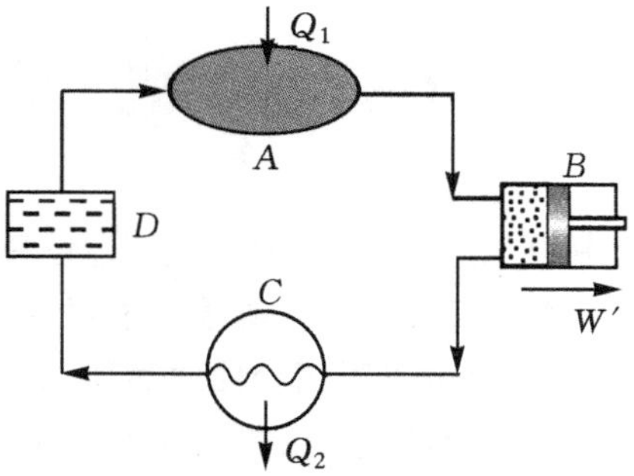

图 2-20　蒸汽动力装置示意图

上述蒸汽机的工作原理，概括了其他一切热机的共同特点：就是在把热转变为功的循环过程中，至少须有两个不同温度的热源，工作物质从高温热源（如锅炉）吸热 Q_1，用于增加工作物质的内能，并将其中一部分对外作净功 W'，另一部分转换为热 Q_2，释放给低温热源（如冷凝器）。经过这一系列过程，工作物质又回到了原态，因而内能保持不变。根据热力学第一定律，整个循环过程中对外作净功为

$$W' = Q_1 - Q_2. \tag{2.7.1}$$

为了从能量转化的角度研究各种热机的性能，我们引入循环过程及其效率的概念。一般而言，如果一系统由某一状态出发，经过任意的一系列过程，最后又回到原来的状态，我们称这样的过程为循环过程。对于任意的准静态循环过程，在 p-V 图上可用闭合曲线 $ABCDA$ 表示（图 2-21），在 p-V 图上所示的循环，如果沿顺时针方向进行（如图 2-21(a)），称为正循环；反之称为逆循环（如图 2-21(b)）。

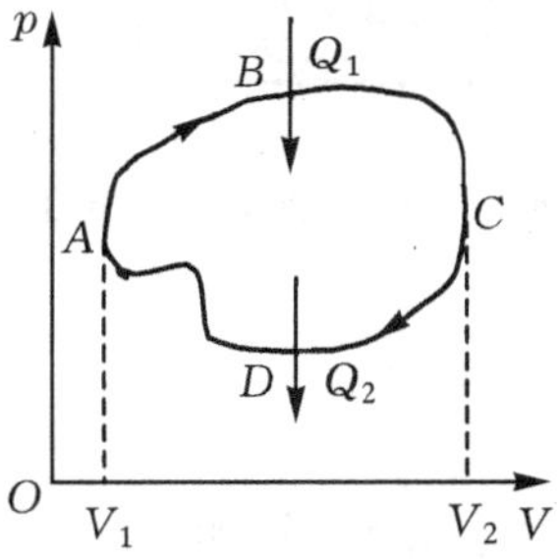

(a) 正循环（热机循环）及其功

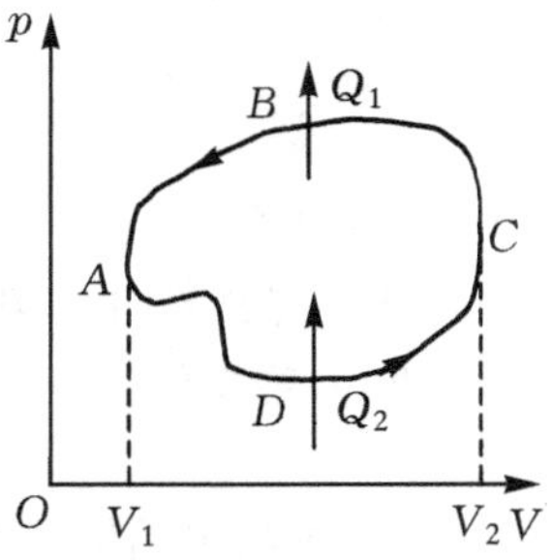

(b) 逆循环（制冷机循环）及其功

图 2-21　一般循环过程曲线

对于正循环，由图可见，在过程 ABC 中，系统对外作正功，其数值等于 $ABCV_2V_1A$ 所包围的面积；在过程 CDA 中，外界对系统作功，即系统对外作负功，数值等于 $CDAV_1V_2C$ 所包围的面积。因此，在正循环中，系统对外所作的总功 W' 为正，且等于封闭曲线 $ABCDA$ 所包围的面积。由热力学第一定律可知

$$W' = Q_1 - Q_2 > 0,$$

即系统经过这一正循环过程，将从某些高温热源处吸收热量 Q_1，其中一部分对外作功，另一部分 Q_2 在某些低温热源处放出，从而使系统回到原来状态。综合前面讨论可以看到，正循环中能量的转化情况正好反映了热机的能量转化过程。也就是说，正循环代表热机的工作循环。

对于热机循环，热效率是一个重要的指标。它表示在一次循环中，工作物质从高温热源吸收的热量 Q_1 中有多大的比例转变为功。以 η 表示热机循环的效率，其定义为

$$\eta=\frac{W'}{Q_1},\tag{2.7.2}$$

将(2.7.1)式代入，可得

$$\eta=1-\frac{Q_2}{Q_1},\tag{2.7.3}$$

式中 Q_1、Q_2 分别表示在一循环过程中，工作物质从高温热源吸热和向低温热源放热的数值。

图 2-21(b)中的逆循环过程反映了制冷机的工作过程。在此循环过程中，外界作功 W，数值上也等于闭合曲线 $ABCDA$ 所包围的面积，同时工作物质从低温热源吸热 Q_2，向高温热源放热 Q_1，由热力学第一定律有

$$W=Q_1-Q_2.$$

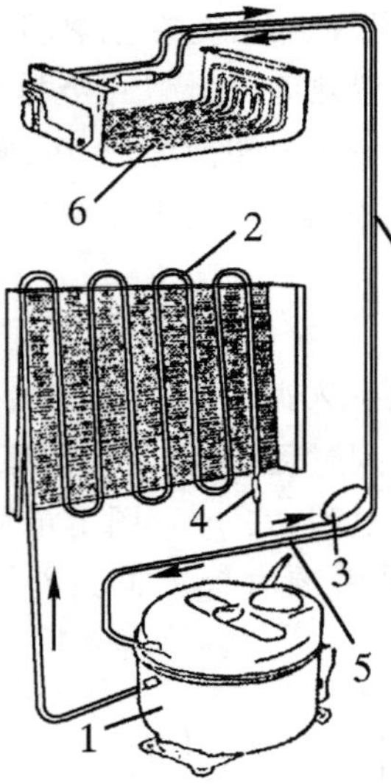

(a)电冰箱的制冷系统

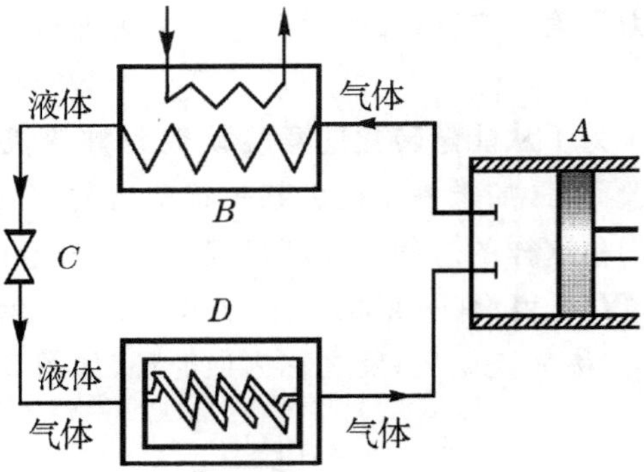

(b)蒸汽压缩式制冷机工作循环示意图

1. 压缩机；2. 冷凝器；3. 毛细管；4. 干燥过滤器；
5. 回气管；6. 蒸发器；7. 热交换器

图 2-22 制冷机工作原理

图 2-22(a)为家用的单门电冰箱的制冷系统，其中工作物质(称为制冷剂)过去一般用氟里昂－12①，在一般大型制冷系统设备中，常常用氨作为工作物质。经压缩机压缩的高压、高温的氟里昂蒸气(或氨气)，在冷凝器中放热冷却凝结为液态氟里昂(或液氨)，然后经毛细管(或节流阀)，降压降温后变成湿蒸汽(即气液混合体)进入蒸发器，此时液态的氟里昂(或氨)从冰箱的冷冻室和冷藏室(或冷库)吸收热量后全部蒸发为蒸汽，最后重新回到压缩机，完成一个工作循环，图 2-22(b)是制冷机工作循环示意图，图中 A 为压缩机，B 为冷凝器，C 为节流阀，D 为冷库。设在一制冷机工作循环中外界(即压缩机)对工作物质作功 W，工作物质从外界(冷冻室、冷藏室中被冷却的物体)吸收热量 Q_2，则制冷机的效能可用制冷系数 ε 表示

$$\varepsilon=\frac{Q_2}{W},\tag{2.7.4}$$

① 因氟里昂物质对大气中的臭氧层有破坏作用，按国际环保组织的协议，我国必须在 2005 年前彻底与氟里昂分手。现正在推广使用环戊烷型无氟组合聚醚等能替代氟里昂的新产品。

由上式可知，当制冷机从低温热源吸热 Q_2 一定时，外界对系统作的功 W 越小，能耗越小，则制冷机的制冷系数 ε 越大，该制冷机的效能越高。

二、卡诺循环及其效率

18 世纪末以后，蒸汽机虽然得到了广泛的应用，但其效率很低，只有 3%～5%左右，即 95%以上的热量都没有得到利用。这一方面是由于散热、漏气、摩擦等因素损耗能量，另一方面是由于一部分热量在低温热源处放出。为了提高热机的效率，人们对蒸汽机的结构不断进行改进，尽量减小散热、漏气和摩擦等因素的影响，但从 1794 年到 1840 年，热机的效率也仅由 3%提高到 8%。提高热机效率的关键是什么？热机效率的提高有没有一个限度？这些从生产实践中提出来的问题，推动着不少科学家和工程师开始从理论上研究热机的效率。法国青年工程师卡诺(Carnot S)分析了各种热机的设计方案和基本结构，根据热机的工作过程，在 1824 年发表了“关于火力动力的见解”这篇著名论文，从理论上回答了上述问题。他提出了一种理想的热机循环：假设工作物质只与两个恒温热源交换热量，在温度为 T_1 的高温热源吸热，在另一个温度为 T_2 的低温热源放热，并且假设所有过程都是准静态的，所以与两个恒温热源交换热量的过程必定是等温过程，又因为只与两个热源交换热量，所以工作物质从热源温度 T_1 变到热源温度 T_2 的过程，或者相反的过程，只能是绝热过程。因此，这个循环由两个准静态的等温过程和两个准静态的绝热过程所组成，该循环称为卡诺循环。按卡诺循环工作的热机叫卡诺热机。卡诺热机的工作物质可以是固体、液体或气体。其循环过程如图 2-23 所示。

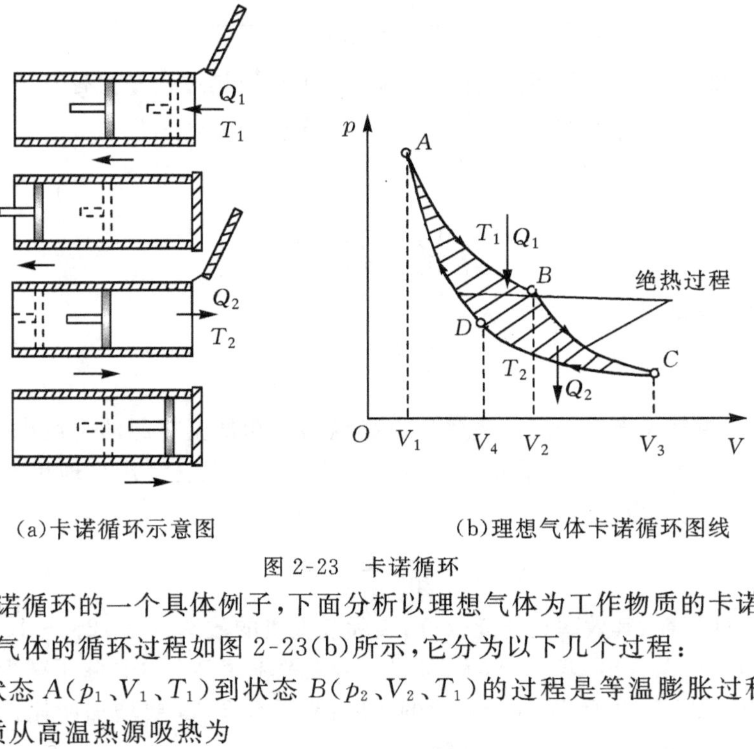

(a)卡诺循环示意图　　　(b)理想气体卡诺循环图线

图 2-23　卡诺循环

作为卡诺循环的一个具体例子，下面分析以理想气体为工作物质的卡诺循环，并求其效率。理想气体的循环过程如图 2-23(b)所示，它分为以下几个过程：

(1)由状态 $A(p_1、V_1、T_1)$ 到状态 $B(p_2、V_2、T_1)$ 的过程是等温膨胀过程。在这过程中，工作物质从高温热源吸热为

$$Q_1 = nRT_1 \ln V_2/V_1,$$

式中 n 为理想气体的摩尔数，V_2 和 V_1 分别表示气体在状态 B 和状态 A 的体积，在这过程中气体同时对外作功；

(2)由状态 $B(p_2、V_2、T_1)$ 到状态 $C(p_3、V_3、T_2)$ 是绝热膨胀过程，在这过程中气体与

外界没有热量交换，但对外界作功，使气体的温度降到 T_2；

(3)由状态 $C(p_3、V_3、T_2)$ 到状态 $D(p_4、V_4、T_2)$ 是等温压缩过程，在这过程中，外界对气体作功，气体向温度为 T_2 的低温热源放热：

$$Q_2 = nRT_2\ln V_3/V_4,$$

式中 V_3 和 V_4 分别表示气体在状态 C 和状态 D 的体积；

(4)由状态 $D(p_4、V_4、T_2)$ 到状态 $A(p_1、V_1、T_1)$ 是绝热压缩过程。在这过程中气体与外界没有热量交换，而外界对气体作功，使气体的温度由 T_2 升至 T_1。需要指出，当 A 态一定时，D 态就不能任意选定，而是从它出发，经过一个绝热过程要能使系统恰好回到初态 A，完成一循环过程。图 2-24 为作上述正向卡诺循环的工作物质与外界交换能量的示意图。

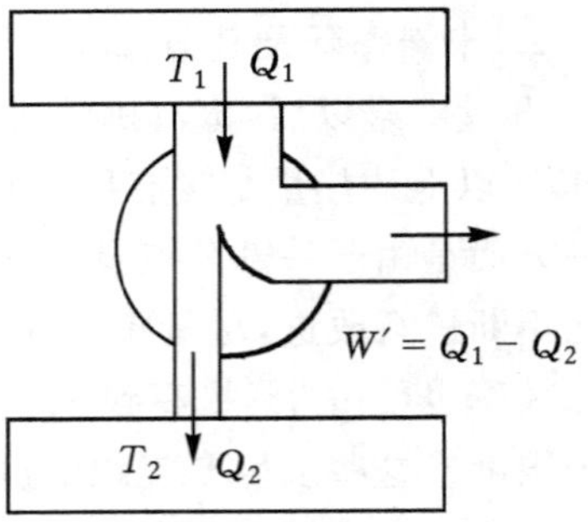

图 2-24
正卡诺循环中能量转化过程示意图

由以上分析可知，在整个循环过程中，气体从温度为 T_1 的高温热源吸热 Q_1，向温度为 T_2 的低温热源放热 Q_2，内能变化为零。根据热力学第一定律，系统对外所作净功 W' 为

$$W' = Q_1 - Q_2 = nRT_1\ln V_2/V_1 - nRT_2\ln V_3/V_4,$$

于是，其效率为

$$\eta = \frac{W'}{Q_1} = \frac{T_1\ln V_2/V_1 - T_2\ln V_3/V_4}{T_1\ln V_2/V_1}, \tag{2.7.5}$$

由于状态 A、D 和状态 B、C 分别在两条绝热线上，根据绝热过程方程有

$$\left(\frac{V_3}{V_2}\right)^{\gamma-1} = \frac{T_1}{T_2}, \qquad \left(\frac{V_4}{V_1}\right)^{\gamma-1} = \frac{T_1}{T_2},$$

由此可得

$$\frac{V_2}{V_1} = \frac{V_3}{V_4},$$

代入(2.7.5)式，可得

$$\eta = \frac{T_1 - T_2}{T_1} = 1 - \frac{T_2}{T_1}. \tag{2.7.6}$$

上式表明理想气体卡诺循环的效率只由高温热源和低温热源的温度决定。例如，设蒸汽机锅炉的温度为 230 ℃，冷凝器的温度为 30 ℃，如果把它看作是理想气体准静态过程的卡诺循环，其效率为

$$\eta = \frac{503 - 303}{503} \approx 40\%,$$

实际上，由于各种损耗，其效率远比此值低，实际蒸汽机的效率只有 12%～15%左右。

由(2.7.6)式可以看出，若 T_1 越大，T_2 越小，则效率越高。这是除了减少损耗外提高热机效率的方向之一。由于 T_2 代表环境的温度，要降低 T_2 又要增加能耗，因此，要提高热机的效率，一般是提高高温热源的温度。

如果使卡诺循环沿着逆时针方向进行，即按图 2-23(b)中 $ADCBA$ 方向进行，外界将对气体作净功 W，气体从低温热源 T_2 吸取热量 Q_2，向高温热源 T_1 放出热量 $Q_1 = Q_2 + W$，这是一个制冷循环，如图 2-25 所示。不难从制冷系数的一般定义式 $\varepsilon = \frac{Q_2}{W}$，求得理想

气体准静态逆向卡诺循环的制冷系数为

$$\varepsilon=\frac{Q_2}{W}=\frac{Q_2}{Q_1-Q_2}=\frac{T_2}{T_1-T_2},\qquad(2.7.7)$$

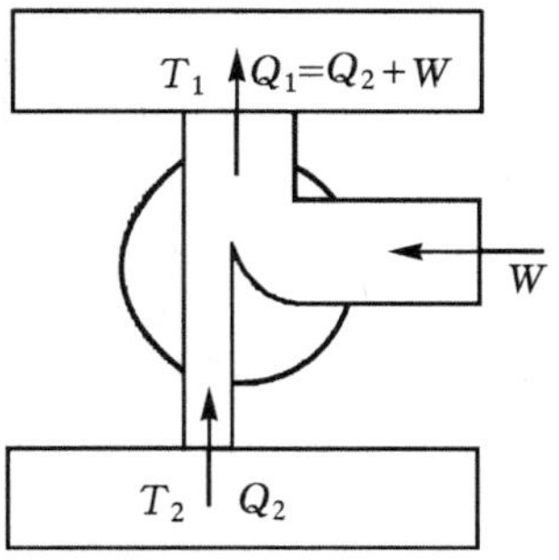

图 2-25
逆卡诺循环中能量转化过程示意图

在一般的制冷机中，高温热源的温度 T_1 通常是指大气的温度，所以由上式可见，逆向卡诺循环的制冷系数 ε 取决于所希望达到的制冷温度 T_2。若设高温热源的温度 $T_1=293.15\,\text{K}$，表 2-2 列出了由上式计算出的 ε 值。由表可见，T_2 越低，制冷系数越小。因此，从节能角度看，制冷机工作时，并非制冷温度 T_2 越低越好。三星级冰箱，冷冻室温度为 $-18\,℃$，设此时 $T_1=300\,\text{K}$，而 $T_2=255\,\text{K}$，由(2.7.7)式可得 $\varepsilon=4.81$。就空调器而言，当 $t_1=35\,℃$ 或 $T_1=308\,\text{K}$ 时，室内温度维持在 27 ℃，或 $T_2=300\,\text{K}$ 时就比较舒适了，此时 $\varepsilon=\frac{T_2}{T_1-T_2}=\frac{300}{8}=37.5$，当然实际空调机，其制冷系数比它要小得多，$\varepsilon$ 一般在 2.5～3 之间。

表 2-2　不同温度下的制冷系数

T_2(K)	273.15	263.15	223.15	100	50	5	1
ε	13.6	8.8	3.2	0.52	0.21	0.017	0.0034

家用空调器，夏天可以制冷，冬天可以取暖。此时，将外面的大气当作低温热源，以室内空气作为高温热源，工作时可使房间升温变暖，作后一种用途的制冷机又叫**热泵**。设热泵从室外温度较低的大气吸取热量 Q_2，则供给房间的热量 $Q_1=Q_2+W=(\varepsilon+1)W$，若 $\varepsilon=2.5$，则每提供 1 千焦耳的功，可供 3.5 千焦耳的热量。这显然比用电炉取暖要经济合算得多。

[例题 1]　设 1mol 的某种理想气体，定容摩尔热容量 $C_{V,\mathrm{m}}=\frac{7}{2}R$，经历如图 2-26 所示的循环过程，试计算此循环的效率。

[解]　该过程输出的净功等于△ABC 的面积，即

$$W'=\frac{1}{2}p_1V_1.$$

若再求出循环过程中从高温热源吸收的热量 Q_1，问题即可解决。

考虑过程 CA 是定容升压过程，工作物质一直吸热，其值为

$$Q_{CA}=C_{V,\mathrm{m}}(T_A-T_C)$$
$$=\frac{7}{2}R(T_A-T_C)=\frac{7}{2}p_1V_1.\qquad(1)$$

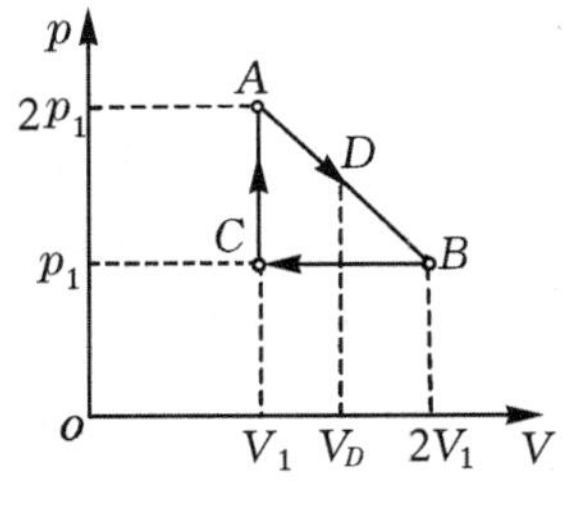

图 2-26

BC 是等压压缩过程，工作物质一直放热。AB 情况较为复杂，由热力学第一定律有

$$\mathrm{d}Q=C_{V,\mathrm{m}}\mathrm{d}T+p\mathrm{d}V=\frac{7}{2}R\mathrm{d}T+p\mathrm{d}V,\qquad(2)$$

将理想气体状态方程 $pV=RT$ 两边进行微分，可得

$$p\mathrm{d}V+V\mathrm{d}p=R\mathrm{d}T,\qquad(3)$$

将(3)式代入(2)式，可得

$$\mathrm{d}Q=C_{V,\mathrm{m}}\mathrm{d}T+p\mathrm{d}V=\frac{9}{2}p\mathrm{d}V+\frac{7}{2}V\mathrm{d}p.\qquad(4)$$

AB 的过程方程为

$$p=2p_1-\frac{p_1}{V_1}(V-V_1)=3p_1-\frac{p_1}{V_1}V, \tag{5}$$

由此可得

$$dp=\frac{p_1}{V_1}dV. \tag{6}$$

将 p 和 dp 代入(4)式,可得

$$dQ=\left(\frac{27}{2}-\frac{8V}{V_1}\right)p_1 dV. \tag{7}$$

由(7)式可知,当时 $V<V_D=\frac{27}{16}V_1$ 时,$dQ>0$,系统吸热,而当 $V>V_D=\frac{27}{16}V_1$ 时,系统放热。对(4)式积分,可得 AD 过程中,系统吸收的热量为

$$Q_{AD}=\int_{V_1}^{V_D}\left(\frac{27}{2}-8\frac{p_1}{V_1}V\right)dV=\frac{121}{64}p_1V_1, \tag{8}$$

所以循环过程中系统吸收的总热量为

$$Q_1=Q_{CA}+Q_{AD}=\frac{345}{64}p_1V_1, \tag{9}$$

由(2.7.2)式可得热机的效率为

$$\eta=\frac{W'}{Q_1}=9.3\%. \tag{10}$$

[例题 2] 用一台理想的卡诺制冷机将 1mol 理想气体从环境温度 T_0 等压降温至 T_2,制冷机放热给周围环境,环境温度 T_0 保持不变。求完成上述过程需要作多少功?

[解] 已知 $T_1=T_0$,设低温热源温度为 T,则制冷机的制冷系数

$$\varepsilon=\frac{Q_2}{W}=\frac{T}{T_0-T},$$

$$đW=\frac{1}{\varepsilon}đQ=\left(\frac{T_0}{T}-1\right)đQ.$$

$đQ$ 为工作物质在等压条件下,从低温热源吸收的热量,此时低温热源温度要下降 dT,故有

$$đQ=-C_p dT,$$

所以

$$đW=C_p\left(1-\frac{T_0}{T}\right)dT,$$

$$W=C_p\int_{T_0}^{T_2}\left(1-\frac{T_0}{T}\right)dT=C_p(T_2-T_0)+C_pT_0\ln\frac{T_0}{T_2}.$$

[例题 3] 在图 2-27 所示的循环(称为焦耳循环)中,设 $t_1=27$ ℃,$t_2=127$ ℃,问燃烧 50.0 kg 汽油可得到多少功?已知汽油的燃烧值为 $4.69\times10^7\ \mathrm{J\cdot kg^{-1}}$,气体可看作理想气体。

[解] 由循环图线可知,此循环中吸热与放热的数值分别为

$$Q_1=\frac{M}{\mu}C_{p,\mathrm{m}}(T_3-T_2),$$

$$Q_2=\frac{M}{\mu}C_{p,\mathrm{m}}(T_4-T_1),$$

(因效率公式中 Q_2 为正值,故 ΔT 取 T_4-T_1,以便使 ΔT 为正。)于是

$$\eta=1-\frac{Q_2}{Q_1}=1-\frac{T_4-T_1}{T_3-T_2}.$$

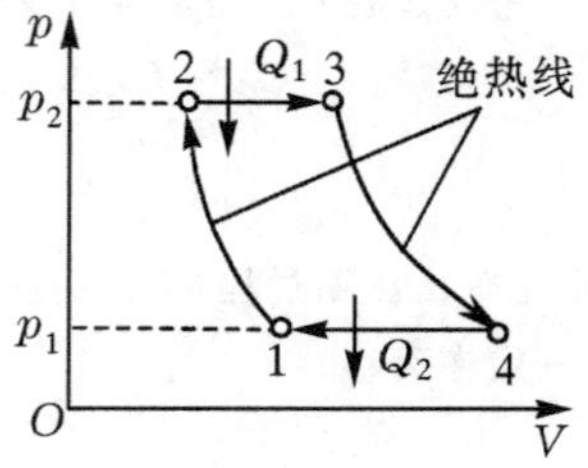

图 2-27

对绝热过程 3—4 和 1—2,由绝热过程方程(2.6.28)式可得

$$\frac{T_3}{T_4}=\left(\frac{p_2}{p_1}\right)^{(\gamma-1)/\gamma}, \qquad \frac{T_2}{T_1}=\left(\frac{p_2}{p_1}\right)^{(\gamma-1)/\gamma},$$

故有

$$\frac{T_3}{T_4}=\frac{T_2}{T_1} \text{ 或 } \frac{T_3}{T_2}=\frac{T_4}{T_1}.$$

于是

$$\eta = 1 - \frac{T_4 - T_1}{T_3 - T_2} = 1 - \frac{T_1\left(\frac{T_4}{T_1} - 1\right)}{T_2\left(\frac{T_3}{T_2} - 1\right)} = 1 - \frac{T_1}{T_2}$$

$$= 1 - \frac{300}{400} = 0.25,$$

所求的功为

$$W' = \eta Q_1 = 0.25 \times 50.0 \times 4.69 \times 10^7 (\mathrm{J})$$

$$= 5.86 \times 10^8 (\mathrm{J}).$$

§2.8　内燃机的理想循环

工程技术上广泛地应用热机将内能转化为机械能。按照能量转化方式的不同，可将热机分为活塞式发动机（包括蒸汽机、内燃机）、涡轮机（包括蒸汽轮机、燃汽轮机）和喷气发动机三类。在活塞式发动机中，高温、高压气体推动活塞作功，将气体的内能转化为机械能。在涡轮机中，气体是推动涡轮机上的叶轮作功的。由于涡轮机没有往复运动的部件，而且内能向机械能的转化过程是连续的，因此其功率与效率都比活塞式发动机高。喷气发动机则直接以高速气体的反作用力为动力。由于其功率大、尺寸小、重量轻，功率随着飞行速度的增大而增大，并能靠自身携带的燃料在真空中飞行，因而在高速飞行和宇宙航行中具有无可比拟的优越性。

在前两类热机中，蒸汽机和蒸汽轮机都用蒸汽作为工作物质，因而需要锅炉等设备，比较笨重；内燃机和燃汽轮机则直接以燃烧的气体作为工作物质，所以比较轻便。

下面我们简单介绍工业技术上常用的几种热机的循环过程。

一、定容加热理想循环——奥托(Otto)循环

内燃机是利用液体或气体燃料直接在汽缸中燃烧，产生巨大的压力而作功的。内燃机的种类很多，这里首先介绍四冲程汽油内燃机（图 2-28(a)）的工作原理。四冲程汽油机的循环，又称为奥托(Otto)循环，整个循环的理想过程曲线如图 2-28(b)所示。现将各分过程分述如下：

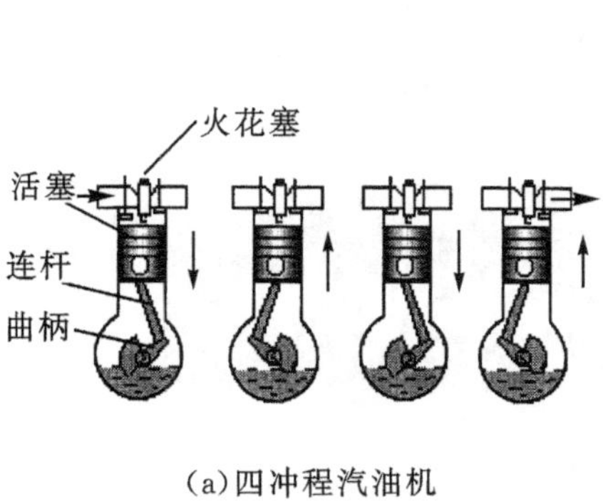

(a)四冲程汽油机

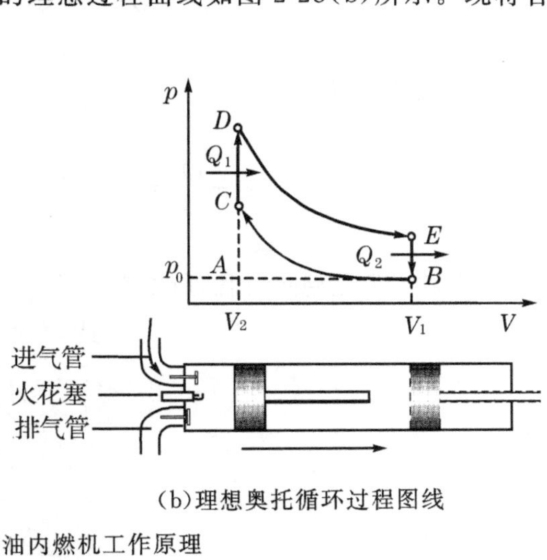

(b)理想奥托循环过程图线

图 2-28　四冲程汽油内燃机工作原理

(1)吸气冲程　如图 2-28(a)所示，活塞从顶端开始下行，这时进气阀打开，排气阀关闭，汽油蒸气和空气的混合物被吸入汽缸。整个冲程基本上是在大气压下进行的，可看作等压过程，如图 2-28(b)中 AB 所示。

(2)压缩冲程　从状态 B 开始，进气阀关闭，活塞上行，将汽缸内的混合气体压缩。混合气体的体积减小，压强增大。由于压缩较快，汽缸散热较慢，可看作一绝热压缩过程。如图 2-28(b)中 BC 所示。

(3)动力冲程(工作冲程)　活塞到达汽缸顶端或接近顶端时，用电火花或其他方法引起高温压缩气体迅速燃烧，气体的压强和温度会骤然上升。由于燃烧非常迅速，活塞移动的距离极小，所以这一瞬间的变化可以看作是等容吸热过程，如图 2-28(b)中 CD 所示。接着高压气体推动活塞下行对外作功，气体膨胀而降压降温，这一过程近似为一绝热膨胀过程，如图 2-28(b)中 DE 所示。

(4)排气冲程　排气阀打开，气体的压强骤然降低至大气压，近似于一等容放热过程，如图 2-28(b)中 EB 所示。然后由飞轮的惯性带动活塞上行，把剩余废气排出，这个过程可近似看作是在大气压下进行的等压过程，如图 2-28(b)中 BA 所示。

如上所述，由于内燃机在工作过程中存在吸气与排气过程，同时在燃烧过程中，由于化学反应，工作物质的化学成分也发生了改变，因而内燃机的工作过程并不是严格的闭合循环。为了便于理论上的分析，可以近似地假定汽缸中工作物质的成分不变(工作物质中80%左右是氮，它不参加燃烧，因而化学成分不变)，而将汽缸内部工作物质的燃烧过程看作是从汽缸外部向工作物质加热的过程。同时，由于进气、排气过程的功互相抵消，因此可认为工作循环既不进气也不排气，而是封闭在汽缸中的定量气体不断地按过程 $BCDEB$ 进行的循环。

在整个循环过程中，气体主要在等容升压过程 CD 中吸热(所以称为**定容加热循环**)，而在等容降压过程 EB 中放热。在计算 η 时，可以只考虑这两个过程的能量交换。设气体的定容摩尔热容量为 $C_{V,\mathrm{m}}$，并以 T_1、T_2、T_3、T_4 分别代表状态 B、C、D、E 四点的温度，奥托循环的效率可以推求如下：

气体吸收和放出的热量分别为

$$Q_1 = nC_{V,\mathrm{m}}(T_3 - T_2),$$

$$Q_2 = nC_{V,\mathrm{m}}(T_4 - T_1),$$

代入热机效率公式即得

$$\eta = 1 - \frac{Q_2}{Q_1} = 1 - \frac{T_4 - T_1}{T_3 - T_2} = 1 - \frac{T_1\left(\frac{T_4}{T_1} - 1\right)}{T_2\left(\frac{T_3}{T_2} - 1\right)},$$

由于 BC 和 DE 是绝热过程，所以有

$$T_2V_2^{\gamma-1} = T_1V_1^{\gamma-1},$$

$$\frac{T_2}{T_1} = \left(\frac{V_1}{V_2}\right)^{\gamma-1},$$

同理可得

$$\frac{T_3}{T_4} = \left(\frac{V_1}{V_2}\right)^{\gamma-1},$$

由此得

$$\frac{T_2}{T_1} = \frac{T_3}{T_4} \quad \text{或} \quad \frac{T_4}{T_1} = \frac{T_3}{T_2},$$

于是

$$\eta = 1 - \frac{T_1\left(\frac{T_4}{T_1} - 1\right)}{T_2\left(\frac{T_3}{T_2} - 1\right)} = 1 - \frac{1}{\frac{T_2}{T_1}} = 1 - \frac{1}{\left(\frac{V_1}{V_2}\right)^{\gamma-1}},$$

令绝热压缩比 $\varepsilon = \frac{V_1}{V_2}$，即得

$$\eta = 1 - \frac{1}{\varepsilon^{\gamma-1}}. \tag{2.8.1}$$

由此可见，这种循环的效率完全由绝热压缩比 ε 所决定，并随着 ε 的增大而增大。所以提高内燃机效率的重要途径之一是提高绝热压缩比。但压缩比增加得太大就会使汽油与空气的混合物密度过大，燃烧会过于猛烈，从而对汽缸和活塞施以极大的冲击力，产生爆震现象。这就不能保证热机平稳地燃烧，并增大了机件的磨损。而且随着爆震的产生，功率也显著降低。因此，普通的内燃机采用的绝热压缩比一般在 5～7 之间，最大不超过 10。

二、定压加热理想循环——狄塞尔(Diesel)循环

现在介绍四冲程柴油内燃机的工作原理。四冲程柴油机的工作循环，又称为狄塞尔(Diesel)循环。柴油机与汽油机不同，它吸入的不是混合气，而是吸入空气，燃料的燃烧也不是靠火花点燃，而是靠压燃。图 2-29 为这种循环的理想过程图线。现将各分过程说明如下：

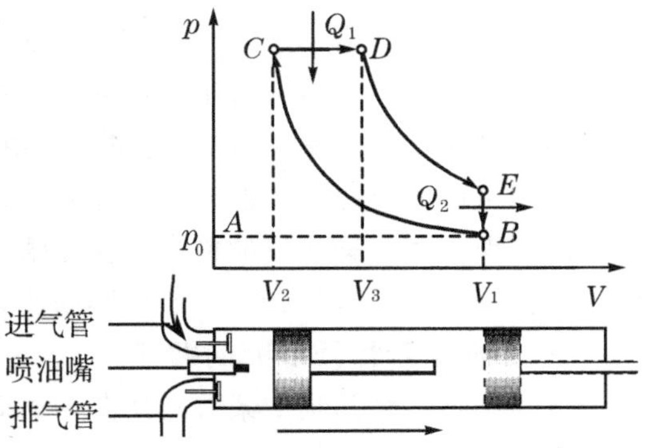

图 2-29　理想狄塞尔循环过程曲线

(1)吸气冲程　如图中 AB 所示，空气在大气压下被等压地吸入汽缸。

(2)压缩冲程　如图中 BC 所示，空气被绝热压缩，体积由 V_1 变到 V_2，温度由 T_1 升到足够高的 T_2。

(3)动力冲程(工作冲程)　如图中 CD 所示，高压油泵将雾状柴油喷入汽缸，并和汽缸中的空气很快形成混合燃气。由于压缩空气的温度足够高，喷入的柴油便自行燃烧。这种燃烧不如汽油机那样迅速，实际上是一个等压地、边燃烧边膨胀地由 V_2、T_2 变化到 V_3、T_3 的过程。后一段 DE 是绝热膨胀过程，由 V_3、T_3 变化到 V_4、T_4。

(4)排气冲程　如图中 EB 所示，排气阀打开，汽缸内气压骤然降至大气压，为一等容放热过程，温度由 T_4 降至 T_1，然后活塞将剩余废气排出，为一等压过程(图中 BA 所示)。

按照与处理定容加热循环相同的方法，以下只分析由 $BCDEB$ 所示的循环过程。在这个循环过程中，气体主要在等压过程 CD 中吸热而在等容过程 EB 中放热，所以称为定压加热理想循环。此循环的效率可以推求如下：

在等压过程 CD 中气体吸收的热量为

$$Q_1 = nC_{p,\mathrm{m}}(T_3 - T_2),$$

等容过程 EB 中放热为

$$Q_2 = nC_{V,\mathrm{m}}(T_4 - T_1),$$

因此，循环的效率为

$$\eta = 1 - \frac{Q_2}{Q_1} = 1 - \frac{nC_{V,\mathrm{m}}(T_4 - T_1)}{nC_{p,\mathrm{m}}(T_3 - T_2)}$$

$$=1-\frac{1}{\gamma}\cdot\frac{T_4-T_1}{T_3-T_2}. \tag{2.8.2}$$

因 CD 是等压过程，所以

$$\frac{T_3}{T_2}=\frac{V_3}{V_2}=\rho,$$

式中 $\rho=\frac{V_3}{V_2}$ 称为定压膨胀比，

对于绝热膨胀过程 DE 有 $\frac{T_3}{T_4}=\left(\frac{V_1}{V_3}\right)^{\gamma-1}=\delta^{\gamma-1}$，

式中 $\delta=\frac{V_1}{V_3}$ 称为绝热膨胀比，

对绝热压缩过程 BC 有 $\frac{T_2}{T_1}=\left(\frac{V_1}{V_2}\right)^{\gamma-1}=\varepsilon^{\gamma-1}$，

这里 $\varepsilon=\frac{V_1}{V_2}$ 即绝热压缩比，利用上面的一些关系式将 T_1、T_2、T_4 都用 T_3 表示，并代入(2.8.2)式，即得

$$\eta=1-\frac{1}{\gamma}\cdot\frac{1}{\varepsilon^{\gamma-1}}\cdot\frac{\rho^{\gamma}-1}{\rho-1}. \tag{2.8.3}$$

由(2.8.3)式可以看出，狄塞尔循环的效率主要决定于定压膨胀比 ρ 和绝热压缩比 ε。柴油机的绝热压缩比 ε 越大，效率就越高。由于柴油机中压缩的是空气，没有爆震现象，所以压缩比可以充分提高。但 ε 也不宜太大，不然就要把机件做得很粗重才能承受压缩终了时的压强。通常柴油机的绝热压缩比限制在 12～20 之间，这已使它的效率比汽油机高多了。由(2.8.3)式可以看出，定压膨胀比 ρ 越大，则循环效率越低。

三、逆向斯特林(Stirling)循环

下面介绍一种其制冷系数与逆向卡诺循环的制冷系数相同，而且近些年来在低温技术上已得到实际应用的逆向循环，即回热式制冷机的循环——逆向斯特林循环。

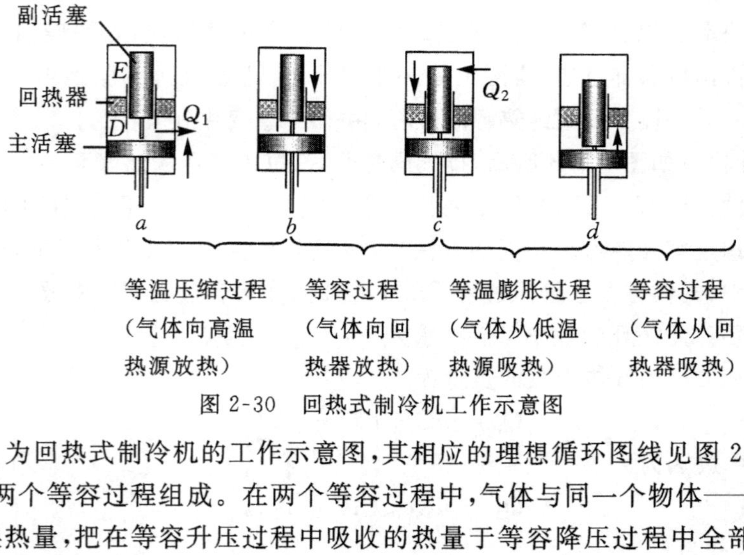

图 2-30 回热式制冷机工作示意图

图 2-30 为回热式制冷机的工作示意图，其相应的理想循环图线见图 2-31，它由两个等温过程和两个等容过程组成。在两个等容过程中，气体与同一个物体——回热器(或叫储能器)交换热量，把在等容升压过程中吸收的热量于等容降压过程中全部放送回去，故叫回热式制冷循环。现将图 2-31 所示各个分过程说明如下：

(1)等温压缩过程 主活塞向上移动，等温地压缩 D 中的气体，气体通过缸壁向温度

为 T_1 的高温热源放出热量 Q_1（图中 a-b）。

(2)等容过程　副活塞向下移，使 D 中部分气体流向 E。当气体通过回热器时，则放出热量。由于主活塞不移动，所以过程是等容的（图中 b-c）。

(3)等温膨胀过程　两个活塞同时下移，E 中气体等温膨胀，通过缸壁从温度为 T_2 的低温热源吸收热量 Q_2（图中 c-d）。

(4)等容过程　副活塞上移到它的初始位置，使 E 中部分气体流向 D，当气体通过回热器时，则吸收热量。由于主活塞不移动，所以过程是等容的（图中 d-a）。

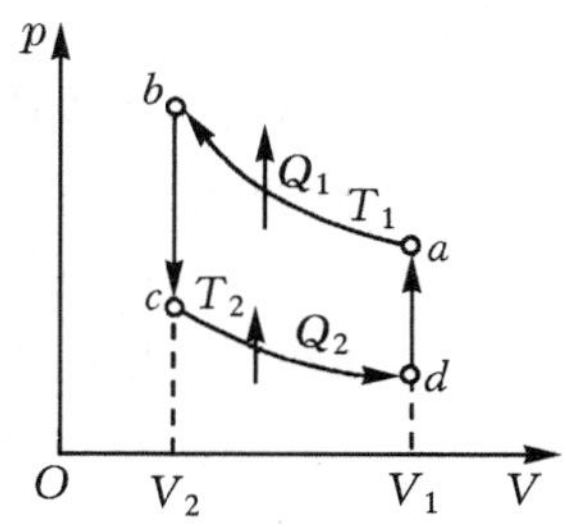

图 2-31

理想逆向斯特林循环图线

在两个等容过程中，由于温度变化大小相等，符号相反，所交换热量的代数和为零，所以，就整个循环结果而论，气体实际上并未从回热器吸取（或向它放出）热量，只在等温膨胀过程中从被冷却的低温物体吸取热量 Q_2，而在等温压缩过程中，向高温物体放出热量 Q_1。

这种循环的制冷系数可推求如下：

设工作物质是理想气体，在等温过程 c-d 中从被冷却的物体吸收热量

$$Q_2 = nRT_2 \ln \frac{V_1}{V_2},$$

而在等温压缩过程 a-b 中向外界放出热量

$$Q_1 = nRT_1 \ln \frac{V_1}{V_2},$$

根据热力学第一定律，在整个制冷循环中外界对工作物质作功

$$W = Q_1 - Q_2 = nR(T_1 - T_2) \ln \frac{V_1}{V_2},$$

所以制冷系数为

$$\varepsilon = \frac{Q_2}{W} = \frac{T_2}{T_1 - T_2}, \tag{2.8.4}$$

近年来，应用逆向斯特林循环工作的制冷机可以得到 90 K～12 K 的低温，最低温度可达 7.8 K。

*§2.9　空调器的制冷制热原理简介

在我们的日常生活中，天气和季节的变化常常给人们的生活和工作带来很大的妨碍，有时甚至会危及人们的身体健康。夏季的酷热常使人汗流浃背，甚至中暑；冬季的严寒使人手脚不灵，难以工作。创造一个有益于健康的舒适环境，既是人的一种需要，也是提高工作效率，保证我们做好各项工作的基本条件。

实践证明，多数人感到舒适的环境条件如表 2-3 所示。

表 2-3

空气温度	空气的相对湿度	通过人体时空气的流速
18 ℃～28 ℃	40%～60%	0.25 m/s

现在使用的各类空调器都具有上述各项调节功能。下面我们着重介绍空调器的温度

调节原理。

一、空调器的制冷原理

从室内空气的温度调节来看，空调器实际上是一个制冷机或制暖机，它的制冷循环如图 2-32 所示，其具体的工作过程如下：

(1)制冷剂经压缩机压缩成 1.862 MPa 的高压高温气体，进入冷凝器；

(2)进入冷凝器的气态制冷剂经风冷或水冷热交换后，被冷凝成液态，其压力仍为 1.862 MPa，温度约为 50 ℃；

(3)液态制冷剂经毛细管节流、降温、降压，转变成湿蒸汽(含有一定蒸汽的液体)，并进入蒸发器蒸发吸热。此时制冷剂的压力变为 0.490 MPa，温度为 5 ℃；

(4)进入蒸发器的低温、低压湿蒸汽，吸收室内的热量后，全部转变成气态，被压缩机吸入，经再次压缩，并进入下次循环，此时的压力仍为 0.490 MPa，温度为 10 ℃。

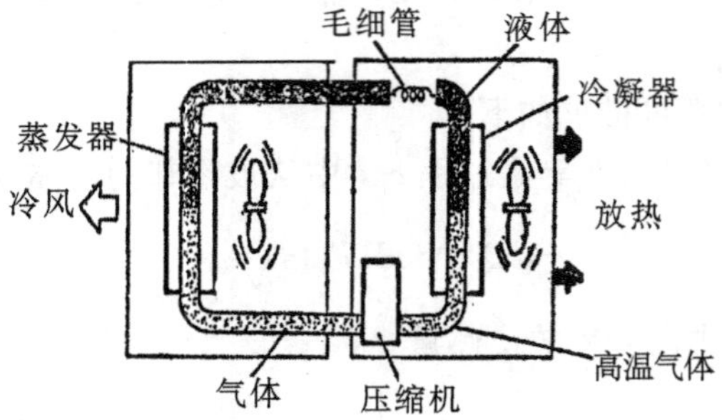

图 2-32 空调器的制冷循环图

二、空调器的制热原理

上述的空调器不仅可以用于制冷，降低室内的温度，也可以制热，以升高室内的温度。现在冬天取暖，常常采用电加热器，它把电功直接转变为热后被人们所利用。实际上这是很不经济的。若把这电功输给一台制冷机，使它从温度较低的室外或江、河的水中吸取热量(因冬天室外大气、江、河的水温度较低，一般称为低温热源)，向需取暖的室内输热(因室内的温度比室外高，可将它称为高温热源)，这样除电功转变为热外，还额外地从低温热源吸取了一部分热量传递到室内，取暖的效率当然要高得多，这就像把水从低处往高处抽的水泵一样，因此把这种用于室内加热的制冷机称为热泵。

目前在市场上销售的冷暖式空调机，夏天用于制冷，而冬天用于制暖，即在冬天它相当于是一个热泵。该空调器实际上就是一台制冷机，它将两只热交换器分别装于室内与室外，并借助一只四通阀分别对流进及流出压缩机的高压气体的流向进行切换。在冬天[如图 2-33(a)所示]温度较高的高压气体流进室内热交换器[位于图 2-33(a)的右半部]被室内较冷的空气冷却，从而升高室内的温度(这时室内的热交换器起冷凝器的作用)。被冷却而成液态的制冷剂经毛细管节流降温而进入室外热交换器[位于图 2-33(a)的左半部]蒸发吸热，最后流进压缩机。在夏天从压缩机流出的高温、高压气体进入室外热交换器[位于图 2-33(b)的左半部]放热并冷凝成液态，再经毛细管节流降温而进入室内热交换器蒸发吸热，最后流回压缩机。室内与室外的热交换器均配有一台风机使之作强迫对流传热。

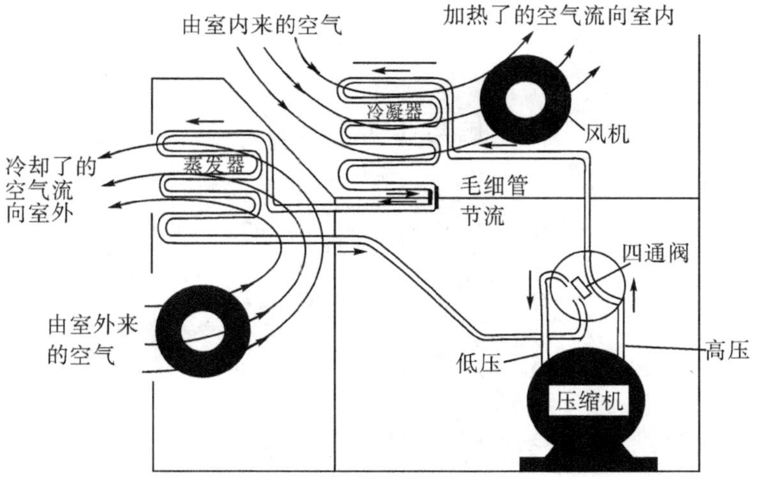

(a) 空调器的制热原理

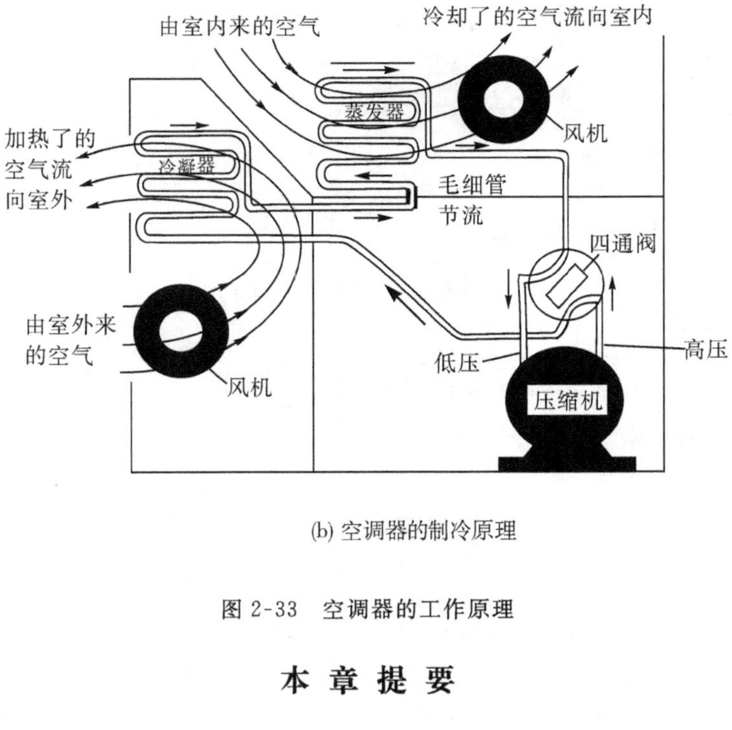

(b) 空调器的制冷原理

图 2-33　空调器的工作原理

本 章 提 要

一、准静态过程

如果系统在进行的过程中所经历的每一中间状态都可看作是平衡态，则该过程被称为是准静态过程。严格来讲，只有当系统与外界的压力差、温度差始终保持无限小，过程无限缓慢进行时，该过程才是准静态过程。对无摩擦的准静态过程，内外压力是平衡的，故有 $p=p^{(e)}$。

二、准静态过程中功的一般表达式为

$$\mathrm{d}W=\sum_i Y_i\,\mathrm{d}x_i.$$

三、热量

1. 热量概念　由于热接触的物体间存在着温度差，在热传递过程中传递的能量就是热量，它与功一样是过程量。

2. 热量计算

(1) 定压与定容热容量

$$C_V=\left(\frac{đQ}{\mathrm{d}T}\right)_V,\quad C_p=\left(\frac{đQ}{\mathrm{d}T}\right)_p.$$

(2) 热量计算公式

$$Q_V=\int_{T_1}^{T_2}C_V\mathrm{d}T=n\int_{T_1}^{T_2}C_{V,\mathrm{m}}\mathrm{d}T,$$

$$Q_p=\int_{T_1}^{T_2}C_p\mathrm{d}T=n\int_{T_1}^{T_2}C_{p,\mathrm{m}}\mathrm{d}T,$$

或

$$Q_V=m\int_{T_1}^{T_2}c_v\mathrm{d}T,$$

$$Q_p=m\int_{T_1}^{T_2}c_p\mathrm{d}T,$$

n 是系统的摩尔数，$C_{V,\mathrm{m}}$、$C_{p,\mathrm{m}}$ 是摩尔定容及定压热容量，c_v、c_p 分别是定容与定压比热。

四、内能定义

$$U_2-U_1=W_a.$$

五、热力学第一定律 是普遍的能量转化和守恒定律在热现象中的具体表达，其数学表达式为

1. 对无限小的过程： $đQ=\mathrm{d}U+đ'W$

2. 有限变化过程： $Q=\Delta U+W'$

3. 准静态过程： $đQ=\mathrm{d}U-\sum\limits_i Y_i\mathrm{d}x_i$

六、热力学第一定律的应用

1. 对均匀物质的应用

(1) 均匀物质的定容与定压热容量

$$C_V=\left(\frac{\partial U}{\partial T}\right)_V,\quad C_p=\left(\frac{\partial H}{\partial T}\right)_p.$$

(2) C_p 与 C_V 关系

$$C_p=C_V+\left[p+\left(\frac{\partial U}{\partial V}\right)_T\right]\left(\frac{\partial V}{\partial T}\right)_p.$$

2. 对理想气体的应用

(1) 理想气体内能表达式

$$\mathrm{d}U=nC_{V,\mathrm{m}}\mathrm{d}T,$$

$$U(T)=n\int C_{V,\mathrm{m}}\mathrm{d}T+U_0,$$

$$\Delta U=n\int_{T_1}^{T_2}C_{V,\mathrm{m}}\mathrm{d}T=nC_{V,\mathrm{m}}(T_2-T_1).$$

(2) 理想气体焓的表达式

焓的定义 $H=U+pV=U(T)+nRT=H(T)$.

焓的表达式

$$\mathrm{d}H=nC_{p,\mathrm{m}}\mathrm{d}T,$$

$$H(T)=n\int C_{p,\mathrm{m}}\mathrm{d}T+H_0,$$

$$\Delta H=H_2-H_1=n\int_{T_1}^{T_2}C_{p,\mathrm{m}}\mathrm{d}T=nC_{p,\mathrm{m}}(T_2-T_1).$$

(3) 等值过程 某一状态参量保持不变的过程，如等温、等压、等容过程。

(4) 绝热过程 如果过程的进行仅由于机械的或电的直接作用，而没有受到任何其他影响，这类过程称为绝热过程。

(5) 理想气体的多方过程

过程方程 $pV^z=$常量

多方过程的功 $W=\frac{1}{z-1}(p_2V_2-p_1V_1)$

多方过程的摩尔热容量 $C_{z,\mathrm{m}}=C_{V,\mathrm{m}}\left(\frac{\gamma-z}{1-z}\right)$

3. 第一定律对循环过程的应用

(1) 循环过程定义 系统自某一状态开始，经过一系列的状态变化后又回到初始状态的过程，称为循环过程。在 p-V 图上，它的过程曲线是一条封闭曲线。

(2) 正循环 在 p-V 图上按顺时针方向进行的循环，它与热机的工作循环过程相对应。热机的效率为

$$\eta=\frac{W'}{Q_1}=1-\frac{Q_2}{Q_1},$$

(3) 逆循环 在 p-V 图上按逆时针方向进行的循环，它与制冷机的工作循环过程相对应。制冷机的制冷系数为

$$\varepsilon=\frac{Q_2}{W}.$$

(4) 卡诺循环 只与两个恒温热源交换热量的循环。理想气体准静态卡诺循环由两个等温过程和两个绝热过程构成，其热机效率与制冷系数为

$$\eta=1-\frac{T_2}{T_1},\qquad \varepsilon=\frac{T_2}{T_1-T_2}.$$

(5) 技术循环的效率

定容加热理想循环——奥托(Otto)循环

$$\eta=1-\frac{1}{\varepsilon^{\gamma-1}}.$$

定压加热理想循环——狄塞尔(Diesel)循环

$$\eta=1-\frac{1}{\gamma}\cdot\frac{1}{\varepsilon^{\gamma-1}}\cdot\frac{\rho^{\gamma-1}}{\rho-1}.$$

逆向斯特林循环制冷系数

$$\varepsilon=\frac{T_2}{T_1-T_2}.$$

思 考 题

1. 系统对外界作功的公式 $W'=\int_{V_1}^{V_2}p\mathrm{d}V$ 对于非准静态过程是否成立？如果用于汽缸中的气体，当活塞与汽缸壁之间有摩擦，但进行的是准静态过程时，此式是否成立？

2. 什么是热力学过程？什么是准静态过程？准静态过程满足的基本条件是什么？

3. 有人说："任何没有体积变化的过程就一定不对外作功。"对吗？

4. 什么是广义力？什么是广义功？什么是广义位移？它们之间存在何种关系？为何将压强看作广义力时要加个负号？

6. 能否说"系统含有热量"？能否说"系统含有功"？

7. 试指出以下提法是否正确，如有错误，指出错误所在。

(1)"高温物体所含热量多；低温物体所含热量少"；

(2)"同一物体温度越高所含热量越多"。

8. 在日常生活中，有人对温度、热量、内能、热现象等不同概念一概称之为"热"，试指出以下不同用语中的"热"指的是哪个概念。

(1)“摩擦生热”；

(2)“热功当量”；

(3)“这盆水太热”；

(4)“热与工农业生产的关系非常密切”。

9. 热力学系统的内能是状态的单值函数，对此作如下理解是否正确？

(1) 一定量的某种气体处于某一定状态，就具有一定的内能。

(2) 此内能是可以直接测定的。

(3) 此内能只有一个数值。

(4) 当标准状态(或参考态)的内能值选定后，对应于某一内能值只可能有一个确定的状态。

10. 热力学第一定律的以下两种表达式

$$\Delta U = Q - W' \qquad \Delta U = Q - \int p\mathrm{d}V$$

是否完全等价？试从适用范围和条件上进行分析。

11. 我们能否对气体加热而不改变它的温度？对固体呢？

12. 公式$(\mathrm{đ}Q)_V = \frac{M}{\mu} C_{V,\mathrm{m}} \mathrm{d}T$与$\mathrm{d}U = \frac{M}{\mu} C_{V,\mathrm{m}} \mathrm{d}T$的意义有何不同？二者的适用条件有何不同？它们各是怎样导出的？

13. 理想气体从初态p_0, V_0, T_0经准静态过程膨胀到体积V。如果是按等压、等温、绝热等不同过程进行的，试分析在哪一过程中吸热最多？各过程内能的改变情况如何？

14. 理想气体从同一初态开始，分别经过等容、等压、绝热三种不同过程发生相同的温度变化：

(1) 试在p-V图上作出三条过程图线。

(2) 三过程的末态并不相同，为什么说三者的内能变化ΔU相同？

(3) 如果不是理想气体，三者的内能变化ΔU是否相同？

15. 理想气体在准静态的绝热过程中温度是否发生变化？为什么？

16. 状态方程与过程方程有何不同？它们之间有何联系？

17. 怎样从由p, V参量表示的绝热过程方程，导出由T、V和T、p参量表示的绝热过程方程？

18. 理想气体从同一状态开始分别经一个绝热过程ab和两个不同的多方过程ac、ad到达温度相同的末态(如图 2-34 所示)，试判断这两个多方过程热容量的正负。

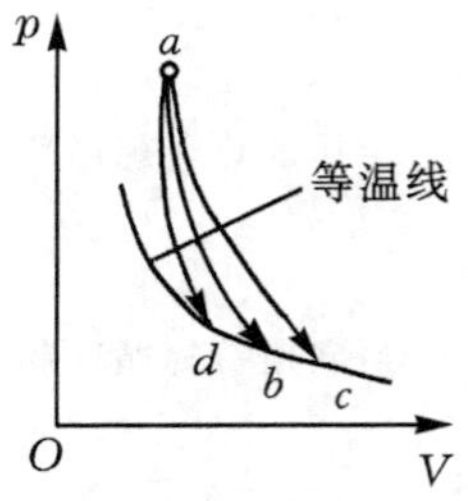

图 2-34

19. 一定量的理想气体由初态p_1, V_1作绝热自由膨胀变成体积为$V_2 = 2V_1$的末态，由热力学第一定律可求得$T_2 = T_1$。现在要求p_2：如按$p_1V_1 = p_2V_2$，则$p_2 = \frac{p_1}{2}$；如按$p_1V_1^\gamma = p_2V_2^\gamma$，则$p_2 = p_1/2^\gamma$。那么哪个答案是正确的？理由何在？

20. 试比较图 2-35 所示各个准静态卡诺循环过程中系统对外所作的净功W'，所吸收的热量Q_1和

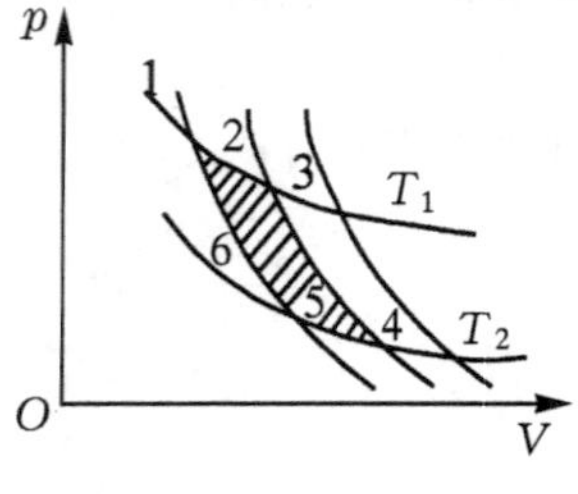

比较循环Ⅰ(1-3-4-6-1)与Ⅱ(1-2-5-6-1)

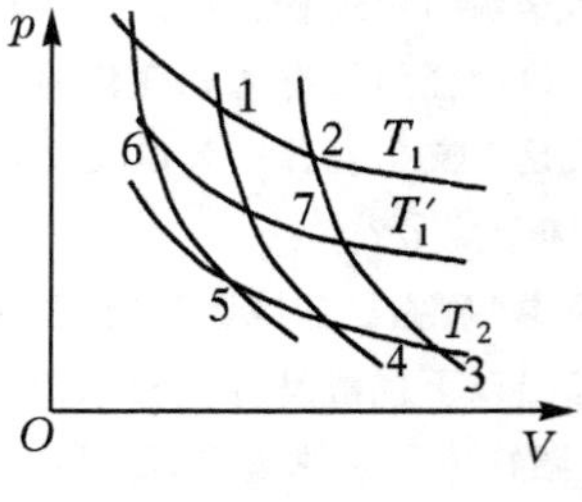

比较循环Ⅰ(1-2-3-4-1)与Ⅱ(6-7-3-5-6)

图 2-35

效率 η(用"$>$"、"$<$"或"$=$"符号表示)。(注意图中设各等温线与绝热线间所围的面积相等。)

21. 热机效率公式 $\eta=\frac{Q_1-Q_2}{Q_1}$ 和 $\eta=\frac{T_1-T_2}{T_1}$ 之间有何区别和联系?

22. 制冷系数是否可大于1?这是否违反热力学第一定律?

23. 怎样直接由卡诺循环过程曲线算出净功 W'?这与由 (Q_1-Q_2) 间接算出的结果是否相同?

习 题

1. 1摩尔范德瓦耳斯气体在准静态等温过程中,体积由 V_{m1} 膨胀至 V_{m2},求气体所作的功。

2. 1 mol 某种气体作等温膨胀,其体积由初始体积 $V_{m,i}$ 变成终态体积 $V_{m,f}$,试计算这一过程中系统作的功。若物态方程是

(1) $p(V_m-b)=RT$ (R,b 是常数)

(2) $pV_m=RT\left(1-\frac{B}{V_m}\right)$ (R 是常数,$B=f(T)$)

3. 一理想气体作准静态绝热膨胀,在任一瞬间压强满足 $pV^{\gamma}=K$,其中 γ 和 K 都是常数,试证明系统由初态 (p_i,V_i) 变为终态 (p_f,V_f) 的过程中所作的功为

$$W=\frac{p_iV_i-p_fV_f}{\gamma-1}.$$

4. 在25 ℃下,压力在0至1000 atm之间测得水的体积为

$$V=(18.066-0.715\times10^{-3}p+0.046\times10^{-6}p^2)\ \mathrm{cm^3\cdot mol^{-1}},$$

如果保持温度不变,将1 mol水从1 atm加压至1000 atm,求外界所作的功。

5. 在0 ℃和1 atm下,空气的密度为 1.29×10^{-3} g · cm³。空气的定压比热 $c_p=0.238\ \mathrm{cal\cdot g^{-1}\cdot K^{-1}}$,$\gamma=1.41$,今有空气27 m³,

(1) 若维持体积不变,将空气由0 ℃加热至20 ℃,试计算所需的热量。

(2) 若容器有裂缝,外界压力为1 atm,试计算使空气由0 ℃缓慢地加热至20 ℃时所需的热量。

6. 已知范德瓦耳斯气体状态方程 $\left(p+\frac{a}{V_m^2}\right)(V_m-b)=RT$,其内能为 $u=cT-\frac{a}{V_m^2}+d$,其中 a,b,c,d 均为常数,试求:(1)该气体从 V_{m1} 等温膨胀到 V_{m2} 时所作的功;(2)该气体在定容条件下升高温度 ΔT 时所吸收的热量。

7. 在24 ℃时水蒸气的饱和气压为0.029 824 bar。若已知在这条件下水蒸气的焓是2 545.0 kJ · kg⁻¹,水的焓是100.59 kJ · kg⁻¹,求在这条件下水蒸气的凝结热。

8. 分析实验数据表明,在1 atm下,从300 K到1 200 K范围内,铜的定压摩尔热容量 $C_{p,m}$ 可表示为

$$C_{p,m}=a+bT,$$

其中 $a=2.3\times10^4$,$b=5.92$,$C_{p,m}$ 单位为[J · mol⁻¹ · K⁻¹]。试计算在1 atm下,当温度从300 K增到1 200 K时摩尔铜焓的改变。

9. 设1摩尔固体的状态方程可写为

$$V_m=V_{m,0}+aT+bp;$$

内能 u 可表示为

$$u=cT-apT,$$

其中 a、b、c 和 $V_{m,0}$ 均为常数。试求:

(1) 摩尔焓的表达式;

(2) 摩尔热容量 $C_{p,m}$ 和 $C_{V,m}$。

10. 若把氮气、氢气和氨气都看作理想气体($p\to0$),由气体热力学性质表可查到它们在298 K的焓值分别为8 669 J · mol⁻¹,8 468 J · mol⁻¹和−29 154 J · mol⁻¹。试求在定压下氨的合成热。氨的合成反应为

$$\frac{1}{2}N_2+\frac{3}{2}H_2 \longrightarrow NH_3$$

11. 0.020 kg 的氦气温度由 17 ℃升为 27 ℃。若在升温过程中：(1) 体积保持不变；(2) 压强保持不变；(3) 不与外界交换热量，试分别求出气体内能的改变，吸收的热量，外界对气体所作的功。设氦气可看作理想气体，且 $C_{V,m}=\frac{3}{2}R$。

12. 分别通过下列过程把标准状态下的 0.014 kg 氮气压缩为原体积的一半：(1) 等温过程；(2) 绝热过程；(3) 等压过程。试分别求出在这些过程中气体内能的改变，传递的热量和外界对气体所作的功。设氮气可看作理想气体，且 $C_{V,m}=\frac{5}{2}R$。

13. 为确定多方过程 $pV^z=C$ 中的指数 z，通常取 $\ln p$ 为纵坐标，$\ln V$ 为横坐标作图。试讨论在这种图中多方过程曲线的形状，并说明如何确定 z。

14. 室温下一定量理想气体氧的体积为 2.3 L，压强为 1.0 atm，经过一多方过程后体积变为 4.1 L，压强为 0.5 atm。试求：(1) 多方指数 z；(2) 内能的变化；(3) 吸收的热量；(4) 氧膨胀时对外界所作的功。设氧的 $C_{V,m}=\frac{5}{2}R$。

15. 1 摩尔理想气体氦，原来的体积为 8.0 L，温度为 27 ℃，设经过准静态绝热过程体积被压缩为 1.01 L，求在压缩过程中，外界对系统所作的功。设氦气的 $C_{V,m}=\frac{3}{2}R$。

16. 在标准状态下的 0.016 kg 氧气，经过一绝热过程对外界作功 80 J。求终态的压强、体积和温度。设氧气为理想气体，且 $C_{V,m}=\frac{5}{2}R$，$\gamma=1.4$。

17. 0.0080 kg 氧气，原来温度为 27 ℃，体积为 0.41 L。若：

(1) 经过绝热膨胀体积增为 4.1 L；

(2) 先经过等温过程，再经过等容过程达到与(1)同样的终态。

试分别计算在以上两种过程中外界对气体所作的功。设氧气可看作理想气体，且 $C_{V,m}=\frac{5}{2}R$。

18. 在标准状态下，1 摩尔的单原子分子理想气体，先经过一绝热过程，再经过一等温过程，最后压强和体积均增为原来的两倍，求整个过程中系统吸收的热量。若先经过等温过程，再经过绝热过程而达到同样的状态，则结果是否相同？

19. 证明：当 γ 为常数时，若理想气体在某一过程中的热容量也是常数，则这个过程一定是多方过程。

20. 某气体服从状态方程 $p(V_m-b)=RT$，内能为

$$u=C_{V,m}T+u_0,$$

$C_{V,m}$、u_0 为常数。试证明，在准静态绝热过程中，这气体满足方程：

$$p(V_m-b)^{\gamma}=常数,$$

其中 $\gamma=C_{p,m}/C_{V,m}$。

21. 如图 2-36 表示一个除底部外都绝热的气筒，被一位置固定的导热板隔成相等的两部分 A 和 B，其中各盛有 1 摩尔的理想气体氮，今将 80.0 cal 的热量缓慢地由底部供给气体，设活塞上的压强始终保持为 1 atm，$C_{V,m}=\frac{5}{2}R$，求 A 部和 B 部温度的改变以及各自吸收的热量(导热板的热容可忽略)。若将位置固定的导热板换成可以自由活动的绝热板，重复上述的讨论。

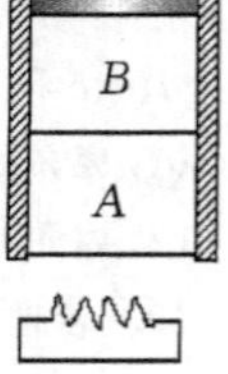

图 2-36

22. 为了测定 $\gamma(=C_{p,m}/C_{V,m})$ 值，有时用下面的方法：将初始温度、体积和压强分别为 T_0、V_0、p_0 的定量气体用通以电流的铂金丝加热。设两次加热相等，第一次使体积不变而 T_0、p_0 分别变为 T_1、p_1；第二次使压强不变，而 T_0、V_0 分别变为 T_2、V_2，试证

明：$\gamma=\dfrac{(p_1-p_0)V_0}{(V_1-V_0)p_0}$。

23. 在原子弹爆炸后 0.1 s 所出现的"火球"是半径约 15m，温度为 3×10^5 K 的气体球，试作一些粗略假设，以估计温度变为 3 000 K 时气体球的半径。

24. 如图 2-37 所示，在一玻璃瓶内盛有气体，一横截面为 A 的玻璃管通过瓶塞插入瓶内，玻璃管内放一质量为 m，截面接近 A 的光滑金属小球(像一个活塞)，设小球在平衡位置时，气体的体积为 V，压强为 $p=p_0+\dfrac{mg}{A}$（p_0 为大气压强），现将小球稍向下移动，然后放手，则将以周期 T 在平衡位置附近作简谐振动，假设小球振动时瓶内气体进行的过程可看成是准静态的绝热过程，试证明：

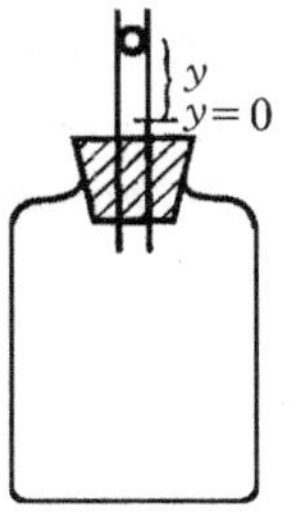

图 2-37

(1) 使小球作简谐振动的准弹性力为 $F=-\dfrac{\gamma pA^2}{V}y$，式中 $\gamma=\dfrac{C_{p,\mathrm{m}}}{C_{V,\mathrm{m}}}$，$y$ 为小球的位移。

(2) 小球进行简谐振动的周期为 $T=2\pi\sqrt{\dfrac{mV}{\gamma pA^2}}$，由此可以利用该实验测定气体的 γ。

25. 由上题所述的实验装置，设实验开始时，小球所在的位置正使得瓶内气体的压强为大气压强 p_0，然后让小球在其重力作用下下落，它下落一段距离 L 后开始上升。

(1) 试证明在这一过程中小球克服准弹性力所作的功为

$$\frac{\gamma p_0A^2L^2}{2V}.$$

(2) 上述功是由小球的重力势能转化而来，试由此证明

$$\gamma=\frac{2mgV}{p_0A^2L}.$$

26. 如图 2-38，用绝热壁作成一圆柱形的容器。在容器中间放置一无摩擦的、绝热的可动活塞，活塞两侧各有 n 摩尔的理想气体，开始状态均为 p_0、V_0、T_0，设气体定容摩尔热容量 $C_{V,\mathrm{m}}$ 为常数，$\gamma=1.5$。

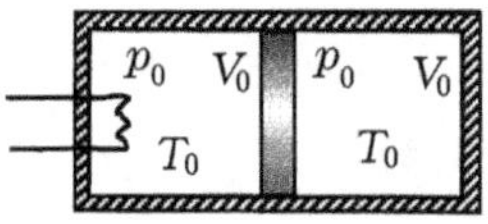

图 2-38

将一通电线圈放到活塞左侧气体中，对气体缓慢地加热，左侧气体膨胀的同时通过活塞压缩右侧气体，最后使右侧气体压强增为 $\dfrac{27}{8}p_0$，问：

(1) 对活塞右侧气体作了多少功？

(2) 右侧气体的终温是多少？

(3) 左侧气体的终温是多少？

(4) 左侧气体吸收了多少热量？

27. 一系统由图 2-39 中所示的态 a 沿 acb 到达态 b，有 80 cal 热量传入系统，而系统作功 126 J。

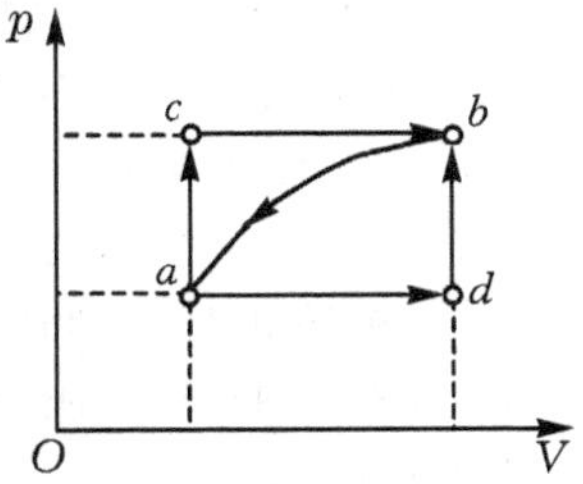

图 2-39

(1) 若沿 adb 时系统作功 42 J，问有多少热量传入系统？

(2) 当系统由态 b 沿曲线 ba 返回态 a 时，外界对系统作功为 84 J，试问系统是吸热还是放热？热量传递是多少？

(3) 若态 d 与态 a 内能之差为 40 cal，试求沿 ad 及 db 各自吸收的热量是多少？

28. 有 1 mol 的氧气，由态 A 等压膨胀到态 B，再由态 B 等容降压到态 C，由态 C 等温压缩回到态 A。

已知状态 A：$p_A=1\ \mathrm{atm}$，$V_A=22.4\ \mathrm{L}$，

状态 B：$p_B=1\ \mathrm{atm}$，$V_B=44.8\ \mathrm{L}$，

状态 C：$p_C=\frac{1}{2}\,\text{atm}, V_C=44.8\,\text{L}$，

又 $C_{V,\text{m}}=\frac{5}{2}R$，

试求：

(1) 该循环中系统对外作多少净功？

(2) 系统从高温热源吸收多少热量？

(3) 此循环的效率如何？

29. 设有以理想气体为工作物质的热机，其循环如图 2-40 所示。试证明其效率

$$\eta=1-\gamma\frac{\frac{V_1}{V_2}-1}{\frac{p_1}{p_2}-1}.$$

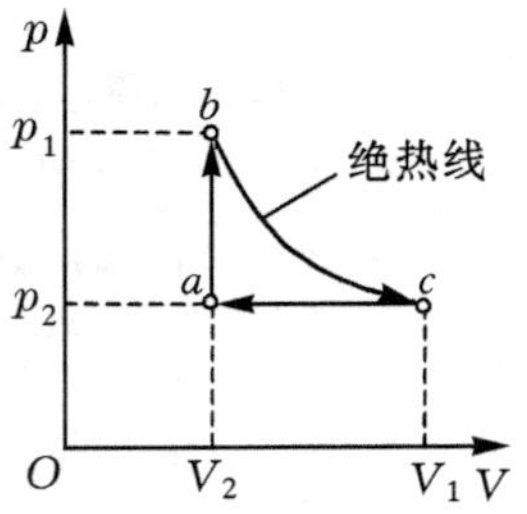

图 2-40

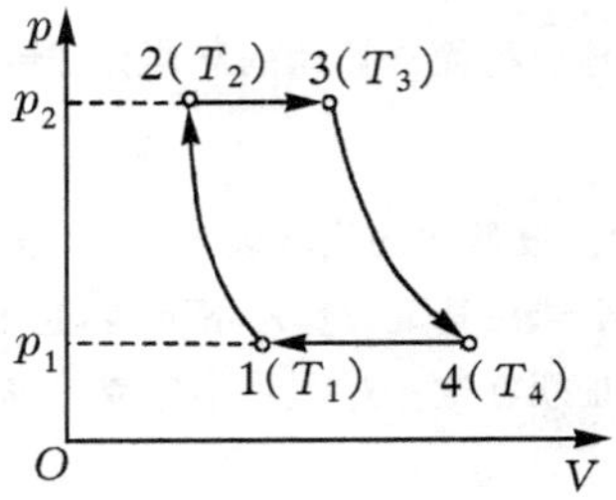

图 2-41

30. 设燃汽涡轮机内工作物质进行如图 2-41 所示的循环过程，其中1—2，3—4为绝热过程；2—3，4—1为等压过程。试证明该循环的效率为

$$\eta=1-\frac{T_4-T_1}{T_3-T_2},$$

又可写为

$$\eta=1-\frac{1}{\varepsilon_p^{\frac{\gamma-1}{\gamma}}},$$

其中 $\varepsilon_p=\frac{p_2}{p_1}$ 是绝热压缩过程的升压比。设工作物质为理想气体，C_p 为常数。

31. 理想气体卡诺循环，设热源温度为 127 ℃，每一循环吸入热量 100 cal，放给冷却器热量 80 cal。求冷却器的温度。

32. 一内燃机汽缸的内径为 15 cm，活塞冲程为 43 cm，汽缸头间隙容积（即气体的最小容积）为 $2.0\times10^3\ \text{cm}^3$，气体定压比热与定容比热之比 $\gamma=1.4$。试按理想气体的奥托循环求其效率。

33. 理想气体卡诺循环，热源温度为 127℃，冷却器温度为 7℃，设 $p_1=10\,\text{atm}, V_1=10\,\text{L}, V_2=20\,\text{L}$，$C_{p,\text{m}}/C_{V,\text{m}}=1.4$。试求

(1) p_2, p_3, p_4, V_3, V_4（各下标代表的状态见图 2-23）；

(2) 一循环中气体对外所作的净功；

(3) 从高温热源吸收的热量；

(4) 循环的效率。

34. 理想气体作卡诺循环，在热源温度为 100 ℃，冷却器温度为 0 ℃时，每一循环作净功 8 kJ，今维持冷凝器温度不变，提高热源温度，使净功增为 10 kJ，若此两个循环都工作于相同的两条绝热线之间，(1)此时热源温度应为多少？(2)这时效率为多少？

35. 如图 2-42 所示为一理想气体（其 γ 值为已知）的循环过程，其中 CA 为绝热过程。A 点的状态参量(T, V_1)和 B 点的状态参量(T, V_2)均为已知。

(1) 气体在 $A\to B$、$B\to C$ 两过程中和外界交换热量吗？是放热还是吸热？

(2) 求 C 点的状态参量。

(3) 这个循环是不是卡诺循环？

(4) 求这个循环的效率。

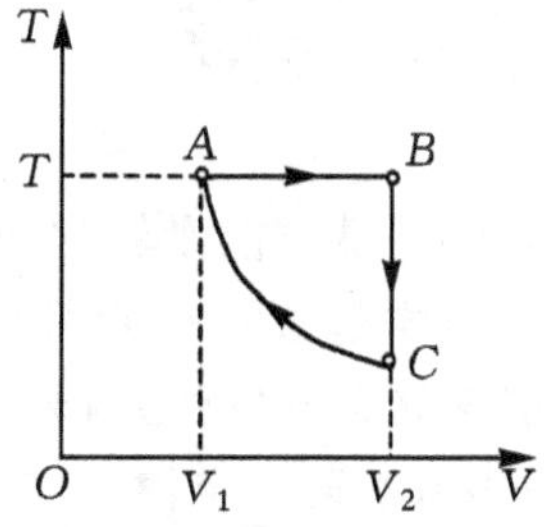

图 2-42

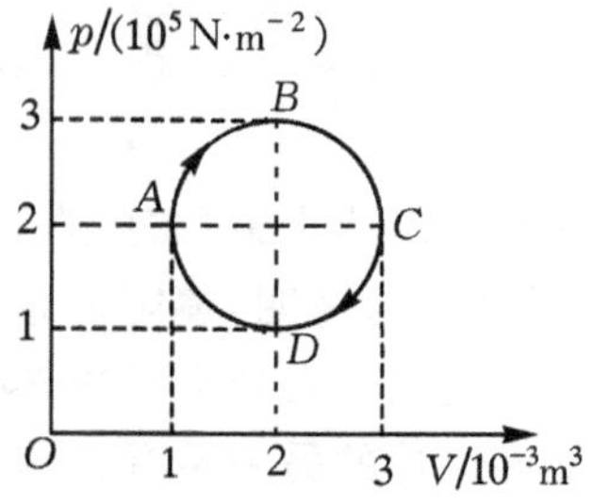

图 2-43

36. 1 摩尔的理想气体作如图 2-43 所示的循环，设已知定容摩尔热容为 $C_{V,\mathrm{m}}=\frac{3}{2}R$，试求：

(1) 在一循环中气体所作的净功；

(2) 过程 ABC 中系统所传递的热量的代数和为 Q_{ABC}，又问：能够说 Q_{ABC} 就是系统在一循环中从高温热源吸收的总热量 Q_1 吗？

37. 有一两端封闭的汽缸，其中充满空气，缸中有一活塞，把空间分为相等的两部分，这时两边空气的压强都为 $p_0=1\,\mathrm{atm}$。令活塞稍偏离其平衡位置并开始振动，求振动周期，设气体进行的过程可认为是绝热的，空气的 $\gamma(C_{p,\mathrm{m}}/C_{V,\mathrm{m}})$ 为 1.4，活塞的摩擦可不计，并已知活塞质量 $m=1.5\,\mathrm{kg}$，活塞处于平衡位置时离缸壁的距离 $l=20\,\mathrm{cm}$，活塞面积 $S=100\,\mathrm{cm}^2$。（提示：活塞位移与 l 之比的高次方可以忽略）

38. 绝热压缩系数 κ_S 的定义是 $\kappa_S=-\frac{1}{V}\left(\frac{\partial V}{\partial p}\right)_S$，设物质为理想气体，且服从绝热过程方程 $pV^\gamma=C$，略去二级无穷小量，证明该理想气体的 $\kappa_S=\frac{1}{\gamma p}$。

第三章　热力学第二定律与熵

热力学第一定律指出，在自然界中任何热力学过程都必须遵守能量转化和守恒定律。但是，大量的热现象表明，遵守能量转化和守恒定律的热力学过程不一定都能自发地进行。自然界中能够自发地进行的热力学过程，除需满足能量转化和守恒定律之外，还必须满足本章即将讨论的另一条有关热现象的普遍规律——热力学第二定律。

§3.1　实际宏观过程的不可逆性

一、可逆过程与不可逆过程

热力学第二定律是有关热力学过程进行的方向和限度的定律，因此在讨论该定律之前，首先说明什么是可逆过程和不可逆过程。下面我们分析纯力学过程的特征。如图 3-1(a)所示，让一个完全弹性的小球从某一高度处 A 点自由下落，在地面上与一完全弹性的 B 板相碰，如果不受空气阻力的作用，小球就会从 B 板弹回，重新上升到 A 点，并回到原来的状态，而周围的一切都无任何变化。又如图 3-1(b)所示的单摆运动，如果不存在空气的阻力作用，小球从最大位移处 A 点离开达到 B 点，经过一个振动周期又会回到 A 点，而周围的一切也无任何变化。这表明，一个无机械能耗散效应的纯力学过程，其正向和逆向两个过程的效应是可以相互抵消的。

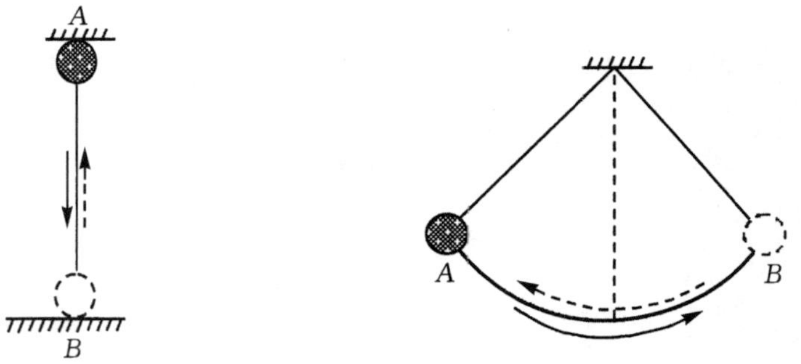

(a)下落的球可以沿相反方向回到原来的状态　　(b)小球经过一个周期又回到原来的位置

图 3-1　纯力学过程是可逆的

下面我们再来分析无摩擦准静态热力学过程的特征。首先分析无摩擦准静态等温过程的特征。现有一定质量的理想气体，盛在一个装有活塞的圆筒里，圆筒与活塞均由绝热材料制成，筒底由导热材料制成，并与一温度为 T 的恒温热源进行热接触。假定活塞与筒壁间无摩擦，并通过控制外界条件，使气体无限缓慢地进行压缩或膨胀，如图 3-2(a)中，气体初态的压强为 p，体积为 V，处于$A(p,V)$状态。现在使作用在活塞上的外压强每次都只增加一个极小的量 Δp，如图中所示装置，每一次将格子上的一个小砝码沿水平方向移动到活塞上(水平移动砝码为的是不作功)，使活塞下降。这样，虽然使系统偏离力的

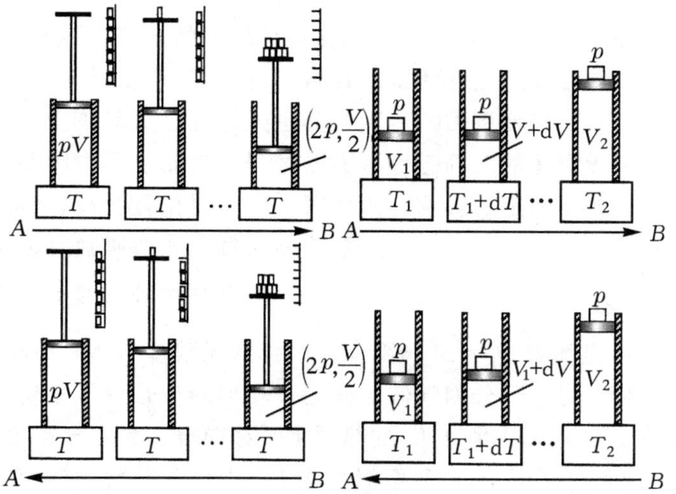

(a)理想气体的等温压缩与膨胀过程　　(b)理想气体的等压膨胀与压缩过程

图 3-2　无摩擦准静态热力学过程是可逆的

平衡，但偏离很小，而且在很短时间内系统就可以达到新的平衡。将这种步骤多次进行下去，最后就可以使气体体积在等温条件下压缩到原体积的一半，使之达到终态$B\left(2p,\frac{1}{2}V\right)$，上述过程在$p$-$V$图上，如图 3-3(a)所示。显然，只要每个砝码的重量减到无穷小，而砝码与格子的数目增至无穷多，就能保证上述过程是一无摩擦的准静态过程。在此过程中，除系统状态发生变化外，在外界也造成了一定影响。如格子上的砝码通过活塞对气体进行等温压缩，并作功 W，同时减小了自己的重力势能，而气体向温度为 T 的热源放热 Q，且 $W=Q$，即外界发生了功向热的转化。现在让上述过程沿反向进行，将砝码沿水平方向逐个移回到格子上，这时系统又无限缓慢地进行膨胀，并经过原过程所经历的每一中间态，最终由末态 $B\left(2p,\frac{1}{2}V\right)$，回到初态 $A(p,V)$。与此同时，系统从温度为 T 的恒温热源吸热 Q，各砝码也回到各自的格子，气体在膨胀过程中对外界作了功 W'，且 $Q=W'$，此时在外界发生了热向功的转化(严格来讲，各砝码均向下移了一格，但当砝码与格子数有无穷多个，而相邻格子间的距离无限小时，这种差别可以忽略)。也就是说，当系统沿原过程的逆过程回到原态时，外界也跟着一起复原。上述过程在 p-V 图上如图 3-3(b)所示。

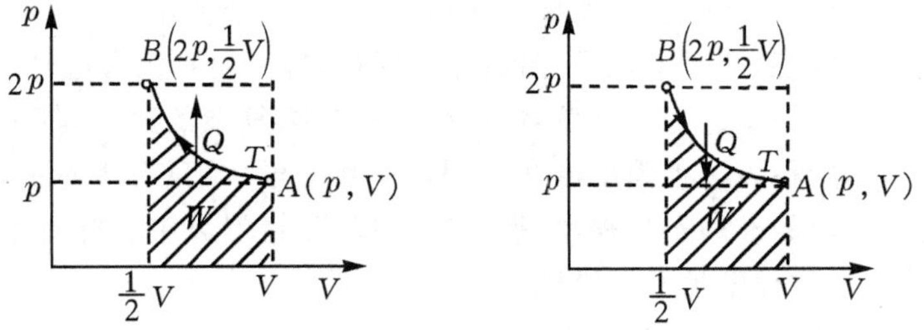

(a)在等温压缩过程中外界对系统作功 W，系统向外放热 Q　　(b)等温膨胀过程中，系统从外界吸热 Q，对外作功 W'

图 3-3　理想气体在无摩擦等温过程中能量转化情况

下面再分析无摩擦准静态等压过程的特征。设一定质量的理想气体，初态时的温度为 T_1 而体积为 V_1，处于 $A(T_1,V_1)$ 状态。现保持外压强恒定，使系统依次与相邻二热源温差为无限小量 $\mathrm{d}T$ 的热源进行热接触，使其温度由 T_1 逐步上升至 T_2，体积由 V_1 逐渐膨胀至 V_2，并由 $A(T_1,V_1)$ 态变到 $B(T_2,V_2)$ 态，上述过程在 p-V 图上，如图 3-4(a)所示。显然，此过程也是一个无摩擦的准静态等压膨胀过程。在此过程中除系统本身的状态发生变化外，在外界也造成了一定的影响。如活塞上的砝码位置升高，势能增加，即系统克服砝码的重量作功 $W'=p(V_2-V_1)$，此外，系统还从每个热源吸热 $\bar{\mathrm{d}}Q$，从无限多个热源吸收的总热量 $Q_p=\sum\limits_i(\bar{\mathrm{d}}Q)_i=nC_{p,\mathrm{m}}(T_2-T_1)$，系统内能的变化 $\Delta U=nC_{V,\mathrm{m}}(T_2-T_1)$。根据热力学第一定律有 $Q_p=\Delta U+W'$，即气体从无限多个热源吸收的总热量 Q_p，一部分增加了系统的内能，另一部分因气体对砝码作功而转变成砝码的势能。现让上述过程沿反方向进行，即让系统从温度为 T_2 的热源水平移向温度为 $T_2-\mathrm{d}T$ 的热源，并向该热源放热 $(\bar{\mathrm{d}}Q)_p$，使之达到热平衡后，再移至温度为 $T_2-2\mathrm{d}T$ 的热源，如此依次进行下去，最后系统与温度为 T_1 的热源接触，并达到热平衡。这时系统又从末态 $B(T_2,V_2)$ 回到初态 $A(T_1,V_1)$，同时砝码压缩气体作功 $W=-W'$，系统向各热源放热 $\bar{\mathrm{d}}Q'$，且 $\bar{\mathrm{d}}Q'=-\bar{\mathrm{d}}Q$，放出的总热量 $Q'_p=-Q_p$。也就是说，通过上述的逆过程后，不仅系统从末态回到了初态，而且外界也一起恢复原态，上述过程在 p-V 图上如图 3-4(b)所示。

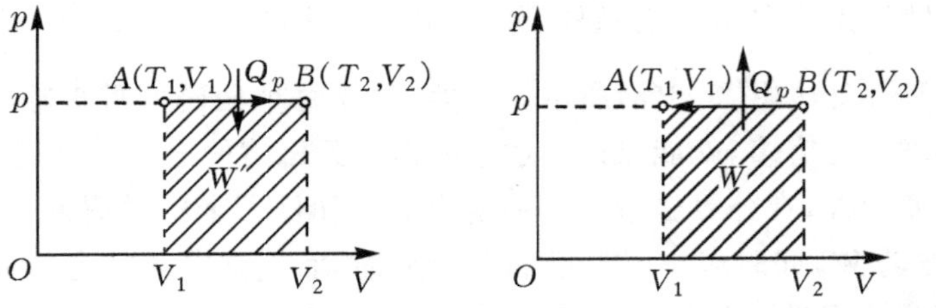

(a)在等压膨胀过程中，系统从外界吸热 Q_p，对外作功 W'　　(b)在等压压缩过程中，外界对系统作功 W，系统向外界放热 Q_p

图 3-4　理想气体在无摩擦等压过程中能量转化情况

综上所述可以看出，在热力学中，对于无摩擦的准静态过程，与力学中的无耗散效应的纯力学过程一样，原过程在系统内外产生的一切变化，可以通过一个逆过程加以抵消，使系统与外界同时恢复原态。也就是说，这些过程有一共同的特征：系统从某一初态出发，经过某一过程(纯力学的或者在热力学中是无摩擦的准静态过程)到达另一状态时，存在另一个逆过程，它能使系统和外界同时恢复原状。在热力学中，当系统由某一状态出发，经过某一过程达到另一状态时，如果存在另一过程，它能使系统和外界同时恢复原状(即使系统回到原来状态，同时消除原过程在外界引起的一切变化)，这时就将原过程称为可逆过程。反之，如果一个过程一旦发生，无论通过什么复杂的途径，都不可能使系统和外界同时恢复原状，则称该过程为不可逆过程。在热力学中，只有理想的、无摩擦、粘滞、电阻，磁滞等耗散效应的准静态过程，才是可逆过程，而自然界中实际发生的一切与热现象有关的自发的宏观过程都是不可逆过程。

应指出的是，所谓自发的宏观过程，都是指在孤立系内发生的一切宏观过程。

二、实际宏观过程的不可逆性

现在，我们讨论在自然界中常见的一些实际的，与热现象有关的自发的宏观过程的不可逆性。

1. 功变热过程

我们观察沿地面滑动的物体，如关闭汽车发动机后，汽车靠惯性继续沿平直马路向前移动，因克服地面与空气的阻力作功，不断消耗汽车机械运动的能量，使其运动速度越来越小，直至最后停止下来。在这过程中，汽车机械能自发地转变成汽车、地面和空气热运动的能量（即内能），使它们的温度有所升高（当然，因地球、空气的热容量很大，它们温度的升高很小）。这过程的逆过程是，使汽车、地面及空气自动地冷却，并将其增加的内能转化为机械能，让静止的汽车重新运动起来，并恢复到初始运动的速度。实践告诉我们，这种逆过程是永远也不会自发地发生的。由此可见，功变热的过程，即机械能转变成内能的过程是不可逆过程。除由于摩擦、粘滞等因素引起机械能转变为内能的过程之外，还有由于电阻、磁滞引起电磁能转变成内能的过程也属不可逆过程。

2. 热传导过程

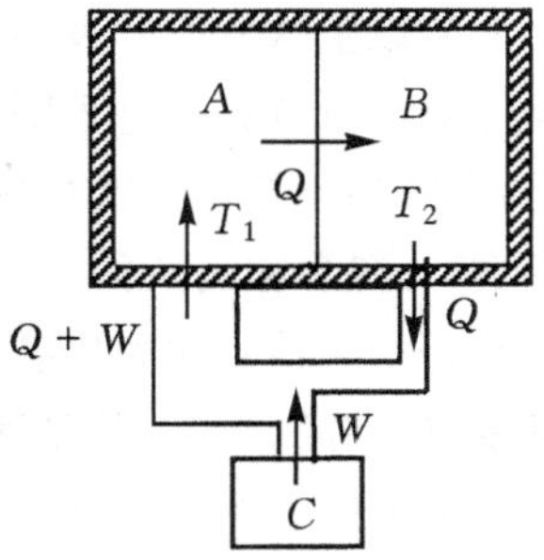

图 3-5
热传导过程是不可逆过程

当我们观察两个温度不同而互相热接触的物体（如图 3-5 中 A、B 两物体）所组成的孤立系统时，可以发现，系统内温度高的物体 A（设温度为 T_1）会自发地向温度低的物体 B（设温度为 T_2）传热，使其温度逐步降低，而温度低的物体 B 因吸热，温度逐步升高，直至达到温度相同的热平衡态，上述热传导过程方才终止。该过程发生时，在外界未造成任何影响。这种过程的逆过程是，使处于热平衡状态的两物体中，原温度高的 A 物体，不断地从原温度低的 B 物体吸收热量，使其温度逐步上升，并回到原来的温度 T_1，而原温度低的 B 物体，因放热温度逐步降低，也回到原来的温度 T_2。经验告诉我们，这种逆过程是不可能自发地进行的。当然，如果允许外界其他物体（如 C 物体）对系统发生作用，系统内发生的从高温物体向低温物体传递热量的逆过程就有可能发生。如用一台制冷机工作于系统内 A、B 两物体之间，通过外界 C 物体对制冷机作功，就可以把热量 Q 从 B 物体再传递给 A 物体（如图 3-5 所示），但这时 C 物体消耗了一定的机械功 W，B 物体放热 Q 之后虽然恢复了原来的温度状态，但物体 A 因吸热 $Q'=Q+W=Q+\Delta Q$，其中 Q 是原过程中 A 传给 B 的热量，ΔQ 则是 C 物体对制冷机作功转化成的热量。也就是说，通过上述过程不但未使系统内 A 物体恢复原状，而且在外界物体 C 中还造成了新的影响。当然，我们还可以进一步设想，为使系统内 A 物体恢复原状，可令其与另一比它温度低的 D 物体进行热接触，使 A 向 D 放热 $\Delta Q=W$。这时虽使系统内 A、B 两物体均回到原态，但外界 D 物体因吸热 ΔQ，其状态又发生了变化。总之，对孤立系统内发生的热传导过程而言，不存在另一逆过程，它使系统回到原态，同时又不在外界造成影响，由此可得结论：孤立系内发生的热传导过程是不可逆过程。

3. 气体的自由膨胀过程

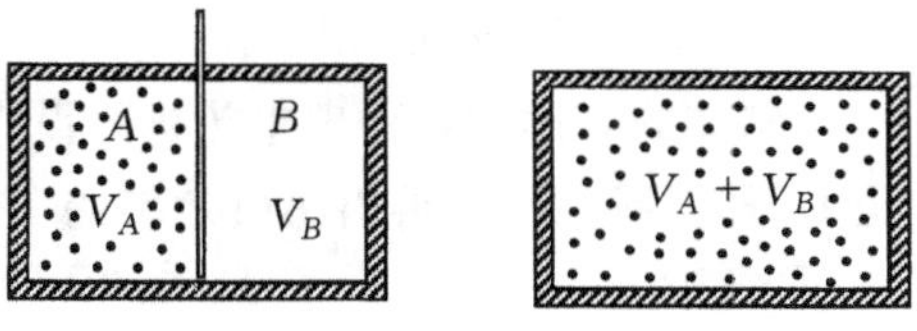

(a)　　(b)
图 3-6　气体自由膨胀过程是不可逆过程

在图 3-6(a) 中，将一绝热容器用隔板分成左、右两部分，其中左边盛有某种理想气体，而右边为真空。当我们将隔板抽去时，容器左边的气体就会自发地向右边进行绝热自由膨胀，直到两边的气体达到均匀一致的状态为止。这个过程的逆过程是容器右边的气体，自发地收缩到容器的左边，并恢复到膨胀以前的状态。实践也告诉我们，这一逆过程是永远也不会自发地发生的。

4. 气体的扩散过程

将一绝热容器用隔板分成左右两部分，设左边装有氮气，右边装有氧气，它们具有相同的温度与压强，如图 3-7(a)。当我们将隔板抽去时，两边的气体会自发地相互扩散、混合，最后达到均匀的混合状态，在此过程中，对外界未产生任何变化，这一过程的逆过程是，两种气体自发地相互分开，并各自退回到容器的左、右两边，使系统恢复到两种气体相互混合前的状态，同时在外界也不产生任何影响。经验告诉我们，这种逆过程也是永远不会自发地进行的。

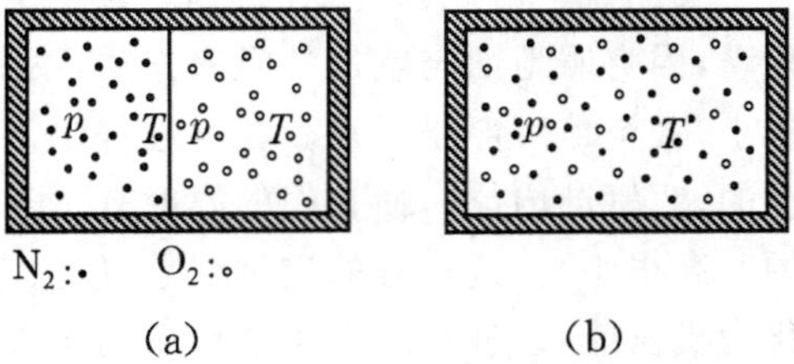

图 3-7 气体的扩散过程

除以上这些实际发生的宏观热过程外，还有爆炸过程、相变过程、化学反应过程、生命过程等等。所有这些过程都有一个特定的自发进行的方向，直到系统达到平衡为止。在此之前，系统决不会中途或最后自发地调转方向，回到初始的状态。大量事实告诉我们，在自然界中，与热现象有关的一切实际的自发的宏观过程都是不可逆的。

仔细分析自然界中各种不可逆过程，它们都包含下列四种基本情况：(1)在过程中存在着摩擦、粘滞、电阻、磁滞等耗散因素，而这些因素将会引起功自发地转变为热，而功变热的过程是不可逆的；(2)系统与外界存在有限的压强差，即未达到力学平衡，如爆炸过程、气体自由膨胀过程等；(3)系统与外界存在有限温度差，即未达到热平衡，如在有限温度差下发生的热传导过程；(4)系统内有相变或化学反应时，系统内不同相间未达到相平衡时的相变过程或系统内有化学反应，但未达到化学平衡时的化学反应过程。

根据以上情况，可将不可逆过程分为四类：(1)耗散因素引起的不可逆过程；(2)力学不平衡引起的不可逆过程；(3)热学不平衡引起的不可逆过程；(4)非平衡相变过程及化学反应过程引起的不可逆过程。

§3.2 热力学第二定律

热力学第二定律是在研究如何提高热机效率的推动下逐步被发现的，并用于解决与热现象有关实际过程进行的方向和限度的问题。随着生产和科学的发展，这一定律在越来越多的方面得到了应用。它和热力学第一定律一起，构成了热力学的主要理论基础。

由上节可知，一切实际的与热现象有关的自发的宏观过程都具有不可逆性。用一个实际的自发的宏观过程的不可逆性来表述热力学第二定律，可以有很多种表述方式，下面介绍被大家普遍采用的两种有关热力学第二定律的基本表述。

一、热力学第二定律的基本表述

1. 开尔文(Kelvin)表述

开尔文的表述与某种理想热机的设想有关。在上一章中，根据热力学第一定律对循环过程的研究，我们已经得出热机效率的一般公式为

$$\eta = 1 - \frac{Q_2}{Q_1},$$

式中 Q_1 为热机在一次循环过程中从高温热源吸收的热量，Q_2 为在同一循环过程中向低温热源放出的热量。从这个公式可以看出，若热机的工作物质在一次循环过程中，向低温热源

放出的热量越少，则热机的效率越高。若 $Q_2=0$，则热机的效率 $\eta=1=100\%$，此时工作物质在一次循环过程中，把从高温热源吸收的热量全部变为有用的机械功，而工作物质本身又回到了原来的热力学状态。这样只有一个单一热源的"高效率"的热机是否可能实现呢？显然这样的热机并不违背热力学第一定律，然而在提高热机效率的过程中，大量的事实说明，在任何情况下，热机都不可能只有一个热源，热机要不断地把吸取的热量变为有用的功，就不可避免地要将一部分热量传给低温热源。在总结这些及其他一些实践经验的基础上，开尔文于 1851 年以下列形式提出了一条新的普遍原理：

不可能从单一热源吸收热量，使之完全变为有用功而不产生其他影响。

这就是热力学第二定律的开尔文表述。应该注意，在上述表述中的"单一热源"是指温度均匀并且恒定不变的热源。若热源不是单一热源，则工作物质就可以从热源中温度较高的一部分吸热，往热源中温度较低的另一部分放热，这样实际上就相当于两个热源了。其次，"其他影响"是指除了由单一热源吸热，把所吸的热全部用来作功之外的任何其他变化。当有其他影响产生时，把由单一热源吸来的热量全部用来对外作功是可能的。例如理想气体的等温膨胀过程就是这样，当理想气体和单一热源接触进行等温膨胀时，内能不变，根据热力学第一定律有

$$Q = W',$$

可见理想气体吸收的热量全部用来对外作功了。但这时理想气体的体积膨胀了，即产生了其他的变化。

违反开尔文表述的热机称为第二种永动机，这种热机不违背热力学第一定律，它从单一热源吸热 Q，并把它完全变成有用功。如果这种热机能够造成的话，人类将不会出现能源危机，因为海洋里的水、地球周围的大气和地球本身都储藏着极大的内能，只要将它们中的任何一个作为这种热机的热源，人类就有了取之不尽，用之不竭的能源了。由于这类永动机完全违背了热力学第二定律的开尔文表述，因此，开氏表述又可以说成是：

第二种永动机是不可能造成的。

2. 克劳修斯(Clausius)表述

我们知道，制冷机的制冷系数 ε 为

$$\varepsilon = \frac{Q_2}{W},$$

式中 Q_2 是制冷机中工作物质在一个循环过程中，从低温热源吸取的热量，W 是在该循环过程中，外界对机器作的功。由上式可见，从低温热源吸取一定的热量 Q_2，若需要的功 W 越少，则制冷系数 ε 就越大。若 $W=0$ 时，则 ε 趋于无穷大，此时，向高温热源放出的热量 $Q_1=Q_2+W=Q_2$。然而，大量的事实表明，制冷机工作时，外界必须作功(即 $W\neq0$)。这就是说，设想制冷机的工作物质在经历一循环过程后恢复了原状，其唯一效果只是把热量从低温物体传到高温物体是不可能的。克劳修斯在 1850 年提出了如下的表述：

不可能把热量从低温物体传到高温物体而不产生其他影响。

3. 两种表述的实质

我们知道，功是可以自发地转化为热(即机械能可以自发地转化为内能)，热量也是可以自发地从高温物体传向低温物体的。热力学第二定律的开氏表述实际上是说，功变热的逆过程，在不产生其他影响的情况下是不可能实现的，即功变热的过程是不可逆的。而克氏表述实际上是说，热量从高温物体传递到低温物体的逆过程在不产生其他影响的情况下是不

可能实现的，即热传递过程是不可逆的。热力学第二定律的上述两种表述，实际上是用两种不同的方式，从两个不同的角度揭示出同一客观规律：在自然界中，一切与热现象有关的实际自发的宏观过程（即除无耗散效应的准静态过程之外的所有热力学过程）都是不可逆的，并指出了实际宏观过程自发进行的条件和方向。

热力学第二定律是独立于热力学第一定律的另一条与热现象有关的基本规律。它也是在对大量热现象的观察与实验的基础上总结出的实验规律，其正确性是由它推得的所有结果都与实验事实相符合而得以证实的。之所以说这个规律是独立于热力学第一定律，是因为实际自发的热力学过程及其逆过程都不违背热力学第一定律，从热力学第一定律不能说明实际自发的热力学过程的逆过程为什么不能自发地发生。所以由上述两种表述表达出的与热现象有关的另一条基本规律，是一条独立的定律。热力学第一定律说明在热力学过程中内能与其他能量相互转化时的数量关系，而热力学第二定律说明实际自发的热力学过程进行的方向性或不可逆性问题。

二、热力学第二定律两种表述的等效性

下面我们证明热力学第二定律的两种表述是等效的，即由其中的一个可以推断出另一个。我们用反证法来证明。

首先设克劳修斯的表述不对，如图 3-8(a)所示，热量 Q 可以通过某种方式，由低温热源 T_2 传递到高温热源 T_1 而不产生其他影响。这时，我们就可以在高温热源 T_1 和低温热源 T_2 之间设计一个卡诺热机，令它在循环过程中从高温热源吸取热量 $Q_1=Q$，部分热量用来对外作功 W'，另一部分热量 Q_2 在低温热源处放出（图 3-8(b)）。这样，总的结果是：高温热源没有发生任何变化，而只是从单一的低温热源处吸热 $Q-Q_2$，并全部用来对外作功 W'，如图 3-8(c)所示。而这是违反热力学第二定律的开尔文表述的。显然在上述设计中卡诺热机是可以实现的，因此，上面的讨论表明，如果违背克劳修斯表述，必然违背开尔文的表述。

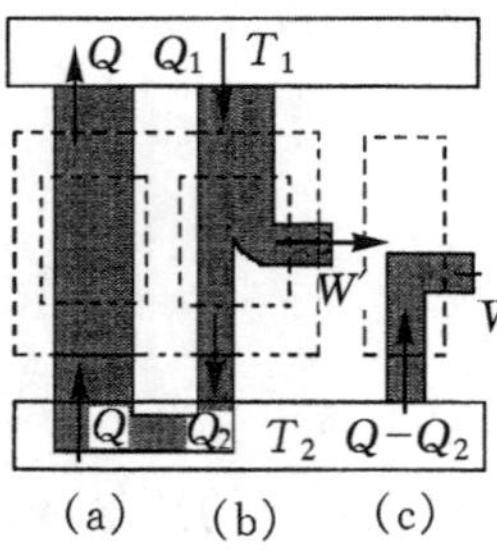

图 3-8 如果违背克劳修斯表述，则必然违背开尔文的表述

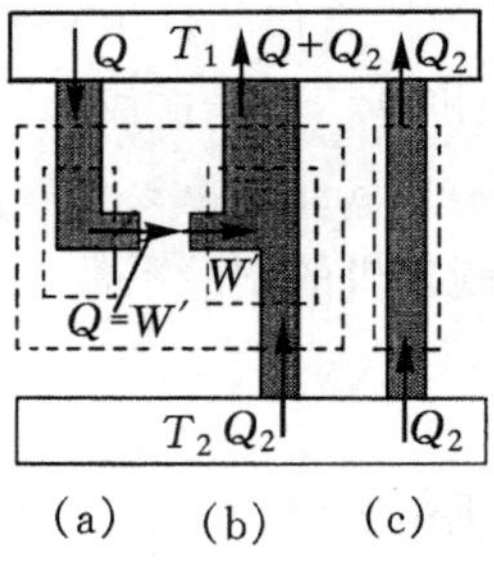

图 3-9 如果违背开尔文表述，则必然违背克劳修斯的表述

我们还可以证明，若违背开尔文表述，则必然违背克劳修斯的表述。图 3-9(a)表示一个违反开尔文表述的机器，它从高温热源 T_1 吸热 Q，并全部转变为有用功 W'，即 $W'=Q$，而未产生其他影响。若此机器可以制成，此时，我们就可利用这机器输出的功 W'，去推动在高温热源 T_1 和低温热源 T_2 之间工作的一个制冷机。这个制冷机在一循环中得到功 W'（$W'=Q$），并从低温热源 T_2 处吸热 Q_2，最后向高温热源 T_1 处放热 $Q_2+W'=Q_2+Q$，(a)、(b)两个机器完成一工作循环产生的总效果是：热量 Q_2 从温度为 T_2 的低温热源，传到温度为 T_1 的高温热源，而没有产生任何其他变化，如图 3-9(c)所示。而这是违反热力学第二定律克劳修斯表述的。显然，在上述设计中制冷机是可以实现的，所以这表明，如果违背开尔文表述，必然违背克劳修斯表述。

由上述证明可以得出结论:热力学第二定律的两种表述是相互等效的。这种等效性说明,功变热和热传递这两类过程在其不可逆性这一特征上是完全等效的,即由一个过程的不可逆性必须导致另一过程的不可逆性。

事实上,在自然界中,一切与热现象有关的实际自发的宏观过程都是不可逆的,而且各种不可逆过程之间存在着深刻的内在联系,我们总可以利用各种曲折复杂的办法,把任何两个不可逆过程联系起来,从一个过程的不可逆性对另一过程的不可逆性作出证明。下面举两个实例予以说明。

图 3-10 是理想气体向真空进行自由膨胀的例子。设有一绝热的刚性容器由隔板分成 A、B 两部分,一边充以某种理想气体,一边抽成真空(图 3-10(a))。将隔板抽掉,气体进行绝热自由膨胀(图 3-10(b))。在该过程中,除气体体积发生膨胀外,在外界未引起任何变化。用反证法可以由热传导过程的不可逆性推断出这种自由膨胀过程的不可逆性。如图 3-11(a)所示,令初态为(p_1,V_1)的理想气体与高温热源 T_1 接触而缓慢地作等温膨胀(假定无摩擦),直至末态(p_2,V_2)(图 3-11(b)),利用此过程所作的功 $W'=Q_1$,带动一部制冷机循环工作,并从低温热源 T_2 吸热 Q_2,向高温热源 T_1 放热 $Q'_1=Q_1+Q_2$。如果气体能够自动收缩回到初态(p_1,V_1)(图 3-11(c)),那么上述的一个联合循环过程的结果是将热量自低温物体传到高温物体而没有产生其他影响(如图 3-11(d))。显然,这违反了热力学第二定律的克劳修斯表述,因而是不可能实现的。但在整个循环中,除最后的气体自动收缩过程之外都是能够实现的。因而必然是气体自动收缩过程不可能发生,即气体自由膨胀过程是不可逆的过程。

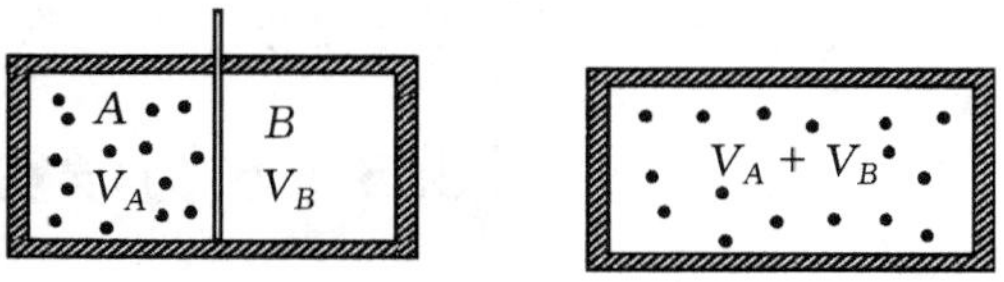

(a)　(b)

图 3-10　理想气体的自由膨胀

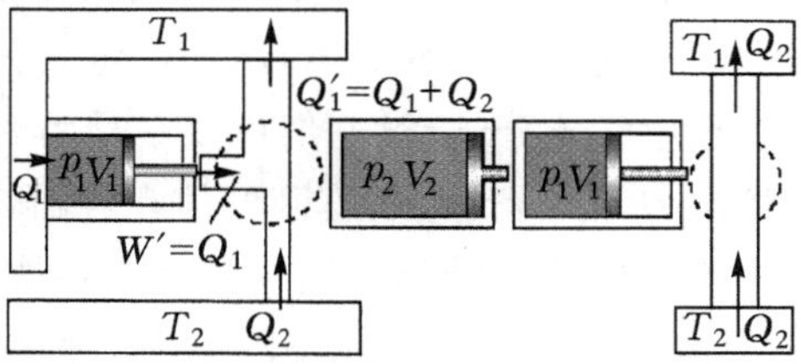

(a)　(b)　(c)　(d)

图 3-11

由热传导过程的不可逆性,推断气体自由膨胀过程的不可逆性

同样,由气体自由膨胀的不可逆性也可以推断出功变热过程的不可逆性。我们仍然用反证法假设功变热过程是可逆的(违反热力学第二定律的开氏表述),即可以制造出这样一种热机,它能够从单一热源吸热,全部用来对外作功而不引起其他变化。那么我们就可以实现如图 3-12 所示的过程:当处于容器一边,温度为 T 的理想气体向真空自由膨胀(图 3-12(a)、(b))而充满整个容器之后,我们就可以如图 3-12(c)所示,使容器与温度为 T 的恒温热源接触,利用上述热机(图3-12(c)中的热机)所作的功($W'=Q$)推动活塞将膨胀了的理想气体缓慢地等温压缩到原来的体积。在压缩过程中,由于理想气体内能不变,外界对它所作之功又全部转变为热量放回到热源中去,从而使热源的变化完全消除。这样,在以上的一个联合循环过程中产生的唯一效果是,自由膨胀了的气体重新收缩到原来的状

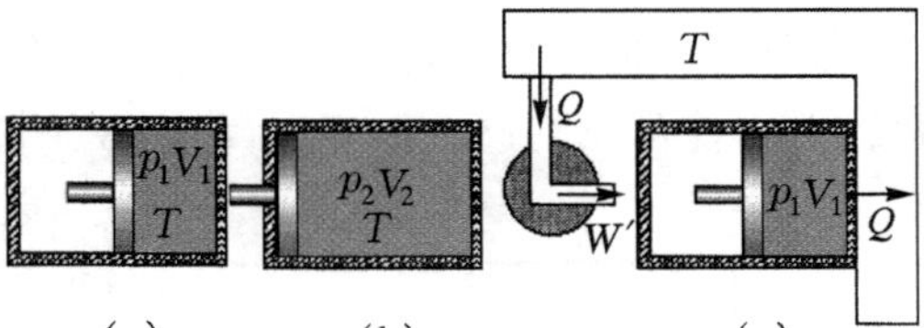

(a)　(b)　(c)

图 3-12

由气体自由膨胀的不可逆性推断功变热过程的不可逆性

态而没有产生其他影响。显然,这违反了气体自由膨胀过程是不可逆的事实,因而是不可能实现的。但在整个过程中,除热机进行的过程之外,其他过程都能实现,所以这个循环过程不能实现的原因必然是假设的单热源热机是不可能实现的,即功变热过程是不可逆的。

从上述实例不难看出,我们总可以证明任意两个不可逆过程在其不可逆特征上的内在一致性,即由某一过程的不可逆性,可以推断出另一过程的不可逆性。

正因为自然界中有多种多样的不可逆过程,就其不可逆性而言是完全一致的和互相关联的,所以每一不可逆过程都可以被选来作为热力学第二定律的表述,这使热力学第二定律有了多种不同的表述方式;但不管如何表述,热力学第二定律的实质是:一切与热现象有关的实际自发的宏观过程都是不可逆的。

§3.3 热力学第二定律的统计意义

热力学第二定律指出,在自然界中,一切与热现象有关的实际自发的宏观过程都是不可逆的。热现象是与物质内部大量粒子的热运动有密切联系的现象,为了加深对该定律的认识,下面以理想气体自由膨胀过程为例,讨论热力学第二定律的统计意义。

一、气体自由膨胀过程不可逆性的统计解释

设在一绝热刚性容器内,用隔板将其分成容积相等的 A、B 两部分,开始时,A 部有 N 个同种理想气体分子,设它们可以编号为 a、b、c、…,B 部为真空。当我们将隔板抽去时,气体将向 B 部进行膨胀,直到气体在容器内各处达到均匀分布时为止。

为了从统计上研究上述的气体自由膨胀过程,我们设 N 个分子中,有 n 个处在容器 A 部,其余的 $N-n$ 个处在容器 B 部,并将 N 个分子按容器内 A、B 两部分的一组分配数 $\{n,N-n\}$ 称为系统的一个宏观态。显然,当分子数 N 一定时,系统对应的宏观态有许多个。如:

$N=1$ 时,有 $\{0,1\}$;$\{1,0\}$ 两个宏观态;

$N=2$ 时,有 $\{0,2\}$;$\{1,1\}$;$\{2,0\}$ 三个宏观态;

$N=3$ 时,有 $\{0,3\}$;$\{1,2\}$;$\{2,1\}$;$\{3,0\}$ 四个宏观态;

$N=4$ 时,有 $\{0,4\}$;$\{1,3\}$;$\{2,2\}$;$\{3,1\}$;$\{4,0\}$ 五个宏观态。

对于一个宏观系统,其中包含着极多的分子数,如 1 摩尔气体有 6.02×10^{23} 个分子,按上述宏观态的定义,系统内约有数量级为 10^{23} 个宏观态。

在讨论系统的宏观态时,我们关心的是容器 A、B 两部分各有多少个分子,而不关心是哪些分子。但当我们从微观上进行讨论时,不仅要关心处在容器 A、B 两部分内各有多少分子,还要关心是哪些分子。现在我们将 N 个可以分辨,可以编号的分子按容器中 A、B 两部分的一种分配方式,称为系统的一个微观态。对于 $N=3$ 及 $N=4$ 个分子组成的系统,其可能的宏观态及微观态,如表 3-1 及表 3-2 所示。

表 3-1

一		二			三			四
	1	2	3	4	5	6	7	8
A	$a\ b\ c$	$a\ \ b$	$a\ \ c$	$b\ \ c$	a	b	c	
B		c	b	a	$b\ \ c$	$a\ \ c$	$a\ \ b$	$a\ b\ c$

表 3-2

一		二				三	
	1	2	3	4	5	6	7	8
A	$a\ b\ c\ d$	$a\ b\ c$	$a\ c\ d$	$a\ b\ d$	$b\ c\ d$	$a\ b$	$a\ c$	$a\ d$
B		d	b	c	a	$c\ d$	$b\ d$	$c\ b$

三			四				五
	9	10	11	12	13	14	15	16
A	$b\ c$	$b\ d$	$c\ d$	a	b	c	d	
B	$a\ d$	$a\ c$	$b\ a$	$b\ c\ d$	$a\ c\ d$	$a\ b\ d$	$a\ b\ c$	$a\ b\ c\ d$

表中第一行表示系统对应的宏观态，第二行是系统可能出现的微观态。当 $N=3$ 时，系统的微观态数 $\Omega=2^3=8$，当 $N=4$ 时，系统的微观态数 $\Omega=2^4=16$，显然，对于由 N 个分子组成的宏观系统，其总的微观态数 $\Omega=2^N$，对于 1 摩尔气体，$\Omega=2^{6.02\times10^{23}}$，这是一个极其庞大的数字。它充分说明了气体内部分子热运动的无规律性及复杂程度。

由表 3-1 及表 3-2 还可看出，系统的一个宏观态可以包含多个微观态，不同的宏观态包含的微观态数是不同的。如表 3-2 中宏观态一，仅包含一个微观态，而气体分子均匀分布于容器 A、B 两部分的宏观态三，却包含了 6 个微观态。可以想像，对于一个宏观系统，气体分子均匀分布于容器 A、B 两部的宏观态，对应的微观态数最多。

对于由 N 个分子组成的宏观系统，在 2^N 个微观态中，每个微观态发生的几率多大？由于 2^N 个微观态都可能出现，且没有任何一个微观态比其他微观态更占优势，因而可以假定每个微观态发生的几率相等，其几率为 $\frac{1}{2^N}$，这称为**等几率原理**。

根据上述原理，显然一个宏观态包含的微观态数越多，该宏观态出现的几率就越大。对于四个分子组成的系统，四个分子退回到 A 部或 B 部，其发生的几率仅为 $\frac{1}{16}$，而每边各有两个分子（均匀分布），其发生的几率最大，为 $\frac{6}{16}$。其几率分布情况如图 3-13 所示。

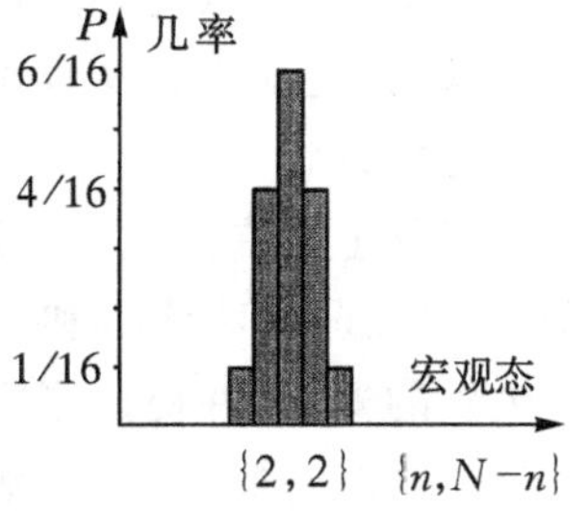

图 3-13

图 3-13 说明，由四个分子组成的系统在自由膨胀后，四个分子退回到容器的 A 部或 B 部的几率并非为零，而是 $\frac{1}{16}$，即由少数粒子组成的系统，气体的膨胀过程是可逆的。但对于由大量粒子组成的宏观系统而言，则完全不同，如对于 1 摩尔气体，$N=6.02\times10^{23}$，此时气体膨胀之后，气体分子处于均匀分布时的状态，包含了 2^N 个微观态的绝大多数，在理论上可以证明，对于 N 个分子均匀分布于容器 A、B 两部分的宏观态，即宏观态 $\left\{\frac{1}{2}N,\frac{1}{2}N\right\}$ 对应的微观态数占总的微观态数的比率，即该宏观态发生的几率为

$$P=\frac{N!}{\left(\frac{1}{2}N\right)!\left(\frac{1}{2}N\right)!}\cdot\left(\frac{1}{2}\right)^N\simeq100\%,$$

而气体所有分子收缩至容器 A 部或 B 部的几率仅为 $\frac{1}{2^N}=\frac{1}{2^{6.02\times10^{23}}}\rightarrow0$。由此可见，理想气体自由膨胀过程总是趋于均匀分布，而相反的过程发生的几率几乎为零。气体自由膨胀过程的不可逆性，实质上反映了气体内部自发发生的过程，总是从几率小的宏观态向几率大的宏观态进行变化，即由包含微观态数少的宏观态向包含微观态数多的宏观态进行变化，在不发生外界影响的条件下，相反的过程实际上是不可能发生的。

二、功变热过程不可逆性的统计解释

功变热的过程，指的是机械能自发地转变为内能的过程。机械能表示系统内所有分子都做同样定向运动的能量，而内能则是系统内所有分子作无规则运动的能量。单纯的功变热过程，表示系统内所有分子的有规则运动的能量自发地转变为无规则运动的能量，这是可能的，而热自发地转变为功，则是系统内所有分子的无规则运动的能量自发地转变为有规则的运动的能量，对由大量分子组成的宏观系统而言，其发生的几率小到几乎等于零。前者是从几率小的状态向几率大的状态进行变化，而后者则是从几率大的状态向几率小的状态进行变化，这实际上是不可能发生的。

通过以上两个例子，使我们认识到热力学第二定律的统计意义是：孤立系统内发生的任何与热现象有关的宏观过程，总是从几率小的宏观状态向几率大的宏观状态进行变化，由包含微观态数少的宏观状态，向包含微观态数多的宏观状态进行变化，直至达到平衡态。系统的平衡态包含的系统的微观态数最多，因而它是一种最可几的宏观状态。

§3.4 卡诺定理

一、卡诺定理

在 19 世纪，虽然热机在工业生产中已经得到了广泛的应用，但当时热机的效率还是十分低的，这就需要从理论上回答提高热机效率的途径是什么？热机所能达到的最大效率又是什么？

实际上早在热力学第一定律和第二定律建立以前，1824 年法国工程师卡诺（Sadi Carnot）在分析蒸汽机和一般热机中决定热转化为功的各种因素的基础上，首先阐明了可逆热机的概念，并提出了有着重要理论意义及实际指导意义的卡诺定理：

(1)在相同的高温热源和相同的低温热源之间工作的一切可逆热机，其效率相同，与工作物质无关。

(2)在相同的高温热源和相同的低温热源之间工作的一切不可逆热机，其效率都不可能大于可逆热机的效率。

在卡诺定理中所谓的可逆热机，是指该热机工作物质进行的循环过程是无摩擦、粘滞等耗散效应伴随的准静态的可逆循环过程。该热机既可正向循环（即热机工作循环），也可逆向循环（即制冷机工作循环），且正向循环在外界引起的一切变化，可通过逆向循环加以消除，使系统与外界同时复原，当然，可逆热机是一种理想热机。在该定理中所讲的不可逆热机，是指该热机工作物质进行的循环过程，是由一些实际的热力学过程组成的不可逆循环过程。一切实际的热机都属于不可逆热机。该热机进行正向循环时在外界引起的一切变化，不可能通过逆向循环加以消除，并使系统和外界同时复原。

在卡诺定理中所说的热源，都是指温度均匀的恒温热源，在两个热源之间工作的可逆热机，必然是卡诺机，其循环过程是由两条等温线和两条绝热线组成的卡诺循环。

由于历史的局限，1824 年卡诺得出卡诺定理的主要依据是第一种永动机不可能制成和热质论，现在我们用热力学第一定律和第二定律来证明该定理。

1. 证明卡诺定理(1)

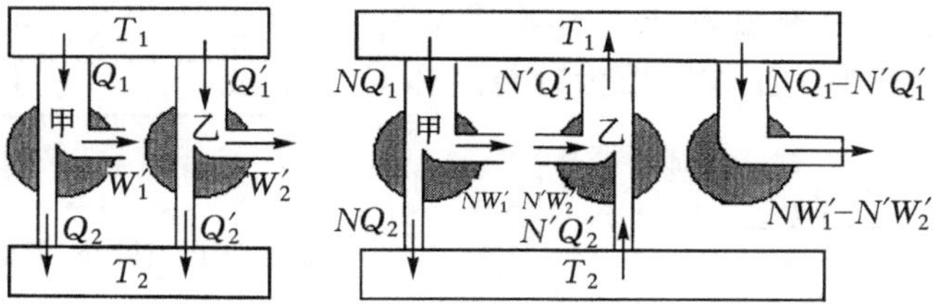

(a)两热机都是可逆热机 (b)甲机作正向循环，带动乙机作逆向循环

图 3-14 联合热机工作原理图

图 3-14(a)中，设有甲、乙两部可逆热机，它们在相同的高温热源(温度为 T_1)和相同的低温热源(温度为 T_2)之间工作，热机甲在一个循环中，从高温热源吸热 Q_1，向低温热源放热 Q_2，对外作功 W_1'，由热力学第一定律有 $W_1'=Q_1-Q_2$。热机乙在一个循环过程中，从高温热源吸热 Q_1'，向低温热源放热 Q_2'，对外作功 W_2'，且 $W_2'=Q_1'-Q_2'$。如果甲、乙两热机都是可逆机，则我们可使其中一个，如热机乙作逆循环，并由甲机带动乙机运行，每经过一逆循环，甲机对它作功 W_2'，同时由低温热源吸热 Q_2'，向高温热源放热 Q_1'。这样，我们可以适当地选择甲、乙热机的循环次数，如热机甲循环 N 次，热机乙循环 N' 次，使得甲在低温热源放出的总热量 NQ_2 等于乙从低温热源吸收的总热量 $N'Q_2'$，即 $NQ_2=N'Q_2'$。甲的 N 次正循环和乙的 N' 次逆循环可以看作是一个总的联合循环，经过这样的循环后，系统(即工质)复原，而且对低温热源没有发生任何影响。联合循环只从温度为 T_1 的高温热源吸收净热量 $NQ_1-N'Q_1'$，同时对外作了净功 $NW_1'-N'W_2'$(图 3-14(b))，根据热力学第二定律，这联合循环对外所作的功一定不能大于零，即

$$NW_1'-N'W_2' \ngtr 0, \tag{1}$$

设 η 和 η' 分别表示甲、乙两可逆热机的效率，则因为

$$\eta=\frac{W_1'}{Q_1}=\frac{W_1'}{Q_2+W_1'}, \tag{2}$$

$$\eta'=\frac{W_2'}{Q_1'}=\frac{W_2'}{Q_2'+W_2'}, \tag{3}$$

由(2)式与(3)式可以得到

$$W_1'=\frac{\eta}{1-\eta}Q_2, \tag{4}$$

$$W_2'=\frac{\eta'}{1-\eta'}Q_2', \tag{5}$$

将(4)、(5)二式代入(1)式得

$$\frac{\eta}{1-\eta}NQ_2-\frac{\eta'}{1-\eta'}N'Q_2' \ngtr 0, \tag{6}$$

考虑 $NQ_2=N'Q_2'$，上式可化简为：

$$\eta \ngtr \eta', \tag{7}$$

即甲机的效率不大于乙机的效率。若使甲作逆循环，乙作正循环，如图 3-15 所示，重复上述讨论，同样可以证明

$$\eta' \not> \eta, \tag{8}$$

因此,必然有

$$\eta' = \eta, \tag{9}$$

即所有工作于相同高温热源和相同低温热源之间的一切可逆热机,其效率都相等,与工作物质无关,则它们的效率必然都等于工作物质为理想气体时的效率,即

$$\eta = \frac{T_1 - T_2}{T_1} = 1 - \frac{T_2}{T_1}. \tag{10}$$

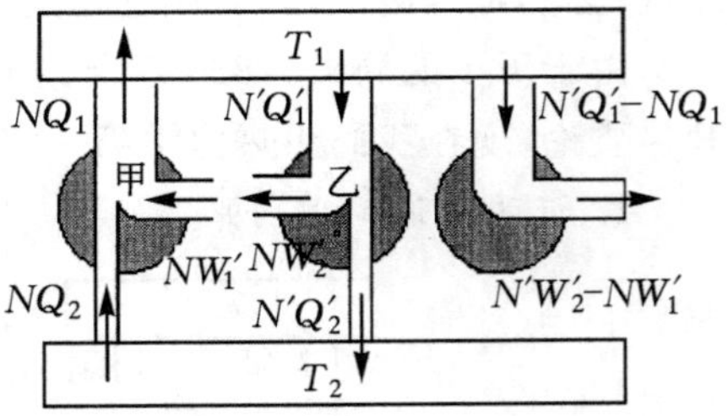

图 3-15
乙机作正向循环,带动甲机作逆向循环

2. 证明卡诺定理(2)

如果甲机和乙机中有一个是不可逆的,如乙机不可逆,则使乙机作正循环,甲机作逆循环,根据(8)式可得

$$\eta' \not> \eta, \tag{11}$$

由于乙机是不可逆热机,因而不能得到 $\eta \not> \eta'$ 的结论。由此可知,工作于相同高温热源和相同低温热源之间的一切不可逆热机,其效率都不可能大于可逆热机的效率。这就证明了卡诺定理中表述的结论(2)。

我们还可以进一步证明工作于相同高温热源和相同低温热源之间的一切不可逆热机的效率 η' 都必然小于可逆热机的效率 η,下面我们用反证法来证明这一结论。

在图 3-14 中仍然假设甲机为可逆热机,乙机为不可逆热机,两热机效率为

$$\eta = \frac{W_1'}{Q_1} = \frac{W_1'}{Q_2 + W_1'}, \qquad \eta' = \frac{W_2'}{Q_1'} = \frac{W_2'}{Q_2' + W_2'},$$

如果 $\eta' = \eta$,则得

$$\frac{W_2'}{Q_2' + W_2'} = \frac{W_1'}{Q_2 + W_1'}.$$

我们可以控制可逆热机,使 $W_1' = W_2'$,则根据上式可得

$$Q_2 = Q_2',$$

这就是说,如果 $\eta' = \eta$,则可控制可逆热机,使它在一循环中对外作功和在低温热源放出的热量等于不可逆热机相应的值。根据热力学第一定律,必然可得

$$Q_1 = Q_1',$$

即在高温热源处两者吸热也相等。这样,我们可令可逆热机作逆循环,根据以上分析,这个逆循环就可完全消除不可逆机所引起的一切后果,因而和不可逆热机的不可逆性的假设相矛盾。这就证明了 $\eta' = \eta$ 的假设不能成立,即不可逆热机的效率,既不大于工作于相同高温热源及低温热源之间可逆热机的效率,也不能等于可逆热机的效率,故必然是 $\eta' < \eta$。

根据卡诺定理,工作在高、低温热源的温度分别为 T_1 和 T_2 条件下的一切热机,其效率必然满足下式:

$$\eta = 1 - \frac{Q_2}{Q_1} \leqslant 1 - \frac{T_2}{T_1}, \tag{3.4.1}$$

式中等号"="对可逆热机成立,小于号"<"对不可逆热机成立。Q_1 为热机从高温热源 T_1 吸收的热量,Q_2 为热机向低温热源 T_2 放出的热量。(3.4.1)式指出,工作于高、低温热源温度分别为 T_1、T_2 条件下的热机,其效率最大值为 $\left(1 - \frac{T_2}{T_1}\right)$。

根据(3.4.1)式可知，要提高热机效率，其一是增大两个热源的温度差。在实际热机中，低温热源温度就是大气温度，它是由环境决定的，所以要增大两个热源的温差，主要是提高高温热源的温度；其二要选择合适的循环过程，使其尽量接近卡诺循环；其三是要尽量减少散热、漏气、摩擦等不可逆因素，使实际的不可逆热机尽量接近可逆热机。

二、关于制冷机的效能

对于制冷机也作如上述卡诺定理类似的讨论。设有两个恒温热源，温度各为 T_1、T_2。在这两个热源之间工作的制冷机也可分为可逆制冷机和不可逆制冷机两类。可以证明有如下定理：

(1)在相同高温热源和相同低温热源之间工作的一切可逆制冷机，其制冷系数都相等，与工作物质无关。

(2)在相同高温热源和相同低温热源之间工作的一切不可逆制冷机，其制冷系数都不可能大于可逆制冷机的制冷系数。

读者可以仿照证明卡诺定理的方法自己证明这两个结论。

上章讨论过，以理想气体为工作物质的可逆卡诺制冷机的制冷系数为

$$\varepsilon = \frac{Q_2}{Q_1 - Q_2} = \frac{T_2}{T_1 - T_2},$$

这里的 Q_1、Q_2 分别为制冷机传给温度为 T_1 的高温热源的热量和从温度为 T_2 的低温热源吸取的热量。根据上述定理，在高、低温热源温度分别为 T_1、T_2 的条件下工作的一切制冷机，其制冷系数 ε 满足下式：

$$\varepsilon = \frac{Q_2}{Q_1 - Q_2} \leqslant \frac{T_2}{T_1 - T_2}, \tag{3.4.2}$$

这里的等号“＝”适用于可逆制冷机，小于号“＜”适用于不可逆制冷机。上式表明，在高、低温热源温度分别为 T_1、T_2 之间工作的一切制冷机，其最大制冷系数为 $\frac{T_2}{T_1-T_2}$。

［例题 1］ 一热机工作于 50 ℃与 250 ℃之间，在一循环中对外输出的净功为 1.05×10^5 J，求这热机在一循环中所吸入和放出的最小热量。

［解］ 已知 $t_1=250$ ℃，$t_2=50$ ℃，$W=1.05\times10^5$ J，

由热机效率的定义及卡诺定理可知

$$\eta = \frac{W'}{Q_1},$$

当热机为可逆卡诺机时，其效率最大，当 W'一定时，工质从高温热源吸热 Q_1 最小，故

$$Q_1 = \frac{W'}{\eta_m} = \frac{W'}{1-\frac{T_2}{T_1}} = \frac{T_1}{T_1 - T_2}\cdot W' = \frac{273+250}{273+250-273-50}\times 1.05\times 10^5$$

$$= \frac{523}{200}\times 1.05\times 10^5\ \text{J} = 2.75\times 10^5\ \text{J},$$

相应地放出的最小热量

$$Q_2 = Q_1 - W' = 2.75\times 10^5 - 1.05\times 10^5 = 1.7\times 10^5\ \text{J}.$$

［例题 2］ 温度为 T_1 的房间以速率 $\alpha(T_1-T_2)$ 向温度为 T_2 的室外环境放热，而房间又由工作于 T_1 和 T_2 之间的卡诺机供热，若对卡诺机的输入功率为 $\frac{\mathrm{d}W}{\mathrm{d}t}$.(a)该热泵给房间供热的最大热流率 $\frac{\mathrm{d}Q_{1m}}{\mathrm{d}t}$ 是多少？(b)若 T_2、α 和 $\frac{\mathrm{d}W}{\mathrm{d}t}$ 已知，热泵以最有效方式运转供热，房间的平衡温度 T_1 是多少？

［解］ 设工作于房间及室外环境的热泵，如图 3-16 所示，在一循环过程中，从温度为 T_2 的室外环

境吸热 Q_2，向房间放热 Q_1，外界作功 W。由制冷机的制冷系数定义有

$$\varepsilon=\frac{Q_2}{W},$$

对可逆的卡诺制冷机有

$$Q_{2\mathrm{m}}=\varepsilon_{\mathrm{m}}W=\frac{T_2}{T_1-T_2}W,$$

而

$$Q_{1\mathrm{m}}=W+Q_{2\mathrm{m}}=\frac{T_1}{T_1-T_2}W,$$

将上式对时间进行微商，得

$$\frac{\text{đ}Q_{1\mathrm{m}}}{\mathrm{d}t}=\frac{T_1}{T_1-T_2}\frac{\text{đ}W}{\mathrm{d}t}. \qquad (1)$$

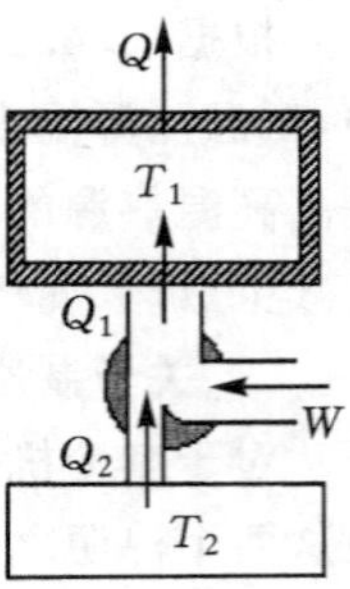

图 3-16

(1)式中$\frac{\text{đ}Q_{1\mathrm{m}}}{\mathrm{d}t}$表示卡诺机供给房间的最大热流率。

当单位时间由热泵供给房间的最大热流率$\frac{\text{đ}Q_{1\mathrm{m}}}{\mathrm{d}t}$与由室内向外放热速率$\alpha(T_1-T_2)$相等时，房间的平衡温度 T_1 由热平衡方程

$$\frac{\text{đ}Q_{1\mathrm{m}}}{\mathrm{d}t}=\frac{T_1}{T_1-T_2}\frac{\text{đ}W}{\mathrm{d}t}=\alpha(T_1-T_2),$$

确定，由上式解出 T_1 为

$$T_1=T_2+\frac{1}{2\alpha}\frac{\text{đ}W}{\mathrm{d}t}+\frac{1}{2\alpha}\sqrt{\left(\frac{\text{đ}W}{\mathrm{d}t}\right)^2+4\alpha T_2\frac{\text{đ}W}{\mathrm{d}t}}.$$

§3.5　热力学温标

本节我们将在卡诺定理的基础上引入一种新的温标，它与测温质的性质无关，这种温标称为热力学温标，它是开尔文在 1848 年首先提出的。

一、热力学温标的定义

根据卡诺定理，工作于两个恒温热源之间的一切可逆热机的效率，只与这两个热源的温度有关，而与工作物质的性质无关，因而这种热机的效率应该是这两个恒温热源温度的普适函数。

设有一可逆热机甲(图 3-17)工作于温度为 t_3 和 t_1 的两个热源之间，这里 t_3、t_1 是任意选定的某一经验温标所确定的温度。该热机从温度为 t_3 的热源吸热 Q_3，向温度为 t_1 的热源放热 Q_1，根据卡诺定理，其热机效率 $\eta=1-Q_1/Q_3$，与热机的工作物质的性质无关，只是温度 t_3 和 t_1 的函数，可以把它写成

$$\frac{Q_1}{Q_3}=1-\eta=f(t_3,t_1). \qquad (3.5.1)$$

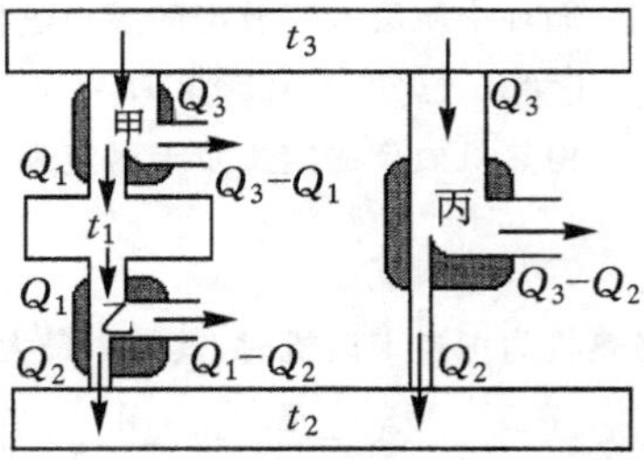

图 3-17

可逆热机甲、乙联合运行的结果，相当于另一可逆热机丙

现在另设一个温度为 t_2 的热源($t_2<t_1<t_3$)，可逆热机乙工作于热源 t_1 和 t_2 之间，从热源 t_1 吸热 Q_1，向热源 t_2 放热 Q_2，根据(3.5.1)式有

$$\frac{Q_2}{Q_1}=f(t_1,t_2). \qquad (3.5.2)$$

现在让这两个热机进行联合运行，由于热机乙从 t_1 热源吸收的热量，恰等于热机甲向 t_1 热源放出的热量，联合运行的结果，相当于另一热机丙，它工作于 t_3 热源与 t_2 热源

之间，从 t_3 热源吸热 Q_3，向 t_2 热源放热 Q_2，同样，根据(3.5.1)式有

$$\frac{Q_2}{Q_3}=f(t_3,t_2),\tag{3.5.3}$$

将(3.5.1)式除(3.5.3)式，消去 Q_3，可得

$$\frac{Q_2}{Q_1}=\frac{f(t_3,t_2)}{f(t_3,t_1)},$$

考虑(3.5.2)，则

$$f(t_1,t_2)=\frac{f(t_3,t_2)}{f(t_3,t_1)}.\tag{3.5.4}$$

这就是普适函数 f 必须满足的方程。

由于 t_3 不出现在上式的左方，显然它一定在上式右方分子、分母中相互消去，即函数 f 中的变量可以进行分离，令 $f(t_3,t_2)=\varphi(t_3)\Psi(t_2)$；$f(t_3,t_1)=\varphi(t_3)\Psi(t_1)$，代入(3.5.4)式，可得

$$f(t_1,t_2)=\frac{\Psi(t_2)}{\Psi(t_1)},\tag{3.5.5}$$

其中 $\Psi(t)$为另一普适函数，其函数形式与温标 t 的选择有关。由(3.5.2)式和(3.5.5)式得

$$\frac{Q_2}{Q_1}=\frac{\Psi(t_2)}{\Psi(t_1)},\tag{3.5.6}$$

上式中函数 $\Psi(t)$的形式与热机的工作物质性质无关。为确定普适函数 $\Psi(t)$的具体形式有两种途径，其一是先选定温标 t，由(3.5.6)式确定 $\Psi(t)$；其二是先确定函数 $\Psi(t)$的形式，由(3.5.6)式确定温标 t。开尔文采用后一途径，它引入一个新的温标 T，令 $T\propto\Psi(t)$，于是(3.5.6)式就化为

$$\frac{Q_2}{Q_1}=\frac{T_2}{T_1},\tag{3.5.7}$$

这样规定的温标称为热力学温标或开尔文温标，按这种温标确定的温度称为热力学温度。用热力学温标所表示的温度写为 x K，这里 x 为温度数值，K 是热力学温度的单位开尔文的符号。

(3.5.7)式只定义了两个热力学温度的比值，还没有把温度本身的数值确定下来，为此还必须选择一个固定的温度作为标准温度点。1954 年国际计量大会决定将水的三相点作为标准温度点，并规定水的三相点的热力学温度为 $T_{tr}=273.16\ \mathrm{K}$。这样，热力学温度就完全确定了，而这样定出的热力学温度的单位——开尔文(K)，就是水三相点的热力学温度的$\frac{1}{273.16}$。

为了确定物体的热力学温度，可以设想如图 3-18 所示的测温装置，设待测物体的温度为 T，水三相点的温度为 T_{tr}，并设有一可逆热机工作在 T 及 T_{tr}之间，根据(3.5.7)式有

$$\frac{Q_{tr}}{Q}=\frac{T_{tr}}{T},$$

由此可得

$$T=\frac{Q}{Q_{tr}}T_{tr}=273.16\ \mathrm{K}\,\frac{Q}{Q_{tr}}.\tag{3.5.8}$$

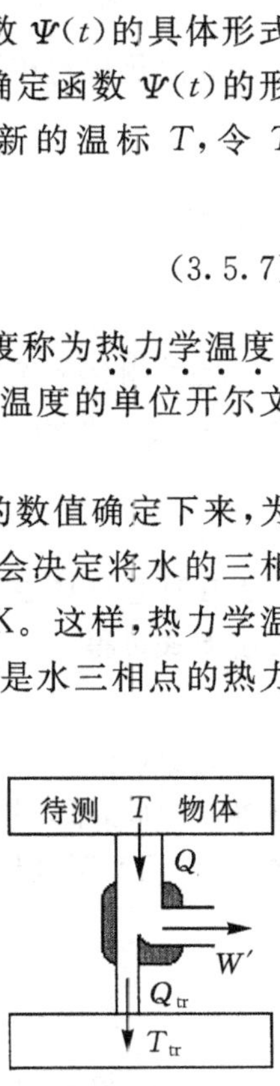

图 3-18
利用热力学温标进行测温的假想装置

(3.5.8)式就是确定物体热力学温度的基本方程。由该式可以看

出，只要测出可逆热机在一循环过程中，从高温热源吸收的热量 Q 和向低温热源放出的热量 Q_{tr}，即可由该式求出待测物体的热力学温度。应说明的是，在上述的讨论中，假定待测物体的温度 $T>T_{tr}$，如果待测物体的温度 $T<T_{tr}$，该测温装置及测温公式将是怎样的？请读者自己回答这一问题。

在热力学温标中，热量 Q 实际上起着测温参量的作用，然而吸放热的比值$\frac{Q}{Q_{tr}}$并不依赖于任何测温物质的特性。从理论上说，热力学温标是一个客观温标。现在国际上规定以热力学温标为基本温标，一切温度的测量都应以热力学温标为准。但是，热力学温标只是一种理论温标，因为在实际中我们无法制造一部可逆热机，也无法测量该热机工作物质从两个恒温热源吸收与放出的热量之比，因此它本身是无法实现的。下面，我们将进一步从理论上证明，在理想气体温标适用的范围内，热力学温标与理想气体温标是一致的。

二、理想气体温标与热力学温标的关系

在第二章中曾证明以理想气体作为工作物质时，可逆卡诺循环的效率为

$$\eta = 1-\frac{T_2'}{T_1'}, \tag{3.5.9}$$

这里的 T_2'、T_1'就是第二章§7 中的 T_2、T_1，那里的 T_2、T_1 原来代表理想气体温标所确定的温度，现在加一撇，以与热力学温标区别开来。由(3.5.7)式可得$\frac{Q_2}{Q_1}=\frac{T_2}{T_1}$，则工作于相同高温热源与相同低温热源之间的一切可逆热机，其效率也可写为

$$\eta = 1-\frac{Q_2}{Q_1} = 1-\frac{T_2}{T_1}, \tag{3.5.10}$$

此式中 T_1、T_2 分别表示高温热源与低温热源的热力学温度。比较上列二式可得

$$\frac{T_2'}{T_1'} = \frac{T_2}{T_1}. \tag{3.5.11}$$

这表明热力学温标中两温度的比值等于理想气体温标中两个温度的比值。若选 T 和 T'代表待测物体的温度，T_{tr}，T_{tr}'代表水三相点的温度，由(3.5.11)式有

$$\frac{T_{tr}'}{T'} = \frac{T_{tr}}{T}, \tag{3.5.12}$$

由于在理想气体温标与热力学温标中，规定水三相点温度相等，即 $T_{tr}'=T_{tr}=273.16\ \text{K}$，故由上式可得

$$T = T',$$

这就是说，在理想气体温标能够确定的温度范围内，热力学温标与理想气体温标的测量值相等。因此，可以用理想气体温度计来测量热力学温度。但由于实际气体并不是理想气体，所以用实际气体温度计测量时需要对测量值加以修正。

§3.6 克劳修斯等式与不等式 熵

我们已经讲过，热力学第二定律的实质是：在自然界中，一切与热现象有关的自发的实际宏观过程都是不可逆的。克劳修斯对热力学的贡献，不仅给出了热力学第二定律的表述，而且在 1865 年，他根据卡诺定理还进一步证明，当热力学系统处于平衡态时，存在一个态函数——熵，由此引入了熵概念及熵增加原理，对于一个自发的实际宏观热过程进

行的方向与限度也给出了一般的描述。

一、克劳修斯等式与不等式

1. 特殊的克劳修斯等式与不等式

下面,我们首先根据卡诺定理,得出克劳修斯等式与不等式。

根据卡诺定理,工作于两个恒温热源之间的一切热机,其效率 η 应满足下列关系:

$$\eta = 1-\frac{Q_2}{Q_1} \leqslant 1-\frac{T_2}{T_1}, \qquad (3.6.1)$$

式中等号"="适用于可逆卡诺循环过程,小于号"<"适用于不可逆卡诺循环过程。根据上式,可得到

$$\frac{Q_2}{Q_1} \geqslant \frac{T_2}{T_1},$$

或

$$\frac{Q_1}{T_1}-\frac{Q_2}{T_2} \leqslant 0,$$

式中 Q_1、Q_2 分别表示在一次卡诺循环过程中,工质从温度为 T_1 的高温热源吸收的热量及向温度为 T_2 的低温热源放出热量的数值。如果我们规定,在循环过程中工质吸热为正,放热为负,则上式可以改写成

$$\frac{Q_1}{T_1}+\frac{Q_2}{T_2} \leqslant 0. \qquad (3.6.2)$$

我们将工质在循环过程中,从热源吸收的热量与相应热源温度的比叫做热温比,(3.6.2)式表明,在可逆卡诺循环过程中热温比之和恒等于零,在不可逆卡诺循环过程中热温比之和恒小于零。(3.6.2)式称为克劳修斯等式与不等式。

2. 一般的克劳修斯等式与不等式

下面我们将证明,由(3.6.2)式表述的卡诺循环所遵从的规律,对任意的循环过程也是成立的。

设有一热机按一任意的循环过程(如图 3-19 所示)进行工作,在一次循环过程中,工质分别从温度为 $T_1, T_2, \cdots, T_i, \cdots, T_n$ 的热源吸热 $đQ_1, đQ_2, \cdots, đQ_i, \cdots, đQ_n$(若工作物质从热源吸热,$đQ$为正,若向热源放热,$đQ$ 为负)。

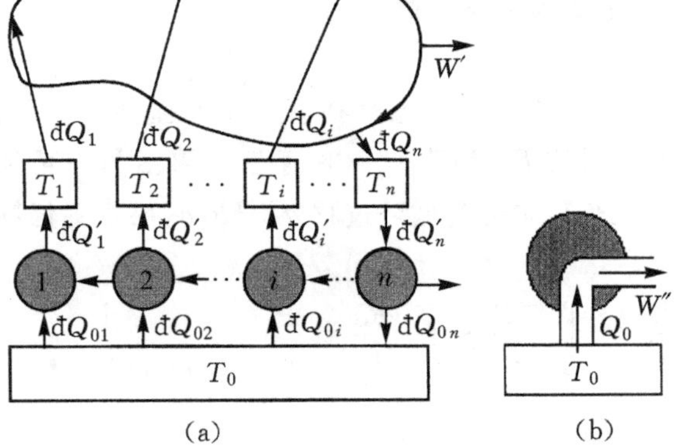

图 3-19　论证一般的克劳修斯等式与不等式

现设另有一温度为 T_0 的热源,在 n 个温度分别为 $T_1, T_2, \cdots, T_i, \cdots, T_n$ 的热源与温度为 T_0 的热源之间,设置 n 个可逆的卡诺热机,其中第 i 个可逆卡诺热机工作于温度为

T_i 与 T_0 的两热源之间，在一次循环中，工作物质从温度为 T_0 的热源吸热 $\text{đ}Q_{0i}$，向温度为 T_i 的热源放热 $\text{đ}Q_i'$（见图 3-19(a)），令 $\text{đ}Q_i'=-\text{đ}Q_i$，由(3.6.2)式可得

$$\frac{\text{đ}Q_i'}{T_i}+\frac{\text{đ}Q_{0i}}{T_0}=0 \quad (i=1,2,\cdots,n),$$

由此可得

$$\text{đ}Q_{0i}=-T_0\frac{\text{đ}Q_i'}{T_i}=T_0\frac{\text{đ}Q_i}{T_i}. \tag{3.6.3}$$

现将 n 个可逆的卡诺热机与按任意给定循环工作的热机进行联合运行，经过一次循环后，n 个热源全部复原，联合运行的热机仅从温度为 T_0 的热源吸热为

$$Q_0=\sum_{i=1}^{n}\text{đ}Q_{0i}=T_0\sum_{i=1}^{n}\frac{\text{đ}Q_i}{T_i}, \tag{3.6.4}$$

对外作净功 $W''=W'-\sum_{i=1}^{n}W_i$. 由热力学第一定律有 $Q_0=W''$. 若 $Q_0>0$，必有 $W''>0$，即联合热机进行一次循环后产生的唯一效果是从温度为 T_0 的单一热源吸热 Q_0，并对外作功 W''（见图 3-19(b)）。根据热力学第二定律的开氏表述，这是不可能的。所以应有 $Q_0\leqslant 0$，由(3.6.4)式得

$$T_0\sum_{i=1}^{n}\frac{\text{đ}Q_i}{T_i}\leqslant 0,$$

因温度 $T_0>0$，故

$$\sum_{i=1}^{n}\frac{\text{đ}Q_i}{T_i}\leqslant 0, \tag{3.6.5}$$

(3.6.5)式表明，对于任意的循环过程，热温比的代数和小于或等于零。式中等号"="对可逆循环过程成立，小于号"<"对不可逆循环过程成立。(3.6.5)式称为一般的克劳修斯等式与不等式。当热源温度连续变化时，(3.6.5)式中的作和 $\sum_i$，可用积分代替，此时(3.6.5)式可写为：

$$\oint\frac{\text{đ}Q}{T}\leqslant 0, \tag{3.6.6}$$

式中 T，对不可逆循环过程表示热源温度，对可逆循环过程，T 既表示热源温度，也表示系统的温度，"$\oint$"表示对整个循环过程进行积分。

二、熵　热力学第二定律的数学表述

1. 熵

现在我们证明，热力学系统的平衡态存在着一个态函数——熵。设系统自平衡态 a 沿可逆过程 R_1 到达另一平衡态 b，再沿另一可逆过程 R_2，由 b 回到 a（图3-20），对可逆循环过程 aR_1bR_2a，由克劳修斯等式有

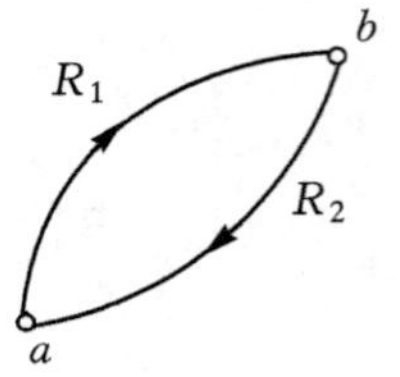

图 3-20

系统经可逆过程 R_1 从平衡态 a 到平衡态 b，又经可逆过程 R_2 从平衡态 b 到平衡态 a

$$\oint\frac{\text{đ}Q}{T}=\int_{a\,(R_1)}^{b}\frac{\text{đ}Q}{T}+\int_{b\,(R_2)}^{a}\frac{\text{đ}Q}{T}=0,$$

由上式可得

$$\int_{a\,(R_1)}^{b}\frac{\text{đ}Q}{T}=-\int_{b\,(R_2)}^{a}\frac{\text{đ}Q}{T},$$

对于可逆过程 R_2，有 $-\int_{b\,(R_2)}^{a}\frac{đQ}{T}=\int_{a\,(R_2)}^{b}\frac{đQ}{T}$，代入上式得

$$\int_{a\,(R_1)}^{b}\frac{đQ}{T}=\int_{a\,(R_2)}^{b}\frac{đQ}{T},\tag{3.6.7}$$

因为 R_1 与 R_2 是连接平衡态 a、b 的任意两条可逆路径。上式表明，热温比的积分与过程无关，仅与系统的初态与终态有关，这就意味着热力学系统存在着一个态函数，我们将它称为熵，通常用符号 S 来表示，且有

$$S_b-S_a=\int_{a\,(R)}^{b}\frac{đQ}{T},\tag{3.6.8}$$

式中 S_a 与 S_b 分别表示态函数熵在初态 a 与终态 b 的数值。如果取初态 a 为参考态，则任一平衡态 b 的熵值为

$$S_b=S_a+\int_{a\,(R)}^{b}\frac{đQ}{T},\tag{3.6.9}$$

式中积分沿连接平衡态 a 及 b 的任一可逆过程 R 进行。

由于热温比沿可逆过程的积分与过程无关，说明被积函数中的 $đQ$ 虽然是过程量，但乘以积分因子 $\frac{1}{T}$ 后，则应是某个态函数 S 的全微分，可写为

$$\mathrm{d}S=\frac{đQ}{T}.\tag{3.6.10}$$

应特别指出的是，由(3.6.8)式或(3.6.9)式定义的熵，是系统状态的函数，即对应系统的每一平衡态都有一个相应的熵值，当系统从平衡态 a 变化到另一平衡态 b 时，不论变化过程的具体形式如何，也不论过程是否可逆，系统熵的变化 $\Delta S=S_b-S_a$ 总是一定的。因此，计算不可逆过程的熵变时，只要初、终态是平衡态，就可以用计算具有相同初、终态的可逆过程的熵变来代替。

其次应指出的是在(3.6.9)式中任一参考态的熵 S_a，是一个任意的相加常数。同时，由于系统在一个过程中吸收的热量与系统的质量成正比，故由(3.6.8)式定义的熵函数是一个广延量，当系统由几个部分组成时，其总熵等于各部分熵之和。熵的单位是 $\mathrm{J\cdot K^{-1}}$（焦耳·开$^{-1}$）。

2. 热力学第二定律的数学表述

下面讨论热力学第二定律的数学表述，首先研究初、末态均为平衡态的情况。

设系统从平衡态 a 经历一不可逆过程 I 到达平衡态 b，然后沿另一可逆过程 R，回到平衡态 a，$aIbRa$ 构成一不可逆循环过程(图 3-21)。根据克劳修斯不等式有

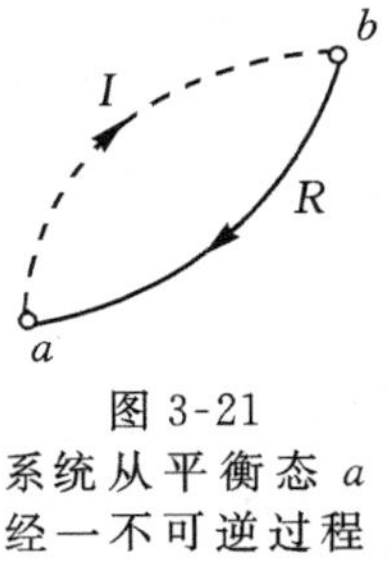

图 3-21 系统从平衡态 a 经一不可逆过程 I 到平衡态 b，再经可逆过程 R 回到平衡态 a

$$\oint\frac{đQ}{T}<0,$$

即

$$\int_{a\,(I)}^{b}\frac{đQ}{T}+\int_{b\,(R)}^{a}\frac{đQ}{T}<0,$$

或

$$\int_{a\,(I)}^{b}\frac{đQ}{T}<-\int_{b\,(R)}^{a}\frac{đQ}{T}=\int_{a\,(R)}^{b}\frac{đQ}{T},\tag{3.6.11}$$

由于
$$S_b-S_a=\int_{\substack{a\\(R)}}^{b}\frac{\text{đ}Q}{T},$$
故对于不可逆过程，由(3.6.11)式有
$$S_b-S_a>\int_{\substack{a\\(I)}}^{b}\frac{\text{đ}Q}{T},\tag{3.6.12}$$
即对于初终二态是平衡态的不可逆过程，熵的变化大于热温比沿不可逆过程的积分。

由于
$$S_b-S_a=\int_{\substack{a\\(R)}}^{b}\mathrm{d}S,$$
与(3.6.12)式比较可得出
$$\mathrm{d}S>\frac{\text{đ}Q}{T},\tag{3.6.13}$$
将(3.6.8)式与(3.6.12)式结合在一起，可得
$$S_b-S_a\geqslant\int_a^b\frac{\text{đ}Q}{T}.\tag{3.6.14}$$
同样，将(3.6.10)式与(3.6.13)式结合在一起，可得
$$\mathrm{d}S\geqslant\frac{\text{đ}Q}{T}.\tag{3.6.15}$$
通常将(3.6.14)式称为热力学第二定律数学表述的积分形式，而将(3.6.15)式称为热力学第二定律数学表述的微分形式。式中等号适于可逆过程，不等号适于不可逆过程。

下面我们将证明，当系统的初、末态是非平衡态时，(3.6.15)式仍然成立。

前面我们已经证明，当系统处于平衡态时存在着一个态函数熵，那么当系统处于非平衡态时，是否也存在这一态函数呢？实际上这样的态函数是存在的。当系统处于非平衡态时，我们可以把系统分成许多宏观小、微观大的部分(该部分仍含有足够多的分子)，如图 3-22所示。并认为每一小部分都处于平衡态，称为**局域平衡**，因而每一小部分仍具有一定的熵，设第 i 部分的熵为 S_i。考虑熵是可加量，则系统处于某一非平衡态时的熵，等于各小部分熵之和，即
$$S=S_1+S_2+\cdots+S_i+\cdots=\sum_i S_i,\tag{3.6.16}$$

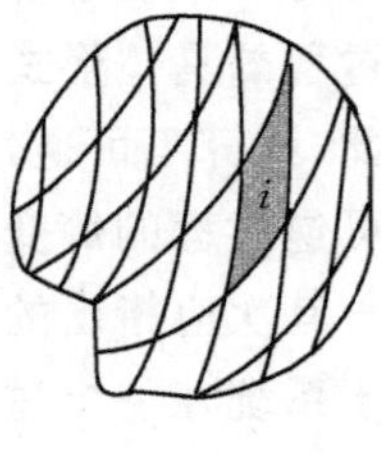

图 3-22
局域平衡和广义熵

由(3.6.16)式定义的熵称为**广义熵**，$\sum_i$ 求和遍及系统内各个小部分，它实际上是平衡态熵概念的推广。

当系统从初态 a 经某一热力学过程到达终态 b 时，如果 a、b 是两个非平衡态，根据局域平衡概念，则第 i 部分的初、终态 a_i、b_i 是两个平衡态，根据(3.6.14)式有
$$S_{b_i}-S_{a_i}\geqslant\int_{a_i}^{b_i}\frac{\text{đ}Q_i}{T^{(e)}},\tag{3.6.17}$$
$\text{đ}Q_i$ 是系统的第 i 部分，从温度为 $T^{(e)}$ 的外界吸收的无穷小热量。对(3.6.17)式作和，并考虑 $S_b=\sum_i S_{b_i}$，$S_a=\sum_i S_{a_i}$，$\text{đ}Q=\sum_i \text{đ}Q_i$，则(3.6.17)式可写为
$$S_b-S_a\geqslant\int_a^b\frac{\text{đ}Q}{T^{(e)}},\tag{3.6.18}$$
对无穷小的过程，上式化为
$$\mathrm{d}S\geqslant\frac{\text{đ}Q}{T^{(e)}}.\tag{3.6.19}$$

(3.6.18)、(3.6.19)式就是热力学第二定律的普遍表达式。

3. 熵增加原理

根据(3.6.15)和(3.6.19)式可知，如果系统是绝热系，此时有 $dQ=0$，由此可得

$$dS \geqslant 0, \tag{3.6.20}$$

式中等号"="对应可逆过程，不等号">"对应不可逆过程。上式表明，在绝热过程中，系统的熵永不减少，在可逆绝热过程中，系统的熵不变，在不可逆的绝热过程中，系统的熵增加，这一原理，称为熵增加原理。

对于孤立系统，也必然是绝热系统，上式还表明，孤立系统内自发的不可逆过程，是沿着熵增加的方向进行的，平衡时系统的熵将达到最大值，并以此作为系统是否达到平衡的判据，称为熵判据。因此，根据孤立系统中熵的变化可以判定系统中自发过程的性质及过程进行的方向，也可根据系统的熵是否达到最大值判定系统是否达到平衡。

4. 热力学第二定律的适用范围及对"热寂说"的批判

自然科学中的基本定律都有它的适用范围，热力学第二定律也不例外，它也有一定的适用条件和范围。

我们知道，热力学是研究物质的热性质和热运动规律的科学，而热运动仅仅存在于由大量微观粒子组成的宏观系统中，对于由少数几个粒子组成的系统，热运动的概念便失去意义，甚至连温度、压强、内能和熵等热力学量也毫无意义。所以热力学的基本定律及其概念只能适用于由大量微观粒子组成的宏观系统，而不能将它用于其大小可与分子尺度相比拟的系统。

此外，热力学第二定律和其他热力学定律一样，都是根据对宏观有限大小的系统进行大量的实验观察总结出来的基本规律，因此热力学第二定律和其他热力学定律一样，只能适用于有限大小的宏观系统，不能将它用于银河尺度的系统，更不能将它用于整个宇宙。

然而，在历史上曾经有人设想宇宙是一个大的孤立系统，并将热力学第二定律不加科学分析就推广到整个宇宙中去，结果得出宇宙必然进入"热寂"状态的结论。

"热寂"在英文中是"heat death"，即热死的意思。"热寂"论首先由开尔文提出，1852年，他在一篇论文中断言："在自然界中占统治地位的趋向是能量转变为热而使温度趋于相同，最终导致所有物体的工作能力减少到零，达到热死状态。"开尔文的观点得到克劳修斯的认同，他们都把宇宙看作是一个无限大的孤立系统，根据熵增加原理，1867 年克劳修斯在《物理和化学年鉴》的一篇文章中说："宇宙的能量是不变的，但宇宙的熵永远增大"，"宇宙的熵趋向极大值，宇宙越是接近这个熵的极大值的极限状态，进一步变化的能力就越小，如果最后达到了这个状态，那就任何进一步的变化都不会发生了，这时宇宙就会进入一个死寂的永恒的状态"。

"热寂说"曾在西方引起广泛的关注，并受到许多人的批判。恩格斯曾对"热寂说"进行了彻底、严厉的批判，他指出宇宙"热寂说"违反了能量守恒与转化定律。1875－1876年他在《自然辩证法》中写道："运动的不灭不能仅仅从数量上去把握，而且还必须从质量上去理解。"根据这一原则，他坚信"放射到太空中去的热一定有可能通过某种途径(指明这一途径，将是以后自然科学的课题)转变为另一种运动形式，在这种运动形式中，它能够重新集结和活动起来"。

著名物理学家玻耳兹曼是宇宙"热寂"说的反对者，1872 年他提出"涨落"说。我们知道，玻耳兹曼最先揭示了热力学第二定律的统计本质，认为热力学平衡态只是最常碰到的

最可几状态。在这种状态下，由于涨落的原因，偏离平衡可以自发产生。因此按照玻耳兹曼的说法，宇宙一般处于热力学平衡态，但由于涨落的原因，宇宙的一些地方平衡了，而另一些地方又会产生不平衡，从而说明宇宙热寂的不可能。

无论是宇宙“热寂说”，还是玻耳兹曼的宇宙涨落的假设都把宇宙看成是静止的，也没有考虑宇宙中万有引力的特点和影响。事实上，“热寂”说的要害在于以下两点：1. 宇宙是膨胀的；2. 在宇宙中，引力的作用占主导地位，而引力系统是具有负热容的不稳定系统。下面我们进行分析讨论。

现代宇宙学已经证明，宇宙不是静止的，而是不断膨胀的，这种膨胀是绝热膨胀。早期的宇宙是辐射占主导地位，并与带电粒子组成的物质系统相互作用，处于热平衡状态，温度彼此相等。但随着宇宙的绝热膨胀，宇宙温度的降低，在宇宙的年龄为 3×10^5 年时，宇宙的温度降低至 4 000 K①，宇宙中除了辐射外，电子与质子或者与氦核复合成电中性原子，此时物质粒子与辐射的相互作用可以忽略，宇宙变得透明了，此时由辐射与由电中性原子组成的物质系统的温度将按不同的规律随着宇宙的膨胀而降低。如果我们任意选定一个半径为 R 的球状区域，根据宇宙是膨胀的这一事实，可以证明，随着宇宙的膨胀，辐射的温度反比于宇宙尺度因子 R 而降低，而由电中性原子组成的系统，其温度则反比于宇宙尺度因子 R 的平方而降低(参考 § 4.5[例题 1]、[例题 2])。即随着宇宙尺度因子 R 的增大，辐射与由电中性原子组成的系统将产生温差。也就是说，由于宇宙的膨胀，宇宙将从温度均匀的热平衡状态，变到温度不均匀的非热平衡状态，这同热寂论的预言完全相反，而与事实完全一致。

现代宇宙学还证明，在宇宙范围内，引力占主导地位。对于天体这样靠自身引力维系的系统(简称为自引力系统)，在吸收能量时，其温度将降低，而在放出能量时，其温度反而升高，因而具有负的热容量。在宇宙中由具有负热容量及正热容量的系统组成的体系，如果开始处于热平衡状态，但这种热平衡是不稳定的，只要正热容系统或负热容系统的温度有一小的起伏，原有的平衡就会受到破坏，并在正热容系统与负热容系统之间产生温差。总之，在宇宙空间中，只要有自引力体系存在，原则上就不存在稳定的热平衡状态，也不存在偏离平衡很小的定态，而是处在不稳定的状态。

总之，膨胀的宇宙和负热容自引力系统，以令人信服的方式，解开了历经 100 多年的历史谜团，使人们从“热寂说”的迷雾中解脱出来。

5. *热力学基本微分方程*

根据热力学第一定律有 $\mathrm{đ}Q=\mathrm{d}U+\mathrm{đ}W'$，将此式代入(3.6.15)式可得

$$T\mathrm{d}S \geqslant \mathrm{d}U + \mathrm{đ}W', \tag{3.6.21}$$

式中等号“＝”对可逆过程适用，不等号“＞”对不可逆过程适用。(3.6.21)式称为**热力学基本微分方程**。方程中系统作的元功 $\mathrm{đ}W'$ 对可逆与不可逆过程这两种情形一般是不同的，对于可逆过程，由(2.2.18)式可知，$\mathrm{đ}W'=-\sum_i Y_i\mathrm{d}x_i$，代入(3.6.21)式可得可逆过程热力学基本方程为

$$T\mathrm{d}S = \mathrm{d}U - \sum_i Y_i\mathrm{d}x_i, \tag{3.6.22}$$

对于仅有体积功的系统，$\mathrm{đ}W'=p\mathrm{d}V$，代入(3.6.22)式，可得可逆过程热力学基本方程为

① 赵凯华．新概念物理教程“热学”．第 1 版．北京：高等教育出版社，1998 年．第 301 页．

$$TdS = dU + pdV. \tag{3.6.23}$$

应强调指出的是，在(3.6.23)式中由于只涉及到两个邻近平衡态状态参量 S、U、V 增量之间的关系，只要两个平衡态一定，状态参量的增量就一定，与过程无关，因此上式对不可逆过程也是适用的。

[例题 1] 已知在 $p=1.0\,\text{atm}$，$T=273.15\,\text{K}$ 条件下，冰融化为同温度的水时，熔解热 $l_m=80\,\text{cal}\cdot\text{g}^{-1}$。求将 1 千克的冰化为水时熵的变化。

[解] 在一大气压下，冰水共存的平衡温度 $T=273.15\,\text{K}$。设想有一恒温热源，其温度比 273.15 K 大一无穷小量，令冰水系统与这热源接触，不断从热源吸取热量以使冰逐渐融化。由于系统与外界的温差始终为无穷小，状态变化过程进行得无限缓慢，过程的每一步，系统都近似处于平衡态，温度为 273.15 K。这样的过程是可逆的，由(3.6.8)式得

$$\begin{aligned} S_2 - S_1 &= \int_1^2 \frac{đQ}{T} = \frac{1}{T}\int_1^2 đQ = \frac{Q}{T} = \frac{ml_m}{T} \\ &= \frac{1000\text{g} \times 80\,\text{cal}\cdot\text{g}^{-1}}{273.15\,\text{K}} = 293\,\text{cal}\cdot\text{K}^{-1} \\ &= 1.227 \times 10^3\ \text{J}\cdot\text{K}^{-1}. \end{aligned}$$

[例题 2] 在 $p=1.0\,\text{atm}$ 下，将 1 千克 0 ℃的水和一个 100 ℃的热源接触，当水温达到 100 ℃时，水的熵增加多少？热源的熵增加多少？水和热源的总熵增加多少？该过程是否可逆？已知水的定压比热为 $c_p=4.187\times10^3\ \text{J}\cdot\text{kg}^{-1}\cdot\text{K}^{-1}$。

[解] (1)水的熵增加量为

$$\begin{aligned} \Delta S_1 &= \int_{T_1}^{T_2} \frac{mc_p\,dT}{T} = mc_p \ln\frac{T_2}{T_1} = 1 \times 4.187 \times 10^3 \ln\frac{373.15}{273.15} \\ &= 1 \times 4.187 \times 10^3 \ln 1.366 = 1.306 \times 10^3\ \text{J}\cdot\text{K}^{-1}, \end{aligned}$$

(2)热源的熵增加量为

$$\Delta S_2 = -\frac{Q_p}{T_2} = -\frac{mc_p(T_2-T_1)}{T_2} = -\frac{1\times4.187\times10^3\times100}{373.15} = -1.122\times10^3\ \text{J}\cdot\text{K}^{-1},$$

(3)水和热源的总熵的增加量为

$$\Delta S = \Delta S_1 + \Delta S_2 = 1.306\times10^3 - 1.122\times10^3 = 0.184\times10^3\ \text{J}\cdot\text{K}^{-1}.$$

因 $\Delta S>0$，根据熵增加原理，这个过程是不可逆的。

[例题 3] 将 0.2 千克 0 ℃的冰和 1 千克 20 ℃的水相互混合达到平衡后，求其总熵的增加量。已知水的定压比热为 $4.187\times10^3\ \text{J}\cdot\text{kg}^{-1}\cdot\text{K}^{-1}$。冰的熔解热为 $3.35\times10^5\ \text{J}\cdot\text{kg}^{-1}$。

[解] 设冰与水的混合过程是在绝热条件下进行的，已知 $m_1=0.2\,\text{kg}$，$t_1=0\,℃$，$m_2=1\,\text{kg}$，$t_2=20\,℃$，$l_m=3.35\times10^5\ \text{J}\cdot\text{kg}^{-1}$，$c_p=4.187\times10^3\ \text{J}\cdot\text{kg}^{-1}\cdot\text{K}^{-1}$. 设混合后达到平衡时的温度为 t，则由热平衡方程有

$$m_1 l_m + m_1 c_p(t-t_1) = m_2 c_p(t_2 - t),$$

即

$$0.2\times3.35\times10^5 + 0.2\times4.187\times10^3 t = 4.187\times10^3(20-t),$$

解上述方程得

$$t=3.33\,℃ \text{ 或 } T=276.48\,\text{K}.$$

下面先求冰的熵变 ΔS_1：

$$\begin{aligned} \Delta S_1 &= \frac{Q_m}{T_1} + \int_{T_1}^{T} \frac{m_1 c_p\,dT}{T} = \frac{m_1 l_m}{T_1} + m_1 c_p \ln\frac{T}{T_1} \\ &= \frac{0.2\times3.35\times10^5}{273.15} + 0.2\times4.187\times10^3 \ln\frac{276.48}{273.15} = 255.44\,\text{J}\cdot\text{K}^{-1}, \end{aligned}$$

在上述过程中，水的熵变 ΔS_2 为

$$\Delta S_2 = \int_{T_2}^{T} \frac{m_2 c_p\,dT}{T} = m_2 c_p \ln\frac{T}{T_2} = 4.187\times10^3 \ln\frac{276.48}{293.15}$$

$$=-245.17\,\mathrm{J\cdot K^{-1}},$$

总熵变 ΔS 为

$$\Delta S=\Delta S_1+\Delta S_2=255.44-245.17=10.27\,\mathrm{J\cdot K^{-1}}>0.$$

根据熵增原理,该过程为不可逆过程。

[例题 4] 有两个相同的固态物体 A 和 B,开始时它们的温度分别为 T_1 和 $T_2(T_1>T_2)$,并互相热接触,两物体同外界是绝热的。物体的热容量为常数 C,通过热传导最后达到热平衡。求在上述热传导过程中,A、B 两物体各自的熵变是多少?由 A、B 两物体组成的系统熵变是多少?

[解] 设 A、B 两物体达到热平衡时的温度为 T,由热平衡方程有

$$C(T_1-T)=C(T-T_2),$$

$$2T=T_1+T_2,$$

$$T=\frac{1}{2}(T_1+T_2).$$

物体 A 在热传导过程中熵的改变量 ΔS_A 为

$$\Delta S_A=\int_{T_1}^{\frac{1}{2}(T_1+T_2)}\frac{C\mathrm{d}T}{T}=C\ln\frac{T_1+T_2}{2T_1},$$

物体 B 在热传导过程中熵的改变量 ΔS_B 为

$$\Delta S_B=\int_{T_2}^{\frac{1}{2}(T_1+T_2)}\frac{C\mathrm{d}T}{T}=C\ln\frac{T_1+T_2}{2T_2},$$

由 A、B 两物体组成的绝热系统在上述热传导过程中熵的改变量 ΔS 为

$$\Delta S=\Delta S_A+\Delta S_B=C\ln\frac{T_1+T_2}{2T_1}+C\ln\frac{T_1+T_2}{2T_2}$$

$$=C\ln\frac{(T_1+T_2)^2}{4T_1T_2},$$

考虑 $(T_1+T_2)^2=T_1{}^2+2T_1T_2+T_2{}^2=(T_1-T_2)^2+4T_1T_2>4T_1T_2,$

因而 $\Delta S=C\ln\dfrac{(T_1+T_2)^2}{4T_1T_2}>0.$

根据熵增加原理,上述热传导过程是不可逆过程。

[例题 5] 设有一制冷机在温度为 T_1 的高温热源及温度为 T_2 的低温热源之间工作,热量 Q 从温度为 T_2 的低温热源,传向温度为 T_1 的高温热源,外界不发生任何变化。将两热源及工作物质作为孤立系统,求系统在上述过程中总熵的变化。

[解] 1. 高温热源熵的变化:$\Delta S_1=\dfrac{Q}{T_1}$;

2. 低温热源熵的变化:$\Delta S_2=-\dfrac{Q}{T_2}$;

3. 制冷机工质熵的变化:$\Delta S_3=0$;

4. 孤立系总熵的变化:$\Delta S=\Delta S_1+\Delta S_2=Q\left(\dfrac{1}{T_1}-\dfrac{1}{T_2}\right)<0.$

上述结果违背熵增加原理,故是不可能的。上述结果说明,在孤立系内,热量只能自发地从高温物体传向低温物体,而不能自发地从低温物体传向高温物体,而不引起其他变化,而这正是热力学第二定律的克劳修斯表述,可见熵增加原理是热力学第二定律的一种更为普遍的表达。

§3.7 理想气体熵函数的表达式

气体是最简单和最常见的热力学系统。在许多问题中,我们所遇见的气体都可以近似地当作理想气体处理。因此为了今后的应用,在本节中,要对理想气体熵函数的表达式

进行推导。

当 $đW'=p\mathrm{d}V$ 时，$đQ=\mathrm{d}U+p\mathrm{d}V$，根据(3.6.10)式可得

$$\mathrm{d}S=\frac{\mathrm{d}U+p\mathrm{d}V}{T},$$

对理想气体有 $\mathrm{d}U=C_V\mathrm{d}T$，$pV=nRT$，代入上式可得

$$\mathrm{d}S=C_V\frac{\mathrm{d}T}{T}+nR\frac{\mathrm{d}V}{V},\tag{3.7.1}$$

积分后得

$$S(T,V)=\int C_V\frac{\mathrm{d}T}{T}+nR\ln V+S_0,\tag{3.7.2}$$

当 C_V 与 T 无关时，则

$$S(T,V)=C_V\ln T+nR\ln V+S_0.\tag{3.7.2$'$}$$

(3.7.2)式及(3.7.2′)式，就是以(T,V)为独立变量时理想气体熵函数的表达式，S_0 为积分常数，它是某一被选定的参考态的熵。

将理想气体状态方程 $pV=nRT$ 两边取对数，然后微分可得

$$\frac{\mathrm{d}V}{V}+\frac{\mathrm{d}p}{p}=\frac{\mathrm{d}T}{T},\tag{3.7.3}$$

将(3.7.3)式代入(3.7.1)式消去$\frac{\mathrm{d}T}{T}$，可得

$$\begin{aligned}\mathrm{d}S&=(C_V+nR)\frac{\mathrm{d}V}{V}+C_V\frac{\mathrm{d}p}{p}\\&=C_p\frac{\mathrm{d}V}{V}+C_V\frac{\mathrm{d}p}{p},\end{aligned}\tag{3.7.4}$$

积分上式，可得

$$S(p,V)=\int C_p\frac{\mathrm{d}V}{V}+\int C_V\frac{\mathrm{d}p}{p}+S_0',\tag{3.7.5}$$

当 C_p，C_V 均为常数时，由上式可得

$$S(p,V)=C_p\ln V+C_V\ln p+S_0'.\tag{3.7.5$'$}$$

(3.7.5)式和(3.7.5′)式就是以 p,V 为独立变量时，理想气体熵函数的表达式。

同样，利用(3.7.3)式解出$\frac{\mathrm{d}V}{V}=\frac{\mathrm{d}T}{T}-\frac{\mathrm{d}p}{p}$，代入(3.7.1)式，消去$\frac{\mathrm{d}V}{V}$，可得

$$\mathrm{d}S=C_p\frac{\mathrm{d}T}{T}-nR\frac{\mathrm{d}p}{p},\tag{3.7.6}$$

积分上式得

$$S(T,p)=\int C_p\frac{\mathrm{d}T}{T}-nR\ln p+S_0'',\tag{3.7.7}$$

当 C_p 为常数时

$$S(T,p)=C_p\ln T-nR\ln p+S_0''.\tag{3.7.7$'$}$$

(3.7.7)式和(3.7.7′)式就是以 T,p 为独立变量时，理想气体熵函数的表达式。注意在以上各式中，积分常数 S_0、S_0'、S_0''由于没有给定起始状态，所以它们之间无固定关系。

［例题1］ 有摩尔数为 n 的某种理想气体，用如下两种方式由态 A 过渡到态 C（如图 3-23)，试按以下过程计算熵的变化 S_C-S_A：

(1)由 A 经等温过程到达 C；

(2)由 A 经等容过程到达 B，再经等压过程到达 C。

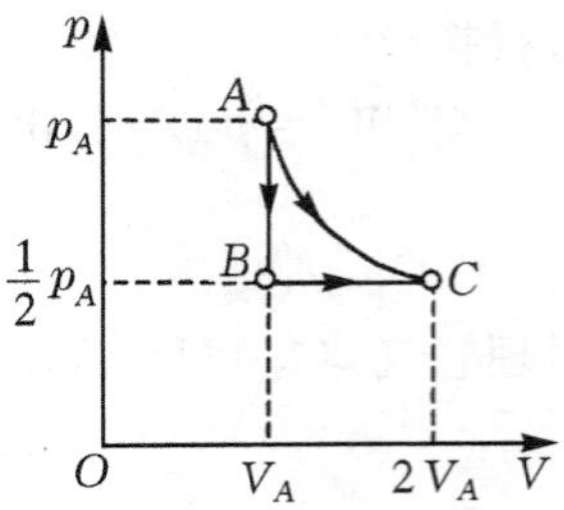

图 3-23

［解］ 由熵函数计算熵差。

(1)已知态 A 与态 C 的状态参量分别为 $A(p_A,V_A)$、$C\left(\frac{1}{2}p_A,2V_A\right)$，由公式(3.7.5′)可直接写出 A、C 两状态的熵为：

$$S_C = C_p \ln 2V_A + C_V \ln \frac{1}{2}p_A + S'_0,$$

$$S_A = C_p \ln V_A + C_V \ln p_A + S'_0,$$

两者相减得

$$S_C - S_A = C_p \ln 2 - C_V \ln 2 = nR\ln 2.$$

(2)设态 A 对应的温度为 T_A，态 B 的温度为 T_B，态 C 的温度 $T_C=T_A$. 对等容过程 AB 有

$$\frac{p_A}{p_B} = \frac{T_A}{T_B},$$

$$T_B = \frac{p_B}{p_A}T_A = \frac{1}{2}T_A.$$

当选 T、p 为态参量时，已知态 A 与态 B 的参量分别为 $A(p_A,T_A)$、$B\left(\frac{1}{2}p_A,\frac{1}{2}T_A\right)$，由公式(3.7.7′)有

$$S_A = C_p \ln T_A - nR\ln p_A + S''_0,$$

$$S_B = C_p \ln \frac{1}{2}T_A - nR\ln \frac{1}{2}p_A + S''_0,$$

$$\Delta S_1 = S_B - S_A = -C_p \ln 2 + nR\ln 2 = -C_V \ln 2.$$

对等压过程 BC，选 T、V 为态参量，此时态 B 与态 C 的参量为 $B\left(\frac{1}{2}T_A,V_A\right)$、$C(T_A,2V_A)$，由公式(3.7.2′)有

$$S_B = C_V \ln \frac{1}{2}T_A + nR\ln V_A + S_0,$$

$$S_C = C_V \ln T_A + nR\ln 2V_A + S_0,$$

$$\Delta S_2 = S_C - S_B = C_V \ln 2 + nR\ln 2,$$

$$\Delta S = \Delta S_1 + \Delta S_2 = nR\ln 2.$$

由以上计算结果可以看出，由于熵是态函数，只要两个状态一定，不论怎样选择可逆路径，其熵差都是一样的。

当然，我们也可按熵差的定义，即由公式(3.6.8)进行计算，所得结果与上述计算结果相同，这一点留给读者自己验证。

［例题 2］ 用熵增原理证明气体向真空中的绝热自由膨胀过程是不可逆过程。

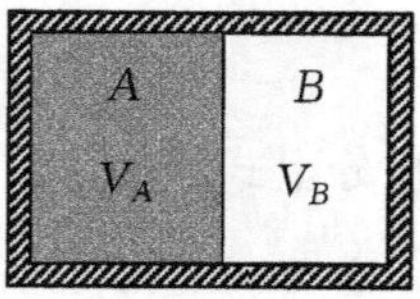

图 3-24

［解］ 在图 3-24 中设绝热容器用一隔板分成 A、B 两部分，A 部分有 n 摩尔的理想气体，B 部分为真空。当隔板抽去时，气体由 A 部向 B 部进行自由膨胀，根据热力学第一定律有 $\Delta U=U_2-U_1=0$，即 $U_2=U_1$，考虑理想气体内能只是温度 T 的函数，故有 $T_1=T_2=T$。选 T、V 为态参量，已知初态 a 的参量为 $a(T,V_A)$，终态 b 的参量为 $b(T,V_A+V_B)$，由公式(3.7.2′)有

$$S_1 = C_V \ln T + nR\ln V_A + S_0,$$

$$S_2 = C_V \ln T + nR\ln(V_A+V_B) + S_0,$$

$$\Delta S = S_2 - S_1 = nR\ln \frac{V_A+V_B}{V_A} > 0.$$

由于系统与外界既无热量交换，也不作功，可看成孤立系统。在气体自由膨胀过程中，其熵增加了，根据熵增加原理，可以断定该过程是不可逆过程。

［例题 3］ 设在一体积为 V 的容器中有两种不同的理想气体 a 和 b，其温度均为 T，压强均为 p。摩

尔数分别为 n_a、n_b，体积分别为 V_a 和 V_b，并用隔板将其隔开，如图 3-25(a)所示。现将隔板抽掉使它们在等温的条件下相互混合，求混合前后系统熵的变化。

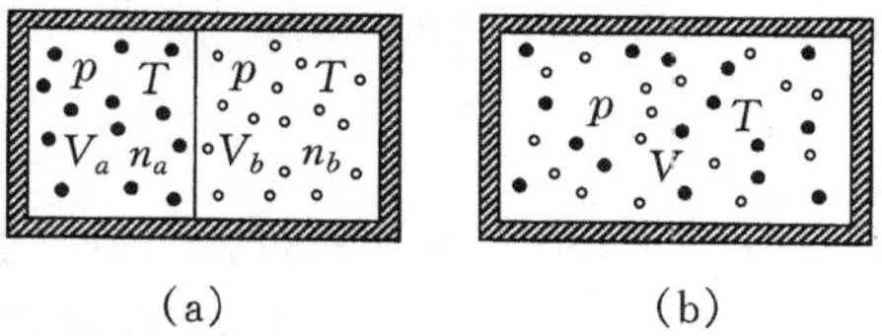

图 3-25

［解］ 上述气体的混合过程如图 3-25 所示。在混合过程中，a 种理想气体体积由 $V_a \to V$，压强由 $p \to p_a$，而 b 种理想气体体积由 $V_b \to V$，压强由 $p \to p_b$。根据(3.7.2′)式，a、b 两种理想气体在混合前后熵的变化分别为

$$\Delta S_a = (C_V^{(a)} \ln T + n_a R \ln V + S_0) - (C_V^{(a)} \ln T + n_a R \ln V_a + S_0) = n_a R \ln V/V_a, \tag{1}$$

$$\Delta S_b = (C_V^{(b)} \ln T + n_b R \ln V + S_0) - (C_V^{(b)} \ln T + n_b R \ln V_b + S_0) = n_b R \ln V/V_b. \tag{2}$$

考虑熵的广延性质，系统在混合前后总的熵变为

$$\Delta S = \Delta S_a + \Delta S_b = - n_a R \ln \frac{V_a}{V} - n_b R \ln \frac{V_b}{V}, \tag{3}$$

根据玻意耳定律有：$pV_a = p_a V$，$pV_b = p_b V$，可得

$$\frac{V_a}{V} = \frac{p_a}{p}, \quad \frac{V_b}{V} = \frac{p_b}{p}, \tag{4}$$

另外，由理想气体状态方程及混合理想气体状态方程有：

$$p_a V = n_a RT, \quad p_b V = n_b RT, \quad pV = (n_a + n_b) RT,$$

由上式及(4)式可得

$$x_a = \frac{n_a}{n_a + n_b} = \frac{p_a}{p}; \quad x_b = \frac{n_b}{n_a + n_b} = \frac{p_b}{p}, \tag{5}$$

x_a、x_b 分别为 a 种气体和 b 种气体在混合理想气体中的浓度，将(4)、(5)二式代入(3)式，最后可得

$$\Delta S = - n_a R \ln x_a - n_b R \ln x_b. \tag{6}$$

应该指出，(6)式只适用于两种不同理想气体的混合过程。如果两部分是同一种理想气体在恒温、恒压下混合，则其状态不变，$\Delta S = 0$。另外(6)式还可以推广到 K 种不同理想气体在恒温、恒压下的混合过程，即

$$\Delta S = - R \sum_{i=1}^{K} n_i \ln x_i. \tag{7}$$

§3.8　T-S 图及其应用

对于均匀的封闭系统，有时为了便于问题的讨论，常常选择温度 T、熵 S 作为态参量来描述系统的平衡状态。像以 p、V 为状态参量时，用 p-V 图上的点表示系统的某一平衡态，而用一条曲线表示某一准静态过程一样，现在可以用温度 T 为纵轴，熵 S 为横轴建立系统的 T-S 图，并以图上的点表示系统的某一平衡态，如图 3-26 上的 a 点表示系统的(T_1, S_1)状态，图上的 b 点表示系统的(T_2, S_2)状态，T-S图上的曲线 ab 则表示某一准静态过程。

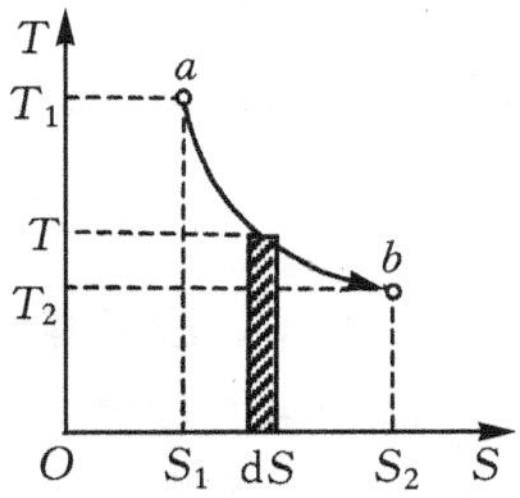

图 3-26　温熵图

作为 T-S 图的应用，首先考虑如何用 T-S 图表示系统从外界吸收的热量。

根据(3.6.10)式，对于一个微小的可逆过程，系统从外界吸收的热量 dQ 为

$$dQ = TdS, \tag{3.8.1}$$

对有限的可逆过程 ab,系统从外界吸收的热量 Q 为

$$Q=\int_a^b T\mathrm{d}S, \tag{3.8.2}$$

在 T-S 图上,$đQ$ 的大小用打斜线的一小长方形面积表示,而 Q 的大小则用面积 abS_2S_1a 表示。当 $\mathrm{d}S>0$ 时,$đQ>0$,表示系统吸热,反之,当 $\mathrm{d}S<0$ 时,$đQ<0$,表示系统向外界放热。

因在某一可逆过程中,系统从外界吸收的热量,可用 T-S 图上的过程曲线下的面积表示。所以在热力工程上一般称 T-S 图为示热图。

在第二章§3 中,我们曾经讲过,系统所吸收的热量可以按以下的公式计算

$$Q=\int_{T_i}^{T_f} mc\,\mathrm{d}T, \tag{3.8.3}$$

其中 c 为系统在该过程中的比热。将(3.8.3)式与(3.8.2)式比较,我们可以看出,在计算热量时,(3.8.2)式比(3.8.3)式更为优越。因为(3.8.2)式是对任何过程都适用的普遍公式。若利用(3.8.3)式,则显然不能算出系统在等温过程中所吸收的热量,而用(3.8.2)式则计算非常简便,对等温过程有

$$Q=\int_a^b T\mathrm{d}S=T(S_b-S_a),$$

因此,只需知道 a、b 两个平衡态的熵差,系统吸收的热量便可由上式求出。

由(3.8.1)式可知,在定容过程中系统吸收的热量$(đQ)_V=T(\mathrm{d}S)_V$,因此定容热容量

$$C_V=\left(\frac{đQ}{\mathrm{d}T}\right)_V=T\left(\frac{\partial S}{\partial T}\right)_V, \tag{3.8.4}$$

同理可得系统在等压过程中吸收的热量$(đQ)_p=T(\mathrm{d}S)_p$,因此定压热容量为

$$C_p=\left(\frac{đQ}{\mathrm{d}T}\right)_p=T\left(\frac{\partial S}{\partial T}\right)_p. \tag{3.8.5}$$

(3.8.4)、(3.8.5)二式在下一章中我们将经常用到它。

现在我们简单地讨论一下以前研究过的各种热力学过程在 T-S 图上的曲线形状。在图 3-27 上,等温过程是平行于 OS 轴的直线。可逆绝热过程是平行于 OT 轴的直线。在等压过程中,如果是膨胀过程,系统一定要吸收热量,因而温度要升高,熵也会增加,因此,在 T-S 图上等压线是向右上方弯曲的,由(3.8.5)式可得曲线在某点的斜率

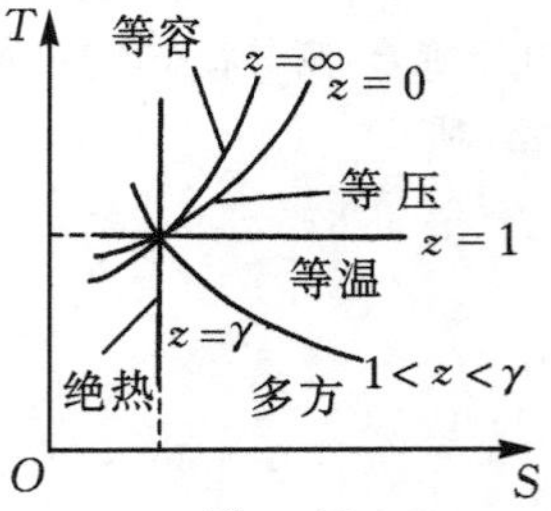

图 3-27

各种特殊过程在温熵图上对应的曲线

$$\left(\frac{\partial T}{\partial S}\right)_p=\frac{T}{C_p}, \tag{3.8.6}$$

同理,等容线也是向右上方弯曲的曲线,它的斜率为

$$\left(\frac{\partial T}{\partial S}\right)_V=\frac{T}{C_V}, \tag{3.8.7}$$

由于 $C_V<C_p$,故等容线的斜率比等压线的斜率大。

对于多方过程 $pV^z=$常数,若 z 在 1 和 γ 之间,则根据第二章§6 中所讲,系统吸收热量时温度反而下降,而熵增大,故多方过程曲线是向右下方弯曲的曲线。

在计算热机工作循环的效率时,T-S 图也显得非常方便。设系统在温度为 T_1 的高温热源和温度为 T_2 的低温热源之间作可逆的卡诺循环(图 3-28),系统从状态 $a(T_1,S_1)$开始作等

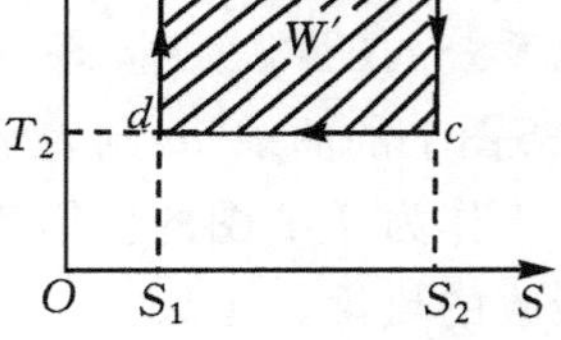

图 3-28

在温熵图上的卡诺循环

温膨胀至状态 $b(T_1,S_2)$，然后从状态 $b(T_1,S_2)$ 绝热膨胀至状态 $c(T_2,S_2)$，从状态 $c(T_2,S_2)$ 再等温压缩到状态 $d(T_2,S_1)$，最后从状态 $d(T_2,S_1)$ 绝热压缩至初态 $a(T_1,S_1)$，完成一可逆的卡诺循环。在循环过程中，系统从高温热源 T_1 吸收热量 $Q_1=T_1(S_2-S_1)$，向低温热源放热 $Q_2=T_2(S_2-S_1)$，循环一周系统对外作功 $W'=Q_1-Q_2=(T_1-T_2)(S_2-S_1)$，可逆卡诺循环的效率 η 为

$$\eta=\frac{W'}{Q_1}=\frac{(T_1-T_2)(S_2-S_1)}{T_1(S_2-S_1)}=\frac{T_1-T_2}{T_1}=1-\frac{T_2}{T_1}.$$

这正是我们上一章得到的可逆卡诺循环的效率公式。对系统经历的一般准静态循环过程，可以用 *T-S* 图上一个带箭头的闭合曲线来表示，如图 3-29 所示。箭头方向表示系统可逆循环的方向，该循环表示热机的工作循环。从闭合曲线最左边的 a 点和最右边的 c 点各作一平行于 OT 轴的直线 aS_1 及 cS_2，则不难知道，闭合曲线的 abc 段是系统从外界吸收热量的过程，而 cda 段则是放热过程。在整个循环过程中，系统从外界吸收的总热量

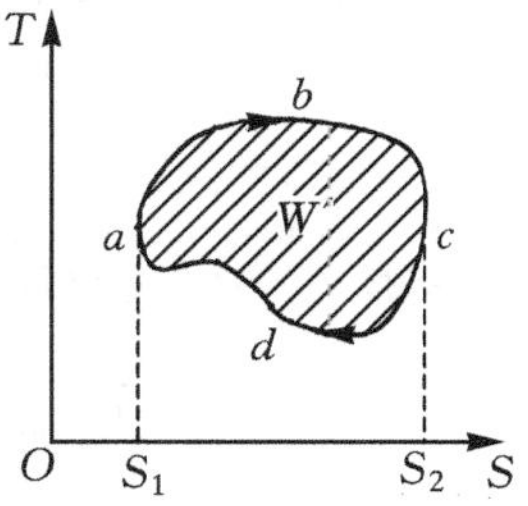

图 3-29
在温熵图上一般热机的工作循环

$$Q_1=\int_{abc}T\mathrm{d}S=\text{面积 }abcS_2S_1a,$$

系统向外放出的热量

$$Q_2=\int_{cda}T\mathrm{d}S=\text{面积 }cdaS_1S_2c,$$

系统在循环过程中对外作的功 W' 为

$$W'=Q_1-Q_2=\text{面积 }abcda,$$

而热机效率就等于面积 $abcda$ 与面积 $abcS_2S_1a$ 之比。对于单级蒸气压缩式制冷机，其工作循环示意图如图 3-30 所示，其中 1-2′为对蒸气的可逆绝热压缩过程，2′-3-4 为等压冷凝放热过程，通过放热冷凝使高温高压的蒸气(设压强为 p_K)冷凝成温度为 T_K 的饱和液体。4-5 为节流过程，通过节流降压降温，饱和液体又变成湿蒸汽，其温度为 T_0。5-1 为蒸发吸热过程，湿蒸汽在蒸发器内通过对被冷冻的物体吸热，使之变成饱和蒸气，并回到初始状态，完成一制冷循环。在上述制冷循环过程中，系统向外(大气、水源)放热 Q_1，其大小等于面积 2′-3-4-6-8-2′。在 5-1 过程中，从被冷冻物体吸热 Q_2，其大小等于面积 1-5-7-8-1。在循环过程中，外界对系统作功 $W=Q_1-Q_2=$ 面积 1-2-3-4-4′-1。根据上述讨论可以看出，应用 *T-S* 图，对于任何循环过程中所吸收(或放出)的热量和所作的功，都可用面积表示出来，但应用 *p-V* 图时，只能用面积表示系统所作的功，而不能用一个面积表示系统所吸收的热量，所以 *T-S* 图比 *p-V* 图的功用更大，这就是热工计算中广泛采用 *T-S* 图的原因。

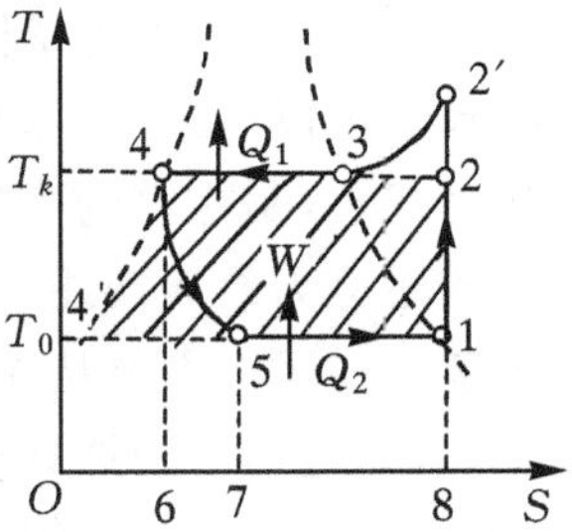

图 3-30
单级蒸气压缩式制冷机工作循环

［例题］ 设有一任意循环过程，在过程中所能达到的最高温度为 T_1，最低温度为 T_2，试证明这个循环的效率不能超过工作于温度为 T_1 和 T_2 两热源之间的卡诺循环的效率。

［解］ 由于工作于温度的 T_1 和 T_2 之间的任一卡诺循环的效率为

$$\eta=1-\frac{T_2}{T_1},$$

为了比较一个任意循环 $ABCD$ 和一卡诺循环的效率，我们可用卡诺循环在 T-S 图上的两条等温线与两条绝热线和 $ABCD$ 相切，如图 3-31 所示。由图可知，卡诺循环吸收的热量 Q_1 和放出的热量 Q_2 分别等于面积 FGS_2S_1F 和 EHS_2S_1E，循环 $ABCD$ 所吸收的热量 Q'_1 和放出的热量 Q'_2 分别等于面积 $ABCS_2S_1A$ 和 $ADCS_2S_1A$。显然

$$Q_1 > Q'_1, \qquad Q_2 < Q'_2,$$

$$\frac{Q_2}{Q_1} < \frac{Q'_2}{Q'_1},$$

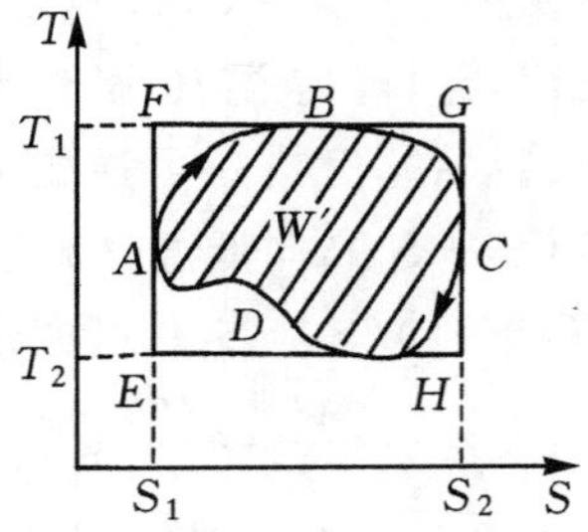

图 3-31

两卡诺循环的效率 η 和循环 $ABCD$ 的效率 η' 分别为

$$\eta = 1 - \frac{Q_2}{Q_1}, \qquad \eta' = 1 - \frac{Q'_2}{Q'_1},$$

所以

$$\eta' < \eta.$$

*§3.9 熵的统计意义

在§3.3 中曾初步说明：一个不受外界影响的孤立系统，其内部发生的过程，总是由几率小的宏观状态向几率大的宏观状态进行变化。现在由熵增加原理使我们又知道，孤立系统的熵永不减少，孤立系统内发生的可逆过程，系统熵不变，孤立系统内发生的不可逆过程，沿熵增加的方向进行。由此看来，孤立系统的熵与某种几率间可能存在着某种联系。在统计物理中确实证明了这种联系，并由此揭示出了熵的微观本质。下面我们讨论这个问题。

一、系统的微观态

在§3.3 中，我们针对气体的自由膨胀过程，对系统的宏观态与微观态及它们之间的关系作了初步的讨论。下面我们再就系统的宏观态与微观态的概念作较为一般的讨论。

1. 粒子运动状态的经典描述

热力学系统，无论是固体、液体、气体，或者是辐射场，都是由大量的微观粒子组成的，这些粒子可以是分子、原子，金属中的离子或电子，也可以是辐射场中的光子。所谓粒子的运动状态，是指它的力学运动状态。如果粒子运动遵从经典力学的规律，对粒子运动状态的描述称为经典描述；如果粒子运动遵从量子力学的运动规律，对粒子运动状态的描述称为量子描述。不过从原则上说，微观粒子是遵从量子力学运动规律的，但在一定的经典极限下，经典理论仍然具有重要的实际意义，因此本节我们只介绍粒子运动状态的经典描述，关于粒子运动状态的量子描述将留到统计物理课程中再进行全面的介绍。

确定粒子在空间的位置所需的独立坐标数，称为粒子的自由度数。如确定一个自由运动质点在空间的位置，需三个独立坐标，故其自由度数为三。在一般情形下，设粒子的自由度数为 r，经典力学告诉我们，粒子在任一时刻的力学运动状态由粒子的 r 个广义坐标 $q_1, q_2, \cdots, q_i, \cdots, q_r$ 和与之相共轭的 r 个广义动量 $p_1, p_2, \cdots, p_i, \cdots, p_r$ 在该时刻的数值确定。如果忽略粒子间的相互作用，则粒子的能量 ε 是其广义坐标和广义动量的函数，即：

$$\varepsilon = \varepsilon(q_1, q_2, \cdots, q_i, \cdots, q_r; p_1, p_2, \cdots, p_i, \cdots, p_r).$$

为了形象地描述粒子的力学运动状态，可用 $q_1, q_2, \cdots, q_i, \cdots, q_r; p_1, p_2, \cdots, p_i, \cdots, p_r$ 共 $2r$ 个变量为直角坐标，构成 $2r$ 维空间，称为 μ 空间。粒子在某一时刻由 r 个广义坐标与 r 个广义动量$(q_1, q_2, \cdots, q_i, \cdots, q_r; p_1, p_2, \cdots, p_i, \cdots, p_r)$确定的力学运动状态，可用 μ

空间中的一点表示，该点称为粒子力学运动状态的代表点。显然，由 N 个全同的、近独立的粒子（即粒子间的相互作用非常微弱，可以忽略不计）组成的孤立系统在 μ 空间中有 N 个粒子运动状态的代表点。

2. 系统的微观态

对于由 N 个全同的、近独立的粒子组成的孤立系统，所谓系统的微观态，是指整个系统的力学运动状态，当组成系统的 N 个粒子在某一时刻的力学运动状态都确定时，整个系统在该时刻的微观态也就确定了，对于经典力学系统，确定该系统的微观态需要 $2Nr$ 个变量，这 $2Nr$ 个变量是 $q_{i1},q_{i2},\cdots,q_{ir};p_{i1},p_{i2},\cdots,p_{ir}(i=1,2,\cdots,N)$。

应指出的是，在经典物理中，全同粒子是可以分辨的。这是因为经典粒子的运动是轨道运动，原则上是可以跟踪的，只要确定每一粒子在初始时刻的位置，原则上就可以确定每一粒子在其后任一时刻的位置。所以尽管全同粒子的属性完全相同，原则上仍然可以分辨，可以编号。对于 N 个全同的，近独立的粒子系统，任意两个粒子的运动状态相互交换，则在交换前后，系统对应的力学运动状态是不同的。

一个粒子在某时刻的力学运动状态可用 μ 空间中的一个点表示，由 N 个全同的粒子组成的系统，在某一时刻的微观运动状态，在 μ 空间中，可用 N 个点表示。根据前面的讨论可知，在 μ 空间中如果交换两个代表点的位置，则系统相应的微观态是不同的。

二、系统的宏观态与分布

在热力学中，系统的宏观状态可分为平衡态和非平衡态。我们知道，对于平衡态可用一组独立的宏观参量来进行描述，对于非平衡态，由于系统的宏观性质随时间变化，而不能用一组独立的宏观参量来进行描述。从微观上看，系统的各种宏观性质，都是大量微观粒子运动的集体表现，系统的各种宏观量都是相应微观量的统计平均，与此相应，上述系统的宏观态与组成这一系统的 N 个粒子按能量的某种分布有关。下面以由 N 个全同的、近独立的分子组成的理想气体为例进行讨论。

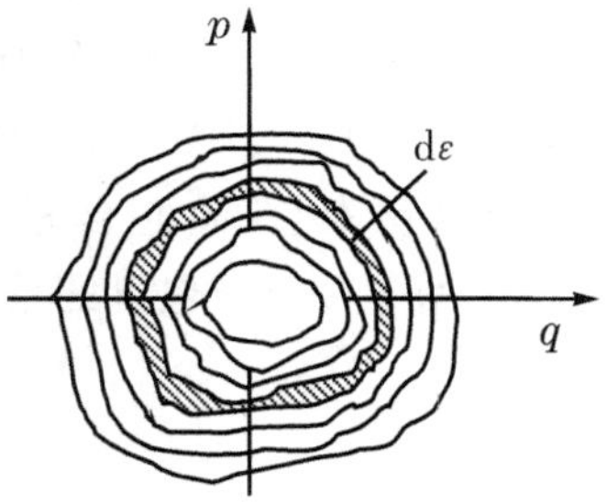

图 3-32　能层示意图

$\varepsilon_1,\varepsilon_2,\cdots,\varepsilon_i,\cdots,\varepsilon_n$

$N_1,N_2,\cdots,N_i,\cdots,N_n$

图 3-33　粒子按能层的分布

根据经典力学我们知道，组成理想气体的每一个分子，其热运动的能量 ε 是分子坐标和动量的连续函数，在 μ 空间中的每一点，对应分子一定的能量。将 μ 空间中能量相同的点连接起来，可以得到一个封闭曲面，称为等能面。在 μ 空间中，我们可以画出许多等能面，并使相邻二等能面间的能量间隔均为 $\mathrm{d}\varepsilon$，称其为能层（如图 3-32 所示）。这些能层的能量分别处于 $\varepsilon_1\sim\varepsilon_1+\mathrm{d}\varepsilon,\varepsilon_2\sim\varepsilon_2+\mathrm{d}\varepsilon,\cdots,\varepsilon_i\sim\varepsilon_i+\mathrm{d}\varepsilon,\cdots,\varepsilon_n\sim\varepsilon_n+\mathrm{d}\varepsilon$ 之间，可以令每一能层的能量分别为 ε_1、ε_2、…、ε_i、…、ε_n。显然，组成理想气体的 N 个分子，按上述能层必然存在一种分布，如图 3-33 所示。即假定在 N 个分子中，有 N_1 个分子的能量处于 $\varepsilon_1\sim\varepsilon_1+\mathrm{d}\varepsilon$ 之间，有 N_2 个分子的能量处于 $\varepsilon_2\sim\varepsilon_2+\mathrm{d}\varepsilon$ 之间，有 N_i 个分子的能量处于 $\varepsilon_i\sim\varepsilon_i+\mathrm{d}\varepsilon$ 之间，有 N_n 个分子的能量处于 $\varepsilon_n\sim\varepsilon_n+\mathrm{d}\varepsilon$ 之间。或者说，在 μ 空间中，有 N_1 个分子代表点处在第一能层中，有 N_2 个分子代表点处在第二个能层中，有 N_i 个分子代表点处在第 i 个能层中等等。我们将 N 个理想气体分子按上述能层的一组填布数：

$$\{N_1,N_2,\cdots,N_i,\cdots,N_n\}=\{N_i\},$$

称为系统的一个分布，并用$\{N_i\}$表示。由 N 个全同的、近独立的、可以分辨的粒子组成的孤立系统，上述分布满足以下条件：

$$E=\sum_i \varepsilon_i;\quad N=\sum_i N_i. \tag{3.9.1}$$

应指出的是，分布和系统的微观态是两个不同的概念。对于一个给定的分布，只需指出处于每一能层的分子数有多少，而不需指明是哪些分子。对于系统的微观态，不仅要指出处于每一能层的分子数有多少，而且要指明是哪些分子。

理想气体是由大量的分子组成的，每个分子可看成是弹性球，在大部分时间里，它们彼此相距很远，各自按自己的速度、动能依惯性做匀速直线运动，分子之间偶尔发生碰撞时，相互交换能量和动量，并使处于每一能层中的分子数发生变化。也就是说，对于孤立系统，在总的能量和总的粒子数一定的条件下，可以有各种不同的分布存在。如 $N=7$，总能量 $E=4$ 的系统，粒子按能量可能出现如图 3-34 的分布。

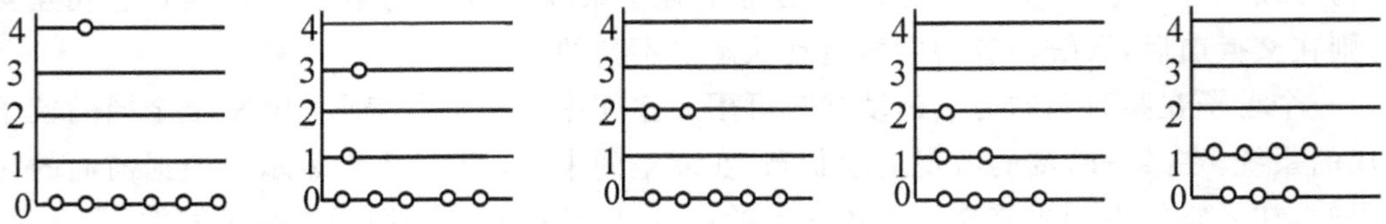

粒子总数 $N=7$　　总能量 $E=4$

图 3-34　粒子按能层的各种可能的分布

显然，上述各种分布都是可以实现的，但每种分布出现的几率一般是不同的，对于一个宏观孤立系统而言，由于热力学平衡态是系统长时间存在的一种状态，以后统计物理将证明，该状态与最可几分布相对应，而一系列非平衡态将与其他各种分布相对应，即每种分布都与一定的宏观态相对应。故我们可将分布说成是宏观态。

三、热力学几率

1. 分布对应的微观态数

在§3.3 中我们已经知道，一种分布可以对应系统许多微观态。一般而言，对于由 N 个全同的、近独立的、可以分辨的粒子组成的孤立系统，每一种分布也包含有许多微观态，设第 j 个分布$\{N_i\}_j$ 包含有 $W_j\{N_i\}$个微观态，则所有分布包含的总的微观态数 W_0，应为系统中的各种分布包含的系统的微观态数之和，即

$$W_0=\sum_j W_j\{N_i\}. \tag{3.9.2}$$

2. 热力学几率

(3.9.2)式中的 W_0 表示由 N 个全同的、近独立的、可以分辨的粒子组成的孤立系统，可能出现的全部微观态数，每一微观态出现的几率有多大？由于这些微观态都同样满足具有确定的 E、N、V 的宏观条件，显然没有理由认为哪一个微观态出现的几率比其他微观态出现的几率更大一些，对于这个问题，玻耳兹曼在 19 世纪 70 年代提出了著名的等几率原理，该原理认为，对于处在平衡状态的孤立系统，系统各个可能的微观态出现的几率是相等的，这一原理称为等几率原理，它的正确性由它的种种推论都与客观实际相符而得到肯定。

根据等几率原理，对于由 N 个分子组成的孤立系统，系统的任一微观态出现的几率应为$\dfrac{1}{W_0}$，因而系统的任一宏观态$\{N_i\}$出现的几率 P 为

$$P = \frac{W\{N_i\}}{W_0} \propto W\{N_i\}, \tag{3.9.3}$$

即该几率正比于该宏观态所包含的系统的微观态数 $W\{N_i\}$。通常称 $W\{N_i\}$ 为宏观态 $\{N_i\}$ 对应的热力学几率。

四、玻耳兹曼关系

以后在统计物理学中将证明，系统的熵与热力学几率之间存在着下列关系：

$$S = k\ln W\{N_i\}, \tag{3.9.4}$$

其中 k 是玻耳兹曼常数。上式称为玻耳兹曼关系，它是由奥地利理论物理学家玻耳兹曼在 1887 年首先得出的。

(3.9.4)式说明，熵增加原理的微观实质是：孤立系统内部发生的过程总是从热力学几率小的宏观状态向热力学几率大的宏观状态进行变化。根据(3.9.4)式还可进一步阐明态函数熵的微观本质。下面仍以理想气体绝热自由膨胀为例进行说明。根据§3.3 的讨论，当 N 个相同的单原子分子都处在容器的左边或右边时（即分布为 $\{N,0\}$ 或 $\{0,N\}$ 时），对应的系统的微观态数，即热力学几率 $W\{N,0\}=1$。这是一种完全有序的状态，根据(3.9.4)式，相应的熵 $S=k\ln 1=0$，这时我们说系统的无序度为零。当 N 个分子均匀分布于容器左右两边时，从理论上可以证明，此时对应的系统的微观态数最多，热力学几率最大，$W=\dfrac{N!}{\frac{1}{2}N!\ \frac{1}{2}N!}\simeq 2^N$，相应的熵 $S=k\ln W=Nk\ln 2$ 也达到最大。从微观上看，这时气体处于一种最无序的状态。由此可见，从微观上看，态函数熵是系统无序度大小的量度。

从熵反映物质无序性这一观点看来，在固态物质中，微观粒子按一定的秩序有规则地排列成晶格点阵，此时系统的熵较小。当固态物质吸收热量，熔解为液体时，这种规则排列就变得不规则了，在液体中只保留了局部的规则排列，即所谓的近程有序而远程无序，同时系统的熵增加了。当液体吸收热量，变成气体时，气体分子的分布变得杂乱无章，完全无序，这时系统的熵也达到最大。这些事实也充分地说明了熵是系统无序度（或混乱度）的量度。

应指出的是，玻耳兹曼对熵的上述解释，具有深刻的意义，使熵成为一个富有生命力的概念，它不仅促进了热力学及统计物理学自身的发展，并且使它的应用远远超出了热力学和统计物理学的范畴，直接或间接地渗入到信息论、控制论、概率论、天体物理，乃至生命科学和社会科学等不同领域。

*§3.10 熵与信息

一、信息与信息熵

信息是当今人类社会生活和科技领域中广泛使用的一个概念，当代社会也被人们称为是信息社会。什么是信息？早年间信息和消息、情报等差不多是同义词，现代社会里信息的概念含义很广，它不仅包含人类所有的文化知识，还包括我们的五官所感受的一切。所谓信息就是对事物的状态、存在方式和相互联系进行描述的一组文字、符号、语言、图像或情态。

信息的贮存、传递一般要以语言、文字、图像和符号系统（如数学公式、图表、音符）等为载体，信息的重要特征在于消除事物的不确定性，平常说缺乏信息就是指情况不明。譬如说,想找一个人,只知道他住在这栋宿舍楼,但不知道房间号。如果这栋宿舍楼有 36 套房子,则有 36 种可能的结果。如果他得到一条信息,说只知道此人住在一门,但不知道房间号。如果每门有 12 套房,则有 12 种可能的结果,即事物的不确定性减少了。如果他又得到一条信息,说此人就住在 6 号,这时只有唯一的一种结果,即事物的不确定性减少到零。

一般而言,事物的不确定性和该事物可能出现的等概率结果的数量有关,如某人随意地抽出一张面朝下的扑克牌,则它可能是 54 张中的任一张,且出现每一张的概率为1/54,即可能出现 54 种等概率的不同结果,因而它的不确定性较大。将一颗质量均匀的骰子随意地掷出,则可能出现六种等概率的不同结果,它的不确定性较小,而将一枚质量均匀的硬币随意地掷出,则只可能出现两种等概率的不同结果,因而它的不确定性比骰子还小。

对于由 N 个近独立的、可分辨的经典粒子组成的孤立系,每一宏观态对应的微观态数为 $W\{N!\}$,则该系统所处的微观态的不确定性与等概率出现的$W\{N!\}$个微观态数有关。

如何度量一个事物的不确定性呢?我们仍从具有等概率结果的事物着手。设某一事物具有 W 个等概率的结果,则该事物的不确定程度(简称为不确定度)与 W 有关,因 W 越大,事物的不确定度也越大,所以事物的不确定度应是 W 的单调上升函数;其次,当 $W=1$ 时,事物只有一种结果,其不确定度应为零;同时,若一个事物是由两个独立的事物 α 和 β 所组成的复合事物,则复合事物可能结果的数目为 $W=W_1W_2$,而该复合事物的不确定度应是这两个独立事物不确定度之和。根据事物不确定度的上述特性,我们可用 W 的对数来描述事物的不确定度。

在一般的情况下,一个事物常常可能出现多种结果,且出现每种结果的概率也不一定相同,其中最简单的情况是等概率出现两种不同的结果。如随意地抛掷出一枚硬币,不是正面向上就是反面向上,根据量子理论,一个自旋为 1/2 的粒子,其固有磁矩在空间的取向,不是向上就是向下,还有不是白天就是黑夜,不是生就是死等等。考虑现在的计算机都采用二进制,在二进制中,每一位数非 0 即 1,即每一位数都具有两种可能的结果,且它们出现的概率相等,都为 1/2。在信息论中把它们的不确定度定义为 1 个单位,称为一个比特,符号为 bit①,用 $\log_2 2$ 表示,即 $\log_2 2=1$。显然,具有四种等概率结果的事件,其不确定度为 $\log_2 4=\log_2 2^2=2\log_2 2=2$ bit,具有八种等概率结果的事件,其不确定度为 $\log_2 8=\log_2 2^3=3$bit。一般情况下,设某一事物有 W 个等概率的结果,其不确定度可定义为

$$S(\alpha)=\log_2 W,$$

即用以 2 为底的对数来表示。根据不同对数的换底公式:$\log_a W=\log_a b\cdot\log_b W$,令 $a=\mathrm{e}$,$b=2$,则上式还可表达为

$$S(\alpha)=\log_2 W=\frac{1}{\ln 2}\cdot\ln W, \tag{3.10.1}$$

在信息论中,香农(Shannon C E)将 $S(\alpha)$称为信息熵,其单位为 bit。例如,对于任意抽出的一张扑克牌,$W=54$, 根据上式,其信息熵为

$$S(\alpha)=\log_2 W=\log_2 54=\frac{\ln 54}{\ln 2}\approx 5.755\ \text{bit},$$

对于一只骰子,$W=6$,其信息熵为

$$S(\alpha)=\log_2 W=\log_2 6=\frac{\ln 6}{\ln 2}\approx 2.585\ \text{bit},$$

---

① bit=binary information unit.

对于一枚硬币，$W=2$，其信息熵为

$$S(\alpha)=\log_2 W=\log_2 2=\frac{\ln 2}{\ln 2}=1\ \text{bit}.$$

由此可见，某一事物可能出现的结果数 W 越大，其信息熵也越大，即信息熵是事物不确定度的量度。

信息熵也可用概率进行表达。设在一定条件下，某一事物有 W 个可能的结果，对等概率事件（物）而言，$\frac{1}{W}$为该事件的每一结果出现的概率，此时(3.10.1)式还可表示为

$$S(\alpha)=\log_2 W=-\log_2\frac{1}{W}=-\sum_i\frac{1}{W_i}\log_2\frac{1}{W_i},$$

令 $P(A_i)=\frac{1}{W_i}$，上式可写为

$$S(\alpha)=\log_2 W=-\sum_i P(A_i)\log_2 P(A_i)\,. \tag{3.10.2}$$

式中作和是对事件的各个可能的结果作和。

下面我们将上述结果推广到不等概率的情况。

设某一事件 α 有 W 个可能的结果，即 $A_1,A_2,\cdots,A_j,\cdots,A_N$，每一结果出现的概率分别为 $P(A_1),\cdots,P(A_j),\cdots,P(A_N)$，且 $\sum_{j=1}^{N}P(A_j)=1$，则该事件 α 的信息熵为

$$S(\alpha)=-\sum_{j=1}^{N}P(A_j)\log_2 P(A_j), \tag{3.10.3}$$

考虑

$$\log_2 P(A_j)=\frac{1}{\ln 2}\ln P(A_j),$$

代入(3.10.3)式可得

$$S(\alpha)=-K\sum_{j=1}^{N}P(A_j)\ln P(A_j), \tag{3.10.4}$$

式中 $K=\frac{1}{\ln 2}$，(3.10.4)式就是信息熵的一般表达式。

二、信息量

我们知道，信息的重要特征在于消除事物的不确定性。一般而言，不同的信息对于减少事物的不确定性的程度是不同的，这时我们说不同的信息，其信息量不同。收到某种信息后，如果事物的不确定度减少得越多，则该信息所含的信息量就越大，反之则越小。也就是说，一个信息的信息量应与事物不确定度的减少量成正比，即与该事物信息熵的减少成正比。因此，如以 I 表示信息量的大小，则

$$I=-(S_2-S_1)=-\Delta S, \tag{3.10.5}$$

上式表明熵与信息量的联系，即某个信息的信息量等于信息熵的减少量。这意味着我们所获得的关于某一事物的信息量，等于该事物信息熵的减少值，或等于该事物信息熵增量的负值。下面举例说明如何计算信息量。

[例 1]　当我们将一只骰子掷出时，有人先后提供两条信息，其一是说偶数点向上，其二是说 6 点向上。试分别计算这两条信息的信息量。

[解]　对于第一条信息，有三种等概率的结果，即 2 点、4 点或 6 点向上，每种结果出现的概率均为 1/3，由(3.10.4)式可得相应的信息熵为

$$S_2=-K\sum_i \frac{1}{3}\ln\frac{1}{3}=-\frac{1}{\ln 2}\times 3\times\frac{1}{3}\ln\frac{1}{3}=\frac{\ln 3}{\ln 2}\approx 1.585\text{ bit},$$

另外，没有得到任何信息之前的熵为

$$S_1=-K\sum_i \frac{1}{6}\ln\frac{1}{6}=-\frac{1}{\ln 2}\times 6\times\frac{1}{6}\ln\frac{1}{6}=\frac{\ln 6}{\ln 2}\approx 2.585\text{ bit},$$

根据(3.10.5)式可得第一条信息的信息量为

$$I_1=-(S_2-S_1)=S_1-S_2\approx 2.585\text{ bit}-1.585\text{ bit}=1\text{bit}.$$

对于第二条信息，只有一种结果，其出现的概率为1，由(3.10.4)式可得信息熵为

$$S'_2=-K\sum_i P(A_i)\ln P(A_i)=-K\ln 1=0,$$

同样，没有得到任何信息时的熵

$$S_1\approx 2.585\text{bit},$$

所以该信息的信息量为

$$I_2=-(S'_2-S_1)=S_1-S'_2=S_1\approx 2.585\text{ bit}-0=2.585\text{ bit}.$$

I_2 就是从6种可能的结果中，确定一种结果时所需的信息量。

［例2］ 设气象台预报，“明天下雨的概率为80%”，试计算这一信息的信息量是多少？

［解］ 根据(3.10.5)式，该信息的信息量为

$$I=-(S_2-S_1),$$

其中 S_1 表示没有得到任何信息时的熵，由于明天的天气有晴或雨这两种等概率的结果，故

$$S_1=-K\sum_i P(A_i)\ln P(A_i)=-\frac{1}{\ln 2}2\times\frac{1}{2}\ln\frac{1}{2}=\frac{1}{\ln 2}\ln 2=1\text{ bit},$$

对于气象台的预报，明天下雨的概率为0.8，不下雨的概率为0.2，其信息熵为

$$S_2=-K\sum_i P(A_i)\ln P(A_i)=-\frac{1}{\ln 2}(0.8\times\ln 0.8+0.2\times\ln 0.2)=0.722\text{ bit},$$

该信息的信息量为

$$I=-(S_2-S_1)=S_1-S_2=1\text{ bit}-0.722\text{ bit}=0.278\text{ bit}.$$

引入信息量的概念后，也使我们对信息熵有了进一步的认识。为了消除事件 α 的不确定性，即从事件 α 的 W 个等概率的不同结果中，选中某一结果，此时 $S_2(\alpha)=0$，根据(3.10.5)式可知，我们必须提供的信息量为 $I=S_1(\alpha)$，或者

$$I=\log_2 W=\frac{1}{\ln 2}\ln W,\tag{3.10.6}$$

所以我们也可把 $S_1(\alpha)$ 看成事件 α 本身所包含的信息量。

在计算机科学中，往往用(0,1)组成的序列来表示某种结果或指令，如以8位二进制数(011 011 01)表示某种信息，这相当于从 $W=2^8$ 个可能出现的结果中$\left(\text{每一结果出现的概率 } P(A_i)=\frac{1}{2^8}\right)$，选定某一结果时所需要的信息量，根据(3.10.6)式，

$$I=\frac{1}{\ln 2}\ln W=\frac{1}{\ln 2}\ln 2^8=8\text{ bit},$$

在一般的情况下，一个 N 位的二进制数有 2^N 个可能的结果，即 $W=2^N$，同样根据(3.10.6)式，一旦从上述结果中确定其中一个时所需的信息量为

$$I=\frac{1}{\ln 2}\ln 2^N=N\text{bit}.$$

三、信息熵与玻耳兹曼熵的关系

由§3.9可知，由 N 个全同的、近独立的经典粒子组成的系统，一个宏观态包含的微观态数为 $W\{N\}$，这些微观态均以相等的概率出现，由(3.10.1)式可知，该宏观态具有的

信息熵为

$$S(\alpha)=\log_2 W\{N\}=\frac{1}{\ln 2}\ln W\{N\}=\frac{\text{bit}}{k\ln 2}S_B(\alpha), \tag{3.10.7}$$

$S_B(\alpha)=k\ln W\{N\}$是玻耳兹曼熵[参看(3.9.3式)]，其中k是玻耳兹曼常数。可见信息熵和统计物理学中的玻耳兹曼熵成正比，比例系数为$\frac{\text{bit}}{k\ln 2}$，是一个常数。信息熵与玻耳兹曼熵在本质上是一致的，我们既可用信息熵的减少来量度信息量的大小，也可用玻耳兹曼熵的减少来量度信息量的大小，它们的差别仅仅是量度的单位不同。信息熵的单位是bit，而玻耳兹曼熵是热熵，其单位是J/K。由(3.10.7)式可知，

$$1\,\text{bit}=k\ln 2, \tag{3.10.8}$$

将$k=1.38\times10^{-23}$ J/K代入上式有

$$1\,\text{bit}=k\ln 2=0.975\times10^{-23}\ \text{J}\cdot\text{K}^{-1}. \tag{3.10.9}$$

上式说明，每获得1 bit的信息，相当于减少$k\ln 2\,\text{J}\cdot\text{K}^{-1}$的信息熵。对计算机而言，要使它的信息量存储增加一个bit，它的熵将减少$k\ln 2\,\text{J}\cdot\text{K}^{-1}$，而这种减少是以计算机向环境放热(即环境从计算机吸热)为代价的。热力学的熵增加原理告诉我们，如果将计算机和它周围的环境看成一个绝热系或孤立系，对可逆过程而言，环境的熵至少增加$k\ln 2\,\text{J}\cdot\text{K}^{-1}$。即在温度$T$下处理每bit的信息量，计算机至少消耗$kT\ln 2\,\text{J}$的能量，这是能耗的理论下限。实际上当代最先进的微电子元件，每bit的能耗也在$10^8\,kT$的数量级以上，这说明了计算机的信息处理过程实际上是一个不可逆过程。即使没有任何耗散等不可逆因素，计算机工作时要维持温度不变，必须向外界放热，以获得负熵。计算机处理的信息量越大，向外界释放的热量也越多，所以在夏天，计算机应放在有空调设备的环境中工作。

香农的信息熵可以说是玻耳兹曼熵概念的推广。一般称由(3.10.4)式定义的熵为广义熵。熵概念的这一推广，为熵概念从热力学进入信息、生物①、经济及社会科学各领域铺平了道路。

本章提要

一、热力学第二定律的两种表述

1. 开尔文表述：不可能从单一热源吸取热量，使之完全变为有用功而不产生其他影响。
2. 克劳修斯表述：不可能把热量从低温物体传到高温物体而不产生其他影响。
3. 第二定律的实质是指出了自然界中与热现象有关的一切实际的宏观过程是不可逆的。

二、卡诺定理 工作于相同高、低温热源之间的一切热机，以可逆热机效率最高，而且这些可逆热机的效率都相等，与工作物质性质无关，其效率$\eta=\frac{T_1-T_2}{T_1}$。

根据热力学第一和第二定律可以证明卡诺定理。由卡诺定理可以定义热力学温标。

三、克劳修斯等式与不等式

$$\oint\frac{\mathrm{d}Q}{T}\leqslant 0.$$

式中等号对可逆循环过程成立，小于号对不可逆循环过程成立。

---

① 秦允豪编．热学．北京：高等教育出版社，1999年．第251页．

四、熵

1. 熵差的定义：$\Delta S=S_b-S_a=\int_{\substack{a\\(R)}}^{b}\frac{\text{đ}Q}{T}$

2. 任一平衡态的熵：$S_b=S_a+\int_{\substack{a\\(R)}}^{b}\frac{\text{đ}Q}{T}$

五、热力学第二定律的数学表述

1. 初、终二态均为平衡态

$$\mathrm{d}S\geqslant\frac{\text{đ}Q}{T};\qquad S_b-S_a\geqslant\int_a^b\frac{\text{đ}Q}{T}.$$

2. 初、终二态均为非平衡态

$$\Delta S\geqslant\frac{\Delta Q}{T};\qquad S_b-S_a\geqslant\int_a^b\frac{\text{đ}Q}{T}.$$

式中 S 代表系统的广义熵。

六、热力学基本微分方程

1. $T\mathrm{d}S\geqslant\mathrm{d}U+\text{đ}W'$
2. $T\mathrm{d}S=\mathrm{d}U-\sum_i Y_i\mathrm{d}x_i$
3. $T\mathrm{d}S=\mathrm{d}U+P\mathrm{d}V$

七、熵增加原理

对绝热或孤立系统有 $\mathrm{d}S\geqslant0$

式中等号适用于可逆过程，不等号适用于不可逆过程。

八、理想气体的熵函数表述式

1. $S(T,V)=\int C_V\frac{\mathrm{d}T}{T}+nR\ln V+S_0$

2. $S(P,V)=\int C_V\frac{\mathrm{d}P}{P}+\int C_P\frac{\mathrm{d}V}{V}+S'_0$

3. $S(T,P)=\int C_P\frac{\mathrm{d}T}{T}-nR\ln P+S''_0$

当热容量 C_V 与 C_P 可当成常数时，上列各式可简化为

1. $S(T,V)=C_V\ln T+nR\ln V+S_0$
2. $S(P,V)=C_V\ln P+C_P\ln V+S'_0$
3. $S(T,P)=C_P\ln T-nR\ln P+S''_0$

九、*T-S* 图及其应用

1. T-S 图定义
2. 热量的图示

$\text{đ}Q=T\mathrm{d}S$,

$Q=\int_a^b T\mathrm{d}S=$面积 abS_2S_1a.

3. C_V、C_P 与 S 的关系

(1) $C_V=T\left(\frac{\partial S}{\partial T}\right)_V$

(2) $C_P=T\left(\frac{\partial S}{\partial T}\right)_P$

4. 在 T-S 图上各等值过程的形状讨论：

(1) 等压线的斜率

$$C_P=T\left(\frac{\partial S}{\partial T}\right)_P,\quad\left(\frac{\partial T}{\partial S}\right)_P=\frac{T}{C_P}.$$

(2) 等容线的斜率

$C_V=T\left(\frac{\partial S}{\partial T}\right)_V$，$\left(\frac{\partial T}{\partial S}\right)_V=\frac{T}{C_V}$.

因 $C_P>C_V$，$\therefore\left(\frac{\partial T}{\partial S}\right)_V>\left(\frac{\partial T}{\partial S}\right)_P$.

5. T-S 图对循环过程的应用

(1) 卡诺循环

$Q_1=T_1(S_2-S_1)=$面积 $12S_2S_11$，

$Q_2=T_2(S_2-S_1)=$面积 $43S_2S_14$，

$W'=Q_1-Q_2=$面积 12341，

热机效率：$\eta=\frac{W'}{Q_1}=\frac{\text{面积 }12341}{\text{面积 }12S_2S_11}$.

(2) 任意热机循环过程

$Q_1=\int_{ABC}T\mathrm{d}S=$面积 $ABCS_2S_1A$，

$Q_2=\int_{CDA}T\mathrm{d}S=$面积 $CDAS_1S_2C$，

$W'=Q_1-Q_2=$面积 $ABCDA$，

$\eta=\frac{W'}{Q_1}$.

(3) 单级蒸气压缩式制冷循环

放热 $Q_1=\int_{2'34}T\mathrm{d}S=$面积 $2'34682'$，

吸热 $Q_2=\int_{5\to1}T\mathrm{d}S=$面积 51875，

功 $W=Q_1-Q_2=$面积 $12344'1$，

制冷系数 $\varepsilon=\frac{Q_2}{W}$.

思 考 题

1. 什么是可逆过程？它必须满足的两个条件是什么？

2. 准静态过程与可逆过程有何异同？试举例进行说明。

3. 有人说："不可逆过程就是不能往反方向进行的过程"，你说对吗？

4. 图 3-35 表示一体积为 $2V$ 的导热汽缸，正中间用隔板将它隔开，左边盛有压强为 p_0，体积为 V_0 的理想气体，右边为真空，外界温度恒定为 T_0。

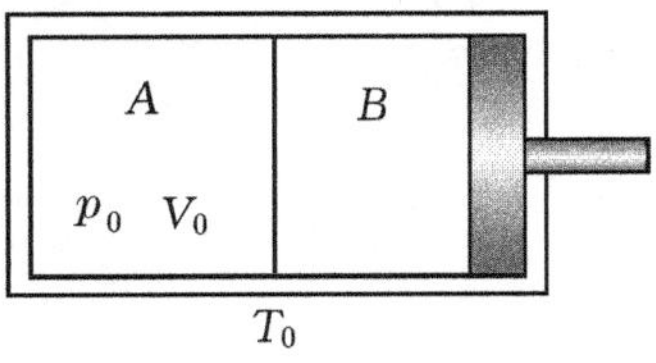

图 3-35

(1) 将隔板迅速抽掉，此时气体迅速膨胀到整个容器，问在此过程中气体对外作的功及传递的热量各为多少？

(2) 气体膨胀后，再利用活塞 B 将气体缓慢地、无摩擦地压缩到原来的体积 V_0，在该过程中外界对气体作的功及传的热各等于多少？由于有过程(2)，能否说过程(1)是可逆过程？为什么？

5. 下列过程是否可逆？为什么？

(1) 由外界作功，设法使水在恒温下汽化；

(2) 通过活塞(设活塞与容器壁之间无摩擦)缓慢地压缩容器中的空气；

(3) 在定容条件下加热容器中的空气，使其温度由 T_1 升高到 T_2；

(4) 在绝热容器中，使两种不同温度的液体相互混合；

(5) 高速行驶的卡车突然刹车停止。

6. 为什么热力学第二定律有许多不同的表述?

7. 有人说:"功可以完全变成热,但热不能完全变成功",试评论之。

8. 克劳修斯表述是否说热量不能从低温物体传到高温物体?

9. 有人想利用海洋不同深度处温度不同,制造一种机器,把海水的内能变为有用的机械功,这是否违反热力学第二定律?

10. 证明绝热线与等温线不能相交于两点。

11. 证明两绝热线不能相交。

12. 理想气体卡诺循环是通过工质从热源吸取一定热量而对外作功的,这是否违反热力学第二定律?

13. 逆向卡诺循环正是将热量由低温物体传到高温物体,而系统本身又恢复原状,这是否与热力学第二定律相矛盾?

14. 设想有一个装有理想气体的导热容器,放在温度恒定的盛水大容器中,令气体缓慢膨胀,这时由于它在膨胀过程中温度不变,所以内能也不变。根据热力学第一定律,气体在膨胀过程中所作的功,在数值上等于水传给它的热量。如果把水当成热源,则这个过程是否违背了热力学第二定律?

15. 有人声称设计出工作于两个恒温热源之间的热机,高温热源和低温热源的温度分别为 $T_1=400\,\mathrm{K}$ 和 $T_2=250\,\mathrm{K}$;当这热机从高温热源吸收热量 2.5×10^7 cal 时,对外作功 20 kW·h,而向低温热源放出的热量恰为两者之差(化为同一单位),这可能吗?

16. 在 T-S 图上,画出下列理想气体准静态过程曲线:(1) 等容过程;(2) 等压过程;(3) 等温过程;(4) 绝热过程。

17. 在纯力学运动中熵变化吗?

18. 把 1.00 kg 的 0 ℃的冰投入大湖中,设大湖温度比 0 ℃高出一微小量,于是冰逐渐融解。问:

(1) 冰的熵有何变化?

(2) 大湖的熵有何变化?

(3) 两者熵变化之和是多少?

19. 在纯粹(即不与热相联系)的机械运动中,系统的熵会改变吗?

20. 试判断下列结论是否正确?为什么?

(1) 不可逆过程一定是自发的,而自发过程一定是不可逆的;

(2) 自发过程的熵总是增加的;

(3) 在绝热过程中,$\mathrm{d}S=\frac{\bar{\mathrm{d}}Q}{T}$,$\bar{\mathrm{d}}Q=0$,所以 $\mathrm{d}S=0$;

(4) 为了计算从初态出发经绝热不可逆过程达到终态的熵变,可设计一个连接初末态的某一绝热可逆过程进行计算。

习　题

1. 一制冷机工作在 $t_2=-10$ ℃和 $t_1=11$ ℃之间,若其循环可看作可逆卡诺循环的逆循环,则每消耗1.00 kJ 的功,能由冷库中吸取多少热量?

2. 将热机和一个热泵组合而成一动力暖气装置。热机靠燃料燃烧时放出的热量工作,向暖气系统中的水放热,并带动热泵。热泵自天然蓄水池中吸热,也向暖气系统放热(如图 3-36 所示)。设热机锅炉的温度为 $t_1=210$ ℃,天然水池的温度为 $t_2=15$ ℃,暖气系统的温度为 $t_3=60$ ℃,燃料的燃烧热为 5000 kcal·kg^{-1},试求燃烧 1.00 kg 燃料,暖气系统所得的热量。假设热机和热泵的工作循环都是理想卡诺循环。

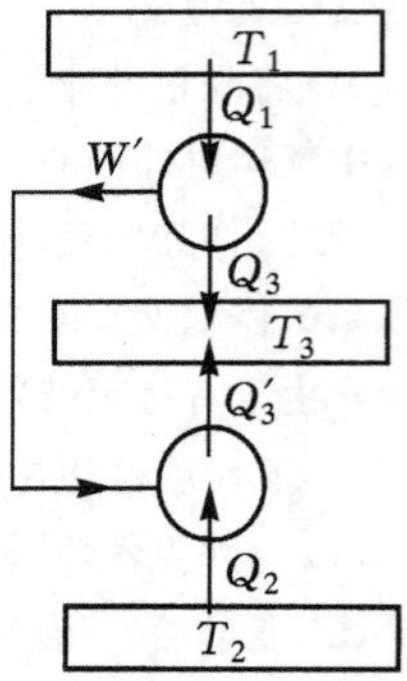

图 3-36

3. 一理想气体准静态卡诺循环，当热源温度为 100 ℃，冷却器温度为 0 ℃时，作净功 800 J。今若维持冷却器温度不变，提高热源温度，使净功增为1.60×10^3 J，则这时(1) 热源的温度为多少？(2) 效率增大到多少？设这两个循环都工作于相同的两绝热线之间。

4. 某空调器按可逆卡诺循环工作，其中作功装置连续工作时所提供的功率为 p_0。

(1) 夏天室外温度为恒定的 T_1，启动空调器连续工作，最后可将室温降至恒定的 T_2。室外通过热传导在单位时间内向室内传输的热量为 $\alpha(T_1-T_2)$，α 为比例系数，试用 T_1、p_0 和 α 来表达 T_2。

(2) 当室外温度为 30 ℃时，若这台空调机只有 30%的时间处于工作状态，如每开 3 分钟，停 7 分钟，如此交替开停，则室温可能维持在 20 ℃。试问室外温度最高为多少时，用此空调器仍可使室温维持在 20 ℃？

(3)冬天可将空调器吸热放热反向。试问室外温度最低为多少时，用此空调器可使室温维持在 20 ℃？

5. 一可逆卡诺热机低温热源的温度为 7.0 ℃，效率为 40%。若要将其效率提高到 50%，则高温热源的温度需提高几度？

6. 一制冷机低温部分的温度为 −10 ℃，散热部分的温度为 35 ℃，所耗功率为 1500 W，制冷机的制冷系数是逆向卡诺循环制冷机制冷系数的$\frac{1}{3}$，今用此制冷机将 25℃的水制成 −10 ℃的冰。问制冰机每小时能制冰多少千克(已知冰的熔解热为 80 $\mathrm{cal\cdot g^{-1}}$，冰的比热为 0.50 $\mathrm{cal\cdot g^{-1}K^{-1}}$)。

7. (1) 在夏季为使室内保持凉爽，须将热量以 2000 $\mathrm{J\cdot s^{-1}}$ 的散热率排至室外，此项冷却用制冷机完成。设室温为 27 ℃，室外为 37 ℃，求制冷机所需的最小功率。

(2) 冬天将上述制冷机用作热泵，使它从室外取热传至室内而保持室内温暖。设冬天室外温度为 −3 ℃，室温需保持 27 ℃，仍用上题给的功率，则每秒给室内的最大热量是多少？

8. 10 千克 20 ℃的水在 1 atm 下化为 250 ℃的过热蒸气，已知水的定压比热为4187 J/kg·K，蒸气的定压比热为 1670 J/kg·K，水的汽化热为 22.5×10^5 J/kg，试计算熵的增加量。

9. 10 安的电流通过一 25 欧的电阻器，历时 1 秒。试求：(1)若电阻器保持为定温 27 ℃，电阻器的熵增加若干？(2)若电阻器被一绝热材料包装起来，其初温为 27 ℃，并设电阻器的质量为 10 克，比热 $c_p=0.8372$ 焦/克·开，电阻器的熵增加若干？

10. 如图 3-37 所示，1 摩尔理想气体氢($\gamma=1.4$)在状态 1 的参量为 $v_1=20$ L，$T_1=300$ K；在状态 3 的参量为 $v_3=40$ L，$T_3=300$ K. 图中 1-3 为等温线，1-4 为绝热线，1-2 和 4-3 均为等压线。试分别由三条路径计算 S_3-S_1：

(1)1-2-3； (2)1-3； (3)1-4-3。

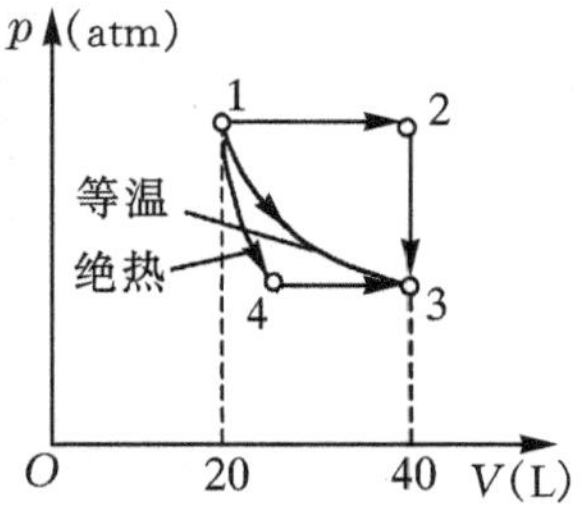

图 3-37

11. 质量为 m、温度为 T_1 的水与同质量，但温度为 T_2 的水在等压下绝热地混合，证明其熵变为 $2mc_p\ln\dfrac{(T_1+T_2)/2}{\sqrt{T_1T_2}}$，并证明此熵变是正的。

12. 一个均匀杆的温度一端为 T_1，另一端为 T_2，计算在到达均匀温度$\frac{1}{2}(T_1+T_2)$后其熵的增加值。

13. 已知某系统的内能及态式分别为：

$$U=bVT^4,\quad pV=\frac{1}{3}U,$$

其中 b 为常数。试求该系统熵函数表达式。

14. 某热力学系统，其热容量为温度的函数：$C(T)=AT^3$，若取 $T=0$ 时 $S_0=0$，试证明温度为 T 时熵为 $S=\frac{1}{3}C(T)$。

15. 有两个体积相同的容器，分别装有 1 摩尔的同种理想气体。令其进行热接触，若气体的初温分别为 300 K 和 400 K，在接触时保持各自的体积不变，且已知定容摩尔热容为 R。求：

(1) 最后的共同温度；

(2) 熵的变化；

(3) 若初温分别为 T_1 及 T_2，证明当 $T_1 \neq T_2$ 时，熵总是增加的。

16. 一物体，其初温高于某热源温度 T_2，有一热机在此物体及热源之间工作，直到物体温度降低到 T_2 为止。若热机从物体中吸收的热量为 Q。试用熵增加原理证明：此热机所能输出的最大功为

$$W'_{\max} = Q - T_2(S_1 - S_2).$$

17. 有一热机工作于初温分别为 T_1 与 T_2 的两个温度均匀的物体之间，假设两物体是相同的，且有恒定的热容 C。试证明热机能给出的最大功为

$$W'_{\max} = C(T_1 + T_2 - 2T_f),$$

$T_f = \sqrt{T_1 T_2}$ 为两物体的终了温度。

18. 有一定压热容量为 C_p（C_p 与温度无关）、初始温度为 T_1 的物体及另一温度为 T_0（$T_0 < T_1$）的恒温热源，若要使该物体的温度等压降为 T_0，它能对外作出的最大功是多少？若该物体的初始温度与热源温度 T_0 相等，要使该物体的温度等压降为 T'_2（$T'_2 < T_0$），试问外界作出的最小功是多少？

第四章　热力学函数及其应用

在前面三章中，我们在热力学第一定律和第二定律的基础上引进了两个基本的热力学函数——内能和熵。利用这两个热力学函数和系统的物态方程，原则上就可以解决热力学中的所有问题。但在研究具体问题时，如果只用这两个热力学函数及物态方程，往往会使计算非常复杂，因此在热力学中，为了研究问题的方便，我们还将引入赫姆霍兹自由能 F、焓 H 和吉布斯自由能 G 三个辅助热力学函数，用它们的变化来量度在一些特定过程中系统吸收的热量、作的功，判别过程进行的方向及系统是否达到平衡。

本章将根据微分学原理得出热力学函数之间的偏导数关系式，作为它们的应用，我们还将讨论液体的表面性质、辐射场的热力学性质、气体的节流膨胀和绝热膨胀过程、磁介质的热力学性质以及获得低温的方法等，理论结果与实验现象的一致性，充分说明了热力学理论的普遍性和可靠性。本章最后介绍热力学第三定律。

§4.1　赫姆霍兹自由能　焓　吉布斯自由能

一、勒让德(Legender)变换

若 L 是变量 $x,y,z,\cdots$ 的函数，即 $L=L(x,y,z,\cdots)$，则它的全微分为

$$dL = Xdx + Ydy + Zdz + \cdots, \tag{4.1.1}$$

其中的 $X=\frac{\partial L}{\partial x}$、$Y=\frac{\partial L}{\partial y}$、$Z=\frac{\partial L}{\partial z}$、$\cdots$，一般来说也是变量 $x,y,z,\cdots$ 的函数。

如果把函数和自变量作如下变换，将函数 L 变为 $L-Xx$，或写为

$$\overline{L} = L - Xx, \tag{4.1.2}$$

则有

$$d\overline{L} = dL - Xdx - xdX,$$

把(4.1.1)式代入上式，得

$$d\overline{L} = - xdX + Ydy + Zdz + \cdots. \tag{4.1.3}$$

可见，进行变换的结果，函数 L 变为 $\overline{L}$，同时使 x 与 X 变换了位置，而且前面增加了一个负号。我们将(4.1.2)式称为勒让德变换，以后要经常使用它。

二、赫姆霍兹自由能

在§3.6中已经讲过，对于任意的元过程，热力学的基本方程可写为

$$TdS \geqslant dU + đW',$$

或

$$dU \leqslant TdS - đW', \tag{4.1.4}$$

对上式作勒让德变换：

令

$$F=U-TS, \tag{4.1.5}$$

则有

$$dF \leqslant - SdT - đW'. \tag{4.1.6}$$

下面讨论 F 的性质：

(1)F 称为赫姆霍兹自由能,或简称为自由能,它与内能一样,也是态函数,并具有能量的量纲。根据(4.1.5)式,U 是广延量,TS 也是广延量,可知 F 也是广延量。

(2)若系统经历一可逆的等温过程,$\mathrm{d}T=0$,由(4.1.6)式可得

$$-\mathrm{d}F = \text{đ}W', \tag{4.1.7}$$

这表明在可逆的等温过程中,系统对外作的功,等于系统自由能 F 的减小。考虑 $U=F+TS$,可以将内能看成是系统的总能量,自由能是等温过程中能对外作功的那一部分能量,那么 TS 便可以理解为不能转变为功而束缚在系统内的能量,因此一般将 TS 称为束缚能。

若系统经历的是不可逆的等温过程,$\mathrm{d}T=0$,由(4.1.6)式可得

$$-\mathrm{d}F > \text{đ}W', \tag{4.1.8}$$

可见在不可逆等温过程中,系统作的功小于自由能的减小。由此可得结论:在可逆等温过程中系统所作的功最大,叫做最大功定理。

(3)由(4.1.6)式可知,对于 $\mathrm{d}T=0$,$\text{đ}W'=0$ 的系统,过程进行的方向由

$$\mathrm{d}F \leqslant 0 \tag{4.1.9}$$

决定,即在该系统中进行的过程,自由能绝不会增加。对于可逆的等温过程,系统的自由能不变,对于不可逆的等温过程,系统只能向自由能减小的方向变化,当系统达到平衡时,自由能必定达到最小值。我们可以应用自由能函数的这一性质,来判定上述等温且对外不作功的系统是否达到平衡态,这称为自由能判据。由此可知,在等温过程中自由能的作用,正如熵在绝热过程中的作用一样。

三、焓

在(4.1.4)式中,令 $\text{đ}W' = p\mathrm{d}V + \text{đ}W_n'$,其中 $\text{đ}W_n'$ 是除了体积膨胀时压强作的功以外,其他广义力所作的功,为方便起见称为非膨胀功。此时(4.1.4)式可写为

$$\mathrm{d}U \leqslant T\mathrm{d}S - p\mathrm{d}V - \text{đ}W_n', \tag{4.1.10}$$

对(4.1.10)式作勒让德变换:

令 $$H=U+pV, \tag{4.1.11}$$

则有 $$\mathrm{d}H\leqslant T\mathrm{d}S+V\mathrm{d}p-\text{đ}W_n'. \tag{4.1.12}$$

下面讨论 H 的性质:

(1)根据定义(4.1.11)式,H 也是态函数,我们称之为焓,它是广延量。

(2)当 $\text{đ}W_n'=0$ 时,若系统经历一个可逆的等压过程,即 $\mathrm{d}p=0$ 时,由(4.1.12)式有

$$(\mathrm{d}H)_p = (T\mathrm{d}S)_p = (\text{đ}Q)_p, \tag{4.1.13}$$

上式中$(\text{đ}Q)_p$ 为系统在此等压过程中吸收的热量,$(\mathrm{d}H)_p$ 为系统焓的增加量。可见在可逆的等压过程中,系统吸收的热量等于焓的增量,这就简化了等压过程中热量的计算。

令 C_p 为系统的定压热容量,则有

$$(\mathrm{d}H)_p = (\text{đ}Q)_p = C_p(\mathrm{d}T)_p, \qquad C_p = \left(\frac{\partial H}{\partial T}\right)_p, \tag{4.1.14}$$

注意到 $C_V=\left(\frac{\partial U}{\partial T}\right)_V$,可见在等压过程中态函数 H 与等容过程中态函数 U 的地位相当。

(3)由(4.1.12)式可知,对于 $\mathrm{d}S=0$,$\mathrm{d}p=0$,$\text{đ}W_n'=0$ 的系统,过程进行的方向,由

$$\mathrm{d}H \leqslant 0 \tag{4.1.15}$$

决定,即在该系统中进行的过程,焓 H 绝不会增加。对于可逆过程,系统的焓不变,对于

不可逆过程,系统向焓减小的方向进行,到达平衡态时系统的焓 H 达到最小值。我们也可根据这一性质,判定一个等熵、等压且对外不作非膨胀功的系统是否达到平衡态,这称为焓判据。

四、吉布斯自由能

对(4.1.10)作如下勒让德变换:

令
$$G=U-TS+pV, \tag{4.1.16}$$
则有
$$dG \leqslant -SdT+Vdp-đW_n'. \tag{4.1.17}$$

下面讨论 G 的性质:

(1)由定义式(4.1.16)式可以看出,函数 G 也是一个态函数,是一个广延量,将它称为吉布斯自由能。另外考虑 $G=U-TS+pV=H-TS$,TS 是"束缚能",因此,与 $F=U-TS$ 相比较,也可以将 G 称为自由焓。

(2)若系统经历一个可逆的等温、等压过程,即 $dT=0$,$dp=0$,此时,由(4.1.17)式有
$$-dG=đW_n', \tag{4.1.18}$$
可见在此过程中,系统对外作的非膨胀功等于系统自由焓的减小。

对于一不可逆的等温、等压过程,即 $dT=0$,$dp=0$ 时,由(4.1.17)式有
$$-dG>đW_n', \tag{4.1.19}$$
即在不可逆的等温、等压过程中,系统所作的非膨胀功小于自由焓的减小,由此可得结论:系统在可逆的等温、等压过程中,对外作的非膨胀功最大,这也叫最大功定理。

(3)由(4.1.17)式可知,对于 $dT=0$,$dp=0$,$đW_n'=0$ 的系统,过程进行的方向由
$$dG \leqslant 0 \tag{4.1.20}$$
决定,即在该系统中进行的过程,系统的自由焓绝不会增加。对于可逆过程,系统的自由焓不变,对于不可逆过程,总向自由焓减小的方向进行,达到平衡态时,系统的自由焓达到最小值。根据自由焓的这个性质来判定等温、等压,且不作非膨胀功的系统是否达到平衡态,这称为自由焓判据。

在以上的讨论中,我们得到了在三种不同条件下,系统的平衡态分别与 H、F、G 的最小值相对应,如同在重力场中物体达到稳定平衡时势能取最小值一样,由于这一原因,这些函数也叫做热力势。

最后应指出的是,在绝热过程中没有最大功定理,因为在绝热过程中,无论过程是可逆的或是不可逆的,系统作的功总是等于系统内能的减小。

本节中讨论的一些结果有非常重要的应用,其中关于平衡判据的应用在第九章中将专门进行讨论。上述这些重要的结果归结在表 4-1 中。

表 4-1

态函数	热力学基本微分方程	约束条件	最大功定理	过程方向[①]	平衡判据
U	$dU \leqslant TdS-đW'$	$dS=0$	$-dU=đW'$	$đW'=0$, $dU \leqslant 0$	$U_{平}=U_{min}$
F	$dF \leqslant -SdT-đW'$	$dT=0$	$-dF \geqslant đW'$	$đW'=0$, $dF \leqslant 0$	$F_{平}=F_{min}$

① 过程方向是在表中第三列的条件下,附加 $đW'=0$(或 $đW'_n=0$)而得出。

续表

态函数	热力学基本微分方程	约束条件	最大功定理	过程方向①	平衡判据
H	$\mathrm{d}H \leqslant T\mathrm{d}S + V\mathrm{d}p - \bar{\mathrm{d}}W_n'$	$\mathrm{d}S=0, \mathrm{d}p=0$	$-\mathrm{d}H \geqslant \bar{\mathrm{d}}W_n'$	$\bar{\mathrm{d}}W_n'=0$, $\mathrm{d}H \leqslant 0$	$H_{平} = H_{\min}$
G	$\mathrm{d}G \leqslant -S\mathrm{d}T + V\mathrm{d}p - \bar{\mathrm{d}}W_n'$	$\mathrm{d}T=0, \mathrm{d}p=0$	$-\mathrm{d}G \geqslant \bar{\mathrm{d}}W_n'$	$\bar{\mathrm{d}}W_n'=0$, $\mathrm{d}G \leqslant 0$	$G_{平} = G_{\min}$
S①	$\mathrm{d}S \geqslant \frac{1}{T}\mathrm{d}U + \frac{p}{T}\mathrm{d}V$	$\mathrm{d}U=0$, $\mathrm{d}V=0$		$\mathrm{d}S \geqslant 0$	$S_{平} = S_{\max}$

[例题 1] 燃料电池是将燃料的化学能通过化学反应直接转化为电能的装置，图 4-1 所示是燃料电池的一例。它的正电极与负电极被电解液分隔开，现把氢气和氧气连续通入多孔 Ni 电极，Ni 电极是浸在 KOH 电解液中的，在两极间进行的化学反应如图所示，该燃料电池反应的总效果是

$$H_2(气) + \frac{1}{2}O_2(气) \longrightarrow H_2O(液)$$

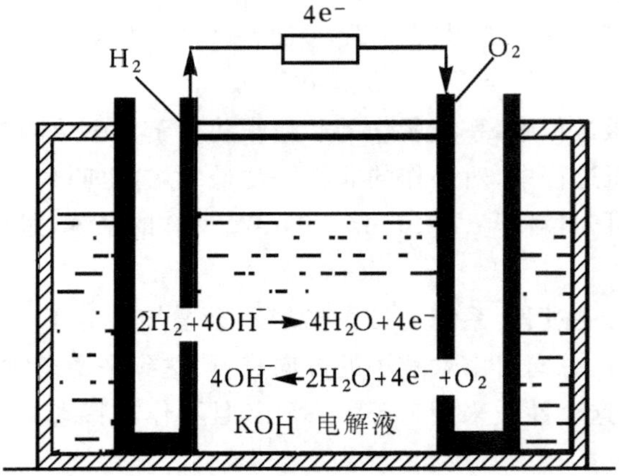

图 4-1 燃料电池的工作原理

若该燃料电池在定压下工作，温度为 298 K，在反应前后焓的改变为

$$\Delta H = -285.8\,\mathrm{kJ \cdot mol^{-1}},$$

两极电压为 1.229 V，试求该燃料电池的效率。

[解] 由(4.1.13)式可知，在上述反应过程中系统放热

$$Q = 285.8\,\mathrm{kJ \cdot mol^{-1}},$$

另外从图中反应式也可看出，每产生 1 摩尔的水，需消耗 1 摩尔的氢，同时在电路中产生 2 摩尔的电子，此时电压所作的电功

$$W' = \Delta q U = 2N_A e U = 2 \times 6.02 \times 10^{23} \times 1.6 \times 10^{-19} \times 1.229 = 236.75\,\mathrm{kJ},$$

故燃料电池的效率为

$$\eta = \frac{W'}{Q} = \frac{236.75}{285.8} \approx 82.8\%.$$

[例题 2] 图 4-1 中的燃料电池，在一大气压，298 K 温度下稳定工作。试利用下列数据，求出该电池的最大电动势 $\mathscr{E}$。设在温度 $T=0$ K，一个大气压时，焓和熵为零。在一个大气压，298 K 时的焓和熵为：

① 在(4.1.4)式中，令 $\bar{\mathrm{d}}W' = p\mathrm{d}V$，并解出 $\mathrm{d}S$，可得 $\mathrm{d}S \geqslant \frac{1}{T}\mathrm{d}U + \frac{p}{T}\mathrm{d}V$。

$h_{O_2}=1.72\times10^4\ J\cdot mol^{-1}$，　$h_{H_2}=8.10\times10^3\ J\cdot mol^{-1}$，　$h_{H_2O}=-2.67\times10^5\ J\cdot mol^{-1}$.

$s_{O_2}=201\ J\cdot mol^{-1}\cdot K^{-1}$，　$s_{H_2}=128\ J\cdot mol^{-1}\cdot K^{-1}$，　$s_{H_2O}=66.7\ J\cdot mol^{-1}\cdot K^{-1}$.

［解］　图4-1中的燃料电池是在等温、等压条件下进行的，根据(4.1.18)式，此时系统对外作的非膨胀功，等于系统自由焓的减小，即

$$-\Delta G=W'_n, \tag{1}$$

此处非膨胀功，即电源电动势$\mathscr{E}$所作的电功。当产生1摩尔的水时，有

$$W'_n=\mathscr{E}\Delta q, \tag{2}$$

将(2)式代入(1)式，可得

$$\mathscr{E}=-\frac{\Delta G}{\Delta q}=-\frac{\Delta g}{\Delta q}, \tag{3}$$

g为摩尔自由焓，考虑

$$\begin{aligned}-\Delta G=-\Delta g&=-\Delta(h-Ts)=T\Delta s-\Delta h\\&=T\left[s_{H_2O}-\left(s_{H_2}+\frac{1}{2}s_{O_2}\right)\right]-\left[h_{H_2O}-\left(h_{H_2}+\frac{1}{2}h_{O_2}\right)\right]\\&=298\times[66.7-(128+100.5)]-\left[-2.67\times10^5-\left(8.10\times10^3+\frac{1}{2}\times1.72\times10^4\right)\right]\\&\approx 23.55\text{J},\end{aligned}$$

$$\Delta q=2N_A e=2\times6.02\times10^{23}\times1.6\times10^{-19}\approx19.26\text{C},$$

将$-\Delta g$与Δq的数值代入(3)式，最后可得

$$\mathscr{E}=1.23\text{V}.$$

五、理想气体的自由能和自由焓

1. **理想气体的自由能**　由(2.6.7)式我们知道，理想气体内能U的表达式为

$$U=\int C_V\mathrm{d}T+U_0, \tag{4.1.21}$$

将(4.1.21)式及上一章得到的理想气体熵函数的表达式

$$S(T,V)=\int C_V\frac{\mathrm{d}T}{T}+nR\ln V+S_0,$$

代入$F=U-TS$中，可得出

$$F(T,V)=\int C_V\mathrm{d}T-T\int C_V\frac{\mathrm{d}T}{T}-nRT\ln V+U_0-TS_0, \tag{4.1.22}$$

上式中第二项，令$x=\frac{1}{T}$，$y=\int C_V\mathrm{d}T$，$\mathrm{d}y=C_V\mathrm{d}T$，$\int C_V\frac{\mathrm{d}T}{T}=\int x\mathrm{d}y$，应用分部积分法可得

$$\int C_V\frac{\mathrm{d}T}{T}=\int x\mathrm{d}y=xy-\int y\mathrm{d}x=\frac{1}{T}\int C_V\mathrm{d}T+\int\frac{\mathrm{d}T}{T^2}\int C_V\mathrm{d}T,$$

于是(4.1.22)式可化为

$$F(T,V)=-T\int\frac{\mathrm{d}T}{T^2}\int C_V\mathrm{d}T-nRT\ln V+U_0-TS_0. \tag{4.1.23}$$

2. **理想气体的自由焓**　由(2.6.10)式可知理想气体焓的表达式为

$$H=\int C_p\mathrm{d}T+H_0, \tag{4.1.24}$$

将(4.1.24)式及上章得到的熵函数的表达式

$$S(T,p)=\int C_p\frac{\mathrm{d}T}{T}-nR\ln p+S_0',$$

代入$G=H-TS$，可得出

$$G(T,p)=\int C_p\mathrm{d}T-T\int C_p\frac{\mathrm{d}T}{T}+nRT\ln p+H_0-TS_0{}'$$
$$=-T\int\frac{\mathrm{d}T}{T^2}\int C_p\mathrm{d}T+nRT\ln p+H_0-TS_0{}',\tag{4.1.25}$$

上式中同样令 $x=\frac{1}{T}$，$\mathrm{d}y=C_p\mathrm{d}T$，并利用了分部积分公式。(4.1.25)式中，用摩尔数 n 除 G，即得到 1 摩尔理想气体的自由焓，称为化学势，用 μ 表示。

$$\mu=\frac{G}{n}=RT[\ln p+\varphi(T)],\tag{4.1.26}$$

式中 φ 仅为温度的函数，

$$\varphi=\frac{h_0}{RT}-\int\frac{\mathrm{d}T}{RT^2}\int C_{p,\mathrm{m}}\mathrm{d}T-\frac{s_0{}'}{R},\tag{4.1.27}$$

式中 $h_0=\frac{H_0}{n}$，$s_0{}'=\frac{S_0{}'}{n}$，$C_{p,\mathrm{m}}=\frac{C_p}{n}$ 分别为 1 摩尔理想气体的焓常数，熵常数和定压摩尔热容量。关于化学势的概念将在 §9.4 中详细讨论。

§4.2 麦克斯韦关系及其应用

在本节中，我们要推导一些重要的关系式，它们在解决许多热力学问题时有着广泛的应用。

一、麦克斯韦关系

对于均匀封闭且只有单项膨胀功的系统，可以用两个独立变量来描述系统的平衡态。此时，作为态函数的内能 U，焓 H，自由能 F 和自由焓 G 的全微分式为

$$\mathrm{d}U=T\mathrm{d}S-p\mathrm{d}V,\tag{4.2.1}$$
$$\mathrm{d}F=-S\mathrm{d}T-p\mathrm{d}V,\tag{4.2.2}$$
$$\mathrm{d}H=T\mathrm{d}S+V\mathrm{d}p,\tag{4.2.3}$$
$$\mathrm{d}G=-S\mathrm{d}T+V\mathrm{d}p.\tag{4.2.4}$$

在(4.2.1)式中，当我们选择 S、V 为独立变量时，U、T、p 一般都是 S、V 的函数，从数学上已知的全微分性质，可以立即得出

$$\left.\begin{aligned}T&=\left(\frac{\partial U}{\partial S}\right)_V\\-p&=\left(\frac{\partial U}{\partial V}\right)_S\end{aligned}\right\},\tag{4.2.5}$$

因而有
$$\left(\frac{\partial T}{\partial V}\right)_S=\frac{\partial^2U}{\partial V\partial S},\qquad-\left(\frac{\partial p}{\partial S}\right)_V=\frac{\partial^2U}{\partial S\partial V},$$

由全微分条件可得
$$\left(\frac{\partial p}{\partial S}\right)_V=-\left(\frac{\partial T}{\partial V}\right)_S,\tag{4.2.6}$$

同理，由(4.2.2)式可得

$$\left.\begin{aligned}-S&=\left(\frac{\partial F}{\partial T}\right)_V\\-p&=\left(\frac{\partial F}{\partial V}\right)_T\end{aligned}\right\},\tag{4.2.7}$$

$$\left(\frac{\partial S}{\partial V}\right)_T=\left(\frac{\partial p}{\partial T}\right)_V. \tag{4.2.8}$$

由(4.2.3)式可得

$$\left.\begin{aligned}T&=\left(\frac{\partial H}{\partial S}\right)_p\\ V&=\left(\frac{\partial H}{\partial p}\right)_S\end{aligned}\right\}, \tag{4.2.9}$$

$$\left(\frac{\partial T}{\partial p}\right)_S=\left(\frac{\partial V}{\partial S}\right)_p. \tag{4.2.10}$$

由(4.2.4)式可得

$$\left.\begin{aligned}-S&=\left(\frac{\partial G}{\partial T}\right)_p\\ V&=\left(\frac{\partial G}{\partial p}\right)_T\end{aligned}\right\}, \tag{4.2.11}$$

$$\left(\frac{\partial S}{\partial p}\right)_T=-\left(\frac{\partial V}{\partial T}\right)_p. \tag{4.2.12}$$

上列的(4.2.6)、(4.2.8)、(4.2.10)、(4.2.12)这四个关系式，称为**麦克斯韦关系式**，它们对计算热力学函数有着重要的应用。

以上结果归结在表4-2中，只要记住了一组基本的热力学等式，各热力学函数的定义式，就很容易把整个表的内容推导出来。

表 4-2

态函数	热力学基本等式	热力学偏导数	麦克斯韦关系
U	$dU=TdS-pdV$	$T=\left(\frac{\partial U}{\partial S}\right)_V,-p=\left(\frac{\partial U}{\partial V}\right)_S$	$\left(\frac{\partial T}{\partial V}\right)_S=-\left(\frac{\partial p}{\partial S}\right)_V$
$F=U-TS$	$dF=-SdT-pdV$	$-S=\left(\frac{\partial F}{\partial T}\right)_V,-p=\left(\frac{\partial F}{\partial V}\right)_T$	$\left(\frac{\partial S}{\partial V}\right)_T=\left(\frac{\partial p}{\partial T}\right)_V$
$H=U+pV$	$dH=TdS+Vdp$	$T=\left(\frac{\partial H}{\partial S}\right)_p,V=\left(\frac{\partial H}{\partial p}\right)_S$	$\left(\frac{\partial T}{\partial p}\right)_S=\left(\frac{\partial V}{\partial S}\right)_p$
$G=H-TS$	$dG=-SdT+Vdp$	$-S=\left(\frac{\partial G}{\partial T}\right)_p,V=\left(\frac{\partial G}{\partial p}\right)_T$	$\left(\frac{\partial S}{\partial p}\right)_T=-\left(\frac{\partial V}{\partial T}\right)_p$

利用表中所列关系，加上 $C_p=T\left(\frac{\partial S}{\partial T}\right)_p$，$C_V=T\left(\frac{\partial S}{\partial T}\right)_V$ 和几个偏微分学公式，就可以研究均匀封闭系统的各种热力学性质。这套关系是从热力学基本方程 $dU=TdS-pdV$ 推导出来的，由于此方程只涉及到相邻两个平衡态的态参量及态函数的改变量之间的关系，因此，只要初、末态是平衡态，这套方程对可逆与不可逆的元过程皆适用。此外，虽然公式中包含的广义力和广义坐标分别是 p 和 V，若换成其他广义力和广义坐标，上述全部热力学关系依然有效。另外，这四个麦克斯韦关系并非独立，可以证明从其中一个可以导出其他三个。其中以二、四两个最为有用，因为它们把不能测量的量 $\left(\frac{\partial S}{\partial V}\right)_T$ 和 $\left(\frac{\partial S}{\partial p}\right)_T$ 化为可直接测量的量，即等容压强系数 β 和等压膨胀系数 α。

二、麦克斯韦关系的应用

应用麦克斯韦关系研究物质的热力学性质，往往归结为求一些态函数(如熵、内能)的全微分式，求一些有意义的热力学偏导数，如$\left(\frac{\partial T}{\partial V}\right)_U$、$\left(\frac{\partial T}{\partial V}\right)_S$、$\left(\frac{\partial T}{\partial p}\right)_H$等，以及求一些热力学偏导数的关系，如$C_p-C_V=T\left(\frac{\partial p}{\partial T}\right)_V\left(\frac{\partial V}{\partial T}\right)_p$，$\frac{\kappa}{\kappa_S}=\gamma$等。在这里所谓"求"，实际上是要求把待求的热力学量，用实验可测的量如α、κ及C_p、C_V等表示出来。在求这些热力学量时，除要用到上述的普遍热力学关系外，常常还要用到以下几个偏微商公式：

循环关系式和倒数关系：

当$F(X,Y,Z)=0$时，有

$$\left(\frac{\partial X}{\partial Y}\right)_Z\left(\frac{\partial Y}{\partial Z}\right)_X\left(\frac{\partial Z}{\partial X}\right)_Y=-1\text{ 及 }\left(\frac{\partial X}{\partial Y}\right)_Z=\frac{1}{\left(\frac{\partial Y}{\partial X}\right)_Z},\tag{4.2.13}$$

链式关系：

$$\left(\frac{\partial X}{\partial Y}\right)_W=\left(\frac{\partial X}{\partial Z}\right)_W\left(\frac{\partial Z}{\partial Y}\right)_W.\tag{4.2.14}$$

复合函数偏微商公式：

若$M=M[X,Z(X,Y)]$，则

$$\left(\frac{\partial M}{\partial X}\right)_Y=\left(\frac{\partial M}{\partial X}\right)_Z+\left(\frac{\partial M}{\partial Z}\right)_X\left(\frac{\partial Z}{\partial X}\right)_Y.\tag{4.2.15}$$

1. 熵的计算公式（TdS 方程）

首先我们推求熵的计算公式。当选T和V为独立变量时，有

$$\mathrm{d}S=\left(\frac{\partial S}{\partial T}\right)_V\mathrm{d}T+\left(\frac{\partial S}{\partial V}\right)_T\mathrm{d}V,$$

由此得到

$$T\mathrm{d}S=T\left(\frac{\partial S}{\partial T}\right)_V\mathrm{d}T+T\left(\frac{\partial S}{\partial V}\right)_T\mathrm{d}V,\tag{4.2.16}$$

而

$$C_V=T\left(\frac{\partial S}{\partial T}\right)_V,$$

利用上式及(4.2.8)式，可得

$$T\mathrm{d}S=C_V\mathrm{d}T+T\left(\frac{\partial p}{\partial T}\right)_V\mathrm{d}V,\tag{4.2.17}$$

如选T和p为独立变量时，则有

$$\mathrm{d}S=\left(\frac{\partial S}{\partial T}\right)_p\mathrm{d}T+\left(\frac{\partial S}{\partial p}\right)_T\mathrm{d}p,$$

因此有

$$T\mathrm{d}S=T\left(\frac{\partial S}{\partial T}\right)_p\mathrm{d}T+T\left(\frac{\partial S}{\partial p}\right)_T\mathrm{d}p.\tag{4.2.18}$$

而

$$C_p=T\left(\frac{\partial S}{\partial T}\right)_p,$$

将上式及(4.2.12)式代入(4.2.17)式可得

$$T\mathrm{d}S=C_p\mathrm{d}T-T\left(\frac{\partial V}{\partial T}\right)_p\mathrm{d}p,\tag{4.2.19}$$

如果选p、V作独立变量时，则有

$$\mathrm{d}S=\left(\frac{\partial S}{\partial p}\right)_V\mathrm{d}p+\left(\frac{\partial S}{\partial V}\right)_p\mathrm{d}V,$$

因此有

$$T\mathrm{d}S=T\left(\frac{\partial S}{\partial p}\right)_V\mathrm{d}p+T\left(\frac{\partial S}{\partial V}\right)_p\mathrm{d}V$$

$$=T\left(\frac{\partial S}{\partial T}\right)_V\left(\frac{\partial T}{\partial p}\right)_V \mathrm{d}p+T\left(\frac{\partial S}{\partial T}\right)_p\left(\frac{\partial T}{\partial V}\right)_p \mathrm{d}V. \tag{4.2.20}$$

利用 $C_V=T\left(\frac{\partial S}{\partial T}\right)_V$，$C_p=T\left(\frac{\partial S}{\partial T}\right)_p$，由上式可得

$$T\mathrm{d}S=C_V\left(\frac{\partial T}{\partial p}\right)_V \mathrm{d}p+C_p\left(\frac{\partial T}{\partial V}\right)_p \mathrm{d}V, \tag{4.2.21}$$

(4.2.17)式、(4.2.19)式、(4.2.21)式都是熵的计算公式，这三个公式也叫 $T\mathrm{d}S$ 方程，它们在热力学计算中有着广泛的应用。

[例题 1] 由(4.2.17)式求以 T、V 为独立变量时理想气体熵函数的表达式。

[解] 对理想气体有 $p=\frac{nRT}{V}$，$\left(\frac{\partial p}{\partial T}\right)_V=\frac{nR}{V}$，将这一结果代入(4.2.17)式，可得

$$\mathrm{d}S=\frac{C_V}{T}\mathrm{d}T+nR\frac{\mathrm{d}V}{V},$$

积分上式可得

$$S(T,V)=\int C_V\frac{\mathrm{d}T}{T}+nR\ln V+S_0.$$

这正是(3.7.2)式。

[例题 2] 均匀物质的等温压缩系数 κ_T 和绝热压缩系数 κ_S 分别为

$$\kappa_T=-\frac{1}{V}\left(\frac{\partial V}{\partial p}\right)_T,\qquad \kappa_S=-\frac{1}{V}\left(\frac{\partial V}{\partial p}\right)_S,$$

证明

$$\frac{\kappa_T}{\kappa_S}=\frac{C_p}{C_V}=\gamma.$$

[解] 在可逆绝热过程中有 $\mathrm{d}S=0$，由(4.2.21)式可得

$$C_V\left(\frac{\partial T}{\partial p}\right)_V \mathrm{d}p+C_p\left(\frac{\partial T}{\partial V}\right)_p \mathrm{d}V=0,$$

由此可得

$$\left(\frac{\partial p}{\partial V}\right)_S=-\frac{C_p}{C_V}\frac{\left(\frac{\partial T}{\partial V}\right)_p}{\left(\frac{\partial T}{\partial p}\right)_V}=-\gamma\left(\frac{\partial T}{\partial V}\right)_p\left(\frac{\partial p}{\partial T}\right)_V,$$

但因

$$\left(\frac{\partial T}{\partial V}\right)_p\left(\frac{\partial V}{\partial p}\right)_T\left(\frac{\partial p}{\partial T}\right)_V=-1,$$

$$\left(\frac{\partial T}{\partial V}\right)_p\left(\frac{\partial p}{\partial T}\right)_V=-\frac{1}{\left(\frac{\partial V}{\partial p}\right)_T},$$

由此得到

$$\left(\frac{\partial p}{\partial V}\right)_S=\gamma\frac{1}{\left(\frac{\partial V}{\partial p}\right)_T},$$

或

$$\frac{\kappa_T}{\kappa_S}=\frac{\left(\frac{\partial V}{\partial p}\right)_T}{\left(\frac{\partial V}{\partial p}\right)_S}=\gamma.$$

[例题 3] 证明范德瓦耳斯气体的定容热容量 C_V 与体积无关。

[解] 因

$$C_V=T\left(\frac{\partial S}{\partial T}\right)_V,$$

所以

$$\left(\frac{\partial C_V}{\partial V}\right)_T=T\left[\frac{\partial}{\partial V}\left(\frac{\partial S}{\partial T}\right)_V\right]_T=T\left[\frac{\partial}{\partial T}\left(\frac{\partial S}{\partial V}\right)_T\right]_V,$$

应用(4.2.8)式，可得

$$\left(\frac{\partial C_V}{\partial V}\right)_T = T\left[\frac{\partial}{\partial T}\left(\frac{\partial p}{\partial T}\right)_V\right]_V = T\left(\frac{\partial^2 p}{\partial T^2}\right)_V,$$

对范德瓦耳斯气体状态方程有

$$p = \frac{RT}{V_m - b} - \frac{a}{V_m^2},$$

$$\left(\frac{\partial p}{\partial T}\right)_{V_m} = \frac{R}{V_m - b},$$

$$\left(\frac{\partial^2 p}{\partial T^2}\right)_V = 0,$$

由此可得

$$\left(\frac{\partial C_V}{\partial V}\right)_T = 0.$$

这就证明了范德瓦耳斯气体的定容热容量与体积无关。

2. 内能的计算公式

计算内能时，用 T 和 V 为独立变量比较方便。将(4.2.17)式代入(4.2.1)式，可得

$$dU = C_V dT + \left[T\left(\frac{\partial p}{\partial T}\right)_V - p\right]dV, \tag{4.2.22}$$

这个式子右边只包含有热容量和物态方程诸量，它就是均匀可压缩封闭系统普遍适用的内能计算公式。

[例题 4] 计算1摩尔范德瓦耳斯气体的内能。

[解] 由1摩尔范德瓦耳斯气体状态方程有

$$p = \frac{RT}{V_m - b} - \frac{a}{V_m^2},$$

$$T\left(\frac{\partial p}{\partial T}\right)_{V_m} - p = \frac{RT}{V_m - b} - \left(\frac{RT}{V_m - b} - \frac{a}{V_m^2}\right) = \frac{a}{V_m^2},$$

将上述结果代入(4.2.22)式，可得

$$du = C_{V,m} dT + \frac{a}{V_m^2} dV_m, \tag{1}$$

积分上式得

$$u = \int C_{V,m} dT - \frac{a}{V_m} + u_0. \tag{2}$$

3. 定压热容量和定容热容量之差

在(4.2.17)式和(4.2.22)式中，含有定容热容量 C_V，这个量是难以测量的，因此还需将 C_V 用其他可测的量表示出来。为此，我们计算 C_p 与 C_V 之差。

首先我们利用 TdS 方程进行计算，在(4.2.17)式中，将 S 和 V 看成 T 和 p 的函数，则(4.2.17)式可写成

$$T\left[\left(\frac{\partial S}{\partial T}\right)_p dT + \left(\frac{\partial S}{\partial p}\right)_T dp\right] = C_V dT + T\left(\frac{\partial p}{\partial T}\right)_V \left[\left(\frac{\partial V}{\partial T}\right)_p dT + \left(\frac{\partial V}{\partial p}\right)_T dp\right],$$

将此式用于等压过程，则 $dp=0$，由上式可得

$$T\left(\frac{\partial S}{\partial T}\right)_p = C_V + T\left(\frac{\partial p}{\partial T}\right)_V \left(\frac{\partial V}{\partial T}\right)_p,$$

考虑 $C_p = T\left(\frac{\partial S}{\partial T}\right)_p$，由此得到

$$C_p - C_V = T\left(\frac{\partial p}{\partial T}\right)_V \left(\frac{\partial V}{\partial T}\right)_p. \tag{4.2.23}$$

另外，我们也可以利用复合函数的偏微商公式进行计算。根据 C_p 与 C_V 的定义有

$$C_p - C_V = T\left[\left(\frac{\partial S}{\partial T}\right)_p - \left(\frac{\partial S}{\partial T}\right)_V\right],$$

可见用复合函数偏微商公式(4.2.15)会很方便，为此可将 S 看成 T、V 的函数，而 V 又看成是 T、p 的函数，即 $S=S[T,V(T,p)]$，根据(4.2.15)式得

$$\left(\frac{\partial S}{\partial T}\right)_p = \left(\frac{\partial S}{\partial T}\right)_V + \left(\frac{\partial S}{\partial V}\right)_T\left(\frac{\partial V}{\partial T}\right)_p,$$

代入上式得

$$C_p - C_V = T\left(\frac{\partial S}{\partial V}\right)_T\left(\frac{\partial V}{\partial T}\right)_p,$$

将麦氏关系，即(4.2.8)式代入，并利用(1.3.16)、(1.3.17)及(1.3.21)式，可得：

$$C_p - C_V = T\left(\frac{\partial p}{\partial T}\right)_V\left(\frac{\partial V}{\partial T}\right)_p = Tp\beta V\alpha = TV\alpha^2/\kappa. \tag{4.2.24}$$

(4.2.23)式[或(4.2.24)式]表明，只要系统的物态方程是已知的，则 C_p 与 C_V 之差便可以计算。例如，对于1摩尔的理想气体，有 $pV=RT$，代入(4.2.23)式中，便得到 $C_p-C_V=R$，这正是我们所熟知的结果。然而应该注意，(4.2.23)式也是应用了热力学第二定律而得到的，从热力学第一定律是不能导出这一公式的，这又一次显示了热力学第二定律的重要作用。

[例题5]　对于1摩尔水银，在0℃和1atm大气压下，从实验上测得以下数据：

$$C_{p,\mathrm{m}} = 28.01\,\mathrm{J\cdot mol^{-1}\cdot K^{-1}},\qquad v = 14.72\times10^{-6}\,\mathrm{m^3\cdot mol^{-1}},$$
$$\alpha = 181\times10^{-6}\,\mathrm{K^{-1}},\qquad \kappa = 3.88\times10^{-11}\,\mathrm{Pa^{-1}}.$$

试计算1摩尔水银在0℃和1大气压下的定容摩尔热容量 $C_{V,\mathrm{m}}$。

[解]　将测得的实验数据代入(4.2.24)式，得

$$C_{p,\mathrm{m}} - C_{V,\mathrm{m}} = \frac{273.15\times14.72\times10^{-6}\times181^2\times(10)^{-12}}{3.88\times10^{-11}} = 3.39\,\mathrm{J\cdot mol^{-1}\cdot K^{-1}},$$

$$C_{V,\mathrm{m}} = C_{p,\mathrm{m}} - 3.39 = 24.62\,\mathrm{J\cdot mol^{-1}\cdot K^{-1}}.$$

4. 求焦耳系数 $\left(\frac{\partial T}{\partial V}\right)_U$

偏导数 $\left(\frac{\partial T}{\partial V}\right)_U$ 称为焦耳系数，表示气体在自由膨胀时，温度对体积的依赖关系，这一偏导数的特点是含有内能 U，且 U 在偏导数的角标上，为了能利用含有内能 U 的热力学基本方程(4.2.1)式，先用循环关系将 U 从偏导数的角标上，转移到偏导数的分子上，即

$$\left(\frac{\partial T}{\partial V}\right)_U = -\frac{(\partial U/\partial V)_T}{(\partial U/\partial T)_V} = -\frac{(\partial U/\partial V)_T}{C_V},$$

令 $U=U(T,V)$，其全微分式为

$$\mathrm{d}U = \left(\frac{\partial U}{\partial T}\right)_V\mathrm{d}T + \left(\frac{\partial U}{\partial V}\right)_T\mathrm{d}V = C_V\mathrm{d}T + \left(\frac{\partial U}{\partial V}\right)_T\mathrm{d}V,$$

将上式与(4.2.22)式进行比较可得

$$\left(\frac{\partial U}{\partial V}\right)_T = T\left(\frac{\partial p}{\partial T}\right)_V - p,$$

最后可得

$$\left(\frac{\partial T}{\partial V}\right)_U = \frac{1}{C_V}\left[p - T\left(\frac{\partial p}{\partial T}\right)_V\right]. \tag{4.2.25}$$

由此可见，已知 C_V 和状态方程，就可求得气体的焦耳系数。将理想气体和范氏气体状态方程分别代入，很易证明有

理想气体： $\left(\frac{\partial T}{\partial V}\right)_U=0$，

范氏气体： $\left(\frac{\partial T}{\partial V}\right)_U=-\frac{a}{V_m^2C_V}<0$，

即理想气体自由膨胀后温度不变，范氏气体自由膨胀后温度将降低。但这一效应非常弱，不是致冷的有效方法。

5. 求 $\left(\frac{\partial C_p}{\partial p}\right)_T$

将 $C_p=T\left(\frac{\partial S}{\partial T}\right)_p$ 代入 $\left(\frac{\partial C_p}{\partial p}\right)_T$ 求微商。

$$\left(\frac{\partial C_p}{\partial p}\right)_T = T\left[\frac{\partial}{\partial p}\left(\frac{\partial S}{\partial T}\right)\right]_T = T\left[\frac{\partial}{\partial T}\left(\frac{\partial S}{\partial p}\right)_T\right]_p,$$

将麦氏关系 $\left(\frac{\partial S}{\partial p}\right)_T=-\left(\frac{\partial V}{\partial T}\right)_p$ 代入上式，得

$$\left(\frac{\partial C_p}{\partial p}\right)_T=-T\left(\frac{\partial^2 V}{\partial T^2}\right)_p. \tag{4.2.26}$$

由上式可知，只要知道系统的温度及状态方程，就可求得该温度下 C_p 随压强 p 变化的关系。将上式从初始压强 p_0 积分到任意压强 p，可得

$$C_p = C_{p_0} - T\int_{p_0}^{p}\left(\frac{\partial^2 V}{\partial T^2}\right)_p \mathrm{d}p, \tag{4.2.27}$$

上式表明，只要知道状态方程及任一压强下的定压热容量 C_{p_0}，就能计算出在给定温度时任意压强下的定压热容量 C_p。也就是说，虽然 C_p 随压强变化，但测量时只要测得某一压强 p_0 下的值就够了，并不需要测量各种压强下的 C_p 值，这点也充分显示了热力学理论的指导作用。

通过以上五个问题的讨论，使我们深刻认识到，从热力学理论出发，无论是计算系统的热力学函数，如熵 S、内能 U，还是计算某一热力学偏导数，最后都可归结为计算系统的定压热容量 C_p 及物态方程，也就是说，只要从实验上测定了均匀物质系统的物态方程及定压热容量，则一切热力学函数都可以计算出来，这是有关热力学的一个十分重要的结论。

§4.3 特性函数 吉布斯—赫姆霍兹方程

上节中已经阐明，如果从实验上测定了均匀物质系统的物态方程和定压热容量，则一切热力学函数都可以计算出来，因而物质的热力学性质可以完全确定。但从热力学理论来说，上述方法并不是研究物质热力学性质的唯一方法，除此之外，还有特性函数法和循环过程法等。马休(Massieu)在 1869 年证明，如果适当地选择独立变量，则只要知道一个热力学函数，就可以通过求热力学偏导数及其他热力学关系，得到均匀系统的全部热力学函数，从而完全确定均匀系统平衡态的全部热力学性质，这样一个热力学函数称为特性函数。利用特性函数来求系统热力学函数的方法，叫做特性函数法。当选择不同的独立变量时，相应的特性函数是不同的。在实用上，一般都选 T 和 V 或者 T 和 p 作为独立变量，相应的特性函数分别为 F 和 G，现在我们讨论这两种情况。

若选择 T 和 V 为独立变量时，则由(4.2.7)式可以求得系统的熵及压强分别为

$$S=-\left(\frac{\partial F}{\partial T}\right)_V,\qquad p=-\left(\frac{\partial F}{\partial V}\right)_T,\tag{4.3.1}$$

求出的压强 p 显然是以 T、V 为态参量的函数，这实际上就是态式。由自由能的定义式(4.1.5)可得

$$U=F+TS=F-T\left(\frac{\partial F}{\partial T}\right)_V,\tag{4.3.2}$$

上式给出了内能与自由能的关系，称为吉布斯—赫姆霍兹(Helmholtz H)第一方程。将上式对体积求偏导，得

$$\left(\frac{\partial U}{\partial V}\right)_T=\left(\frac{\partial F}{\partial V}\right)_T-T\left[\frac{\partial}{\partial V}\left(\frac{\partial F}{\partial T}\right)_V\right]_T=-p+T\left(\frac{\partial S}{\partial V}\right)_T,$$

再利用麦氏关系：$\left(\frac{\partial S}{\partial V}\right)_T=\left(\frac{\partial p}{\partial T}\right)_V$，代入上式，得

$$\left(\frac{\partial U}{\partial V}\right)_T=T\left(\frac{\partial p}{\partial T}\right)_V-p.\tag{4.3.3}$$

上式左方表示在温度不变的条件下，系统内能随体积的变化，右方是可通过态式计算出来的量，这表明内能与态式之间有联系，二者是不独立的，(4.3.3)式称为**能态方程**。再由自由焓的定义式(4.1.16)，可得

$$G=F+pV=F-V\left(\frac{\partial F}{\partial V}\right)_T,\tag{4.3.4}$$

另外，由焓的定义式(4.1.11)，并考虑(4.3.2)式，得

$$H=U+pV=F-T\left(\frac{\partial F}{\partial T}\right)_V-V\left(\frac{\partial F}{\partial V}\right)_T.\tag{4.3.5}$$

由此可见，给定了态函数 $F(T,V)$，就可以求出系统的熵、物态方程、内能、自由焓和焓等热力学函数，从而确定系统平衡态的全部热力学性质。所以自由能 F 是选择 T、V 为独立变量时的特性函数。

如果选择 T、p 为独立变量，则由(4.2.11)式可以求得系统的熵和体积(在这里实际也是态式)

$$S=-\left(\frac{\partial G}{\partial T}\right)_p,\qquad V=\left(\frac{\partial G}{\partial p}\right)_T,\tag{4.3.6}$$

根据自由焓的定义式(4.1.16)，可得系统的自由能和焓分别为

$$F=G-pV=G-p\left(\frac{\partial G}{\partial p}\right)_T,\tag{4.3.7}$$

$$H=G+TS=G-T\left(\frac{\partial G}{\partial T}\right)_p,\tag{4.3.8}$$

(4.3.8)式称为吉布斯—赫姆霍兹第二方程，将它对压强求偏导，得

$$\left(\frac{\partial H}{\partial p}\right)_T=\left(\frac{\partial G}{\partial p}\right)_T-T\left[\frac{\partial}{\partial p}\left(\frac{\partial G}{\partial T}\right)_p\right]_T,$$

利用(4.3.6)式和(4.2.12)式，得

$$\left(\frac{\partial H}{\partial p}\right)_T=V-T\left(\frac{\partial V}{\partial T}\right)_p.\tag{4.3.9}$$

上式给出了焓与物态方程的联系，称为**焓态方程**。再由自由焓的定义式(4.1.16)得系统的内能 U 为

$$U = G + TS - pV = G - T\left(\frac{\partial G}{\partial T}\right)_p - p\left(\frac{\partial G}{\partial p}\right)_T. \tag{4.3.10}$$

由此可见，自由焓是以 T、p 为独立变量的特性函数。

§4.4 液体的表面张力与温度的关系

前面已经讲过，液体表面面积缩小时要对外作功，若液体表面的张力系数为 σ，表面面积为 A，由(2.2.7)式知，表面张力作的功为 $đW' = -\sigma dA$。同时，实验证明，在绝热条件下，当液体的表面面积缩小时，它的温度会升高，这意味着液体具有一种与表面相联系的能量，这种能量叫做表面能。当表面积缩小时，一部分表面能转化为对外作功，另一部分则使液体温度升高。如果使液体和恒温器接触，则后一部分能量传给恒温器，液体的温度保持不变。根据(4.1.6)式，在可逆的等温过程中有

$$-dF = đW', \tag{4.4.1}$$

即在可逆的等温过程中，表面张力作的功等于表面自由能的减小。将 $đW' = -\sigma dA$ 代入上式得

$$dF = \sigma dA, \tag{4.4.2}$$

实验证明，液体的表面张力系数 σ 只与温度有关，与表面积的大小无关，因此，将(4.4.2)式积分，得到

$$F = \sigma A, \tag{4.4.3}$$

在(4.4.3)式中，已令积分常数为零，这是因为，当表面积 A 等于零时，意味着表面本身不存在，当然也就没有表面自由能了。(4.4.3)式表明，液体的表面张力系数 σ 等于单位面积的表面自由能。

应用吉布斯—赫姆霍兹方程，可得液体的表面能为

$$U = \sigma A - T\frac{\partial(\sigma A)}{\partial T},$$

令 u 为单位面积的表面能，则 $U = uA$，同时考虑 σ 只是温度 T 的函数，代入上式可得

$$u = \sigma - T\frac{d\sigma}{dT}, \tag{4.4.4}$$

(4.4.4)式显示了液体的表面张力与温度的关系。因 $u > \sigma$，由上式可得

$$u - \sigma = -T\frac{d\sigma}{dT} > 0. \tag{4.4.5}$$

由(4.4.5)式可知 $\frac{d\sigma}{dT} < 0$，即液体的表面张力系数随温度的上升而减小，这正是实验上观察到的结果。对于与其蒸汽相平衡的液体，其表面张力系数与温度 t 的关系可表示为

$$\sigma = \sigma_0\left(1 - \frac{t}{t'}\right)^n,$$

其中 σ_0 是 $t = 0$℃时的表面张力系数，t' 是比该液体的临界温度(有关临界温度的讨论，请参阅§9.7) t_c 低几度的摄氏温度，它是一个常数。n 也是一个常数，其数值在 1 与 2 之间。当 $t' \leqslant t \leqslant t_c$ 时，$\sigma = 0$。关于 σ 在接近临界温度时趋于零的解释可参见§9.7(二)。表 4-3 是不同温度下水的表面张力系数。

表 4-3　不同温度下水的表面张力系数

t(℃)	$\sigma\times10^{-3}$N·m^{-1}	t(℃)	$\sigma\times10^{-3}$N·m^{-1}
0	75.50	350	3.64
40	69.48	355	2.71
80	62.69	360	1.85
120	54.96	364	1.22
160	46.51	368	0.66
200	37.77	370	0.42
240	28.52	372	0.20
280	18.94	373	0.10
320	9.84	374.15	0

§4.5　平衡辐射场的热力学性质

温度高于 0 K 的任何宏观物体都以电磁波的形式向外辐射能量。对于给定的物体而言，在单位时间内辐射能量的多少以及辐射能量按波长的分布等，都取决于物体的温度。因此，这种辐射就称为热辐射。物体作热辐射的同时还吸收周围其他物体的辐射能。如果物体对电磁波的辐射和吸收达到平衡，则称为平衡辐射。

在一般的情况下，当辐射投射到某一不透明的物体上时，其能量一部分被吸收，另一部分被反射。如果一个物体不论它的温度如何，若能把投射到它上面的辐射能全部吸收，则这个物体就称为**绝对黑体**。

在自然界中没有真正的黑体，在图 4-2(a)中，D 是一个几乎完全封闭的空腔，其上开有一个小孔 C，所有通过小孔 C 射入空腔 D 的光线，经过多次反射后，才能由 C 射出。由于在每次反射时，腔壁都吸收掉一部分能量，经过多次反射后，仅有微弱的能量由 C 射出。所以，实际上可以认为凡是从小孔 C 射入 D 中的辐射，全部被 D 所吸收。因此可以把开有小孔 C 的空腔 D 看成是一个人工制造的黑体。

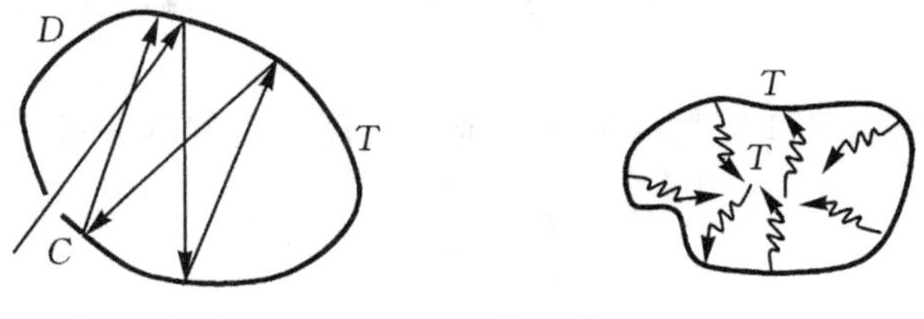

(a)黑体模型　　　　(b)平衡辐射

图 4-2　黑体模型与平衡辐射

假设有一个封闭的空腔，腔壁保持恒定的温度 T，由于腔壁不断发射和吸收辐射能，经过一定的时间后，空腔内的电磁辐射场将与腔壁达到平衡，形成平衡辐射场，其温度亦为 T，如图 4-2(b)所示。这种空腔内的平衡辐射又称为**黑体辐射**。

对于空腔内的平衡辐射场，我们可以用函数 $u(\nu,\boldsymbol{r})$来描述它的性质，它表示在场中 $\boldsymbol{r}$ 处单位体积内，频率在 ν 附近的单位频率间隔内的能量，称作频率为 ν 的能量密度。

应用热力学第二定律能够证明：(1)函数 $u(\nu,\boldsymbol{r})$ 与 $\boldsymbol{r}$ 无关，即空腔内的平衡辐射场到处是均匀的；(2)函数 $u(\nu,\boldsymbol{r})$ 与腔壁的材料及形状无关。现在用反证法证明上述的结论。

证(1)：我们在空腔内的 $\boldsymbol{r}_1$ 和 $\boldsymbol{r}_2$ 处画出 M、N 两个空间，用只能通过频率在 $\nu\sim\nu+\mathrm{d}\nu$ 之间辐射的滤光片包围起来，如图 4-3所示。如果假设 $u(\nu,\boldsymbol{r})$ 与 $\boldsymbol{r}$ 有关，则 $u(\nu,\boldsymbol{r})$ 在 M、N 两处一般说来有不同的值。若 $u(\nu,\boldsymbol{r}_1)>u(\nu,\boldsymbol{r}_2)$，则 M 空间将有能量辐射到 N 空间，而使 M 空间降温、N 空间升温，这样在 M、N 两处将出现温度差，这与热力学第二定律相矛盾，因辐射场开始时处于热平衡态，辐射场内温度处处相等，现在自动出现了温度差，故违背了热力学第二定律的克氏说法，所以，$u(\nu,\boldsymbol{r}_1)>u(\nu,\boldsymbol{r}_2)$ 是不可能的。同理可以证明 $u(\nu,\boldsymbol{r}_1)<u(\nu,\boldsymbol{r}_2)$ 也是不可能的。可见只可能有 $u(\nu,\boldsymbol{r}_1)=u(\nu,\boldsymbol{r}_2)$。考虑到选择 $\boldsymbol{r}_1$、$\boldsymbol{r}_2$ 的任意性，从而得出 $u(\nu,\boldsymbol{r})$ 与 $\boldsymbol{r}$ 无关的结论。

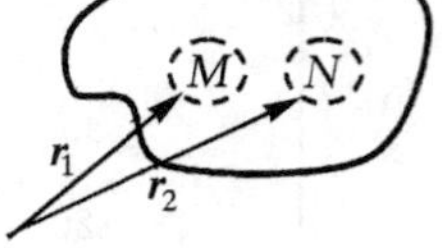

图 4-3
辐射能密度与坐标无关

证(2)：我们考察用不同材料制成的形状不同的两个空腔 A 和 B，它们有共同的温度，如图 4-4 所示。如果 $u(\nu)$ 与空腔的材料和形状有关，我们就可以假设 $u_A(\nu)>u_B(\nu)$。这时用细管把 A、B 连通起来，并在 A、B 与细管连接处插入两个滤光片，只允许频率为 $\nu\sim\nu+\mathrm{d}\nu$ 的辐射通过，能量将通过滤光片从 A 辐射到 B 而使 A 降温、B 升温。使用类似于证明(1)的方法，可以证明 $u_A(\nu)>u_B(\nu)$ 是不可能的。还可以证明 $u_A(\nu)<u_B(\nu)$ 也是不可能的。所以只有 $u_A(\nu)=u_B(\nu)$，即 $u(\nu)$ 与腔壁的材料和形状无关，仅依赖于频率 ν。

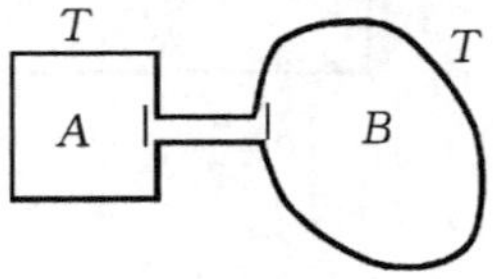

图 4-4
辐射能密度与空腔的形状无关

需要说明，由于(1)、(2)的讨论都是在空腔具有恒定温度的条件下进行的，所以应该把频率为 ν 的能量密度写为 $u(\nu,T)$，即它还是温度 T 的函数。

如果将单位体积内各种频率区间的能量相加，就可得到单位体积辐射场的能量，称之为能量密度，用 u 表示。显然，

$$u=\int_0^\infty u(\nu,T)\mathrm{d}\nu, \tag{4.5.1}$$

它仅是温度的函数。对于空腔内的平衡辐射场来说，若空腔体积为 V，则辐射场的总能量为

$$U=uV, \tag{4.5.2}$$

能量 U 实际上就是平衡辐射场的内能。下面我们讨论它与温度 T 的函数关系，并找出其他的热力学函数。

根据电动力学知识，已知辐射压强 p 与能量密度 u 之间的关系①为

$$p=\frac{1}{3}u. \tag{4.5.3}$$

(4.5.3)式实际上是平衡辐射场的物态方程。由(4.5.2)式求出 $\left(\frac{\partial U}{\partial V}\right)_T=u$，由(4.5.3)式求出 $\left(\frac{\partial p}{\partial T}\right)_V=\frac{1}{3}\frac{\mathrm{d}u}{\mathrm{d}T}$，一并代入能态方程(4.3.3)式，可得

$$u=\frac{1}{3}T\frac{\mathrm{d}u}{\mathrm{d}T}-\frac{1}{3}u,$$

① 参阅本书§5.2三、平衡辐射光子气体的压强。

分离变量后，可得

$$\frac{\mathrm{d}u}{u} = 4\,\frac{\mathrm{d}T}{T},$$

积分，得

$$u = aT^4, \tag{4.5.4}$$

式中 a 为积分常数。所以平衡辐射场的内能为

$$U = aT^4V, \tag{4.5.5}$$

我们无法利用实验直接测量空腔内的能量密度 u，但是可以测量绝对黑体发射出来的辐射通量密度 J。辐射通量密度是指在单位时间内由绝对黑体的一侧通过单位面积向各个方向辐射的能量。由电动力学可知，J 与 u 之间的关系为

$$J = \frac{1}{4}cu, \tag{4.5.6}$$

式中 c 为光速。把(4.5.4)式代入(4.5.6)式，得

$$J = \sigma T^4, \tag{4.5.7}$$

式中 $\sigma=\frac{1}{4}ac$，称为斯忒藩(Stefan J)常数，其实验值为

$$\sigma = 5.67054\times10^{-8}\,\mathrm{W\cdot m^{-2}\cdot K^{-4}}.$$

(4.5.7)式就是斯忒藩—波尔兹曼(Stefan—Boltzmann)定律。于是，我们从热力学理论得到了与实验一致的结果，这有力地说明了热力学理论的普遍性，它不仅适用于由分子、原子构成的热力学系统，而且也适用于辐射场。平衡辐射场的熵可由热力学基本方程(4.2.1)式得出。把(4.5.3)式和(4.5.5)式代入(4.2.1)式，得

$$\begin{aligned}\mathrm{d}S &= \frac{1}{T}\mathrm{d}(aT^4V) + \frac{1}{3}aT^3\mathrm{d}V = 4aT^2V\mathrm{d}T + \frac{4}{3}aT^3\mathrm{d}V\\ &= \mathrm{d}\left(\frac{4}{3}aT^3V\right),\end{aligned}$$

积分后可得

$$S = \frac{4}{3}aT^3V + S_0,$$

显然，$V=0$ 时，积分常数 $S_0=0$，所以

$$S = \frac{4}{3}aT^3V. \tag{4.5.8}$$

在可逆绝热过程中，平衡辐射场的熵不变。所以，由(4.5.8)式可得平衡辐射场的绝热方程为

$$T^3V = \text{常数}, \tag{4.5.9}$$

平衡辐射场的自由能 F 与自由焓 G 分别为

$$F = U - TS = -\frac{1}{3}aT^4V, \tag{4.5.10}$$

$$G = U - TS + pV = 0. \tag{4.5.11}$$

在统计物理学部分将会看到，自由焓为零的结果是与光子数不守恒相联系的。

［例题 1］ 在宇宙中取一半径为 R 的球状区域(如图 4-5 所示)，试证明宇宙膨胀时，辐射的温度与宇宙的尺度因子 R 成反比。

［解］ 考虑宇宙中的辐射处处是均匀的，故在宇宙中所取的半径为 R 的球状区域，与宇宙中的其他

部分没有差别，该区域在膨胀过程中不会与其他部分交换热量，可看成是可逆绝热膨胀，根据(4.5.9)式有

$$T_r^3 V=\text{常数}, \quad (1)$$

T_r 为宇宙中辐射场的温度。对于宇宙中半径为 R 的球形区域，有

$$V=\frac{4}{3}\pi R^3, \quad (2)$$

将(2)式代入(1)式可得

$$T_r\propto\frac{1}{R}. \quad (3)$$

即宇宙在绝热膨胀过程中，辐射的温度将反比于宇宙的尺度因子 R 而降低。

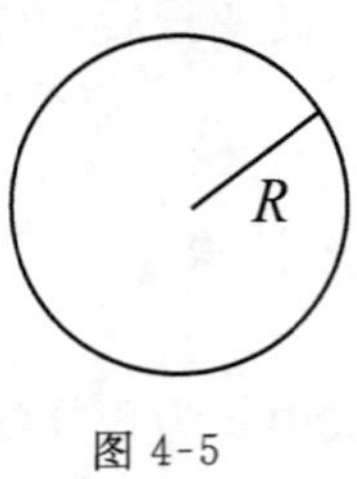

图 4-5 宇宙中一半径为 R 的球状区域

[例题 2] 根据宇宙大爆炸理论，大约在宇宙大爆炸后 3×10^5 年，由于宇宙的膨胀，宇宙的温度逐渐降低至 4000K 时，宇宙中电子与质子或者氦核复合成电中性原子，即氢原子或氦原子，它们都是单原子分子，已知其定容摩尔热容量为 $C_{V,\mathrm{m}}=\frac{3}{2}R$，试根据理想气体的绝热方程(2.6.27)式证明，宇宙中由氢或氦原子组成的实物粒子系统，在宇宙膨胀时，其温度与宇宙的尺度因子 R 的平方成反比。

[解] 在宇宙中取一半径为 R 的球状区域(如图 4-5 所示)，其中由氢或氦原子组成的实物粒子系统的温度设为 T_m，体积 $V=\frac{4}{3}\pi R^3$，比热比 $\gamma=\frac{C_{p,\mathrm{m}}}{C_{V,\mathrm{m}}}=\frac{5}{3}$，将这些数据代入(2.6.27)式可得

$$T_m(R^3)^{2/3}=\text{常数},$$

即

$$T_mR^2=\text{常数}\rightarrow T_m\propto\frac{1}{R^2}.$$

可见由氢或氦原子组成的实物粒子系统，其温度与宇宙的尺度因子 R 的平方成反比。

§4.6 气体的节流膨胀与绝热膨胀

气体的节流膨胀与绝热膨胀是获得低温的两种常用的方法。作为热力学函数的应用举例，下面我们来分析这两个热力学过程的性质。

一、气体的节流膨胀(焦耳—汤姆逊效应)

在 1845 年，焦耳曾通过研究气体的自由膨胀实验，发现气体膨胀前后的温度相同，从而得出气体内能仅是温度的函数，而与体积无关的结论。后来焦耳和汤姆逊在分析上述实验时，考虑到水的热容量很大，即使气体内能与体积有关，膨胀时所引起的变化也不会大到足以引起水温发生可测的变化。因此，气体内能的性质很难从这个实验来确定。1852 年，焦耳和汤姆逊又用另外的方法确定气体的内能，这就是多孔塞实验，图 4-6 是这一实验装置的示意图。在一绝热良好的管子 L 中，装置一个由多孔物质(如棉絮一类东西)做成的多孔塞 H，多孔塞对气流有较大的阻滞作用，使气体不容易很快通过，从而能够在多孔塞两边维持一定的压强差。实验中，气体在压缩机 C 的推动下，持续不断地从多孔塞的一边流到另一边去，并达到稳定流动状态。所谓稳定流动状态，是指气体在流动时，在空间各点的情况(如各截面上的热力学状态、流速等)都不随时间变化。设多孔塞左边压强维持在较高的数值 p_1，气体通过多孔塞后压强降为右边

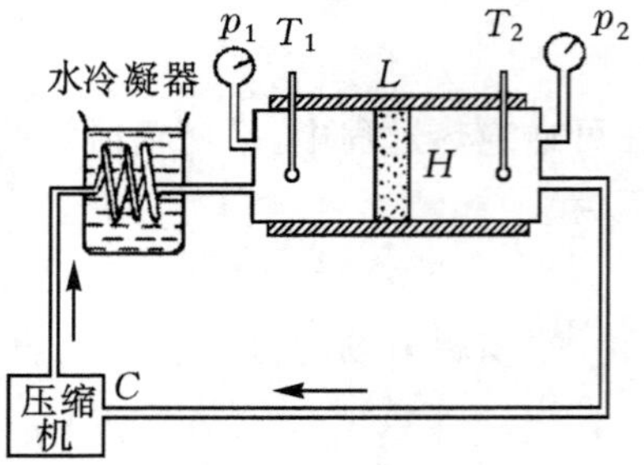

图 4-6 气体的节流膨胀

的 p_2，在稳定状态下，用温度计 T_1 和 T_2 分别测量两边的温度。这种在绝热条件下，气体从高压一边经过多孔塞流到低压一边的过程叫做绝热节流膨胀过程。目前在工业上一般是使气体通过一个针尖型节流阀来实现气体的节流膨胀。

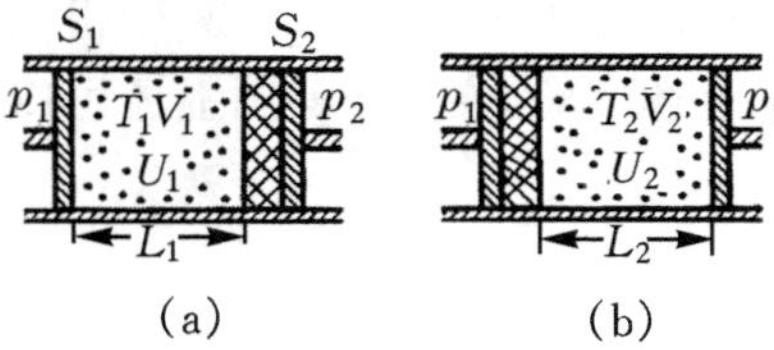

图 4-7　气体节流膨胀中外力作的功

现在应用热力学第一定律来分析上述的节流过程。设在节流过程中，有一定量的高压气体通过了多孔塞，在通过多孔塞之前，其压强为 p_1，体积为 V_1，内能为 U_1（如图 4-7(a)），通过多孔塞之后，其压强为 p_2，体积为 V_2，内能为 U_2（如图 4-7(b)）。因此在节流过程中，外界对这部分气体所作的功为

$$W = p_1S_1L_1 - p_2S_2L_2 = p_1V_1 - p_2V_2,$$

因过程是绝热的，由热力学第一定律有

$$U_2 - U_1 = p_1V_1 - p_2V_2,$$

或

$$U_1 + p_1V_1 = U_2 + p_2V_2,$$

即

$$H_1 = H_2. \tag{4.6.1}$$

这就是说，气体在节流过程的前后，它的焓保持不变。

实验表明，气体经节流后，其温度可能升高、可能降低，也可能不变。我们称气体在节流过程中，温度随压强改变的现象为焦耳—汤姆逊效应。这个效应可用焦—汤系数 μ 来表示，它的定义为：

$$\mu = \left(\frac{\partial T}{\partial p}\right)_H, \tag{4.6.2}$$

上式右方表示在等焓过程中，气体的温度随压强的变化率。应当注意的是，在节流过程中，气体的压强总是降低的，因而当 $\mu>0$ 时，表明节流后气体的温度降低了，即节流后气体变冷了，称为焦—汤正效应或致冷效应；反之，当 $\mu<0$ 时，表明节流后气体的温度升高了，称为焦—汤负效应或致温效应。当 $\mu=0$ 时，气体经节流后温度不变，叫做焦—汤零效应。气体节流后温度如何变化，一般与物态方程及气体节流前的状态有关。

下面来求焦—汤系数 μ 与态式的关系。应用循环公式

$$\left(\frac{\partial T}{\partial p}\right)_H\left(\frac{\partial p}{\partial H}\right)_T\left(\frac{\partial H}{\partial T}\right)_p = -1,$$

及

$$C_p = \left(\frac{\partial H}{\partial T}\right)_p,$$

得到

$$\mu = \left(\frac{\partial T}{\partial p}\right)_H = -\frac{1}{C_p}\left(\frac{\partial H}{\partial p}\right)_T, \tag{4.6.3}$$

将(4.3.9)式代入上式，得

$$\mu = \frac{1}{C_p}\left[T\left(\frac{\partial V}{\partial T}\right)_p - V\right]. \tag{4.6.4}$$

由(4.6.4)式可以看出，因 C_p 总是正的，所以焦一汤系数是 $\mu>0$，还是 $\mu<0$ 或者是 $\mu=0$，完全由 $\left[T\left(\frac{\partial V}{\partial T}\right)_p - V\right]$ 决定，即由气体的物态方程及节流前气体的状态决定。对于理想气体，$V=\frac{nRT}{p}$，$T\left(\frac{\partial V}{\partial T}\right)_p - V=0$，由(4.6.4)式可知，$\mu=0$.

当我们以温度 T 为纵轴，以压强 p 为横轴作 $T-p$ 图时，在 $T-p$ 图上可按如下方法作等焓线：从某一初态(p_1，T_1)开始，选取一个小于 p_1 的压强 p_2，经节流膨胀后测得温度

为 T_2，在 $T-p$ 图上作出点 1(p_1，T_1)和点 2(p_2，T_2)，如图 4-7(a)所示，根据(4.6.1)式可知，这两点的焓值相等。从相同的初态(p_1，T_1)出发重复上述实验，但节流膨胀后的平衡压强改为小于 p_2 的 p_3，测得相应的温度为 T_3，在 $T-p$ 图上作出点 3(p_3，T_3)。依次重复上述实验，在 $T-p$ 图上还可以作出点 4(p_4，T_4)、点 5(p_5，T_5)、……。然后将这些点用

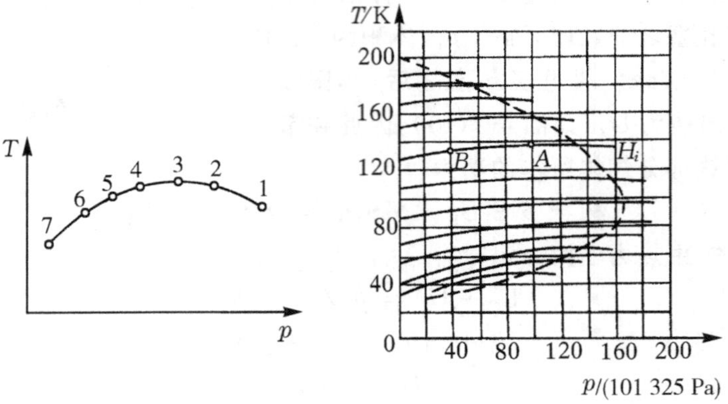

(a)等焓线　　　　(b)氮气的等焓线

图 4-8

光滑曲线连接起来，此曲线称为等焓线，如图 4-8(a)所示。显然，等焓线上任一点的斜率 $\left(\frac{\partial T}{\partial p}\right)_H$ 就是气体在该点对应的温度和压强下的焦—汤系数 μ。曲线上各点的斜率不同，说明焦—汤系数 μ 是 T 和 p 的函数。等焓线上的最高点 3(p_3，T_3)的焦—汤系数 $\mu=\left(\frac{\partial T}{\partial p}\right)_H=0$，在此点右边任一点的斜率为负值，即 $\mu=\left(\frac{\partial T}{\partial p}\right)_H<0$，表示气体经节流膨胀后温度升高，在此点左边任一点的斜率 $\mu=\left(\frac{\partial T}{\partial p}\right)_H>0$，表示气体经节流膨胀后温度降低。应指出的是，等焓线只代表气体从同一初态出发，经节流膨胀后到达不同的末态时，各个末态与初态的焓值相等，并不代表气体在节流膨胀中所经历的实际路径。

依照上述方法，当气体的初态(T_i，p_i)选择不同时，在 $T-p$ 图上可以画出许多等焓线，如图 4-8(b)所示，然后将各等焓线上斜率 $\mu=\left(\frac{\partial T}{\partial p}\right)_H=0$ 的点连接成一光滑的曲线，如图 4-8(b)中的虚线所示。该曲线称为转换曲线，根据上述分析可知，在转换曲线内侧，焦—汤系数 $\mu=\left(\frac{\partial T}{\partial p}\right)_H>0$，即气体通过节流膨胀后将产生致冷效应，而在转换曲线外侧，焦—汤系数 $\mu=\left(\frac{\partial T}{\partial p}\right)_H<0$，气体通过节流膨胀后将产生致温效应。综上所述可知，在转换曲线内侧属致冷区，在转换曲线外侧属致温区，在转换曲线上属零效应区。

转换曲线上每点对应的温度称为转换温度，以 T_i 表示。由图 4-8(b)可见，对应每一压强 p，气体有上下两个转换温度。考虑通常是利用气体节流致冷，故转换温度一般是指上转换温度。

由以上分析也可看出，要想使气体通过节流膨胀后产生致冷效应，气体节流前的温度必须小于与压强 p 相对应的转换温度，如图 4-8(b)中等焓线 H_i 上的 A 点，p_1、T_1 分别表示节流前气体的压强与温度，节流膨胀后，气体的状态由 A 沿等焓线变到 B，其温度变

化 ΔT 为

$$\Delta T = T_2 - T_1 = \int_{p_1}^{p_2} \left(\frac{\partial T}{\partial p}\right)_H \mathrm{d}p < 0. \tag{4.6.5}$$

转换曲线与温度轴的上交点对应的转换温度称为最大转换温度，以 $T_{i\max}$ 表示。当节流前气体的温度大于 $T_{i\max}$ 时，不论气体的压强如何，焦一汤系数 μ 总是小于零。因此，要想利用节流膨胀降温，节流前气体的温度必须低于 $T_{i\max}$。表 4-4 列出了几种气体的 $T_{i\max}$ 的数值，T_c(K)是气体的临界温度。由表 4-4 可以看出，对于氮、氧和空气等，在常温下节流后温度都降低。

表 4-4

气　体	$T_{i\max}$(K)	T_c(K)
空气	659	
O_2	764	154.3
N_2	621	126.0
H_2	200	33.10
He	43	5.25

但是对于氢、氦等气体，在常温下节流膨胀后，温度不但不降低，反而升高。所以，要想利用节流膨胀使氢降温液化，必须先用液氮预冷(液氮的正常沸点是 77.3K)到氢的最大转换温度以下，同样，要液化氦必须先用液氢预冷(液氢的正常沸点是 20.39K)，使氦的温度降至最大转换温度以下。

下面我们推导气体的转换温度与压强的关系。

在(4.6.4)式中利用以下公式

$$\left(\frac{\partial V}{\partial T}\right)_p \left(\frac{\partial T}{\partial p}\right)_V \left(\frac{\partial p}{\partial V}\right)_T = -1,$$

$$\left(\frac{\partial V}{\partial T}\right)_p = -\frac{(\partial p/\partial T)_V}{(\partial p/\partial V)_T},$$

将上式代入(4.6.4)式，可得

$$\mu = -\frac{V\left(\frac{\partial p}{\partial V}\right)_T + T\left(\frac{\partial p}{\partial T}\right)_V}{C_p\left(\frac{\partial p}{\partial V}\right)_T}, \tag{4.6.6}$$

由(4.6.6)式可以看出，已知气体的物态方程时，转换温度可从(4.6.6)式算出。假设气体遵守范德瓦耳斯方程，则对于 1 摩尔气体，有

$$p = \frac{RT}{V_m - b} - \frac{a}{V_m^2}, \tag{4.6.7}$$

因此

$$V_m\left(\frac{\partial p}{\partial V_m}\right)_T = -\frac{RTV_m}{(V_m - b)^2} + \frac{2a}{V_m^2}, \qquad T\left(\frac{\partial p}{\partial T}\right)_{V_m} = \frac{RT}{V_m - b},$$

代入(4.6.6)式中，并令 $\mu=0$，可得

$$RT = \frac{2a}{b}\left(1 - \frac{b}{V_m}\right)^2, \tag{4.6.8}$$

由此式和物态方程(4.6.7)式消去V_m，即得气体的转换温度与压强的关系为

$$p=\frac{a}{b^2}\left(1-\sqrt{\frac{RTb}{2a}}\right)\left(3\sqrt{\frac{RTb}{2a}}-1\right). \tag{4.6.9}$$

(4.6.9)式在(p,T)平面上为一抛物线，用氮气的常数a和b代入，可得图4-9中虚线所示的转换曲线，图中实线为实验结果。上述结果说明，由范德瓦耳斯方程所得的转换曲线，只在定性方面与实验符合，在定量方面则不准确。

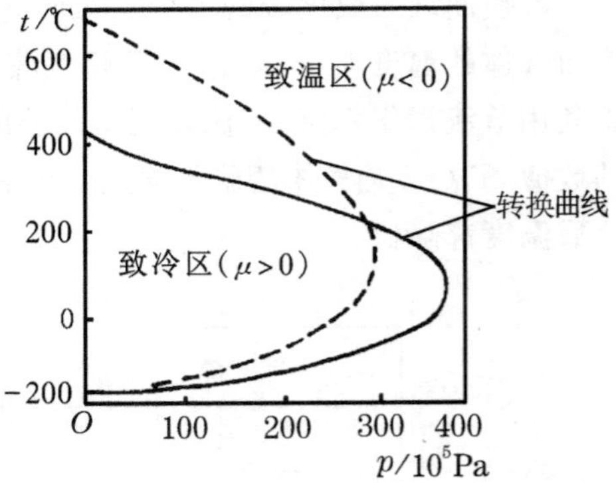

图4-9 转换曲线

二、气体的绝热膨胀

另一种使气体降温的有效方法是使气体做绝热膨胀(即等熵膨胀)。在等熵过程中，气体温度随压强的变化，用偏微商$\left(\frac{\partial T}{\partial p}\right)_S$表示，由公式

$$\left(\frac{\partial T}{\partial p}\right)_S\left(\frac{\partial p}{\partial S}\right)_T\left(\frac{\partial S}{\partial T}\right)_p=-1,$$

可得

$$\left(\frac{\partial T}{\partial p}\right)_S=-\frac{\left(\frac{\partial S}{\partial p}\right)_T}{\left(\frac{\partial S}{\partial T}\right)_p}=-\frac{T}{C_p}\left(\frac{\partial S}{\partial p}\right)_T,$$

由麦氏关系$\left(\frac{\partial S}{\partial p}\right)_T=-\left(\frac{\partial V}{\partial T}\right)_p$代入上式得

$$\left(\frac{\partial T}{\partial p}\right)_S=\frac{T}{C_p}\left(\frac{\partial V}{\partial T}\right)_p=\frac{TV\alpha}{C_p}>0. \tag{4.6.10}$$

上式表明气体在绝热膨胀中随着压强的减小，它的温度总是降低的。

三、气体的液化和低温的获得

在现代生产技术和科学研究中，低温已获得愈来愈重要的应用。例如在冶金、航空、医疗、高温超导技术中都需要液氧和液氮，而液氧和液氮是从液态空气中获得的。在物理学中，低温物理学已经成为一门独立的学科。物质在低温下呈现出许多特殊的性质，例如某些金属和化合物的超导电性和液态氦的超流动性。超导材料在粒子加速器、电子技术、磁浮列车中有着广泛的应用前景。下面我们将根据前述的原理介绍气体液化的方法。

1. 林德(Linde)循环

我们知道，在一定的压强下，当气体的温度低于上转换温度时，节流膨胀后气体的温度降低，虽然每节流膨胀一次，温度的降低非常有限，但如果使节流过程重复地进行，则可使气体的温度逐步降低到临界温度以下，最后可以被液化。1895年，林德(Linde)首先利用这一原理获得了液态空气。

图4-10(a)是林德空气液化机的示意图。压缩机A把室温为T_1的空气经压缩后，使其压强从p_1升到p_2，高压空气经水冷却器B重新冷却到T_1，这一过程在T-S图上可简单地用等温线1-2表示(图4-10(b))。然后高压空气进入逆流换热器C，被节流后逆向流动的低压冷空气冷却到T_3，在T-S图上用等压线2-3表示。随后高压空气经节流阀D节流膨胀，降压降温。节流过程在T-S图上用虚线3-4表示。节流后部分空气液化，贮

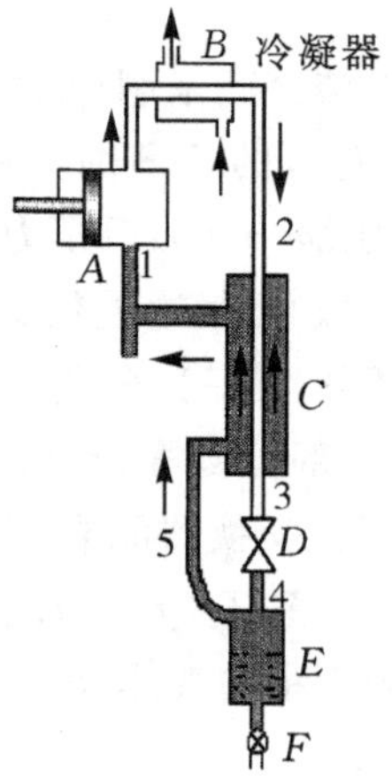

(a)林德空气液化机示意图

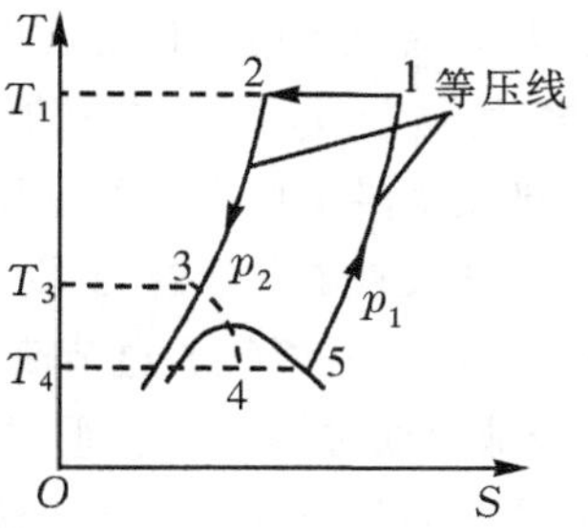

(b)林德循环温熵图

图 4-10　林德空气液化机

存在容器 E 中，可从放液阀 F 放出，未被液化的空气返回逆流换热器，去冷却随后进来的高压空气。低压回气在换热器 C 处的出口温度接近 T_1，加入补充的新鲜空气，进入压缩机后再次压缩，于是完成了一个循环。上述仅仅利用气体节流降温的制冷循环称为**林德循环**。

氢气与氦气的最大转换温度远低于室温，在室温条件下节流膨胀时，将产生致温效应。1898 年，杜瓦(Dewar)用液氮预冷氢气最早获得液氢，1908 年昂尼斯(Onnes)用液氢预冷氦气，并第一个制得液氦，他们采用的都是林德循环。

2. 克劳德(Claude)循环

利用焦耳—汤姆逊效应使气体液化的方法有两个优点：其一是应用节流过程制成的液化机没有移动的部分，因此不需要任何润滑设备。其二是在一定的压力落差下，温度愈低时，所获得的温度降落愈大（见表 4-5 关于氮气的例子）。但是这个方法也存在许多缺点，首先，只有当气体状态处在致冷区时才能应用，像氢和氦这样的气体，在室温下产生负的焦耳—汤姆逊效应，它们的最大转换温度很低，液化氢时需用液态氮进行预冷，液化氦时需用液态氢预冷，这将使液化过程很麻烦。其次，在节流过程中温度降低不大，特别是像氦这样的气体，其性质和理想气体相差很小，焦耳—汤姆逊效应很弱，因而降温效果差。

表 4-5

℃	μ	℃	μ
300	0.0139	25	0.2216
200	0.0588	0	0.2655
100	0.1291	−100	0.6487
75	0.1555	−155	1.449
50	0.1854	−180	2.391

由(4.6.10)式我们知道，气体在绝热膨胀时其温度总是降低的，因此利用绝热膨胀来使气体液化时，降温效果比焦耳—汤姆逊效应更好。但是利用绝热膨胀的方法也有一些缺点，其中之一是，在一定的压力落差下，温度越低，所得到的温度降低就越小。1902 年，克劳德(Claude)最先将气体绝热膨胀应用于制冷循环，高压气体在绝热膨胀中对外作功，

降压降温，一般称带有膨胀机的制冷循环为克劳德循环。

1934 年卡皮查(Kapitza R L)将绝热膨胀和节流过程结合起来制成了氦的液化机。图 4-11(a)是卡皮查氦液化机的示意图，图 4-11(b)是氦液化过程的 T-S 图。常温 T_1(～300 K)和常压 p_1(～1 atm)的氦气通过活门进入压缩机，经绝热压缩($a \to b$)后压力增加为 p_2(例如 15 atm)，温度升为 T_2。通过水冷却使温度恢复为 T_1($b \to c$)。氦气通过热交换器Ⅰ和液氮的冷却($c \to d$)，温度降为 T_3(～77 K)。在 d 处氦气分为两部分，第一部分通过膨胀机绝热膨胀而降温至 T_4，进入热交换器Ⅱ的外管以冷却在内管的第二部分氦气，然后流回压缩机($k \to a$)。第二部分氦气在热交换器Ⅱ降温到 T_4 后($d \to e$)，再经热交换器Ⅲ降温到 T_5($e \to f$)。T_5 的温度已低于转换温度，于是氦气通过节流阀 f 膨胀而降温至 T_6($f \to g$)。其中一部分氦气被液化而流出，其余部分通过热交换器 Ⅲ 的外管以冷却内管中的气体($i \to j$)，然后在热交换器Ⅱ的外管与原来第一部分的氦气汇合，流回压缩机($k \to a$)。

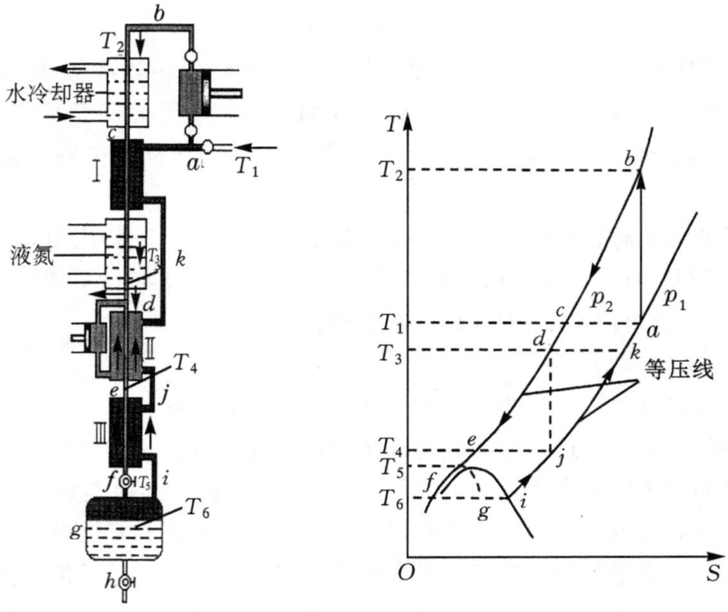

(a)卡皮查氦液化机示意图　　　　(b)氦液化过程温熵图

图 4-11　卡皮查氦液化机

液态气体在一大气压下的沸点称为正常沸点，如表 4-6 所示。由该表可知，将空气、氮、氧等液态气体置于一个大气压下就可以获得很低的温度。

表 4-6

液态气体	氮	氩	氨	氢	空气	氦	氧	氖	氯
1atm 下的沸点(℃)	−195	−185.8	−33.5	−252.8	−193	−268.8	−183	−245.9	−34.5

液态空气在一个大气压下的沸点为 80 K，通常将这温度以下的温度范围，称为低温。4 K 以上的低温可用液化气体的方法得到。

1～4 K 之间的低温可用降低蒸气压的方法获得。在装有液态气体的杜瓦瓶上加一个盖，盖上留有与抽气机相通的口子，如图 4-12 所示。当抽气机工作时，就可以将蒸气抽走而将蒸气压降低，蒸发速度因而增大，使温度降低到它的正常沸点以下，这种方法用在氦上，能降到 0.71 K，用在氦的同位素 ^{3}He 上，能降低到 0.2 K。

1 K 以下的低温一般用绝热去磁方法获得，关于这个问题我们将在下一节详细讨论。

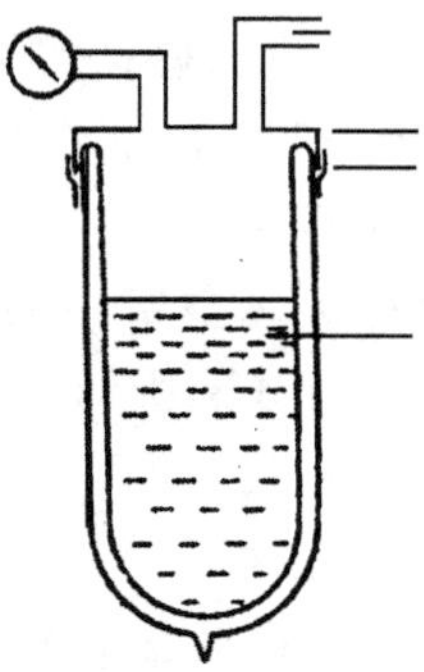

图 4-12 液态气体降压降温装置

§4.7 绝热去磁致冷法

对一般正常系统[①]的熵是温度的单调函数，并且系统的熵随温度的降低而减小，因此，任何致冷过程都可以看作是熵降低（或有序化）的过程。用西蒙（Simon）的话来说，制冷机是一种“熵排出机”。熵不仅是温度的函数，而且还是其他状态参量的函数，所以我们还可以通过改变其他状态参量，使系统的熵减小，从而达到降温的目的。

根据上节讨论，使液化气体在低压下沸腾的方法，一般只能获得 1 K 的低温，最低也只能达到 0.2 K。为了获得更低的温度，必须寻找新的系统，它在很低的温度下仍是无序的，然后通过改变系统的状态参量，使其有序化，熵降低。1926 年德拜（Debye）和 1927 年乔克（Giauque）分别在理论上指出，顺磁物质正是这样的一个系统。在顺磁盐中，磁性离子周围都是非磁性离子和结晶水，磁矩间的相互作用很弱，直到 1 K 时它们在空间的取向仍是无序的。若加外磁场，磁偶极子在外磁场作用下，趋向于沿磁场方向排列（顺磁盐被磁化），可使系统的无序度降低。随后在绝热条件下撤去磁场，将导致温度降低，这一致冷方法称为**磁冷却法**。1933 年乔克进行了第一次实验，利用这种方法获得了 0.001 K 的低温。下面讨论顺磁盐磁冷却的实验装置及基本原理。

一、磁冷却实验装置

磁冷却利用的样品是一些磁性很弱的顺磁盐，如硫酸钆[$Gd_2(SO_4)_3 \cdot 8H_2O$]，硫酸铁铵[$FeNH_4(SO_4)_2 \cdot 12H_2O$]等，它们遵从居里定律：$m=\dfrac{CH}{T}$，$m$ 为顺磁盐的磁化强度。将这种样品进行等温磁化和绝热去磁就可以获得低温。

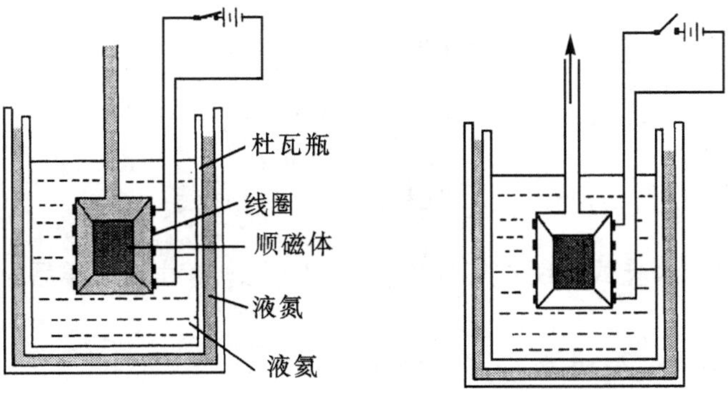

(a) 等温磁化　(b) 绝热去磁

图 4-13 磁冷却原理

图 4-13(a)为顺磁盐等温磁化示意图，顺磁盐样品用丝线或尼龙线吊在真空室中。开始时真空室充以氦气作热交换气体，整个真空室浸泡在减压液氦池中，液池的温度 T_i

① 正常系统是指能量无上限的系统，如理想气体等。

$=1\text{K}$。顺磁盐通过氦气与液池进行热接触，达到热平衡后，加上磁场使顺磁盐等温磁化，熵减小。此过程在 T-S 图(图4-14)上如 AB 所示。样品在磁化过程中放出的热量 $Q=T_i(S_A-S_B)$ 通过热交换气体传给液池。然后抽去真空室中的氦气，使顺磁盐绝热，撤去磁场(如图4-13(b)所示)，顺磁盐从 T_i 等熵冷却到 T_f，如图4-14中 BC 所示。

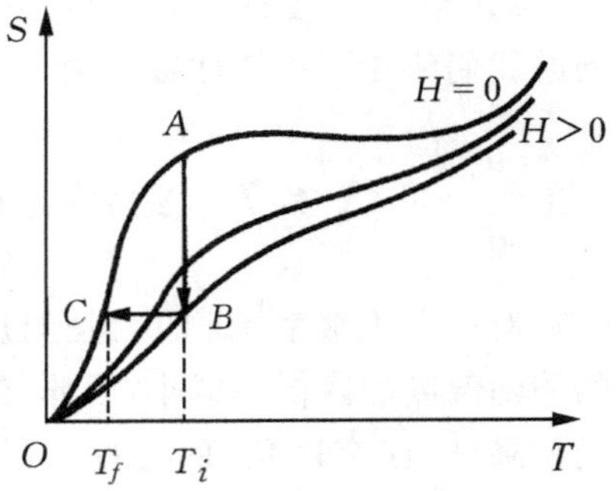

图 4-14 磁冷却过程温熵图

二、热力学分析

下面我们将根据普遍的热力学关系，来计算顺磁样品在等温磁化过程中吸收的热量和绝热去磁过程中样品温度的变化，即求偏导数 $(\partial T/\partial H)_S$。

实验中样品体积的变化可忽略不计，顺磁样品在磁化过程中，外界(磁场)所作的唯一功是磁化功 $H\text{d}M$，与流体体积膨胀时外界所作的体积功 $-p\text{d}V$ 进行对比，只要作以下替换：$p\to -H, V\to M$，前面有关均匀可压缩封闭系统的所有公式全部有效①，例如：

状态方程：

$$F(p,V,T)=0\to F(H,M,T)=0, \tag{4.7.1}$$

热容量：

$$C_p = T\left(\frac{\partial S}{\partial T}\right)_p \to C_H = T\left(\frac{\partial S}{\partial T}\right)_H, \tag{4.7.2}$$

$$C_V = T\left(\frac{\partial S}{\partial T}\right)_V \to C_M = T\left(\frac{\partial S}{\partial T}\right)_M. \tag{4.7.3}$$

$T\text{d}S$ 方程：

$$T\text{d}S = C_V\text{d}T + T\left(\frac{\partial p}{\partial T}\right)_V \text{d}V \to T\text{d}S = C_M\text{d}T - T\left(\frac{\partial H}{\partial T}\right)_M \text{d}M, \tag{4.7.4}$$

$$T\text{d}S = C_p\text{d}T - T\left(\frac{\partial V}{\partial T}\right)_p \text{d}p \to T\text{d}S = C_H\text{d}T + T\left(\frac{\partial M}{\partial T}\right)_H \text{d}H. \tag{4.7.5}$$

由(4.7.5)式可得在等温磁化过程中，顺磁样品吸收的热量为

$$(\text{đ}Q)_T = T\left(\frac{\partial M}{\partial T}\right)_H \text{d}H. \tag{4.7.6}$$

由居里定律有 $\left(\frac{\partial M}{\partial T}\right)_H=-aVH/T^2$，代入上式得

$$(\text{đ}Q)_T = -\frac{aVH}{T}\text{d}H = -M\text{d}H < 0, \tag{4.7.7}$$

在等温磁化时，$\text{d}H>0$，上式说明在等温磁化过程中，外界对顺磁样品所作的磁化功转变成热释放出来。

绝热去磁时，有 $\text{d}S=0$，由(4.7.5)式可得

$$\left(\frac{\partial T}{\partial H}\right)_S = -\frac{T}{C_H}\left(\frac{\partial M}{\partial T}\right)_H, \tag{4.7.8}$$

考虑 $M=\frac{aVH}{T}$，$\left(\frac{\partial M}{\partial T}\right)_H=-\frac{aVH}{T^2}$，代入上式得

① 磁场 $\boldsymbol{H}$ 和总磁矩 $\boldsymbol{M}$ 都是矢量，但是，由于 $\boldsymbol{M}$ 总沿 $\boldsymbol{H}$ 方向，所以实际上只考虑 $\boldsymbol{H}$ 和 $\boldsymbol{M}$ 的大小，而不管它们的方向，在以下公式中可以将 $\boldsymbol{H}$ 和 $\boldsymbol{M}$ 换成它们的大小 H 和 M。

$$\left(\frac{\partial T}{\partial H}\right)_S = \frac{aVH}{C_H T} > 0. \tag{4.7.9}$$

由(4.7.9)式可知，绝热去磁时，$dH<0$，则 $dT<0$，即绝热去磁时，顺磁样品的温度将降低。

应说明的是，用上述的绝热去磁方法可以达到的下限温度取决于磁矩之间相互作用的大小。在顺磁盐中，磁性离子的磁矩主要来源于电子的自旋磁矩，当温度降至1 mK时，由于磁偶极子间的相互作用，在零磁场下磁矩取向已自发有序，因而无法再依靠外磁场进一步降低无序度，所以用顺磁盐等温磁化，绝热去磁的方法所能达到的最低温度约为1 mK。

考虑核自旋磁矩比电子自旋磁矩小1835倍，核自旋磁矩间的相互作用比电子自旋磁矩小1 835倍，1934年戈特(Gorter)提出，用核自旋绝热去磁可以达到 μK(10^{-6}K)量级的温度。核绝热去磁的基本原理与顺磁盐绝热去磁相似，由于核去磁需要很低的起始温度 T_i 和很大的磁场，磁场与起始温度的比值 H/T_i 应大于 10^3 T/K。由于技术上的困难，直到1956年柯蒂和西蒙(Simon)等才成功地将铜的核自旋温度降到 μK(1μ K$=10^{-6}$ K)量级。20世纪80年代中期，芬兰赫尔辛基技术大学小组用两极核绝热去磁，将铜的核自旋温度降到25 nK(1 nK$=10^{-9}$ K)。在20世纪80年代末该小组用两极核绝热去磁，更将银的核自旋温度降至2 nK①，这是迄今为止所达到的最低温度。

绝热去磁致冷过程是单一循环，不能连续工作。1951年伦敦提出用^{3}He—^{4}He稀释致冷的新方法。在20世纪70年代末已实现温度为2 mK ^{3}He—^{4}He稀释致冷的连续运转，代替绝热去磁在许多领域得到应用。此外，在20世纪80年代还发展了另一种致冷的新方法——激光致冷，应用这种方法在20世纪90年代中期获得了170 nK的低温。关于稀释致冷和激光致冷原理可参阅李洪芳编著的热学§9.8，在此就不再赘述。

§4.8 热力学第三定律

我们知道，由热力学第二定律引进了熵函数，但留下了一个没有确定的常数。在许多问题中，我们只涉及到熵函数的改变，所以这个常数是无关紧要的。然而，在某些问题中，例如要从理论上计算化学平衡常数②，则熵常数的数值就很重要。1906年，能斯脱从低温下的化学反应的大量实验事实中，总结出了一个新的定理，叫做能斯脱定理，后来又被称作热力学第三定律。根据热力学第三定律，可以确定熵常数。下面讨论热力学第三定律的表述。

一、热力学第三定律的表述

热力学第三定律和热力学第二定律一样，也有几种表述。

1. 能斯脱(Nernst)表述

能斯脱表述的内容如下：

当温度趋于绝对零度时，在等温过程中，处于稳定平衡的凝聚系的熵不变，即

$$\lim_{T\to 0}(\Delta S)_T = 0, \tag{4.8.1}$$

上述表述，也称为能斯脱定理，其中$(\Delta S)_T$是指在等温过程中，凝聚系熵的改变。上式指

---

① Lounassmaa, D. V. *Phys Today*. 1989, Vol. 42, 10, 26～33.

② 参阅本书§9.12第305页.

出，当温度趋于绝对零度时，在等温过程中，凝聚系的熵变为零。现以 T、x 表示状态参量，则 (4.8.1)式也可表示为

$$S(0,x_A) = S(0,x_B) = S(0,x), \tag{4.8.2}$$

(4.8.2)式表明，当温度趋于绝对零度时，凝聚系熵的数值与状态参量 x 的数值无关，是一个绝对常数。应当指出的是，上式所说的参量 x，应在广泛的意义上理解。例如，它可以表示系统的体积 V、压强 p 或者是磁场强度 H 等。

对于完整晶体，1911 年普朗克(Planck)进一步假设，可以选择上述的绝对常数为零。普朗克的假设，在量子统计理论中可以证明。在绝对零度时，系统处于能量 E_0 为最小值的完全有序的状态，如由 N 个自旋为 1/2 的粒子组成的系统，每个粒子具有固有磁矩 $\boldsymbol{\mu}_0$，在绝对零度时，所有粒子的磁矩 $\boldsymbol{\mu}_0$ 都沿着外磁场 $\boldsymbol{H}$ 方向排列，此时该系统就具有最小的能量，且 $E_0=-N\mu_0 H$，这是一种完全有序的状态，对应的热力学几率 $W=1$，根据玻耳兹曼公式 $S=k\ln W$(参阅 3.9.3 式)可知，系统的熵

$$S = k\ln W = k\ln 1 = 0,$$

根据能斯脱定理可以确定物质系统的绝对熵。设系统的状态参量为 T,x。在参量 x 保持不变时的热容量 C_x 可表为 $C_x=T\left(\frac{\partial S}{\partial T}\right)_x$，由此可得

$$\left(\frac{\partial S}{\partial T}\right)_x = \frac{C_x}{T} > 0, \tag{4.8.3}$$

上式中，C_x 与 T 均大于零。由(4.8.3)式可见，当参量 x 保持不变时，系统的熵 S 随温度 T 的升高而增大，如图 4-15 所示。选绝对零度时的状态$(0,x)$为参考态，设 $S(0,x)=0$。对(4.8.3) 式积分，可得任一状态(T,x)时的熵为

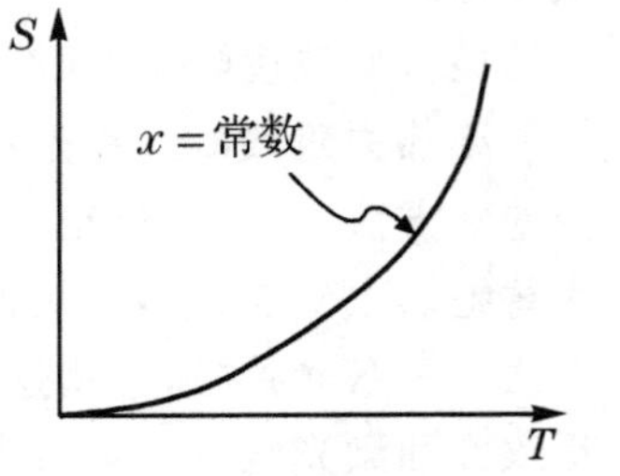

图 4-15 温熵曲线

$$S(T,x) = \int_0^T \frac{C_x}{T}\mathrm{d}T, \tag{4.8.4}$$

这个公式把熵的数值完全确定了，不再包含任意常数，因此，由(4.8.4)式表达的熵称为**绝对熵**。当然绝对熵并非绝对，它仍是指物质在状态为(T,x)时的熵值与状态为$(0,x)$时的熵值之差，根据能斯脱定理和普朗克的假设，$S(0,x)=0$，所以此差值也就是 $S(T,x)$了。绝对熵的说法可以代替能氏定理，而比能氏定理更为简单。

应指出的是(4.8.4)式是绝对熵的普遍表达式，式中参量 x 可以代表系统的体积 V、压强 p、磁场强度 H 等。(4.8.4)式的一个特殊情形是

$$S(T,p) = \int_0^T \frac{C_p}{T}\mathrm{d}T, \tag{4.8.5}$$

这个式子仅适用于固态物质，而不适用于一般的液态或气态物质。因为物质的液态或气态一般只存在于较高的温度范围，不能接近于绝对零度。为了求出液态或气态物质的绝对熵，可以将(4.8.5)式得出的固态物质的绝对熵，加上由固态转变为液态或气态时熵的增加值。如果物质从极低的温度到达室温 T 时经过固→液→气的相变，则它在室温下的绝对熵为

$$S(T,p) = \int_0^{T_{熔}} \frac{C_p^{固}}{T}\mathrm{d}T + \frac{L_m}{T_{熔}} + \int_{T_{熔}}^{T_{沸}} \frac{C_p^{液}}{T}\mathrm{d}T + \frac{L_v}{T_{沸}} + \int_{T_{沸}}^{T} \frac{C_p^{气}}{T}, \tag{4.8.6}$$

考虑任何化合物都是由元素化合而成的，若我们选择温度为0 K时的状态为参考态，规定$T\to 0$ K时所有元素的熵趋于0，则按能斯脱定理，当$T\to 0$ K时，所有处于稳定平衡凝聚态下化合物的熵也趋于0。在物理化学中约定：以压强在1 atm下，热力学温度$T\to 0$ K时纯物质的稳定平衡凝聚状态为参考态，由此所规定的熵值，为纯物质（元素和化合物）的规定熵，并以S^0表示。

纯物质在压强为1 atm，而温度为25 ℃(298.15 K)时的规定熵，称为标准规定熵。在表4-7中给出了一些元素及化合物标准摩尔规定熵S_m^0。知道了标准摩尔规定熵S_m^0，我们就可以计算在特定化学反应中的标准熵变，即标准反应熵$\Delta S^0_{反应}$。

表 4-7 25℃下的标准摩尔规定熵

物质	S_m^0/R	物质	S_m^0/R	物质	S_m^0/R	物质	S_m^0/R
CH_4(气)	22.39	$C_6H_{12}O_6$(晶)	25.5	H_2O(气)	22.65	NO_2(气)	28.86
CO(气)	23.75	H_2(气)	15.705	N_2(气)	23.03	NaCl(晶)	8.68
CO_2(气)	25.69	HCl(气)	22.47	NH_3(气)	23.13	O_2(气)	24.659
C_2H_6	27.60	H_2O(液)	8.41	NO(气)	25.34	SO_2(气)	29.84

$$\Delta S^0_{反应}=S_2^0-S_1^0,$$

其中

$$S_1^0=\sum_{反应物i}S_i^0,\quad S_2^0=\sum_{生成物j}S_j^0.$$

应特别指出的是，对于标准反应熵来说，“标准”一词，不仅强调系统处于1 atm，温度为25 ℃的标准状态，对于混合气体，还意味着它是属于混合前的状态，此时每种气体的熵由(3.7.7′)式所决定，而未计及混合熵。

[例题1] 我们知道，氨合成的反应式为

$$N_2(气)+3H_2(气)\to 2NH_3(气),$$

试计算上述化学反应的标准摩尔反应熵。

[解] 该反应的标准摩尔反应熵为

$$\Delta S_m^0=S_m^0(NH_3)-\frac{1}{2}[S_m^0(N_2)+3S_m^0(H_2)]$$
$$=(23.13-0.5\times 23.03-1.5\times 15.705)R=-11.94R.$$

[例题2] 在§2.5中，我们曾计算过光合作用

$$6CO_2(气)+6H_2O(液)\xrightarrow{h\nu}C_6H_{12}O_6(晶)+6O_2(气)$$

的标准反应热$Q_p=2\,802$ kJ/mol，上述反应是吸热反应，现在我们来计算它的熵变。

[解] 在1 atm，25 ℃下的标准摩尔反应熵为

$$\Delta S^0_{m反应}=S_m^0[C_6H_{12}O_6+6S_m^0(O_2)]-[6S_m^0(CO_2)+6S_m^0(H_2O)]$$
$$=(25.5+6\times 24.659)-(6\times 25.69+6\times 8.41)R=-31.14R.$$

上述反应中的气体O_2及气体CO_2均是处于压强为1 atm，而温度为25 ℃的标准状态。考虑光合作用中反应物与生成物均不是在1 atm下进行的，因为生成的气体O_2在大气中只有0.21 atm，而反应物中的气体CO_2，在大气中的分压更小，大约为0.000 3 atm，因此我们还必须考虑由于气体状态的变化所引起的熵变。设气体在混合前后的温度保持不变，$t=25$ ℃。已知气体O_2混合前的压强为$p_1=1$ atm，混合后的压强为$p_2=0.21$ atm。气体CO_2混合前的压强$p'_1=1$ atm，混合后的压强为$p'_2=0.000\,3$ atm。由(3.7.7′)式可得气体O_2和气体CO_2混合前后的熵变分别为

$$\Delta S_m^0(O_2)=-6R\ln p_2+6R\ln p_1,$$

$$\Delta S_{\rm m}^{0}(CO_2)=-6R\ln p'_2+6R\ln p'_1,$$

由此可得混合气体对熵变的修正为

$$\Delta S_{\rm m气体}^{0}=\Delta S_{\rm m}^{0}(O_2)-\Delta S_{\rm m}^{0}(CO_2)=-6R[\ln p_2-\ln p'_2]$$
$$=-6R\ln\frac{p_2}{p'_2}=-6R\ln\frac{0.21}{0.0003}=-39.31R,$$

由此可得总摩尔熵变为

$$\Delta S_{\rm m}=\Delta S_{\rm m反应}^{0}+\Delta S_{\rm m气体}^{0}=-31.14R-39.31R$$
$$=-70.45R=-585.8\,{\rm J/(mol\cdot K)}.$$

负号表明光合作用是个熵减少的过程。同一过程中焓增加而熵减少，可见反应热与反应熵是两个不同的概念。

2. 绝对零度不能达到原理

1912年能斯脱又根据他的定理得出一个重要推论：用任何方法都不能使系统的温度达到绝对零度，这又称为绝对零度不能达到原理，下面我们来证明这一原理。

由前节我们知道，在极低温度下，绝热去磁致冷法，是使物体的温度进一步降低的有效方法。在图4-16中画出了两条等磁场线，考虑等温磁化时顺磁盐的熵减少（或有序度增加），故 $H>0$ 的等磁场线应在 $H=0$ 的零磁场线下面。设 T_1 代表顺磁盐的初温，AB 表示等温磁化过程。顺磁盐经可逆绝热去磁过程，由状态 B 沿等熵线达到状态 C，相应地温度由 T_1 变为 T_2。如果顺磁盐经不可逆的绝热去磁过程 BD，考虑在不可逆的绝热去磁过程中，顺磁盐的熵将增加，故其终态将如图中 D 点所示。经该过程后，顺磁盐的温度将由 T_1 变为 T_3，显然，$T_3>T_2$。由此可见，当磁场强度 H 发生相同变化时，可逆绝热去磁过程得到的温度降落大于不可逆绝热去磁过程中得到的温度降落。所以下面我们将只考虑可逆绝热去磁过程。

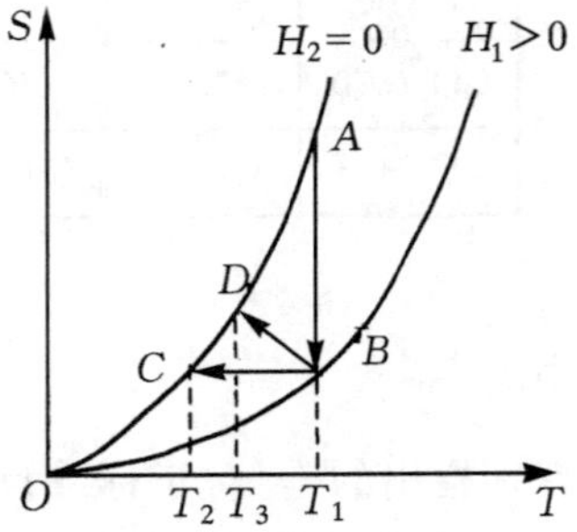

图 4-16

绝对零度不能达到原理的证明

根据(4.8.4)式，B 点的绝对熵为

$$S_B(T_1,H_1)=\int_0^{T_1}\frac{C_H}{T}{\rm d}T,\tag{4.8.7}$$

C 点的绝对熵为

$$S_C(T_2,H_2)=\int_0^{T_2}\frac{C_H}{T}{\rm d}T,\tag{4.8.8}$$

在可逆绝热过程中，系统的熵不变，即 $S_B=S_C$，因此有

$$\int_0^{T_1}\frac{C_H}{T}{\rm d}T=\int_0^{T_2}\frac{C_H}{T}{\rm d}T,\tag{4.8.9}$$

因 $C_H>0$，$T_1>0$，所以上式左边总是大于零的，由此可以推知，T_2 不能等于零，即绝对零度不能达到。对于上述结论我们还可进一步地作如下分析：

由(4.8.2)式有

$$\lim_{T\to 0\,{\rm K}}\left(\frac{\partial S}{\partial H}\right)_T=0,$$

利用麦克斯韦关系：$\left(\frac{\partial S}{\partial H}\right)_T=\left(\frac{\partial M}{\partial T}\right)_H$，则有

$$\lim_{T\to 0\,\mathrm{K}}\left(\frac{\partial M}{\partial T}\right)_H=0, \tag{4.8.10}$$

由(4.7.8)式可得

$$\left(\frac{\partial M}{\partial T}\right)_H=-\frac{C_H}{T}\left(\frac{\partial T}{\partial H}\right)_S,$$

则

$$\left(\frac{\partial T}{\partial H}\right)_S=-\frac{T}{C_H}\left(\frac{\partial M}{\partial T}\right)_H,$$

由上式及(4.8.10)式可得

$$\lim_{T\to 0\,\mathrm{K}}\left(\frac{\partial T}{\partial H}\right)_S=-\lim_{T\to 0\,\mathrm{K}}\frac{T}{C_H}\left(\frac{\partial M}{\partial T}\right)_H=0. \tag{4.8.11}$$

上式指出，在某一温度下绝热去磁时，磁介质将会停止降温，而绝不会达到绝对零度。上述分析如图 4-17 所示，当 $T\to 0$ K时，两条等磁场线相重合，在某一温度下绝热去磁时，不会引起系统温度的降低。应指出的是，过去将能斯脱定理称为热力学第三定律，但是，后来发现能斯脱定理只对晶体才是正确的，对于玻璃等非晶态物质，该定理并不适用。因此，能斯脱定理没有普遍性，而绝对零度不能达到原理则具有更普遍的意义，基于这点，我们把热力学第三定律的标准说法表述为：不能用有限的手续使系统的温度达到绝对零度。

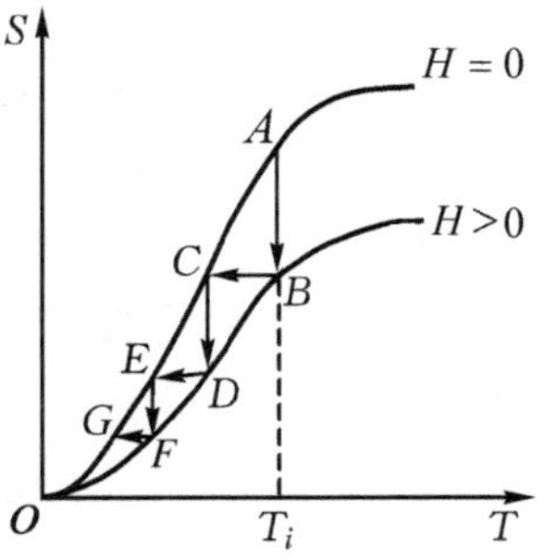

图 4-17

有限次数的等温磁化与绝热去磁不能达到绝对零度

热力学第三定律的上述表述方式，与热力学第一定律和热力学第二定律的表述方式相一致。但应指出的是，在实际意义上，热力学第三定律与热力学第一定律和第二定律是有原则区别的。热力学第一定律和热力学第二定律明确地告诉人们，必须放弃制造永动机的企图，而热力学第三定律却并不阻止人们想方设法尽可能地去接近绝对零度，现时情况也正是这样，见表4-8。

表 4-8　绝对零度逼近的纪录

时间	科学家	国家	方　法	温度(K)
1895	Linde	德国	用节流法，首次获得液化空气	90
1898	Dewar	英国	用液氮预冷，首次获得液氢	20.4
1908	Onnes	荷兰	用液氢预冷，首次获得液氦	4.2
1919	Onnes	荷兰	液氦减压	1.0
1932	Keeson	荷兰	用油扩散泵液氦减压	0.71
1933	Giauque	美国	顺磁盐绝热去磁	0.27
1935	De Hass	荷兰	同上方法	0.0044
1956	Kurti and Simon	英国	首次用核绝热去磁	2×10^{-5}
1963	Kurti 等	英国	同上方法	1.2×10^{-6}
1979	Ehnholm	荷兰	二级核绝热去磁	5×10^{-8}
1990	赫尔辛基大学	芬兰	二级核绝热去磁	2×10^{-9}

二、趋于绝对零度时物质的一些性质

根据热力学第三定律的能斯脱表述，我们可以推出当温度趋于绝对零度时物质的一些性质。

1. 当温度趋于绝对零度时，物质的定压膨胀系数趋于零。

根据能斯脱定律有

$$\lim_{T\to 0\,\mathrm{K}}\left(\frac{\partial S}{\partial p}\right)_T=0,$$

将麦克斯韦关系(4.2.12)式代入上式可得

$$-\lim_{T\to 0\,\mathrm{K}}\left(\frac{\partial V}{\partial T}\right)_p=0. \tag{4.8.12}$$

2. 当温度趋于绝对零度时，物质的定容压强系数趋于零。

根据能斯脱定律有

$$\lim_{T\to 0\,\mathrm{K}}\left(\frac{\partial S}{\partial V}\right)_T=0,$$

将麦克斯韦关系(4.2.8)式代入上式可得

$$\lim_{T\to 0\,\mathrm{K}}\left(\frac{\partial p}{\partial T}\right)_V=0. \tag{4.8.13}$$

3. 当温度趋于绝对零度时，物质的定压热容量 C_p 与定容热容量 C_V 之差为零，这是由于

$$\lim_{T\to 0\,\mathrm{K}}(C_p-C_V)=\lim_{T\to 0\,\mathrm{K}}T\left(\frac{\partial V}{\partial T}\right)_p\left(\frac{\partial p}{\partial T}\right)_V=0. \tag{4.8.14}$$

4. 当温度趋于绝对零度时，C_p、C_V 趋于零。

当以绝对零度为参考态时，根据(4.8.4)式有

$$S(T,p)=\int_0^T\frac{C_p}{T}\mathrm{d}T, \tag{4.8.15}$$

$$S(T,V)=\int_0^T\frac{C_V}{T}\mathrm{d}T, \tag{4.8.16}$$

可见，当 $T\to 0\,\mathrm{K}$ 时，故 $C_p=C_V=0$，否则 $S(T,p)$ 或者 $S(T,V)$ 将趋于无穷大，而这与热力学第三定律的数学表述(4.8.1)式相矛盾。实验结果和量子统计理论都证明，低温下固体的定容热容量 C_V 与温度的关系为

金属 $$C_V=\alpha T, \tag{4.8.17}$$

非金属 $$C_V=\beta T^3, \tag{4.8.18}$$

可见，当 $T\to 0\,\mathrm{K}$ 时，一切物质的热容量都趋于零。

本 章 提 要

一、均匀系统平衡态的热力学函数

1. 基本热力学函数

温度(态式)T，内能 U，熵 S。

2. 其他热力学函数

自由能 $F=U-TS$；

焓　　$H=U+pV$；

自由焓 $G=H-TS=U+pV-TS=F+pV$.

二、均匀系统的热力学基本等式

$$dU = TdS - pdV;$$
$$dF = -SdT - pdV;$$
$$dH = TdS + Vdp;$$
$$dG = -SdT + Vdp.$$

由以上各式，利用全微分性质，可以得到某个热力学函数用其他热力学函数之间的偏导数表示的公式

$$T = \left(\frac{\partial U}{\partial S}\right)_V, \quad -p = \left(\frac{\partial U}{\partial V}\right)_S;$$
$$-S = \left(\frac{\partial F}{\partial T}\right)_V, \quad -p = \left(\frac{\partial F}{\partial V}\right)_T;$$
$$T = \left(\frac{\partial H}{\partial S}\right)_p, \quad V = \left(\frac{\partial H}{\partial p}\right)_S;$$
$$-S = \left(\frac{\partial G}{\partial T}\right)_p, \quad V = \left(\frac{\partial G}{\partial p}\right)_T.$$

三、麦克斯韦关系

由热力学基本等式，利用全微分性质还可以得到热力学函数偏导数之间的关系

$$\left(\frac{\partial T}{\partial V}\right)_S = -\left(\frac{\partial p}{\partial S}\right)_V; \quad \left(\frac{\partial S}{\partial V}\right)_T = \left(\frac{\partial p}{\partial T}\right)_V;$$
$$\left(\frac{\partial T}{\partial p}\right)_S = \left(\frac{\partial V}{\partial S}\right)_p; \quad \left(\frac{\partial S}{\partial p}\right)_T = -\left(\frac{\partial V}{\partial T}\right)_p.$$

四、特性函数

如果适当选择独立变量，只要知道一个热力学函数，就可以通过求该函数的偏导数等而求得均匀系统平衡态的全部热力学函数，这一热力学函数称为特性函数。例如当选择 T、V 为独立参量时，特性函数是自由能 F，并由此可得吉布斯—赫姆霍兹第一方程

$$U = F - T\left(\frac{\partial F}{\partial T}\right)_V,$$

当选择 T、p 为独立参量时，特性函数是吉布斯自由能 G，由此可得吉布斯—赫姆霍兹第二方程

$$H = G - T\left(\frac{\partial G}{\partial T}\right)_p.$$

五、麦氏关系记忆法

先把麦氏关系写在下面

$$\left(\frac{\partial S}{\partial V}\right)_T = \left(\frac{\partial p}{\partial T}\right)_V; \quad \left(\frac{\partial T}{\partial p}\right)_S = \left(\frac{\partial V}{\partial S}\right)_p; \tag{1}$$
$$\left(\frac{\partial T}{\partial V}\right)_S = -\left(\frac{\partial p}{\partial S}\right)_V; \quad \left(\frac{\partial S}{\partial p}\right)_T = -\left(\frac{\partial V}{\partial T}\right)_p. \tag{2}$$

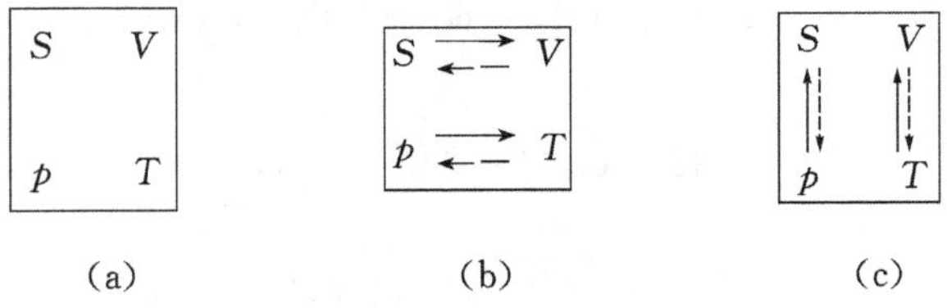

图 4-18　麦氏关系记忆图

分析上面的公式发现：在每一个等式中都含有 S、V、T、p 四个变量组成的各种偏导数，我们把这四个量按图 4-18(a)所示，写在四个角落上，然后在 S、V、p、T 之间连以带箭头的水平直线，并使箭头方向一致，

如图 4-18(b)所示的实线(或虚线)箭头向右(或向左),对实线写出偏导数,对应于 $S\rightarrow V$ 写为 $\left(\frac{\partial S}{\partial V}\right)$,对应于 $p\rightarrow T$ 写为 $\left(\frac{\partial p}{\partial T}\right)$,把它们分别放在等号的两边,即成为

$$\left(\frac{\partial S}{\partial V}\right)=\left(\frac{\partial p}{\partial T}\right),$$

两个偏导数的角标这样确定:左边对 V 求导,右边的角标就是 V,右边对 T 求导,左边的角标就是 T,这样一来与图 $\begin{pmatrix} S\longrightarrow V \\ p\longrightarrow T\end{pmatrix}$ 对应的公式为

$$\left(\frac{\partial S}{\partial V}\right)_T=\left(\frac{\partial p}{\partial T}\right)_V,$$

这正是(1)的左式。同理与图 $\begin{pmatrix} S\dashleftarrow V \\ p\dashleftarrow T\end{pmatrix}$ 对应的公式为

$$\left(\frac{\partial V}{\partial S}\right)_p=\left(\frac{\partial T}{\partial p}\right)_S,$$

这正是(1)的右式。

至于(2)的左式与(2)的右式,由于它们中出现的是 T 和 V 或 S 与 p 之间的偏导数,因而我们在图 4-18(a)中用带箭头的铅直线连接,如图 4-18(c)所示。按图写出公式的规则同前,惟一不同的是在等式的一方冠以"$-$"号,以便与(2)的左式和(2)的右式一致。例如,与图 $\begin{bmatrix} S & V \\ \downarrow & \downarrow \\ p & T\end{bmatrix}$ 对应的公式为

$$\left(\frac{\partial S}{\partial p}\right)_T=-\left(\frac{\partial V}{\partial T}\right)_p,$$

这正是(2)的右式,而与图 $\begin{bmatrix} S & V \\ \uparrow & \uparrow \\ p & T\end{bmatrix}$ 对应的公式为

$$\left(\frac{\partial p}{\partial S}\right)_V=-\left(\frac{\partial T}{\partial V}\right)_S,$$

这正是(2)的左式。

以后,我们只要给出 $\begin{pmatrix} S & V \\ p & T\end{pmatrix}$ 的一种连线方法,就能按以上规定写出对应的等式,应用起来十分方便。

六、气体的节流膨胀和绝热膨胀过程

这两种过程是目前使气体液化,并获得低温的方法之一。

气体在节流膨胀过程中,节流前后的焓相等,焦—汤系数为

$$\mu=\left(\frac{\partial T}{\partial p}\right)_H=\frac{1}{C_p}\left[T\left(\frac{\partial V}{\partial T}\right)_p-V\right]=\frac{V}{C_p}(T\alpha-1).$$

七、磁介质的热力学性质

1. 热力学基本微分方程

$$TdS=dU-\mu_0 HdM=dU-HdM\quad(\mu_0\approx 1).\tag{3}$$

2. TdS 方程

$$TdS=C_M dT-T\left(\frac{\partial H}{\partial T}\right)_M dM,\tag{4}$$

$$TdS=C_H dT+T\left(\frac{\partial M}{\partial T}\right)_H dH,\tag{5}$$

其中

$$C_M=T\left(\frac{\partial S}{\partial T}\right)_M,$$

是顺磁质总磁矩 M 不变下的热容量。

$$C_H=T\left(\frac{\partial S}{\partial T}\right)_H,$$

是磁场强度 H 不变下的热容量。

3. *绝热去磁致冷效应*

对于可逆绝热过程，$dS=0$，由(5)式及(1.3.29)式可得

$$\left(\frac{\partial T}{\partial H}\right)_S = \frac{aVH}{TC_H} > 0. \tag{6}$$

八、热力学第三定律

1. *两种表述*

能斯脱表述　当温度趋于绝对零度时，处于稳定平衡的凝聚系纯物质的熵趋于一个极限值，该极限值可取作零，即

$$\lim_{T\to 0\,\mathrm{K}} S = S_0 = 0.$$

绝对零度不能达到原理　不能用有限次的手续，使系统的温度达到绝对零度。

2. *趋于绝对零度时物体的一些性质*

(1) $\lim\limits_{T\to 0\,\mathrm{K}} S=S_0$，且可取 $S_0=0$；　(2) $\lim\limits_{T\to 0\,\mathrm{K}} \alpha=0$，　$\lim\limits_{T\to 0\,\mathrm{K}} \beta=0$；

(3) $\lim\limits_{T\to 0\,\mathrm{K}} (C_p-C_V)=0$；　(4) $\lim\limits_{T\to 0\,\mathrm{K}} C_p=\lim\limits_{T\to 0\,\mathrm{K}} C_V=0$.

思　考　题

1. 热量和功都是过程量，在怎样的过程中它们又与过程无关？它们分别与哪些态函数的变化相联系？

2. 设理想气体在可逆的等温膨胀过程中，从温度为 T_0 的热源吸热 Q，对外作功 W'，试问理想气体的内能及自由能的变化各为多少？

3. 我们知道，热力学第二定律有多种不同的语言表述，在数学上是否也有多种不同的表述？它们的表达式各是怎样的？

4. 判断系统是否达到平衡的判据有哪些？每种判据适用的条件是什么？

5. 理想气体的定压热容量与气体的压强有关吗？

6. 范德瓦耳斯气体的定容热容量与气体的体积有关吗？

习　题

1. 证明以下几个等式：

(1) $\left(\frac{\partial U}{\partial p}\right)_V=-T\left(\frac{\partial V}{\partial T}\right)_S$；

(2) $\left(\frac{\partial U}{\partial V}\right)_p=T\left(\frac{\partial p}{\partial T}\right)_S-p$；

(3) $\left(\frac{\partial U}{\partial p}\right)_T=-T\left(\frac{\partial V}{\partial T}\right)_p-p\left(\frac{\partial V}{\partial p}\right)_T$；

(4) $\left(\frac{\partial T}{\partial V}\right)_S=-\frac{T}{C_V}\left(\frac{\partial p}{\partial T}\right)_V$；

(5) $\left(\frac{\partial T}{\partial S}\right)_H=\frac{T}{C_p}-\frac{T^2}{V}\left(\frac{\partial V}{\partial H}\right)_p$；

(6) $\left(\frac{\partial T}{\partial V}\right)_U=p\left(\frac{\partial T}{\partial U}\right)_V-T\left(\frac{\partial p}{\partial U}\right)_V$；

(7) $\left(\frac{\partial T}{\partial p}\right)_H=T\left(\frac{\partial V}{\partial H}\right)_p-V\left(\frac{\partial T}{\partial H}\right)_p$.

2. 求 1 摩尔范德瓦耳斯气体的内能 $u(T,V_m)$ 和自由能 $f(T,V_m)$ 的表达式。

3. 试证明1摩尔范德瓦耳斯气体的绝热方程是

$$T(V_m - b)^{\frac{R}{C_{V,m}}} = 常数.$$

4. 证明$\left(\frac{\partial T}{\partial p}\right)_S = \frac{TV\alpha}{C_p}$,其中$\alpha$为定压膨胀系数。

5. 证明$\left(\frac{\partial C_V}{\partial V}\right)_T = T\left(\frac{\partial^2 p}{\partial T^2}\right)_V$ 和$\left(\frac{\partial C_p}{\partial p}\right)_T = -T\left(\frac{\partial^2 V}{\partial T^2}\right)_p$.

6. 已知某气体的

$$\left(\frac{\partial V}{\partial T}\right)_p = \frac{R}{p} + \frac{\alpha}{T^2}, \quad \left(\frac{\partial V}{\partial p}\right)_T = -Tf(p),$$

其中α为常数,$f(p)$只是p的函数,已知在低压下,1摩尔气体的定容热容量为$\frac{5}{2}R$,试证明

(1) $f(p) = \frac{R}{p^2}$;

(2) 物态方程为 $pV = RT - \frac{\alpha p}{T}$;

(3) $C_{p,m} = \frac{2\alpha p}{T^2} + \frac{5}{2}R$.

7. 设某物质的物态方程为

$$p = f(V)T,$$

其中$f(V)$仅为V的函数,试证明其内能与体积无关。

8. 证明理想气体在节流过程中$\left(\frac{\partial T}{\partial p}\right)_H = 0$.

9. 证明气体在节流过程中$\left(\frac{\partial S}{\partial p}\right)_H < 0$.

10. 证明对于自由膨胀过程,以下两式成立

(1) $\left(\frac{\partial S}{\partial V}\right)_U = \frac{p}{T}$; (2) $\left(\frac{\partial T}{\partial V}\right)_U = \frac{1}{C_V}\left[p - T\left(\frac{\partial p}{\partial T}\right)_V\right]$.

11. 证明在相同的压强降落下,气体在准静态绝热膨胀中的温度降落,大于在节流过程中的温度降落。(提示:证明$\left(\frac{\partial T}{\partial p}\right)_S > \left(\frac{\partial T}{\partial p}\right)_H$即可)

12. 假设顺磁物质遵守居里定律,即$m = \frac{aH}{T}$,证明

(1) U和C_m只是温度的函数,其中C_m是磁化强度不变时的热容量;

(2) $S = \int C_m \frac{dT}{T} - \frac{m^2}{2a} + 常数$;

(3) $C_H - C_m = \frac{m^2}{a}$;

(4) $\left(\frac{\partial C_H}{\partial H}\right)_T = \frac{2aH}{T^2}$.

13. 已知顺磁介质的磁化强度$m = \frac{aH}{T}$,其中a为居里常数;内能密度为$u = bT^4$,其中b为常数。若维持物质的温度T不变,使磁场由0增至H,求磁化热。

14. 证明以p和H为自变量时,特性函数为S,并证明

$$T = \frac{1}{\left(\frac{\partial S}{\partial H}\right)_p}, \quad V = -\frac{\left(\frac{\partial S}{\partial p}\right)_H}{\left(\frac{\partial S}{\partial H}\right)_p}.$$

15. 如果某种物质的热容量$C = AT^q$,且$q > 0$,试证明当$T \to 0$K时,$S \to 0$.

16. 证明一电介质有以下热力学关系

$$\left(\frac{\partial U}{\partial \mathscr{E}}\right)_T = T\left(\frac{\partial \mathscr{P}}{\partial T}\right)_{\mathscr{E}} + \mathscr{E}\left(\frac{\partial \mathscr{P}}{\partial \mathscr{E}}\right)_T,$$

式中 $\mathscr{E}$ 为电场强度，$\mathscr{P}$ 为电极化强度。

17. 设将一电介质置于强度为 $\mathscr{E}$ 的电场中，并对它作用一压力 p，则产生电致伸缩现象，以 $\left(\frac{\partial V}{\partial \mathscr{E}}\right)_p$ 表征，又产生压电效应，以 $\left(\frac{\partial \mathscr{P}}{\partial p}\right)_{\mathscr{E}}$ 表征，证明这两种现象有以下关系

$$\left(\frac{\partial V}{\partial \mathscr{E}}\right)_p = -\left(\frac{\partial \mathscr{P}}{\partial p}\right)_{\mathscr{E}},$$

并计算在弱电场中，当电场强度从零增到 $\mathscr{E}$ 时体积的相对变化。

18. 水的表面张力系数 σ 随温度的变化如表 4-3 所示。试由表中数据，利用(4.4.5)式，估计一下水的表面内能随温度变化的趋势。

*19. 学习用计算机进行数值计算及画图：

已知氮气的温度转换曲线满足的方程为

$$p = \frac{a}{b^2}\left(1 - \sqrt{\frac{RbT}{2a}}\right)\left(3 - \sqrt{\frac{RbT}{2a}} - 1\right),$$

其中 $a = 1.390\ \mathrm{atm \cdot L^2 \cdot mol^{-2}}$，$b = 0.039\,13\ \mathrm{L \cdot mol^{-1}}$，试根据上式，应用计算机画出氮气的转换温度曲线，并分析该曲线的物理意义。根据图说明氮气的最大转换温度是多少？与 $p = 200\ \mathrm{atm}$ 对应的上转换温度及下转换温度各是多少？

第五章　气体分子运动论

在前四章中，我们系统地介绍了热现象的宏观理论——热力学，并用热力学的方法系统地研究了物质热运动的一些宏观性质及其遵从的规律。由热力学对物质热现象的研究所得出的结论具有普遍性和可靠性，正如爱因斯坦在晚年时(1949年)说过："一个理论，如果它的前提越简单，而且能说明各种类型的问题越多，适用的范围越广，那么它给人的印象就越深刻。因此，经典热力学给我留下了深刻的印象。经典热力学是具有普遍内容的唯一的物理理论，我深信，在其基本概念适用的范围内是绝对不会被推翻的。"

但热力学也有它的局限性，它不考虑物质的微观结构，它只能给出物质的各种宏观性质及其普遍关系，而不能解释这些宏观性质的微观本质，也不能解释各种宏观量之间为什么有这些关系。要进一步地说明物质各种宏观性质的微观本质，须从物质微观模型出发，利用分子运动论或统计物理方法进行讨论。

从本章起，我们将介绍热现象的微观理论——气体分子运动论，它是统计物理学的前身。在气体分子运动论中将用统计的方法，阐明气体的压强、温度、内能、热容量等宏观物理量的微观本质，并用分子运动论的观点解释和推导气体的一些实验定律。通过对这些问题的研究，使我们对统计的方法有一个概略的了解，对统计规律性也有一个初步的认识。

§5.1　物质的微观模型

一、宏观物体是由大量微粒——分子(或原子)组成的

早在1658年伽森第(Pierre Gassendi)就提出物质是由分子构成的假设，假想分子是硬粒子，能向各个方向运动，并且在此基础上，进一步解释了物质的固、液、气三种聚集形态。

物质是由大量的分子所构成的论点是指任何宏观物质都是不连续的。在自然界中，许多现象都能充分地说明宏观物质的这一特征。例如气体很容易压缩这一事实，说明了气体分子之间存在很大的空隙。水虽然不易被压缩，但是如果我们把水和酒精两种不同的液体加以混合，就会发现混合后的体积小于原来的体积之和。这一事实也说明液体分子之间有空隙。实验证明，固体分子之间也是有空隙的。对贮于钢筒中的油，以20 000大气压进行压缩时，就会发现油可透过筒壁渗出，这说明钢筒分子之间也是有空隙的。

现在用高分辨率的电子显微镜已经可以观察到某些晶体的原子结构图像，这使宏观物体是由分子、原子组成的概念得到了直接的证明。图5-1是由电子显微镜所拍摄的FeS_2晶体的原子结构图像。

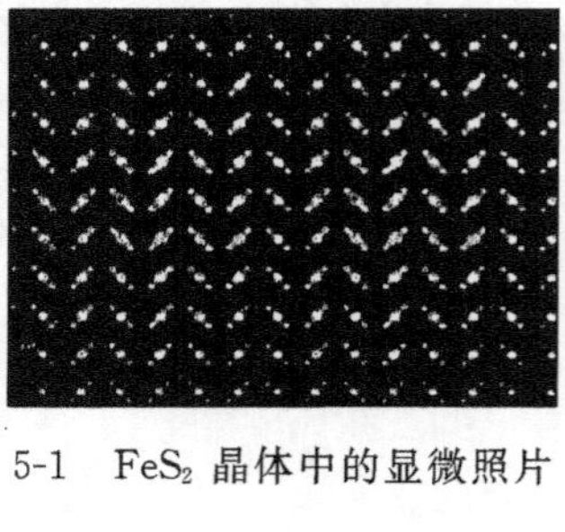

图5-1　FeS_2晶体中的显微照片

不同物质的分子其线度一般是不同的，如氢分子线度约为2.7×10^{-10} m，氧分子的线度约为3.6×10^{-10} m，氮分子的线度约为3.7×10^{-10} m，而塑料、人造丝等高分子化合

物的分子，由千万个原子构成，其线度约为 10^{-7}m。总的说来，分子的线度都很小，但我们所研究的宏观热力学系统中所包含的分子数目都非常大。我们知道1摩尔任何物质中所包含的分子数是一个常数，即阿伏伽德罗常数，$N_A=6.02\times10^{23}$。由理想气体状态方程我们可以得出，在标准状态下，每一立方厘米体积中包含的气体分子数 n 为

$$n=\frac{\rho}{\mu}N_A=\frac{p}{RT}N_A=\frac{1.01\times10^5}{8.31\times273}\times6.02\times10^{23}\times10^{-6}\approx3\times10^{19}/\text{cm}^3,$$

即使在一立方微米（1微米$=10^{-4}$厘米）中也有 3×10^7 个分子。另外，我们知道，1摩尔水的体积 $V=18\text{cm}^3$，故每1立方厘米水中包含的分子数 $n=\frac{1}{V}N_A=\frac{1}{18}\times6.02\times10^{23}=3.3\times10^{22}/\text{cm}^3$，在每一立方微米水中也有 3.3×10^{10} 个分子，它是当今世界总人口的6倍左右。通过这些数字，使我们深刻地认识到任何宏观物体内部都包含有大量的微观粒子。

二、物体内的分子在不停地运动着，这种运动是无规则的，其剧烈程度与物体的温度有关

大量的事实表明：任何宏观物体内的大量分子都在永不停息地作杂乱无章的运动，下面我们举例予以说明。

1. *扩散现象*

图5-2所示的容器 A 和 B 中贮有两种不同的气体，中间用活塞隔开。在上面的容器 A 中装有比重较轻的氢气，在下面的容器 B 中装有比重较重的褐色溴蒸气。打开活塞经过一段时间后，我们就会发现上面的一些氢气会跑到下面容器里，而下面的一些溴气也会跑到上面的容器里。经过一段时间后，两种气体就在连通容器 A、B 中混合均匀，这种现象叫做扩散。溴气的比重比氢气的比重大得多，在重力作用下溴气不可能往上流动，所以这说明扩散是气体内分子运动的结果。

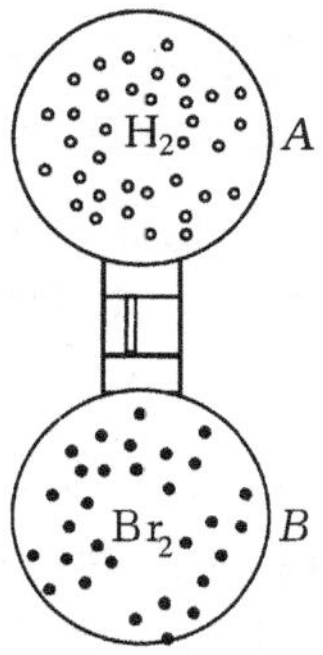

图5-2
气体的扩散

扩散现象在液体和固体内也存在。例如将一滴墨水滴进水中。它会在整个水中扩散而成均匀溶液。把两种不同的金属表面抛光清洗干净后，紧紧地压在一起，经过较长一段时间后，会发现两种不同的金属分子相互扩散到对方金属里去。在热处理工艺中，为了提高钢的表面硬度，通常将低碳钢制件放在含有碳的渗碳剂中加热到高温，使碳原子扩散到钢件的表面，然后通过淬火及较低温的回火，使钢件表面得到极高的硬度和强度，而内部却仍保持低碳钢的较好的韧性。固体中的扩散现象在半导体器件的生产中也得到了广泛的应用。如使特定的杂质在高温下向半导体晶片（硅片或锗片）表面内部扩散、渗透，从而改变晶片内杂质浓度分布和表面层的导电类型。

总之，在气体、液体、固体中的扩散现象说明一切物体内的分子都在不停地运动着。

2. *布朗运动*

分子运动更为有力的证明就是所谓的布朗运动。1827年英国植物学家布朗(Brown，1773—1858)从显微镜中看到悬浮在液体中的花粉在不停地作不规则的杂乱运动，这种运动称为布朗运动，这种作无规则运动的悬浮粒子称为布朗粒子。当我们把视线集中在任意一个微粒上，可看到它在不停地作短促的跳跃，其方向不断改变，且毫无规则。图5-3画出了直径为 10^{-4}cm、悬浮在水中的藤黄颗粒作布朗运动的情况，把每隔30秒观察到的粒子的相继位置用直线依次连接起来后所得到的折线，由此可知布朗粒子运动的

不规则性。

必须指出，图中折线只是大概表示布朗粒子运动路径的曲折情况，实际运动要复杂得多，如果把观察时间进一步缩短，则图中每一段直线都将变成许多段折线。

起初布朗运动被认为是由于外界影响（如震动、液体的对流等）引起，但是后来精确的实验指出，在尽量排除外界干扰的情况下，布朗运动仍然存在。此外，各个微粒的运动情况互不相同，也说明布朗运动不可能是外界影响所引起。

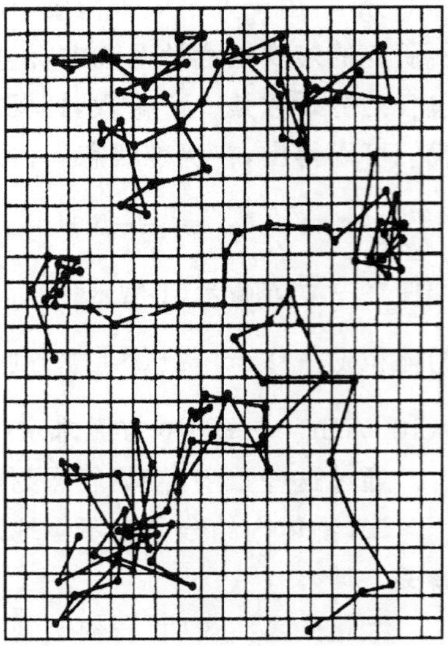

图 5-3 布朗运动

布朗运动不仅在液体中存在，而且在气体中也存在。布朗粒子为什么会做不规则的运动呢？关于这个问题，直到 1877 年德耳索（Delsanlx，1828－1891）才正确地指出，这是由于微粒受到周围液体（或气体）分子的碰撞，受力不平衡而引起，从而为分子无规则运动的假设提供了十分有力的实验依据。分子无规则运动假设认为：由于分子之间的相互碰撞，每个分子运动的方向和速率都在不断地改变。任何时刻，在液体或气体内部，各分子的运动速率有大有小，运动方向也各不相同。

按照分子作无规则运动的假设，液体（或气体）内无规则运动的分子不断地从四面八方冲击悬浮的微粒。当微粒比较大时，这些冲击力的平均值处处相等，相互平衡，因而观察不到布朗运动。但是，当微粒足够小时，从各个方向冲击微粒的平均力互不平衡，微粒向冲击力较弱的方向运动。在下一瞬间，分子从各个方向对微粒的冲击力在另一方向较弱，于是颗粒的运动方向也发生了改变。因此，在显微镜中看到的布朗运动的无规则性，实际上反映了液体（或气体）内部分子运动的无规则性。

实验指出，扩散的快慢和布朗运动的剧烈程度都与温度的高低有显著的关系。随着温度的升高，扩散过程随之加快，悬浮颗粒的运动也加剧。这实际上反映了分子无规则运动的剧烈程度与温度有关，温度越高，分子的无规则运动越剧烈。正因为物体（气体、液体和固体）内部分子的无规则运动与物体的温度有关，所以通常就把这样的运动叫做**热运动**。

三、分子之间有相互作用力

很多现象说明分子之间存在着相互吸引力。例如液体或固体中的分子变为蒸气分子需要吸收汽化热或升华热，这是因为汽化时分子需要克服液体表面或固体中分子的吸引力作功。在进行材料实验时，要把一根固体棒拉断，需要施以很大的拉力，才能克服固体分子间很强的引力作用。早在 1734 年英国的德萨古利埃（Desaguliers）就做了一个试验，他将一个铅球切下的一部分和另一个铅球切下的部分相互接触，加压并稍加捻转一下，这两部分就会粘合在一起，需很大的力才能把它们拉开。

以上事实充分说明，宏观物体的分子之间存在着相互吸引的力，正是这种引力的作用，才使得固体中的大量分子能聚集在一起而保持一定的体积（液体也是如此）和形状。

另一方面我们还知道，固体和液体是很难被压缩的，即使是气体，当压缩到一定程度后也很难再继续压缩。这些现象说明分子之间除有相互吸引的力之外，还有相互排斥的力。

应指出的是，上述事实还说明了只有当两个分子质心之间的距离接近到某一距离时，才会产生相互吸引的力或相互排斥的力，这个距离称为**分子有效作用距离**。分子间发生吸引力的有效作用距离约为10^{-9}m，而分子之间发生排斥力的有效作用距离约为10^{-10}m。一般而言，当两个分子质心间的距离 $r<10^{-10}$m 时，分子间发生排斥力的相互作用，而当分子质心间的距离满足 $10^{-10}\text{m}<r<10^{-9}$m 时，分子间发生吸引力的相互作用，而分子质心间的距离 $r>10^{-9}$m 时，分子间的吸引力可以忽略不计了。

综上所述，一切宏观物质都是由大量分子(或原子)组成的；所有分子都处在不停的无规则的热运动中；分子之间有相互作用力，分子力的作用将使分子聚集在一起，在空间形成某种规则的排列(通常叫做**有序排列**)，而分子的无规则运动将破坏这种有序排列，使分子分散开来。事实上，物质在不同温度下之所以会表现为固、液、气三种不同的聚集形态，正是由于这种相互对立的作用所决定的。在较低的温度下，分子的无规则运动不够剧烈，分子在相互作用力的影响下被束缚在各自的平衡位置附近作微小的振动，这时便表现为固体状态。当温度升高，无规则运动剧烈到某一程度时，分子力的作用已不能把分子束缚在固定的平衡位置附近作微小的振动，但还不能使分子分散远离，这样便表现为液体状态。当温度再升高，无规则运动进一步剧烈到一定程度时，不但分子的平衡位置没有了，而且分子之间也不再能维持一定的距离。这时，分子间互相分散远离，分子的运动近似为自由运动，这样便表现为气体状态。

§5.2 理想气体的压强

本节将从分子运动论的观点来阐明理想气体的微观结构，并从微观角度研究理想气体压强的实质。

一、理想气体的微观模型

从分子运动论的观点看来，理想气体与物质分子结构的一定的微观模型相对应，这个模型包含以下几个基本假设。

1. 分子本身的线度与分子间的平均距离相比可以忽略不计

为说明上述假设，可作如下估算。

根据阿伏伽德罗常数我们知道，1 摩尔的任何气体包含的分子数相等，且 $N_A=6.02\times10^{23}\text{mol}^{-1}$。在§1.3 中我们曾经介绍，在标准状态下，1 摩尔的任何气体占有体积 $V_{m0}\approx22.4\times10^{-3}\text{m}^3$，由此可得在标准状态下，在 1$\text{m}^3$ 的任何气体中含有的分子数为

$$n_0=\frac{N_A}{V_{m0}}=\frac{6.02\times10^{23}}{22.4\times10^{-3}}=2.7\times10^{25}\text{m}^{-3}, \qquad (5.2.1)$$

n_0 叫做洛喜密脱数，是奥地利物理学家洛喜密脱(Loschmidt,1821—1895)于 1865 年根据阿伏伽德罗常数 N_A 首先算得的。设在标准状态下分子间的平均距离为 $\bar{L}$，则

$$\bar{L}=\sqrt[3]{\frac{1}{n_0}}=\left(\frac{1}{2.7\times10^{25}}\right)^{1/3}=3.3\times10^{-9}\text{m},$$

就数量级而言，$\bar{L}$ 大约是分子本身线度的 10 倍。在§1.3 中我们知道，气体越稀薄就越接近于理想气体，因此对理想气体来讲，分子间的平均距离远远大于分子本身的线度，因而可将分子的大小忽略不计，将其看成一个质点。

2. 除碰撞的一瞬间外，分子之间和分子与器壁之间的相互作用可以忽略不计

在上一节中我们知道，分子之间有一有效作用距离，其引力的有效作用距离大约为 10^{-9}m，而斥力的有效作用距离大约为 10^{-10}m，对理想气体而言，分子间的平均距离远远

大于这一有效作用距离，因而可以忽略除碰撞以外的一切分子间的相互作用力。

3. *分子之间及分子与器壁之间的碰撞是完全弹性碰撞*

提出第三条假设的依据主要有两点，其一是气体被贮存在容器中时，分子在运动过程中高度的变化不很大，因而分子的动能平均来讲，比它们的重力势能的改变要大得多，所以分子所受的重力可以忽略不计。其二是在平衡态下，气体的温度和压强等热力学量都不随时间改变。在后面的学习中我们将知道，理想气体的温度和压强都与分子热运动的平均动能有关，因此，在平衡态下气体的温度和压强等热力学量不随时间改变，这就表明气体分子之间及分子与器壁之间发生碰撞时，无动能损失，即碰撞是完全弹性的。

4. *在无外力场时，处于平衡态的气体分子应均匀分布于容器中*

由于气体分子运动的无规则性，在平衡态下任何分子，沿任何方向运动的几率是相等的，不存在运动速度的择优方向。在任一瞬时，朝任一方向运动的平均分子数，必等于朝相反方向运动的平均分子数。因而，在无外力场时，在平衡态下气体分子必然均匀分布于容器中，这一假设也称为分子混沌性假设。

以上是关于理想气体微观模型的基本假设。分子运动论对理想气体性质的所有讨论都是建立在上述四点假设的基础之上。

二、理想气体的压强

早在1738年虎克和伯努利(Bernoulli，1667－1748)就假设气体压强来自于气体分子碰撞器壁时所产生的冲量。按照伯努利的假定，分子每碰撞一次器壁，即施于器壁一定的冲量，大量分子连续不断地碰撞器壁的结果，就会使器壁受到一个持续的压力作用。从统计物理学的基本观点看，热力学中的任何宏观量，都是相应的微观量的统计平均值，所以气体作用于器壁的压强是单位时间内单位面积器壁由于大量分子频繁地碰撞而作用于器壁的平均冲量，如图 5-4 所示。

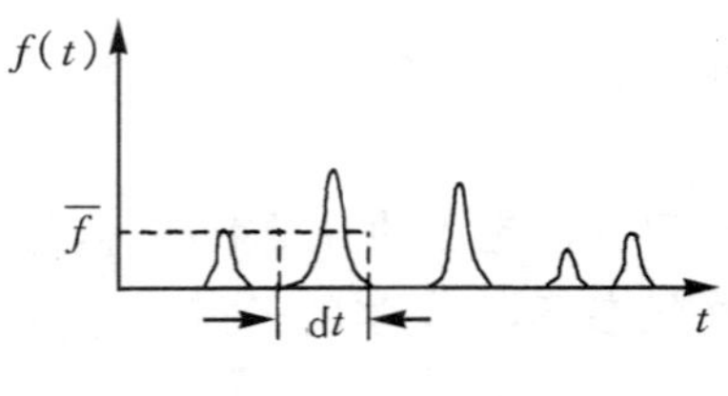

(a)单个分子碰撞器壁的冲力是断续的

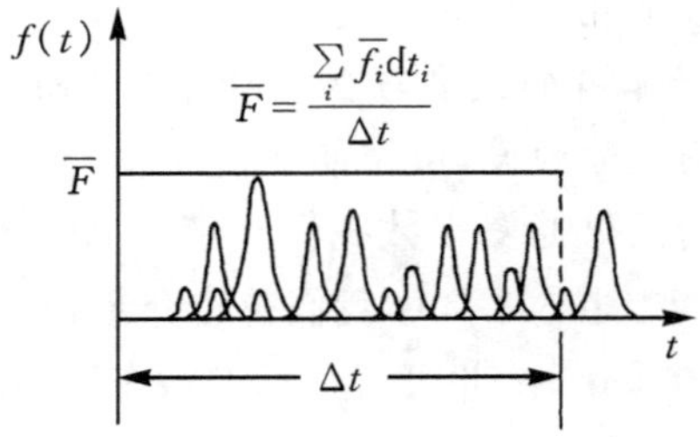

(b)大量分子碰撞器壁的总效果是产生一个持续的平均冲力 $\overline{F}$

图 5-4 气体压强的微观本质

下面我们根据理想气体微观模型，先介绍一种简单的方法推导理想气体压强的近似公式，在第六章中我们还将根据气体在平衡态时的速度分布律进行严密的推导。

设在一个正方形容器中盛有某种理想气体(图 5-5)，气体分子数密度为 n，气体分子的质量为 m，平均速率为 $\overline{v}$，作为一种近似，可假定每一分子都以平均速率 $\overline{v}$ 运动。根据理想气体微观模型的假设 4，平均而言，在 n 个分子中，沿着 $\pm x$、$\pm y$、$\pm z$ 六个方向运动的分子数相等，故上述容器的单位体积中均各有 $\dfrac{n}{6}$ 个分子以平均速率 $\overline{v}$ 分别沿 $\pm x$、$\pm y$、$\pm z$ 六个方向运动。因而在 Δt 时间内垂直碰撞在平行于 $y-z$ 平面的器壁上 ΔA 面积的分子数(图 5-6)为

$$\frac{1}{6}n\bar{v}\Delta A\Delta t, \tag{5.2.1}$$

根据理想气体微观模型假设3，每个分子与器壁的碰撞是完全弹性的，则每次碰撞分子动量的改变为$-m\bar{v}-m\bar{v}=-2m\bar{v}$，根据力学的动量定理，分子施于器壁的冲量为$2m\bar{v}$，所以在$\Delta t$时间内，$\Delta A$面积器壁所受到的总冲量为

$$\Delta I=\frac{1}{6}n\bar{v}\Delta A\Delta t\cdot 2m\bar{v},$$

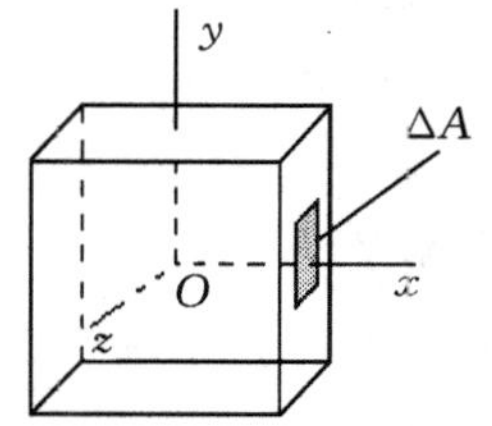

图 5-5

计算作用在器壁上面积元 ΔA 的压强

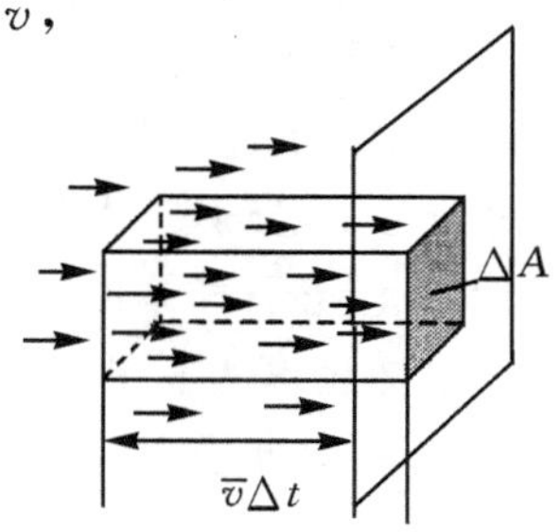

图 5-6

理想气体压强公式的推导

ΔA面积器壁在单位时间所受到的平均总冲量，即为气体施于器壁的宏观压力，因此，如果以p表示气体作用于器壁的压强，则有

$$p=\frac{\Delta I}{\Delta t\Delta A}=\frac{1}{6}n\bar{v}\cdot 2m\bar{v}=\frac{1}{3}nm\bar{v}^2\approx\frac{1}{3}nm\overline{v^2}, \tag{5.2.2}$$

(5.2.2)式称为理想气体的压强公式。在上述推导中我们利用了平均速率近似等于方均根速率的条件，即

$$\bar{v}\simeq\sqrt{\overline{v^2}},$$

在第六章中将证明，对于理想气体有$\sqrt{\overline{v^2}}=1.088\bar{v}$的关系，可见由$\bar{v}\approx\sqrt{\overline{v^2}}$所产生的误差很小。

设$\bar{\varepsilon}=\frac{1}{2}m\overline{v^2}$表示气体分子平动动能的平均值，将$\bar{\varepsilon}$代入(5.2.2)式，可得

$$p=\frac{2}{3}n\bar{\varepsilon}, \tag{5.2.3}$$

由(5.2.3)式说明，理想气体的压强p决定于单位体积内的分子数n和分子的平均平动动能$\bar{\varepsilon}$，n和$\bar{\varepsilon}$越大，压强p就越大。

(5.2.3)式把宏观量p与微观量$\varepsilon=\frac{1}{2}mv^2$的平均值$\bar{\varepsilon}$联系起来了。压强$p$可由实验测定，而$\bar{\varepsilon}$不能由实验直接测定，所以(5.2.3)式无法直接由实验验证，但从这个公式出发所得出的各种推证均与实验相符合，证明了这个公式的正确性。

应当指出的是(5.2.3)式中压强p表示单位时间内单位面积器壁所获得的平均冲量。由于分子对器壁的碰撞是断断续续的，分子施于器壁的冲量的大小是涨落不定的，所以压强p是一个统计平均量。在气体中，单位体积内的分子数也是涨落不定的，所以气体分子数密度也是一个统计平均量。(5.2.3)式表征的是三个统计平均量p、n和$\bar{\varepsilon}$之间相互联系的一个统计规律，而不是一个力学规律。

三、平衡辐射光子气体的压强

在§4.5中讨论的一个体积为V，温度为T的空腔中的平衡辐射场，根据现代量子理

论，从微观上看，可以看成是由 N 个具有不同能量，并沿着不同方向运动的光子组成的光子气体。每个光子的能量 ε 和动量的大小 p 分别为

$$\varepsilon = h\nu, \qquad p = \frac{h\nu}{c}, \tag{5.2.4}$$

其中 h 为普朗克常数，ν 为光子的频率，而 c 为光速。在§4.5 中已经证明了上述的光子气体是各向同性的。实际上，光子气体与理想气体相类似：(1)光子在空间的传播也没有择优取向；(2)光子与光子之间也没有相互作用；(3)光子气体的能量等于组成光子气体的所有光子的能量之和。不过所有光子都以同一光速 c 运动，具有不同频率的光子，其能量也不同。从以上分析可知，分子运动论对于理想气体的讨论方法，也可应用于平衡辐射场。

下面我们讨论光子气体的辐射压强的大小。在图 5-7中，设空腔中光子的数密度为 n，根据光子气体各向同性这一事实及理想气体微观模型中分子混沌性假设，在单位体积的 n 个分子中，有 $\frac{1}{6}n$ 个光子垂直于空腔壁，以光速 c 运动，在 $\mathrm{d}t$ 时间内，能抵达腔壁上的面积元 ΔA 的光子数为

$$\Delta N = \frac{1}{6}n\,c\,\mathrm{d}t\Delta A, \tag{5.2.5}$$

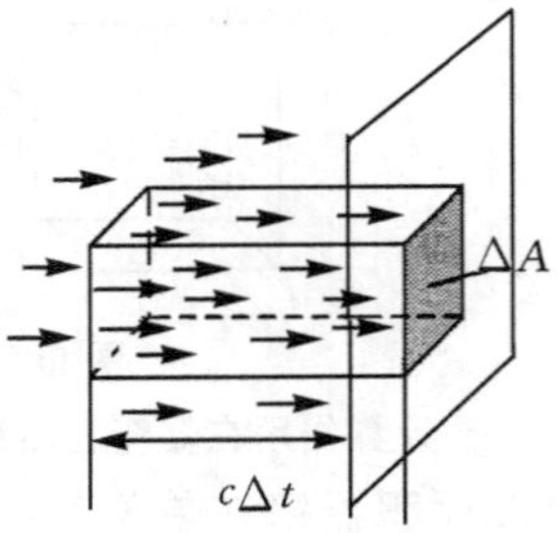

图 5-7 光压的推导

因腔壁在吸收从空腔内部发射来的光子能量的同时，也向空腔内部发射光子。在平衡辐射的情况下，两者的总光子数相等①及总的光子的能量相等，为简单起见，设所有光子的频率相等，均为 $\bar{\nu}$，根据(5.2.4)式，每个光子的动量大小均为 $p=\frac{h\bar{\nu}}{c}$，腔壁吸收一个频率为 $\bar{\nu}$ 的光子，同时发射一个频率为 $\bar{\nu}$ 的光子，相当于光子和腔壁发生了一次完全弹性碰撞，此时光子作用于腔壁的冲量为

$$\mathrm{d}I = 2\,\frac{h\bar{\nu}}{c}, \tag{5.2.6}$$

因此，上述的 ΔN 个光子与腔壁上的面积元 ΔA 发生碰撞后，作用于该面积元的总冲量为

$$\Delta I = \Delta N\mathrm{d}I = \frac{1}{6}n\,c\,\mathrm{d}t\Delta A \cdot 2\,\frac{h\bar{\nu}}{c} = \frac{1}{3}n\,h\bar{\nu}\,\mathrm{d}t\Delta A, \tag{5.2.7}$$

由此可得光子气体作用于腔壁的压强为

$$p = \frac{\Delta I}{\mathrm{d}t\Delta A} = \frac{1}{3}n\,h\bar{\nu} = \frac{1}{3}u, \tag{5.2.8}$$

其中

$$u = n\,h\bar{\nu} = \frac{N h\bar{\nu}}{V} = \frac{U}{V}, \tag{5.2.9}$$

$U=Nh\bar{\nu}$ 是空腔中光子气体的总能量，称为光子气体的内能，$u=\frac{U}{V}$ 是单位体积中的光子气的能量，称为光子气体的能量密度。(5.2.8)式称为平衡辐射光子气体的压强公式。根据(4.5.4)式

$$u = aT^4,$$

其中 $a=7.56\times10^{-16}\,\mathrm{J}\cdot\mathrm{m}^{-3}\cdot\mathrm{K}^{-4}$，将上式代入(5.2.8)式，最后可得空腔内平衡辐射的

① 严格来说，在平衡辐射的情况下，空腔中光子气体的总能量是恒定的，但光子数可以不守恒。

压强为

$$p=\frac{aT^4}{3}. \tag{5.2.10}$$

[**例题**] (1) 试求 $T=300\,\mathrm{K}$ 的黑体表面的辐射压强;(2) 若认为太阳表面为一黑体,已知太阳表面温度为 6000 K,试问太阳表面的辐射压强为多大?(3) 若太阳中心的温度为 10^7 K,试求太阳中心辐射压的数量级。

[**解**]

(1) $p_1=\frac{aT_1^4}{3}=\frac{1}{3}\times 7.56\times 10^{-16}\times(300)^4=2\times 10^{-6}(\mathrm{N\cdot m^{-2}})$.

可见在室温下,黑体表面热辐射所产生的光压仅为 2×10^{-6} Pa,因辐射压太小,故通常可不必考虑。

(2) $p_2=\frac{1}{3}\times 7.56\times 10^{-16}\times(6000)^4=0.16(\mathrm{N\cdot m^{-2}})=0.16\,\mathrm{Pa}$.

上述结果说明,太阳表面的辐射压虽然也不大,但太阳大气压很低,辐射光压不能忽略。

(3) $p_3=\frac{1}{3}\times 7.56\times 10^{-16}\times 10^{28}\,\mathrm{N\cdot m^{-2}}\approx 10^{12}\,\mathrm{N\cdot m^{-2}}\approx 10^7$ atm.

这说明辐射压强在恒星的演化过程中起十分重要的作用。在恒星中,辐射压强、分子热运动压强等与万有引力压强之间的抗衡,决定了恒星演化的整个过程。

* 四、简并压强

金属自由电子气模型指出,金属中的价电子可近似地看成无相互作用的自由电子,称为自由电子气,而金属表面相当于是一个装有自由电子气的容器壁。根据量子理论,在 $T=0\,\mathrm{K}$ 时,金属中的自由电子以 $10^6\ \mathrm{m\cdot s^{-1}}$ 数量级的平均速率运动着,自由电子与器壁表面碰撞所产生的压强称为费米压强(因电子是费米子),也称为简并压强。下面以铜为例,根据(5.2.2)式计算金属中自由电子气的简并压强。已知铜的密度为 $\rho=8.9\times 10^3\ \mathrm{kg\cdot m^{-3}}$,铜原子的质量 $m=64\times 1.67\times 10^{-27}$ kg,电子的质量 $m_e=9.1\times 10^{-31}$ kg。考虑铜是一价金属,每个原子提供一个电子,故铜内部的自由电子气数密度 $n=\frac{\rho}{m}=\frac{8.9\times 10^3\ \mathrm{kg\cdot m^{-3}}}{64\times 1.67\times 10^{-27}\ \mathrm{kg}}=8.33\times 10^{28}\,\mathrm{m^{-3}}$。当我们忽略金属中自由电子的平均速率与方均根速率的差别时,由(5.2.2)式可求得自由电子气的简并压强为

$$p\approx\frac{1}{3}nm_e\overline{v^2}=\frac{1}{3}\times 8.33\times 10^{28}\times 9.1\times 10^{-31}\times(10^6)^2=2.5\times 10^{10}\,\mathrm{Pa}.$$

其数量级达 10^4 MPa(10^5 atm)。在超密态物质白矮星、中子星中,存在大量的电子或中子(它们都是费米子),它们的速率分布类似于 $T=0\mathrm{K}$ 时金属中自由电子的分布,因而也存在简并压强。在这些星球中由于自由电子或中子的数密度更大,故简并压强更高,这些星体的简并压强也是抗衡引力压强的因素之一,因而该压强在这些星体的演变过程中同样也起了十分重要的作用。

§5.3 温度的微观意义

一、温度的微观意义

根据理想气体的压强公式(5.2.3)和理想气体状态方程,可以导出理想气体的温度与分子的平均平动动能之间的关系,从而阐明温度这一概念的微观实质。

由理想气体状态方程 $pV=\frac{M}{\mu}RT$ 可得

$$p = \frac{M}{\mu}\frac{RT}{V},$$

将此式与(5.2.3)式联立，消去压强 p，可得

$$\bar{\varepsilon} = \frac{3}{2}\frac{1}{n}\frac{M}{\mu}\frac{RT}{V},$$

因为 $n=\dfrac{N}{V}$，而 $N=\dfrac{M}{\mu}N_{\mathrm{A}}$，$N_{\mathrm{A}}=6.022\,136\,7\times10^{23}\,\mathrm{mol}^{-1}$，表示 1 摩尔气体所含的分子数(即阿伏伽德罗常数)，所以

$$\bar{\varepsilon} = \frac{3}{2}\frac{R}{N_{\mathrm{A}}}T,$$

上式中 R 和 N_{A} 都是常数，它们的比值可用另一个常数 k 来表示。k 叫玻耳兹曼常数，其值为

$$k = \frac{R}{N_{\mathrm{A}}} = \frac{8.314\,41\,\mathrm{J\cdot mol^{-1}\cdot K^{-1}}}{6.022\,136\,7\times10^{23}\,\mathrm{mol^{-1}}} = 1.380\,658\times10^{-23}\,\mathrm{J\cdot K^{-1}},$$

于是上式可写作

$$\bar{\varepsilon} = \frac{3}{2}kT. \tag{5.3.1}$$

它表明气体分子热运动的平均平动动能与气体的热力学温度成正比。热力学温度越高，分子无规则的热运动就越剧烈，因此，从分子运动论的观点来看，一个宏观物体的温度是物体内部分子无规则运动剧烈程度的量度，这就是温度这一宏观热力学量的微观本质，也是我们将物体内部大量微观粒子无规则运动称为热运动的原因。表 5-1 中列出了自然界中一些低温、高温温度的典型数值与粒子平均能量的对应关系，此处粒子的平均能量用 kT 表示。

应指出的是，物体内部分子的热运动具有多种形式，如分子质心的平动、分子绕质心的转动和分子内原子间的振动等。这些运动形式的剧烈程度也都与物体的温度有关。(5.3.1)式揭示了宏观量 T 和微观量的平均值 $\bar{\varepsilon}$ 之间的联系。由于温度是与大量分子的平均平动动能相联系，所以温度是大量分子热运动的集体表现，也具有统计意义，对单个分子而言，温度这一概念是毫无意义的。

从温度的微观意义，使我们可以更深入地理解两个温度不同的系统达到热平衡的微观过程。若把两个温度不同的系统放在一起，使之热接触，则由于两个系统的温度不同，两系统分子的平均平动动能也不同。由于两系统的分子在相互接触的交界面上发生相互碰撞，平均能量较大的分子将逐渐地把能量传递给平均能量较小的分子，因而就有能量通过两系统的边界，从温度较高的系统传递给温度较低的系统，直到两系统温度相等为止。这种通过分子碰撞传递能量或输运能量的过程，也发生在同一系统内温度不同的两部分之间。

在(5.3.1)式中，如果 $\bar{\varepsilon}=\dfrac{1}{2}m\overline{v^2}$，则可得到

$$\sqrt{\overline{v^2}} = \sqrt{\frac{3kT}{m}} = \sqrt{\frac{3N_{\mathrm{A}}kT}{N_{\mathrm{A}}m}} = \sqrt{\frac{3RT}{\mu}}. \tag{5.3.2}$$

$\sqrt{\overline{v^2}}$ 为大量分子速率平方的平均值的平方根，叫做气体分子的方均根速率，它是一个统计平均量。$\sqrt{\overline{v^2}}$ 的值越大，说明气体中速率大的分子越多，热运动越剧烈。

［例题 1］ 试求温度 $t=27℃$时，一个气体分子的平均平动动能及 1 摩尔气体分子总的平动动能。

［解］ $t=27℃$时，相应的热力学温度 $T=300\mathrm{K}$，由(5.3.1)式可得

$$\bar{\varepsilon}=\frac{3}{2}kT=\frac{3}{2}\times 1.38\times 10^{-23}\ \mathrm{J\cdot K^{-1}}\times 300\,\mathrm{K}$$
$$=6.21\times 10^{-21}\ \mathrm{J}.$$

1 摩尔气体的总平动动能 E_{k} 为

$$E_{\mathrm{k}}=N_{\mathrm{A}}\bar{\varepsilon}=N_{\mathrm{A}}\frac{3}{2}kT=\frac{3}{2}N_{\mathrm{A}}\frac{R}{N_{\mathrm{A}}}T=\frac{3}{2}RT$$
$$=\frac{3}{2}\times 8.31\,\mathrm{J\cdot mol^{-1}\cdot K^{-1}}\times 300\,\mathrm{K}=3.74\times 10^{3}\ \mathrm{J\cdot mol^{-1}}.$$

［例题 2］ 在近代物理中常用电子伏特(eV)作为能量单位，试问在多高温度下，分子的平均平动动能为 1 eV？1 K 温度的平均平动动能相当于多少电子伏特？

［解］ $1\mathrm{eV}=1.60\times10^{-19}\ \mathrm{C\cdot V}$(库仑·伏特)$=1.60\times10^{-19}\ \mathrm{J}$.

令 $\bar{\varepsilon}=1\ \mathrm{eV}$，由(5.3.1)式可得

$$T=\frac{2\bar{\varepsilon}}{3k}=\frac{2}{3\times 1.38\times 10^{-23}\ \mathrm{J\cdot K^{-1}}}\times 1.60\times 10^{-19}\ \mathrm{J}=7.73\times 10^{3}\ \mathrm{K}.$$

当 $T=1\,\mathrm{K}$ 时，

$$\bar{\varepsilon}=\frac{3}{2}kT=\frac{3}{2}\times 1.38\times 10^{-23}\ \mathrm{J\cdot K^{-1}\cdot K}$$
$$=2.07\times 10^{-23}\ \mathrm{J}=\frac{2.07\times 10^{-23}\ \mathrm{J}}{1.60\times 10^{-19}\ \mathrm{J/eV}}$$
$$=1.29\times 10^{-4}\ \mathrm{eV}.$$

［例题 3］ 试求 273K 时氢分子的方均根速率$\sqrt{\overline{v^2}}$.

［解］ 由(5.3.2)式可得

$$\sqrt{\overline{v^2}}=\sqrt{\frac{3kT}{m}}=\sqrt{\frac{3RT}{\mu}}=\sqrt{\frac{3\times 8.31\times 273}{2\times 10^{-3}}}\doteq 1.84\times 10^{3}\ \mathrm{m/s}.$$

表 5-1 自然界中一些低温、高温温度的典型数值及对应的粒子的平均能量

温度(K)	kT	说明	温度(K)	kT	说明
0	0	低温极限	4000	0.52eV	中性原子形成，宇宙变得透明
10^{-8}		核自旋绝热去磁致冷	6000	0.78eV	太阳表面温度
2.735	3.5×10^{-4} eV	宇宙微波背景辐射	10^5	13.6eV	轻元素电离
4	5×10^{-4} eV	一大气压下液氦的沸点	10^7	1.3keV	太阳中心温度
20	3×10^{-3} eV	一大气压下液氢的沸点	10^8	13keV	热核聚变温度
77	0.01eV	一大气压下液氮的沸点	10^9	0.1MeV①	宇宙 He 核合成
90	0.016eV	一大气压下液氧沸点	10^{10}	1.3MeV	热核激发与分裂
273	0.035eV	在一大气压下水的冰点	10^{12}	10^2 MeV	强子物质—夸克物质相变
1000	0.13eV	许多物质汽化	10^{32}	10^{19} GeV②	大爆炸后的宇宙温度

① $1\mathrm{MeV}=1000\mathrm{keV}=10^6\,\mathrm{eV}$

② $1\mathrm{GeV}=1000\mathrm{MeV}=10^9\,\mathrm{eV}$

从表 5.1 可以清楚地看出以下几点：

(1)温度越高，粒子热运动的平均能量越大。

(2)当压强一定时，物质的相变都是在某一特定的温度下发生的。

(3)在宇宙演化过程中，温度的高低决定了宇宙中粒子物质的成分。

(4)在太阳系中，地球之所以成为生命的摇篮，除了阳光、空气和水之外，还要具有适宜生命生存和繁衍的温度。地球表面的平均温度为 15℃，即 288K 左右，大约有 10^9 种生物大分子可以在这样的环境下生存。我们生活环境温度的起伏，将会危及人类的生存。

二、对理想气体一些实验定律的推证

理想气体的压强公式(5.2.3)和分子平均平动动能的公式(5.3.1)是气体分子运动论的两个基本公式，它们是从物质分子运动论的基本观点出发，根据理想气体的微观模型，运用概率论的基本思想及统计物理学的基本观点，从理论上推导出来的。从这两个公式出发，可以满意地解释和推证理想气体的一些实验定律，从而证明气体分子运动论的正确性。

1. 对阿伏伽德罗定律的推证

由理想气体的压强公式和分子平均平动动能公式

$$p=\frac{2}{3}n\bar{\varepsilon} \quad 和 \quad \bar{\varepsilon}=\frac{3}{2}kT,$$

消去 $\bar{\varepsilon}$ 即可得到

$$p=nkT, \tag{5.3.3}$$

由(5.3.3)式可得

$$n=\frac{p}{kT}, \tag{5.3.4}$$

由(5.3.4)式可知，在一定的温度和压强下，各种气体在相同体积中包含的分子数相等，这就是阿伏伽德罗定律。根据(5.3.4)式可得，在标准状态下气体的数密度为

$$n_0=\frac{p_0}{kT_0}=\frac{1.01325\times10^5}{1.38\times10^{-23}\times273}\approx2.7\times10^{25}\,\mathrm{m^{-3}}=2.7\times10^{19}\ \mathrm{cm^{-3}},$$

n_0 称为**洛喜密脱数**，它是奥地利物理学家洛喜密脱(Loschmidt，1821－1895)于 1865 年首先根据阿伏伽德罗常数 N_A 算出的。

(5.3.3)式把压强和温度这两个宏观量与气体的分子数密度 n 联系起来，这是理想气体状态方程的另一种表达式，应用此式可以很方便地计算和解释许多有关气体分子运动论的问题。

[例题 4] 质量为 50.0 g、温度为 18.0 ℃的氦气装在容积为 10.0 l 的封闭容器内，容器以 $v=200\,\mathrm{m\cdot s^{-1}}$ 的速率作匀速直线运动。若容器突然停止，定向运动的动能全部转化为分子热运动的动能，试问平衡后氦气的温度和压强将各增大多少？

[解] 已知氦气的质量 $M=50.0\,\mathrm{g}=50.0\times10^{-3}\,\mathrm{kg}$，设 E_k 是氦气的平动动能，则有

$$E_k=\frac{1}{2}Mv^2=\frac{M}{\mu}N_A\Delta\bar{\varepsilon},$$

$$\Delta\bar{\varepsilon}=\frac{1}{2}\frac{\mu}{N_A}v^2=\frac{1}{2}\times\frac{4\times10^{-3}}{6.02\times10^{23}}\times200^2=13.3\times10^{-23}\,\mathrm{J},$$

由 $\bar{\varepsilon}=\frac{3}{2}kT$ 可得

$$\Delta T=\frac{2\Delta\bar{\varepsilon}}{3k}=\frac{2\times13.3\times10^{-23}}{3\times1.38\times10^{-23}}=6.42\,\mathrm{K},$$

考虑气体的分子数密度 n 为

$$n = \frac{\frac{M}{\mu}N_A}{V} = \frac{MR}{\mu Vk},$$

将此式代入(5.3.3)式，可得

$$\Delta p = nk\Delta T = \frac{MR}{\mu V}\Delta T = \frac{50.0\times10^{-3}\times8.21\times10^{-2}}{4\times10^{-3}\times10}\times6.42 = 0.66\,\text{atm}.$$

2. 对道耳顿分压定律的推证

设容器中装有几种不同种类的气体分子，在单位体积中第一种气体的分子数为 n_1，第二种气体的分子数为 n_2，…，第 i 种气体的分子数为 n_i，…，则单位体积中的总分子数为

$$n = n_1 + n_2 + \cdots + n_i + \cdots = \sum_i n_i, \tag{5.3.5}$$

当气体温度为 T 时，根据(5.3.1)式可知，各种气体分子的平均平动动能相等，即

$$\bar{\varepsilon}_1 = \bar{\varepsilon}_2 = \cdots = \bar{\varepsilon}_i = \cdots = \bar{\varepsilon}, \tag{5.3.6}$$

将(5.3.5)、(5.3.6)二式代入(5.2.3)式，可得

$$p = \frac{2}{3}n\bar{\varepsilon} = \frac{2}{3}(n_1+n_2+\cdots)\bar{\varepsilon} = \frac{2}{3}n_1\bar{\varepsilon}_1 + \frac{2}{3}n_2\bar{\varepsilon}_2 + \cdots$$

$$= p_1 + p_2 + \cdots = \sum_i p_i, \tag{5.3.7}$$

上式说明，混合气体的压强等于各种气体的分压强之和，这就是道耳顿分压定律。

此外，还有一些其他的理想气体实验定律，例如玻义耳—马略特定律等，都可以从以上两个基本公式推导出来，而且还可以由这两个基本公式，从分子运动论的观点来解释这些实验定律的微观本质。例如，玻—马定律指出，在温度不变的条件下，一定质量的气体压强与体积成反比。这是因为当温度一定时，气体分子的平均平动动能 $\bar{\varepsilon}$ 的大小一定，由(5.3.3)式可知，气体的压强与气体分子的数密度 n 成正比，气体体积减小时，气体分子的数密度 n 增大，因而气体的压强 p 增大。又如，在热力学中曾谈到，在相同的体积变化下，气体经绝热压缩时压强的增加量比等温压缩时压强的增加量要大，请读者自己根据(5.3.3)式及热力学的基本定律进行解释。

[例题 5] 一定质量的理想气体，压强为 p_1，温度为 T_1，与同体积的压强为 p_2，温度为 T_2 的另一种理想气体相混合，已知混合后气体的体积为原来气体体积之和，第一种气体定容摩尔热容量 $C_{V,\text{m}}^{(1)} = \frac{3}{2}R$，第二种气体定容摩尔热容量为 $C_{V,\text{m}}^{(2)} = \frac{5}{2}R$. 在混合过程中与外界未发生能量交换，求混合后气体的温度和压强。

[解] 设混合前两种气体的分子数密度分别为 n_1、n_2，依题意，混合后混合气体中每种气体的分子数密度分别为 $\frac{1}{2}n_1$ 和 $\frac{1}{2}n_2$。由(5.3.3)式有

$$p_1 = n_1kT_1,\qquad n_1 = \frac{p_1}{kT_1};$$

$$p_2 = n_2kT_2,\qquad n_2 = \frac{p_2}{kT_2};$$

$$p'_1 = \frac{1}{2}n_1kT = \frac{1}{2}\frac{p_1}{kT_1}kT = \frac{1}{2}\frac{p_1}{T_1}T,$$

$$p'_2 = \frac{1}{2}n_2kT = \frac{1}{2}\frac{p_2}{kT_2}kT = \frac{1}{2}\frac{p_2}{T_2}T,$$

T 是混合后气体的温度。根据道耳顿分压定律有

$$p = p'_1 + p'_2 = \frac{1}{2}\left(\frac{p_1}{T_1}+\frac{p_2}{T_2}\right)T. \tag{1}$$

又因在混合过程中与外界未发生能量交换，仅在系统内两种不同气体间发生能量交换，故有

$$\frac{M_1}{\mu_1}C_{V,\mathrm{m}}^{(1)}(T_1-T)=\frac{M_2}{\mu_2}C_{V,\mathrm{m}}^{(2)}(T-T_2),$$

或者

$$\frac{M_1}{\mu_1}C_{V,\mathrm{m}}^{(1)}T_1+\frac{M_2}{\mu_2}C_{V,\mathrm{m}}^{(2)}T_2=\left[\frac{M_1}{\mu_1}C_{V,\mathrm{m}}^{(1)}+\frac{M_2}{\mu_2}C_{V,\mathrm{m}}^{(2)}\right]T,$$

$$T=\frac{\frac{M_1}{\mu_1}C_{V,\mathrm{m}}^{(1)}T_1+\frac{M_2}{\mu_2}C_{V,\mathrm{m}}^{(2)}T_2}{\frac{M_1}{\mu_1}C_{V,\mathrm{m}}^{(1)}+\frac{M_2}{\mu_2}C_{V,\mathrm{m}}^{(2)}}=\frac{\frac{M_1}{\mu_1}\frac{3}{2}RT_1+\frac{M_2}{\mu_2}\frac{5}{2}RT_2}{\frac{M_1}{\mu_1}\frac{3}{2}R+\frac{M_2}{\mu_2}\frac{5}{2}R}.$$

由理想气体状态方程有

$$\frac{M_1}{\mu_1}=\frac{p_1V_0}{RT_1},\qquad \frac{M_2}{\mu_2}=\frac{p_2V_0}{RT_2}.$$

则混合后气体的温度为

$$T=\frac{\frac{3}{2}p_1+\frac{5}{2}p_2}{\frac{3}{2}\frac{p_1}{T_1}+\frac{5}{2}\frac{p_2}{T_2}}=\frac{3\left(p_1+\frac{5}{3}p_2\right)T_1T_2}{3p_1T_2+5p_2T_1},\tag{2}$$

将(2)式代入(1)式，可得混合后气体的压强为

$$p=\frac{p_1T_2+p_2T_1}{2(3p_1T_2+5p_2T_1)}(3p_1+5p_2).$$

§5.4　分　子　力

§5.1中已经从定性方面知道了分子之间是存在着相互作用力的，分子力是一种短程力，当分子比较接近时，分子间相互吸引，当分子非常接近时，分子间相互排斥。在气体中，虽然分子的热运动占支配地位，但分子力也并非不起作用，在计算理想气体的压强时提到的碰撞，实际上是对分子间的相互作用过程的一种简化处理。在计算实际气体的压强时，则必须较详尽地考虑分子间的相互作用。本节中，我们将对分子间的相互作用力的性质和规律进行讨论。

根据现代分子结构的知识可知，分子是由原子组成的，而原子又由带正电的原子核和带负电的电子组成。带负电的电子绕原子核运动，形成电子云。分子力一部分来源于这些带电粒子间的电磁力，另一部分来源于电子在运动过程中某些特定的相互联系（如运动情况完全相似的电子具有相互回避的倾向）。

分子间的相互作用较为复杂，很难用简单的数学公式来表示，在分子运动论中，一般是在实验的基础上，采用一些简化模型来处理问题。下面介绍几种常用的分子相互作用模型，以进一步了解分子间的相互作用力（或相互作用势能）的性质。

一、林纳德—简斯(Lennard—Jones)模型

一种常用的模型为林纳德—简斯模型，该模型假设分子间的相互作用力具有球对称性，并可用下列公式表示分子间的相互作用力：

$$f=\frac{\lambda}{r^m}-\frac{\mu}{r^n}(m>n),\tag{5.4.1}$$

式中r为两分子中心间的距离，λ、μ、m、n都是正数，需根据实验数据确定。在多数情况下取$n=6$，m为9～12之间的整数。(5.4.1)式中第一项是正的，代表斥力；第二项是负的，代表引力。由于m和n都比较大，所以分子力随分子间距离r的增大而急剧减小。这种

力可以认为具有一定的有效作用距离 s，超出有效作用距离，作用力实际上可以完全忽略。由于 $m>n$，所以斥力的有效作用距离比引力小。

图 5-8(a)中的两条虚线分别表示斥力和引力随距离 r 变化的情况。由图可见，在一定距离 $r=r_0=\left(\frac{\mu}{\lambda}\right)^{\frac{1}{n-m}}$ 处，斥力和引力互相抵消，合力为零。这个位置叫做平衡位置。在平衡位置以内，即 $r<r_0$ 处，是强大的斥力作用范围。在平衡位置以外，即 $r>r_0$ 处，是引力作用范围。

通常，更多的是用分子间的势能曲线来描述分子之间的相互作用。由于分子力是保守力，当两个分子间的距离改变 $\mathrm{d}r$ 时，分子间势能的增量就等于分子力 f 在距离 $\mathrm{d}r$ 内所作的功的负值，即

$$\mathrm{d}E_\mathrm{p}=-f\mathrm{d}r.$$

如果选两个分子中心相距极远($r=\infty$)时的势能为零，则距离为 r 时的势能就是

$$E_\mathrm{p}=-\int_\infty^r f\mathrm{d}r=\frac{\lambda'}{r^{(m-1)}}-\frac{\mu'}{r^{(n-1)}}, \qquad (5.4.2)$$

式中　$\lambda'=\frac{\lambda}{m-1}$，　$\mu'=\frac{\mu}{n-1}$.

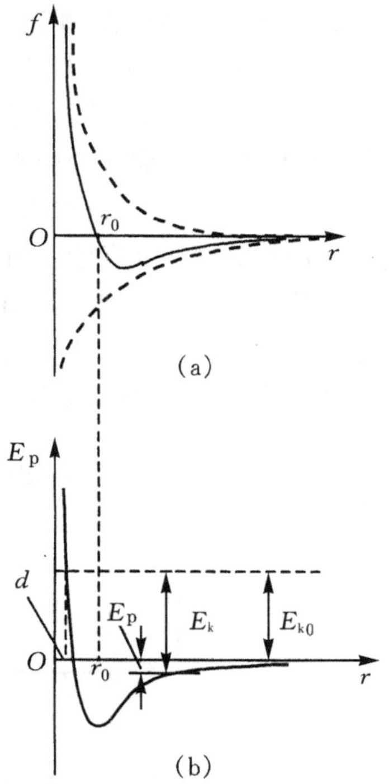

图 5-8　分子力与分子势能曲线

图 5-8(b)中的实线是分子势能曲线。在平衡位置 $r=r_0$ 处，分子力 $f=0$，而 $f=-\frac{\mathrm{d}E_\mathrm{p}}{\mathrm{d}r}$，所以在这里势能有极小值。当 $r<r_0$ 时，势能曲线有很陡的负斜率，这相当于很强的斥力；当 $r>r_0$ 时，势能曲线的斜率是正的，这相当于引力。

下面，我们根据势能曲线来说明两个分子间的相互“碰撞”过程。设一个分子静止不动，其中心固定在图 5-8(b)中坐标原点 O 处。另一个分子从极远处以动能 $E_{\mathrm{k}0}$(这时势能为零，所以 $E_{\mathrm{k}0}$ 也就是总能量 E)趋近。当距离 $r>r_0$ 时，分子力是引力，所以在趋近过程中势能 E_p 不断减小，而动能 E_k 不断增大；当 $r=r_0$ 时，势能最小，而动能最大。当 $r<r_0$ 时，斥力随距离的减小很快地增加，这时势能急剧增大而动能减少。当 $r=d$ 时，势能与分子原来在极远处的动能 $E_{\mathrm{k}0}$ 相等，即动能全部转化为势能，分子的速度为零，分子不能再趋近。这时分子在强大的斥力作用下被排斥开来，这便是通常被形象地看作分子间的弹性碰撞过程。从上面的分析可以看出，由于斥力的存在，两个分子中心在相隔一定距离 $r=d$ 处便互相排开。因此，如果把分子看作直径为 d 的弹性球，则分子的大小显然与原来的动能 $E_{\mathrm{k}0}$ 有关，但由于分子的势能曲线在斥力作用的一段非常陡，所以与不同的 $E_{\mathrm{k}0}$ 相对应的 d 值实际上相差很小。我们可以取 d 的平均值作为分子的有效直径。实验表明，分子有效直径的数量级为 $10^{-10}\,\mathrm{m}$。

如果在温度比较低的情况下，分子在平衡位置 $r=r_0$ 附近的动能小于势能的绝对值，此时分子的总能量小于零，则分子将在平衡位置附近作微小振动。这便是物质处在凝聚态(液态或固态)时分子运动的图像。

显然，当物体的温度升高，以至于分子热运动的动能比分子间相互作用势能大时，这时分子的总能量大于或等于零，因而分子就不再束缚在平衡位置附近振动，这时物体就成

为气体了。

二、无吸引力的刚球模型

在此模型中，把分子看成直径为 d 的刚球，当二分子分离时，分子间就没有相互作用，分子间的相互作用势能为零。当分子相碰撞时，它们产生相互作用，但由于小球是刚性的，不能变形，因而小球中心之间的距离不能小于小球的直径。即当分子间距小于或等于分子直径时，分子相互作用力(或相互作用势能)将趋于无限大。无吸引力的刚球模型的势能曲线如图 5-9 所示。由图可知，当 $r>d$ 时，分子相互作用势能为零，当 $r\leqslant d$ 时，相互作用势能 $E_p\to\infty$。当把气体看成分子间没有相互作用的理想情况时，常用这种模型来讨论气体的性质。若在这模型中进一步假定分子直径 $d\to 0$，则可用这种模型来讨论理想气体的性质，即理想气体是既忽略分子引力，又不考虑分子大小的气体。

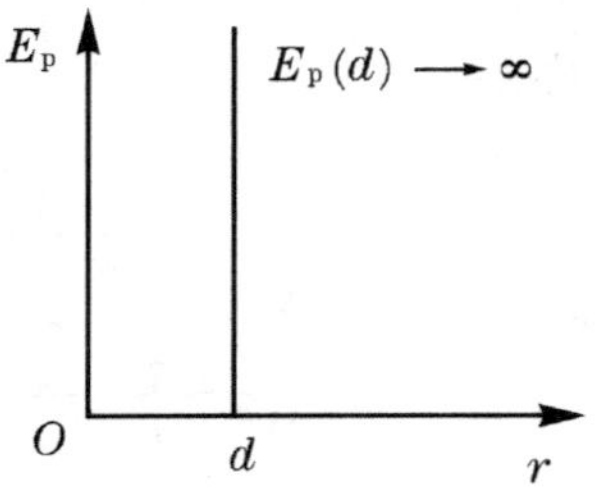

图 5-9　无吸引力刚球模型

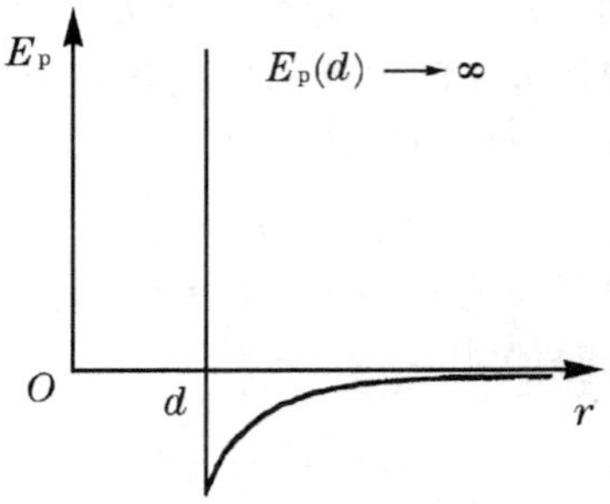

图 5-10　有吸引力刚球模型

三、苏则朗(Sutherland)模型

上述的刚球模型毕竟太简单，在讨论实际气体的性质时，分子间除了很近时存在斥力作用外，还存在引力作用，这种引力随着分子间距的增加而减少，且很快趋于零。苏则朗模型把分子看成是有吸引力的刚球，当两个分子碰撞时，分子间的相互作用力(或相互作用势能)为无限大，而当两个分子分离时，分子间的作用力为 $f=\frac{\mu}{r^n}$，分子势能为

$$E_p=-\int_{\infty}^{r} f\mathrm{d}r=-\int_{\infty}^{r}\frac{\mu}{r^n}\mathrm{d}r=-\frac{\mu'}{r^{n-1}},\tag{5.4.3}$$

分子势能曲线如图 5-10 所示。当 $r\leqslant d$ 时，分子间的斥力(或势能)趋于无限大，当 $r>d$ 时，分子间存在引力相互作用，引力的大小随分子间距离的增大而减小。

通常应用有吸引力的刚球模型讨论实际气体的性质，如从气体分子运动论推导范德瓦耳斯气体的压强。

§5.5　范德瓦耳斯气体的压强

理想气体实际上是一个近似的模型，它忽略了分子的体积(更确切地讲，是忽略了分子间的斥力)和分子间的引力。1873 年荷兰物理学家范德瓦耳斯(van der Waals 1837—1923)在克劳修斯论文的启发下，对理想气体的上述两条假设进行修正，把气体分子看作是有相互吸引作用的刚球，从而导出了实际气体遵从的范德瓦耳斯方程。

一、分子体积引起的修正

根据状态方程，1 摩尔理想气体的压强为

$$p=\frac{RT}{V_m}.$$

由于在理想气体模型中把分子看成是没有体积的质点，所以 V_m 也就是每个分子可以自由活动的空间的体积（即容器的容积）。如果把分子看作是有一定体积的刚球，则每个分子能自由活动的空间不再等于容器的容积 V_m，而应从 V_m 中减去一个反映气体分子所占有体积的改正量 b。这样，就应把理想气体的压强修正为

$$p=\frac{RT}{V_m-b}, \tag{5.5.1}$$

有人把(5.5.1)式称为克劳修斯方程，式中的修正量 b 可用实验方法测定。由(5.5.1)式可知，当压强 $p\to\infty$ 时，气体的体积 $V_m\to b$，说明 b 是气体无限压缩时所达到的最小体积。

从理论上可以证明 b 的数值约等于 1 摩尔气体所有分子体积总和的四倍。由于分子有效直径的数量级为 10^{-10} m，所以可估计出 b 的大小：

$$b=4N_A\cdot\frac{4}{3}\pi\left(\frac{d}{2}\right)^3\approx 10^{-5}\,\mathrm{m}^3,$$

式中 $N_A=6.022\times10^{23}$ 为阿伏伽德罗常数。在标准状态下，1 摩尔气体的体积 $v=22.4\times10^{-3}\ \mathrm{m}^3$，$b$ 仅为 V_m 的万分之四，所以是可以忽略的。但是，如果压强增大，例如增大到 1000 atm 时，设想玻意耳定律仍能应用，则气体的体积将缩小到 $22.44\times10^{-3}/1000\ \mathrm{m}^3=2.24\times10^{-5}\ \mathrm{m}^3$。此时修正量 b 与气体体积具有相同数量级，显然，这时修正量 b 就十分必要了。

二、分子间引力引起的修正

如上节指出，分子间相互作用的引力，随分子间距离的增大而很快减小，引力有一定的有效作用距离 s，超出此距离，引力实际上可以忽略。因此，对于气体内部任一分子 α（如图 5-11 所示）而言，只有处在以它为中心，以引力的有效作用距离 s 为半径的球形区域（该区域称为分子引力作用球）内的所有分子才对它有吸引作用。由于这些分子相对于 α 分子作对称分布，所以它们对 α 分子的引力互相抵消，合力为零。但是靠近器壁的一层厚度为 s 的界面层（如图5-12中的 $A'B'BAA'$ 区域）内的气体分子处境与 α 分子不同，例如在器壁表面上的 β 分子，因为以 β 分子为中心的引力作用球，仅一半在界面层内，另一半在器壁内。若暂不考虑器壁分子对 β 分子的作用（后面将证明器壁分子对界面层内气体分子的引力不会影响气体施于器壁压强的大小），则半个球内气体分子对 β 分子的作用力的合力，垂直于器壁指向气体内部。实际上，在界面层内所有分子都大小不等地受到一个垂直于器壁指向气体内部的合力 f 的作用。气体内部的分子在越过界面层向器壁运动，以及在与器壁碰撞后返回、穿过界面层的过程中，都受到垂直于器壁指向气体内部的合力作用。设想分子在 $A'B'$ 处就与器壁相碰，则所产生的压强就应等于 $\frac{RT}{V_m-b}$（即仅考虑了分子体积的修正）。但实际上分子必须通过这个界面层才能与器壁相碰，而分子在界面层中由于受到向内的拉力 f 的作用，将使它在垂直于器壁方向上的动量减小，因而器壁实际受到的压强比上面的值小 Δp_i. 也就是说，考虑到分子间的引力，气体施于器壁的压强实际应为

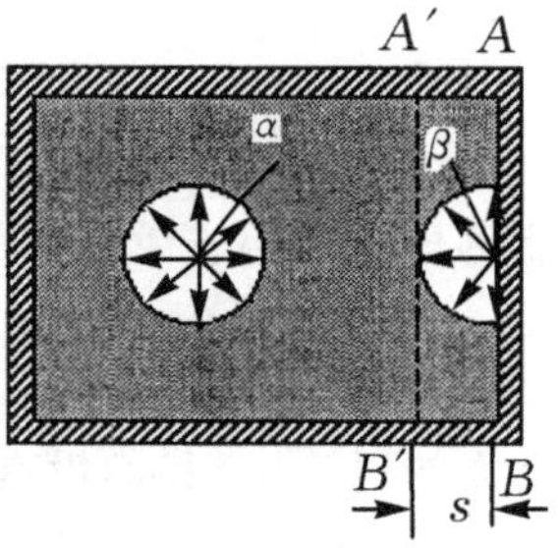

图 5-11　分子作用球

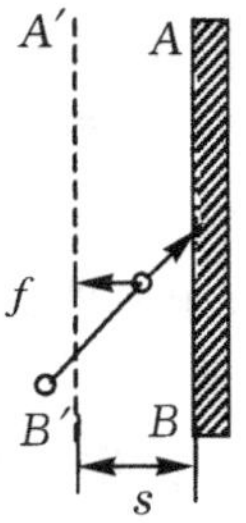

图 5-12
界面层内的气体分子受到垂直于器壁指向气体内部的合力作用

$$p=\frac{RT}{V_m-b}-\Delta p_i \tag{5.5.2}$$

通常称 Δp_i 为气体的内压强。

根据§5.2中的讨论可知，从分子运动论的观点看来，压强等于气体分子在单位时间内施于单位面积器壁的冲量的统计平均值。因此，如以 Δk 表示因内向拉力 f 作用使分子在垂直于器壁方向上动量减少的数值，则

Δp=(单位时间内与单位面积器壁相碰的分子数)×$2\Delta k$. 显然，Δk 与向内的拉力成正比，而这个拉力又与单位体积内的分子数 n 成正比，所以

$$\Delta k \propto n,$$

但同时，单位时间内与单位面积相碰的分子数也与 n 成正比，所以

$$\Delta p_i \propto n^2 \propto \frac{1}{V_m^2},$$

写作等式有

$$\Delta p_i = \frac{a}{V_m^2},$$

比例系数 a 由气体的性质决定。它表示1摩尔气体占有单位体积时，由于分子间相互吸引作用而引起的压强减小量。

把这个结果代入(5.5.2)式，就得到1摩尔范德瓦耳斯气体的压强为

$$p=\frac{RT}{V_m-b}-\frac{a}{V_m^2}, \tag{5.5.3}$$

由此可导出适用于1摩尔气体的范德瓦耳斯方程：

$$\left(p+\frac{a}{V_m^2}\right)(V_m-b)=RT.$$

在上面的讨论中，我们没有考虑气体分子与器壁分子之间的相互作用。分子在接近器壁时，不但受到其他气体分子向内(即指向气体内部)的拉力，还必然要受到器壁分子向外(即指向器壁)的吸力。而且由于器壁内分子的数密度比气体内大很多倍，所以这一向外的吸力就应比向内的拉力大很多倍。既然向内的拉力会减小分子碰壁的冲量，因而使压强减小，那么器壁分子向外的吸力就将增大分子碰壁的冲量，而且似乎应当产生一个相反的、使压强增大的效果。但是实际情况并不如此，器壁分子向外的吸力对压强并无影响，下面我们用一个简单的推理进行说明。

在气体内作一个平行于器壁的平面 σ，它到器壁的距离略大于器壁分子吸引力的有效作用距离 s，如图5-13所示。显然在平面 σ 上的压强与气体内的压强 p 相等，设在器壁处的压强为 p'。由于气体在客观上静止，因此夹在 σ 与器壁之间的一薄层气体两侧所受之力应相互平衡，由此可得 $p=p'$。

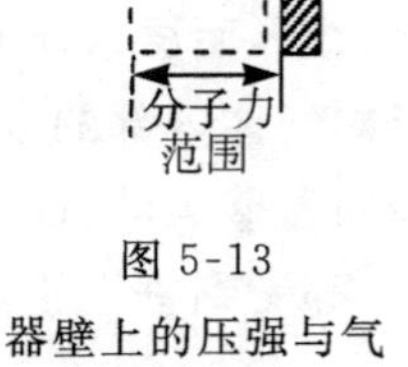

图 5-13
器壁上的压强与气体内部的压强一样

本 章 提 要

一、物质的微观模型

1. 宏观物体是由大量微粒—分子(或原子)组成的；
2. 物体内的分子在不停地运动着，其运动的剧烈程度与物体温度有关；

3. 分子之间存在着相互作用力，分子力是短程力，分子引力的有效作用距离约为 10^{-9} m，而排斥力的有效作用距离约为 10^{-10} m。

二、理想气体的微观模型

1. 理想气体分子可看成一个质点；
2. 除碰撞瞬间外，分子之间、分子与器壁之间相互作用可忽略不计；
3. 分子之间及分子与器壁之间的碰撞是完全弹性碰撞；
4. 在无外力场时，处于平衡态的气体应均匀分布于容器之中。

三、气体分子运动论的两个基本公式及阿伏伽德罗定律

1. 压强公式

$$p=\frac{2}{3}n\bar{\varepsilon},\qquad \bar{\varepsilon}=\frac{1}{2}m\bar{v}^2.$$

2. 平均平动动能公式

$$\bar{\varepsilon}=\frac{3}{2}kT.$$

3. 阿伏伽德罗定律

$$p=nkT,\qquad n=\frac{p}{kT}.$$

结论：在相同的温度和压强下，各种气体在相同体积内所含的分子数相等。

四、分子力

分子力也称范德瓦耳斯力，它是泛指两个分子间的相互作用力。分子力是一种短程力，它含有吸引与排斥两部分。它的数学表达式随所用模型的不同而异。最常用的模型有：刚球模型、苏则朗模型（也称有吸引力的刚球模型）和林纳德—简斯模型，这些模型的分子势能表达式如下：

1. 刚球模型：
$$E_p=\begin{cases}0 & r>d\\ \infty & r\leqslant d\end{cases}$$

2. 苏则朗模型：
$$E_p=\begin{cases}-\dfrac{\mu'}{r^{n-1}} & r>d\\ \infty & r\leqslant d\end{cases}$$

3. 林纳德-简斯模型：
$$E_p=\frac{\lambda'}{r^{m-1}}-\frac{\mu'}{r^{n-1}}$$

4. 平衡距离：当二分子中心之间的距离 $r=r_0$ 时，分子间相互作用的斥力和引力相互抵消，$r_0=\left(\frac{\lambda}{\mu}\right)^{\frac{1}{n-m}}$，$r_0$ 的数量级为 10^{-10} m.

5. 分子的有效直径：两个分子中心最小距离的平均值称为分子的有效直径，其数量级为 10^{-10} m.

五、范德瓦耳斯气体的压强

对于 1 摩尔范氏气体，其作用于器壁的压强是由分子热运动产生的压强$\frac{RT}{V_m-b}$及分子引力产生的内压强 $\Delta p_i=\frac{a}{V_m^2}$之差，即

$$p=\frac{RT}{V_m-b}-\frac{a}{V_m^2}.$$

思 考 题

1. 何谓理想气体？这个概念是怎样在实验的基础上抽象出来的？从微观结构来看，它与实际气体有何区别？

2. 在推导理想气体压强公式的过程中，什么地方用到了理想气体的假设，什么地方用到了平衡态的条件？什么地方用到了统计平均的概念？

3. 设气体的温度为 273 K，压强为 1.0 atm. 设想每个分子都处在相同的一个小立方体的中心，试用

阿伏伽德罗常数求这些小立方体的边长。取分子的直径为 3.0×10^{-10} m，试将小立方体的边长与分子的直径相比较。

1摩尔水的体积为 1.8×10^{-5} m^3，重复上述计算，求出每个水分子所占的小立方体的边长，再将这个边长与分子的直径(3.0×10^{-10} m)相比较。

4. 温度为273 K的氧气贮在边长为0.30 m的立方容器里，当一个分子下降的高度等于容器的边长时，其重力势能改变多少？试将重力势能的改变与其平均平动动能相比较。

5. 气体处于平衡态时，其分子的平均速度为多大？平均动量为多大？

6. 气体处于平衡态时，按统计规律性有

$$\overline{v_x^2}=\overline{v_y^2}=\overline{v_z^2}$$

(1) 如果气体处于非平衡态，上式是否成立？

(2) 如果考虑重力的作用，上式是否成立？

(3) 当气体整体沿一定方向运动时，上式是否成立？

7. 在推导理想气体的压强公式时，为什么可以不考虑分子间的相互碰撞？

8. 在推导理想气体的压强公式时，曾假设分子与器壁间的碰撞是完全弹性的，实际上，器壁可以是非弹性的，只要器壁和气体的温度相同，弹性和非弹性的效果并没有什么不同，试解释之。

9. 设想在理想气体内部取一小截面 dA，则两边气体将通过 dA 互施压力，试从分子运动论的观点阐明这个压力是怎样产生的，并证明压强同样为 $p=\frac{2}{3}n\bar{\varepsilon}$.

10. 保持气体的压强恒定，使其温度升高一倍，则每秒与器壁碰撞的气体分子数以及每个分子在碰撞时施于器壁的冲量将如何变化？

11. 温度的实质是什么？对于单个分子能说它的温度有多高吗？为什么？

12. 从分子运动的观点说明大气中氢含量极少的原因。

13. 一瓶氧气，在高速运输的过程中突然被迫停止下来，瓶内氧气的压强和温度会有什么变化？

14. 一定质量的气体，当温度保持恒定时，其压强随体积的减小而增大；当体积保持恒定时，其压强随温度的升高而增大。从微观的角度看来，这两种使压强增大的过程有何区别？

15. 从分子运动论的观点说明：当气体的温度升高时，只要适当地增大容器的容积，就可使气体的压强保持不变。

16. 两瓶不同种类的气体，它们的温度和压强相同，但体积不同，问：

(1) 单位体积内的分子数是否相同？

(2) 单位体积内的气体质量是否相同？

(3) 单位体积内气体分子的总平动能是否相同？

17. 范德瓦耳斯方程中 $\left(p+\frac{a}{V_m^2}\right)$ 和 (V_m-b) 两项各有什么物理意义？其中 p 表示的是理想气体的压强，还是范氏气体的压强？

18. 在一定的温度和体积下，由理想气体状态方程和范德瓦耳斯方程算出的压强哪个大？为什么？

19. 范氏气体和理想气体内部压强产生的原因是否相同？

习　　题

1. 目前可获得的极限真空度为 10^{-13} mmHg 的数量级，问在此真空度下每立方厘米内有多少个空气分子，设空气的温度为27 ℃。

2. 钠黄光的波长为5893 Å，即 5.893×10^{-7} m。设想一立方体每边长 5.893×10^{-7} m，试问在标准状态下，其中有多少个空气分子。

3. 一容积为11.2 l的真空系统已被抽到 1.0×10^{-5} mmHg 的真空，系统的温度为27 ℃，为了提高其真空度，将它放在 300 ℃ 的烘箱内烘烤，使器壁释放出所吸附的气体。若烘烤后压强增为 1.0×10^{-2} mmHg，问器壁原来吸附了多少个气体分子？

4. 容积为 2 500 cm^3 的烧瓶内有 1.0×10^{15} 个氧分子，有 4.0×10^{15} 个氮分子和 3.3×10^{-7} g 的氩气。设混合气体的温度为 150 ℃，求混合气体的压强。

5. 一容器内贮有氧气，其压强为 $p=1.0$ atm，温度为 $t=27$ ℃，求：

(1) 单位体积内的分子数；

(2) 氧气的密度；

(3) 氧分子的质量；

(4) 分子间的平均距离；

(5) 分子的平均平动动能。

6. 在常温下(例如 27 ℃)，气体分子的平均平动动能等于多少 eV？在多高的温度下，气体分子的平均平动动能等于 1 000 eV？

7. 1 摩尔氦气，其分子热运动动能的总和为 3.75×10^3 J，求氦气的温度。

8. 质量为 10 g 的氮气，当压强为 1.0 atm，体积为 7 700 cm^3 时，其分子的平均平动动能是多少？

9. 质量为 50.0 g、温度为 18.0 ℃的氦气装在容积为 10.0 l 的封闭容器内，容器以 $v=200$ m/s 的速率作匀速直线运动。若容器突然停止，定向运动的动能全部转化为分子热运动的动能，则平衡后氦气的温度和压强将各增大多少？

10. 试计算氢气、氧气和汞蒸气的分子的方均根速率，设气体的温度为 300 K。已知氢气、氧气和汞蒸气相对分子质量分别为 2.02、32.0 和 201。

11. 气体的温度为 $T=273$ K，压强为 $p=1.00\times10^{-2}$ atm，密度为 $\rho=1.29\times10^{-3}$ g · cm^{-3}

(1) 求气体分子的方均根速率。

(2) 求气体的相对分子质量，并确定它是什么气体。

12. 若使氢分子和氧分子的方均根速率等于它们在地球表面上的逃逸速率，各需多高的温度？若使氢分子和氧分子的方均根速率等于它们在月球表面上的逃逸速率，各需多高的温度？

13. 在边长为 L 的立方容器内，共有 N 个分子。根据分子热运动的无规则性，可以假设：所有分子的 1/3 是在前后器壁间作直线运动、1/3 是在左右器壁间运动、1/3 是在上下器壁间运动。并假设不同分子以不同速率 $v_1, v_2, \cdots, v_N$ 运动，与器壁碰撞是完全弹性的。

(1) 同一分子连续两次碰撞所间隔的时间是多少？

(2) 一个分子在单位时间内对该面器壁的碰撞次数及施予这面器壁的冲量是多少？

(3) 导出理想气体的压强公式。

14. 仍对立方容器内 N 个分子的热运动情况作如 13 题的假设，求单位时间内，分子对单位面积器壁的碰撞次数。

15. 已知对于氧气，范德瓦耳斯方程中的常数 $b=0.031\,83$ L · mol^{-1}，设 b 等于 1 摩尔氧气分子体积总和的四倍，试计算氧分子的直径。

16. 把标准状态下 22.4 升的氮气不断压缩，按照范德瓦耳斯方程，它的体积将趋近多少升？设此时氮分子是一个挨着一个紧密排列的，试计算氮分子的直径。此时由分子间引力所产生的内压强约为多大？已知对于氮气，范德瓦耳斯方程中的常数 $a=1.390$ atm · L^2 · mol^{-2}，$b=0.039\,13$ L · mol^{-1}.

17. 一立方容器的容积为 V，其中贮有 1 摩尔气体，设把分子看作直径为 d 的刚球，并设想分子是一个一个地方放入容器的，问：

(1) 第一个分子放入容器后，其中心能够自由活动的空间体积是多大？

(2) 第二个分子放入容器后，其中心能够自由活动的空间体积是多大？

(3) 第 N_A 个分子放入容器后，其中心能够自由活动的空间体积是多大？

(4) 平均地讲，每个分子的中心能够自由活动的空间体积是多大？

由此证明，范德瓦耳斯方程中的修正量 b 约等于 1 摩尔气体所有分子体积总和的四倍。

第六章　气体在平衡态下的统计分布规律

当气体处于平衡态时，各个分子速度的大小和方向千差万别，而且由于分子间频繁地碰撞，不断交换能量和动量，使每个分子速度的大小和方向又不断地变化。因此，若在某一时刻去考察某一特定的分子，则它的能量如何？它的速度具有怎样的数值和方向，完全是偶然的。但对大量分子的整体而言，是否存在着一定的规律性呢？理论和实践都说明，在一定的宏观条件下，气体分子按速度和能量的分布，都遵循一定的统计分布规律。本章将讨论气体在平衡态下，分子热运动所遵从的速度分布规律和能量分布规律。

§6.1　统计规律性与分布函数概念

一、统计规律性

在概率论中，常把被研究的对象在一定条件下所出现的每一个结果称为一个“事件”。在一定条件下必然会发生的事件，称为必然事件；必然不会发生的事件称为不可能事件。如在1大气压下，水温降至0℃时就会结冰，水温升至100℃时就会沸腾，这两个事件就属于必然事件。在一定温度下，石头不能孵出小鸡，这属于不可能事件。这两种事件有一个共同的特点，即事先就可以对其发生与否作出肯定的回答，它们统称为确定性事件。

在自然界中还广泛地存在着另一类事件，在一定条件下，这类事件可能发生，也可能不发生，我们称之为随机事件（或偶然事件），通常称这类自然现象为随机现象。例如，打靶时中靶的环数是随机事件，打靶是随机现象。

所谓统计规律，是对大量偶然事件整体起作用的规律，它指出了这些事物整体的必然联系。

为了说明统计规律性，先看一个演示实验。如图6-1所示，在一块竖直木板的上部规则地钉上许多铁钉，木板的下部用竖直的隔板隔成许多等宽的狭槽。从板顶漏斗形的入口处可以投入小球。板前复盖玻璃，以使小球留在狭槽内，这种装置叫做伽耳顿板。

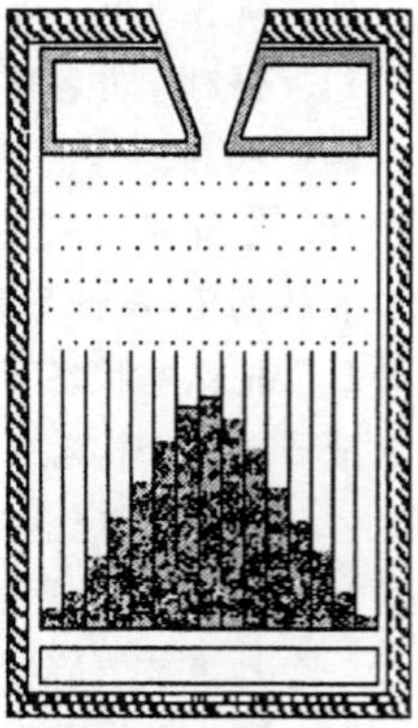

图6-1

伽耳顿板实验装置

如果从入口投入一个小球，则小球在下落过程中先后与许多铁钉发生碰撞，最后落入某一狭槽。重复几次实验，可以发现小球每次落入哪个狭槽是不完全相同的。这表明，在一次实验中小球落入哪个狭槽是一偶然事件。

如果同时投入大量的小球，则可看到最后落入各狭槽的小球数目是不相等的。在中央靠近入口处的狭槽内小球分布得最多，在离中央较远的狭槽内小球分布较少，离中央越远的狭槽内，分布的小球越少。我们可以把小球按狭槽的分布情况用笔在玻璃板上画一条连续曲线来表示。若重复此实验，则可发现：在小球数目较少的情况下，每次所得的分布曲线彼此有显著的差别，但当小球数目足够多时，每次所得到的分布曲线彼此近似地重合。

总之，实验结果表明，尽管单个小球落入哪个狭槽是偶然的，少量小球按狭槽的分布情况也带有一些偶然性，但大量小球按狭槽的分布情况则是确定的。这就表明，大量小球整体按狭槽的分布遵从一定的统计规律。此外，上述实验还指出，每次实验时，大量小球按狭槽的分布又不完全重合，分布在每一狭槽中的小球数在一个平均值上下波动，这一现象称为涨落。统计规律是永远伴随着涨落的。

二、对统计规律的数学描述

下面我们讨论上述的实验中，小球按狭槽的分布如何用数学函数进行描述。

设实验中投入的小球总数为 N，其中落入第 i 个狭槽的小球数为 ΔN_i，占小球总数的比率为 $\frac{\Delta N_i}{N}$。在直角坐标系中，用横坐标 x 表示各狭槽的位置，其中第 i 个狭槽的坐标为 x_i，狭槽宽度为 Δx_i，用比率 $\frac{\Delta N_i}{N}$ 作为纵坐标，表示各狭槽中落入的小球数按狭槽的分布，分布图线如图 6-2(a)所示。当狭槽比较宽，狭槽数目较少时，分布图线呈锯齿状，当狭槽比较窄，狭槽数目比较多时，分布图线的锯齿变得比较细小，如图 6-2(b)所示。当狭槽宽度 $\Delta x_i \to 0$ 时，上述分布图线变成一条光滑的曲线，如图 6-2(c)所示。

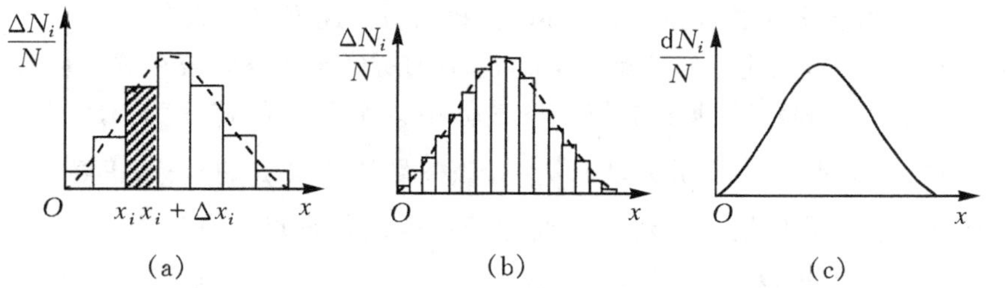

图 6-2　小球按狭槽的分布

上述实验告诉我们，只要小球的总数 N 足够大时，小球按狭槽的分布情况是一定的，此时比率 $\frac{\Delta N_i}{N}$ 既与狭槽的位置坐标 x_i 有关，也与狭槽的宽度 Δx_i 有关。一般而言，在该实验条件下，狭槽越靠中央，比率 $\frac{\Delta N_i}{N}$ 越大，狭槽越宽，即 Δx_i 越大，落入该狭槽的小球越多，比率 $\frac{\Delta N_i}{N}$ 也越大。当 Δx_i 足够小时，总可以认为比率 $\frac{\Delta N_i}{N}$ 与 Δx_i 成正比，比例系数应为 x_i 的函数。总起来说，我们有

$$\frac{\Delta N_i}{N} = f(x_i)\Delta x_i,$$

在 $\Delta x_i \to 0$ 的极限情况下，上式变为

$$\frac{dN}{N} = f(x)dx, \tag{6.1.1}$$

其中

$$f(x) = \frac{dN}{Ndx}, \tag{6.1.2}$$

称为小球按坐标 x 的分布函数，它表示小球落入 x 附近单位间隔内的小球数占总小球数的比率。在概率论中，将比率 $\frac{dN}{N}$ 称为小球落入 x 附近 dx 区间内的概率，以 dP 表示，而将分布函数 $f(x)$ 称为概率密度，它表示小球落入坐标 x 附近单位间隔内的概率。

如果确定了小球沿坐标 x 的分布函数，就可以用积分的方法求出小球落入任一有限

的坐标间隔 $x_1 \sim x_2$ 内的概率，即比率

$$\frac{\Delta N}{N} = \int_{x_1}^{x_2} f(x)\mathrm{d}x, \tag{6.1.3}$$

如果令 $x_1=0, x_2=\infty$，则上式积分应为 1，即

$$\int_0^{\infty} f(x)\mathrm{d}x = 1. \tag{6.1.4}$$

这个关系式是由分布函数 $f(x)$ 本身的物理意义决定的，是所有分布函数或概率密度必须满足的条件，称为**归一化条件**。

由上述实验说明，所谓统计规律，实际上是一种概率分布规律，当分布函数 $f(x)$ 完全确定时，该统计规律也就完全确定了。

§6.2 速度空间与速度分布函数

我们知道，气体是由大量的分子组成的，在气体中每个分子以各种不同的速率沿各个不同的方向运动着，当气体处于平衡态时，气体分子的速度服从一定的速度分布律。为了更加形象地描述气体分子按速度的分布情况，我们引入速度空间概念。

在直角坐标系中，以速度的分量 v_x, v_y, v_z 为轴所确定的空间或在球坐标系中以 v、θ、φ 为坐标所确定的空间称为**速度空间**。设气体中某个分子的速度为 ，它是一个矢量。在图6-3(a)中，从原点 O 出发引矢量 $\overrightarrow{Op}=$ ，该矢量的端点 p 的坐标，正好是速度 的三个分量(v_x、v_y、v_z)。我们把 p 点看作是此分子速度的代表点。设气体中分子总数为 N，在速度空间里类似地可以引 N 个速度矢量，相应地有 N 个分子速度的代表点，并形成了如图 6-3(b)所示的分布。

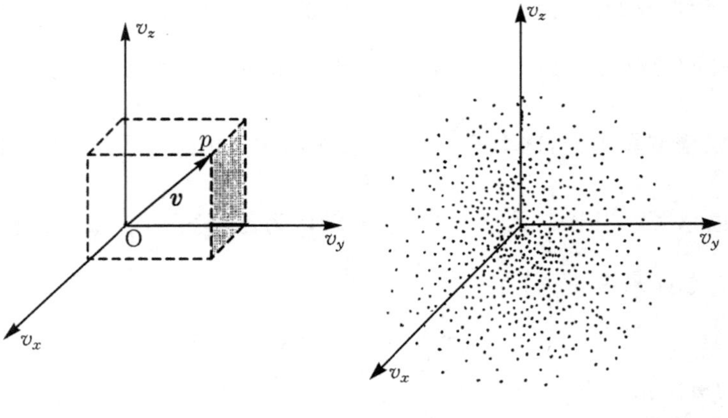

(a)分子在速度空间中的代表点　　(b)分子速度代表点在速度空间里的分布

图 6-3　直角坐标系中的速度空间

在速度空间内点(v_x, v_y, v_z)处取一边长分别为 $\mathrm{d}v_x$, $\mathrm{d}v_y$, $\mathrm{d}v_z$ 的体积元 $\mathrm{d}\omega = \mathrm{d}v_x\mathrm{d}v_y\mathrm{d}v_z$，如图 6-4 所示。设此体积元内包含有 $\mathrm{d}N(v_x, v_y, v_z)$ 个分子速度代表点，根据§6.1 的讨论可知，分子速度代表点出现在体积元 $\mathrm{d}\omega$ 内的概率为 $\mathrm{d}N(v_x, v_y, v_z)/N$。在小范围内作线性近似，可以认为此概率和体积元 $\mathrm{d}\omega=\mathrm{d}v_x\mathrm{d}v_y\mathrm{d}v_z$ 成正比，即

$$\frac{\mathrm{d}N(v_x, v_y, v_z)}{N} = f(v_x, v_y, v_z)\mathrm{d}v_x\mathrm{d}v_y\mathrm{d}v_z, \tag{6.2.1}$$

式中 $f(v_x, v_y, v_z)$ 表示分子速度代表点出现在速度空间中点(v_x, v_y, v_z)处单位体积元内

的概率，即概率密度或分子的速度分布函数。显然，在速度空间里各处概率密度 $f(v_x,v_y,v_z)$ 的大小不同，反映了气体分子的代表点在速度空间里分布的疏密不同，如图 6-3(b)所示。

应说明的是，(6.2.1)式左边 $\mathrm{d}N(v_x,v_y,v_z)/N$ 也可以理解为在 N 个气体分子中，速度分量分别处在 $v_x \sim v_x+\mathrm{d}v_x$，$v_y \sim v_y+\mathrm{d}v_y$，$v_z \sim v_z+\mathrm{d}v_z$ 之间的分子数占总分子数的比率。

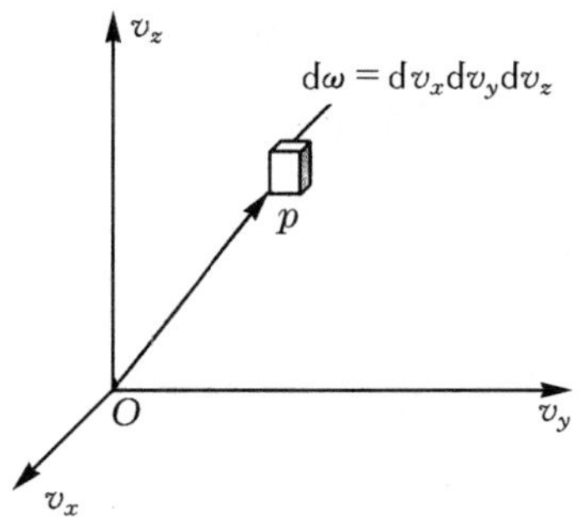

图 6-4　直角坐标系速度空间体积元

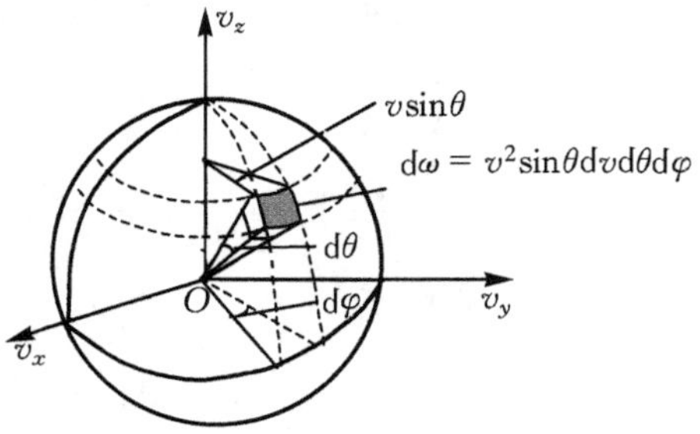

图 6-5　球坐标系速度空间体积元

在图 6-5 所示的球坐标系中，以 v_z 轴为极轴，速度矢量 与极轴间的夹角 θ 为极角，以 在 v_xOv_y 面上的投影与 v_x 轴间的夹角 φ 为方位角，以 $v=|\quad|$ 为速度的大小，则在 $v\sim v+\mathrm{d}v$，$\theta\sim\theta+\mathrm{d}\theta$，$\varphi\sim\varphi+\mathrm{d}\varphi$ 之间的体积元为 $\mathrm{d}\omega=v^2\sin\theta\mathrm{d}v\mathrm{d}\theta\mathrm{d}\varphi$。此时(6.2.1)式在球坐标系中的表达式为

$$\frac{\mathrm{d}N(v,\theta,\varphi)}{N} = f(v,\theta,\varphi)v^2\sin\theta\mathrm{d}v\mathrm{d}\theta\mathrm{d}\varphi. \tag{6.2.2}$$

有时无需指明采用了什么坐标系，此时(6.2.1)式和(6.2.2)式又可简写为

$$\frac{\mathrm{d}N(\quad)}{N} = f(\quad)\mathrm{d}\quad. \tag{6.2.3}$$

(6.2.1)、(6.2.2)及(6.2.3)式中的速度分布函数同样应满足归一化条件。与(6.1.4)式不同的是，在速度空间里，概率密度或速度分布函数 $f(\quad)$ 是三元函数，在直角坐标系中 $f(\quad)$ 是 v_x,v_y,v_z 的函数，而在球坐标系里，$f(\quad)$ 是 v,θ,φ 的函数。将(6.2.1)式和(6.2.2)式对整个速度空间积分可得

$$\iiint_{-\infty}^{+\infty} f(v_x,v_y,v_z)\mathrm{d}v_x\mathrm{d}v_y\mathrm{d}v_z = 1, \tag{6.2.4}$$

$$\int_0^{2\pi}\mathrm{d}\varphi\int_0^{\pi}\sin\theta\left[\int_0^{\infty} f(v,\theta,\varphi)v^2\mathrm{d}v\right]\mathrm{d}\theta = 1. \tag{6.2.5}$$

(6.2.4)、(6.2.5)二式就是速度分布函数应满足的归一化条件。

§6.3　麦克斯韦分布律

一、麦克斯韦速度分布律

下面我们讨论在平衡态下，气体分子速度分布函数的具体形式。

在历史上，麦克斯韦(Maxwell)最早用碰撞几率的方法导出了在平衡态下理想气体分子的速度分布律，在直角坐标系中，该分布律的具体形式为

$$\frac{\mathrm{d}N(v_x,v_y,v_z)}{N} = f(v_x,v_y,v_z)\mathrm{d}v_x\mathrm{d}v_y\mathrm{d}v_z$$

$$=\left(\frac{m}{2\pi kT}\right)^{3/2} e^{-\frac{m}{2kT}(v_x^2+v_y^2+v_z^2)} dv_x dv_y dv_z, \tag{6.3.1}$$

式中 T 是气体的热力学温度，m 是分子的质量，k 是玻耳兹曼常数，上式称为**麦克斯韦速度分布律**。由(6.3.1)式可得气体分子速度的分布函数为

$$f(v_x,v_y,v_z)=\frac{dN(v_x,v_y,v_z)}{Ndv_x dv_y dv_z}=\left(\frac{m}{2\pi kT}\right)^{3/2} e^{-\frac{m}{2kT}\left(v_x^2+v_y^2+v_z^2\right)}. \tag{6.3.2}$$

根据(6.2.4)式，可以证明该分布函数满足归一化条件。将(6.3.1)式进行积分，可得

$$\left(\frac{m}{2\pi kT}\right)^{3/2}\int_{-\infty}^{\infty} e^{-\frac{m}{2kT}v_x^2} dv_x \int_{-\infty}^{\infty} e^{-\frac{m}{2kT}v_y^2} dv_y \int_{-\infty}^{\infty} e^{-\frac{m}{2kT}v_z^2} dv_z$$
$$=\left(\frac{m}{2\pi kT}\right)^{3/2}\left[\int_{-\infty}^{\infty} e^{-\frac{m}{2kT}v_x^2} dv_x\right]^3,$$

由积分公式(见附录 6-1)

$$\int_{-\infty}^{\infty} e^{-\lambda x^2} dx = 2\int_0^{\infty} e^{-\lambda x^2} dx=\sqrt{\frac{\pi}{\lambda}},$$

我们得到

$$\left(\frac{m}{2\pi kT}\right)^{3/2}\left[\int_{-\infty}^{\infty} e^{-\frac{m}{2kT}v_x^2} dv_x\right]^3=\left(\frac{m}{2\pi kT}\right)^{3/2}\left(\frac{2\pi kT}{m}\right)^{3/2}=1.$$

在球坐标系中，以(v,θ,φ)为坐标，并以体积元 $d\omega=v^2\sin\theta dv d\theta d\varphi$，代替(6.3.1)式中的 $dv_x dv_y dv_z$，此时(6.3.1)式可改写为

$$\frac{dN(v,\theta,\varphi)}{N}=f(v,\theta,\varphi)v^2\sin\theta dv d\theta d\varphi$$
$$=\left(\frac{m}{2\pi kT}\right)^{3/2} e^{-\frac{mv^2}{2kT}} v^2 \sin\theta dv d\theta d\varphi. \tag{6.3.3}$$

在整个速度空间内进行积分，同样可以证明(6.3.3)式也满足归一化条件，这点留给读者证明。

由(6.3.1)式还可以推出气体分子按速度分量的分布函数。首先考虑，在 N 个气体分子中，不管分子速度的 y、z 分量如何，而分子速度的 x 分量处在 $v_x \sim v_x+dv_x$ 范围内的分子数占总分子数的比率$\frac{dNv_x}{N}$是多少？如果在速度空间中来研究上述问题，这相当于在 v_x 轴上 v_x 点和 v_x+dv_x 点作两个无限大的并与 v_x 轴相垂直的平面(图 6-6)，求分布在此二平面中的分子速度代表点数 dNv_x 占总分子速度代表点数的比率，或者说分子速度代表点落入此二平面之间的概率。考虑 v_y、v_z 不受限制，可取一切可能的值，故在(6.3.1)式中对 v_y 和 v_z 积分，可得

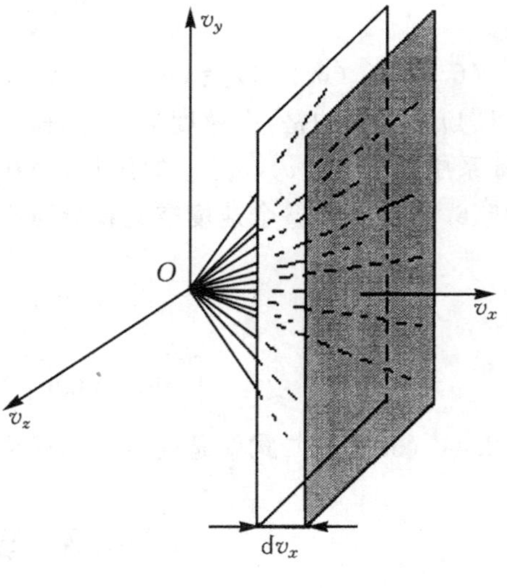

图 6-6
分子速度代表点在直角坐标系速度空间中按速度分量 v_x 的分布

$$\frac{dNv_x}{N}=\left(\frac{m}{2\pi kT}\right)^{3/2} e^{-mv_x^2/2kT} dv_x \int_{-\infty}^{+\infty} e^{-mv_y^2/2kT} dv_y \int_{-\infty}^{+\infty} e^{-mv_z^2/2kT} dv_z,$$

查附录 6-1 的积分表,可求出

$$\int_{-\infty}^{+\infty} \mathrm{e}^{-m v_y^2/2kT} \mathrm{d}v_y = \int_{-\infty}^{+\infty} \mathrm{e}^{-m v_z^2/2kT} \mathrm{d}v_z = \left(\frac{2\pi kT}{m}\right)^{1/2},$$

代入上式即得

$$\frac{\mathrm{d}Nv_x}{N} = \left(\frac{m}{2\pi kT}\right)^{1/2} \mathrm{e}^{-m v_x^2/2kT} \mathrm{d}v_x. \tag{6.3.4}$$

因此,分子速度分量 v_x 的分布函数为

$$f(v_x) = \left(\frac{m}{2\pi kT}\right)^{1/2} \mathrm{e}^{-m v_x^2/2kT}. \tag{6.3.5}$$

由(6.3.5)式知,速度分量的分布函数 $f(v_x) \propto \mathrm{e}^{-m v_x^2/2kT}$,是 v_x 的偶函数,图 6-7 是分布函数 $f(v_x)$ 随 v_x 的变化曲线,称为分子按速度分量 v_x 的分布曲线,该曲线与纵轴对称。显然,图 6-7 中分布曲线下打阴影部分的面积为

$$\frac{\mathrm{d}Nv_x}{N} = f(v_x)\mathrm{d}v_x,$$

$\frac{\mathrm{d}Nv_x}{N}$表示分子速度的 x 分量介于 $v_x \sim v_x + \mathrm{d}v_x$ 中的分子数占总分子数的比率。分布曲线下总的面积应为

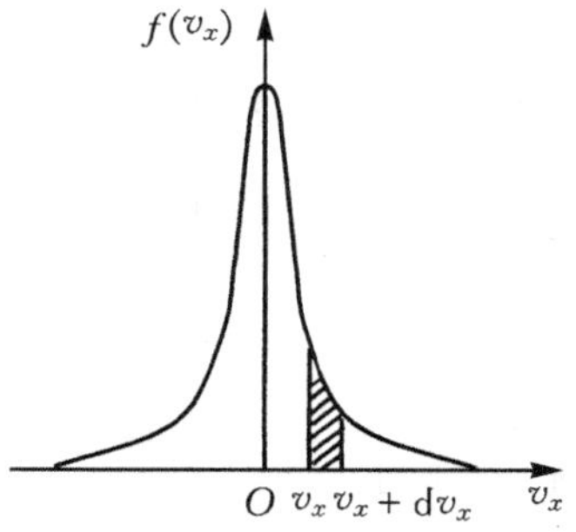

图 6-7
气体分子按速度分量 v_x 的分布曲线

$$\int_{-\infty}^{+\infty} f(v_x)\mathrm{d}v_x = \left(\frac{m}{2\pi kT}\right)^{1/2} \int_{-\infty}^{+\infty} \mathrm{e}^{-m v_x^2/2kT} \mathrm{d}v_x.$$

根据偶函数的性质及附录 6-1,可得

$$\int_{-\infty}^{+\infty} \mathrm{e}^{-m v_x^2/2kT} \mathrm{d}v_x = 2\int_{0}^{+\infty} \mathrm{e}^{-m v_x^2/2kT} \mathrm{d}v_x = \sqrt{\frac{2\pi kT}{m}},$$

代入上式,得

$$\int_{-\infty}^{+\infty} f(v_x)\mathrm{d}v_x = \left(\frac{m}{2\pi kT}\right)^{1/2} \left(\frac{2\pi kT}{m}\right)^{1/2} = 1.$$

由此可知,速度分量 v_x 的分布函数 $f(v_x)$满足归一化条件。

同样可求得分子速度分量 v_y 和 v_z 的分布函数分别为

$$f(v_y) = \left(\frac{m}{2\pi kT}\right)^{1/2} \mathrm{e}^{-m v_y^2/2kT}, \tag{6.3.6}$$

$$f(v_z) = \left(\frac{m}{2\pi kT}\right)^{1/2} \mathrm{e}^{-m v_z^2/2kT}. \tag{6.3.7}$$

将(6.3.2)式与(6.3.5)~(6.3.7)式进行比较,可得

$$f(v_x, v_y, v_z) = f(v_x)f(v_y)f(v_z), \tag{6.3.8}$$

即气体分子速度的分布函数等于三个速度分量分布函数的乘积。

最后应当指出的是,根据经典统计理论可以证明,麦克斯韦速度分布律不仅对理想气体适用,而且对非理想气体,甚至对于悬浮在液体中的布朗粒子的运动也是正确的,并且与气体分子是否受到外力场的作用无关。

另外,如果气体分子是由多原子构成,(6.3.1)式中的 v_x、v_y、v_z 应理解为分子质心的速度分量,对分子整体的平动运动,(6.3.1)式同样成立。

[**例题 1**]　由气体分子按速度分量的分布规律计算$\overline{v_x^2}$。

［解］ 设在 N 个气体分子中，速度的 x 分量在 $v_{ix}\sim v_{ix}+\Delta v_{ix}$ 之间的分子数有 ΔN_i 个，则

$$\overline{v_x^2}=\frac{\sum\limits_i v_{ix}^2\Delta N_i}{N}=\sum_i v_{ix}^2\frac{\Delta N_i}{N},$$

当 $\Delta v_{ix}\to 0$ 时，上式作和可用积分代替，则

$$\overline{v_x^2}=\int_{-\infty}^{+\infty}v_x^2\frac{\mathrm{d}N_{v_x}}{N}=\int_{-\infty}^{+\infty}v_x^2 f(v_x)\mathrm{d}v_x, \tag{1}$$

将(6.3.5)式代入上式，可得

$$\begin{aligned}\overline{v_x^2}&=\left(\frac{m}{2\pi kT}\right)^{1/2}\int_{-\infty}^{+\infty}v_x^2\mathrm{e}^{-mv_x^2/2kT}\mathrm{d}v_x\\&=\left(\frac{m}{2\pi kT}\right)^{1/2}\cdot 2\cdot\int_0^{\infty}v_x^2\mathrm{e}^{-mv_x^2/2kT}\mathrm{d}v_x,\end{aligned}$$

由附录 6-1 可得

$$\int_0^{\infty}v_x^2\mathrm{e}^{-mv_x^2/2kT}\mathrm{d}v_x=\frac{1}{4}\times\frac{2kT}{m}\sqrt{\frac{2\pi kT}{m}}=\frac{kT}{2m}\sqrt{\frac{2\pi kT}{m}}$$

代入上式，可得

$$\overline{v_x^2}=\frac{kT}{m}. \tag{2}$$

同理可以证明

$$\overline{v_y^2}=\overline{v_z^2}=\frac{kT}{m}.$$

［例题 2］ 用麦克斯韦速度分布律求理想气体的压强。

［解］ 取直角坐标系 $Oxyz$，在垂直于 x 轴的器壁上取一小块面积 $\mathrm{d}A$。设单位体积内气体分子数为 n，根据麦氏速度分布律可知，其中速度在 ～ +d 之间的分子数为$nf(\ )\mathrm{d}\ =nf(v_x,v_y,v_z)\mathrm{d}v_x\mathrm{d}v_y\mathrm{d}v_z=nf(v_x)f(v_y)f(v_z)\mathrm{d}v_x\mathrm{d}v_y\mathrm{d}v_z$. 在 $\mathrm{d}t$ 时间内能够与 $\mathrm{d}A$ 相碰的速度为 的分子，只是位于以

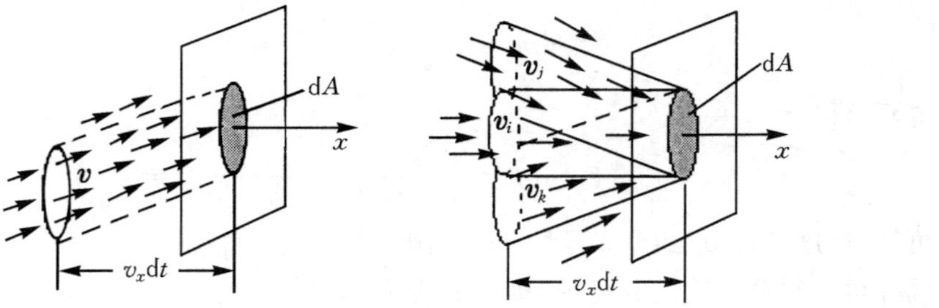

(a)在 $\mathrm{d}t$ 时间内能与器壁上面积元 $\mathrm{d}A$ 相碰的速度为 的分子数　　(b)计算在 $\mathrm{d}t$ 时间内从一切方向以速度分量 v_x 碰撞到面积元 $\mathrm{d}A$ 的分子数和总冲量

图 6-8　理想气体压强的推导

$\mathrm{d}A$ 为底，以 $v_x\mathrm{d}t$ 为高的柱体内的那一部分分子(图 6-8(a))。即 $\mathrm{d}N$ 为

$$\mathrm{d}N=nf(v_x)f(v_y)f(v_z)\mathrm{d}v_x\mathrm{d}v_y\mathrm{d}v_zv_x\mathrm{d}t\mathrm{d}A, \tag{1}$$

在 $\mathrm{d}t$ 时间内能够与 $\mathrm{d}A$ 相碰的速度的 x 分量处在 $v_x\sim v_x+\mathrm{d}v_x$ 内的分子数 $\mathrm{d}N_{v_x}$(图 6-8(b))为

$$\begin{aligned}\mathrm{d}N_{v_x}&=nf(v_x)v_x\mathrm{d}v_x\mathrm{d}t\mathrm{d}A\int_{-\infty}^{+\infty}f(v_y)\mathrm{d}v_y\int_{-\infty}^{+\infty}f(v_z)\mathrm{d}v_z\\&=nf(v_x)v_x\mathrm{d}v_x\mathrm{d}t\mathrm{d}A.\end{aligned} \tag{2}$$

(2)式中任一分子与器壁发生完全弹性碰撞后施于器壁的冲量为 $2mv_x$(图 6-9)，$\mathrm{d}N_{v_x}$ 个分子与 $\mathrm{d}A$ 相碰后施于器壁的总冲量(图 6-8(b))为

$$\mathrm{d}I=2mv_x\mathrm{d}N_{v_x}=2mnv_x^2f(v_x)\mathrm{d}v_x\mathrm{d}t\mathrm{d}A, \tag{3}$$

对上式积分，即可求出在 $\mathrm{d}t$ 时间内，所有能与 $\mathrm{d}A$ 面发生碰撞的分子，作用于 $\mathrm{d}A$ 的总冲量 I(图 6-10)。考虑到 $v_x<0$ 的分子均碰不到 $\mathrm{d}A$ 上，故

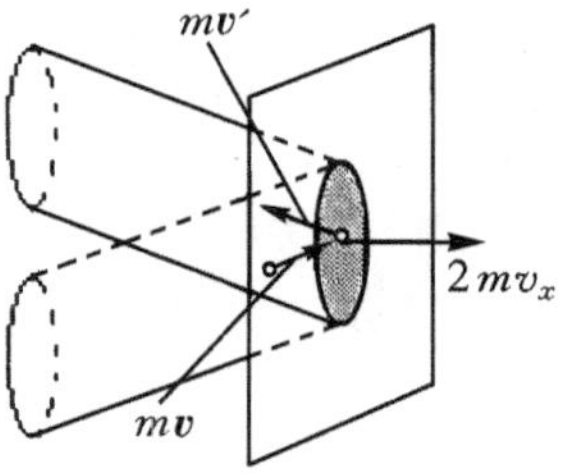

图 6-9
速度为 的分子与器壁碰
撞后作用于器壁的冲量

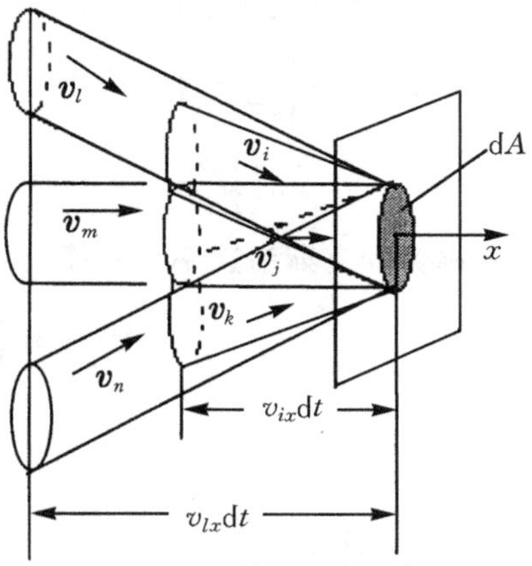

图 6-10
来自一切方向，且具有一切不同速度分量
v_x 的分子作用于器壁上面积元 dA 的总冲量

$$I = 2n\,m\left[\int_0^{\infty} f(v_x)v_x^2\mathrm{d}v_x\right]\mathrm{d}t\mathrm{d}A$$

$$= 2n\,m\cdot\left[\frac{1}{2}\int_{-\infty}^{+\infty} f(v_z)v_x^2\mathrm{d}v_x\right]\mathrm{d}t\mathrm{d}A = n\,m\,\overline{v_x^2}\,\mathrm{d}t\mathrm{d}A. \tag{4}$$

单位时间内作用于 dA 的冲量即为压力，故由于碰撞，气体作用于器壁的压强为

$$p = \frac{I}{\mathrm{d}t\mathrm{d}A} = n\,m\,\overline{v_x^2}. \tag{5}$$

考虑到处于平衡态的理想气体是各向同性的，分子向各个方向运动的概率相等，所以对大量分子来说，三个速度分量平方的平均值必然相等（参看例 1 的证明），即

$$\overline{v_x^2} = \overline{v_y^2} = \overline{v_z^2},$$

又因

$$v^2 = v_x^2 + v_y^2 + v_z^2,$$

故

$$\overline{v^2} = \overline{v_x^2} + \overline{v_y^2} + \overline{v_z^2} = 3\,\overline{v_x^2},$$

所以有

$$\overline{v_x^2} = \frac{1}{3}\overline{v^2}. \tag{6}$$

把这一结果代入(5)式，即得

$$p = \frac{1}{3}n\,m\,\overline{v^2}, \tag{7}$$

或

$$p = \frac{2}{3}n\left(\frac{1}{2}m\,\overline{v^2}\right) = \frac{2}{3}n\bar{\varepsilon}. \tag{8}$$

式中 $\bar{\varepsilon} = \frac{1}{2}m\overline{v^2}$ 表示气体分子平均平动能，这一结果与(5.2.3)式完全一致。

二、麦克斯韦速率分布律

根据麦克斯韦速度分布律，我们还可以推导出在平衡态下，气体分子的速率分布律。为此，我们考虑在 N 个气体分子中，速率（即速度的大小）在 $v \sim v+\mathrm{d}v$ 之间的分子数占总分子数的比率是多少？在速度空间中研究这一问题，相当于不管分子速度的方向如何，只要求分子的速率处在 $v \sim v+\mathrm{d}v$ 之间，即只考虑分子速度代表点处在以原点 O 为球心，以 v 为半径，厚度为 $\mathrm{d}v$ 的一薄层球壳（图 6-11）中的分子速度代表点数占总的分子速度代表点数的比率是多少？或者说气体分子速度代表点落入上述球壳中的概率 $\frac{\mathrm{d}N_v}{N}$ 是多少？为

此，可对(6.3.3)式中的 θ、φ 进行积分，可得

$$\frac{\mathrm{d}N_v}{N}=\left(\frac{m}{2\pi kT}\right)^{3/2}\mathrm{e}^{-mv^2/2kT}v^2\mathrm{d}v\int_0^{\pi}\sin\theta\mathrm{d}\theta\int_0^{2\pi}\mathrm{d}\varphi$$
$$=4\pi\left(\frac{m}{2\pi kT}\right)^{3/2}\mathrm{e}^{-mv^2/2kT}v^2\mathrm{d}v. \tag{6.3.9}$$

(6.3.9)式称为麦克斯韦速率分布律，相应的速率分布函数为

$$f(v)=4\pi\left(\frac{m}{2\pi kT}\right)^{3/2}\mathrm{e}^{-mv^2/2kT}v^2. \tag{6.3.10}$$

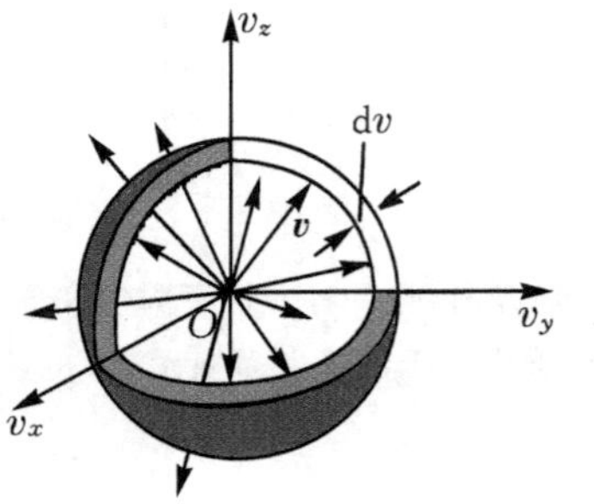

图 6-11 速度空间中以 v 为半径，厚度为 dv 的球壳

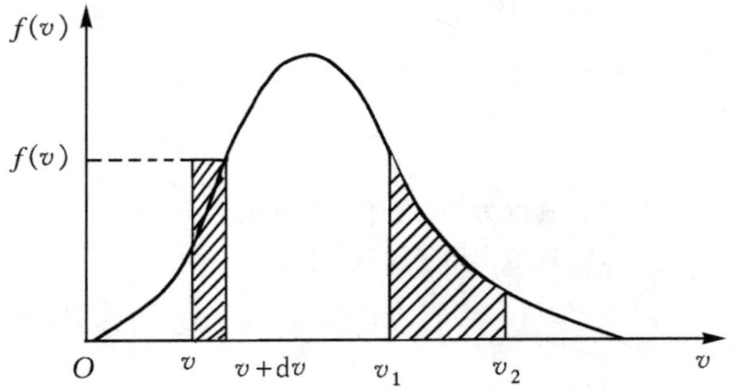

图 6-12 速率分布曲线

图 6-12 中的曲线是根据(6.3.10)式画出的，它表示分布函数 $f(v)$ 与随速率 v 变化的关系，该曲线叫做速率分布曲线。它形象地描绘出气体分子按速率的分布情况。在图中任一速率区间 $v\sim v+\mathrm{d}v$ 内曲线下的窄条面积，表示气体分子速率分布在这区间内的分子数占总分子数的比率 $\frac{\mathrm{d}N_v}{N}$，即

$$\frac{\mathrm{d}N_v}{N}=f(v)\mathrm{d}v, \tag{6.3.11}$$

而在任一有限速率区间 $v_1\sim v_2$ 内曲线下的面积，则表示分布在这区间内的分子数占总分子数的比率，即

$$\frac{\Delta N}{N}=\int_{v_1}^{v_2}f(v)\mathrm{d}v.$$

当 $v_1=0$，$v_2=\infty$ 时，上述积分表示整个速率分布曲线下的面积，显然，此面积应等于1，即

$$\int_0^{\infty}f(v)\mathrm{d}v=1.$$

这就是速率分布函数应满足的归一化条件，它表示分布在整个速率区间内的分子数的总比率为1。

另外，由图可见，速率分布曲线从坐标原点出发，经过一极大值后，随速率的增大逐渐趋近于横坐标轴。这说明，气体分子的速率可以取0到∞之间的一切数值，其中速率很大和很小的分子所占比率实际都很小，而具有中等速率的分子所占的比率却很大。与 $f(v)$ 极大值对应的速率叫做最可几速率，通常以 v_{P} 表示。它的物理意义是，如果把整个速率区间分成许多相等的小区间，则分布在 v_{P} 所在的区间内的分子所占比率最大。要确定 v_{P}，可以取速率分布函数 $f(v)$ 对速率 v 的一级微商，并令它等于零，即令

$$\frac{\mathrm{d}}{\mathrm{d}v}f(v)=0,$$

将(6.3.10)式代入上式，即可解出

$$v_P = \sqrt{\frac{2kT}{m}} = \sqrt{\frac{2RT}{\mu}} \approx 1.41\sqrt{\frac{RT}{\mu}}, \tag{6.3.12}$$

即当 μ 一定时，温度越高，v_P 越大，而当 T 一定时，μ 越小，v_P 越大。

(6.3.12)式表明，对于给定的气体(即 m 一定)，分布曲线的形状随温度而异；在同一温度下，分布曲线的形状因气体的不同(即 m 不同)而不同。图 6-13 画出了同一种气体在两个不同温度下的分布曲线，其中虚线对应于较高的温度。温度的高低反映了气体分子无规则运动的剧烈程度。当温度升高时，气体中速率较小的分子减少，而速率较大的分子增多，最可几速率变大，所以曲线的高峰移向速率大的一方。但由于曲线下的总面积恒等于 1，所以温度升高时曲线变得较为平坦。

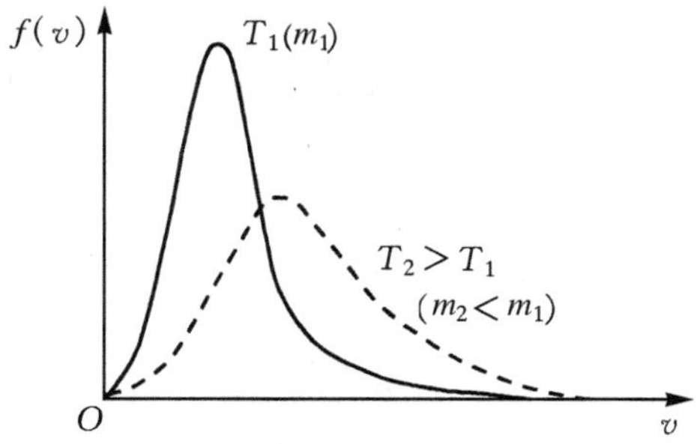

图 6-13

气体温度和分子质量对速率分布曲线的影响

图 6-13 中的曲线也可理解为在同一温度下不同气体的分布曲线。根据(6.3.12)式可知，当温度 T 一定时，最可几速率 v_P 与分子质量的平方根$\sqrt{m}$成反比，由此可断定图中实线对应分子质量(或摩尔质量)较大的气体，而虚线对应分子质量(或摩尔质量)较小的气体。

三、用麦克斯韦速率分布函数求平均值

气体分子的速率分布律对于研究许多与分子无规则运动有关的现象具有重要意义。应用麦克斯韦速率分布函数可以求出一些与分子无规则运动有关的一些物理量的统计平均值。作为例子，下面来确定气体分子的平均速率和方均根速率。

1. 平均速率 $\overline{v}$

大量分子无规则运动速率的统计平均值叫做分子的平均速率，以 $\overline{v}$ 表示。我们先求分子速率的算术平均值。

设气体分子速率处在 $v_i \sim v_i + \Delta v_i$ 之间的分子数为 ΔN_i，气体分子总数为 N，则气体分子速率的算术平均值为

$$\overline{v_{算}} = \frac{\sum_i v_i \Delta N_i}{N},$$

当上式中 Δv_i 很小时，这 ΔN_i 个分子的速率可认为是相同的，$v_i \Delta N_i$ 是 ΔN_i 个分子速率之和。考虑分子的速率是连续分布的，根据(6.3.11)式，分布在速率间隔 $v \sim v + \mathrm{d}v$ 中的分子数为

$$\mathrm{d}N_v = Nf(v)\mathrm{d}v,$$

这 $\mathrm{d}N_v$ 个分子速率的总和为 $vNf(v)\mathrm{d}v$，在上式中用积分代替求和，则有

$$\overline{v} = \frac{\int_0^\infty vNf(v)\mathrm{d}v}{N} = \int_0^\infty vf(v)\mathrm{d}v, \tag{6.3.13}$$

$\overline{v}$ 就是分子速率的统计平均值。将(6.3.10)式代入上式积分，可得

$$\overline{v} = \int_0^\infty vf(v)\mathrm{d}v = 4\pi\left(\frac{m}{2\pi kT}\right)^{3/2}\int_0^\infty \mathrm{e}^{-mv^2/2kT}v^3\mathrm{d}v^{①}$$

---

① 令 $\lambda = \frac{m}{2kT}$，由附录 6-1 的积分表中可查到 $\int_0^\infty \mathrm{e}^{-\lambda v^2}v^3\mathrm{d}v = \frac{1}{2\lambda^2}$.

$$=\sqrt{\frac{8kT}{\pi m}}=\sqrt{\frac{8RT}{\pi\mu}}\approx 1.59\sqrt{\frac{RT}{\mu}}. \tag{6.3.14}$$

［例题 3］ 试计算在 0 ℃（$T=273$ K）下，N_2、O_2、H_2 气体分子的平均速率。

［解］ 题中三种气体的摩尔质量分别为 $\mu_{N_2}=28\times10^{-3}$ kg/mol，$\mu_{O_2}=32\times10^{-3}$ kg/mol，$\mu_{H_2}=2\times10^{-3}$ kg/mol，而 $R=8.31$ J/(mol·K)，代入(6.3.14)式，得

$$\bar{v}_{N_2}=454\,\text{m/s},$$
$$\bar{v}_{O_2}=425\,\text{m/s},$$
$$\bar{v}_{H_2}=1700\,\text{m/s}.$$

［例题 4］ 在标准状态下，氮气中的每个分子平均每秒碰撞 7.58×10^9 次，在相继两次碰撞之间平均走了多远？

［解］ 氮气分子相继两次碰撞之间平均相隔 $\Delta t=1/(7.58\times10^9)=1.32\times10^{-10}$ s，在这段时间内它平均走了

$$\bar{l}=\bar{v}\Delta t=454\,\text{m/s}\times1.32\times10^{-10}\,\text{s}$$
$$=5.99\times10^{-8}\,\text{m}.$$

2. 方均根速率

方均根速率（root－mean－square speed）v_{rms} 的定义是 $\sqrt{\overline{v^2}}$，$\overline{v^2}$ 是分子速率平方的统计平均值。计算 v_{rms} 的顺序是先求 v^2，再求统计平均值 $\overline{v^2}$，然后开方。

与(6.3.13)式相类似，可得

$$\overline{v^2}=\int_0^\infty v^2 f(v)\mathrm{d}v=4\pi\left(\frac{m}{2\pi kT}\right)^{3/2}\int_0^\infty \mathrm{e}^{-mv^2/2kT}v^4\mathrm{d}v=\frac{3kT}{m}.$$

由此可得方均根速率为

$$v_{rms}=\sqrt{\overline{v^2}}=\sqrt{\frac{3kT}{m}}=\sqrt{\frac{3RT}{\mu}}\approx1.73\sqrt{\frac{RT}{\mu}}. \tag{6.3.15}$$

［例题 5］ 试计算 0 ℃下 N_2、O_2、H_2 气体分子的方均根速率。

［解］ 题中三种气体的摩尔质量分别为 $\mu_{N_2}=28\times10^{-3}$ kg/mol，$\mu_{O_2}=32\times10^{-3}$ kg/mol，$\mu_{H_2}=2\times10^{-3}$ kg/mol，$R=8.31$ J/(mol·K)，代入(6.3.15)式，得

$$v_{rms}(N_2)=493\,\text{m/s},$$
$$v_{rms}(O_2)=461\,\text{m/s},$$
$$v_{rms}(H_2)=1845\,\text{m/s}.$$

此数值比例题 3 中的平均速率略大。

上面我们求出了气体分子的三种速率，即 v_P、$\bar{v}$ 和 v_{rms}。它们都与 $\sqrt{T}$ 成正比，与 $\sqrt{m}$ 或 $\sqrt{\mu}$ 成反比。在这三种速率中，方均根速率 v_{rms} 最大，平均速率 $\bar{v}$ 次之，最可几速率 v_P 最小。这三种速率在不同的问题中都有各自的应用。如在讨论气体分子的速率分布时，要用到最可几速率；在计算分子热运动的平均距离时，要用到平均速率；在计算分子热运动的平均动能时，则要用到方均根速率。

四、碰壁数 Γ 及其应用

在单位时间内，碰撞在单位面积器壁上的气体分子数称为**碰壁数**，用符号 Γ 表示。作为麦克斯韦速度分布律的应用，下面我们求 Γ。

根据［例题 2］中的(2)式，在 $\mathrm{d}t$ 时间内碰撞在器壁面积元 $\mathrm{d}A$ 上的速度分量在 $v_x\sim v_x+\mathrm{d}v_x$ 之间的分子数为

$$\mathrm{d}N_{v_x} = nf(v_x)\mathrm{d}v_x v_x \mathrm{d}t\mathrm{d}A, \tag{1}$$

式中 n 为气体分子数密度。考虑 $v_x<0$ 的分子显然不会与 $\mathrm{d}A$ 相碰，所以将上式从 0 到∞ 对 v_x 积分，即可求得每秒碰到单位面积上的分子总数，即碰壁数 Γ 为

$$\Gamma = \frac{\mathrm{d}N}{\mathrm{d}t\mathrm{d}A} = n\int_0^\infty f(v_x)v_x\mathrm{d}v_x = n\left(\frac{m}{2\pi kT}\right)^{1/2}\int_0^\infty \mathrm{e}^{-mv_x^2/2kT}v_x\mathrm{d}v_x,$$

查附录 6-1 的积分表可求出

$$\int_0^\infty \mathrm{e}^{-mv_x^2/2kT}v_x\mathrm{d}v_x = \frac{kT}{m}.$$

代入上式，即得

$$\Gamma = n\left(\frac{m}{2\pi kT}\right)^{1/2}\frac{kT}{m} = n\left(\frac{kT}{2\pi m}\right)^{1/2} = \frac{1}{4}n\left(\frac{8kT}{\pi m}\right)^{1/2}. \tag{2}$$

由于分子的平均速率为

$$\bar{v} = \sqrt{\frac{8kT}{\pi m}},$$

所以(2)式可写作

$$\Gamma = \frac{1}{4}n\bar{v}. \tag{6.3.16}$$

作为(6.3.16)式的应用，我们讨论如下两个问题。

1. 泻流

假如器壁上开有一很小的小孔(或狭缝)，由于从小孔中流出去的分子数比容器中总分子数少得多，气体从小孔逸出不会影响容器内气体平衡态的建立，气体分子如此射出小孔的过程称为**泻流**。若开有小孔的器壁又较薄，则分子射出小孔的数目与碰撞到小孔处的气体分子数相等。

单位时间由单位面积小孔泻出的气体分子的数量，称为小孔泻流流量，显然泻流流量为

$$\Gamma=\frac{1}{4}n\bar{v}=nv_{泻},$$

其中 $v_{泻}=\frac{1}{4}\bar{v}=\sqrt{\frac{kT}{2\pi m}}$称为平均泻流速率。$\Gamma=nv_{泻}=n\sqrt{\frac{kT}{2\pi m}}$，说明当气体的温度 T 一定时，质量小的分子易于逸出小孔，这就为同位素的分离提供了一种十分有用的方法。

设一容器由疏松的器壁所构成，它含有大量的可透过气体分子的小孔。在容器中充满了质量分别为 m_1 和 m_2 的两种分子组成的混合理想气体，其分子数密度分别为 n_1 和 n_2，通过小孔泻出的气体分子被抽入收集箱中。若 $m_1<m_2$，则容器中质量为 m_1 的分子减少的速率大于质量为 m_2 的分子减少的速率，从而使容器中气体的数密度之比 n_1/n_2 逐步减小。现用稳定的新鲜气体流来补充因泻流而减少的气体，使容器中气体的数密度 n_1 及 n_2 始终保持恒定。因容器外保持真空，故从容器外回流入容器的分子可以忽略不计。显然收集箱中两种气体分子的数密度之比为

$$\frac{n'_1}{n'_2}=\frac{\Gamma_1}{\Gamma_2}=\frac{n_1}{n_2}\sqrt{\frac{m_2}{m_1}}. \tag{6.3.17}$$

因 $m_2>m_1$，故$\frac{n'_1}{n'_2}>\frac{n_1}{n_2}$。这说明经过泻流以后，分子质量小的气体相对丰度将增加。核工程中就利用这一性质来分离^{238}U 与^{235}U。天然铀中含有^{238}U(丰度 99.3%)和^{235}U

(丰度 0.7%)两种同位素,为了把可裂变的^{235}U从天然铀中分离出来,首先要把固态的铀转换成铀的气体化合物——六氟化铀(UF_6),然后用上面介绍的泻流分离法逐级提高$^{235}UF_6$的浓度。将$n_1=0.7\%$,$n_2=99.3\%$及$m_2/m_1=(238+19\times6)/(235+19\times6)=352/349$代入(6.3.17)式,可知通过第一级分离,^{235}U 的丰度将从 0.7%提高到 0.703%。若采用多级泻流,并且把已经泻流出来的气体抽出后逐级加浓,这样大约需数千级联合分离,才能获得较纯的$^{235}UF_6$ 气体。如果想把$^{235}UF_6$ 的丰度提高到 99%,至少需要多少级泻流? 这个问题留给同学去思考。

2. 分子束

图 6-14 表示某种产生分子束的装置。薄壁加热炉 A 中产生某种蒸气(例如钠、银的原子蒸气)。蒸气分子穿过炉壁上的小孔(或狭缝)S 逸出到加热炉外的真空容器中,由于小孔外有一组准直狭缝 S,逸出的绝大部分分子都被准直狭缝挡住,仅有极少量分子可穿过准直狭缝的小孔形成分子射线束(即分子束)。

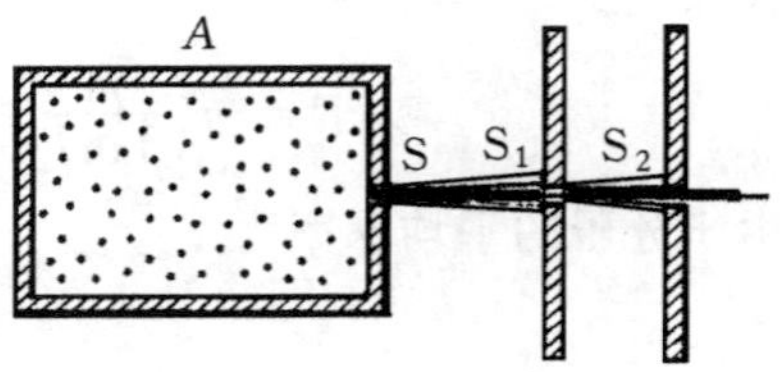

图 6-14 分子束

下面讨论分子束中的速率分布。

设加热炉中的右侧炉壁上的小孔面积为 ds,根据(6.3.16)式可知,在 dt 时间内通过小孔逸出的分子总数为

$$N=\frac{1}{4}n\bar{v}\mathrm{d}t\mathrm{d}s, \tag{6.3.18}$$

考虑 $\bar{v}=\int_0^\infty vf(v)\mathrm{d}v$,代入上式可得

$$N=\frac{1}{4}n\left[\int_0^\infty vf(v)\mathrm{d}v\right]\mathrm{d}t\mathrm{d}s,$$

由上式可得,在 dt 时间内从面积 ds 为小孔逸出的、速率在 $v\sim v+\mathrm{d}v$ 范围内的分子数为

$$\mathrm{d}N_v=\frac{1}{4}nvf(v)\mathrm{d}v\mathrm{d}t\mathrm{d}s,$$

$f(v)$代表加热炉 A 中的气体分子速率分布函数。将(6.3.10)式代入上式,则

$$\mathrm{d}N_v=\frac{1}{4}n\cdot4\pi\left(\frac{m}{2\pi kT}\right)^{3/2}\mathrm{e}^{-mv^2/2kT}v^3\mathrm{d}v\mathrm{d}t\mathrm{d}s. \tag{6.3.19}$$

因为气体分子是辐射状地从小孔射出的,从各个方向射出的分子的速率分布都相同,所以从小孔射出的总分子数中的速率分布,就等于分子束中的速率分布。即

$$\frac{\mathrm{d}N_v}{N}=F(v)\mathrm{d}v,$$

将(6.3.18)式和(6.3.19)式代入上式,并考虑 $\bar{v}=\sqrt{\frac{8kT}{\pi m}}$,则

$$\frac{\mathrm{d}N_v}{N}=F(v)\mathrm{d}v=\frac{1}{2}\left(\frac{m}{kT}\right)^2\mathrm{e}^{-mv^2/2kT}v^3\mathrm{d}v, \tag{6.3.20}$$

$$F(v)=\frac{1}{2}\left(\frac{m}{kT}\right)^2\mathrm{e}^{-mv^2/2kT}v^3. \tag{6.3.21}$$

(6.3.21)式就是分子束中的速率分布函数,可见该分布函数与加热炉 A 中蒸气分子的速率分布函数是不同的,后者服从麦克斯韦速率分布。

3. 分子束中的速率分布函数的实验验证

早在 1859 年，英国物理学家麦克斯韦首先从理论上导出了气体分子的速率分布律。斯特恩(Stern，1888—1969)于 1920 年，首次通过直接测量，对该分布律进行了实验验证。后来有许多人对此实验作了改进，我国的物理学家葛正权也在这方面有过贡献。但是直到 1956 年才由密勒(Miller)和库士(KuSch)对麦克斯韦气体分子速率分布律作出了高度精密的实验证明。

下面我们简要介绍葛正权实验及密勒与库士实验。

(1)葛正权实验

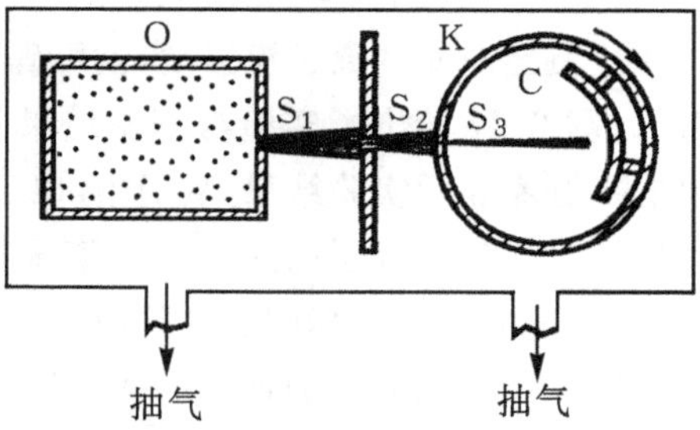

图 6-15　葛正权实验装置

我国物理学家葛正权教授曾在 1934 年测定铋(Bi)蒸气分子的速率分布，其实验装置的主要部分如图 6-15 所示。图中 O 为蒸气源，其中铋蒸气的温度为 900 ℃左右(各次实验的温度不同，它们分别为 827 ℃、857 ℃、875 ℃、899 ℃、922 ℃、947 ℃等，蒸气压为 $2.67\text{Pa} \sim 1.20 \times 10^2$ Pa)，S_1、S_2、S_3 是狭缝，K 是一个可绕垂直于平面的中心轴转动的空心圆筒，其半径为 9.4 cm，其转速为 30 000 转/分，全部装置放在真空度为 1.33×10^{-3} Pa 的真空容器内。实验时，令 K 以恒定的角速度转动较长的时间(10 小时左右)，然后取下玻璃板 C，用测微光度计测量板上各处沉积层的厚度，由此就可确定铋分子速率的分布律。

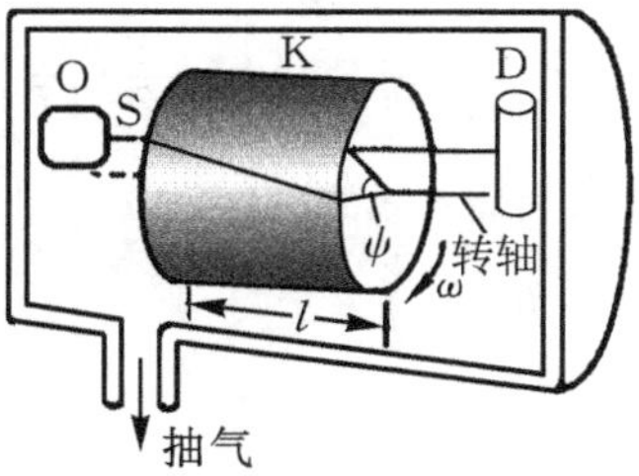

图 6-16　密勒与库士实验装置

用这个实验来验证麦克斯韦速率分布律时遇到的主要困难是铋蒸气中同时含有单原子分子 Bi 、双原子分子 Bi_2 及少量的三原子分子 Bi_3，而这三种分子的含量是未知的。葛正权教授经多次实验，如假设这三种分子的含量分别为 44%、54%和 2%，则实验结果与麦克斯韦速率分布律符合得很好。

(2)密勒与库士实验

1955 年密勒与库士用铊蒸气的原子实验，精确地验证了麦克斯韦速率分布函数。他们所用的实验装置如图 6-16 所示，图中 O 是铊蒸气源。实验时铊蒸气的温度为(870±4)K，其压强为 4.27×10^2 Pa，K 是用铝合金做成的圆柱体，柱体长 $l=20.4$ cm，半径 $r=10$ cm，可以绕中心轴旋转。在圆柱体 K 上均匀地刻制一些螺旋形的细沟槽，图中只示意地画出了一条，这些沟槽的入口狭缝与出口狭缝之间的夹角为 $\psi=4.8°$。D 是根据电离计的原理制成的探测器，用来测定它接受的原子束的强度。其中心是一根通电加热的钨丝，外面共轴套着一个开有狭缝(与蒸气源的狭缝 S 平行)的金属筒，金属筒相对钨丝加负压。当外面的原子束通过狭缝打到钨丝上时，每个铊原子都被电离成正离子，并被负电极——金属筒所吸收。检测器测得的离子电流的强度直接反映出原子束的强度，整个装置都放在抽成高真空的容器内(真空度为 1.33×10^{-4} Pa)，实验时圆柱体 K 以一定的角速度 ω 转动，由于圆柱体上刻有螺旋形的沟槽，所以并非所有进入沟槽的分子都能顺利通过沟槽进入检测器，只有那些速率 v 满足下式

$$\frac{v}{l}=\frac{\omega}{\psi}$$

的分子才能为检测器 D 接受到，所以

$$v=\frac{\omega}{\psi}\cdot l. \tag{6.3.22}$$

其他速率的分子都将沉积在槽壁上。所以圆柱体实际上是一个分子速率选择器。改变 ω，就可得到不同的速率。由于入口狭缝有一定的宽度，所以对应某个 ω，通过入口狭缝的分子束中分子的速率并不严格相等，而是分布在一个速率区间 $v\sim v+\mathrm{d}v$ 内。

实验时，使圆柱体 K 先后以不同的角速度 ω_1、ω_2、…旋转，依次测定对应的离子流强度，就可确定分子按速率的分布情况。图 6-17 给出了实验与理论结果的比较。实线表示理论结果，圆圈表示实验结果，从图中可见两者精确重合。应指出的是，分子束中分子的速率分布情况与蒸气源中分子的速率分布情况并不完全相同。这是由于不同速率的分子从狭缝逸出的概率不等，分子的速率越大，从 S 逸出的机会也越大。分子束中的速率分布函数如(6.3.21)式所示。

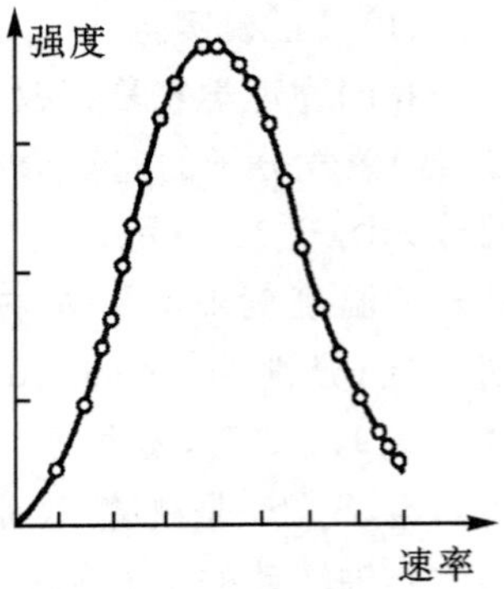

图 6-17

实验与理论结果的比较

［**例题 6**］ 试求分子束中分子的平均平动动能。

［**解**］ 由(6.3.21)式可得

$$\overline{v^2}=\int_0^\infty v^2F(v)\mathrm{d}v=\frac{1}{2}\left(\frac{m}{kT}\right)^2\int_0^\infty \mathrm{e}^{-mv^2/2kT}v^5\mathrm{d}v,$$

由附录 6-1 可得上式的积分为 $\int_0^\infty \mathrm{e}^{-mv^2/2kT}v^5\mathrm{d}v=\left(\frac{2kT}{m}\right)^3$，

代入上式可得

$$\overline{v^2}=\frac{1}{2}\left(\frac{m}{kT}\right)^2\left(\frac{2kT}{m}\right)^3=4\frac{kT}{m},$$

最后可得

$$\bar{\varepsilon}=\frac{1}{2}m\overline{v^2}=2kT.$$

最后应指出的是，泻流是一种宏观粒子流，所以存在泻流的气体处于非平衡态。我们在推导(6.3.20)式时，利用了只适于平衡态理想气体的麦克斯韦分布，这是一种近似。但只要在宏观短的时间 $\mathrm{d}t$ 内逸出的气体分子数与容器中总分子数相比小得多，这种近似完全适用。

五、误差函数

在实际问题中，有时需要计算分子的速度分量(或速率)小于(或大于)某一给定值，或介于某一给定范围内的分子数。下面简单介绍用麦克斯韦分布处理这类问题的方法。作为例子，我们讨论如何计算速度的 x 分量介于 0 到某一给定值 v_x 范围内的分子数。其他问题，作为习题留给读者自己考虑。

根据(6.3.5)式，速度的 x 分量介于区间 $v_x\sim v_x+\mathrm{d}v_x$ 内的分子数为

$$\mathrm{d}N_{v_x}=N\left(\frac{m}{2\pi kT}\right)^{1/2}\mathrm{e}^{-mv_x^2/2kT}\mathrm{d}v_x,$$

因此，速度的 x 分量在 $0\sim v_x$ 这一范围内的分子数为

$$\Delta N_{0\sim v_x}=\int_0^{v_x}\mathrm{d}N_{v_x}=N\left(\frac{m}{2\pi kT}\right)^{1/2}\int_0^{v_x}\mathrm{e}^{-mv_x^2/2kT}\mathrm{d}v_x, \tag{6.3.23}$$

需要指出，上式中的积分，当以 0 和∞(或－∞和＋∞)为积分限时，可化为附录 6-1 积分表中所列的简单形式；但如以有限值为积分限时，则较难计算。为了求出结果，需将上式

化为适当的形式。

令

$$x=\left(\frac{m}{2kT}\right)^{1/2}v_x=\beta v_x,$$

则

$$\mathrm{d}x=\beta\mathrm{d}v_x,$$

其中 $\beta=\left(\frac{m}{2kT}\right)^{1/2}$，$\frac{1}{\beta}=\sqrt{\frac{2kT}{m}}=v_{\mathrm{P}}$，即分子的最可几速率。这样(6.3.23)式就可写作

$$\Delta N_{0\sim v_x}=\int_0^{v_x}\mathrm{d}N_{v_x}=\frac{N}{\sqrt{\pi}}\int_0^x \mathrm{e}^{-x^2}\mathrm{d}x, \tag{6.3.24}$$

将被积函数 e^{-x^2} 在积分区间 $0\sim x$ 上展成幂级数，逐项积分，即可求出这个定积分的近似值。在概率论和数理统计中称 $\frac{2}{\sqrt{\pi}}\int_0^x \mathrm{e}^{-x^2}\mathrm{d}x$ 为**误差函数**，用 $\mathrm{erf}(x)$ 表示它，即令

$$\mathrm{erf}(x)=\frac{2}{\sqrt{\pi}}\int_0^x \mathrm{e}^{-x^2}\mathrm{d}x. \tag{6.3.25}$$

从一般积分表所附的误差函数表中，可直接查出与不同的 x 值对应的 $\mathrm{erf}(x)$ 的近似值①。

利用误差函数，(6.3.24)式可写作

$$\Delta N_{0\sim v_x}=\int_0^{v_x}\mathrm{d}N_{v_x}=\frac{N}{\sqrt{\pi}}\frac{\sqrt{\pi}}{2}\mathrm{erf}(x)=\frac{N}{2}\mathrm{erf}(x), \tag{6.3.26}$$

例如，要计算速度的 x 分量在 $0\sim v_{\mathrm{P}}$ 这一范围内的分子数，则令

$$x=\beta v_x=\frac{v_x}{v_{\mathrm{P}}}=1,$$

即得

$$\Delta N_{0\sim v_{\mathrm{P}}}=\int_0^{v_{\mathrm{P}}}\mathrm{d}N_{v_x}=\frac{N}{2}\mathrm{erf}(1),$$

由附录 6-2 的误差函数简表中可查到，$\mathrm{erf}(1)=0.8427$，因此

$$\Delta N_{0\sim v_{\mathrm{P}}}=\int_0^{v_{\mathrm{P}}}\mathrm{d}N_{v_x}=\frac{N}{2}\times 0.8427=0.422N.$$

§6.4　麦克斯韦—玻耳兹曼能量分布律

一、重力场中粒子按高度的分布　等温气压公式

在上节里没有考虑外力场（如重力场）对气体的作用，因而气体分子的数密度在空间里分布是均匀的。若存在外力场，则气体分子的数密度将是空间坐标 $\boldsymbol{r}$ 的函数，即 $n=n(\boldsymbol{r})$。下面我们将以重力场为例，讨论处于平衡态的气体，其数密度随高度变化的规律。

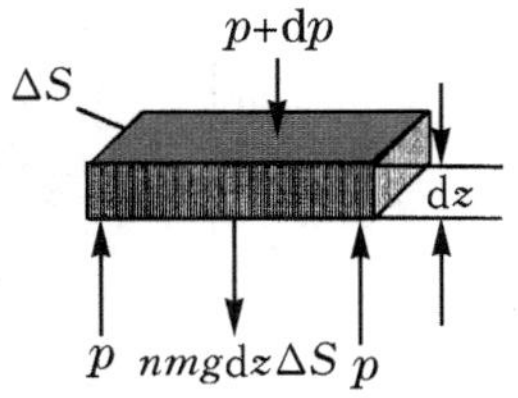

图 6-18

气体的压强差与重力平衡

我们知道，在重力场中大气的压强是随高度变化的，设大气压 p 是高度 z 的函数，即 $p=p(z)$。如图 6-18 所示，在气体中取一柱体，其上下端面水平，面积为 ΔS，柱体的高为 $\mathrm{d}z$。此气柱

① 由本章附录 6-2 给出了误差函数简表。

上下端面所受压力分别为$(p+dp)\Delta S$和$p\Delta S$，二者之差与气柱所受重力$nmg\Delta S dz$相平衡(m是分子质量，g是重力加速度)，即

$$-dp\Delta S = n\,mg\,dz\Delta S,$$

或

$$dp = -n\,mg\,dz. \tag{6.4.1}$$

设大气温度处处相等，并设重力加速度g不随高度变化。如果把气体看成理想气体，根据公式(5.3.3)式，$p=nkT$，$dp=kTdn$，代入上式，可得

$$kT\,dn = -n\,mg\,dz,$$

或

$$\frac{dn}{n} = -\frac{mg}{kT}dz. \tag{6.4.2}$$

取海平面的高度$z=0$，令该处的$n=n_0$，对上式积分后可得

$$\ln\frac{n}{n_0} = -\frac{mgz}{kT},$$

或

$$n(z) = n_0 e^{-mgz/kT}. \tag{6.4.3}$$

上式指出，在重力场中气体分子的数密度n随高度z的增大按指数规律减小。分子的质量m越大(重力的作用越显著)，n就减小得越迅速；气体的温度越高(分子的无规则热运动越剧烈)，n就减小得越慢。图6-19是根据(6.4.3)式画出的分布曲线。

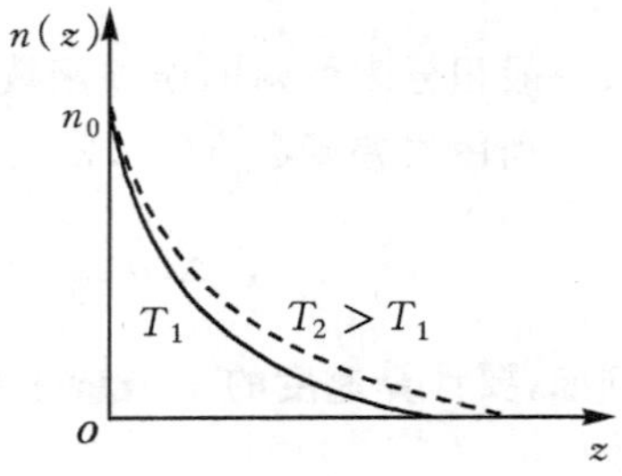

图6-19
重力场中气体分子数密度分布曲线

应用(6.4.3)式，很容易得出气体压强随高度变化的规律。根据前面假定，把大气看成理想气体，并设大气温度处处相等，将上式两边同乘以kT，根据$p=nkT$可得

$$p(z) = p(0)e^{-mgz/kT} = p(0)e^{-\mu gz/RT}, \tag{6.4.4}$$

式中$p(0)=n_0kT$，表示在$z=0$处的大气压，μ为气体的摩尔质量。(6.4.4)式叫做等温气压公式。它表示大气压强随高度按指数规律减小。

应该指出的是，由于大气温度上下不均匀，没有达到热平衡，其温度分布情况如图

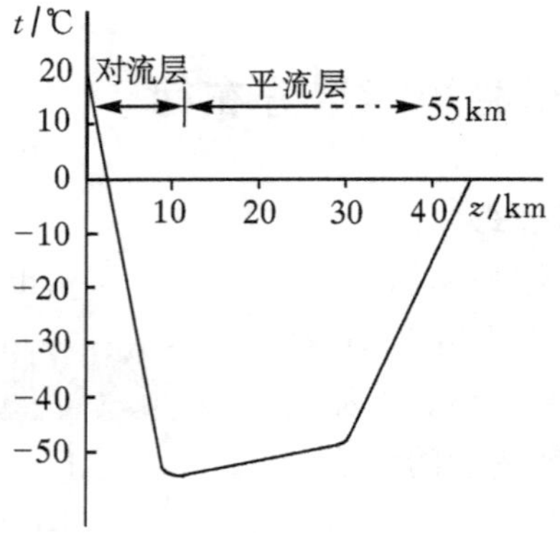

图6-20 大气的温度分布

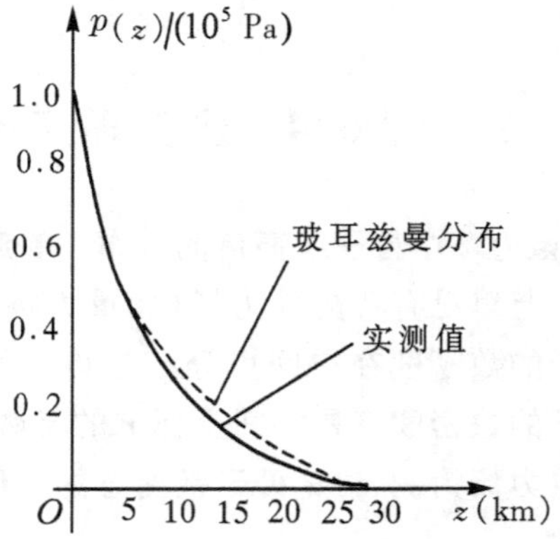

图6-21 大气的压强分布

6-20所示，它给出了地面以上几十千米内实测的大气温度随高度的变化。利用(6.4.4)式只能近似地估算不同高度处的大气压强，只有在高度差相差不大的范围内计算结果才与实际符合，图6-21给出了中纬度地区夏季大气压强随高度变化的实测值(实线)与等温模

型的理论值(虚线)的比较,图中取海平面处($z=0$)的大气压强为 1atm。

在爬山和航空中,可应用这个公式来判断上升的高度,将(6.4.4)式取对数,可得

$$z=\frac{RT}{\mu g}\ln\frac{p(0)}{p(z)}. \tag{6.4.5}$$

因此,只要测定大气压强 $p(z)$,由上式即可得出上升的高度。

作为微粒在重力场中随高度分布的另一个例子,我们介绍液体中悬浮的布朗粒子的数密度按高度的分布。设想在一竖直放置的容器中装有平均密度为 ρ_0 的溶液,溶液中悬浮有少量的布朗粒子(或大分子)。每个微粒的质量均为 m,体积均为 V。每个微粒均受到重力 $-mg$ 和浮力 $\rho_0 Vg$ 的作用。若微粒的密度为 ρ,则 $V=m/\rho$。每个微粒受到的合力方向向下,其大小为

$$f=mg-\rho_0 Vg=m\left(\frac{\rho-\rho_0}{\rho}\right)g=m^* g, \tag{6.4.6}$$

其中

$$m^*=\left(\frac{\rho-\rho_0}{\rho}\right)m, \tag{6.4.7}$$

m^* 是考虑了浮力后微粒的等效质量。这些微粒都在作无规则热运动,可把这些置于溶液中的大分子或悬浮微粒看作是在真空背景中的、等效质量为 m^* 的、在重力场中的"理想气体分子"。若竖直容器的温度 T 是处处相等,在容器底部及高度 z 处微粒数密度分别为 $n(0)$ 及 $n(z)$,类似于(6.4.3)式有

$$n(z)=n(0)\mathrm{e}^{-m^* gz/kT}. \tag{6.4.8}$$

1980 年皮兰(Perrin,1870—1942)用显微镜观测悬浮于不同高度处的微粒数目,证实了(6.4.8)式的确成立。他还根据该式求得了阿伏伽德罗常数 $N_A=\frac{R}{k}$ 的数值。由(6.4.8)式可得 N_A 为

$$N_A=\frac{RT\rho}{m(\rho-\rho_0)g(z_2-z_1)}\ln\frac{n(z_1)}{n(z_2)}, \tag{6.4.9}$$

皮兰当时测得的结果是 $N_A=(6.5\sim6.8)\times10^{23}/\mathrm{mol}$。

二、玻耳兹曼密度分布律

(6.4.3)式中的 mgz 是气体分子在重力场中的势能,将 mgz 代之以粒子在任意保守力场中的势能 $\varepsilon_p(\boldsymbol{r})$,就可将该式推广到任意保守力场:

$$n(\boldsymbol{r})=n_B(\boldsymbol{r})=n_0\mathrm{e}^{-\varepsilon_p(\boldsymbol{r})/kT}, \tag{6.4.10}$$

$n_B(\boldsymbol{r})$ 是在保守力场 $\boldsymbol{r}$ 处的气体分子数密度,n_0 是 $\varepsilon_p(\boldsymbol{r})=0$ 处的气体分子数密度。(6.4.10)式称为玻耳兹曼密度分布律,它反映了气体在热平衡态下分子按位能的分布规律。

玻耳兹曼分布律是一个普遍的规律,它对任何物质的微粒(气体、液体、固体中的原子和分子、布朗粒子等)在任何保守力场(重力场、电场)中运动的情形都成立。

三、麦克斯韦　玻耳兹曼能量分布律

为了形象地描述气体分子在空间的分布情况,可在上述保守力场中以坐标 x、y、z 为轴,建立三维的笛卡儿空间,如图 6-22 所示。任一分子在空间的位置可用位矢 $\overrightarrow{Op}=\boldsymbol{r}$ 表示,该空间称为位形空间。现在 p 点处取一边

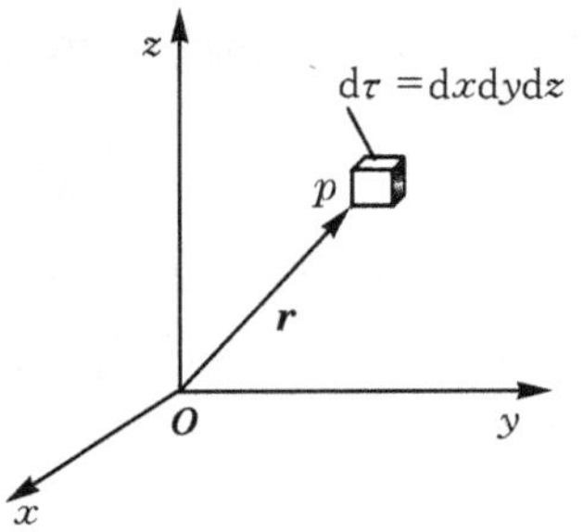

图 6-22　位形空间中的体积元

长为 $\mathrm{d}x$、$\mathrm{d}y$、$\mathrm{d}z$ 的体积元 $\mathrm{d}\tau=\mathrm{d}x\mathrm{d}y\mathrm{d}z$，设处在该体积元中的分子数为 $\mathrm{d}N(\boldsymbol{r})$，此时(6.4.10)式可表示为

$$\frac{\mathrm{d}N(\boldsymbol{r})}{\mathrm{d}x\mathrm{d}y\mathrm{d}z}=n_0\mathrm{e}^{-\varepsilon_p(\mathbf{r})/kT},$$

或

$$\mathrm{d}N(\boldsymbol{r})=n_0\mathrm{e}^{-\varepsilon_p(\mathbf{r})/kT}\mathrm{d}x\mathrm{d}y\mathrm{d}z, \tag{6.4.11}$$

将上式除以气体分子总数 N，则有

$$\frac{\mathrm{d}N(\boldsymbol{r})}{N}=\frac{n_0}{N}\mathrm{e}^{-\varepsilon_p(\mathbf{r})/kT}\mathrm{d}x\mathrm{d}y\mathrm{d}z, \tag{6.4.12}$$

$\mathrm{d}N(\boldsymbol{r})/N$ 表示处于平衡态下的气体中，任一分子出现在 $\boldsymbol{r}$ 处的体积元 $\mathrm{d}\tau(\mathrm{d}\tau=\mathrm{d}x\mathrm{d}y\mathrm{d}z)$ 中的概率，或者说分子的位置坐标处在 $x\sim x+\mathrm{d}x$；$y\sim y+\mathrm{d}y$；$z\sim z+\mathrm{d}z$ 范围内的概率。(6.4.12)式描绘了气体分子在位形空间中的分布。

另外，麦克斯韦速度分布律(6.3.1)式描绘了气体分子在速度空间中的分布，其中指数函数上的 $\frac{1}{2}mv^2=\varepsilon_k$，是分子的平动能。此时(6.3.1)式也可写为

$$\mathrm{d}N(\quad)=N\left(\frac{m}{2\pi kT}\right)^{\frac{3}{2}}\mathrm{e}^{-\frac{\varepsilon_k}{kT}}\mathrm{d}v_x\mathrm{d}v_y\mathrm{d}v_z, \tag{6.4.13}$$

其中气体分子的速度分布函数为

$$\begin{aligned}f(\quad)&=f(v_x,v_y,v_z)\\&=\left(\frac{m}{2\pi kT}\right)^{\frac{3}{2}}\mathrm{e}^{-\frac{\varepsilon_k}{kT}}.\end{aligned}$$

现在我们进一步地考虑，在位形空间中，处在体积元 $\mathrm{d}\tau=\mathrm{d}x\mathrm{d}y\mathrm{d}z$ 中的 $\mathrm{d}N(\boldsymbol{r})$ 个分子中，其速度处在 $\sim\ +\mathrm{d}$ 之间，或分子速度的各分量处在($v_x\sim v_x+\mathrm{d}v_x$；$v_y\sim v_y+\mathrm{d}v_y$；$v_z\sim v_z+\mathrm{d}v_z$)的分子数为多少？可以认为，在体积元 $\mathrm{d}\tau=\mathrm{d}x\mathrm{d}y\mathrm{d}z$ 中的分子数 $\mathrm{d}N(\boldsymbol{r})$ 有足够多，它们同样满足麦克斯韦速度分布律，根据(6.4.13)式有

$$\mathrm{d}N(\boldsymbol{r},\quad)=\mathrm{d}N(\boldsymbol{r})f(v_x,v_y,v_z)\mathrm{d}v_x\mathrm{d}v_y\mathrm{d}v_z,$$

上式中 $\mathrm{d}N(\boldsymbol{r})$ 是在位形空间中，处在体积元 $\mathrm{d}\tau=\mathrm{d}x\mathrm{d}y\mathrm{d}z$ 中的分子数，$\mathrm{d}N(\boldsymbol{r},\quad)$ 则是在 $\mathrm{d}N(\boldsymbol{r})$ 个分子中，分子的速度处在 $\sim\ +\mathrm{d}$ 之间，或者说分子速度的分量处在($v_x\sim v_x+\mathrm{d}v_x$；$v_y\sim v_y+\mathrm{d}v_y$；$v_z\sim v_z+\mathrm{d}v_z$)之间的分子数。将(6.4.11)式及(6.4.13)式代入上式，可得

$$\begin{aligned}\mathrm{d}N(\boldsymbol{r},\quad)&=n_0\left(\frac{m}{2\pi kT}\right)^{\frac{3}{2}}\mathrm{e}^{-\frac{\varepsilon_k}{kT}}\mathrm{e}^{-\frac{\varepsilon_p(r)}{kT}}\mathrm{d}x\mathrm{d}y\mathrm{d}z\mathrm{d}v_x\mathrm{d}v_y\mathrm{d}v_z\\&=n_0\left(\frac{m}{2\pi kT}\right)^{\frac{3}{2}}\mathrm{e}^{-\frac{\varepsilon}{kT}}\mathrm{d}x\mathrm{d}y\mathrm{d}z\mathrm{d}v_x\mathrm{d}v_y\mathrm{d}v_z,\end{aligned} \tag{6.4.14}$$

上式中 $\varepsilon=\varepsilon_k+\varepsilon_p$，表示气体分子的总能量。$\mathrm{d}N(\boldsymbol{r},\quad)$ 个分子占总分子数的比率为

$$\frac{\mathrm{d}N(\boldsymbol{r},\quad)}{N}=\frac{n_0}{N}\left(\frac{m}{2\pi kT}\right)^{\frac{3}{2}}\mathrm{e}^{\frac{\varepsilon}{kT}}\mathrm{d}x\mathrm{d}y\mathrm{d}z\mathrm{d}v_x\mathrm{d}v_y\mathrm{d}v_z. \tag{6.4.15}$$

(6.4.14)式或(6.4.15)式称为麦克斯韦—玻耳兹曼分布，简称为麦—玻分布，它表示在外力场中处于平衡态的气体，按分子总能量的分布规律。由上式还可得到分布函数的表达式为

$$f(\boldsymbol{r},\quad)=\frac{n_0}{N}\left(\frac{m}{2\pi kT}\right)^{\frac{3}{2}}\mathrm{e}^{\frac{\varepsilon}{kT}}. \tag{6.4.16}$$

在力学中把一个质点的位置（由位矢 $\boldsymbol{r}$ 决定）和速度①合起来称为质点的“运动状态”，或者叫做“相”，在统计物理学中把速度空间和位形空间合起来，构成一个相空间，对于单原子分子，其相空间是以三个坐标 x、y、z 和三个速度分量 v_x、v_y、v_z 为轴，构成的 6 维笛卡儿空间，该空间中的一点代表分子的一个“运动状态”，称为状态代表点。(6.4.14)式中 $d\omega'=dxdydzdv_xdv_ydv_z$ 为相空间的体积元，而 $dN(\boldsymbol{r},\ )$ 应理解为处于该体积元中的分子状态代表点数，对由 N 个单原子分子组成的气体，(6.4.14)式中的 N 也代表在上述相空间中分子状态代表点的总数。如果将 $dN(\boldsymbol{r},\ )/N$ 理解为分子状态代表点出现在体积元 $d\omega'=dxdydzdv_xdv_ydv_z$ 中的概率，则

$$f(\boldsymbol{r},\ )=\frac{n_0}{N}\left(\frac{m}{2\pi kT}\right)^{3/2}e^{-\varepsilon/kT}=\frac{dN(\boldsymbol{r},\ )}{Nd\omega'}. \tag{6.4.17}$$

表示分子状态代表点出现在相空间中某点处单位体积元中的概率，即概率密度。

应指出的是，严格说来，(6.4.14)或(6.4.15)式只适用于由单原子分子组成的气体。对于由多原子分子组成的气体，在分子总能量 $\varepsilon=\varepsilon_K+\varepsilon_P$ 中，ε_K 一般是指分子的平动能、转动能与分子内原子间相对振动的动能之和，而 ε_P 既包括分子在外力场中的势能，也包括分子内原子间的相互作用势能。而相空间的维数与分子总的自由度数②有关，一般而言，对于有 r 个自由度的分子，其相空间的维数为 $2r$ 维，关于这些，在今后的统计物理学中还会进一步地讨论。

§6.5　能均分定理与热容量

本节将阐明分子热运动的能量所遵从的统计规律，并在此基础上建立理想气体的内能及定容热容量的经典理论。

一、自由度

前面在讨论分子的热运动时，只考虑了分子的平动，实际上，除单原子分子外，一般分子的运动并不限于平动，还有分子绕质心的转动和分子内原子间的振动。为了确定分子的各种形式运动能量的统计规律，需要引用力学中的自由度概念。

决定一个物体位置所需要的独立坐标数，叫做这个物体的自由度数。

如果一个质点在空间作自由运动，则它的位置需要用三个独立坐标，如 x、y、z 来决定，所以这个质点有三个自由度。如果一个质点被限制在一平面或曲面上运动，则它的位置只需用两个独立坐标来决定，所以它就只有两个自由度。同理，被限制在一直线或曲线上运动的质点只有一个自由度。

在空间作自由运动的刚体，其运动一般可分解为质心的平动及绕通过质心的轴的转动，如图6-23所示。所以刚体的位置可决定如下：(1)用三个独立坐标，如 x,y,z 决定其质心的位置；(2)用两个独立坐标，如 α,β

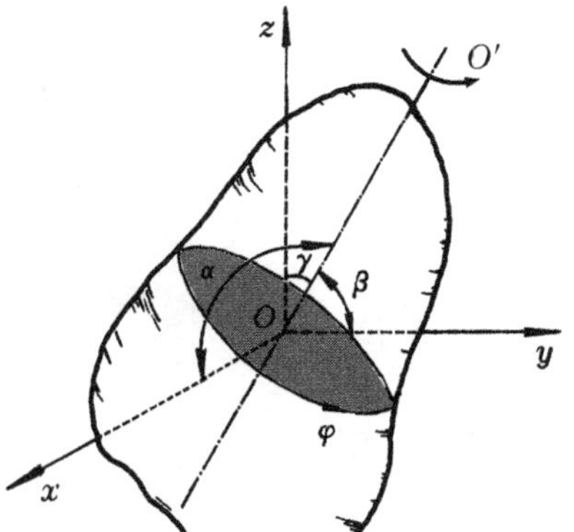

图 6-23　自由运动刚体的自由度

① 严格地讲应是动量。

② 在下一节中将详细介绍自由度。

决定转轴的方位(因 $\cos^2\alpha+\cos^2\beta+\cos^2\gamma=1$,三个方向余弦中只有两个是独立的);(3)用一个独立坐标,如 φ 决定刚体绕此轴相对于某一起始位置转过的角度。因此,自由运动的刚体共有六个自由度,其中三个是平动的,三个是转动的。同样,当刚体的运动受到某种限制时,其自由度数也会减少。例如,绕定轴转动的刚体只有一个自由度。

对非刚体,如弹性体、流体,可以有任意多个自由度。

现在根据上述概念来确定分子的自由度数。对于单原子分子(如氦、氖、氩等),可被看作是自由运动的质点,所以有三个自由度。双原子分子(如氢、氧、氮、一氧化碳等)中的两个原子是由一根化学键联结起来的线状分子,绕此线的转动惯量可忽略不计,但两原子之间的距离由于振动可伸长或缩短,故需三个独立的坐标决定其质心的位置,两个独立坐标决定其联线的方位,一个独立坐标决定两质点间距。这就是说,双原子分子共有六个自由度:三个平动自由度,两个转动自由度,一个振动自由度。对于多原子分子(由三个或三个以上原子组成的分子)的自由度,需要根据其结构情况进行具体分析才能确定。一般地说,如果一个分子由 n 个原子组成,则这个分子最多有 $3n$ 个自由度,其中 3 个是平动,3 个是转动,其余$3n-6$个是振动自由度。当分子的运动受到某种限制时,其自由度数也会减少。

二、能量按自由度均分定理

在上一章中,曾确定理想气体分子的平均平动动能为

$$\frac{1}{2}m\overline{v^2}=\frac{3}{2}kT,$$

分子有三个平动自由度,分子的平动能可表示为

$$\frac{1}{2}m\,v^2=\frac{1}{2}m\,v_x^2+\frac{1}{2}m\,v_y^2+\frac{1}{2}m\,v_z^2,$$

对上式求平均可得

$$\frac{1}{2}m\,\overline{v^2}=\frac{1}{2}m\,\overline{v^2}_x+\frac{1}{2}m\,\overline{v^2}_y+\frac{1}{2}m\,\overline{v^2}_z,$$

由麦克斯韦速度分量的分布函数,即(6.3.5)~(6.3.7)式可以求得

$$\begin{aligned}\overline{v_x^2}&=\int_{-\infty}^{+\infty}v_x^2f(v_x)\mathrm{d}v_x\\&=\left(\frac{m}{2\pi kT}\right)^{1/2}\times2\times\int_0^{+\infty}v_x^2\mathrm{e}^{-m\,v_x^2/2kT}\mathrm{d}v_x\\&=\left(\frac{m}{2\pi kT}\right)^{1/2}\times2\times\frac{1}{4}\times\frac{2kT}{m}\times\left(\frac{2\pi kT}{m}\right)^{1/2}=\frac{kT}{m},\end{aligned}$$

或

$$\frac{1}{2}m\,\overline{v^2}_x=\frac{1}{2}kT,$$

同理可以证明

$$\frac{1}{2}m\,\overline{v^2}_y=\frac{1}{2}m\,\overline{v^2}_z=\frac{1}{2}kT.$$

即分子在每一平动自由度上具有相同的平均动能,其大小等于$\frac{1}{2}kT$。也就是说,分子的平均平动能$\frac{3}{2}kT$是均匀地分配于每一平动自由度的。

这个结论可以推广到分子的转动和振动运动。根据经典统计力学的基本原理，可以导出一个普遍的定理——能量按自由度均分定理（简称为能均分定理）。这个定理指出：在温度为 T 的热平衡状态下，物质（气体、液体或固体）分子的每一自由度都具有相同的平均动能，其大小都等于$\frac{1}{2}kT$。因此，如果某种气体的分子有 t 个平动自由度，r 个转动自由度，s 个振动自由度，则分子的平均平动能、平均转动能、平均振动能分别为$\frac{t}{2}kT$，$\frac{r}{2}kT$ 和$\frac{s}{2}kT$，而分子的平均总动能为$\frac{1}{2}(t+r+s)kT$。

对于双原子分子和多原子分子，分子振动时除有振动动能外，还有振动势能。在振幅不大的情况下，我们假定分子振动是简谐的，这时可以证明分子振动的平均势能等于平均动能。所以分子作热运动的总能量中，还应加一势能项$\frac{s}{2}kT$，故分子的平均总能量为

$$\bar{\varepsilon} = \frac{1}{2}(t+r+2s)kT, \tag{6.5.1}$$

对于单原子分子，$t=3$，$r=s=0$，所以

$$\bar{\varepsilon} = \frac{3}{2}kT,$$

对于双原子分子，$t=3$，$r=2$，$s=1$，所以

$$\bar{\varepsilon} = \frac{7}{2}kT.$$

最后应指出的是，能均分定理是关于分子热运动动能的统计规律，是对大量分子统计平均所得的结果。对个别分子，在任一瞬时它的各种形式的动能和总动能完全可能与根据能均分定理所确定的平均值有很大的差别，而且每一种形式的动能也不见得按自由度均分。对大量分子整体来说，动能按自由度均分是依靠分子的无规则碰撞来实现的。在碰撞过程中，一个分子的能量可以传递给另一分子，一种形式的能量可以转化为另一形式的能量，而且能量还可由一个自由度转移到另一自由度。分配于某一形式或某一自由度上的能量多了，则在碰撞时能量由这种形式、这一自由度转到其他形式或其他自由度的几率就比较大了。因此，在达到平衡状态时，能量就按自由度均匀分配。外界供给的能量，首先是通过器壁分子和气体分子的碰撞，然后通过气体分子之间的相互碰撞分配到各个自由度上去的。

三、理想气体的内能

对于一般的气体，除了上述各种形式的动能和分子内部原子间的振动势能外，由于分子间存在着相互作用的保守力，所以分子还具有与这种力相关的势能。所有分子的这些形式的动能和势能的总和，叫做气体的内能①。

对于理想气体，分子间的相互作用可忽略，所以其内能只是分子的各种形式动能和分子内原子间振动势能的总和。根据(6.5.1)式，可以确定 M 克理想气体的内能为

$$U = N\bar{\varepsilon} = \frac{M}{\mu}N_A \cdot \frac{1}{2}(t+r+2s)kT$$

---

① 此处内能一般不包括原子内电子运动的能量及核能，因为在一般的热力学过程中，这些能量不发生变化，故可以不予考虑。

$$=\frac{1}{2}\frac{M}{\mu}(t+r+2s)RT, \tag{6.5.2}$$

对1摩尔理想气体的内能为

$$U_{\mathrm{m}}=\frac{1}{2}(t+r+2s)RT, \tag{6.5.3}$$

对于单原子分子理想气体内能为

$$U_{\mathrm{m}}=\frac{3}{2}RT,$$

对于双原子分子理想气体内能为

$$U_{\mathrm{m}}=\frac{7}{2}RT.$$

由上面的结果可以看出，1摩尔理想气体的内能只决定于分子的自由度数和气体的温度，而与气体的体积及压强无关，这一点与热力学的结论是完全一致的。

四、理想气体的热容量

将(6.5.3)式代入(2.5.3)式可得理想气体的定容摩尔热容量为

$$C_{V,\mathrm{m}}=\frac{\mathrm{d}U_{\mathrm{m}}}{\mathrm{d}T}=\frac{1}{2}(t+r+2s)R, \tag{6.5.4}$$

可见，理想气体的定容摩尔热容量是一个只与分子内部自由度的数目有关的量，它与气体的温度无关。

对于单原子分子理想气体，$t+r+2s=3$，所以

$$C_{V,\mathrm{m}}=\frac{3}{2}R\approx 3\mathrm{cal}\cdot\mathrm{mol}^{-1}\cdot\mathrm{K}^{-1}.$$

对于双原子分子理想气体，$t+r+2s=7$，所以

$$C_{V,\mathrm{m}}=\frac{7}{2}R\approx 7\mathrm{cal}\cdot\mathrm{mol}^{-1}\cdot\mathrm{K}^{-1}.$$

以上是根据经典的能均分定理得到的结论，实际情况怎样呢？现将上述的理论值与表6-1～表6-3给出的几种气体摩尔定容热容量的实验值进行比较。

表6-1　在0℃时，几种气体$C_{V,\mathrm{m}}$实验值的比较(单位：$\mathrm{cal}\cdot\mathrm{mol}^{-1}\cdot\mathrm{K}^{-1}$)

原子数	单原子			双原子				
气体	氦 He	氖 Ne	氩 Ar	氢 H_2	氧 O_2	氮 N_2	一氧化碳 CO	一氧化氮 NO
$C_{V,\mathrm{m}}$	2.98	3.08	2.98	4.849	5.096	4.968	4.970	5.174

原子数	多原子				
气体	二氧化碳 CO_2	水蒸气 H_2O	甲烷 CH_4	乙炔 C_2H_2	丙烯 C_3H_2
$C_{V,\mathrm{m}}$	6.579	6.015	6.311	8.02	12.34

表 6-2　在不同温度下几种双原子分子气体 $C_{V,m}$ 实验值的比较（单位：$cal \cdot mol^{-1} \cdot K^{-1}$）

温度(℃) \ 气体	氢 H_2	氧 O_2	氮 N_2	一氧化碳 CO
0	4.849	5.005	4.968	4.970
200	4.998	5.374	5.053	5.095
400	5.035	5.838	5.317	5.412
600	5.130	6.183	5.638	5.753
800	5.292	6.422	5.920	6.033
1000	5.486	6.592	6.144	6.247
1200	5.694	6.729	6.317	6.407
1400	5.896	6.851	6.450	6.528

表 6-3　在不同温度下，氢的 $C_{V,m}$ 实验值的比较（单位：$cal \cdot mol^{-1} \cdot K^{-1}$）

温度(℃)	−233	−183	−76	0	500	1000	1500	2000	2500
$C_{V,m}$	2.98	3.25	4.38	4.849	5.074	5.486	5.990	6.387	6.688

将经典热容量理论与实验比较可以看出：对于单原子分子理想气体，$C_{V,m}$ 的理论值与实验符合得很好；对于双原子分子理想气体，理论值显然与实验不符。根据能均分定理，一切双原子分子理想气体都应具有相同的定容摩尔热容量，其值约为 $7cal \cdot mol^{-1} \cdot K^{-1}$，且不随温度而改变。实际上，在常温下其数值多数在 $5\ cal \cdot mol^{-1} \cdot K^{-1}$ 左右，且因气体而稍有不同。当温度升高时，热容量都在增加，并且都向 $7cal \cdot mol^{-1} \cdot K^{-1}$ 逼近。表 6-3 中所给的氢气定容摩尔热容量 $C_{V,m}$ 表现更特别，在低温下为 $3cal \cdot mol^{-1} \cdot K^{-1}$ 左右，常温下增至 $5cal \cdot mol^{-1} \cdot K^{-1}$，高温时向 $7cal \cdot mol^{-1} \cdot K^{-1}$ 逼近，中间有两个转折（见图 6-24 所示）。其实，其他双原子分子理想气体的定容摩尔热容量随温度变化的一般趋势也都和氢气一样，只不过转折发生在不同的温区。

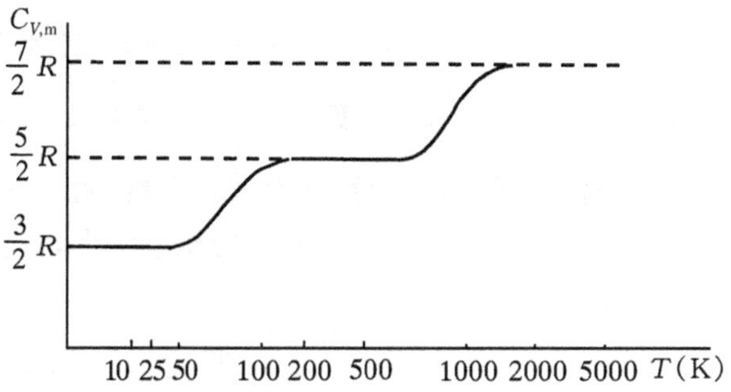

图 6-24　氢气的定容摩尔热容量 $C_{V,m}$ 随温度的变化

上述实验结果，好像可以这样解释：双原子分子在低温时只有平动运动，常温时开始有转动运动，高温时才有振动运动，似乎一些自由度的运动在温度不够高时被"冻结"了。在经典物理学中这是不可理解的，要用量子理论才能解释。问题的要害是在经典物理学中，认为分子的能量是连续变化的，而实际上它们是不连续的，下面我们用量子理论分别讨论分子振动自由度和转动自由度对热容量的贡献。

1. 分子振动自由度对热容量的贡献

根据量子理论，双原子分子的振动能只能取一系列不连续的值，如果把分子内原子间的相对振动近似地看作简谐振动，其振动能只能取下列分立的数值：

$$\varepsilon_S = \left(n + \frac{1}{2}\right)h\nu, \quad n = 0,1,2,\cdots, \tag{6.5.5}$$

式中的正整数 n 叫做振动量子数，$h=6.626\,176\times10^{-34}$ 焦耳·秒(J·s)，称为普朗克(Planck)常数，ν 是振动频率，对于不同的气体其数值不同。图 6-25 是双原子分子振动能 ε_S 随振动量子数 n 的分布情况。与每一振动量子数对应的振动能量称为一个能级。$n=0$的能级称为基态能级，其能量值 $\varepsilon_S(0)=\frac{1}{2}h\nu$，$n=1$ 的能级称为第一激发态能级，其能量值 $\varepsilon_S=\frac{3}{2}h\nu$，能级间隔 $\Delta\varepsilon_S=h\nu$。

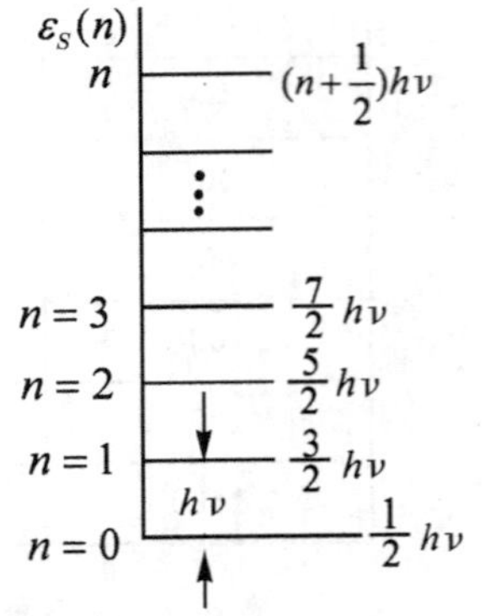

图 6-25

分子振动能随量子数的分布

根据振动光谱实验发现，双原子分子的振动频率 ν 的数量级约为 10^{14} Hz，由此可知，相邻振动能级间隔的数量级 $\Delta\varepsilon_S=h\nu\approx6\times10^{-20}\,\text{J}\approx0.3\text{eV}$。显然，要使分子的振动运动状态发生变化（例如从$n=0$的状态变到 $n=1$ 的状态，或从 $n=1$ 的状态变到 $n=2$ 的状态），必须一下子供给它 $\Delta\varepsilon_S=0.3\text{eV}$ 的能量，否则就不会发生变化。但是当气体温度 $T=300\text{K}$（室温条件）时，气体分子热运动的平均能量约为 $kT\approx0.025\text{eV}$，即 $kT\ll h\nu$。在常温下双原子分子要获得 $h\nu$ 的能量跃迁到激发态的概率是极小的，平均说来，几乎全部分子都"冻结"在振动的基态。当气体温度在一定范围内变化时，振动的平均能 $\bar{\varepsilon}_S=\frac{1}{2}h\nu$ 不变，或者说振动自由度不吸收热量，因此双原子分子振动自由度的运动对气体热容量的贡献为零。当然，随着气体温度的升高，平均热运动的能量 kT 亦增大，分子从基态跃迁到激发态的概率增大，振动自由度对气体热容量的贡献也逐渐增大，当气体温度满足关系

$$T \geqslant \Theta_S = \frac{h\nu}{k} \approx \frac{6\times10^{-20}}{1.38\times10^{-23}} \approx 4\times10^3\,\text{K}$$

时，双原子分子几乎都处于振动运动的激发态，这时气体热容量逐渐趋于经典极限 $C_{V,\text{m}}=\frac{7}{2}R\approx7\text{cal}\cdot\text{mol}^{-1}\cdot\text{K}^{-1}$。上式中 $\Theta_S=\frac{h\nu}{k}$称为振动的特征温度，一般双原子分子气体，Θ_S 均在几千 K 以上，表 6-4 给出了几种双原子分子气体的 Θ_S 值。

表 6-4

气　体	H_2	N_2	O_2	CO	HCl	HBr	HI
$\Theta_S(10^3\text{K})$	6.10	3.34	2.23	3.07	4.14	3.70	3.20

2. 分子转动自由度对热容量的贡献

根据量子理论，分子的转动能也只能取一些不连续的值：

$$\varepsilon_r = \frac{h^2}{8\pi^2 I}l(l+1), \qquad l = 0,1,2,\cdots.$$

式中 l 称为转动量子数，I 是两原子绕质心的转动惯量。对于双原子分子 H_2 来说，$I=$

$4.59\times10^{-48}\,\mathrm{kg\cdot m^2}$，取相邻的转动能级间隔为 $\Delta\varepsilon_{H_2}^r=\frac{h^2}{8\pi^2 I}=1.22\times10^{-21}\,\mathrm{J}$，当氢气的温度满足

$$T\geqslant\Theta_r=\frac{\Delta\varepsilon^r}{k}=\frac{1.22\times10^{-21}}{1.38\times10^{-23}}\approx 88.4\,\mathrm{K}$$

时，几乎所有的氢分子都处于转动的激发态，$\Theta_r=\frac{\Delta\varepsilon^r}{k}$ 称为**转动的特征温度**，不同气体转动的特征温度是不同的，除氢及其化合物之外，一般气体仅在几 K 的范围内。表 6-5 给出了几种双原子分子气体的转动特征温度 Θ_r 值。

表 6-5

气　体	H_2	N_2	O_2	CO	NO	HCl
Θ_r(K)	88.4	2.86	2.07	2.77	2.42	15.1

由表 6-4 及表 6-5 可知，常温相对于振动特征温度 Θ_S 属低温，相对于转动特征温度 Θ_r 属于高温，这就解释了在室温条件下为什么双原子分子振动自由度的运动被“冻结”，而转动自由度的运动却充分激发，气体的热容量 $C_{V,\mathrm{m}}=\frac{5}{2}R\approx5\mathrm{cal\cdot mol^{-1}\cdot K^{-1}}$。

当气体的温度 $T<\Theta_r$ 时，即使气体分子间的碰撞再频繁，使处于转动运动基态的分子变化到转动运动的激发态上去的概率也是很小的。这时，几乎所有的双原子分子都处于转动运动的基态，而不参与热运动，因而也不会对气体的定容热容量作出贡献。此时只有分子平动运动的能级是充分激发的，故 $C_{V,\mathrm{m}}=\frac{3}{2}R\approx3\mathrm{cal\cdot mol^{-1}\cdot K^{-1}}$。

至于三原子以上的多原子气体，在常温下其定容摩尔热容量 $C_{V,\mathrm{m}}\approx6\mathrm{cal\cdot mol^{-1}\cdot K^{-1}}$（见表 6-1），这表明在常温下，多原子分子气体，其振动运动也因被“冻结”而不参与热运动，只有它的平动和转动两种运动方式参与热运动。因为对于三个以上的原子组成的分子来说，其平动自由度 $t=3$，转动自由度 $r=3$，所以它的定容摩尔热容量 $C_{V,\mathrm{m}}=\frac{1}{2}(3+3)R=3R\approx6\mathrm{cal\cdot mol^{-1}\cdot K^{-1}}$。

附录 6-1　积分表

$$f(n)=\int_0^\infty x^n e^{-\lambda x^2}\,dx$$

n	$f(n)$	n	$f(n)$
0	$\frac{1}{2}\sqrt{\frac{\pi}{\lambda}}$	1	$\frac{1}{2\lambda}$
2	$\frac{1}{4}\sqrt{\frac{\pi}{\lambda^3}}$	3	$\frac{1}{2\lambda^2}$
4	$\frac{3}{8}\sqrt{\frac{\pi}{\lambda^5}}$	5	$\frac{1}{\lambda^3}$
6	$\frac{15}{16}\sqrt{\frac{\pi}{\lambda^7}}$	7	$\frac{3}{\lambda^4}$

若 n 为偶数，$\int_{-\infty}^{\infty}x^n e^{-\lambda x^2}\,dx=2f(n)$.

若 n 为奇数，$\int_{-\infty}^{+\infty} x^n e^{-\lambda x^2} dx = 0$.

附录 6-2　误差函数简表

$$\mathrm{erf}(x) = \frac{2}{\sqrt{\pi}}\int_0^x e^{-x^2} dx$$

x	erf(x)	x	erf(x)
0	0	1.6	0.9763
0.2	0.2227	1.8	0.9891
0.4	0.4284	2.0	0.9953
0.6	0.6039	2.2	0.9981
0.8	0.7421	2.4	0.9993
1.0	0.8427	2.6	0.9998
1.2	0.9103	2.8	0.9999
1.4	0.9523		

当 x 大于表中所给的数时，erf(x)的值可用下列级数算出：

$$\mathrm{erf}(x) = 1 - \frac{e^{-x^2}}{\sqrt{\pi}x}\left(1 - \frac{1}{2x^2} + \frac{1\cdot 3}{(2x^2)^2} - \frac{1\cdot 3\cdot 5}{(2x^2)^3} + \cdots\right).$$

本 章 提 要

一、速度空间与速度分布函数

1. 速度空间定义

在直角坐标系中，以速度的分量 v_x、v_y、v_z 为坐标轴所建立的空间或在球坐标系中，以 v、θ、φ 为坐标所建立的空间称为速度空间。

2. 分子代表点

在速度空间中，从原点出发作一矢量，其大小等于分子速度的大小，其方向与该分子速度方向一致，则该矢量的端点称为分子代表点，对于由 N 个分子组成的系统，在速度空间有 N 个代表点，并形成一定的分布。

3. 分子代表点出现在某点附近小体积元中的概率

(1) 直角坐标系

$$\frac{dN(v_x, v_y, v_z)}{N} = f(v_x, v_y, v_z)dv_x dv_y dv_z;$$

(2) 球坐标系

$$\frac{dN(v,\theta,\varphi)}{N} = f(v,\theta,\varphi)v^2\sin\theta dv d\theta d\varphi.$$

$f(v_x, v_y, v_z)$ 或 $f(v,\theta,\varphi)$ 称为速度分布函数，它们满足以下归一化条件，即

$$\iiint_{-\infty}^{\infty} f(v_x, v_y, v_z)dv_x dv_y dv_z = 1,$$

或

$$\int_0^{2\pi} d\varphi \int_0^{\pi} \sin\theta\left[\int_0^{\infty} f(v,\theta,\varphi)v^2 dv\right]d\theta = 1.$$

二、麦克斯韦速度分布律

在温度为 T 的热平衡态下，气体分子的速度分布律为

$$\frac{dN(v_x, v_y, v_z)}{N} = \left(\frac{m}{2\pi kT}\right)^{3/2} e^{-m(v_x^2+v_y^2+v_z^2)/2kT} dv_x dv_y dv_z,$$

或
$$\frac{dN(v,\theta,\varphi)}{N}=\left(\frac{m}{2\pi kT}\right)^{3/2}e^{-mv^2/2kT}v^2\sin\theta dv d\theta d\varphi,$$

速度分布函数
$$f(v_x,v_y,v_z)=\frac{dN(v_x,v_y,v_z)}{N dv_x dv_y dv_z}=\left(\frac{m}{2\pi kT}\right)^{3/2}e^{-m(v_x^2+v_y^2+v_z^2)/2kT}.$$

三、气体分子按速度分量的分布律

$$\frac{dNv_x}{N}=\left(\frac{m}{2\pi kT}\right)^{1/2}e^{-mv_x^2/2kT}dv_x,$$
$$\frac{dNv_y}{N}=\left(\frac{m}{2\pi kT}\right)^{1/2}e^{-mv_y^2/2kT}dv_y,$$
$$\frac{dNv_z}{N}=\left(\frac{m}{2\pi kT}\right)^{1/2}e^{-mv_z^2/2kT}dv_z.$$

速度分量的分布函数为
$$f(v_x)=\left(\frac{m}{2\pi kT}\right)^{1/2}e^{-mv_x^2/2kT},$$
$$f(v_y)=\left(\frac{m}{2\pi kT}\right)^{1/2}e^{-mv_y^2/2kT},$$
$$f(v_z)=\left(\frac{m}{2\pi kT}\right)^{1/2}e^{-mv_z^2/2kT},$$

且有
$$f(v_x,v_y,v_z)=f(v_x)f(v_y)f(v_z).$$

四、麦克斯韦速率分布律

1. 麦克斯韦速率分布律
$$\frac{dN_v}{N}=4\pi\left(\frac{m}{2\pi kT}\right)^{3/2}e^{-mv^2/2kT}v^2dv,$$
$$f(v)=4\pi\left(\frac{m}{2\pi kT}\right)^{3/2}e^{-mv^2/2kT}v^2.$$

2. 气体分子热运动的三种速率
$$v_p=\sqrt{\frac{2kT}{m}}\approx1.41\sqrt{\frac{kT}{m}};$$
$$\bar{v}=\sqrt{\frac{8kT}{\pi m}}\approx1.59\sqrt{\frac{kT}{m}};$$
$$v_{rms}=\sqrt{\overline{v^2}}=\sqrt{\frac{3kT}{m}}\approx1.73\sqrt{\frac{kT}{m}}.$$

五、气体分子碰壁数 Γ 及其应用

1. $\Gamma=\frac{1}{4}n\bar{v}$;

2. 分子束中的速率分布
$$\frac{dN_v}{N}=F(v)dv=\frac{1}{2}\left(\frac{m}{kT}\right)^2e^{-mv^2/2kT}v^3dv,$$
$$F(v)=\frac{1}{2}\left(\frac{m}{kT}\right)^2e^{-mv^2/2kT}v^3.$$

六、M-B 分布

1. 重力场中粒子按高度分布、等温气压公式

(1)
$$n(z)=n_0e^{-mgz/kT};$$

(2)
$$p(z)=p_0e^{-mgz/kT}.$$

2. 玻耳兹曼密度分布律
$$n_B(\mathrm{r})=n_0e^{-\varepsilon_p(\mathrm{r})/kT}.$$

3. M-B 分布律

$$dN(\boldsymbol{r},\ \ ) = n_0\left(\frac{m}{2\pi kT}\right)^{3/2} e^{-\varepsilon/kT}\, dx dy dz dv_x dv_y dv_z.$$

此处 $\varepsilon=\varepsilon_K+\varepsilon_P$，代表分子的总能量。

七、能均分定理与理想气体的热容量

1. 自由度　决定一个物体位置所需的独立坐标数，叫该物体的自由度数；

2. 能均分定理　在温度为 T 的热平衡状态下，物质分子的每一自由度都具有相同的平均动能，其大小为 $\frac{1}{2}kT$；

3. 气体分子平均总动能　　$\bar{\varepsilon}_K=\frac{1}{2}(t+r+s)kT$；

4. 气体分子的平均总能量

$$\bar{\varepsilon}=\frac{1}{2}(t+r+2s)kT;$$

5. 理想气体内能

$$U=N\bar{\varepsilon}=\frac{1}{2}\frac{M}{\mu}(t+r+2s)RT;$$

6. 理想气体定容摩尔热容量

$$C_{V,m}=\frac{1}{2}(t+r+2s)R.$$

思　考　题

1. 何谓统计规律？何谓涨落现象？二者有何关系？

2. 举几个实例(自然现象或社会现象)说明大量的偶然现象整体遵从一定的统计规律。

3. 何谓速度空间？速度空间中的一点代表什么？概率密度的物理意义是怎样的？

4. 什么是归一化条件？是否只有麦克斯韦速度分布函数才满足归一化条件？

5. 是否可以说“具有某速率的分子有多少个”？速率刚好为最可几速率的分子数与总分子数之比是多少？为什么？

6. 速率分布函数的物理意义是什么？试说明下列各量的意义：

(1) $f(v)dv$　　(2) $Nf(v)dv$　　(3) $\int_{v_1}^{v_2} f(v)dv$

(4) $\int_{v_1}^{v_2} Nf(v)dv$　　(5) $\int_{v_1}^{v_2} vf(v)dv$　　(6) $\int_{v_1}^{v_2} Nvf(v)dv$

7. 两容器分别贮有氢气和氧气，如果压强、体积和温度都相同，则它们的分子速率分布是否相同？

8. 两容器分别贮有气体 A 和 B，温度和体积都相同，试说明在下列各种情况下它们的分子速率分布是否相同：

(1)A 为氮，B 为氢，而且氮和氢的质量相等，即 $M_A=M_B$。

(2)A 和 B 均为氢，但 $M_A\neq M_B$。

(3)A 和 B 均为氢，而且 $M_A=M_B$，但使 A 的体积等温地膨胀到原体积的两倍。

9. 恒温器中放有氢气瓶，现将氧气通入瓶内，某些速率大的氢分子具备与氧分子化合的条件(如速率大于某一数值 v_1)而化合成水，问瓶内剩余的氢分子的速率分布有何改变？

10. 如图 6-26 所示为麦克斯韦速率分布曲线。图中 A、B 两部分面积相等，试说明图中 v_0 的意义。

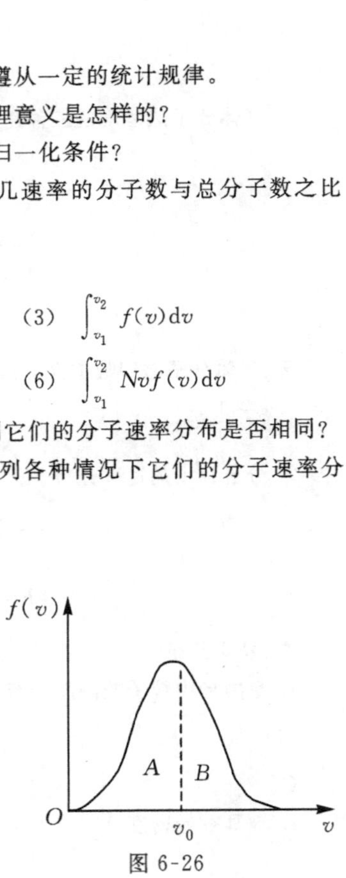

图 6-26

11. 气体分子的最可几速率、平均速率和方均根速率各是怎样定义的？它们的大小各由哪些因素决定？

12. 空气中含有氮分子和氧分子，平均地讲，哪种分子的速率较大？这个结论是否对空气中的任一个氮分子和氧分子都适用？

13. 处于热平衡状态下的气体，其中分子是否有一半速率大于最可几速率？平均速率？方均根速率？

14. 试说明：混合气体处于热平衡状态时，每种气体分子的速率分布情况与该种气体单独存在时分子的速率分布情况完全相同。

15. 试说明：分布在方均根速率附近一固定小速率区间 $\mathrm{d}v$ 内的分子数，随气体温度的升高而减少。

16. 设分子的速率分布曲线如图 6-27 所示，试在横坐标轴上大致标出最可几速率、平均速率和方均根速率的位置。

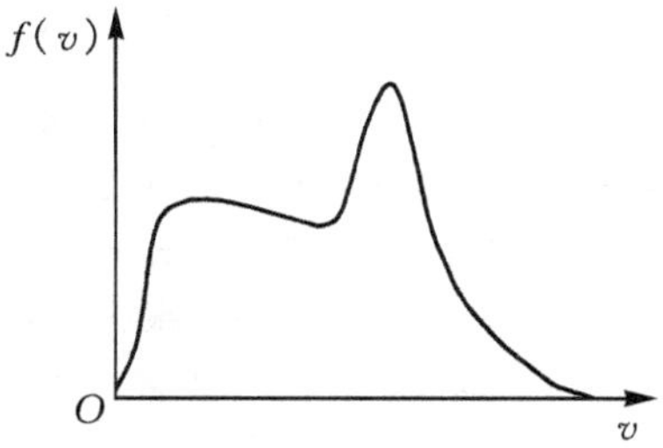

图 6-27

17. 某种气体由 N 个粒子组成：

(1)证明不论这些粒子的速率如何分布，其方均根速率恒大于或等于平均速率，即$\sqrt{\overline{v^2}}\geqslant\bar{v}$。

(2)在什么情况下$\sqrt{\overline{v^2}}=\bar{v}$？

18. 何谓自由度？单原子分子和双原子分子各有几个自由度？它们是否随温度而变？

19. 试确定下列物体的自由度数：

(1)小球沿长度一定的杆运动，而杆又以一定的角速度在平面内转动；

(2)小球沿一固定的弹簧运动，弹簧的半径和节距固定不变；

(3)长度不变的棒在平面内运动；

(4)在三度空间里运动的任意物体。

20. 能均分定理中的能量指的是动能还是动能和势能的总和？与每一个振动自由度对应的平均能量是多少？为什么？

21. 何谓内能？怎样计算理想气体的内能？单原子分子理想气体和双原子分子理想气体的内能有何不同？一定量理想气体的内能是由哪些因素决定的？

22. 一容器内贮有某种气体，如果容器漏气，则容器内气体分子的平均动能是否会变化？气体的内能是否会变化？

习　题

1. 设有一群粒子按速率分布如下：

粒子数 N_i	2	4	6	8	2
速率 v_i(m/s)	1.00	2.00	3.00	4.00	5.00

试求：(1) 平均速率 $\bar{v}$；　(2) 方均根速率$\sqrt{\overline{v^2}}$；　(3) 最可几速率 v_{P}。

2. 计算 300 K 时，氧分子的最可几速率、平均速率和方均根速率。

3. 计算氧分子的最可几速率，设氧气的温度为 100 K、1 000 K 和 1 000 K。

4. 某种气体分子在温度 T_1 时的方均根速率等于在温度 T_2 时的平均速率，求 $\dfrac{T_2}{T_1}$。

5. 求 0 ℃时 1.0 cm^3 氮气中速率在 500(m/s)到 501(m/s)之间的分子数(在计算中可将 $\mathrm{d}v$ 近似地取为 $\Delta v=1$(m/s))。

6. 设氢气的温度为 300 ℃，求速率在 3000(m/s)到 3010(m/s)之间的分子数 ΔN_1 与速率在 1500

(m/s)到 1510(m/s)之间的分子数 ΔN_2 之比。

7. 试就下列几种情况，求气体分子数占总分子数的比率：

(1)速率在区间 $v_P \sim 1.01v_P$ 内；

(2)速度分量 v_x 在区间 $v_P \sim 1.01v_P$ 内；

(3)速度分量 v_x，v_y 和 v_z 同时在区间 $v_P \sim 1.01v_P$ 内。

8. 根据麦克斯韦速率分布函数，计算足够多的点，以 $\frac{dN}{Ndv}$ 为纵坐标，v 为横坐标，作 1 摩尔氧气在 100 K 和 400 K 时的分子速率分布曲线。

9. 根据麦克斯韦速率分布律，求速率倒数的平均值 $\overline{\frac{1}{v}}$。

10. 一容器的器壁上开有一直径为 0.20 mm 的小圆孔，容器贮有 100 ℃的水银，容器外被抽成真空，已知水银在此温度下的蒸气压为 0.28 mmHg。

(1)求容器内水银蒸气分子的平均速率。

(2)每小时有多少克水银从小孔逸出？

11. 如图 6-28，一容器被一隔板分成两部分，其中气体的压强，分子数密度分别为 p_1、n_1；p_2、n_2。两部分气体的温度相同，都等于 T，摩尔质量也相同，均为 μ。试证明：如隔板上有一面积为 A 的小孔，则每秒通过小孔的气体质量为

$$M = \sqrt{\frac{\mu}{2\pi RT}} A(p_1 - p_2).$$

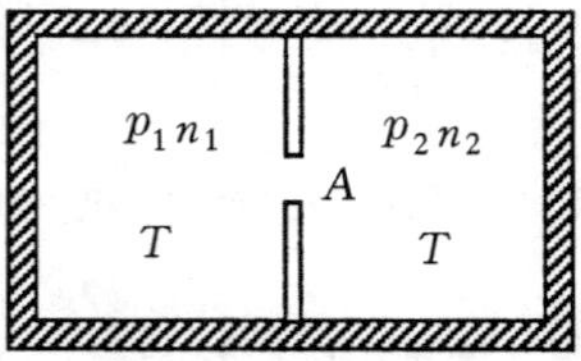

图 6-28

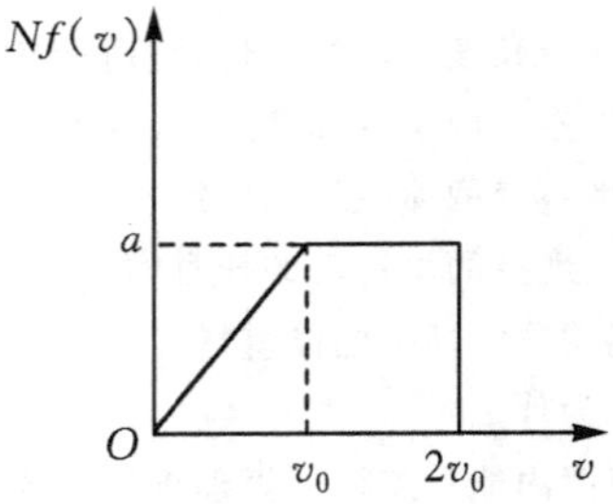

图 6-29

12. 有 N 个粒子，其速率分布函数为

$$f(v) = \frac{dN}{Ndv} = C, \qquad (0 < v \leqslant v_0)$$

$$f(v) = 0. \qquad (v > v_0)$$

(1)作速率分布曲线；

(2)由 N 和 v_0 求常数 C；

(3)求粒子的平均速率。

13. N 个假想的气体分子，其速率分布如图 6-29 所示(当 $v > 2v_0$ 时，粒子数为零)。

(1)由 N 和 v_0 求 a。

(2)求速率在 $1.5v_0$ 到 $2.0v_0$ 之间的分子数。

(3)求分子的平均速率。

14. 证明：麦克斯韦速率分布函数可以写作

$$\frac{dN}{dx} = F(x^2),$$

其中 $x = \frac{v}{v_P}$，$v_P = \sqrt{\frac{2kT}{m}}$，$F(x^2) = \frac{4N}{\sqrt{\pi}} x^2 e^{-x^2}$。

15. 一密闭容器中贮有水及其饱和蒸气，水汽的温度为 100℃，压强为 1.0 atm。已知在这种状态下

每克水汽所占的体积为 1 670 cm^3，水的汽化热为 2 250 J/g。

(1)每立方厘米水汽中含有多少个分子？

(2)每秒有多少个水汽分子碰到水面上(单位面积)？

(3)设所有碰到水面上的水汽分子都凝结为水，则每秒有多少个分子从单位水面逸出？

(4)试将水汽分子的平均平动能与每个水分子逸出所需的能量相比较。

16. 当液体与其饱和蒸气共存时，汽化率与凝结率相等。设所有碰到液面上的蒸气分子都能凝结为液体，并假定当把液面上的蒸气迅速抽出时，液体的汽化率与存在饱和蒸气时的汽化率相同，已知水银在 0℃时的饱和蒸气压为 185×10^{-6} mmHg，汽化热为 80.5 cal/g，问每秒通过每平方厘米液面有多少克水银向真空汽化？

17. 用涡流分离法从天然铀中将 ^{235}U 同位素浓缩到 99%，需要几级涡流？

18. 试求分子束中分子的平均速率，并将此速率与气体内部的平均速率进行比较。

*19. 设气体分子的总数为 N，试证明速度的 x 分量大于某一给定值 v_x 的分子数为

$$\Delta N_{v_x\sim\infty}=\frac{N}{2}[1-\mathrm{erf}(x)].$$

$\left(\text{提示：速度的 } x \text{ 分量在 0 到}\infty\text{之间的分子数为}\frac{N}{2}\text{。}\right)$

*20. 设气体分子的总数为 N，试证明速率在 0 到任一给定值 v 之间的分子数为

$$\Delta N_{0\sim v}=N\left[\mathrm{erf}(x)-\frac{2}{\sqrt{\pi}}xe^{-x^2}\right],$$

其中 $x=\dfrac{v}{v_P}$，v_P 为最可几速率。

[提示：$d(xe^{-x^2})=e^{-x^2}dx-2x^2e^{-x^2}dx.$]

*21. 求速度分量 v_x 大于 $2v_P$ 的分子数占总分子数的比率。

*22. 设气体分子的总数为 N，求速率大于某一给定值 v 的分子数。设(1)$v=v_P$；(2)$v=2v_P$，具体算出结果来。

*23. 求速率大于任一给定值 v 的气体分子每秒与单位面积器壁的碰撞次数。

24. 飞机在起飞前机舱中的压力计指示为 1.0 atm，温度为 27 ℃；起飞后，压力计指示为 0.80 atm，温度仍为 27 ℃，试计算飞机距地面的高度。

25. 设地球大气是等温的，温度为 $t=5.0$ ℃，海平面上的气压为 $p_0=750$ mmHg，今测得某山顶的气压 $p=590$ mmHg，求山高。已知空气的平均相对分子质量为 28.97。设火星上的温度为 5 ℃，大气压为 7.5 mmbar(1 mmbar$=10^{-3}$ bar)，试问火星上的大气压相当于地球上距地面多高处的大气压？

26. 上升到什么高度处大气压强减为地面的 75%？设空气的温度为 0℃。

27. 令 $\varepsilon=\frac{1}{2}mv^2$ 表示气体分子的平动能。试根据麦克斯韦速率分布律证明，平动能在区间 $\varepsilon\sim\varepsilon+d\varepsilon$ 内分子数占总分子数的比率为

$$f(\varepsilon)d\varepsilon=\frac{2}{\sqrt{\pi}}(kT)^{-3/2}\varepsilon^{1/2}e^{-\varepsilon/kT}d\varepsilon.$$

根据上式求分子平动能 ε 的最可几值及平均平动能。

28. 温度为 27 ℃时，1 摩尔氧气具有多少平动动能？多少转动动能？

29. 在室温 300 K 下，1 摩尔氢和 1 摩尔氮的内能各是多少？1 克氢和 1 克氮的内能各是多少？

30. 求常温下质量为 $M_1=3.00$ g 的水蒸气与 $M_2=3.00$ g 的氢气的混合气体的定容比热。

31. 气体分子的质量可以由定容比热算出来，试推导由定容比热计算分子质量的公式。设氩的定容比热 $c_v=75\ \mathrm{cal\cdot kg^{-1}\cdot K^{-1}}$，求氩原子的质量和氩的相对原子质量。

32. 某种气体的分子由四个原子组成，它们分别处在正四面体的四个顶点，

(1)求这种分子的平动、转动和振动自由度数；

(2)根据能均分定理求这种气体的定容摩尔热容量。

*33. 学习用计算机进行数值计算及画图：

已知麦克斯韦速率分布律为

$$f(v)\mathrm{d}v=4\pi\left(\frac{m}{2\pi \mathrm{kT}}\right)^{\frac{3}{2}}\mathrm{e}^{-mv^2/2kT}v^2\mathrm{d}v,$$

对 CO_2 气体，摩尔质量 $\mu=44\times10^{-3}\,\mathrm{kg}$。

(1) 试根据麦克斯韦速率分布函数及 Mathematica 中的积分函数求气体分子的平均速率及方均根速率。

(2) 试应用 Mathematica 计算分子速率处在 $0\leqslant v\leqslant v_P$、$0\leqslant v\leqslant\bar{v}$ 和 $0\leqslant v\leqslant\sqrt{\overline{v^2}}$ 之间的分子数占总分子数的比率。

(3) 气体分子相对于最可几速率的麦克斯韦分布为

$$f(x)\mathrm{d}x=\frac{4}{\sqrt{\pi}}\mathrm{e}^{-x^2}x^2\mathrm{d}x,$$

其中 $x=\frac{v}{v_P}$。已知在标准状态下氮气分子的最可几速率为 $v_P=\sqrt{\frac{2kT}{m}}=402\,\mathrm{m\cdot s^{-1}}$，试求氮气分子的速率处在 $200\,\mathrm{m\cdot s^{-1}}$ 到 $205\,\mathrm{m\cdot s^{-1}}$ 范围内的分子数占总分子数的百分比。

(4) 已知麦克斯韦速率分布律为

$$f(v)\mathrm{d}v=4\pi\left(\frac{m}{2\pi kT}\right)^{\frac{3}{2}}\mathrm{e}^{-mv^2/2kT}v^2\mathrm{d}v,$$

对 CO_2 气体，摩尔质量 $\mu=44\times10^{-3}\,\mathrm{kg}$，试用 Mathematica 中的画图函数，画出该气体温度分别为 273 K 及 300 K 时的速率分布曲线，分析上述二曲线的极大值随温度是如何变化的？

*第七章　固　　体

在通常条件下，物质有三种不同的聚集态，即气态、液态和固态。液态和固态，统称为凝聚态 。长期以来，在科研、生产和日常生活中都广泛利用固体材料，因此，固体在材料科学技术中占有特殊重要的地位，按指定性能设计新的固体材料已成为固体物理的重要研究内容。近几十年来，固体物理已发展成为物理学中一门独立的综合性学科，成为物理学中最广阔和最重要的部门之一。由于各种尖端科学技术对固体材料提出多种多样的要求，因此，固体物理同现代尖端技术的发展有着非常密切的联系。例如，原子能技术需要耐放射性辐射的固体材料；高速飞行、火箭导弹需要耐高温、耐辐射、强度高、质地轻的合金材料；无线电电子技术需要半导体器件、铁氧体元件等等由固体制成的新型器件。在科研和生产需要的推动下，新的现象不断发现，新的规律不断揭示，新理论和新技术相互促进，相辅相成，从而使固体物理在近代原子理论的基础上得到了飞速的巨大的发展。

需要指出的是，近年来固体物理学的研究领域已有很大的扩展，研究对象由内部原子(或分子)呈周期排列的晶体，发展到内部原子没有规则排列的非晶态(玻璃态)固体，又发展到结构与非晶态固体十分相似的液体，还有在一些方向不规则，但在另一些方向有某种规则排列的液态晶体(简称液晶)，此外还有在流动时毫无阻力的超流体。因此，固体物理这一名称已不足以概括整个研究领域，而扩展成为凝聚态物理。

§7.1　晶体与非晶体

固体通常分为两大类：一类叫晶体，另一类叫非晶体，岩盐、云母、明矾、水晶、冰、金属等等都是晶体；玻璃、松脂、沥青、橡胶、塑料、人造丝等都是非晶体。从本质上说，非晶体是粘滞性很大的液体。

一、晶体的宏观特性

人们对晶体的认识，首先是从它们的外部形状开始的。石英、明矾等某些天然晶体的外形都是由若干个平面围成的凸多面体。图 7-1 是氯化钠晶体(岩盐)的外形，图 7-2 是

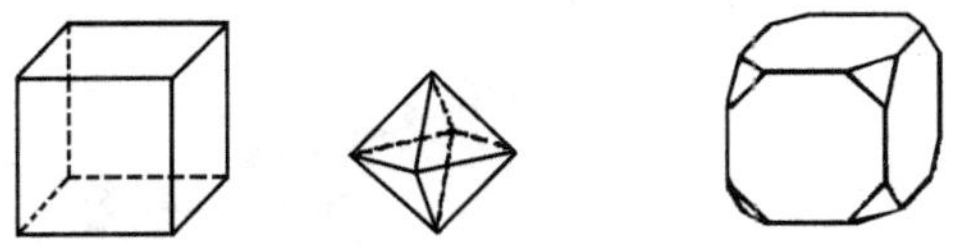

(a)立方体　(b)八面体　(c)立方八面混合体

图 7-1　氯化钠晶体

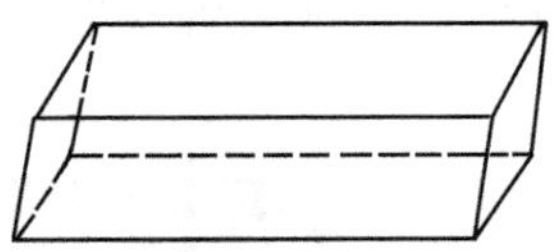

图 7-2　方解石晶体

方解石晶体的外形，图 7-3 是石英晶体的外形。通常将围成上述一个凸多面体的这些面称为晶面，晶面的交线称为晶棱，晶棱的汇集点称为顶点。一般称上述具有一定规则几何外形的晶体为单晶体。对于一个完整的理想晶体，相当的晶面具有相同的面积。同一种

晶体，由于生长的条件不同，会形成不同的外形，例如氯化钠晶体的外形可以是立方体或八面体，也可以是立方和八面混合体。外界条件甚至能使某一组晶面相对地变小或完全隐没。如图 7-1(b)所示，氯化钠晶体的六个晶面完全消失，并且发展成八面体的八个晶面。可见晶面的大小和形状并非是晶体品种的本质特征。

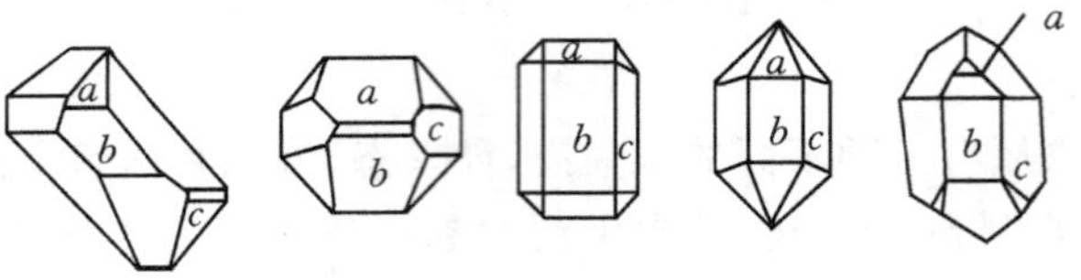

图 7-3　石英晶体

同一种晶体虽然可能有不同的外形，但却具有一个共同的本质特征，即各相应的晶面间的夹角恒定不变，例如，对图 7-3 中的石英晶体，a、b 面之间的夹角总是 141°47′，b、c 面之间的夹角总是 120°00′，a、c 面之间的夹角总是 113°08′。对于图 7-2 所示的方解石晶体而言，a、b、c 面之间夹角不是 78°5′，就是 101°55′。对于图 7-1 所示的氯化钠晶体，不论外形是立方体、八面体，还是立方八面混合体，各晶面之间的夹角都是 90°。两个对应晶面之间夹角值恒定不变的事实，称为**晶面角守恒定律**。晶面角守恒定律是晶体学中最重要的定律之一，也是鉴别各种矿石的重要依据。

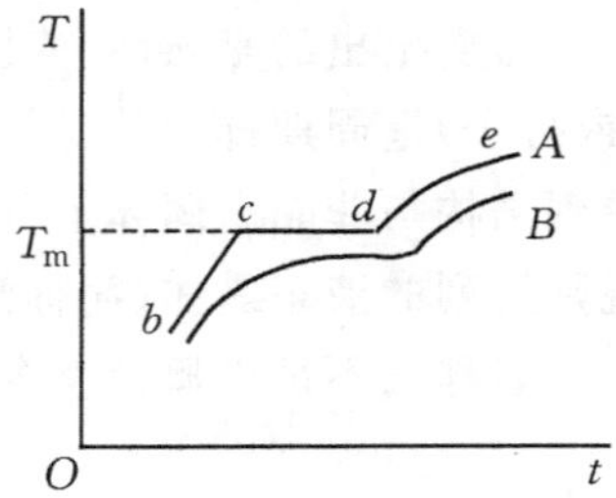

图 7-4　晶体的熔点

晶体的另一基本特性是具有一定的熔点。在一定的压强下，对某一种纯净的晶体加热，在晶体还没有开始熔解的时候，它的温度逐渐升高，如图 7-4 中曲线 A 中的 bc 段所示，图中纵轴 T 表示温度，横轴 t 表示时间。到达温度 T_m 时，晶体开始熔解，从这时开始，直到晶体全部熔解为液体这段时间里，固态与液态共存，虽然继续加热，温度仍保持为 T_m 不变，曲线 A 中的 cd 段表示晶体的熔解过程，温度 T_m 就是晶体的熔点（也是凝固点）。晶体全部熔解成液体后，再继续加热，温度就会升高，此时，对应于曲线 A 中的 de 段。

晶体还有一个基本特性就是各向异性，即在晶体的各个不同方向上具有不同的物理性质，如力学性质（硬度、弹性模量等等）、热学性质（热膨胀系数、导热系数等等）、电学性质（介电常数、电阻率等等）、光学性质（吸收系数、折射率等等）。如云母的结晶薄片，在外力作用下很容易沿平行于薄片的平面裂开，但在薄片上裂开则要困难得多。与此类似，石膏也容易沿一定的方向裂成薄片，岩盐则容易裂成立方体。晶体的这种易于劈裂的平面称为**解理面**，显露在晶体外表的晶面往往是一些解理面。解理面的存在说明晶体在不同

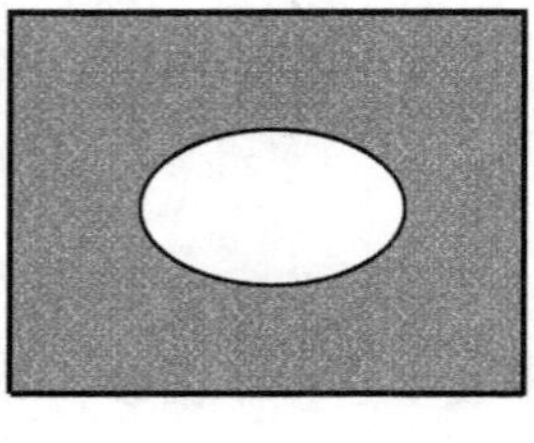

图 7-5　晶体导热系数各向异性

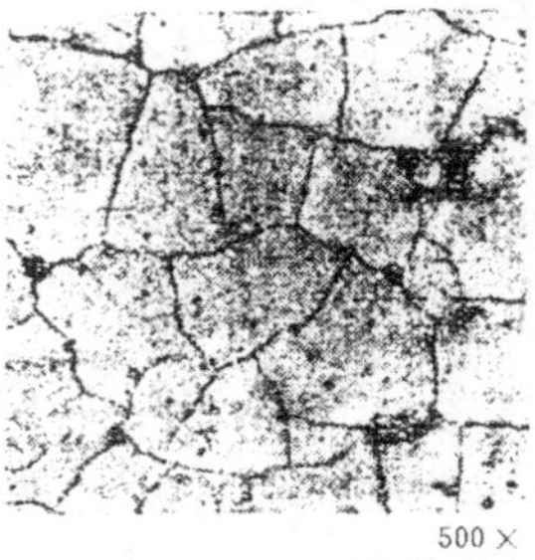

图 7-6　铁的显微结构

方向上具有不同的力学性质。在云母片上涂上一层薄的石蜡，然后用烧热的钢针去接触云母片的反面，则石蜡将以接触点为中心，逐渐向四周熔化，结果熔化了的石蜡成椭圆形，如图7-5所示。这说明云母片在不同方向上的导热系数不同。晶体的热膨胀也是各向异性的，如石墨加热时，沿某些方向膨胀，沿另一些方向则收缩。

金属和岩石虽没有上述晶体所特有的规则的几何外形，各方向的物理性质也都相同，但由于它们是由许多小的晶粒构成的，因此，它们实质上也是晶体，并具有一定的熔点。用金相显微镜观察磨光了的金属表面，就会发现金属是由许多小的晶粒构成的这一事实，图 7-6 所示是用金相显微镜观察到的铁的显微结构。通常，材料的晶粒线度一般为 10^{-4}～10^{-3} cm，最大可达 10^{-2} cm，每立方厘米里至少有一千万个晶粒。每一晶粒内部是各向异性的，但由于晶粒在空间上排列是无规则的，所以金属整体表现出各向同性。一般称金属、岩石等由许多晶粒（即单晶微粒）构成的晶体为**多晶体**。具有一定的熔点是一切晶体的宏观特性，也是晶体和非晶体的主要区别。

二、非晶体的宏观特性

非晶体，即非晶态固体，也称为玻璃体，它不能形成结晶的固体，也就是说它在宏观上不具有晶体的基本特征，如规则的几何外形、一定的熔点和各向异性。玻璃、白蜡、橡胶等等都是非晶体。非晶体在熔解的过程中，随着温度的升高先变软，然后由稠变稀，因而整个熔解过程就是一个软化过程。在图 7-4 中曲线 B 的拐曲部分，表示非晶体在全部熔解前的软化过程。例如，在吹制玻璃器皿时，将玻璃放在火焰上加热，玻璃并不立刻熔成液体，而是首先变软，利用这点，就可以将它拉细、吹成泡，或将两块玻璃粘合起来，制成所需要的形状。一般的金属材料虽然都是多晶体，但是，可以用原子沉积法和液态金属急冷法获得非晶态的金属。非晶态金属的结构类似于液体，是一种非晶体，又称为金属玻璃。非晶态金属具有强度高、韧性大、耐腐蚀性能好、导磁性强等优良性能，因此，各个国家的科学工作者都对它进行了大量的研究。20 世纪 50 年代已通过真空镀膜法和化学镀膜法获得非晶态金属，近几年在直接用液态金属急冷法（冷却速度为 10^6～10^{10} K/s）获得非晶态金属方面取得了飞速的发展。实验表明，在材料的熔点 T_m 以下有个玻璃化点 T_g，当温度降低到 T_m 以下、T_g 以上时，材料就长时间地停留在这个温区，并且会慢慢地晶化。若能使温度迅速地越过 T_m 到 T_g 的这个"危险温区"而降到玻璃化温度 T_g 以下，过冷的液态金属就会凝固为金属玻璃态，并长期地保持在这种状态。所以，制备非晶态金属成败的关键是淬火的速率。1970 年以后，又发展了直接从液态金属获得线材或条材的工艺，图 7-7 是用熔态旋淬法制做金属玻璃的装置。一股熔化的金属喷向正在快速转动的冷铜辊表面，被甩成厚约 50 μm的薄膜。由于与冷铜辊这个巨大的散热装置紧密接触，且金属有良好的导热性能，液体在 1 ms 的时间内下降 1000K 的速率冷却并固化成金属玻璃薄带。目前研究的主要是非晶态合金，有关非晶态超导材料和非晶态半导体材料的研究也在积极开展。

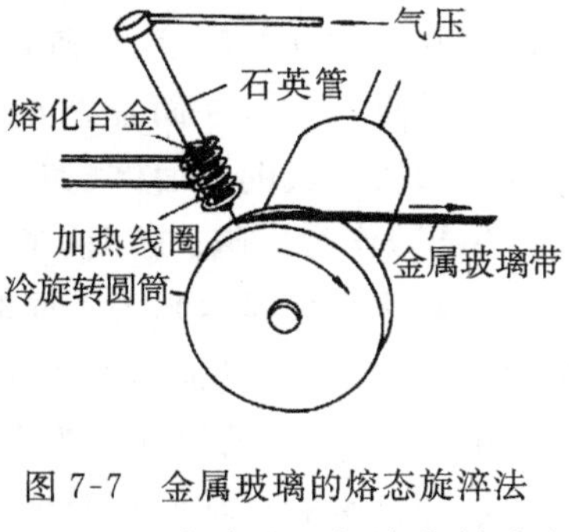

图 7-7　金属玻璃的熔态旋淬法

三、晶体的微观结构

对晶体微观结构的认识是随着生产和科学的发展而逐渐深入的。矿物的开采使人们对晶体的外部特点有所了解，在 1669 年就发现了晶体具有恒定夹角的规律。在 18 世纪，生产和科学的发展，已提出了对晶体成分和结构进行研究的要求。例如，硝石成因的研究和成分的分析，就是由于当时火药生产的发展提出的任务。在19世纪，由于对钢和其他金属原材料在数量上和质量上提出了更高的要求，在研究冶炼方法和冶炼过程时，开始研究金属的微观结构，并曾用显微镜观察用化学药品腐蚀的金属表面。此外，对各种矿物的鉴定和分析也推动了对晶体结构的进一步了解。根据单晶体外形规则性和物理性质各向异性，1860年就有人设想晶体是由原子规则排列而成的。1895年发现了X射线，1912年劳埃就用它作为窥探晶体内部结构的有力工具，利用X射线衍射现象，首次确切地证实了晶体内部粒子有规则排列的假设。现在，已能直接用电子显微镜对晶体内部结构进行观察和照相，更有力地证明了这种假设的正确性。

构成晶体的基本结构单元称为基元，它可以是晶体中的分子、原子、离子或原子集团。由于这些基元呈有规则、周期性的排列，所以，可以用点表示组成晶体的基元的质心，则这些点在空间的排列就具有周期性。表示晶体基元质心所在位置的这些点称为结点，结点的总体称为空间点阵。空间点阵的周期性指的是，从点阵中任何一个结点出发，向任何方向延展，经过一定距离后，如遇到另一结点，则经过相同距离后，必遇到第三个结点，如此等等。这种距离称为平移周期，不同的方向有不同的平移周期。整个晶体的结构可以看作是由结点沿空间三个不同的方向，各按一定的平移周期移动而构成。通过点阵中的结点，可以作许多平行的直线族和平行的平面族。这样，点阵就成为一些网络，称为晶格，如图7-8所示。由于空间点阵的周期性，可取一个以上的结点为顶点，边长等于平移周期的平行六面体作为

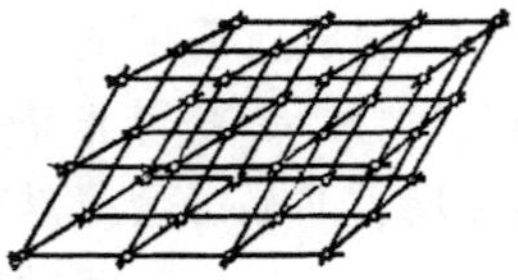

图7-8 晶格

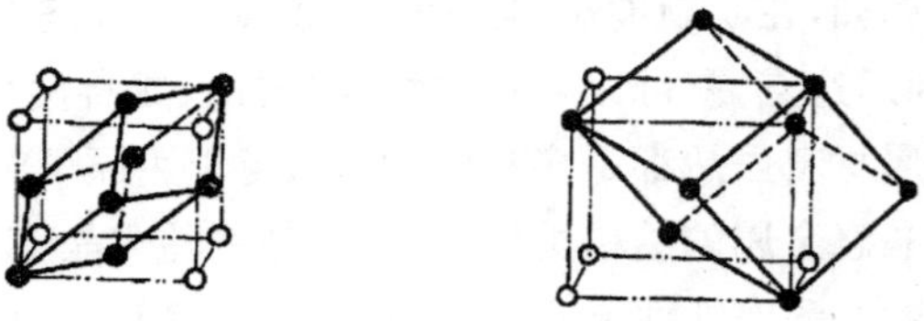

(a)以顶点到面心连线为边形成的菱面体

(b)以顶点到体心连线为边形成的菱面体

图7-9 原胞选取示例

一个基本的几何单元，它的重复排列，可以形成整个点阵，这种几何单元称为原胞。如果只要求反映周期性的特征，原胞可以取最小的重复单元，结点只在顶角上，内部和面上都不含其他结点，例如，在面心立方点阵和体心立方点阵的情形下，可以分别取以顶点到面心连线为边所形成的菱面体（如图7-9(a)），和以顶点到体心连线为边所形成的菱面体（如图7-9(b)）作为原胞。但是，考虑到每种晶体还有自己特殊的对称性（如有对称轴、对称中心和对称平面等等），为了同时反映这种对称性，结晶学中所取的原胞体积不一定是最小的重复单元，结点也不仅在顶角上，而且可以在体心或面心上，但原胞边长总是一个平移周期，原胞各边的尺寸称为点阵常数。这种原胞称为布喇菲原胞，该原胞就能反映出晶体的这种特殊的对称性。图7-10分别表示立方晶系的三个布喇菲原胞。

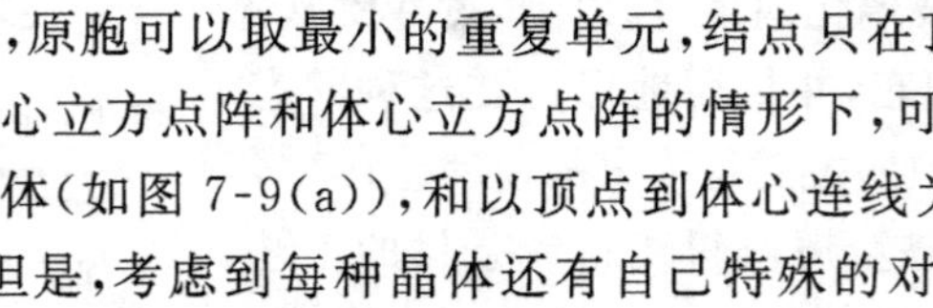

图7-10 立方晶系的布喇菲原胞

在结晶学中为了反映晶体的对称性质，选取的是布喇菲原胞。并且根据原胞各边所夹的角度，各边的长短，以及结点在原胞中的排列情况，将晶体分为七个晶系，将空间点阵分为十四种类型，如表 7-1 和图 7-11 所示。表中 a、b、c 分别是原胞中三边的长度，而 α、β、γ 分别是 b 边和 c 边、c 边和 a 边、a 边和 b 边之间的夹角。最常见的点阵有体心立方点阵(属于这类点阵的有：铬、钒、钨、钼、α 铁等)，面心立方点阵(属于这类点阵的有：铝、铜、镍、铅、金、银、γ 铁、食盐、金刚石、锗、硅等)和六方点阵(属于这类点阵的有：锌、镁、铍、镉等)。

表 7-1

晶　系	组成点阵的平行六面体(原胞)的形状
三　斜	$a\neq b\neq c$；　$\alpha\neq\beta\neq\gamma\neq 90°$
单　斜	$a\neq b\neq c$；　$\alpha=\gamma=90°\neq\beta$
正　交	$a\neq b\neq c$；　$\alpha=\beta=\gamma=90°$
三　方	$a=b=c$；　$\alpha=\beta=\gamma\neq 90°$
六　方	$a=b\neq c$；　$\alpha=\beta=90°$；$\gamma=120°$
四　方	$a=b\neq c$；　$\alpha=\beta=\gamma=90°$
立　方	$a=b=c$；　$\alpha=\beta=\gamma=90°$

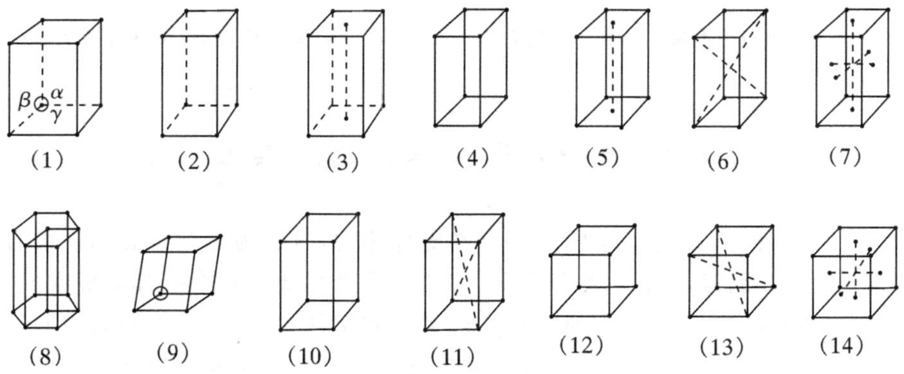

(1)简单三斜；(2)简单单斜；(3)底心单斜；(4)简单正交；(5)底心正交；(6)体心正交；(7)面心正交；(8)六方；(9)三方；(10)简单四方；(11)体心四方；(12)简单立方；(13)体心立方；(14)面心立方

图 7-11　晶系及空间点阵分类

[例题]　立方点阵的点阵常数为 a，在面心立方点阵的情形下，求：

(1)原胞的体积；

(2)原胞的结点数；

(3)最邻近结点间的距离；

(4)最邻近结点的数目；

(5)以顶点到面心连线为边所形成的菱面体(图 7-9(a))作为原胞，此原胞的体积和包含的结点数。

[解]

(1)原胞的体积为 a^3。

(2)原胞顶点上每一结点为八个原胞所共有，只有八分之一属于原胞，共有八个顶点，因此顶点上的结点总共有一个结点属于原胞。面心上的结点为两个原胞所共有，只有二分之一属于原胞，共有六个面心结点，因此总共有三个面心结点属于原胞。原胞的结点数为这两项之和。所以，原胞的结点数为四。

(3)顶点上结点和邻近的面心上结点就是最邻近结点。取顶点的坐标为 (0,0,0) ,其邻近一面心结点的坐标为$\left(\frac{a}{2},\frac{a}{2},0\right)$,两者距离为 $d=\sqrt{\left(\frac{a}{2}\right)^2+\left(\frac{a}{2}\right)^2}=\frac{\sqrt{2}}{2}a$。

(4)与坐标为(0,0,0)的结点最邻近的一些结点的坐标为

$$\left(\frac{a}{2},\frac{a}{2},0\right)\quad\left(\frac{a}{2},-\frac{a}{2},0\right)\quad\left(-\frac{a}{2},\frac{a}{2},0\right)\quad\left(-\frac{a}{2},-\frac{a}{2},0\right);$$

$$\left(0,\frac{a}{2},\frac{a}{2}\right)\quad\left(0,\frac{a}{2},-\frac{a}{2}\right)\quad\left(0,-\frac{a}{2},\frac{a}{2}\right)\quad\left(0,-\frac{a}{2},-\frac{a}{2}\right);$$

$$\left(\frac{a}{2},0,\frac{a}{2}\right)\quad\left(\frac{a}{2},0,-\frac{a}{2}\right)\quad\left(-\frac{a}{2},0,\frac{a}{2}\right)\quad\left(-\frac{a}{2},0,-\frac{a}{2}\right).$$

因此,最邻近结点的数目为 12。

(5)因为菱面体通过结点(0,0,0) 的三条边的端点,它们的坐标分别为$\left(\frac{a}{2},\frac{a}{2},0\right)$,$\left(0,\frac{a}{2},\frac{a}{2}\right)$和$\left(\frac{a}{2},0,\frac{a}{2}\right)$,所以根据求平行六面体体积的公式,求得菱面体的体积为

$$\begin{vmatrix}\frac{a}{2} & \frac{a}{2} & 0\\ 0 & \frac{a}{2} & \frac{a}{2}\\ \frac{a}{2} & 0 & \frac{a}{2}\end{vmatrix}=\frac{1}{4}a^3.$$

此菱面体只有八个顶点上有结点,而每一结点为八个菱面体所共有。所以,以菱面体作为原胞,每一原胞只包含一个结点。

§7.2 晶体中粒子结合力的基本形式

晶体中粒子(分子、原子、离子)之间存在着作用力,这种力称为结合力。结合力是决定晶体性质的主要因素,正是这种结合力,才使粒子规则地聚集在一起形成空间点阵,也正是这种力,才使晶体具有弹性、具有确定的熔点和熔解热等。不同的晶体,其结合力的性质不同,因而使它的外部形态及物理性质千差万别。只有深入了解结合力的本质和有关结合力的规律,才能深刻理解晶体的各种宏观性质,从而达到控制晶体性质的目的。

使晶体中粒子结合在一起的力,也称为化学键。化学键有离子键、共价键、金属键、范德瓦耳斯键及氢键。其中离子键、共价键、金属键属于强键,而范德瓦耳斯键和氢键属于弱键。下面分别进行讨论。

一、离子键

由正电性元素(原子外壳层的价电子少,有失去价电子趋势的元素,如碱金属 Na、K 等)和负电性元素(原子外壳层的价电子多,有获得电子而使外壳层电子达到饱和的元素)组成晶体时,正电性元素失去电子而成为带正电的正离子,负电性元素获得电子而成为带负电的负离子,正、负离子之间的静电力,使这些离子结合起来。这种将正、负离子结合在一起的静电力,称为离子键。由离子键的作用而组成的晶体,称为离子晶体。最典型的离子晶体是 NaCl,其结构如图 7-12所示。钠原子失去一个价电子而成为钠离子 Na^+,氯原子获得一个电子而成为氯离子 Cl^-,从晶体整体来看,在每一个 Cl^- 周围有六个 Na^+,在每一个 Na^+ 周

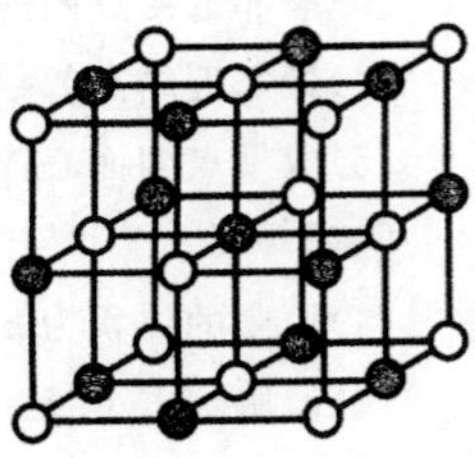

图 7-12 NaCl 晶体

围也有六个 Cl^-，这时不能再将一个 Na^+ 和一个 Cl^- 看成为一个 NaCl 分子，因为在离子晶体中分子已没有什么意义了。离子晶体是由正、负离子构成的一个整体，是由正、负离子排列形成的空间点阵，Na^+ 和 Cl^- 都各自在空间形成面心立方点阵。由于离子键的作用强，因此离子晶体具有高的熔点、低的挥发性和大的压缩模量。半导体材料中的硫化镉、硫化铝是重要的离子晶体。

二、共价键

当两个氢原子组成氢分子时，两个氢原子核外的电子同时围绕两个原子核运动，为两个原子核所共有，这种因共有电子而产生的结合力称为共价键。氢原子就是靠共价键形成氢分子的。完全由负电性元素组成晶体时，粒子之间的结合力就是共价键。碳原子、硅原子、锗原子的外层有四个价电子，虽负电性不强，但可以共有的电子最多，因此最易用共价键形成晶体。由共价键的作用而组成的晶体称为原子晶体。这时，分布在点阵结点上的粒子是原子。典型的原子晶体有金刚石(C)和金刚砂(SiC)，半导体中的重要材料，如硅、锗、碲等都是原子晶体。在金刚石晶体中，每个碳原子与邻近的四个碳原子以共价键相结合，如图 7-13 所示。共价键的作用很强，所以原子晶体硬度大、熔点高、导电性低、挥发性低。如金刚石的熔点为 3 260K，硅的熔点为 1 693K，锗的熔点为 1 209K。金刚石是一种良好的绝缘体，而硅和锗在低温下是绝缘体，在常温下是半导体，而在高温下是导体。

图 7-13　金刚石晶体

三、金属键

组成金属的原子都是正电性元素，当它们组成固体时，每个原子失去其部分价电子而以正离子的形式排列在点阵的结点上。脱离原子的电子称为自由电子，自由电子为全体正离子所共有，自由地在正离子所形成的点阵内运动。自由电子的总体称为电子气。正离子与电子气之间的作用力使各粒子结合在一起，这种结合力称为金属键，如图 7-14 所示。由金属键的作用而组成的晶体叫做金属晶体，简称金属。和离子晶体以及原子晶体不同，由于金属键无方向性，金属中各粒子在排列上并无严格要求，因而金属的范性(外力撤除后保持形变的性质)较大。金属键的作用可以很强，因此金属可以具有高的熔点、高的硬度和低的挥发性。金属内由于存在电子气，因而具有良好的导电性和导热性。金属点阵的形式不同，性质也不同。例如，体心立方点阵的 α 铁几乎不溶解碳，而面心立方点阵的 γ 铁却可溶解 2%的碳，γ 铁的比重比 α 铁大。

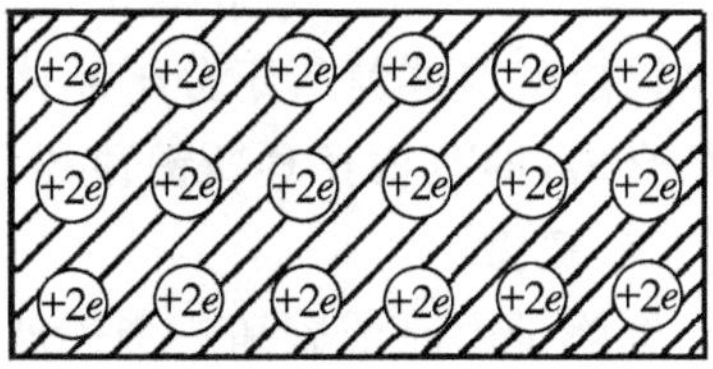

图 7-14

金属晶体中的正离子结点和电子气

四、范德瓦耳斯键

外层电子已饱和的原子(如氩、氖、氪、氙等)和分子(如 HCl、HBr、CO、O_2 等)，在低温下组成晶体时，粒子间有一定的吸引力，但这个吸引力是很微弱的，这与气体中分子之间的吸引力性质相同。这种结合力称为范德瓦耳斯键。范德瓦耳斯键与离子键一样，基本上也是静电力，但它不是带电粒子之间的相互作用力，而是中性原子和分子之间的相互作用力。所有分子和原子在正常情况下都不带电，但它们的正、负电荷“重心”可以重合(如惰性原子 Ne、Ar、Kr、Xe 和对称分子 H_2、O_2、N_2)，也可以不重合(如 HCl、H_2O)。前者叫做无极分子，后者叫做极性分子。在适当的取向下，两个极性分子是可以相互吸引的，如图7-15(a)所示，这是电偶极子之间的静电力。当一个极性分子与另一个非极性分

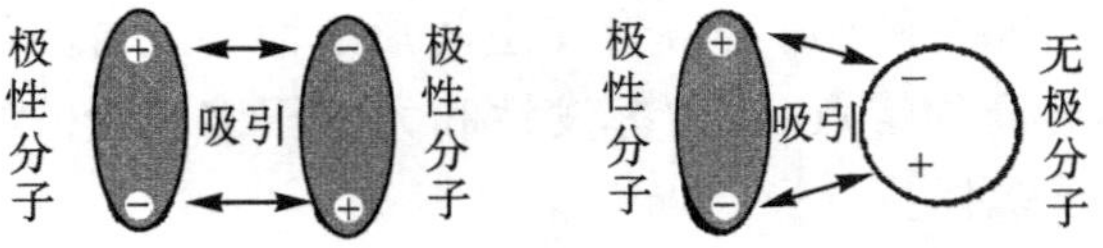

(a)偶极静电力 (b)诱导偶极性

图 7-15 极性分子间和极性分子与无极分子间的相互作用

子靠近时，可促使后者的正、负电荷分开，即产生诱导的偶极性，如图7-15(b)所示。因诱导偶极性而产生的吸引力，叫诱导力。对于非极性分子之间产生的相互吸引力，它是和电子在分子(或原子)内部的瞬时位置相关的，两分子(或原子)中电子的一种瞬时位置可以使两分子相互吸引，如图 7-16(a)所示，另一种瞬时位置可以使两分子相互排斥，如图

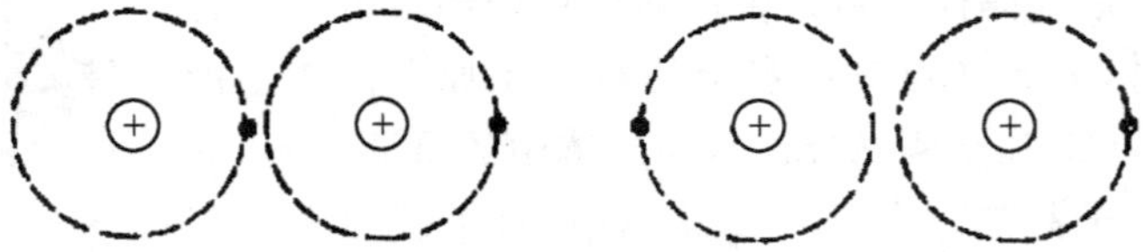

(a)相互吸引 (b)相互排斥

图 7-16 非极性分子间的相互作用

7-16(b)所示。但是，由于相互吸引的组态势能低，相互排斥的组态势能高，因此，势能低的组态出现的几率比势能高的组态出现的几率更大，相互吸引的组态出现的几率比相互排斥的组态出现的几率更大，结果平均说来，两个分子之间有一净余的吸引力。由范德瓦耳斯键的作用所组成的晶体称为分子晶体。这时，在点阵结点上的粒子是分子，分子保持它原来的结构，这是和其他各类晶体的不同之处。图 7-17 是碘分子晶体结构的示意图。低温下的惰性气体以及许多有机化合物构成的晶体就属于分子晶体这一类。由于分子自身内部的结合力很强，而分子之间的结合力，即范德瓦耳斯键很弱，所以硬度小、熔点低、易于挥发就成为分子晶体的特点。

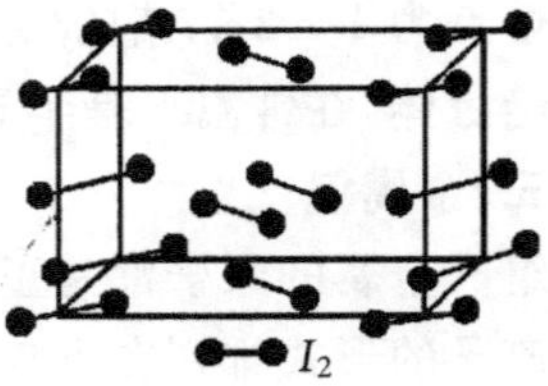

图 7-17 碘分子晶体结构示意图

五、氢键

氢原子由原子核和一个核外电子构成，该电子受原子核的束缚作用较强，因此，要使电子电离而脱离原子核的束缚，需要给予 13.6eV 的能量，这个能量称为电离能。而 K，Na 和 Li 的外层电子的电离能分别为 4.34eV、5.14eV 及 5.39eV，均比氢的电离能小得多。当氢原子与其他元素的原子结合时，它们难以形成离子键，而往往形成共价键的形式。但是，当氢原子与其他负电性较强的原子形成共价键时，体积很小的氢原子核往往暴露在外，因而它还能通过库仑作用的形式，与另一负电性较强的原子结合。这种结合形式称为氢键。由氢键结合构成的晶体称为氢键晶体。例如，冰就是一种氢键晶体。氢原子先与一个氧原子组成共价键O－H，再与另一个氧原子结合，然而后一种结合比前一种结合要弱得多，用 H—O 表示，这里 H 与 O 之间的键线较前者长，表示它们的结合较弱。图 7-18是在常压下水冷到 0℃以下时，结成六角晶系的冰中，H_2O 分子通过氢键相互联

图 7-18
冰的结构示意图

结成的冰的氢键结构图。由图可见，水分子之间存在很大的间隙，故冰的密度较小。当冰融化时，其空旷的结构瓦解，成为堆积密度较大的液体，故水的密度大于冰。在一般情况下，一个氢原子同时与两个负电性较强的原子 X 和 Y 结合时，H 原子与 X 原子形成共价键结合，结合较强，可是由于 X 原子的负电性，使 H 原子这一头带正电，并通过库仑作用而与另一负电性原子 Y 结合。可以用这种符号 X－H—Y 表示氢键。有人则把 H—Y 这种结合称为氢键。氢键比共价键要弱，但比范德瓦耳斯键要强，氢键的存在可使物质的熔点和沸点升高。

水的反常膨胀现象也与氢键有关。水的密度不是在 0℃，而是在 4℃最大。当冰熔解为 0℃的水时，热运动能破坏了部分(约 15%)氢键的结构，部分水分子填补了原来的空隙，因此，0℃的水要比 0℃的冰的密度要大，水的密度从 0℃逐步升高时，有两种使其密度改变的因素，一种是由于部分氢键继续遭破坏，空隙继续被水分子填入而使密度增加；另一种是正常液体的热膨胀现象。在 4℃以下，前一种因素占优势，所以，在 0℃～4℃之间，水的密度随温度的升高而增加。这就是水的反常膨胀现象。4℃以上，后一种因素占优势，发生正常膨胀。

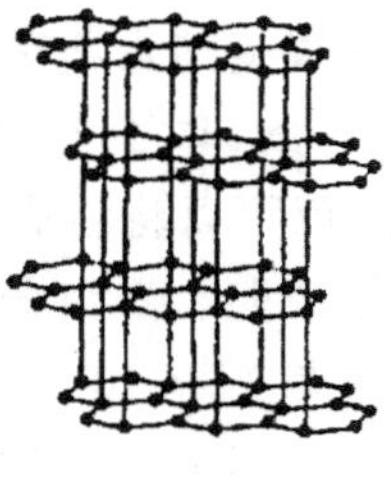
图 7-19　石墨晶体

需要指出的是，对于大多数晶体，结合力不是单纯的，而是综合性的，晶体的结合往往是几种键共同作用的结果。例如，石墨与金刚石同样是由碳原子组成的，但石墨却有三种键共同作用。图 7-19 是石墨晶体结构的示意图。石墨晶体是铁黑色的软质鳞片状晶体。它具有层状结构，层中每一碳原子有三个电子以共价键与周围的三个碳原子相互作用；另一个电子为层中所有碳原子共有，而以金属键与层中所有碳原子相互作用；层与层之间则以范德瓦耳斯键相互作用。因此，共价键、金属键和分子键这三种键在石墨晶体中都起作用。由于层与层之间的作用力弱，所以石墨很柔软，适宜作轴承中的润滑剂。由于层与层之间的距离较大，因此，石墨的比重小于金刚石的比重。由于每一层中的各个碳原子结合得比金刚石中的强，所以石墨具有较高的熔点，又由于每一层中有共有电子，所以又具有金属的良好导电性。从这个例子可以清楚地看出，结合力是决定固体性质的重要因素。再如，锗和硅的结合力基本上是共价键，在温度趋于绝对零度时，它们是和金刚石一样的绝缘体，但其电子比金刚石内要自由些，所以在室温下就有一定的电导率，并随温度的升高而增加。

§7.3　晶体的结合能

以上五种化学键，虽然它们的起源不同，性质不同，但也具有共同的特征。简略地说，这种特征就是：结合力可以分为排斥和吸引两部分；在两相邻粒子间的距离 r 较大时，吸引力大于排斥力，因而粒子间相互吸引；随着距离的减小，吸引力和排斥力都增大，但排斥力比吸引力增大得更快，因此在 r 为某一值 r_0 时，两力抵消，合力为零，粒子处于平衡位置；粒子间距离比 r_0 更小时，排斥力大于吸引力，这时表现为互相排斥。在一些简单的情况下，例如，在范德瓦耳斯键和离子键的情形下，整个晶体的相互作用能与气体分子间的势能相似，可以写成下列形式：

$$E_p = \frac{A_m}{r^m} - \frac{A_n}{r^n},$$

式中$\frac{A_m}{r^m}$表示斥力所引起的相互作用能，$-\frac{A_n}{r^n}$表示引力所引起的相互作用能，r 是两相邻粒子间的距离。由于排斥能随距离的变化比吸引能迅速，因而 $m>n$，A_m、A_n、m、n 的大小由晶体的结构和作用力的性质所决定。例如，对离子晶体来说，$n=1$，m 则在 5 到 10 之间，对 NaCl 来说，$m=9.4$，对 ZnS 来说，$m=5.4$，相互作用能 E_p 与 r 之间的关系曲线如图 7-20 所示。根据相互作用力

$$F=-\frac{dE_p}{dr},$$

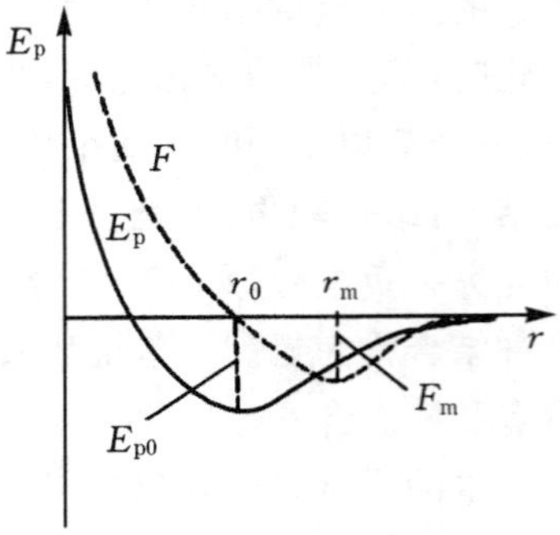

图 7-20
晶体的相互作用能曲线

可以将力 F 以虚线画在同一图上。图中 r_0 表示晶体不受外力作用时两相邻粒子间的距离，此时能量最低，$E_p=-E_{p0}$。当 $r<r_0$ 时，相互作用能曲线有很陡的负斜率，相当于很强的斥力；当 $r>r_0$ 时，相互能曲线的斜率为正，这相当于引力，$r=r_m$ 时引力达到最大值 F_m。从作用能曲线还可以看出，如果供给晶体的能量等于 E_{p0}，就可以将组成晶体的粒子分拆开来，E_{p0} 的值越大，说明粒子的结合越强，能量 E_{p0} 称为结合能。由结合能的大小可以看出晶体中粒子结合的牢固程度。例如，金刚石的结合能为 7.11×10^5 J/mol，铁的结合能为 4.02×10^5 J/mol，氯化钠的结合能为 7.71×10^5 J/mol，而分子晶体氩的结合能只有 7.54×10^3 J/mol。结合能的大小是可以用实验方法间接测定的（分子晶体的结合能可以直接测定，它的结合能就是升华热），再根据压缩系数的实验数据，还加上一些理论上的考虑，就可以求出结合能公式中的四个常数 A_m、A_n、m、n。例如，对分子晶体来说，$n=6$，$m\approx10$，对金属来说 $n=1$，$m=2$。

［例题 1］ 计算由 N 个一价正离子和 N 个一价负离子交错排列着的一维点阵的静电相互作用能量。

［解］ 除了靠近两端的少数离子外，其他离子与周围离子相互作用的情形都相同。选择其中任一正离子 A_0，考虑它与其余离子的静电相互作用能量（图 7-21）。A_0 离子所带的电荷为 $+e$，与 A_0 最邻近的两个离子 A_1 和 A_{-1} 都是负离子，所带电荷为 $-e$，$e=1.6\times10^{-19}$C。A_0 与 A_1 的静电相互作用能量为

$$\varphi_1=-\frac{e^2}{4\pi\varepsilon_0 r}\ .$$

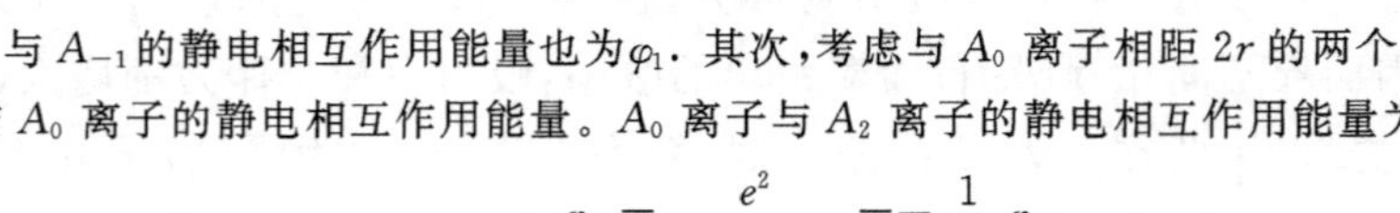

图 7-21 一维一价正负离子间的相互作用能

式中 r 为两相邻离子间距离，ε_0 为真空介电常数：

$$\varepsilon_0=8.9\times10^{-12}\text{C}^2/\text{N}\cdot\text{m}^2.$$

同时，A_0 与 A_{-1} 的静电相互作用能量也为φ_1. 其次，考虑与 A_0 离子相距 $2r$ 的两个正离子 A_2 与 A_{-2}，并求它们与 A_0 离子的静电相互作用能量。A_0 离子与 A_2 离子的静电相互作用能量为

$$\varphi_2=\frac{e^2}{4\pi\varepsilon_0\cdot2r}=-\frac{1}{2}\varphi_1.$$

同理，A_0 离子与 A_{-2} 离子的静电相互作用能量也为$\varphi_2=-\frac{1}{2}\varphi_1$。再次，考虑与 A_0 离子相距 $3r$ 的两个负离子 A_3 与 A_{-3}，并求它们与 A_0 离子的静电相互作用能量。A_0 离子与 A_3 离子的静电相互作用能量为

$$\varphi_3=\frac{e^2}{4\pi\varepsilon_0\cdot3r}=\frac{1}{3}\varphi_1.$$

同理，A_0 离子与 A_{-3} 离子的静电相互作用能量也为$\varphi_3=\frac{1}{3}\varphi_1$. 用同样的方法考虑其余离子与 A_0 离子的静电相互作用能量，可见

$$\varphi_4=-\frac{1}{4}\varphi_1.$$

$$\varphi_5=\frac{1}{5}\varphi_1.$$

…………

最后求得 A_0 离子与所有其余离子的静电相互作用能量为

$$\begin{aligned}\varphi&=2\varphi_1+2\varphi_2+2\varphi_3+2\varphi_4+2\varphi_5+\cdots\\&=2\varphi_1\left(1-\frac{1}{2}+\frac{1}{3}-\frac{1}{4}+\frac{1}{5}-\cdots\right).\end{aligned}$$

因为当$-1<x\leqslant1$ 时，

$$\ln(1+x)=x-\frac{x^2}{2}+\frac{x^3}{3}-\frac{x^4}{4}+\cdots$$

所以

$$1-\frac{1}{2}+\frac{1}{3}-\frac{1}{4}+\cdots=\ln2.$$

因此

$$\varphi=2\varphi_1\ln2=\alpha\varphi_1=-\alpha\frac{e^2}{4\pi\varepsilon_0 r}.$$

式中用 α 表示常数 $2\ln2$。

一个由 N 个正离子和 N 个负离子所组成的一维点阵共有 $2N$ 个离子，每个离子与所有其余离子的静电相互作用能量都是φ(点阵两端少数离子除外)，但总的静电相互作用能量并不是 $2N\varphi$而是 $N\varphi$，因为我们只能把每一对相互作用计算一次。所以，一维点阵的静电相互作用能量应为

$$E''_{\mathrm{p}}=N\varphi=-\alpha\frac{Ne^2}{4\pi\varepsilon_0 r},$$

一般情况下，单价离子晶体的静电相互作用能量仍可以写成上面的形式，不同的只是 α 不等于 $2\ln2$，而由晶体的结构所决定。例如，对 NaCl 来说，α 等于 1.75，对 CsCl 来说，α 等于1.76，对二价离子晶体来说，这时，两相邻离子的静电相互作用能量为

$$\varphi_1=-\frac{(2e)^2}{4\pi\varepsilon_0 r},$$

而$\varphi=\alpha\varphi_1$ 和 $E''_{\mathrm{p}}=N\varphi$仍成立，因而

$$E''_{\mathrm{P}}=-\alpha\frac{N(2e)^2}{4\pi\varepsilon_0 r}.$$

例如，对 ZnS 来说，Zn^{++} 和 S^{--} 是二价离子，这时，$\alpha=1.64$. 由晶体结构所决定的常数 α 称为马德隆常数。一般情况下，对离子晶体来说，吸引能部分应为

$$E''_{\mathrm{p}}=-\frac{A_n}{r^n}=-N\alpha\frac{e_1e_2}{4\pi\varepsilon_0 r},$$

式中 e_1、e_2 分别为两种离子所带电荷的绝对值。排斥能部分 E'_{P} 也与 N 成正比，因此可以写成

$$E'_{\mathrm{p}}=\frac{A_m}{r^m}=N\frac{a_m}{r^m}.$$

所以，对离子晶体来说，相互作用能为

$$E_{\mathrm{p}}=\frac{A_m}{r^m}-\frac{A_n}{r^n}=N\left(\frac{a_m}{r^m}-\frac{\alpha e_1e_2}{4\pi\varepsilon_0 r}\right),$$

式中 r 为离子晶体中相邻两离子间距离。

[例题 2]　NaCl 晶体处在平衡状态时，相邻两离子间距离为 $r_0=2.81\times10^{-10}\,\mathrm{m}$，求 NaCl 晶体的结合能 E_{p0}。

［解］ 因为在 $r=r_0$ 时，相互作用能 E_p 的值为极小，所以

$$\left(\frac{dE_p}{dr}\right)_{r=r_0}=0.$$

因而

$$N\left(-\frac{m\,a_m}{r_0^{m+1}}+\frac{\alpha e^2}{4\pi\varepsilon_0 r_0^2}\right)=0.$$

于是有

$$a_m=\frac{\alpha e^2}{4\pi\varepsilon_0 m}r_0^{m-1}.$$

所以结合能

$$E_{p0}=N\left(\frac{a_m}{r_0^m}-\frac{\alpha e^2}{4\pi\varepsilon_0 r_0}\right)=-\frac{N\alpha e^2}{4\pi\varepsilon_0 r_0}\left(1-\frac{1}{m}\right).$$

对 NaCl 晶体来说，$m=9.4$，因而对 1 摩尔 NaCl 来说，

$$E_{p0}=-\frac{6.023\times10^{23}\times1.75\times(1.6\times10^{-19})^2}{4\pi\times8.9\times10^{-12}\times2.81\times10^{-10}}\left(1-\frac{1}{9.4}\right)\text{ J/mol}$$
$$=-7.5\times10^5\text{ J/mol.}$$

*［例题 3］ 由绝热压缩系数 $\kappa_S=-\frac{1}{V}\left(\frac{\partial V}{\partial p}\right)_S$ 的观测值：$3.3\times10^{-11}\,\text{m}^2/\text{N}$，确定 NaCl 晶体排斥能的幂指数 m。

［解］ 因为在绝热过程中

$$dE_p=-p\,dV,$$

（内能中动能部分的变化很小，可略去不计）所以

$$\frac{dp}{dV}=-\frac{d^2E_p}{dV^2},$$

而

$$\frac{1}{\kappa_S}=V\frac{d^2E_p}{dV^2},$$

对于 NaCl 晶体，体积

$$V=2Nr^3,$$

式中 N 是总的分子数，r 是 Na^+ 和最邻近 Cl^- 之间的距离。从而有

$$\frac{dE_p}{dV}=\frac{dE_p}{dr}\frac{dr}{dV};$$

$$\frac{d^2E_p}{dV^2}=\frac{dE_p}{dr}\frac{d^2r}{dV^2}+\frac{d^2E_p}{dr^2}\left(\frac{dr}{dV}\right)^2.$$

在平衡状态时 $r=r_0$，$\frac{dE_p}{dr}=0$，而且

$$\left(\frac{dr}{dV}\right)^2=\frac{1}{36N^2r^4}=\frac{1}{36N^2r_0^4},$$

因此

$$\frac{1}{\kappa_S}=\frac{1}{18Nr_0}\left(\frac{d^2E_p}{dr^2}\right)_{r=r_0}.$$

因为对 NaCl 晶体来说，相互作用能

$$E_p=N\left(\frac{a_m}{r^m}-\frac{\alpha e^2}{4\pi\varepsilon_0 r}\right)=\frac{N\alpha e^2}{4\pi\varepsilon_0}\left(\frac{r_0^{m-1}}{m}\cdot\frac{1}{r^m}-\frac{1}{r}\right),$$

所以

$$\frac{dE_p}{dr}=\frac{N\alpha e^2}{4\pi\varepsilon_0}\left(\frac{-r_0^{m-1}}{r^{m+1}}+\frac{1}{r^2}\right),$$

$$\frac{\mathrm{d}^2 E_\mathrm{p}}{\mathrm{d}r^2}=\frac{N\alpha e^2}{4\pi\varepsilon_0}\left[\frac{(m+1)r_0^{m-1}}{r^{m+2}}-\frac{2}{r^3}\right].$$

因此

$$\left(\frac{\mathrm{d}^2 E_\mathrm{p}}{\mathrm{d}r^2}\right)_{r=r_0}=\frac{N\alpha e^2(m-1)}{4\pi\varepsilon_0 r_0^3},$$

而

$$\frac{1}{\kappa_S}=\frac{(m-1)\alpha}{18r_0^2}\cdot\frac{e^2}{4\pi\varepsilon_0 r_0^2}.$$

因而得到

$$\begin{aligned}m&=1+\frac{18r_0^2}{\kappa_S\alpha}\cdot\frac{4\pi\varepsilon_0 r_0^2}{e^2}\\&=1+\frac{18\times(2.81\times10^{-10})^2}{3.3\times10^{-11}\times1.75}\times\frac{4\pi\times8.9\times10^{-12}\times(2.81\times10^{-10})^2}{(1.6\times10^{-19})^2}\\&=9.4.\end{aligned}$$

§ 7.4　晶体的热学性质

在晶体中粒子紧密排列，粒子间距远比气体分子间距小得多，所以粒子间的相互作用比气体分子要大得多。在晶体处于平衡态时，构成晶体的粒子在其平衡位置附近以振动方式作热运动，这种振动称为热振动。当温度很低时，这种热振动非常小，随着温度的升高，晶体中粒子的热振动随之变得剧烈起来。热振动是晶体中粒子热运动的基本形式，晶体的许多热学性质，例如热容量、热膨胀和热传导等热力学参量和热力学过程都是由晶体中粒子的热振动决定的。

一、晶体的热容量

在室温时，对大多数晶体来说，热振动振幅的数量级为 0.1Å（1Å$=10^{-10}$m），还不到粒子间距离（1.5Å 到 2Å）的十分之一。由于粒子离开平衡位置时受到周围各个粒子的作用力，因此，粒子的振动是十分复杂的，粒子在平衡位置附近描绘出一条十分复杂的轨迹。虽然如此，但总可以将粒子的振动分解为三个互相垂直方向上的振动，因而每一个粒子的振动具有三个自由度。根据能均分定理，每一振动自由度的平均动能和平均势能都等于 $\frac{1}{2}kT$，因此，每一振动自由度的平均能量为 kT，而每一粒子的平均振动能量为 $3kT$。对于一切由元素结晶成的固体来说，1 摩尔晶体中有 N_A 个粒子，因此，1 摩尔固体总的振动能量为

$$u=N_\mathrm{A}3kT=3RT, \tag{7.4.1}$$

式中 R 是普适气体常数。在 § 4.2 中我们知道，定压热容量与定容热容量之差与膨胀系数 α 有关。由于固体的热膨胀系数很小，因此，可以不必区分定压热容量和定容热容量，而笼统地称为热容量。对固体来说，摩尔热容量 C 就是温度升高（或降低）1℃时，每 1 摩尔质量的固体所增加（或减少）的振动能量，即

$$C=\frac{\mathrm{d}u}{\mathrm{d}T}=3R\approx25\mathrm{J}\cdot\mathrm{mol}^{-1}\cdot\mathrm{K}^{-1}. \tag{7.4.2}$$

这个论断只有在充分高的温度下才为实验所证实，上式称为杜隆—珀替定律。某一温度是否可以认为充分高，得对具体晶体作具体分析后才可以确定。对大多数晶体来说，例

如，Al、Cu、Cd、Au 等金属，室温就可以认为是充分高了，而对金刚石来说，1000℃的温度才被认为是充分高。在室温下，某些固体的摩尔热容量如表 7-2 所示。

表 7-2 几种固态元素的摩尔热容量

物质		摩尔热容量 ($J\cdot mol^{-1}\cdot K^{-1}$)	物质		摩尔热容量 ($J\cdot mol^{-1}\cdot K^{-1}$)
铝	Al	25.7	铜	Cu	24.7
金刚石	C	5.65	锡	Sn	27.8
铁	Fe	26.6	铂	Pt	26.3
金	Au	26.6	银	Ag	25.7
镉	Cd	25.6	锌	Zn	25.5
硅	Si	19.6	硼	B	10.5

二、晶体的热膨胀

热振动时粒子间的平均距离发生变化，温度越高，平均距离越大，这就是**热膨胀现象**。当温度改变不大时，固体单位长度的改变量$\frac{\Delta L}{L}$近似地和温度的改变量 Δt 成正比，即

$$\frac{\Delta L}{L}=\alpha\Delta t,$$

式中 α 称为线胀系数。在单晶体中，由于各向异性，不同方向上的线胀系数可能是不同的。例如，石英晶体沿对称轴方向的线胀系数是 $7.8\times10^{-6}K^{-1}$，而沿垂直方向的线胀系数是 $14.2\times10^{-6}K^{-1}$。表 7-3 中列出一些各向同性固体材料在室温附近的 α 值。

表 7-3 室温附近固体的线胀系数 α($10^{-6}K^{-1}$)

熔凝石英 0.4	殷钢 (Ni 36% Fe 64%) 0.9	硬玻璃 3	钨 4.3	铂 8.9	普通玻璃 9
纯铁 12	钢 11	镍 13	金 14	铜 17	黄铜 19
银 19	锡 20	铝 24	软焊锡 25	铅 29	冰 51

从表 7-3 可以看出，固体的热膨胀是十分微小的。但由于使固体发生很小形变时需要很大的应力，所以热膨胀虽不很大，却可以引起很大的应力。我们可以由相互作用能曲线的形状，一般地说明热膨胀的原因。在一定温度下，由于粒子在平衡位置附近振动，因而具有动能 E_k，总能量为 E_k 与相互作用势能 E_p 之和，在整个运动过程中是守恒的。由图 7-22 中可以看出，粒子间最接近的距离是 r'，最远的距离是 r''。由于距离减小所引起的斥力增长比由于距离增大所引起的引力的增长快得多，因而粒子间接近的距离

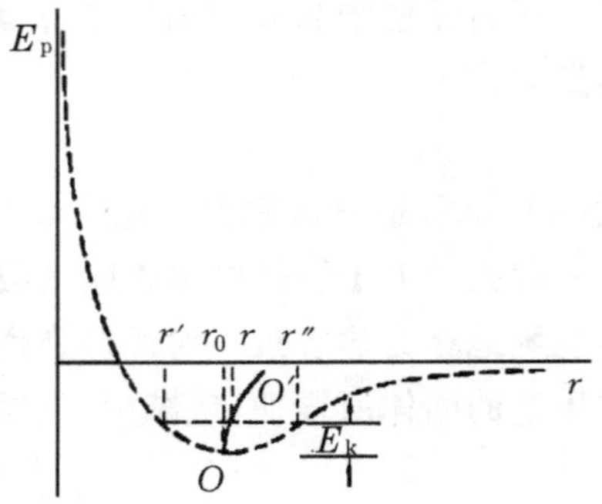

图 7-22 晶体热膨胀的微观本质

r_0-r'比粒子间远离的距离$r''-r_0$要小，因此粒子之间的平均距离$\bar{r}=\frac{r'+r''}{2}$，随着温度的升高，E_k增大，平均距离也随之增大。图 7-22 中的曲线OO'表示点阵常数$\bar{r}$随E_k而变化的情形。由此可见，根据相互作用能曲线的不对称性，可以说明晶体受热后要膨胀的原因。不仅如此，根据统计物理学，由相互作用能函数还可以定量地计算出晶体的热膨胀系数，理论结果和实验相符合。

三、晶体的热传导

金属和非金属固体的热传导方式很不相同。在金属中由于存在大量的自由运动的电子，因此热量的输运主要是由自由电子承担。而非金属固体内没有自由电子，所以，热量主要通过粒子的振动进行传递。在温度较高的区域，粒子的热振动较剧烈，即粒子热振动的能量较大。由于粒子间存在相互作用，相互关联，所以热振动剧烈的粒子，将影响振动较慢的粒子，如此逐次传递下去，就把能量从温度较高的地方，输运到温度较低的地方，这就是固体中进行的热传递。

§7.5　晶体中的热缺陷及其运动

在§7.2 中我们已经知道，在晶体中由于粒子之间存在着很强的作用力，使组成晶体的粒子在空间按一定的规律进行排列，形成空间点阵。在一般情况下，处于平衡态的晶体，每个粒子在各自的平衡位置附近作热振动。但晶体中粒子的能量和气体中一样，也遵从一定的统计规律，在一定的温度下，总有一些粒子具有足够的能量脱离原来的结点位置，从一个地方跑到另一个地方，这是一种迁移运动。正是这种运动，才形成晶体的各种热缺陷，晶体中粒子的扩散及离子导电等现象也与此有关。

一、晶体中的热缺陷

晶体中常见的热缺陷有以下两种，一种称为弗仑克尔缺陷，一种称为肖特基缺陷。粒子脱离结点之后，形成填隙粒子，同时在原来的位置上形成一个空位，如图 7-23 中的α、β

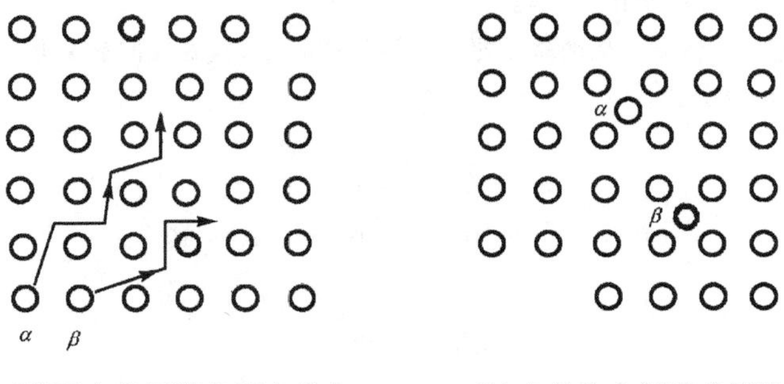

(a)表面的两个粒子脱离原点结点　　(b)在晶体内部形成填隙粒子

图 7-23　填隙粒子的形成

粒子。由填隙粒子形成的缺陷就称为弗仑克尔缺陷；若粒子脱离原来的结点后，不在晶体内部形成填隙粒子，而是跑到晶体表面上的正常结点位置，构成晶体新的一层，并在晶体内部留下空位，如图 7-24 所示，这种缺陷就称为肖特基缺陷，图中 1、2、3、4、5、6 及 1′、2′、3′、4′、5′表示晶体内部形成两个空位时粒子跳动的先后次序。

上述的两种热缺陷可以出现在晶体的任一地方，如粒子的半径较小，它就可以填隙的方式从一处移到另一处；如粒子的半径较大，则在周围出现空位后，它就可以跳到周围的

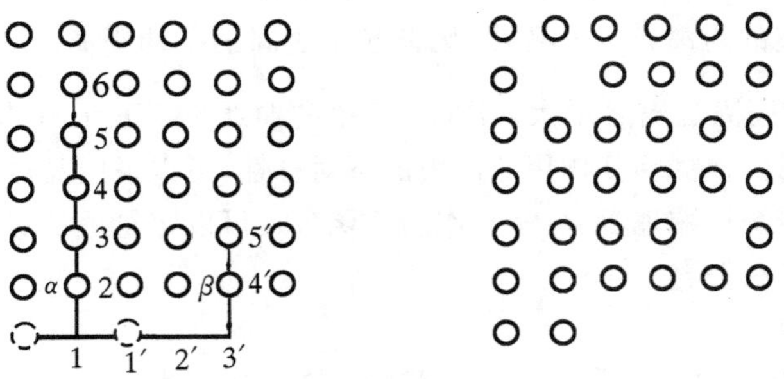

(a)晶体内部的粒子跑到晶体表面　　(b)晶体内部形成空位

图 7-24　空位的形成

空位上去，待附近出现另一空位时再行跳动，因此也可以从一处移到另一处。总之，由于热缺陷的存在及其在晶体中能够运动，就可使晶体中的粒子由一处移到另一处，固体中的扩散机构就是如此。在有电场时，离子晶体之所以能够导电，也是由于热缺陷的存在及其运动，使离子晶体中的离子能够在电场作用下移动的缘故。

若晶体处于平衡态，而晶体内部出现空位数 n' 和出现填隙粒子数 n'' 比组成晶体的总粒子数 N 小得多时，由平衡态统计理论可知，上述热缺陷的数目服从玻耳兹曼分布，即

$$n' = N\mathrm{e}^{-\frac{u'}{kT}}, \tag{7.5.1}$$

$$n'' = N\mathrm{e}^{-\frac{u''}{kT}}, \tag{7.5.2}$$

(7.5.1)式表示空位数 n' 与温度 T 的关系，其中 N 表示点阵中结点的总数，u' 表示粒子由结点移到表面，在晶体内部形成空位所需要的能量。(7.5.2)式表示填隙粒子数 n'' 与温度的关系，其中 u'' 表示粒子由表面移到间隙中去所需的能量。由上述二式可见，空位数与填隙粒子数都与晶体的温度有关。温度越高，空位数和填隙粒子数越多。当温度一定时，由于 $u'' \geqslant u'$，故填隙粒子数比空位数少得多。

$\mathrm{e}^{-\frac{u'}{kT}} = \frac{n'}{N}$ 也表示粒子由结点移到表面形成空位的几率，同理，$\mathrm{e}^{-\frac{u''}{kT}} = \frac{n''}{N}$ 也表示粒子由表面移到间隙形成填隙粒子的几率。

[例题]　假设把一个钠原子从钠晶体的内部移到边界上，所需要的能量是为 1eV，计算 1000K 下空位数目占粒子总数的百分比。

[解]　由题可得

$$u' = 1\mathrm{eV} = 1.6 \times 10^{-19}\mathrm{J},$$

$$kT = 1.38 \times 10^{-23} \times 1000 = 1.38 \times 10^{-20}\mathrm{J}.$$

由(7.5.1)式可求得

$$\frac{n'}{N} = \mathrm{e}^{-\frac{u'}{kT}} = \mathrm{e}^{-\frac{1.6\times10}{1.38}} \approx 10^{-5}.$$

因此，即使在 1000K 这样高的温度下，空位数目还只占粒子总数的 0.001%。这说明热缺陷的数目比起处在正常结点位置上的粒子数目小得多。

二、热缺陷的运动

在一定的温度下，晶体内的热缺陷是不断产生、不断复合的，如空位附近的粒子跳到空位产生复合，必然在另一处又产生一新的空位，由此引起空位在晶体内的运动。同样填隙粒子运动到空位附近，最后落入空位而复合掉，同时又可能在别处产生一新的填隙粒子。这种热缺陷不断产生和复合的过程，就是填隙粒子和空位在晶体内不断运动的过程。

下面我们来研究热缺陷在晶体中运动的规律，首先研究空位在晶体中运动的规律。

在图 7-25(a)中可以看出，只有当晶体中的 i 粒子进入相邻的空位 j 时才会引起空位在晶体中移动。而 i 个粒子又处于势能的谷底，显然要使其跳入 j 空位，则需要有一定的能量 $\Delta u'$，且 $\Delta u' \geqslant E_P$，$\Delta u'$称为空位移动的激活能，粒子具有足够的能量跳到邻近空位上去的几率为 $e^{-\frac{\Delta u'}{kT}}$。设靠近空位的粒子振动周期为 τ'_0，则粒子每秒振动次数为$\frac{1}{\tau'_0}$，在这些振动次数中，有$\frac{1}{\tau'_0}e^{-\frac{\Delta u'}{kT}}$多次具有足够的能量能跳到空位上去。因此，空位移动一次平均所需的时间，即邻近空位的粒子跳到空位上去平均所需的时间为

$$\tau' = \frac{1}{\frac{1}{\tau'_0}e^{-\frac{\Delta u'}{kT}}} = \tau'_0 e^{\frac{\Delta u'}{kT}}. \tag{7.5.3}$$

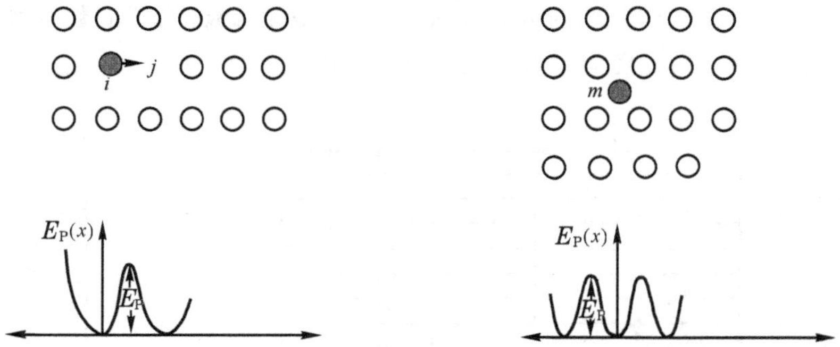

(a)晶体中空位的运动　　(b)晶体中填隙粒子的运动

图 7-25　晶体中热缺陷的运动

在图 7-25(b)中也可看出，填隙粒子 m 也处于势能的谷底，要使其向左或右移动到一新的填隙位置，同样需要激活能 $\Delta u''$，根据同样的道理可知，使填隙粒子移动一次所需的平均时间为

$$\tau'' = \tau''_0 e^{\frac{\Delta u''}{kT}}, \tag{7.5.4}$$

式中 τ''_0 为填隙粒子的振动周期。从以上两式可见，温度越高，热缺陷移到相邻位置所需的时间就越短，也就越容易从一处移向另一处。

§7.6　晶体中的扩散

和气体、液体中的扩散情形相似，在固体中由于粒子的密度不均匀也会产生扩散现象。固体中的扩散过程在室温下进行得很缓慢，但温度升高后就可以变得很显著。例如，将底面磨得很好的锌筒放在另一个铜筒上。加热到 220℃时，在 12 小时内就可以焊接起来而形成厚约 0.3 毫米的中间层。固体中的扩散在制造金属材料或半导体材料中起着十分重要的作用。例如，钢的表面渗碳，就是将碳扩散入钢中，使表面的含碳量增大，以增加钢的表面硬度。工业上广泛应用的渗铝法，就是将铝扩散到钢中去，使钢件具有高的耐热性。又如，半导体中化学成分微小的变化，甚至 $10^{-5}\%$，也会对半导体的电学、光学及光电性质产生显著的影响。因此，在半导体中常常用扩散的方法渗入一定量所需要的杂质，以达到控制半导体性质的目的。研究扩散对于研究耐热合金强度减低的机构有很大的意义，从而对解决高温材料起重大的推动作用。此外，扩散在金属的热处理、粉末冶金、固体中发生的相变过程等等方面，都起着重要的作用。

扩散运动的本质是布朗运动。正如上面讨论所指出的,在晶体中原子的扩散与热缺陷的存在和运动密切相关。根据扩散粒子与点阵中的粒子相同与否,可以将固体中的扩散分成两类:一类是自扩散,即同种粒子在点阵中的扩散,如铜原子在铜晶体中的扩散,铁原子在铁晶体中的扩散等等。另一类是异扩散,例如,碳原子在铁晶体中的扩散,铜原子在铅晶体中的扩散等等。应该指出的是,在研究自扩散时,必须利用放射性同位素,使被研究的粒子打上"标记"。例如,在研究铅的自扩散时,就要在铅晶体的表面敷上放射性同位素铅,然后观察具有放射性的铅原子在铅晶体中的扩散。

研究扩散时,一般先在试样的表面敷上一层扩散元素,然后在一定的温度下加热一定的时间后,就可以根据扩散原子按深度的分布情况测定扩散系数的值。图 7-26 是试样加热到 220℃(曲线 A)和 285℃(曲线 B)时银在铅中扩散一小时后银原子的数密度(即单位体积内的银原子数)按试样深度的分布曲线,n_0 表示表面处银原子的数密度。从图中可以清楚地看出,扩散系数是随温度升高而急剧增大的。

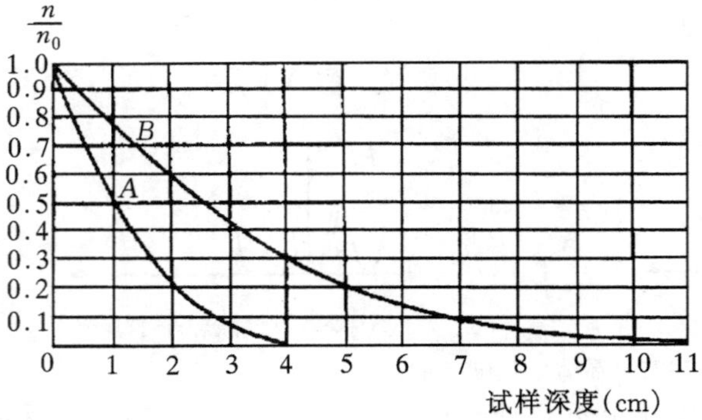

图 7-26 扩散原子按深度的分布

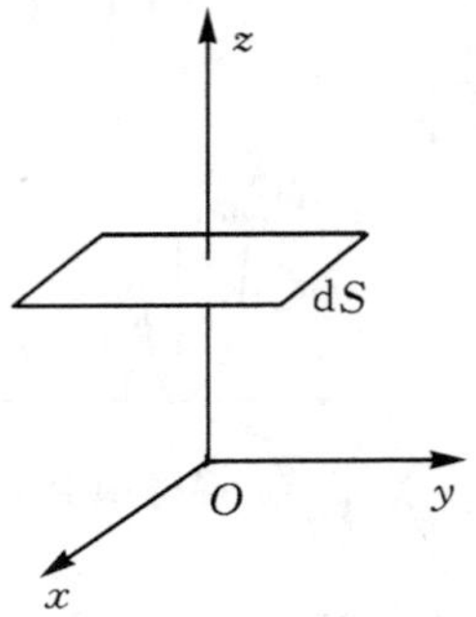

图 7-27 晶体中粒子数密度沿 z 轴正方向增加

实验表明,无论是自扩散还是异扩散都遵循相同的宏观规律。设在晶体中粒子的数密度沿着 z 轴正方向存在不均匀分布,且粒子的密度梯度为 $\frac{\mathrm{d}n}{\mathrm{d}z}$,如图 7-27所示,则单位时间内通过单位面积沿 z 轴正方向输运的粒子数与该粒子的密度梯度成正比,即

$$\mathrm{d}N = -D\frac{\mathrm{d}n}{\mathrm{d}z}\mathrm{d}S\mathrm{d}t, \tag{7.6.1}$$

式中 $\mathrm{d}N$ 为 $\mathrm{d}t$ 时间内通过 $\mathrm{d}S$ 面的粒子数,比例系数 D 称为扩散系数,其中负号表示粒子输运的方向与粒子密度梯度方向相反。可以证明,扩散系数 D 为

$$D = \frac{1}{6}\frac{\delta^2}{\tau}, \tag{7.6.2}$$

式中 δ 是两相邻结点间的距离,τ 是粒子移动一次(即移动距离 δ)平均所需的时间,因此 $\frac{\delta}{\tau}$ 是粒子的平均移动速度 $\bar{v}$。

(7.6.2)式的推证如下:

设固体中扩散粒子的数密度为 n,假设粒子在固体中向各个方向移动的几率是均等的,因而在单位体积内有 $\frac{1}{6}n$ 个粒子沿着 z 轴正方向运动。因此,在 $\mathrm{d}t$ 时间内,沿着 z 轴正方向通过 $\mathrm{d}S$ 面的粒子数为 $\mathrm{d}N_A = \frac{1}{6}n_A\bar{v}\mathrm{d}S\mathrm{d}t$,式中 $\bar{v}$ 为粒子在晶体中运动的平均速度,当固体各处的温度相同时,$\bar{v}$ 是一个与坐标 z

无关的常数。同理，在 dt 时间内逆着 z 正轴方向通过 dS 面的粒子数 $dN_B=\frac{1}{6}n_B\,\bar{v}dSdt$，所以在 dt 时间内沿着 z 轴正方向通过 dS 面的净粒子数为

$$dN=\frac{1}{6}(n_B-n_A)\,\bar{v}dSdt, \tag{7.6.3}$$

设 dS 面位于坐标 z 处，由于粒子在晶体中每次移动 δ 的距离，所以 dS 面两边 A、B 部分因粒子的热运动而发生粒子交换时，可以简单地看成是 dS 面两边相距 $\frac{1}{2}\delta$ 的两个层面上粒子的交换，故

$$n_A=n\left(z-\frac{1}{2}\delta\right)=n(z)+\frac{1}{2}\left(\frac{dn}{dz}\right)\delta, \tag{7.6.4}$$

$$n_B=n\left(z+\frac{1}{2}\delta\right)=n(z)-\frac{1}{2}\left(\frac{dn}{dz}\right)\delta, \tag{7.6.5}$$

将(7.6.4)、(7.6.5)二式代入(7.6.3)式，可得

$$dN=-\frac{1}{6}\,\bar{v}\delta\left(\frac{dn}{dz}\right)dSdt, \tag{7.6.6}$$

将(7.6.6)式与(7.6.1)式进行比较，最后可得

$$D=\frac{1}{6}\,\bar{v}\delta=\frac{1}{6}\,\frac{\delta^2}{\tau}.$$

下面我们讨论晶体中的自扩散机构。如果粒子是靠空位移动而移动的话，则必须考虑两个问题，其一是在粒子附近出现空位的几率，由(7.5.1)式可知，该几率为 $e^{-\frac{u'}{kT}}$；此外，还要考虑粒子从结点跳到该空位的几率，该几率为 $e^{-\frac{\Delta u'}{kT}}$，根据几率的乘法可得，粒子从结点跳入相邻空位的几率为 $e^{-\frac{\Delta u'}{kT}}\cdot e^{\frac{u'}{kT}}$，设靠近空位的粒子振动周期为 τ'_0，则粒子每秒振动次数为 $\frac{1}{\tau'_0}$，其中有 $\frac{1}{\tau'_0}e^{\frac{-\Delta u'}{kT}}\cdot e^{-\frac{u'}{kT}}$ 次跳入相邻的空位，由此可得粒子移动一次所需的时间为

$$\begin{aligned}\tau&=\frac{1}{\frac{1}{\tau'_0}e^{-\Delta u'/kT}\,e^{-u'/kT}}=\tau'_0e^{\Delta u'/kT}\,e^{u'/kT}\\&=\tau'_0e^{(\Delta u'+u')/kT}=\tau'_0e^{\varepsilon'/kT},\end{aligned} \tag{7.6.7}$$

式中 $\varepsilon'=\Delta u'+u'$。如果粒子是靠填隙粒子的移动而移动的，则只有当结点上的粒子进入填隙位置时，它才能移动。此时同样也要考虑两个问题，其一是粒子脱离结点位置，进入填隙位置的几率多大？该几率为 $e^{-\frac{u''}{kT}}$；其二是粒子从某一填隙位置跳入附近另一填隙位置的几率多大？该几率为 $e^{-\frac{\Delta u''}{kT}}$。类似上述的讨论，同样可得粒子移动一次所需的时间为

$$\tau=\tau''_0e^{\frac{u'+\Delta u''}{kT}}=\tau''_0e^{\frac{\varepsilon''}{kT}}, \tag{7.6.8}$$

所以，无论哪一种扩散机构，τ 都可以表示为

$$\tau=\tau_0e^{\frac{\varepsilon}{kT}}.$$

在空位机构的情形下，τ_0 为 τ'_0，ε 为 ε'；在填隙机构的情形下，τ_0 为 τ''_0，ε 为 ε''。将上式代入(7.6.2)式，即得

$$D=\frac{\delta^2}{6\tau_0}e^{-\frac{\varepsilon}{kT}}=\frac{\delta^2}{6\tau_0}e^{-\frac{N_A\varepsilon}{RT}}=D_0e^{-\frac{Q}{RT}}, \tag{7.6.9}$$

式中 N_A 是阿伏伽德罗常数，R 是普适气体常数。由此得到结论，自扩散系数应随温度 T 的增高而呈指数地增高。自扩散系数与温度的这种关系，已很好地为实验所证实。在铋

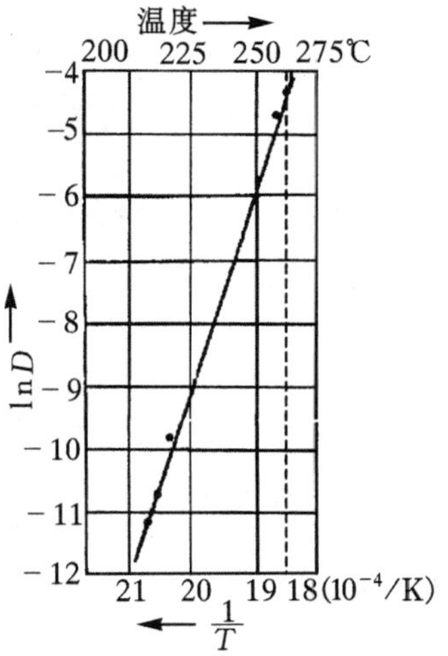

图 7-28
晶体的扩散系数与温度的关系

的自扩散情形下，以实验数据画出 $\ln D$ 与 $\frac{1}{T}$ 的关系，结果为一条直线。如图 7-28 所示，这与理论结果

$$\ln D = \ln D_0 - \frac{Q}{R} \cdot \frac{1}{T}$$

相符合。根据此直线的斜率，可定出扩散激活能 $Q = N_A \varepsilon$，根据直线在横轴上的截距 $\ln D_0$ 可定出 D_0 值。几种元素的自扩散激活能 $Q = N_A \varepsilon$ 和 D_0 的实验结果如表 7-4 所示。

表 7-4 几种元素的自扩散激活能 Q 和 D_0 之实验值

	一氧化碳	铜	铅	金	银	钨
$D_0(10^{-4}\,m^2/s)$	0.367	0.18	4.0	0.157	0.9	11.5
$Q(10^5\,J \cdot mol^{-1})$	2.81	1.95	1.15	2.22	1.92	5.95

扩散系数与温度密切有关。在低的温度下，扩散进行得非常缓慢。随着温度的升高，扩散过程大大加快。在进行钢的热处理时，将钢加热到足够高的温度进行退火或回火时，扩散过程就使点阵的形变得以回复，并使化学成分均匀一致；而将加热到高温的钢突然冷却到室温进行淬火时，由于扩散缓慢，使碳不能从钢中析出而成渗碳体 (Fe_3C)，使硬度大大提高。高温时发生的蠕变也是与扩散过程分不开的，由于扩散的加速，就使晶体中粒子易于向外力的方向流动而发生范性形变。因为扩散激活能与结合能密切有关，所以确定扩散系数还能够更好地鉴定金属结合的性质。异扩散的情形与自扩散的情形相似，但异扩散激活能都较自扩散激活能小，因而异扩散系数总是大于自扩散系数。表 7-5 中列举了几种元素在铅中扩散激活能 Q 的值。这是由于异原子在其周围引起了点阵畸变，而点阵畸变降低了扩散激活能。由此可见，异原子与点阵中的粒子差异越大，畸变越大，扩散也就越容易进行。

表 7-5 几种元素在铅中扩散时扩散激活能 Q 之实验值

扩散元素	铅	铊	锡	金	银	铋	汞	镉
$Q(10^5\,J \cdot mol^{-1})$	1.15	0.879	0.896	0.544	0.636	0.799	0.796	0.754

[例题] 金的空间点阵为面心立方，最邻近粒子间的距离为 $\delta = 2.88\text{Å}$。根据自扩散系数的实验值，测得 $D_0 = 1.57 \times 10^{-5}\,m^2/s$ 和 $Q = 221.8 \times 10^3\,J \cdot mol^{-1}$。根据这些数据，估算靠近空位的粒子振动周期 τ_0'，并估算粒子由结点移到表面所需的能量 u' 和粒子跳到邻近空位上去所需的能量 $\Delta u'$ 这两者之和 ε'。

[解] 由(7.6.9)式知

$$D_0 = \frac{1}{6} \cdot \frac{\delta^2}{\tau'_0},$$

因而求得

$$\tau'_0 = \frac{1}{6}\frac{\delta^2}{D_0} = \frac{1}{6} \times \frac{(2.8 \times 10^{-10}\,m)^2}{1.57 \times 10^{-5}\,m^2/s} = 8.8 \times 10^{-16}\,s.$$

由(7.6.9)式还知

$$Q = N_A \varepsilon' = N_A (u' + \Delta u'),$$

因而求得

$$\varepsilon' = u' + \Delta u' = \frac{Q}{N_A} = \frac{221.8 \times 10^3}{6.02 \times 10^{23} \times 1.6 \times 10^{19}}\,eV = 2.3\,eV.$$

本章提要

一、晶体的宏观特性

1. 晶体分类：单晶、多晶。

2. 单晶的宏观特性

(1)具有规则几何外形，同一种晶体，各晶面间的夹角恒定不变；

(2)各向异性；

(3)有一定的熔点。

3. 多晶体的宏观特性

多晶体是由许多晶粒构成的晶体，其宏观特性是没有规则的外形，物理性质各向同性，有一定的熔点。

二、晶体的微观结构

1. 结点、空间点阵　表示晶体中粒子(分子、原子、离子或原子集团)质心所在位置的一些点称为结点，结点的总体称为空间点阵。

2. 原胞　取一结点为顶点，边长等于平移周期的平行六面体作为基本单元，这样的基本单元称为原胞，整个晶体都是由原胞重复排列而成。

根据原胞各边所夹的角度、各边的长短，以及结点在原胞中的排列情况，将晶体可分为七个晶系，将空间点阵分为十四种类型。

三、晶体中粒子的结合力和结合能

1. 结合力　晶体中粒子之间存在着相互作用力，这种力称为结合力，也称为化学键，它是决定晶体性质的根本原因。

2. 化学键类型

(1)离子键与离子晶体：正负粒子之间静电力(库仑力)称为离子键，由离子键的作用而组成的晶体，称为离子晶体。

(2)共价键与原子晶体：当形成键的粒子(原子)一方或双方的电子为非满壳层结构时，两粒子间产生电子交换作用致使形成电子对，这样所形成的化学键称为共价键，由共价键形成的晶体，称为原子晶体。

(3)范德瓦耳斯键与分子晶体：外层电子已饱和的原子在低温下组成晶体时，粒子间有一定的来自分子的电偶极子的相互作用，使分子相互吸引，这种很微弱的结合力称为范德瓦耳斯键。由范德瓦耳斯键的作用所组成的晶体，称为分子晶体。

(4)金属键与金属晶体：在金属中由于位于晶格格点上的带正电的离子(原子实)与在原子实之间作公有运动的自由电子气之间的相互作用使粒子结合在一起的力称为金属键，由金属键作用组成的晶体，称为金属晶体。

(5)氢键与氢键晶体：当氢原子与负电性很强的原子(如氧、氟等)以共价键相结合形成分子时，由于氢原子发生强烈极化，可以使邻近的其他负电性原子极化而互相吸引，这种结合力叫氢键。由氢键使不同分子相互结合而成的晶体，称为氢键晶体，如冰等。

3. 结合能　自由粒子的总能量与它们形成的晶体时的总能量之差，称为晶体的结合能，其数值等于当晶体中相邻粒子间距离 r 为平衡距离 r_0 时整个晶体相互作用势能(是负值)的绝对值。结合能越大，粒子相互结合越牢固。离子键与共价键的结合能约为 $10^2\ \mathrm{kJ\cdot mol^{-1}}$ 的数量级，范德瓦耳斯键的结合能约为 $4\sim10\ \mathrm{kJ\cdot mol^{-1}}$ 的数量级，金属键的结合能约为 $10^2\sim10^3\ \mathrm{kJ\cdot mol^{-1}}$ 的数量级，氢键的结合能约为 $4\sim40\ \mathrm{kJ\cdot mol^{-1}}$ 的数量级。

4. 离子晶体结合能表达式：$E_P=\dfrac{A_m}{r^m}-\dfrac{A_n}{r^n}=N\left(\dfrac{a_m}{r^m}-\dfrac{\alpha e_1 e_2}{4\pi\varepsilon_0 r}\right)$.

思 考 题

1. 何谓晶面、晶棱与顶点？

2. NaCl 晶体的外形可以是立方体，也可以是八面体或立方和八面混合体，这些不同的外形有什么共同的特点？

3. 晶体有哪些宏观特性？

4. 说明单晶体、多晶体和非晶体的主要区别。

5. 说明下列物理量的意义：

(1)平移周期；

(2)原胞；

(3)点阵常数。

6. 根据什么原则去选择原胞？以体心立方和面心立方为例说明这一点。

7. 说明七个晶系和十四种空间点阵的特点。

8. 化学键主要有哪五种类型？说明这五种化学键的特点。

9. 结合力有什么普遍特征？

10. 相互作用能 E_P 可以写成什么形式？

11. 何谓结合能？怎样由相互作用能 E_P 求结合能的数值？

12. 对离子晶体来说，说明吸引能的幂指数 n 等于 1。

13. 何谓马德隆常数？以一维点阵为例说明求它的方法。

*14. 怎样由绝热压缩系数的观测值，求离子晶体排斥能的幂指数 m？

15. 何谓杜隆—珀替定律？它的适用范围如何？

16. 热缺陷有哪几种基本类型？热缺陷的数目与温度有什么样的关系？

17. 如何从微观上说明固体中扩散的宏观规律？扩散系数和温度有什么关系？怎样说明？

习 题

1. 立方点阵的点阵常数为 a，在体心立方点阵情况下，求：

(1)原胞的体积；

(2)原胞的结点数；

(3)最邻近结点间距离；

(4)最邻近结点的数目；

(5)以顶点到体心连线为边所形成的菱面体(图 7-9(b))作为原胞，此原胞的体积和包含的结点数。

*2. n 重旋转对称指的是，晶体绕旋转轴转动 $2\pi/n$ 后晶体与自身完全重合的这种对称性。证明一个晶体不可能有五重旋转对称。

提示：设 a 为点阵最小的平移周期，A、B、C 为三个相邻结点，如图7-29所示。使晶体绕通过结点 B 并垂直于纸面的旋转轴逆时针方向转过 $2\times\frac{2\pi}{5}$角度，这时 C 点转到 C' 点的位置。如晶体有五重旋转对称，因要使晶体经旋转$\frac{4\pi}{5}$后能与自身完全重合，那么 C' 点必须是结点，证明$AC'<a$。

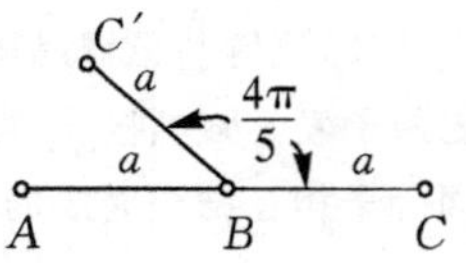

图 7-29

*3. 证明一个晶体不可能有七重旋转对称。

4. 由§7.3 例题 1 的讨论可知离子晶体的相互作用能为

$$E_p = \frac{A_m}{r^m} - \frac{A_n}{r^n} = N\left(\frac{a_m}{r^m} - \frac{\alpha\, e_1 e_2}{4\pi\varepsilon_0 r}\right),$$

已知对 NaCl 来说，$m=9.4$，$\alpha=1.75$，$e_1=e_2=e$，并知平衡状态时相邻离子间距离为 $r_0=2.81\text{Å}$，求常数 a_m 的值。

5. 已知 NaBr 晶体在平衡状态时相邻两离子间距离为 $r_0=2.98\text{Å}$，马德隆常数 $\alpha=1.75$，排斥能幂指数 $m=9.6$，求 NaBr 的结合能。

6. 已知 KCl 晶体在平衡状态时相邻两离子间距为 $r_0=3.14\text{Å}$，马德隆常数 $\alpha=1.75$，绝热压缩系数为 $\kappa_S=4.8\times10^{-11}\,\text{m}^2/\text{N}$，求 KCl 晶体排斥能的幂指数 m。

7. 在排斥势不变的情形下，使离子的电荷加倍，问

(1)点阵常数发生什么变化？

(2)绝热压缩系数发生什么变化？

(3)结合能发生什么变化？

*8. 由于平衡位置附近相互作用能曲线的不对称性，可以设相对于平衡位置（在这位置时 $E_p=-E_{p0}$）的势能为

$$V(x)=E_p-(-E_{p0})=E_p+E_{p0}=cx^2-gx^3-fx^4,$$

式中 x 表示离开平衡位置的位移。利用玻尔兹曼分布律，在小位移的情形下，证明位移 x 的平均值 $\bar{x}$ 为

$$\bar{x}=\frac{3kTg}{4c^2},$$

从而说明 $\bar{x}$ 与温度 T 成正比，即说明了热膨胀现象。

提示：

$$\bar{x}=\frac{\int_{-\infty}^{\infty}x\mathrm{e}^{-V(x)/kT}\,\mathrm{d}x}{\int_{-\infty}^{\infty}\mathrm{e}^{-V(x)/kT}\,\mathrm{d}x},$$

求积分时可以将指数函数用幂级数展开，在考虑小位移的情况下只取前几项就可以了。

9. 已知将一个钠原子从钠晶体的内部移到表面上所需要的能量为 $u'=1\text{eV}$。

(1)计算室温(300K)下空位的数目占粒子总数的百分比；

(2)如邻近空位的钠原子跳到空位上去所需要的能量为

$$\Delta u'=0.5\text{eV}.$$

原子的振动频率为 $10^{12}\,\text{s}^{-1}$，相邻两钠原子之间距离为 3.71Å，计算室温下钠的自扩散系数。

第八章　液　　体

§8.1　液体的微观结构

液体的性质介于气体与固体之间。一方面，它具有一定的体积，不易压缩，这与固体相似；另一方面，它又没有一定的形状，具有流动性，这又与气体相似。此外，它在物理性质上也是各向同性的。液体的这些宏观特征是由它的微观结构所决定的。

一、液体分子的排列情况

大多数物质在熔解及结晶时，其体积只改变10%左右，因此分子间平均距离只改变3%左右。这说明液体中的分子和固体中的分子一样，也是紧密地排列在一起的，分子间相互作用力的数量级也是相同的。用伦琴射线研究熔解与结晶过程时发现，液体分子在很小范围内（其线度为$\delta \approx 9\times 10^{-10}$ m数量级），在一个短暂时间中的排列保持一定的规则性，具有近程（几个分子的大小）有序的特点，而不像晶体那样，在很大范围内排列都是有规则的，即液体不具有远程有序的特点。液体中这种能近似保持规则排列的微小区域（有人将其称为类晶区）是由诸分子暂时形成的，边界和大小随时都在改变，有时这种区域会完全瓦解，有时新的区域又会形成。在区域内部，液体分子的排列是近程有序的。因此，液体是由许多彼此之间方位完全无序的这种微小区域构成的，在宏观上就表现为各向同性。液体的这种结构和非晶体完全相同。例如，对非晶态金属来说，原子排列不具有远程有序的特点，较为无序，约在小于15Å的范围内具有近程有序的特点，因此，非晶态金属可以认为是“冷冻了”的液体金属。

此外，因为液体分子排列较为松散，在液体内部存在着许多微小的空隙，因此在液体中可溶解或吸收少量的气体分子，水生生物是依靠在水中溶解的空气而得到氧气，液体的沸腾也是靠这些溶解的气体作为汽化核的。

二、液体分子的热运动

由于液体分子间的距离很小，分子间的相互作用力很大，因此液体分子的热运动与固体相近，主要是在平衡位置附近作微小振动。但是与固体相比，液体的结构毕竟松散些，分子间的空隙大一些，因此液体分子不会长时间地在一个固定的平衡位置上振动，仅仅能保持一个短暂的时间。在某一平衡位置上振动一段时间后，就转到另一个平衡位置上去振动，经过一段时间后，又转到第三个平衡位置上去振动，从而液体分子可以在整个体积中移动。液体分子在各个平衡位置振动的时间长短不一，但在一定的温度及压强下，各种液体都有其一定的平均值，称为定居时间。对于液态金属，其数量级为10^{-10} s，而对任一种液体而言，定居时间的长短，与液体的状态参量，如温度T和压强p有关。尽管定居时间很短，但比起分子在平衡位置附近振动的周期来说，还是很大的，在这段时间内，分子在其平衡位置附近还是振动了千百次以上。为了形象化，可以把液体分子的热运动譬喻为游牧生活，短时间的搬迁和比较长期的定居生活交替进行。定居时间τ的大小，既体现了分子力的作用，又体现了热运动的作用。分子排列得越紧密，分子间的相互作用就越大，分子也就越不容易移动，因而 τ 也就越大。温度升高时，分子热运动的能量增大，定居时间 τ 就越短。在通常情况下，外力作用在液体上的时间总比定居时间 τ 要大得多，在这段时间内，分子已有很大的移动，因而液体将在外力的作用下流动，这就是液体的流动性。如果外力的作用时间小于 τ，这时就会发生弹性形变、脆性断裂等一系列典型的固体所特有的力学现象。在非常强的冲击力作用下，液体会像玻璃似地裂成碎块。例如，在 1986 年美国"挑战者号"宇宙飞船坠落时，由于抵达海面时的速度非常大，它与海水表面撞击的时间远小于水的定居时间 τ，宇宙飞船好像撞到强度非常大的非晶态钢板上一样被撞成碎片，同样被冲击的海水也可能会像钢板那样碎裂。非晶态固体可被认为是一种没有流动性的液体，或者说是定居时间 $\tau\to\infty$ 的液体，正因为 $\tau\to\infty$，外力作用于非晶态固体的时间总是远小于 τ，所以它能够发生弹性形变。

三、液体分子间的相互作用

为了进一步说明液体分子的运动，下面我们讨论液体分子间的相互作用力。对于由极性与非极性分子组成的液体，其分子间的相互作用仍可用林纳—简斯势来描写。但是由于液体分子排列紧密，而且液体分子的结构是近程有序的，即在小范围内是整齐排列的，为了简单起见，我们研究沿着一条直线排列的几个分子。在这条直线上的每个分子都有两个近邻，一个在左，一个在右。因此，分子间的相互作用势能曲线如图 8-1(a)中的实线所示，它是由两条虚线合成而得到的。由图可见，该势能曲线有一个相当深的势阱。对于由几个等间距直线排列的分子而言，就形成了一条波状势能曲线，如图 8-1(b)所示。每个势阱的深度 E_a 大于液体分子每一自由度的平均动能 $\frac{1}{2}kT$。因此，每个分子都在势阱内的平衡位置附近作振动。势阱的深度 E_a 就是激活能。当分子的动能大于激活能时，分子就跳出势阱，从一个平衡位置跑到邻近的另一平衡位置，这就是液体分子的迁移运动。

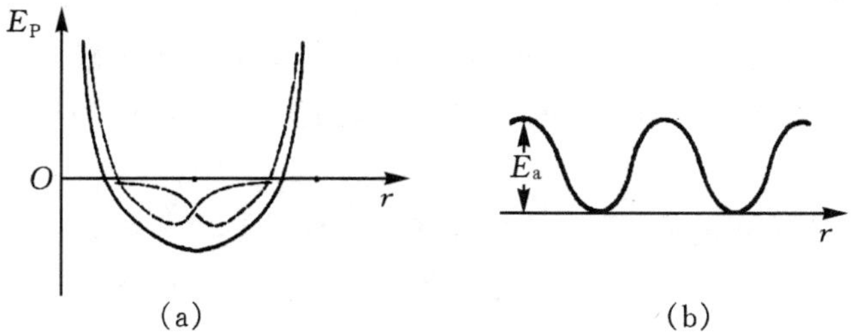

图 8-1　沿直线排列的若干分子相互作用势能曲线示意图

由于液体分子的热运动，因而每个分子都有一定的几率获得较高的能量。根据玻耳兹曼统计分布律，分子获得能量 E_a 的几率 P 为

$$P=e^{-\frac{E_a}{kT}}①, \tag{8.1.1}$$

由上式可见，当 E_a 一定时，液体温度越高，分子获得较高能量的几率就越大，因而脱离平衡位置的机会也就越多。设分子在平衡位置附近的振动周期为 τ_0，则分子在平衡位置附

① 严格来说，根据玻耳兹曼统计分布律，分子获得能量 E_a 的几率为 $P=\frac{1}{Z}e^{-\frac{E_a}{kT}}$，式中 Z 为分子的配分函数。

近每秒振动的次数为$\frac{1}{\tau_0}$，因而每个分子在单位时间内可能具有激活能E_a而跳出势阱的次数n为

$$n=\frac{1}{\tau_0}e^{-\frac{E_a}{kT}}. \tag{8.1.2}$$

平均而言，分子每跳出势阱一次所需的时间为

$$\frac{1}{n}=\tau_0 e^{\frac{E_a}{kT}}, \tag{8.1.3}$$

即分子平均每隔$\tau_0 e^{\frac{E_a}{kT}}$这么多时间就可能离开平衡位置，所以这也就是定居时间τ，即

$$\tau=\tau_0 e^{\frac{E_a}{kT}}. \tag{8.1.4}$$

如果分子间的平均距离用δ来表示，δ也是分子两个相邻的平衡位置的间距，则因分子每隔τ就从一个平衡位置移动到另一个平衡位置，所以液体分子的平均迁移速率$\bar{v}$为

$$\bar{v}=\frac{\delta}{\tau}, \tag{8.1.5}$$

用$\delta\sim3\times10^{-10}$m，$\tau\sim10^{-10}$s代入上式，得$\bar{v}\sim3$m/s。这表明液体分子的平均运动速率比气体分子的热运动速率要小得多，这也是液体的流动性大大小于气体的内在原因。

液体分子的平均间距δ可以用液体的一些量来表示：

$$\delta\approx\sqrt[3]{\frac{1}{n_0}}=\sqrt[3]{\frac{\mu}{N_A-\rho}}, \tag{8.1.6}$$

式中n_0为分子的数密度，μ是摩尔质量，N_A是阿伏伽德罗常数，ρ为液体的密度。

§8.2 液体的热容量

根据能均分定理我们知道，物体的热容量决定于物体内部微观粒子热运动的形式。在§7.4中已经指出，固体中微观粒子热运动的基本形式是热振动，虽然每个粒子在平衡位置附近的振动十分复杂，但在简谐近似下，总可以将它的运动分解为三个垂直方向的振动，并将它看成是一个三维线性谐振子。在充分高的温度下，固体的热容量服从杜隆—珀替定理。

实验表明，在固体熔解前后，固体的热容量与液体的热容量相差很少，如表8-1所示。这些数据说明液体和固体内部分子的热运动情况相近，液体中分子热运动的主要形式也是热振动。

表8-1 固体在熔解前后的定压摩尔热容量

物质	钠 Na	汞 Pb	锌 Zn	铝 Al	锌 Zn	氯化氢 HCl	甲烷 CH_4
C_p(固态) $(J\cdot mol^{-1}\cdot K^{-1})$	31.82	28.05	30.14	30.14	25.71	51.37	41.87
C_p(液态) $(J\cdot mol^{-1}\cdot K^{-1})$	33.50	28.05	32.24	33.08	26.17	61.81	56.52

但气态物质的热容量和液态物质的热容量相差较大。例如，水蒸气的定压摩尔热容量$C_{p,m}$约为33.41 J·mol^{-1}·K^{-1}，而水的定压摩尔热容量为75.37 J·mol^{-1}·K^{-1}。这些数据

说明液体和气体内部分子热运动的情况差别较大。气体分子的热运动包括分子的平动、转动和分子内原子间的振动,液体分子的热运动主要是热振动。

由于液体的热膨胀系数比固体的热膨胀系数大得多,因此,对液体来说,定压热容量和定容热容量相差较大,如表 8-2 所示。实验还证实,液体的热容量与温度有关。例如由图 2-11 可以看出,水的热容量在 313K 附近有一明显的极小值。

表 8-2　液体的定压摩尔热容量与定容摩尔热容量

物　质	氢 H_2	氩 Ar		汞 Hg		钾 K	水 H_2O	
	20K	93.9 K	140.4 K	273 K	373 K	347 K	298 K	330 K
C_p $(J \cdot mol^{-1} \cdot K^{-1})$	18.42	44.46	64.52	28.14	27.51	33.33	75.41	75.78
C_V $(J \cdot mol^{-1} \cdot K^{-1})$	11.72	23.06	19.47	25.00	22.82	30.35	74.64	73.90

§8.3　液体的热膨胀

物体体积随温度升高而增大的现象称为热膨胀。液体热膨胀的原因之一是分子间引力及斥力的不对称性,这和固体热膨胀的原因相同;原因之二是液体内部存在孔隙,这种孔隙使液体具有类似海绵的特点。

实验指出,液体的定压膨胀系数 α 与温度有关,并随温度的升高而略有增加,又随压强的增加而略有减少。但有些液体在某一温度范围内,其体积随温度增加而减少。例如水在 0～4℃,其体积随温度的增加而减少,即它的定压膨胀系数是负的,这就是水的反常膨胀现象。水的密度在 4℃附近最大,关于这点我们已在 §7.2 中结合氢键作了详细的说明。在温度改变量 ΔT 不大时,体积的相对增量 $\frac{\Delta V}{V}$ 是和 ΔT 成正比的,即

$$\frac{\Delta V}{V}=\alpha\Delta T, \qquad (8.3.1)$$

α 就是液体的定压膨胀系数,通常称为体胀系数。液体的定压膨胀系数比气体要小,表 8-3和表 8-4 分别给出了某些液体的定压膨胀系数与温度和压强的关系。

表 8-3　液体的定压膨胀系数和温度的关系

物质	CO_2			酒　精			乙　醚		
温度(℃)	−37	−20	1	−90	−50	−10	0	60	100
压强(atm)	42	42	42	1	1	1	1.2	1.2	1.2
$\alpha(K^{-1})$	2.30×10^{-3}	2.44×10^{-3}	2.70×10^{-3}	1.24×10^{-3}	1.31×10^{-3}	1.47×10^{-3}	1.52×10^{-3}	2.14×10^{-3}	2.79×10^{-3}

表 8-4　液体的定压膨胀系数和压强的关系

物　质	甲　醇	乙　醇	二硫化碳
α_1/α_{12000}	4.29	4.50	5.47
$\alpha_{12000}(K^{-1})$	2.89×10^{-4}	2.68×10^{-4}	2.62×10^{-4}

表中 α_1 和 α_{12000} 分别表示在 1 大气压和 12000 大气压下的膨胀系数。

液体的体胀系数可用膨胀计来测定，在图 8-2 中，将待测液体装在一联结毛细管的容器中，保持液体的压强不变，而液体的温度由温度计 T 测定。当温度改变时，液体的体积改变量由毛细管中液面高度的改变量 Δh 测得。设毛细管的截面积为 A，液体原来的体积为 V_0，当温度改变 ΔT 时，体积的改变量 $\Delta V = A\Delta h$，所以膨胀系数为

$$\alpha = \frac{1}{V_0}\left(\frac{\Delta V}{\Delta T}\right)_p = \frac{A}{V_0}\frac{\Delta h}{\Delta T}, \qquad (8.3.2)$$

用这种方法测量液体体胀系数 α 比较简单，但没有考虑容器本身体积随温度的改变。在精确的测量中，应对容器本身体积的变化作出修正。

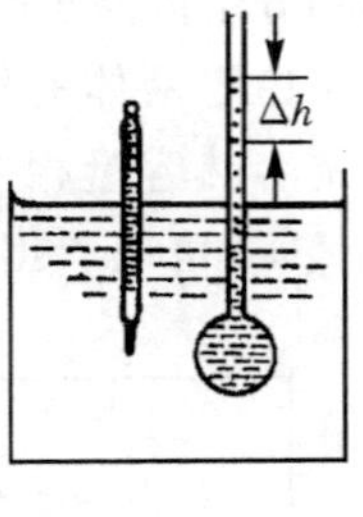

图 8-2
液体体胀系数测定装置

§8.4 液体的输运性质

一、液体中的热传导

液体中热传导的机构和固体相似，也是靠热振动之间的相互联系，将热运动能量逐层传递的。由于液体的导热系数很小，所以由这种机构所传递的热量是很小的。例如，在图 8-3 中，将水倒入试管，并用酒精灯将试管上端加热，以避免发生对流。实验指出，当试管上部的水沸腾时，试管下部的水仍是冷的。如果水温原来是 0℃，用一个砝码把一些冰块坠到管底，则将发现冰块不会融化。这就说明水的导热系数是很小的。因液体的导热系数很小，所以，在需要加速热交换时，总是要利用对流现象。熔融的金属因有电子气导热，所以导热系数很大，而且和导电率是成正比的。表 8-5 列出了几种物质处在液态时导热系数的值。

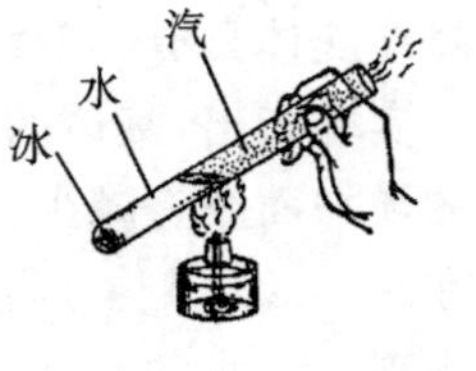

图 8-3
液体的导热系数很小

表 8-5 几种物质在液体时的导热系数

物质	导热系数 κ $(\mathrm{J \cdot m^{-1} \cdot s^{-1} \cdot K^{-1}})$	物质	导热系数 κ $(\mathrm{J \cdot m^{-1} \cdot s^{-1} \cdot K^{-1}})$
水(20℃)	5.97×10^{-1}	氢(16K)	1.09×10^{-1}
乙醇(250℃)	1.80×10^{-1}	氧(80K)	1.63×10^{-1}
甘油	2.85×10^{-1}	水银(0℃)	8.40
铅(350℃)	16.0		

二、液体中的扩散

与气体和固体中发生的扩散过程一样，在液体中，当某种物质在空间上分布不均匀时，由于分子的热运动，该物质也会从密度高的地方向密度低的地方进行扩散。扩散的宏观规律也是相同的，在图 8-4 中，设扩散物质粒子的数密度沿 Oz 轴方向逐步增大，在 $\mathrm{d}t$ 时间内，通过垂直于 z 轴上的截面 $\mathrm{d}S$ 的粒子数为

$$\mathrm{d}N = -D\left(\frac{\mathrm{d}n}{\mathrm{d}z}\right)_{z_0}\mathrm{d}t\mathrm{d}S, \qquad (8.4.1)$$

式中 $\left(\frac{dn}{dz}\right)_{z_0}$ 为液体中在坐标 z_0 处物质的粒子数密度梯度，D 为该物质的扩散系统。

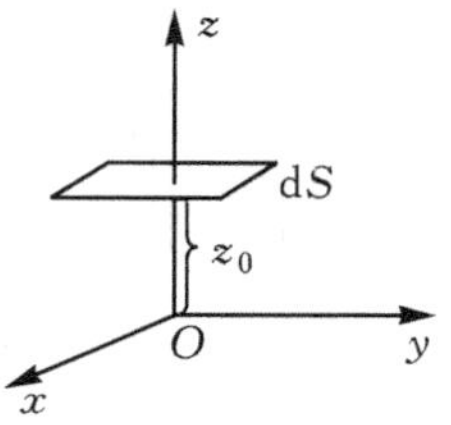

图 8-4
液体中扩散物质粒子数密度沿 z 轴正方向增大

实验结果表明，液体中物质的扩散系数比固体中稍大，而气体中物质的扩散系数要比固体和液体中物质的扩散系数大十万倍，这说明液体分子的热运动情况和固体中粒子的热运动情况相似，扩散的机构也相似。其自扩散系数为

$$D=\frac{1}{6}\frac{\delta^2}{\tau},\tag{8.4.2}$$

式中 τ 为定居时间，δ 为两相邻平衡位置间的平均距离（数量级为液体分子之间的平均距离）。由(8.1.4)式可知，定居时间 τ 和温度 T 之间的关系近似为

$$\tau=\tau_0 e^{\frac{E_a}{kT}},$$

所以，扩散系数

$$D=\frac{1}{6}\frac{\delta^2}{\tau_0}e^{-\frac{E_a}{kT}}=D_0 e^{-\frac{E_a}{kT}},\tag{8.4.3}$$

式中 D_0 是一个和温度关系不大的系数。可见扩散系数随着温度的升高增加得很快，这一点和实验观察结果是完全符合的。由表 8-6 可见，液体的扩散系数很小，扩散过程进行缓慢，因而没有搅动或对流时，液体浓度不容易趋向均匀。当对流不存在时，气体浓度趋于均匀的过程可以在几秒钟或几分钟内完成，而在液体中则可能延长到几天或几个月。

表 8-6　液体中物质的扩散系数

扩散物质	扩散于	温度(℃)	扩散系数 ($m^2 \cdot s^{-1}$)
食 盐	水	10	9.3×10^{-10}
糖	水	18	3.7×10^{-10}
金	铅熔液	490	4.6×10^{-12}

例如，对水来说，水分子在平衡位置的振动周期为 $\tau_0\approx10^{-13}$ s，$E_a\approx1.3\times10^4 \text{J}\cdot\text{mol}^{-1}$，因而，在室温下 $T\approx300\text{K}$ 时，

$$\tau=\tau_0 e^{\frac{E_a}{kT}}\approx10^{-11}\text{s}.$$

这一数字表明，平均说来，水分子在平衡位置振动 100 次以后，即经过 10^{-11} 秒的时间，才从一个平衡位置转向另一个平衡位置。两相邻平衡位置的平均距离为 $\delta\approx3\times10^{-10}$ m。所以，水的自扩散系数为

$$D=\frac{1}{6}\frac{\delta^2}{\tau}\approx1.5\times10^{-9}\text{m}^2\cdot\text{s}^{-1}.$$

三、液体中的粘滞现象

一切实际流体都或多或少地有粘滞性，甘油就是粘滞性比较大的液体。图 8-5 是一玻璃管，管的下部装入白色甘油，上部装有染上颜色的甘油。打开开关 K 让甘油慢慢地流出，过一段时间后，两部分甘油的界面像图上所画的那样，在中央处出现了突出部分。可见沿着管壁甘油附着在上面，流速为零，距管壁越远，流速越大，管的中心流速最大。如果沿着管轴方向作一剖面，则从管壁到管的中心速度分布情况如图 8-6(a)所示。

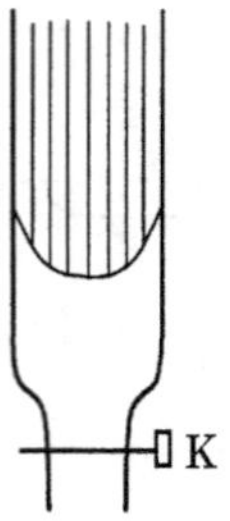

图 8-5　甘油的粘滞性

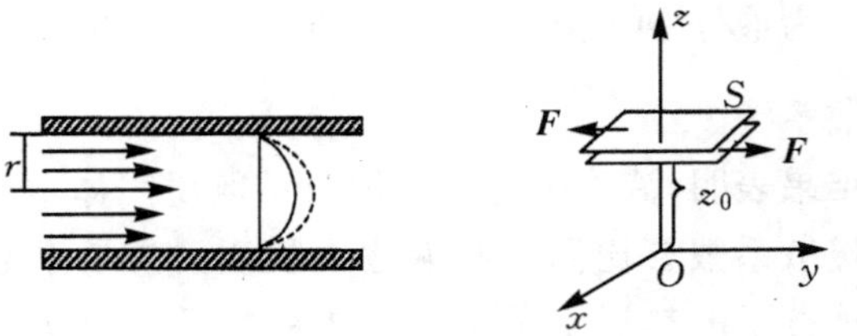

(a)不同流层的流速分布　(b)相邻流层间的相互作用力

图 8-6　流体的内摩擦力

我们可以把管中甘油看成是由一系列圆筒状薄层组成的。由于重力的作用，打开开关 K 时，甘油就有向下流动的趋势。紧靠管壁的第一层附着于管壁之上，流速为零。稍往里的第二层向下流动，但受到最外第一层的内摩擦力作用，即沿着层面下滑时受到来自最外一层的阻力，同时第二层对第一层施以向下的切向力作用。根据牛顿第三定律，这两层之间的相互作用力是大小相等而方向相反的。在第二层与第三层之间也存在着内摩擦力，第三层又受到第二层的阻力，同时第三层也对第二层施以向下的切向力，其他相邻各层之间的情况完全类似。粘滞性较大的流体，在直径不大的管中以较慢的速度流动时，便会出现这种各层流体流动的速度不同的流动状态。

综上所述，可见流体在管中流动时，各层之间沿着层面存在着切向的内摩擦力，这种内摩擦力的出现是由于层与层之间有相对运动的结果。不过应指出的是，流体是连续分布的，上面我们所说的“层”实际上是一假想的层。

在图 8-6(b)中，设流体的速度是沿 Oz 轴方向逐步增大的，在坐标 z_0 处流体的速度梯度为

$$\text{速度梯度} = \lim_{\Delta z\to 0}\left(\frac{\Delta v}{\Delta z}\right)_{z_0} = \left(\frac{\mathrm{d}v}{\mathrm{d}z}\right)_{z_0},$$

速度梯度表示流动的流体由一层过渡到另一层时流动速度变化的快慢程度。由实验可知，相邻两流层之间的内摩擦力 F 与流动层的面积成正比，与速度梯度成正比，即

$$F=\eta\left(\frac{\mathrm{d}v}{\mathrm{d}z}\right)_{z_0}S, \tag{8.4.4}$$

式中比例系数 η 称为流体的粘滞系数，在国际单位制中，它的单位是帕・秒 $(\mathrm{N\cdot m^{-2}\cdot s})$。

液体的粘滞系数与温度有密切的关系，温度越低，其粘滞系数就越大。表8-7给出了水与轻机油的粘滞系数随温度的变化。

表 8-7

<table>
<tr><td rowspan="2">水</td><td>t(℃)</td><td>0</td><td>20</td><td>40</td><td>60</td><td>80</td><td>100</td></tr>
<tr><td>η(帕・秒)</td><td>1.792×10^{-3}</td><td>1.005×10^{-3}</td><td>6.56×10^{-4}</td><td>4.96×10^{-4}</td><td>3.57×10^{-4}</td><td>2.84×10^{-4}</td></tr>
<tr><td rowspan="2">轻机油</td><td colspan="2">t(℃)</td><td colspan="2">15.6</td><td colspan="2">37.8</td><td>100</td></tr>
<tr><td colspan="2">η(帕・秒)</td><td colspan="2">114×10^{-3}</td><td colspan="2">34.2×10^{-3}</td><td>4.9×10^{-3}</td></tr>
</table>

液体粘滞系数的这一特性是由液体分子热运动的特点引起的。如前所述，液体分子的热运动主要是在平衡位置附近作微小的振动，平均来讲，分子每隔一段时间 τ 就变换一次位置。时间 τ 越长，液体的流动性就越小，因而显示出液体的粘滞性就越大。可见液体

的粘滞系数 η 和定居时间 τ 成正比。根据(8.1.4)式可知，定居时间为 $\tau=\tau_0 e^{\frac{E_a}{kT}}$，所以

$$\eta=\eta_0 e^{\frac{E_a}{kT}}, \tag{8.4.5}$$

式中 η_0 是一个和温度关系不大的系数。上式称为费朗克尔—安德逊等式。该式表明，在液体内部两层具有不同流动速度的流体之间的内摩擦力，并不像气体那样主要是由交换粒子的动量引起的，而是两层分子之间存在吸引作用的结果。上式指出，液体的粘滞系数 η 与温度的关系是指数关系，当温度降低时，粘滞系数 η 增大，温度升高时，η 很快减小，这些都与观察的结果相一致。

液体的粘滞系数 η 还常用另一经验公式来表示：

$$\eta=\frac{c}{(a+t)^n}, \tag{8.4.6}$$

式中 t 代表液体的温度，常数 a、c 和 n 对于各种液体有不同的数值，如表 8-8 所示。计算结果和实验数据符合得还算不错。

表 8-8 几种液体的 a、c 和 n 的数值

物 质	c	a	n
水(从 5.74℃～100℃)	5.9849	43.252	1.5423
戊 烷	19.4590	165.950	1.7295
三氯甲烷	20.4244	168.330	1.6196
乙 醇	25.1908×10^7	209.630	4.3731

§8.5 液体的表面张力

一、表面张力

通常所说的液体的表面，是指液体与自己的蒸气或液体与另一种介质(包括盛液体的容器壁)接触的交界面。

很多现象说明，液体的表面有如紧张的弹性薄膜，有收缩的趋势。例如，将钢针放在水面上不会下沉，仅仅将液面压下略见弯形；荷叶上的小水珠和焊接金属时熔化后的小滴焊锡呈现球形。既然液体表面像紧张的弹性薄膜，则表面内一定存在着张力。

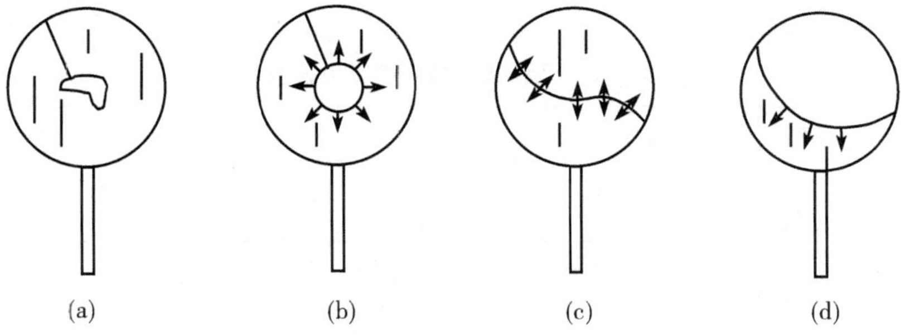

图 8-7 液体的表面张力实验

表面张力的存在很容易由实验证实。在图 8-7(a)中，将一金属丝做成圆框，将一棉纱线打一结后系在框上，再把框浸入肥皂液中后取出，框上形成一层肥皂膜，棉纱线在肥

皂膜中形成一任意的闭合曲线。然后用一包有棉花的针尖刺一下棉线圈中的肥皂膜，膜破裂后，棉纱线在表面张力的作用下立即成图 8-7(b)所示的圆。同样在图 8-7(c)中将一棉纱线系在金属框的两端，然后将其浸入肥皂液中，用同样的方法将棉线一边的肥皂膜刺破，则棉纱线在表面张力的作用下成圆弧状，如图 8-7(d)所示。上述实验说明表面张力的存在，同时指出表面张力垂直于膜的边界线。

表面张力的大小可以用表面张力系数 σ 来描述。设想在液面上作一长为 L 的线段，则表面张力的作用表现在，线段两边液面以一定的拉力 f 相互作用，而且力的方向恒与线段垂直，力的大小与线段长 L 成正比，即

$$f=\sigma L, \tag{8.5.1}$$

比例系数 σ 就是液体的表面张力系数，它表示单位长度直线两旁液面相互作用的拉力，其单位是 N/m。下面我们从外力作功的角度给出表面张力系数 σ 的另一定义。液面因存在表面张力而有收缩的趋势，要加大液体表面，外力就得作功。由(2.2.7)式我们知道，在可逆等温过程中外力所作的功为

$$\mathrm{d}W=\sigma \mathrm{d}A, \tag{8.5.2}$$

由此可见，表面张力系数 σ 等于增加单位表面积时外力所作的功。这就是表面张力系数 σ 的另一定义。另外由(4.4.2)式我们知道，在可逆等温过程中，外力所作的功等于液体表面自由能的增加，即

$$\mathrm{d}F=\sigma \mathrm{d}A. \tag{8.5.3}$$

(8.5.3)式说明，表面张力系数 σ 在数值上等于增加单位面积时所增加的表面自由能，或者说，表面张力系数 σ 就是单位面积的表面自由能，这是表面张力系数的第三个定义。

对(8.5.3)式进行积分，可得

$$F=\sigma A, \tag{8.5.4}$$

在 § 4.1 中已经知道，对于一个等温等容的系统达到平衡的条件是系统的自由能有最小值，由(8.5.4)可见，对于一个表面系统而言，这就意味着此时它的表面积达到最小值。因表面自由能与表面面积成正比，所以不受外力作用的液滴达到平衡时，应取表面积为最小的球体形状。这一论断可用柏拉图实验来验证。在图 8-8 中容器内装的是水和酒精的混合物，调节混合物的密度，使其等于橄榄油的密度，这时混合物中的橄榄油因所受重力与浮力相互抵消，达到平衡，所受合外力为零，橄榄油在水和酒精的混合物中呈球形。

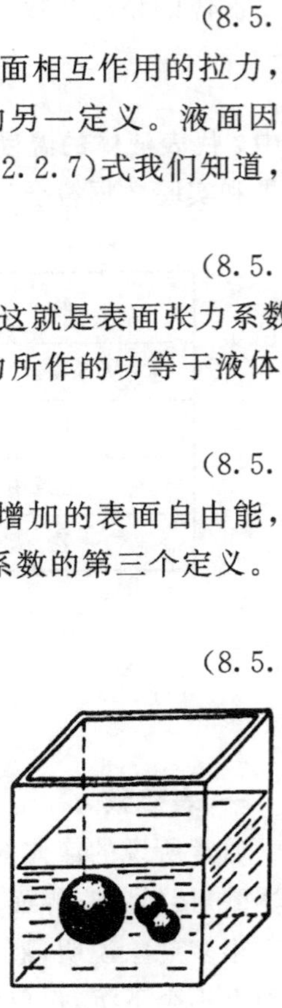

图 8-8 柏拉图实验

表 8-9 几种液体的表面张力系数

物 质	t(℃)	$\sigma(10^{-3}$ N/m)	物 质	t(℃)	$\sigma(10^{-3}$ N/m)
水-空气	18	73	汞-空气	18	490
液体-空气	−190	12	铅-空气	335	473
酒精-空气	18	22.9	铂-空气	2 000	1 819
乙醚-空气	20	16.5	水-苯	20	33.6
苯	18	29	水-乙醚	20	12.2
汞-水	20	472			

各种液体的表面张力系数 σ 的数值很不相同，如表 8-9 所示。从表中可以看出，表面

张力系数首先与液体有关。一般而言，密度小的、容易蒸发的液体的表面张力系数较小，特别是液氢和液氦的表面张力系数很小，而熔化金属的表面张力系数则很大。其次表面张力系数与温度有关，温度升高时，σ 就减小，关于这点在§4.4 中已作了详细的讨论。实验也表明，σ 与温度的关系近似地为一线性关系。再者，σ 的大小还与相邻物质的化学性质有关。例如在 20℃时，水在与苯为界的情形下，水的表面张力系数为 33.6×10^{-3} N/m，在与乙醚为界的情况下，则为 12.2×10^{-3} N/m。最后，表面张力系数还与杂质有关，在液体表面加入杂质能显著地改变液体的表面张力系数，有的杂质能使表面张力系数减小，而有的杂质却能使表面张力系数增大。能使表面张力系数减小的物质称为表面活性物质。肥皂水的表面张力系数(约为 40×10^{-3} N/m)比水的表面张力系数小得多，一般说来，醇、酸、醛、酮等有机物质大都是表面活性物质。在冶金工业上，为了促使液态金属结晶速度加快，就在其中加入表面活性物质。在钢液结晶时，加入少量的硼就是为了这个目的，硼的浓度在 0.1%以下时，能使钢的表面张力系数大大减小，如表 8-10 所示。

表 8-10　钢的表面张力系数和硼的含量的关系

硼的含量(%)	0.00	0.01	0.02	0.06	0.12
σ(N/m)	1380	1280	1240	1180	1200

［例题 1］　水和油的边界的表面张力系数 $\sigma=1.8\times10^{-2}$ N/m，为了使 1.0×10^{-3} kg 质量的油在水内散布成半径 $r=10^{-6}$ m 的小油滴，需要作多少功？散布过程可以认为是等温的，油的密度为

$$\rho = 90\,\text{kg/m}^3.$$

［解］　一个大油滴在等温地散布成大量的小油滴时，外界所作的功等于油滴表面自由能的增加，由(8.5.2)式可得

$$W = \sigma\Delta A,$$

式中 ΔA 是增加的表面积。设 N 是小油滴的数目，R 是大油滴的半径，则

$$\Delta A = 4\pi(Nr^2 - R^2),$$

因油的质量 m 不变，所以

$$m = \frac{4}{3}\pi R^3\rho = N\cdot\frac{4}{3}\pi r^3\rho,$$

由此得到

$$N^{\frac{1}{3}} = \frac{R}{r},$$

因而

$$\Delta A = 4\pi N^{\frac{2}{3}} r^2 (N^{\frac{1}{3}} - 1),$$

小油滴的数目 N 可由下式求得

$$m = N\cdot\frac{4}{3}\pi r^3\rho,$$

其值为

$$N = \frac{3m}{4\pi r^3\rho},$$

因 1 与 $N^{\frac{1}{3}}$ 比较可以忽略，最后求得

$$W = \frac{3m\sigma}{r\rho} = 6.0\times10^{-2}\,\text{J}.$$

功 W 与 r 成反比可以这样理解，即小油滴的数目 $N\propto\frac{1}{r^3}$，小油滴总面积 $A\propto r^2N$，因而 $A\propto\frac{1}{r}$，在小油滴总数 N 很大时，$\Delta A\approx A$，所以外界所作的功 W 就与 r 成正比。

二、表面张力的微观本质

下面我们首先从能量的角度讨论表面张力的微观本质。

从微观的角度看来，液体的表面并不是一个几何面，而是具有一定厚度的薄层，称为表面层。表面层的厚度等于分子引力的有效作用距离 s，其数量级为 10^{-9}m，即两三个分子直径的大小。表面张力就是表面层内分子之间的相互作用而产生的。我们知道分子之间的相互作用力是短程力，一个分子只受到以它为中心，以引力的有效作用距离 s 为半径的球内分子的引力作用，这个球称为分子作用球。在液体内部，由于分子作用球是一个完整球，所以每个分子受到周围其他分子作用力的合力为零，如图 8-9 中的 α 分子所示。但是在表面层内分子的受力就大不一样，图 8-9 中的 O'为表面层中的任一点，对于以 O'为中心，以 s 为半径的球来说，其中所有的分子对 O'点的 γ 分子都有引力作用。但由于球冠部分没有液体分子，因此 O'点的分子所受的合力不为零，该分子受到一个垂直向下，并指向液体内部的合力 f'的作用。O'点越接近表面，该分子所受的合力也越大，表面层中 O 点的 β 分子所受的合力最大。

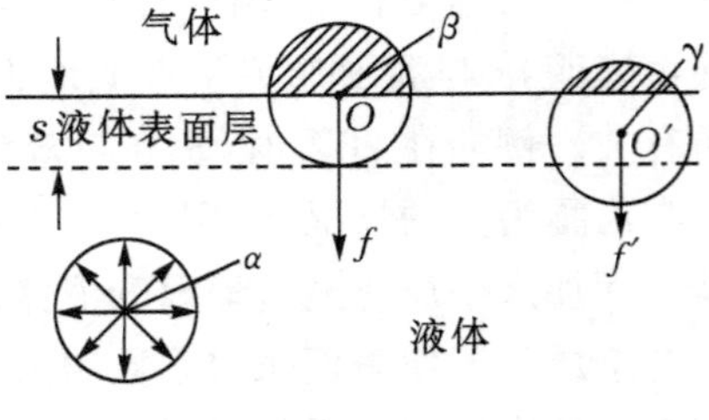

图 8-9

表面层中的分子受到一个垂直向下，并指向液体内部的合力作用

由于合力 f 是一保守力，液体内部的分子要进入表面层就必须克服 f 力的作用，并将自己的部分动能转变为引力势能。显然，在绝热条件下增加液体的表面面积时，由于液体内部一些分子进入表面，并将自己的动能转变成引力势能，引起液体分子的平均动能减少，而使液体的温度降低。但在等温条件下增大液体的表面时，从液体内部进入表面的分子，具有和液体内部分子相同的平均动能，但表面层中的分子比液体内部分子的引力势能要大。如果设液体内部分子的势能为零，则表面层中分子将有一正的引力势能。表面面积越大，表面层中的分子越多，整个表面层的引力势能就越大，反之，则引力势能就越小。即整个表面层的引力势能是与表面面积的大小成正比。从微观上看，前面所说的液体的表面自由能，实际上就是在等温条件下表面层中所有分子引力势能的总和。在平衡时，液体表面的势能总有减小的趋向，因而液体的表面就有收缩的趋势，从而说明液体的表面有表面张力存在。

表面张力还可从分子间相互作用力的角度去理解：既然表面能是在等温条件下表面层中所有分子比液体内部分子多出来的分子间相互作用的引力势能，而表面层中分子的平均动能又和液体内部分子的平均动能相同，可见表面层中分子的总能量，比液体内部分子的总能量要大，因此，根据玻耳兹曼分布律可知，表面层中分子的数密度要比液体内部分子的数密度要小，这就意味着表面层中分子间的平均距离比液体内部分子的平均距离要大。由前面介绍的液体的微观结构知道，液体内部分子排列紧密，每个分子在各自的平衡位置 r_0 附近作热振动。每个邻近分子对它的吸引力与排斥力几乎相等，吸引力略大，正是这种吸引作用，克服了热运动的离散倾向，把液体分子束缚在一起。在表面层中分子间距比液体内部分子的间距要大，即 $r>r_0$，从图 5-8 的分子相互作用曲线可以看出，表面层中相邻分子间吸引力大于排斥力，即表面层中相邻分子间存在着净的切向吸引力，而这正是表面张力的来源。

最后应指出的是，在上述的讨论中，未考虑液面外气体分子对表面张力的影响。显然，在图8-9中，液面外气体分子对液体表面层中O点β分子作用力的合力是垂直向上的，即该力是减小液体内部分子作用在表面层中分子的合力f，使表面层中分子的引力势能减少，从而减小液体的表面张力。事实也确实如此，如果液面外只是它的饱和蒸气，当温度逐步上升到临界点时，饱和蒸气的密度与液体的密度相等（参阅§9.7二、物质的临界态），液面两侧的不对称性消失，表面张力也消失了。

［例题2］　水的表面张力系数$\sigma=7.3\times10^{-2}\,\mathrm{N/m}$，表面层厚度$d=1.0\times10^{-9}\,\mathrm{m}$，用应力（单位面积上的作用力）表示表面张力，计算表面应力的大小。

［解］　在液面上作一长度为L的线段，线段两边液面以一定的拉力f相互作用，

$$f=\sigma L,$$

因为表面层的厚度为d，所以长度为L的表面层的截面积为Ld。表面应力为

$$\frac{f}{Ld}=\frac{\sigma}{d}=7.3\times10^{7}\,\mathrm{N/m^2}.$$

§8.6　弯曲液面内外的压强差

在日常生活中，经常看到液体的表面是弯曲的，例如液滴、水中的气泡、肥皂泡及液体与固体接触处的液面等。在有些情况下，液面是凸液面，如液滴、水银在玻璃上的液面等；有些液面是凹液面，如水中的气泡，玻璃管中的水面等。由于液体表面存在着表面张力，所以液面内外存在着压强差，这压强差称为附加压强。下面就讨论这一问题。

一、球形液面下的附加压强

可以证明，在凸液面的情形下，附加压强是正的，即液面内部的压强大于液面外部的压强（如大气压强），为此，我们来研究半径为R的球形液滴下的附加压强。设液滴外部的大气压为p_0，液面内的压强为p_i，如图8-10所示。设在压强p_i和p_0的作用下，经一可逆的等温过程，液滴的半径由$R\to R+\mathrm{d}R$，体积由$V\to V+\mathrm{d}V$，表面积由$A\to A+\mathrm{d}A$，此时外界对液滴表面作的功为

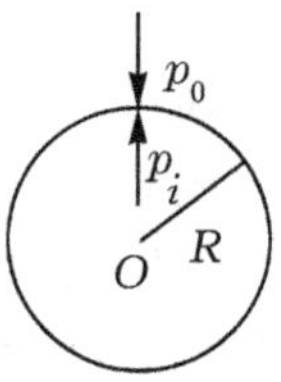

图8-10
球形液面内外压强差

$$\text{đ}W=-(p_0-p_i)\mathrm{d}V=(p_i-p_0)\mathrm{d}V,$$

由(4.1.7)式可知，在上述过程中，外界对液滴所作的功等于液滴表面自由能的增加。即$\mathrm{d}F=\text{đ}W=(p_i-p_0)\mathrm{d}V$。另外，考虑(4.4.2)式，最后可得

$$\sigma\mathrm{d}A=(p_i-p_0)\mathrm{d}V,$$

由此可得

$$\Delta p=(p_i-p_0)=\sigma\frac{\mathrm{d}A}{\mathrm{d}V}.$$

因为$V=\frac{4}{3}\pi R^3$，$A=4\pi R^2$，所以$\mathrm{d}V=4\pi R^2\mathrm{d}R$，$\mathrm{d}A=8\pi R\mathrm{d}R$，代入上式，可得

$$\Delta p=\frac{2\sigma}{R}. \qquad (8.6.1)$$

由上式可知，对于弯曲的球形液面，液面内外相邻两点处的压强差，与此球面半径成反比，与液体的表面张力系数成正比。对于凸液面$\Delta p>0$，即液体内部的压强大于液面外部的压强。对于凹液面，则同理可得

$$\Delta p=-\frac{2\sigma}{R}, \qquad (8.6.2)$$

即凹液面内的压强小于外部的压强。由(8.6.1)及(8.6.2)式可见,液体的表面张力系数σ越大,球面半径越小,附加压强越大。

对于一个球形液膜(如肥皂泡)来说,液膜具有内外两个表面,因液膜很薄,内外表面的半径可看作相等,所以球形液膜内C点和液膜外A点(图8-11)的压强差可以计算如下:

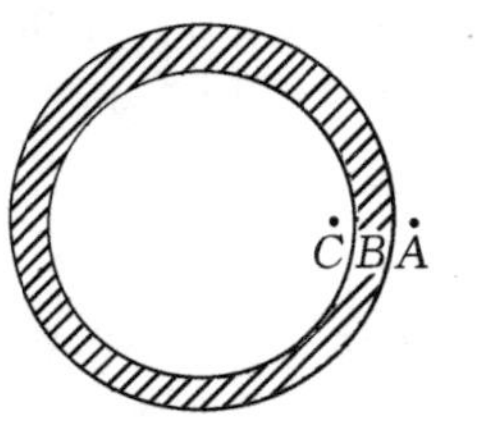

图8-11 肥皂泡球形膜示意图

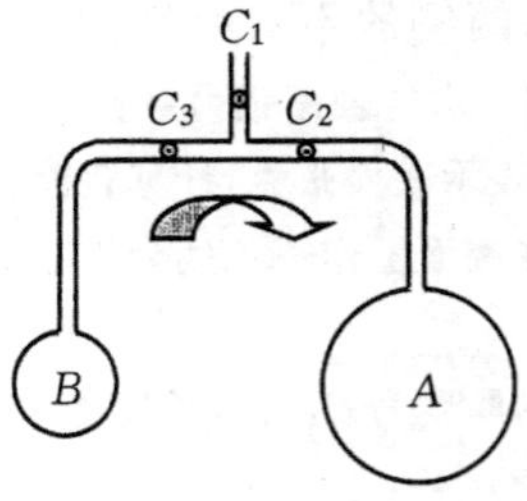

图8-12 小泡内的气压比大泡内的气压大

在液膜中取一点B,A、B、C三点的压强分别用p_A、p_B、p_C表示。液膜外表面是一个凸液面,所以

$$p_B - p_A = \frac{2\sigma}{R},$$

液膜的内表面是一个凹液面,凹液面的附加压强是负的,因而有

$$p_B - p_C = -\frac{2\sigma}{R},$$

从以上两式中消去p_B,最后得到

$$p_C - p_A = \frac{4\sigma}{R}. \tag{8.6.3}$$

可通过下述实验,验证上述结论。图8-12所示为一连通管,装有开关C_1、C_2和C_3。首先关闭C_3,打开C_1、C_2,在A端吹出一个大肥皂泡,然后关闭C_2,打开C_1、C_3,在B端吹出一个小肥皂泡。最后关闭C_1,打开C_2、C_3。这时,我们会看到一个有趣的现象,小肥皂泡不断缩小,大肥皂泡不断增大,这是由于小肥皂泡中空气的压强比大肥皂泡中空气的压强大,因而空气不断地从小肥皂泡流入大肥皂泡,而这正是(8.6.3)式的结论。这一结论在吹制玻璃器件时要用到,开始吹时,压强要比较大,吹大后要减少压强。

[例题] 将压强为$p_0=1.0\text{atm}$的空气等温地压缩进肥皂泡内,最后吹成半径为$r=2.5\text{cm}$的肥皂泡。设肥皂泡的胀大过程是等温的,求吹成这肥皂泡所需的总功。肥皂水的表面张力系数$\sigma=4.5\times10^{-2}\text{N/m}$。

[解] 设p表示肥皂泡内空气的压强,p_0表示泡外的大气压强,σ表示表面张力系数,根据(8.6.3)式有

$$p = p_0 + \frac{4\sigma}{r},$$

设上述等温过程为一可逆的等温过程,根据(4.1.7)式可知,在上述过程中,外界所作的功,等于系统自由能的增加,即

$$W = \Delta F_1 + \Delta F_2,$$

式中ΔF_1为肥皂泡膜等温胀大时自由能的增加,ΔF_2为肥皂泡内气体在等温压缩过程中自由能的增加。由(4.4.2)式可得

$$\Delta F_1 = \sigma\Delta A = \sigma\cdot 2\cdot 4\pi r^2 = 8\pi r^2\sigma,$$

要注意的是,上式中ΔA为肥皂泡内外表面面积的增加量。另外

$$\Delta F_2 = \Delta(U - TS) = \Delta U - T\Delta S = -T\Delta S,$$

此处把空气看成是理想气体，其内能仅是温度的函数，故在等温过程中 $\Delta U=0$，而理想气体熵的增量为

$$\Delta S = nR\ln\frac{p_0}{p} = -nR\ln\frac{p}{p_0} = -nR\ln\left(1+\frac{4\sigma}{p_0 r}\right) \approx -nR\left(\frac{4\sigma}{p_0 r}\right),$$

上述近似中，考虑 $1 \gg \frac{4\sigma}{p_0 r}$。代入上式后，可得

$$\Delta F_2 = nRT\left(\frac{4\sigma}{p_0 r}\right) = pV\left(\frac{4\sigma}{p_0 r}\right)$$

$$= p_0\left(1+\frac{4\sigma}{p_0 r}\right)\cdot\frac{4}{3}\pi r^3\left(\frac{4\sigma}{p_0 r}\right) \approx \frac{2}{3}\cdot 8\pi r^2\sigma = \frac{2}{3}\Delta F_1,$$

因此，吹成此气泡所需的总功为

$$W = \Delta F_1 + \Delta F_2 \approx \Delta F_1 + \frac{2}{3}\Delta F_1 = \left(1+\frac{2}{3}\right)\Delta F_1 = 8\pi r^2\sigma\left(1+\frac{2}{3}\right)$$

$$= \frac{40}{3}\pi r^2\sigma = 1.2\times 10^{-3}\,\mathrm{J}.$$

二、任意弯曲液面内外的压强差

现在我们来研究任意弯曲面下的附加压强。图 8-13 中的 O 点是曲面上的任意一点，过 O 点作曲面的法线 ON，包含 ON 的平面 P_1 在曲面上截出的曲线 A_1B_1 称为正截口。对任意的球面来说，正截口都是一个大圆，半径即为球的半径。对任意曲面来说，通过同一点 O 的各个不同的正截口，是不同的几何曲线，因而也有不同的曲率半径。图中画出由平面 P_2 截出的另一个正截口 A_2B_2，平面 P_2 与平面 P_1 垂直，正截口 A_2B_2 的曲率半径 R_2，一般说来，与正截口 A_1B_1 的曲率半径 R_1 不同。微分几何中证明，任意一对相互垂直的正截口的曲率之和 $C=\frac{1}{R_1}+\frac{1}{R_2}$ 都是相同的，量 C 称为曲面在 O 点的平均曲率，曲率中心在液面内时 R_1 和 R_2 取正值，在液面外时则取负值。

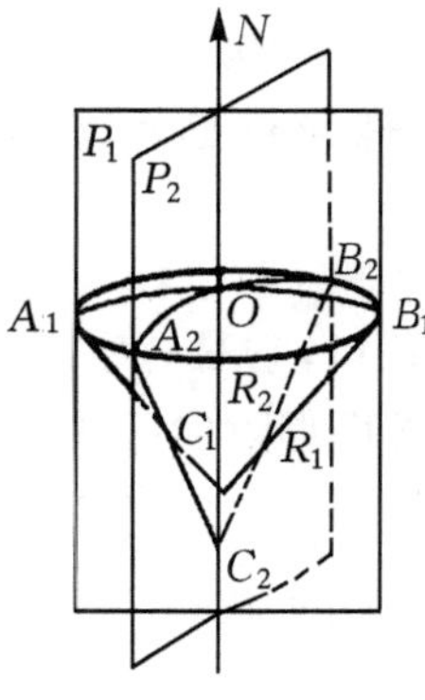

图 8-13 两个正截口曲率半径示意图

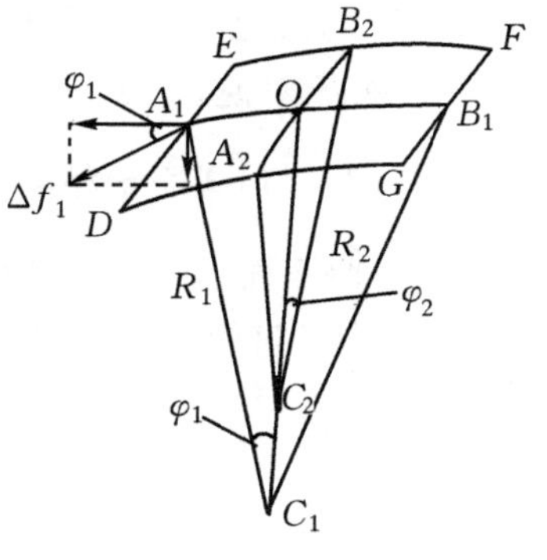

图 8-14 任意弯曲液面所受表面张力

在任意弯曲的液面上取一点 O，通过这一点作两个互相垂直的正截口 A_1B_1 和 A_2B_2，曲率半径各为 R_1 和 R_2，并在 O 点附近的曲面上，作一微小的曲线四边形 $DEFG$（图 8-14）。以 Δl_1 表示 $\overset{\frown}{A_1B_1}=\overset{\frown}{DG}=\overset{\frown}{EF}$ 之长，以 Δl_2 表示 $\overset{\frown}{A_2B_2}=\overset{\frown}{DE}=\overset{\frown}{GF}$ 之长，则曲线四边形的面积 ΔA 近似地等于 $\Delta L_1\cdot\Delta L_2$。

下面讨论弯曲液面的受力情况。在图 8-14 中，弯曲液面的这一部分受的力有三种：通过边线 DE、EF、DG 和 GF 作用在小液块上的表面张力；由附加压强 Δp 所引起的垂直于底面的力 $\Delta p\Delta A$，ΔA 为底面的面积；其次是重力，由于重力比其他两种力小得多，可以忽略不计。根据小液块平衡时各力的合力为零这一条件，就可以求出附加压强 Δp。

通过边线 $\overset{\frown}{DE}$ 作用在小液块上的表面张力为 $\Delta f_1=\sigma\Delta l_2$，可以分成平行于 OC_1 的分力

$\Delta f'_1$ 和垂直于 OC_1 的分力 $\Delta f''_1$. 由图 8-15 可知

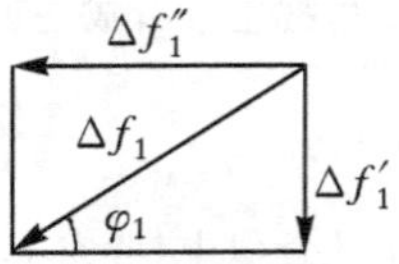

图 8-15
表面张力的分解

$$\Delta f'_1 = \Delta f_1 \sin\varphi_1 \approx \Delta f_1 \cdot \varphi_1 = \sigma \Delta l_2 \frac{OA_1}{OC_1}$$

$$= \frac{\sigma}{2R_1}\Delta l_1 \Delta l_2 = \frac{\sigma}{2R_1}\Delta A,$$

通过边线$\overset{\frown}{FG}$作用在小液块上的表面张力 Δf_2，也可以分成与 OC_1 平行的分力 $\Delta f'_2$ 和垂直于 OC_1 的分力 $\Delta f''_2$。$\Delta f'_2$ 与 $\Delta f'_1$ 的大小和方向都相同，$\Delta f''_2$ 与 $\Delta f''_1$ 的大小相同，方向相反，因而互相抵消。由此可见，通过边线$\overset{\frown}{DE}$和$\overset{\frown}{FG}$作用在小液块上的表面张力的合力，方向和 OC_1 平行，大小等于

$$\Delta f'_1 + \Delta f'_2 = \frac{\sigma}{R_1}\Delta A.$$

同理，可以证明通过边线$\overset{\frown}{DG}$和$\overset{\frown}{EF}$作用于小液块上的表面张力的合力，方向也和 OC_1 平行，大小则等于$\frac{\sigma}{R_2}\Delta A$。因此，作用在小液块上的表面张力的合力为

$$\frac{\sigma}{R_1}\Delta A + \frac{\sigma}{R_2}\Delta A = \sigma \Delta A\left(\frac{1}{R_1} + \frac{1}{R_2}\right),$$

该力应与附加压强所产生的力 $\Delta p \Delta A$ 相平衡，即

$$\Delta p \Delta A = \sigma \Delta A\left(\frac{1}{R_1} + \frac{1}{R_2}\right),$$

因而

$$\Delta p = \sigma\left(\frac{1}{R_1} + \frac{1}{R_2}\right). \tag{8.6.4}$$

(8.6.4)称为拉普拉斯公式，它可以确定任意弯曲液面下的附加压强，应注意当 R_1 或 R_2 在液体内时取正值，反之取负值。下面根据(8.6.4)式讨论几个特例：

1. 对球形液面来说，$R_1 = R_2 = R$，由(8.6.4)式可得球形液面附加压强的公式：$\Delta p = \frac{2\sigma}{R}$，此式与(8.6.1)式完全相同。

2. 对柱形弯曲液面，如图 8-16 所示，过 O 点作一个正截口，它是一半径为 $R_1 = R$ 的圆弧。另一截口为一直线，其曲率半径 $R_2 = \infty$，由(8.6.4)式可得附加压强为

$$\Delta p = \frac{\sigma}{R}. \tag{8.6.5}$$

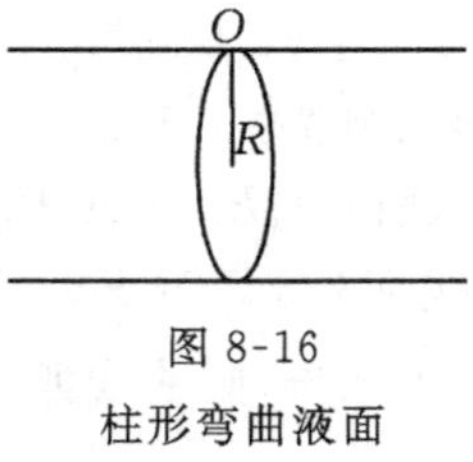

图 8-16
柱形弯曲液面

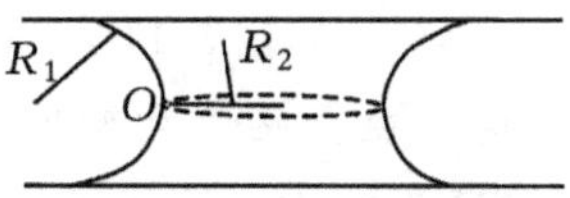

图 8-17
水滴在二玻璃板间形成的马鞍形弯曲液面

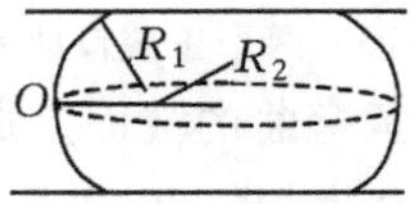

图 8-18
玻璃板间水银液滴形成的弯曲液面

3. 在两玻璃板中的水滴形成的液面，如图 8-17 所示。这是一个马鞍型，过 O 点的两个正截口也近似为圆，$R_1 < 0$，$R_2 > 0$.

4. 两玻璃板之间的水银曲面，如图 8-18 所示。水银是上、下两面为平面的一个扁球，过 O 点的两个正截口，可近似看作圆，其半径分别为 $R_1 > 0$，$R_2 > 0$.

§8.7 液体与固体接触处的表面现象

在玻璃板上放一小滴水银，它总是近似呈球形，能在玻璃上滚动而不附着在上面，这时我们说水银不润湿玻璃。在无油脂的玻璃板上放一滴水，水不仅不收缩成球形，而且要沿着玻璃面向外扩展，附着在玻璃上，形成薄层，这时我们说水润湿玻璃。润湿和不润湿现象就是液体和固体接触处的表面现象。润湿和不润湿决定于液体和固体的性质。同一种液体，能润湿某些固体的表面，但不能润湿另一些固体的表面。例如，水能润湿玻璃，但不能润湿石蜡；水银不能润湿玻璃，却能润湿干净的锌板、铜板、铁板。

润湿和不润湿是由固、液分子间的相互吸引力（称为附着力）大于或小于液、液分子间相互吸引力（称为内聚力）这种因素决定的。设固体分子与液体分子间引力的有效作用距离为 l，液体分子间引力的有效作用距离为 d，则在液体和固体接触处有一层液体，其厚度为 d 和 l 中的大者，称为附着层，和表面层分子一样，附着层中的分子也处于特殊的状态。只有在附着层内各处，液体分子才受到接触面的影响。

我们先简单地从能量的观点说明润湿和不润湿现象。考虑附着层中任一分子 A 的受力情况。在内聚力大于附着力的情况下（图 8-19(a)），A 分子受到的合力 f 垂直于附着层指向液体内部。这时，要将一个分子从液体内部移到附着层，必须反抗合力 f 作功，结果使附着层中分子的引力势能增大。因为势能总有减小的倾向，因此附着层就有缩小

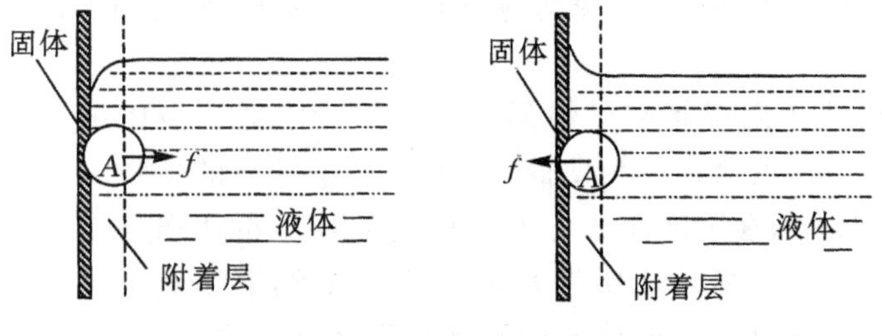

(a)附着层液面收缩 (b)附着层液面延展

图 8-19 液体与固体接触处的表面现象

的趋势，从而使液体不能润湿固体。反之，在附着力大于内聚力的情况下（图 8-19(b)），A 分子所受的合力垂直于附着层，但指向固体。这时，分子在附着层内比在液体内部具有较小的引力势能，液体分子要尽量挤入附着层，结果使附着层扩展，从而使液体润湿固体。在液体与固体接触处，作液体表面的切线与固体表面的切线，这两切线在液体内部所成的角度 θ（图 8-20）称为接触角，θ 为锐角时（如图 8-20(a)、(b)所示），液体润湿固体，$\theta=0$ 时，液体将展延在全部固体表面上，这时液体完全润湿固体；θ 为钝角时（如图 8-20(c)、(d)所示），液体不润湿固体；$\theta=\pi$ 时，液体完全不润湿固体。

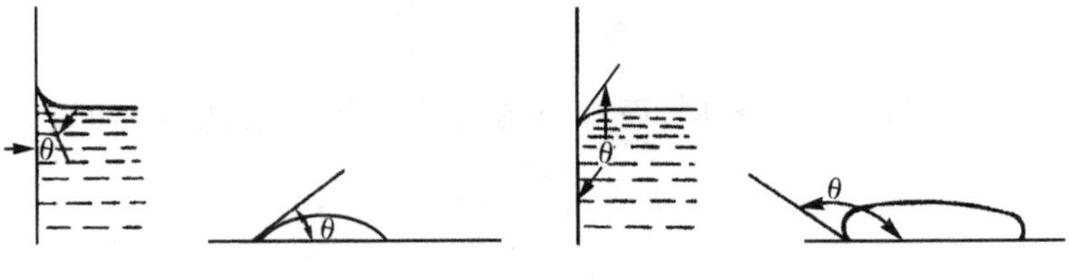

(a)润湿 (b)润湿 (c)不润湿 (d)不润湿

图 8-20 液体对固体表面润湿、不润湿与接触角的关系

润湿和不润湿现象在工业上有很重要的应用。例如，在浮选矿石时，把矿物细末与一定的液体混成泥浆，然后加入一定量的酸使之与砂石反应生成气泡，矿粒与气泡相接触时，由于矿粒与液体不润湿，矿粒就粘附在气泡上而被气泡带到表面上，砂石因与液体润湿仍留在槽底，就这样将矿粒与砂石分离开来。在制备金属陶瓷时，液体金属是否能将陶瓷颗粒粘结起来，以及金属陶瓷在烧结后的组织结构及性能，都在很大程度上取决于液体金属与陶瓷颗粒间的润湿程度，在 $\theta<\frac{\pi}{2}$，液体金属才有可能流到陶瓷颗粒间并将它们粘结起来。接触角越小，粘结情况越好。在焊接金属时，也只有在焊锡能很好润湿金属的情况下才能焊牢。如果金属表面存在氧化物时，焊锡就不能很好地润湿金属，因此也就焊不牢，这时首先必须用焊液把金属表面的氧化物等清除掉。在材料上油漆或涂料时，也有一个润湿问题，如不能润湿，当然就油漆不成。

§8.8 毛细现象

将极细的玻璃管插入水中时，可以看到，管子里的水面会升高，而且管的内径越小，水面升得越高。如果将这些玻璃管插入水银中，情形正好相反，管子里的水银面会降低，而且管的内径越小，水银面降得越低。这种润湿管壁的液体在细管里升高，而不润湿管壁的液体在细管里降低的现象，称为毛细现象。能够发生毛细现象的管子叫做毛细管，如纸张、灯芯、纱布、土壤以及植物的根、茎等等都是。这种重要现象是由表面张力和接触角所决定的。

我们先来研究液体润湿管壁的情形。当毛细管刚插入液体中时，由于接触角为锐角，液面就变为凹面，使液面下方 B 点的压强比液面上方的大气压小，而在平液面处与 B 点同高的 C 点的压强仍与液面上方的大气压相等。根据流体静力学的基本原理，液体静止时同高两点的压强应相等，因此，液体不能平衡而要在管子中上升，一直升到 B 点和 C 点的压强相等为止，如图 8-21 所示。

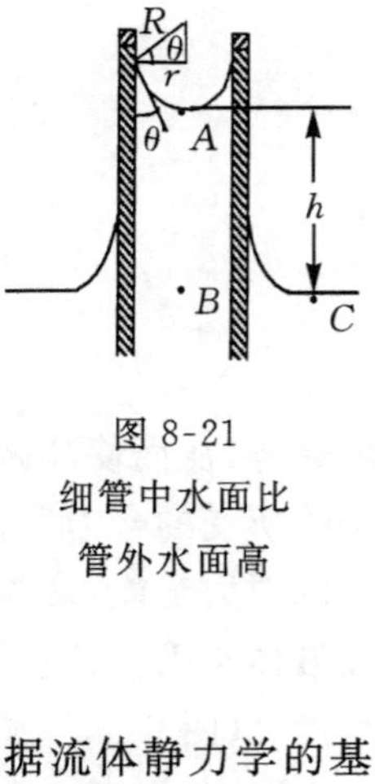

图 8-21
细管中水面比
管外水面高

设毛细管截面为圆形，即凹面可以近似地看作半径为 R 的球面，根据(8.6.2)式可知，A 点的压强比大气压强 p_0 小一量 $\frac{2\sigma}{R}$，即

$$p_A = p_0 - \frac{2\sigma}{R},$$

式中 σ 是液体的表面张力系数。因 B 点与 A 点的高度差为 h，所以根据流体静力学的基本原理，B 点的压强为

$$p_B = p_A + \rho g h = p_0 - \frac{2\sigma}{R} + \rho g h,$$

B 点与 C 点高度相同，压强也应相同，而 C 点的压强即为大气压强 p_0，所以

$$p_B = p_0 - \frac{2\sigma}{R} + \rho g h = p_0,$$

因而

$$\frac{2\sigma}{R} = \rho g h,$$

由图 8-21 可知，

$$R=\frac{r}{\cos\theta},$$

式中 r 为毛细管的半径，θ 为接触角。将上式代入前式后可得

$$h=\frac{2\sigma\cos\theta}{\rho g r}. \tag{8.8.1}$$

这说明毛细管中液面的上升高度与表面张力系数成正比，与毛细管的半径成反比。因而，管子越细，液面上升就越高，这关系可以用来准确测定液体的表面张力系数。

在液体不润湿管壁的情形下，管中液面为凸面，附加压强是正的，因此液面要下降一段距离 h，直到同高的两点 A 与 B 压强相等为止，如图 8-22 所示。用同样的方法可以证明，这时(8.8.1)式仍适用。此时由于接触角 θ 是钝角，因此由(8.8.1)式得出的 h 是负的，而负号就表示这时管中液体不是上升，而是下降。

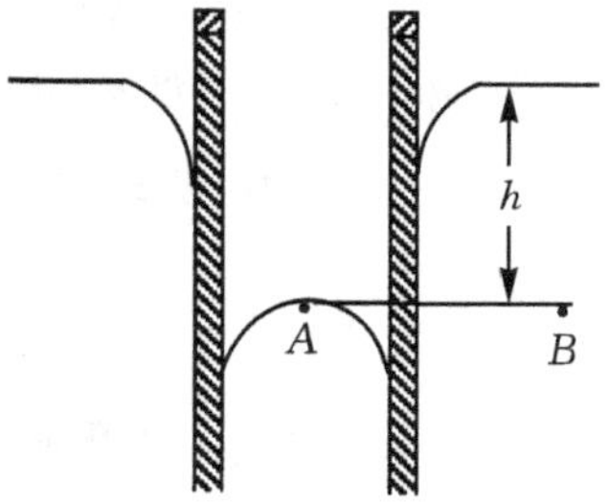

图 8-22

细管中水银面比管外水银面低

同样，毛细现象在工农业生产及科学技术中也有着重要的应用。我们知道，石油和地下水、天然气一起储存在地层的多孔砂岩中。这些多孔砂岩的孔道都是极细小的毛细管，在这些毛细管中，石油与水在天然气的接触处形成弯曲液面。这些弯曲液面所产生的附加压强阻碍石油在地层中的流动，降低石油流动的速度，使产量降低，严重的情况甚至使油井报废。因此在石油开采工业中，控制和克服毛细管压力是一个重要问题。现在人们正在试用各种方法，按表面张力随温度升高而减小的原理，将加入表面活性物质的热水或热泥浆打入岩层，使石油的表面张力变小，从而减小由弯曲液面而产生的附加压强，使石油易于流动。有时还同时加入稀盐酸，一方面降低表面张力，另一方面又可以腐蚀砂岩石的毛细管使其变大，油就容易流出，有时这种石油竟占全部储量的 50%以上，加入表面活性物质，降低油与岩石的润湿程度后就可大大提高石油的开采量。

保持土壤中的水分是农业增产的一个极重要的问题。土壤中的水分根据储存情况的不同，分为重水、吸附水和毛细水三种。重水在土壤中不能长久保持，很快就会渗到地层深处，被吸附在土壤颗粒上的吸附水，不能被植物吸收，所以这两种水对植物的生长来说效用较低。毛细水不仅能被植物吸收，而且能很好保存，所以毛细水是植物吸收水分的主要来源。对于一般植物(水稻、茭白之类除外)，土壤的含水量为 60%左右最为适合。过多则毛细管全部为水分充满，空气不能流通，过少则植物得不到充足的水分，这对植物的生长都不利。灌溉时必须适度的原因就在于此。有的土壤毛细管结构不好，植物不能很好生长。增加腐殖质不仅增加肥料，还可以改变土壤的毛细结构，增加毛细水的储量。旱天播种后常常把地面压紧，这样可以使土壤颗粒构成很好的毛细管，水分沿管上升到地面，浸润种子使其发芽。而冬耕的主要目的之一就是破坏土壤的毛细管，使水分不易上升至地面蒸发掉。

毛细现象在生理学中有很大作用，因为植物和动物的大部分组织，都是以各种各样的管道连通起来的。

[例题 1] 如图 8-23 所示，两铅垂玻璃平板部分浸入水中，设其间距为 $d=0.50$ mm，问两板间水上升高度 h 为多少？水的表面张力系数 $\sigma=7.3\times10^{-2}$ N/m，接触角 θ 可视为零。

[解] 两玻璃平板间水面是柱面，考虑到接触角 θ 等于零，两相互垂直的正截口的曲率半径分别为

$$R_1=\frac{d}{2},\quad R_2=\infty,$$

根据拉普拉斯公式，附加压强为

$$\Delta p=\sigma\left(\frac{1}{R_1}+\frac{1}{R_2}\right)=\frac{2\sigma}{d},$$

因而，根据流体静力学的基本原理及(8.8.1)式可得，水上升高度为

$$h=\frac{\Delta p}{\rho g}=\frac{2\sigma}{\rho g d}=3.0\times10^{-2}\,\mathrm{m}.$$

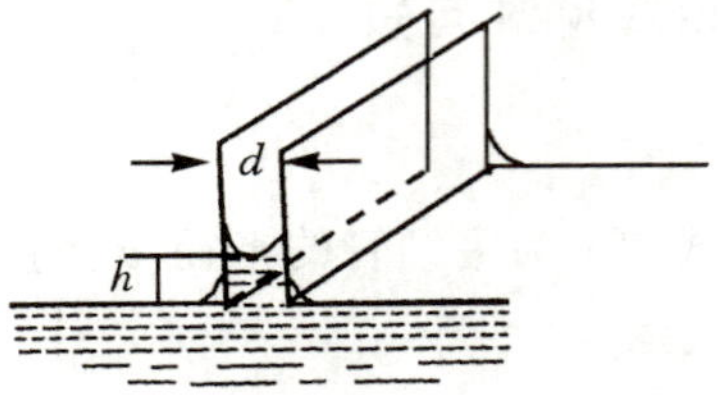

图 8-23

［**例题 2**］　在图 8-24 中，将一内半径 $r=0.30\mathrm{mm}$ 的毛细管中注水，一部分水在管的下端形成一水滴，其形状可以认为是半径为 $R=3\mathrm{mm}$ 的球的一部分，求管中水柱的长度 h。水的表面张力系数 $\sigma=7.3\times10^{-2}\,\mathrm{N/m}$.

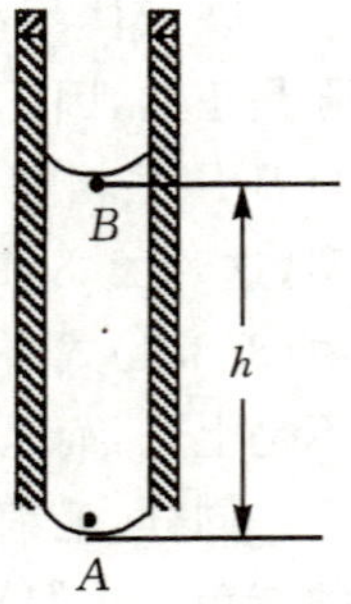

图 8-24

［**解**］　A 点的压强 p_A 等于大气压强 p_0 与附加压强 $\frac{2\sigma}{R}$ 两者之和，即

$$p_A=p_0+\frac{2\sigma}{R},$$

B 点的压强 p_B 等于 p_0 与附加压强 $\frac{2\sigma}{R}$ 之差，即

$$p_B=p_0-\frac{2\sigma}{r},$$

根据流体静力学的基本原理

$$p_A-p_B=\rho g h,$$

因而

$$h=\frac{p_A-p_B}{\rho g}=\frac{\frac{2\sigma}{R}+\frac{2\sigma}{r}}{\rho g}=\frac{2\sigma}{\rho g}\left(\frac{1}{R}+\frac{1}{r}\right)=5.5\times10^{-3}\,\mathrm{m}.$$

*§8.9　液晶简介

液晶材料的发现至今已有一百多年的历史。早在 1883 年奥地利植物学家莱尼茨尔(Reinitzer F)将胆甾醇苯甲酸酯结晶体进行加热实验时发现，在 145.5℃时，晶体熔解成混浊粘稠的液体，继续加热到 178.5℃时变成透明液体。这说明胆甾醇苯甲酸酯结晶体有两个熔点。他还发现，当胆甾醇苯甲酸酯熔液逐步冷却至凝固点之前，出现许多独特的鲜艳色彩：开始为艳绿色、然后依次出现深绿色、深藏青色、黄绿色、黄色、橙红色，最后为鲜红色，凝固后变为无色的结晶体。加热时出现相反的过程。后来其他学者在研究胆甾酯化合物时，也发现了类似的干涉现象。1889 年，多年从事结晶物理研究的德国著名物理学家莱曼(Lehemann Q)得到莱尼茨尔送给他的样品及实验情况后，他着手研究这种奇妙物质。他用偏光显微镜对胆甾醇苯甲酸酯在 145.5℃～178.5℃之间的粘稠液体进行观察，发现它具有双折射现象，即这种液体具有光学上的各向异性。莱曼把这种具有光学各向异性、力学流动性的液体称为液晶。目前已知约有三千余种有机化合物具有上述液晶的特征。

液晶的力学性质像是液体，它具有液体的流动性，液晶的光学性质像是晶体，它具有晶体的有序性。经 X 射线衍射实验和光学观察，现在已经知道，液晶并不存在像晶体那样的空间晶格，而是介于完全规则状态(晶体)与不规则状态(液体)之间的一种中间态的物质，称为液晶态。从分子结构来看，液晶分子的排列与方向有关。对于某一方向，液晶

分子的排列比较整齐，具有远程有序特点，显示出类似晶体的性质；但从另一方向来看，分子是杂乱排列的，只有近程有序特点，与液体相类似。

液晶只能存在于一定的温度范围内，这个温度范围的下限 T_1 称为熔点，其上限 T_2 称为清亮点。温度 $T<T_1$ 时为普通的晶体，温度 $T>T_2$ 时为各向同性的液体。只在这个温度范围内，物质才处于液晶态，才具有这种种奇特的性质和许多特殊的用途。

一、热变型液晶简介

液晶有热变型液晶与溶变型液晶两大类，我们重点介绍热变型液晶。所谓热变型液晶，是指将一些有机化合物晶体通过加热熔解而生成的液晶，通过前面的讨论我们知道，这类液晶只在一定的温度范围内，物质才处于液晶态。所谓溶变型液晶，是指在一定的浓度和温度范围内，通过极性物质（如正羧酸的碱金属盐）和特定溶剂（如水、酒精和氯仿等）的分子之间的相互作用而产生的液晶，在这里我们只介绍热变性液晶。该液晶按其结构可分成下列三种：

1. 向列型液晶

向列型液晶如图 8-25 所示，分子呈棒状，分子的质心没有长程的有序性，分子排列方式很像一把筷子，分子沿上下方向排列比较整齐，但沿前后左右方向排列可以变动，并不规则。具有不易变形的棒状分子这种形状的化合物都能形成向列型液晶。向列型液晶材料一般是人工合成的有机物质，目前常用的一类叫做甲亚胺族的化合物。

2. 胆甾型液晶

胆甾型液晶如图 8-26 所示，它包含有许多层分子，每一层分子的排列方向相同，但相邻两层分子排列方向稍有旋转，夹角约为 15 分，这样层层地叠起来形成螺旋结构。当分子的排列旋转了 360°而又回到原来方向时，在这种分子排列完全相同的两层间的距离称为胆甾型液晶的螺距。胆甾型液晶一般是用胆固醇做主要原料，再与某些有机酸（例如壬酸、油酸、苯甲酸等）反应所生成的脂类化合物。

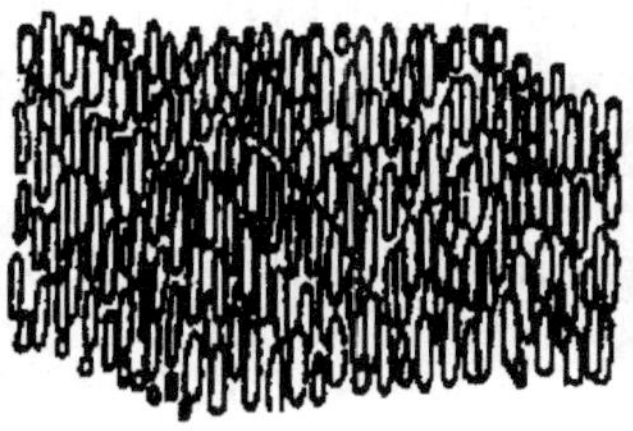

图 8-25　向列型液晶

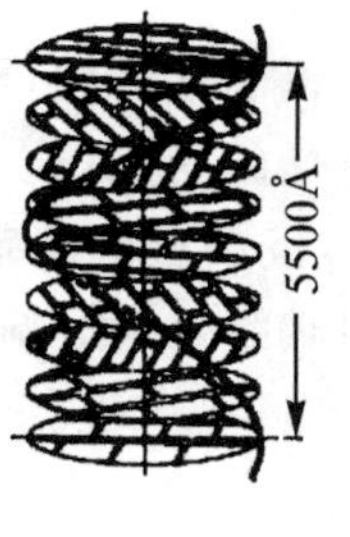

图 8-26　胆甾型液晶

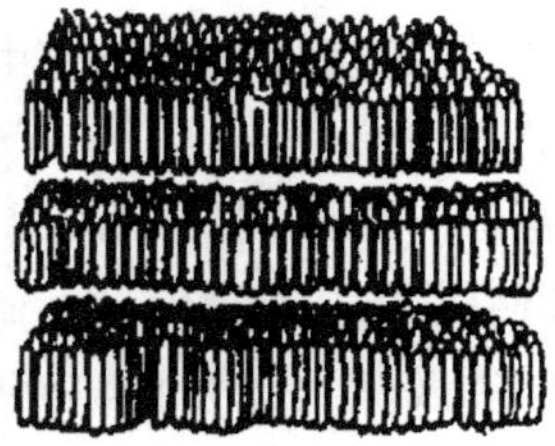

图 8-27　近晶型液晶

3. 近晶型液晶

近晶型液晶如图 8-27 所示，分子呈棒状，排列成层，各层之间的距离可以变动，但分子不会来往于层间，只能在本层中活动。这类液晶在排列的有序程度上和晶体相近，故称为近晶型。

二、液晶的宏观特性及其应用

液晶具有许多独特的性质，它对外界的许多因素，如热、电磁、声、应力、气氛、辐射等的微小变化都很敏感，很小的外界能量就能使它的结构发生变化，从而使它的功能发生改变。液晶的这些宏观特性可归纳如下：

1. 双折射

所有的液晶均由平行排列的棒状分子所构成，在分子长轴方向上与垂直方向上物理性质不同，因此呈现双折射这种光学各向异性现象。

2. 电光效应

液晶分子都是一些棒状极性分子，即分子具有一定的固有电偶极矩。在电场作用下，由于分子的电偶极矩要按电场方向重新取向，分子原有的排列方式受到破坏，必然要引起它的光学性质发生变化，这称为液晶的光学效应。如在两块镀有透明的导电电极的玻璃间夹有一薄层向列型液晶(厚度在10微米左右)，当电极间未加电压时，液晶的分子呈平行排列，液晶盒是透明的，如当外加电压超过某一值时(约几十伏)，液晶中产生了湍流，液晶盒就变成混浊的了，就像磨砂玻璃一般，去掉外电压，盒子又立刻恢复透明，这种现象称为动态散射。利用这一效应可以制作各种显示器件，如仪器上数码文字和图像的显示，电控亮度玻璃窗等等。

3. 旋光性

当日光照射到胆甾型液晶的表面时不但被分解为两束偏振光，而且透过液晶的偏振光，其线偏振方向也被强烈地旋转了，这种现象称为旋光性。胆甾型液晶的旋光性来自于它的螺旋状结构，当偏振光沿着垂直于图8-26的层平面方向照射时，偏振光将被旋转而产生强烈的旋光性。每毫米的石英晶体切片可使偏振光旋转约39度，而1毫米胆甾型液晶切片可使偏振光旋转100度～1000度，这说明此类液晶旋光性很强。

4. 彩色效应

胆甾型液晶的螺距对温度非常敏感，当螺距与光的波长一致时，就产生了强烈的选择反射，在日光下使用时，随着温度的升高，色彩按红、橙、黄、绿、蓝、紫的顺序变化，温度下降时，又按相反的顺序变色。灵敏度高的胆甾型液晶，在不到一度的温度范围内就可显示整个色谱。利用这种效应，可以探测微电子学中的热点(短路处)，检查制冷机的漏热以及检查疾病，探查肿瘤(如癌可以热点形式探查出来，动脉梗塞可以冷点形式检查出来)，探查金属材料和零件的缺陷等等。

另外，胆甾型液晶螺距对电压的变化也非常敏感，随着所加电压的不同，胆甾型液晶的螺距随之敏感地发生变化，从而显示色彩的变化，这一性质可用于彩色显示，胆甾型液晶的螺距对有机溶剂的气体也非常敏感，极小量的溶剂分子，即使小到百万分之几的含量，也可使螺距发生变化。不同有机物对其螺距的影响也不同，根据这一性质可用于大气污染的监测及其他气体探测器的制作上。

本章提要

一、表面张力系数

1. 表面张力：存在于液体表面层中的分子间相互作用的切向引力。

2. 表面张力系数σ的定义式：

(1) $\sigma=\dfrac{f}{L}$；(2) $\sigma=\dfrac{\mathrm{d}W}{\mathrm{d}A}$；(3) $\sigma=\dfrac{\mathrm{d}F}{\mathrm{d}A}$.

二、液面内外压强差

(1) 球形液面：$p=\pm\dfrac{2\sigma}{R}$ ‘+’——液滴；‘−’——气泡；

(2) 球形液膜：$p_C-p_A=\dfrac{4\sigma}{R}$；

(3) 任意弯曲液面：$p=\sigma\left(\frac{1}{R_1}+\frac{1}{R_2}\right)$.

三、润湿和不润湿

1. 接触角　在液体与固体接触处，作液体表面的切线与固体表面的切线，这两切线通过液体内部所成的角度 θ，称为接触角。

2. 润湿　θ 为锐角时，液体润湿固体，$\theta=0$ 时，液体完全润湿固体。

3. 不润湿　θ 为钝角时，液体不润湿固体，$\theta=\pi$ 时，液体完全不润湿固体。

四、毛细管公式：$h=\dfrac{2\sigma\cos\theta}{\rho g r}$

由上述公式可知：(1) θ 为锐角时，$h>0$，表示液面在毛细管中上升 h（相对于平液面），θ 为钝角时，$h<0$，表示液面在毛细管中下降 h；(2) 毛细管内径 r 越小，h 越大，h 与 r 成反比。

思　考　题

1. 液体中分子的排列情况和热运动情况是怎样的？

2. 为什么说定居时间 τ 的大小既体现了分子力的作用，又体现了热运动的作用？

3. 液晶的特点是什么？它存在于什么温度范围内？热变型液晶有哪三种类型？各有什么特点和应用？

4. 在熔解前后，固体热容量与液体热容量相差很少这一事实说明什么问题？

5. 液体的热膨胀系数与温度有什么关系？与压强有什么关系？

6. 液体中热传导的机构是怎样的？

7. 为什么液体中物质的扩散系数随着温度的升高增加很快？

8. 为什么液体的粘滞系数和温度的关系与气体截然不同？

9. 扩大液面要作多少功？所作的功转化为什么能量？

10. 一滴较大的水银掉到地面上，分成许多小的水银滴，需要供给多大的能量？

11. 吹肥皂泡时，当管的一端不继续吹气时，为什么在管的另一端所吹出的肥皂泡要慢慢缩小？

12. 大小两个肥皂泡，用玻璃管连通着，其中哪一个肥皂泡要缩小，缩小到什么程度为止？

13. 何谓接触角？何谓湿润与不湿润？从微观上加以说明。

14. 为什么毛细管插入水中时，管子里的水面会升高，插入水银中时，管子里的水银面会降低？

15. 一半径为 r 的毛细管插入水中，如图 8-28 所示。问图中 A、B、C、D、E 各点的压强多大？

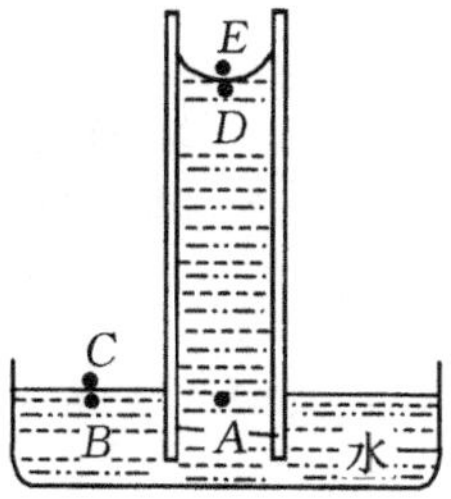

图 8-28

习　　题

1. 在 20 平方千米的湖面上，下了一场 50mm 的大雨，雨滴半径 $r=1.0\,\text{mm}$。设温度不变，求释放出来的能量。

2. 图 8-29 是测表面张力系数的一种装置，先将薄铜片放入待测液体中，慢慢提起铜片，使它绝大部分都露出液面，刚要离开但还没有离开液面，测得此时所用的上提力 f，即可测得表面张力系数。设待测液体与铜片的接触角 $\theta=0$，铜片的质量 $m=5.0\times10^{-4}$ kg，铜片的宽度 $l=3.977\times10^{-2}$ m，厚度 $d=2.3\times10^{-4}$ m，$f=1.07\times$

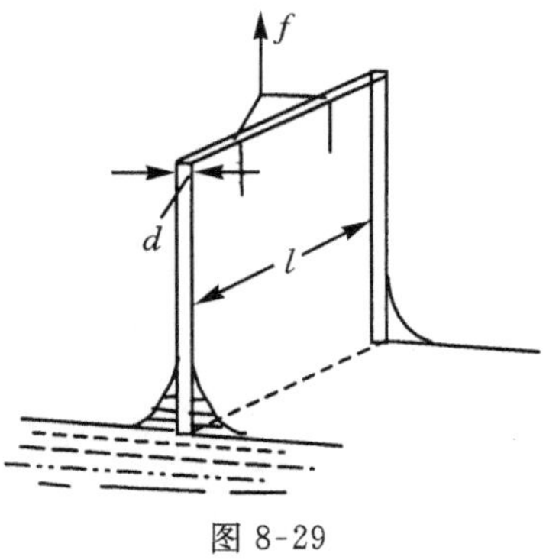

图 8-29

10^{-2} N,求液体的表面张力系数。

3. 一球形气泡,直径等于 1.0×10^{-5} m,刚处在水面下,如水面上的气压为 1.0×10^{5} N/m²,求泡内压强。已知水的表面张力系数 $\sigma=7.3\times10^{-2}$ N/m。

4. 一个半径为 1.0×10^{-2} m 的球形气泡,在压强为 1.0136×10^{5} N/m² 的大气中吹成。如泡膜的表面张力系数 $\sigma=5.0\times10^{-2}$ N/m,问周围的大气压强多大,才可使泡的半径增为 2.0×10^{-2} m? 设这种变化是在等温情况下进行的。

5. 在深为 $h=2.0$ m 的水池底部产生许多直径为 $d=5.0\times10^{-5}$ m 的气泡,当它们等温地上升到水面上时,这些气泡的直径多大? 水的表面张力系数 $\sigma=7.3\times10^{-2}$ N/m。

6. 将少量水银放在两块水平的平玻璃板间。问什么负荷加在上板时,能使两板间的水银厚度处处都等于 1.0×10^{-4} m,并且每板和水银的接触面积都为 4.0×10^{-3} m²? 设水银的表面张力系数 $\sigma=0.45$ N/m,水银与玻璃的接触角 $\theta=135°$。

7. 在图 8-30 所示的 U 形管中注水。设半径较小的毛细管 A 的内径为 $r=5.0\times10^{-5}$ m,半径较大的毛细管 B 的内径为 $R=2.0\times10^{-4}$ m,求两管水面的高度差 h。水的表面张力系数为 $\sigma=7.3\times10^{-2}$ N/m。

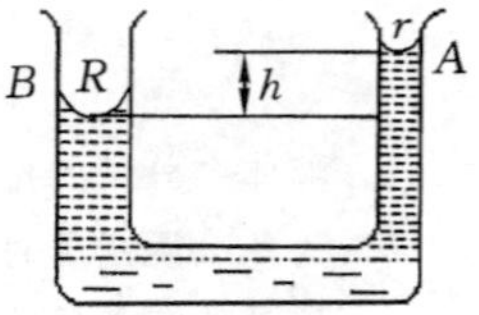

图 8-30

8. 在内径为 $R_1=2.0\times10^{-3}$ m 的玻璃管中,插入一半径为 $R_2=1.5\times10^{-3}$ m的玻璃棒,棒与管壁间的距离是到处一样的,求水在管中上升的高度。已知水的密度 $\rho=1.00\times10^{3}$ kg/m³,表面张力系数 $\sigma=7.3\times10^{-2}$ N/m,与玻璃的接触角 $\theta=0$。

9. 玻璃管的内直径 $d=2.0\times10^{-5}$ m,长为 $l=0.20$ m,垂直插入水中,管的上端是封闭的。问插入水面下的那一段的长度应为多少,才能使管内外水面一样高? 已知大气压 $p_0=1.013\times10^{5}$ N/m²,水的表面张力系数 $\sigma=7.3\times10^{-2}$ N/m,水与玻璃的接触角 $\theta=0$。

10. 将一充满水银的气压计下端浸在一个广阔的盛水银的容器中,读数为 $p=0.950\times10^{5}$ N/m²。

(1)求水银柱高度。

(2)考虑到毛细现象后,真正的大气压强多大? 已知毛细管的直径 $d=2.0\times10^{-3}$ m,接触角 $\theta=\pi$,水银的表面张力系数 $\sigma=0.49$ N/m。

(3)若允许误差 0.1%,求毛细管直径所能允许的极小值。

11. 一均匀玻璃管的内径为 $d=4.0\times10^{-4}$ m,长为 $l_0=0.20$ m,水平地浸在水银中,其中空气全部留在管中,如果管子浸在深度为 $h=0.15$ m 处,问管中空气柱的长度 l 等于多少? 已知大气压强 $p_0=76$ cmHg,水银的表面张力系数 $\sigma=0.49$ N/m,与玻璃的接触角 $\theta=\pi$。

第九章　单元复相系的平衡和化学平衡

本章在讨论物质的三种聚集形态，即固、液、气之间相互转变的基础上，建立开放系的热力学基本方程，并引入化学势概念。然后根据平衡判据，重点讨论单元复相系统的平衡条件，平衡的稳定性条件及单元二相系统的平衡性质和相变规律，并介绍朗道的二级相变理论，最后讨论多元单相系化学反应过程达到平衡的条件及平衡性质。

§9.1　相变的一般概念及一级相变的普遍特征

在自然界中，许多物质都以固、液、气三种不同的聚集形态存在着，它们在一定的条件下可以平衡共存，也可以互相转变。如在一大气压下，0 ℃的冰与水可以平衡共存，此时，如果给系统加热，冰可以熔化为水，反之，使系统放热，水又可以凝固成冰。在一大气压下，给水加热到 100 ℃时，水会沸腾，此时水与水蒸气可以平衡共存。如继续加热，水在等温、等压的条件下转变成水蒸气，反之，使系统放热，水蒸气在等温、等压的条件下又可以凝结成水。

在热力学中，如果系统是由同一种化学组分组成，该系统称为单元系，此处的元，即指化学组分。纯水、冰、水蒸气、纯金属都属于单元系统。如果一个系统由若干种化学组分构成，该系统称为多元系统。如空气中含有氮、氧、二氧化碳、水及多种惰性气体，因而空气是多元系。如果一个系统包含有几个物理性质均匀的部分，在热力学中将每一个物理性质均匀的部分称为相，如冰和水的混合物中，冰属于一相，而水属于另一相。只有一个相的系统称为单相系，它可以是单元单相系，也可以是多元单相系，纯水、水蒸气、冰是单元单相系，酒精与水的混合物，盐水等是二元单相系，空气是多元单相系。当两个或两个以上的相平衡共存时，该系统称为复相系，它可以是单元复相系，也可以是多元复相系。冰与水的混合物是单元二相系，盐水与水蒸气组成的系统是二元二相系。多元复相系是属于最一般的系统。

应指出的是，在热力学中，态与相是有严格区别的。如金刚石和石墨虽同属固态，又由同一种化学组元——碳组成。但它们的晶体结构与物理性质却截然不同，因而它们应属碳的两个不同的相。冰在一定的温度和压强下，有九个不同的相，而铁有 α 铁、β 铁、γ 铁和 δ 铁四个相。液氦也有氦Ⅰ与氦Ⅱ两个不同的相。

在一定的条件下，不同相之间的相互转变称为相变。当压强一定时，物质的相变通常是由温度的变化引起。如在一大气压下，冰的温度上升到 0 ℃时便开始熔化为水，而水的温度上升到 100 ℃时便开始沸腾，并转变为蒸气。单元系的固、液、气三相之间的转变具有两个普遍特征：第一，物质发生相变时，体积要发生显著的变化。例如在一个大气压下，1 kg 100 ℃的水转变成同温度的蒸气时，体积由 $1.04346\times10^{-3}\ \mathrm{m^3}$ 变为 $1.6730\ \mathrm{m^3}$。在固相转变为液相时，对大多数物质来说，熔解时体积要增大，但也有少数物质，如水、铋、灰铸铁等，在熔解时体积反而缩小。第二，相变时要吸收或放出大量的热量，这种热量称为相变潜热。例如,在一大气压下,1 kg 100 ℃的水,变成同温度的水蒸气时,要吸收 2260 kJ(或 5.39×10^2 kcal)的热量。在一大气压下,1 kg 0 ℃的冰,转变成同温度的水时,要吸收 330 kJ(或 79.72 kcal)的热量。除单元系固、液、气三相的相互转变具有以上两个特征之外,对于有几个固相的单元系,不同固相之间相互转变时,也具有以上的两个特征。在热力学中将具有以上两个特征的相变称为一级相变。在§9.10 中我们还将知道,除这类相变外,还存在着另一类相变。在发生这类相变时,体积不发生变化,也没有相变潜热,只是系统的定压比热、定压膨胀系数和等温压缩系数这三者发生突变,这类相变称为二级相变。

当系统发生相变时,如果 u_1 和 u_2 分别表示 1 相和 2 相单位质量物质的内能,v_1 和 v_2 分别表示 1 相和 2 相物质的比容(即单位质量的物质所占有的体积),则由热力学第一定律得出,物质由 1 相转变为 2 相时所吸收的相变潜热 l 为

$$l=u_2-u_1+p(v_2-v_1). \tag{9.1.1}$$

u_2-u_1 为单位质量的物质,由 1 相转变为 2 相时内能的增量,称为内潜热。$p(v_2-v_1)$为系统在相变过程中,克服恒定的外部压强 p 所作的功,称为外潜热。如用 h_1 和 h_2 分别表示 1 相和 2 相单位质量的焓,则由

$$h_1=u_1+pv_1, \qquad h_2=u_2+pv_2,$$

可将(9.1.1)式写成

$$l=h_2-h_1. \tag{9.1.2}$$

(9.1.2)式就是用焓表示的相变潜热的公式。

[**例题**] 在外界压强 $p=1$ atm 时,水的沸点为 100 ℃,这时汽化热 $l=2.26\times10^6$ J/kg. 已知这时水蒸气的比容 $v_2=1.6730\ \text{m}^3/\text{kg}$,水的比容为 $v_1=1.0434\times10^{-3}\ \text{m}^3/\text{kg}$,求内潜热和外潜热。

[**解**] 外潜热为

$$p(v_2-v_1)=1.013\times10^5\times(1.673-0.001)\ \text{J/kg}=1.69\times10^5\ \text{J/kg},$$

内潜热为

$$u_2-u_1=l-p(v_2-v_1)=2.09\times10^6\ \text{J/kg}.$$

§9.2 物质的固、液、气三相之间的转变

这节讨论物质的固、液、气三相之间的转变规律。

一、固液相变

1. 晶体的熔解

物质从固相转变为液相的过程称为熔解。由图 9-1 可知,在一定的压强下,给任一晶体加热时,它的温度随时间 t 不断升高,当它的温度升高到一定的温度 T_m 时才开始熔解,这个温度称为该晶体的熔点,其大小与外压强有关,与晶体的种类有关。晶体从开始熔解到全部熔解这段时间内,虽然继续给它加热,但温度保持不变,可见熔解过程是在等温等压条件下进行的。

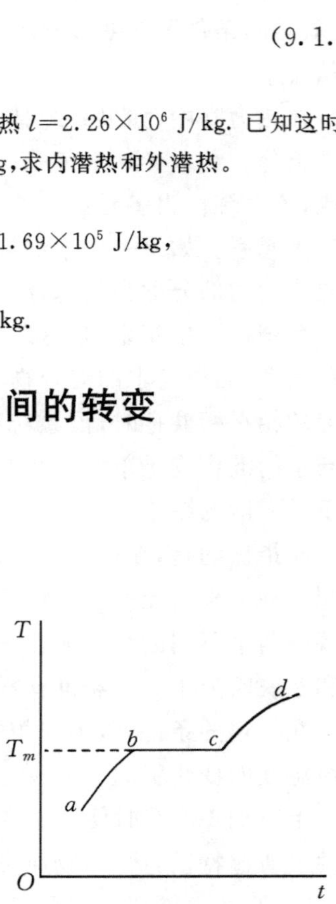

图 9-1 固相的熔解过程

晶体在熔解过程中吸收的相变潜热,称为熔解热,它通常是指在一定压强下,单位质量的晶体变成同温度液体

时所吸收的热量，以 l_m 表示。在国际单位制中，熔解热的单位是 J/kg。表 9-1 列举了几种物质的熔点和熔解热。

表 9-1　几种物质在 1 个大气压下的熔点与熔解热

物质	铝	钨	铁	钢	铜	镍	锡	铅	水银
熔点(℃)	659	3357	1528	1300－1400	1083	1452	232	328	－39
熔解热(kJ/kg)	387	1920	207	—	174	285	61.1	26.4	11

从微观上看，晶体的熔解过程，是晶体的点阵结构被破坏的过程。在加热过程中，晶体中粒子的热振动越来越剧烈，当达到熔点温度时，粒子具有足够的能量，摆脱相互作用力的束缚，使点阵结构解体而变成液体。晶体熔解时体积变化很小，反抗外压强所作的功可以忽略，相变潜热主要是使系统的内能发生改变。另外，由于晶体中粒子有序排列时势能最小，由固相转变为液相时，粒子间相互作用的势能增加，故晶体在熔解过程中吸收的热量全部用于增加系统内部粒子间相互作用的势能，所以晶体在熔解时温度保持不变。

在熔点时，固液两相平衡共存，低于熔点时物质以固相形式存在，高于熔点时，物质以液相形式存在。

应说明的是，非晶体的熔解过程和晶体的熔解过程是不同的。非晶体，如玻璃、沥青、塑料等在加热时，随温度升高，先由硬变软，然后逐渐变成液体，故非晶体没有一定的熔点。

2. 结晶

在一定的压强下，晶体的熔液凝固成晶体的过程，称为结晶或凝固。凝固点就是该晶体在同一压强下的熔点。熔液在结晶过程中放出的结晶热等于晶体的熔解热。

结晶过程是无规则排列的原子形成空间点阵的过程，在这过程中，总是先有少数原子按一定的规律排列起来，形成所谓的晶核，然后再围绕这些晶核生长成为一个个晶粒。因此，结晶过程就是生核和晶体生长同时并进的过程。在通常的熔液中，可同时存在很多晶面方向互不一致的晶核，每个晶核都生长成一个晶粒。到了晶粒所占体积约等于整个熔液的 50%时，正在生长的晶粒之间一般都要相互接触。这时，晶粒只能朝尚有液体的方向生长，使晶粒具有不规则的外形。这样凝成的晶体称为多晶体。当熔液中不存在晶核时，即使熔液的温度低于结晶温度 T_m（即晶体的熔点），熔液也不会结晶，这种熔液称为过冷液体。过冷液体属于亚稳态，此时，只要投入极少量的固体微粒，或让熔液轻微振动，结晶就能立即很快进行。

二、液气相变

在一定压强下，物质由液相转变为气相的过程称为汽化，相反的过程称为凝结。液气相变过程的相变潜热称为汽化热，它通常是指单位质量的液体变成同温度蒸气时所吸收的热量，以 l_v 表示。汽化热的大小，与液体的种类及汽化时的温度有关，当温度升高时，汽化热减小。如 0℃时，水的汽化热为 2.59×10^3 kJ/kg，而在 100℃时，水的汽化热为 2.26×10^3 kJ/kg。在 0℃时，酒精的汽化热为 920 kJ/kg，而在 78.3℃时为 854kJ/kg。液体的汽化热随温度的增加而减小，是因为当液体温度增加时，液相内部分子间的相互作用情况与气相的差别越来越小，因而 l_v 值变小。关于汽化热随温度变化的规律，将在§9.5 中作更深入的讨论。

液体的汽化有蒸发和沸腾两种方式，下面分别进行讨论。

1. 液体的蒸发　饱和蒸气压

盛在敞口容器中的水会逐渐减少，以至最后完全消失；湿衣服可以晾干，这些都是水不断汽化的结果。实际上，江河、湖泊、海洋中的水每时每刻都在汽化，这种发生于液体表面的汽化过程称为蒸发。

从微观上看，蒸发过程是液体分子从液体表面逸出的过程。因为分子从液面逸出时，需要克服液体表面层中分子的引力作功，所以能跑出去的只是那些热运动动能较大的分子。这样，如果不从外界补充能量，蒸发的结果，将使留在液体中的分子平均热运动动能变小，从而使液体变冷。例如身上沾水后会感到凉快就是这个缘故。分子在液面逸出的同时，蒸气分子由于无规则运动，还不断地返回液面，凝结成液体。因此，液体的蒸发量，实际上是上述两种相反过程相抵后的剩余部分，即单位时间内从液面逸出的分子数目与蒸气分子返回液面的数目之差。

对于同一种液体，影响蒸发的因素主要有以下几种：(1)表面积越大，蒸发越快，例如，晾开的湿衣服要比揉成一团的湿衣服干得快，这是因为蒸发过程发生在液体的表面；(2)温度越高，蒸发越快。这是因为温度越高，液体分子热运动的平均动能越大，能够逸出液体表面的分子数就越多，因而蒸发也越快。用太阳晒或火烤，使物体干燥就是这个道理；(3)通风情况越好，蒸发越快。这是因为通风的结果使从液面逸出的蒸气分子更快地向外扩散，减少了它们重新返回液面的机会，因而蒸发就会加快。

在敞开的容器中，由于从液面逸出的分子向远处扩散的结果，使得返回液面的分子数总是小于逸出液面的分子数，因此液体不断蒸发，直到液体全部蒸发完为止。如果容器是密闭的，则情况与上述有所不同，这时，随着蒸发过程的进行，容器内液面上方蒸气分子的密度不断增加，因而与液面碰撞并返回液面的分子数也不断增多，直到在单位时间内蒸发的分子数与返回液面凝结的分子数相等时，汽化与凝结的过程达到动态平衡，这时从宏观上看，蒸发现象停止。在一定温度下，与其液体平衡共存的蒸气叫做饱和蒸气，相应的蒸气压强称为饱和蒸气压。饱和蒸气压的大小与温度有关，与气体种类有关，与液体表面的形状有关，而与蒸气的体积无关，与有无其他气体无关。关于这点可通过下列的实验进行说明。

在图 9-2 中，取一根长约一米的一端封闭的玻璃管，在其中灌满水银，然后倒立于水银槽中，这时管中的水银面会下降至一定高度后停止。水银面上部可近似地看成真空①，量得管内水银柱高为 H，此即为在此实验条件下的大气压强。为测量水的饱和蒸气压，可用一弯嘴滴管吸入少数的水，从管子下部挤入管中，于是水滴很快地上升到水银柱的上端表面，并在真空中蒸发，这时管中的水银面下降，说明水汽有压强。但这时的水汽还不是饱和蒸气，水蒸气压强也不是饱和蒸气压强。

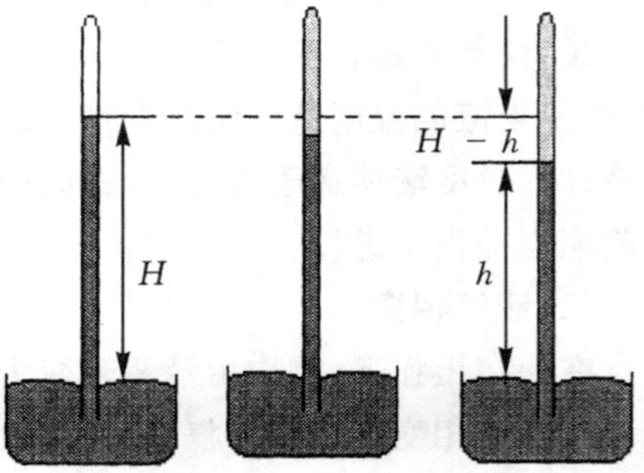

图 9-2　液体饱和蒸气压的测量

---

① 严格地讲，管中水银上部并非完全真空，而是有水银的饱和蒸气存在。但实验指出，在室温附近，水银的饱和蒸气压大约只有 10^{-3} mmHg，可以忽略不计。

如果向管中继续滴入水滴，水银面继续下降，直到水银面上端刚刚出现液态水时为止。这时水银面上方的水蒸气已达饱和，量出这时水银柱的高度为 h，则水的饱和蒸气压为

$$p_0=(H-h)\text{mmHg}.$$

这时如果我们用热毛巾包住玻璃管，则见水银柱下降，可见液体的饱和蒸气压随着温度的升高而增大。这是因为随着液体温度的升高，液体分子的平均动能增大，因而有更多的分子逸出液面，使得饱和蒸气的密度增大，另一方面是因为随着温度的升高，蒸气分子热运动的平均速率增大。图 9-3 是水的饱和蒸气压与温度关系的示意图。

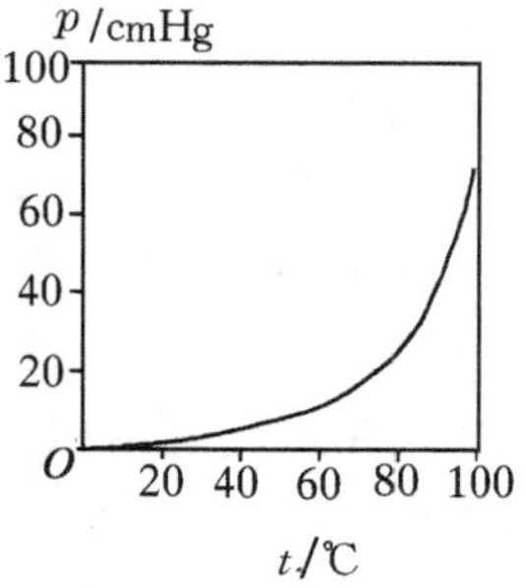

图 9-3
水的饱和蒸气压与温度的关系示意图

在上述实验中，如果保持玻璃管位置不变，而将水银槽上移，使水的饱和蒸气体积减少，则见管中水银面上的水增多，但水银柱高度 h 不变。这说明饱和蒸气压的大小与饱和蒸气的体积无关。这是因为，当水的饱和蒸气受到压缩时，蒸气中分子的数密度增大，使从气相进入液相的分子数大于液相进入气相的分子数，直到蒸气的分子数密度减小到原来的值而恢复平衡时为止。也就是说，在一定温度下，不论饱和蒸气的体积如何，其密度总是一定的，因此饱和蒸气压与蒸气的体积无关。

要研究饱和蒸气压与液体性质的关系，可按测水的饱和蒸气压的方法，在玻璃管下端挤入不同物质的液体，由此可以得出，在同一温度下，不同的液体具有不同的饱和蒸气压这一结论。表 9-2 列出了几种液体在不同温度下的饱和蒸气压。

表 9-2　几种常见液体在不同温度下的饱和蒸气压(单位：mmHg)

温度(℃)	乙醚	酒精	水	水银
−20	66	3.3	0.8	
0	185	12	4.6	0.0004
20	440	44	17.5	0.0018
40	921	134	55	0.008
60	1734	550	149	0.025
80	2974	813	355	0.09
100	4855	1698	760	0.28
120	7513	3232	1489	0.76
140		5666	2711	1.89
160		9366	4636	4.30
180		14766	7521	8.91
200		22164	11661	18

表 9-2 中列举的几种液体的饱和蒸气压，是指气液分界面为平液面情况。前面已经指出，饱和蒸气压的大小还与液面的形状密切相关。当液体的温度保持恒定时，由图 9-4 可见，在凹液面的情形下，液体分子从液面逸出时，要多克服图 9-4(a)中画阴影部分液体分子的引力而作功，因而单位时间内从凹液面逸出的分子数比平液面时少，从而使饱和蒸气压 p_0' 比平液面时的饱和蒸气压 p_0 小，即 $p_0'<p_0$。同理可知，分子逸出凸液面要少克服图 9-4(c)中画阴影部分液体分子引力而作功，因此，单位时间内从凸液面逸出的分子

数比平液面时多，从而使饱和蒸气压 p_0'' 比平液面时大，即 $p_0''>p_0$。需要指出的是，由于分子力是短程力，其有效作用距离很短(数量级为 10^{-9} m)，所以弯曲液面与平液面上方饱和蒸气压之间的差别，只有当气液分界面的曲率半径很小时，如形成 $r<10^{-4}$ cm的小液滴或小气泡时，才会显示出来。在蒸气凝结的最初阶段，形成的液滴很小，相应的饱和蒸气压很大。有时蒸气压已超过平液面上饱和蒸气压几倍以上也没有液体出现，这种现象叫做过饱和，这种蒸气叫做过饱和蒸气。过饱和蒸气是一种亚稳态，此时，如果蒸气中存在一些尘埃和杂质等，当这些微粒表面附上一层液体后，便形成曲率半径相当大的液滴，这时蒸气压只需超过平液面上饱和蒸气压的1%，液滴便可形成。我们称这些尘埃和杂质为凝结核。带电的离子是很好的凝结核，因静电吸引容易使蒸气分子聚集在它的周围而形成液滴。原子核物理中所用的威尔逊(Wilson C T R)云室就是根据这一原理设计的。图 9-5 为云室示意图。封闭容器中盛有过饱和蒸气，高能带电粒子在其中运动时，途中会形成许多离子，这些离子成为凝结核，使云室中的过饱和蒸气凝结在它上面，形成雾状径迹。让一束强光投射穿过云室，并将摄影机 D 安装在云室玻璃顶 B 的上面，这样就可摄取粒子的径迹。

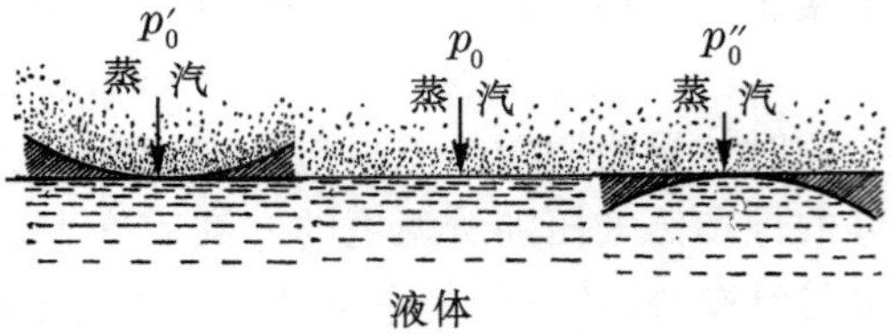

(a)凹液面　(b)平液面　(c)凸液面

图 9-4　液体的饱和蒸气压与液面形状的关系

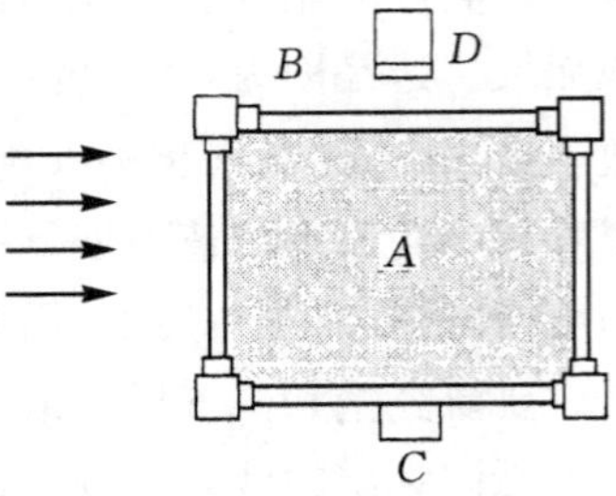

图 9-5　威尔逊云室示意图

2. 沸腾

在一定的外界压强下，对液体进行加热，当其达到某一温度时，在液体内部和器壁上就会涌现出大量的气泡，整个液体上下翻滚，剧烈汽化，这种现象称为沸腾，相应的温度称为沸点。例如，在 1 大气压下水的沸点是 100℃。实验指出，液体的沸点与液面上的压强有关，压强越大，沸点越高。沸点还与液体的种类有关，在一定的压强下，不同的液体具有不同的沸点，化工上就是利用这一点去分馏各种混合液体的。液体沸腾时，由于汽化的剧烈进行，外界供给的热量全部用于液体的汽化上，所以液体达到沸点后温度不再升高，直到液体全部汽化完为止。表 9-3 列出了一些液体在一个大气压下的沸点和汽化热。

表 9-3

物质	水	乙醚	水银	酒精	硫
沸点(℃)	100	34.6	357	78.3	
汽化热($kJ\cdot kg^{-1}$)	2260	352	284	854	1510

下面我们分析液体沸腾的条件。为了说明液体的沸腾过程，我们观察一下用烧杯烧水的过程。在烧水时，随着水温的升高，可看到在杯底和四壁上首先出现许多小的气泡。这是因为空气在水中的溶解度随水温的升高而降低，因此这些空气在温度较高的杯底及靠近杯底的四壁脱溶，并聚集在烧杯底部及四周器壁的微孔中，如图 9-6(a)所示。气泡内除空气外，还有水蒸气，气泡内部的蒸气，由于液体的不断蒸发，总是处于饱和状态。当

水温进一步升高时，由于气泡内饱和蒸气压的增大而引起气泡的胀大，当气泡所受的浮力大于器壁的附着力时，气泡就离开器壁上浮，并在上升过程中，因上部水温较低，气泡内的饱和蒸气压随之减小，在外压强的作用下气泡随之缩小，直至消失，如图 9-6(b)所示，在这过程中，还会伴有吱吱的响声。当水温达到沸点温度时，则大量气泡迅速上浮、胀大、直至在液面破裂，放出其中的蒸气(图 9-6(c))，这就是液体的沸腾现象。

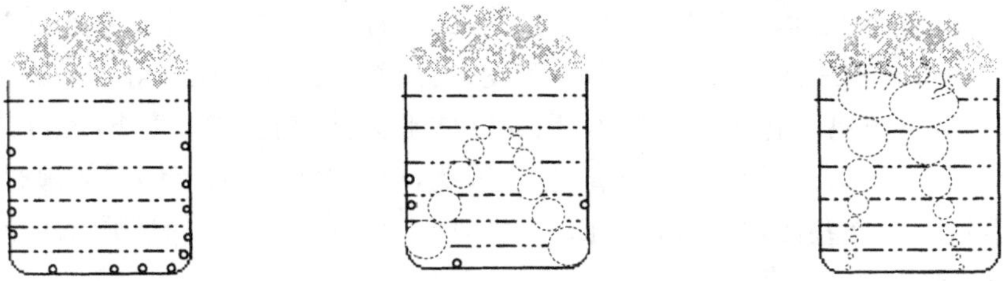

(a)在杯底及四壁形成小气泡　　(b)气泡上升缩小　　(c)气泡上升、胀大、破裂

图 9-6　水的沸腾过程

从上述沸腾过程可以看出，液体的沸腾是与气泡的形成和胀大密不可分的。下面我们分析气泡的力学平衡条件。设气泡内空气的压强为 p_a，饱和蒸气压为 p_0，故泡内的气压是 p_a+p_0。泡外是液体内部的压强($p+\rho gh$)，其中 p 是液面上大气的压强，ρgh 是气泡所在处液体的静压强。在一般情况下，ρgh 与大气压 p 相比可以忽略，故泡外压强可看作是 p。由(8.6.2)式可知，在平衡时，泡内外的压强差应等于由液体的表面张力所引起的附加压强 Δp，即

$$(p_a+p_0)-p=\Delta p. \tag{9.2.1}$$

其中，泡内空气的压强 $p_a=\dfrac{nRT}{V}$，n 为泡内空气的摩尔数，V 为气泡的体积，p_0 是温度 T 的函数，即 $p_0=p_0(T)$，由(8.6.2)式知，泡内外压强差为

$$\Delta p=\frac{2\sigma}{r}=2\sigma\left(\frac{4\pi}{3}\right)^{1/3}\frac{1}{V^{1/3}}=\frac{\beta}{V^{1/3}},$$

即

$$\left(p_0+\frac{nRT}{V}\right)-p=\frac{\beta}{V^{1/3}},$$

此时，(9.2.1)可写为

$$p+\frac{\beta}{V^{1/3}}=p_0+\frac{nRT}{V}. \tag{9.2.2}$$

(9.2.2)式就是气泡的平衡方程。

根据上述方程可以看出，当温度升高时，泡内饱和蒸气压随之增大，从而引起气泡体积的增大。当气泡体积增大时，由于$\dfrac{nRT}{V}$比$\dfrac{\beta}{V^{1/3}}$减小得快，因此，上式仍能维持平衡。随着温度的升高，气泡不断胀大，同时表面张力系数 σ 随之减小，此时表面张力所引起的附加压强可以忽略不计。当气泡内的饱和蒸气压 p_0 增大到外压强 p 时，由(9.2.2)式可见，气泡再也不能靠它的胀大维持平衡，这时附着在器壁上的气泡便急剧地胀大，直到气泡所受的浮力能挣脱器壁上的引力时，气泡便从液体中大量涌现出来，并骤然胀大，迅速上升，直到液面破裂，放出里面的蒸气，整个液体上下翻滚，剧烈汽化，这正是前述的液体沸腾现象。可见，液体的沸腾条件是液体的饱和蒸气压等于液面上外界的压强，而液体的

沸点，就是饱和蒸气压等于外压强时的温度。所以液体的沸点随外压强的增大而升高，随外压强的减小而降低。

应该看到，在沸腾过程中，汽化不仅在液面上发生，也在小气泡内部剧烈进行。因此，蒸发和沸腾虽然从现象上看有很大差别，但都是在气液分界面上以蒸发的方式进行，都是液体分子吸收潜热而转变成气态分子的过程。这两种形式的液气相变在相同的温度下，都吸收相同的汽化潜热。但蒸气和沸腾发生的条件是不同的，当液面上方的外压强高于该温度下的饱和蒸气压时，汽化表现为蒸发，当液面上方的外压强等于该温度下的饱和蒸气压时，表现为沸腾。在密闭容器中，因为液体上方除有饱和蒸气外，还可能存在其他气体，液面上方的压强总是大于饱和蒸气压，因此，密闭容器中的液体不能沸腾。这时，如果我们在容器上方浇些冷水以降低液面上气体的温度，使液面上的压强低于液体内部的饱和蒸气压，则沸腾仍能发生。

还应指出的是，液体沸腾时，液体内部和器壁上的小气泡起着汽化核的作用，它使液体向气泡内汽化。久经煮沸的液体，因缺乏气泡，即缺少汽化核，此时液体可以加热到沸点以上还不沸腾，这种液体称为过热液体。过热液体也是一种亚稳态，但由于涨落，有些地方的分子具有足够的能量，可以彼此推开而形成极小的气泡。这种气泡的线度只数倍于液体分子间的距离，因此，内部的饱和蒸气压很微小。当过热液体继续加热而使温度大大高于沸点时，极小气泡中的饱和蒸气压就能等于或超过外界的压强，这时气泡很快胀大，同时饱和蒸气压也迅速增大，使气泡膨胀得非常之快，甚至发生爆炸而将容器打破。这种现象称为暴沸。为了避免暴沸，锅炉中的水在加热前，要加进一些溶有空气的新水或放进一些附有空气的玻璃管的碎片和无釉的陶瓷块等等。

前面提到过，在云室中观察带电粒子轨迹的原理是，带电粒子通过过饱和蒸气时会产生凝结核。与此类似，带电粒子通过过热液体时，会在其轨迹附近产生汽化核，因而形成气泡，从而显示出带电粒子的轨迹。在粒子物理研究中用到的气泡室，就是根据这一原理制成的。在气泡室中的液体(丙烷、液氢等)处于高度的过热状态，这时如有带电粒子通过液体，就可用闪光照相，摄取所形成的无数小气泡，从而显示出带电粒子的轨迹。

三、固气相变

冬天晾在室外的结了冰的衣服会变干，放在衣箱中的樟脑丸时间长了会变小，直到消失，这些现象说明了物质可以由固相不经液相而直接汽化。物质从固相直接转变为气相的过程称为升华，相反的过程称为凝华，如冬天在地面上结的霜，就是夜间由水气凝华而成的冰晶。

物质，在升华过程中所吸收的相变潜热称为升华热，它是单位质量的物质，在一定的压强和温度下，由固相转变为气相时所吸收的热量，以 l_s 表示。升华时，固体粒子直接转变成气体分子，一方面要克服固体粒子间的结合力作功，另一方面还要克服外界的压力作功，所以物质的升华热很大。例如固态 CO_2(干冰)，在 1atm 下，当温度为－78.5℃时，升华热为 573 kJ/kg。可见干冰的升华热很大，在工业上常用于食品冷冻及作为人工降雨的制冷剂。现代高速飞机，为克服“热障”(飞机高速飞行时与空气摩擦生热造成的危害)的措施之一，就是利用涂于飞机表面石墨的升华来降温的。

晶体的升华热和液体的汽化热一样，也是随温度升高而减小的。在固、液、气三相平衡共存的温度下，晶体的升华热等于熔解热与汽化热之和，如水的汽化热 $l_v = 607$ kcal/kg，熔解热为 $l_m = 80$ kcal/kg，升华热 $l_s = 687$ kcal/kg。

若升华是在密闭容器中进行，经过一段时间，升华和凝华达到动态平衡，此时固气两相平衡共存的压强，即为饱和蒸气压，相应的温度称为凝华温度。饱和蒸气压的大小与温度相关，温度越高，饱和蒸气压越大。一般固体，如金属在常温下的饱和蒸气压都很低，例如铝在熔点 962℃的饱和蒸气压也不过只有 2×10^{-3} mmHg. 有的固态物质的饱和蒸气压很高，如干冰在－78.5℃时的饱和蒸气压为 760 mmHg，碘在 114℃时的饱和蒸气压为 90 mmHg. 与金属相比，冰的饱和蒸气压也比较高，0℃时为 4.6 mmHg，－1℃时为 4.22 mmHg，在－10℃时也有 1.95 mmHg。

应指出的是，饱和蒸气在凝华过程中也需要结晶核。在低于凝华温度时仍不结晶的蒸气称为过冷蒸气或称为过饱和蒸气，过冷蒸气也是一种亚稳态，一旦有了结晶核，它很快就可以凝华成为晶体。

§9.3　开放系统的热力学基本方程

由§9.2我们知道，对于单元复相系各相之间，不仅可以通过传热、作功这两种方式相互交换能量，而且还可以通过相变相互交换粒子。因此，对于单元复相系中的每一相而言，是个开放系统，为了更加深入地研究相变的规律及相平衡的基本性质，这一节我们首先建立开放系统的热力学基本方程。

先考虑自由焓。对于单元开放系统，自由焓 G 应是温度 T、压强 p 及摩尔数 n 的函数，即 $G=G(T,p,n)$，其全微分式为

$$\mathrm{d}G=\left(\frac{\partial G}{\partial T}\right)_{p,n}\mathrm{d}T+\left(\frac{\partial G}{\partial p}\right)_{T,n}\mathrm{d}p+\left(\frac{\partial G}{\partial n}\right)_{T,p}\mathrm{d}n,$$

将此式与(4.2.4)式：$\mathrm{d}G=-S\mathrm{d}T+V\mathrm{d}p$ 比较，可知上式中

$$\left(\frac{\partial G}{\partial T}\right)_{p,n}=-S,\qquad\left(\frac{\partial G}{\partial p}\right)_{T,n}=V,$$

令

$$\mu=\left(\frac{\partial G}{\partial n}\right)_{T,p},\tag{9.3.1}$$

则上式可写为

$$dG=-S\mathrm{d}T+V\mathrm{d}p+\mu\mathrm{d}n,\tag{9.3.2}$$

(9.3.1)式中的 μ 称为化学势，它等于在 T、p 一定的条件下，增加 1 摩尔物质时，系统自由焓的增量。

由于自由焓是个广延量，系统的自由焓等于摩尔数 n 乘以摩尔自由焓 $g(T,p)$，即

$$G(T,p,n)=ng(T,p),\tag{9.3.3}$$

由(9.3.1)式及(9.3.3)式可得

$$\mu=\left(\frac{\partial G}{\partial n}\right)_{T,p}=g(T,p).\tag{9.3.4}$$

由此可见，对于单元系而言，化学势 μ 等于摩尔自由焓，且 μ 也是系统温度 T 和压强 p 的函数。

另外考虑　　$G=n\mu,$

将上式两边微分，并代入(9.3.2)式，可得

$$\mathrm{d}\mu=-S_\mathrm{m}\mathrm{d}T+V_\mathrm{m}\mathrm{d}p,\tag{9.3.5}$$

式中 $S_\mathrm{m}=\dfrac{S}{n}$，$V_\mathrm{m}=\dfrac{V}{n}$ 分别称为摩尔熵和摩尔体积。(9.3.5)式就是化学势 μ 满足的全微

分式。

其次，根据 $U=G+TS-pV$ 及(9.3.2)式，通过勒让德变换，容易求得单元开放系内能的全微分式为

$$dU=TdS-pdV+\mu dn, \tag{9.3.6}$$

由上式可得

$$\mu=\left(\frac{\partial U}{\partial n}\right)_{S,V}, \tag{9.3.7}$$

即化学势 μ 等于在 S,V 不变的条件下，增加 1 摩尔物质时，系统内能的增量。

同理，由焓的定义 $H=U+pV$ 及(9.3.6)式，容易求得焓的全微分式为

$$dH=TdS+Vdp+\mu dn, \tag{9.3.8}$$

因此化学势 μ 也可表达为

$$\mu=\left(\frac{\partial H}{\partial n}\right)_{S,p}, \tag{9.3.9}$$

同样由自由能的定义 $F=U-TS$ 及(9.3.6)式，容易求得自由能的全微分为

$$dF=-SdT-pdV+\mu dn, \tag{9.3.10}$$

因此，化学势也可表为

$$\mu=\left(\frac{\partial F}{\partial n}\right)_{T,V}. \tag{9.3.11}$$

如果作勒让德变换，令

$$\Omega=F-\mu n, \tag{9.3.12}$$

由(9.3.12)式及(9.3.10)式可得

$$d\Omega=-SdT-pdV-nd\mu, \tag{9.3.13}$$

Ω 称为巨热力势，它是以 T、V、μ 为独立变量的特性函数。如果已知函数 $\Omega(T,V,\mu)$，则其他热力学量可以通过求偏导数而求得，如：

$$\left.\begin{aligned}S&=-\left(\frac{\partial\Omega}{\partial T}\right)_{V,\mu}\\p&=-\left(\frac{\partial\Omega}{\partial V}\right)_{T,\mu}\\n&=-\left(\frac{\partial\Omega}{\partial\mu}\right)_{T,V}\\&\cdots\cdots\end{aligned}\right\} \tag{9.3.14}$$

以上所导出的单元开放系热力学基本方程，实际上是均匀闭系所满足的一组方程，即(4.2.1)—(4.2.4)式的推广。虽然它们只适用于单元开放系，但只要将(9.3.2)、(9.3.6)、(9.3.8)、(9.3.10)、(9.3.13)式中右边第三项对组成系统的各化学组元作和，即用 $\sum_i \mu_i dn_i$ 代替 μdn，用 $-\sum_i n_i d\mu_i$ 代替 $-nd\mu$，则上述方程就成为多元开放系热力学基本方程，上述讨论的结果归纳在表 9-4 中。

表 9-4

$dG=-SdT+Vdp$	$+$	μdn	
$dU=TdS-pdV$	$+$	μdn	$\longrightarrow \sum_i \mu_i dn_i$
$dH=TdS+Vdp$	$+$	μdn	
$dF=-SdT-pdV$	$+$	μdn	
$d\Omega=-SdT-pdV$	$-$	$nd\mu$	$\longrightarrow \sum_i n_i d\mu_i$

§9.4　热动平衡的判据和热动平衡条件

对于单元复相系统，由于各相之间的相互作用，系统在经历各种热力学过程之后，最终总会达到热力学平衡态，而这种平衡是热动平衡，在§4.1中我们曾初步地介绍了在一定条件下，某一系统达到热力学平衡态时的判据。在这些判据中最重要的是熵判据、自由焓判据和自由能判据。本节将进一步地讨论这几种平衡判据的数学表达式及由此得到的平衡条件及平衡的稳定性条件。

一、热动平衡判据

在力学中我们知道，物体的平衡有四种类型，如在图9-7中，将一个小球放在一个弯曲滑槽的不同点，该小球将处于不同的平衡状态。当其处在 a 点时，由于外界的扰动，小球对平衡位置稍有偏移时，该平衡就遭破坏，故该平衡是不稳定平衡。当小球处在 C 点时，对小的偏移，小球能保持平衡，对较大的偏移，平衡就遭破坏，我们将这种平衡称为亚稳平衡。当小球处于水平面上任一点 d 时，小球对任意扰动，随时随地都可保持平衡，这种平衡称为随遇平衡。当小球处在滑槽的最低点 b 时，无论对较小的偏移还是较大的偏移，小球都能保持平衡，这种平衡称为稳定平衡。在热力学中也有上述四种平衡。在相变中出现的过饱和蒸气、过热液体、过冷液体等均为亚稳平衡，而固、液、气三相中，任意二相在等温、等压条件下发生的相变，称为平衡相变，此时，两相能以任何质量比平衡共存，这种平衡属于随遇平衡，而孤立系统的熵处于最大值的状态就是稳定平衡态。这一节我们只讨论稳定平衡的判据、平衡条件和平衡的稳定性条件。

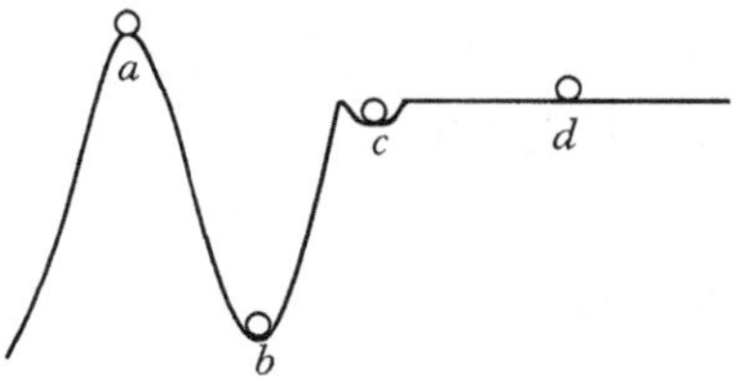

图9-7　力学中的四种平衡

在图9-7中，当小球处在弯曲滑槽的最低点 b 时，其势能有最小值，因此，当小球对平衡位置产生一微小偏移时，其势能的变化必然满足

$$\Delta E_p > 0,$$

或者

$$\Delta E_p = \delta E_p + \frac{1}{2}\delta^2 E_p > 0, \tag{9.4.1}$$

考虑小球在 b 点时的势能有最小值，由极值条件有 $\delta E_p = 0$，因此，小球稳定平衡的条件，在数学上可表达为

$$\delta E_p = 0, \qquad \delta^2 E_p > 0. \tag{9.4.2}$$

(9.4.2)式就是保守力学系统稳定平衡的判据。其中 $\delta E_p = 0$ 是平衡的必要条件(即极值条件)，而 $\delta^2 E_p > 0$ 则是平衡的稳定性条件(即势能 E_p 具有最小值的条件)。

下面我们将根据§3.6和§4.1的结果，可以类似于(9.4.2)式，写出系统在几种不同条件下的热动平衡判据。

1. 熵判据

根据§3.6中讲的熵增加原理，我们知道，在孤立系内发生的不可逆过程，总是向熵增加的方向进行，当系统达到平衡态时，其熵函数达到最大值。考虑孤立系统是与外界既不交换能量，也不交换物质的系统，因此孤立系统的条件是系统的内能一定、体积一定(设系统只作体积膨胀功)和总摩尔数一定。熵判据可以表达为:一个系统在内能、体积和总摩尔数保持不变的条件下,对于各种可能的变动,平衡态的熵最大。这里所说的各种变动,是指平衡态附近的一切变动,包括趋向平衡态的变动和离开平衡态的变动。事实上,孤立系统达到平衡态后就不会再发生变化。现在假定上述孤立系统对平衡态有一微小变动,此时系统熵的变化必然小于零,即

$$(\Delta S)_{U,V,n} < 0, \tag{9.4.3}$$

或者写为

$$(\Delta S)_{U,V,n} = (\delta S)_{U,V,n} + \frac{1}{2}(\delta^2 S)_{U,V,n} < 0,$$

考虑平衡态时,孤立系的熵有最大值,$(\delta S)_{U,V,n}=0$,故在数学上,由上式可得孤立系统的稳定平衡条件可表达为

$$(\delta S)_{U,V,n} = 0, \qquad (\delta^2 S)_{U,V,n} < 0, \tag{9.4.4}$$

式中$(\delta S)_{U,V,n}=0$是平衡的必要条件,而$(\delta^2 S)_{U,V,n}<0$是平衡的稳定性条件。

应当说明的是,考虑上述的偏离平衡态的变动,实际上是一种假想的虚变动,故在此变动中系统熵的变化,用符号"δ"表示。今后凡是虚变动,均用"δ"符号表示。

2. 自由能判据

由§4.1可知,对于一个只有体积功的系统,在等温、等容条件下达到平衡时,其自由能达到最小。由此可得自由能判据:一个系统在温度和体积保持不变的条件下,对于各种可能的变动,平衡态的自由能最小。因此,假定系统对平衡态有一微小变动时,系统自由能的变化大于零,即

$$(\Delta F)_{T,V} > 0, \tag{9.4.5}$$

或者写为

$$(\Delta F)_{T,V} = (\delta F)_{T,V} + \frac{1}{2}(\delta^2 F)_{T,V} > 0, \tag{9.4.6}$$

同样,考虑等温、等容系统达到平衡时,自由能最小,故$(\delta F)_{T,V}=0$,则在数学上,一个等温、等容系统稳定平衡条件可表达为

$$(\delta F)_{T,V} = 0, \qquad (\delta^2 F)_{T,V} > 0, \tag{9.4.7}$$

3. 自由焓判据

由§4.1可知,对于一个不作非膨胀功的系统,在等温、等压条件下达到平衡时,其自由焓达到最小值。由此可得自由焓判据:一个不作非膨胀功的系统,在等温、等压条件下,对于各种可能的变动,平衡态的自由焓最小。因此,假定系统对平衡态有一微小的变动时,其自由焓的变化大于零,即

$$(\Delta G)_{T,p} > 0, \tag{9.4.8}$$

或者写为

$$(\Delta G)_{T,p} = (\delta G)_{T,p} + \frac{1}{2}(\delta^2 G)_{T,p} > 0. \tag{9.4.9}$$

同样,考虑等温、等压系统达到平衡时,其自由焓最小,故$(\delta G)_{T,p}=0$,则在数学上,一个等温、等压系统稳定平衡的条件可表达为

$$(\delta G)_{T,p} = 0, \qquad (\delta^2 G)_{T,p} > 0. \tag{9.4.10}$$

(9.4.4)、(9.4.7)、(9.4.10)三式,就是在三种不同条件下,系统达到稳定平衡时的判据。这三个判据中,熵判据是最基本的判据,因为当我们研究的系统不是孤立系统时,我们总

可以将系统和外界一起作为一个孤立系，该系统达到平衡时，其总熵达到最大值，此时(9.4.4)式成立。

二、平衡条件

下面，我们根据系统达到稳定平衡时的判据，讨论系统的平衡条件。

在一个热力学系统内部，一般可以发生四种类型的过程，因此相应地有四种平衡条件。第一，在物体之间有热传递过程时，达到平衡的条件称为热平衡条件；第二，在物体之间有力的作用时，达到平衡的条件称为力学平衡条件；第三，在一个复相系中，当各相之间有粒子交换时，达到平衡的条件称为相平衡条件；第四，当系统内不同组元间发生化学反应以及溶解、扩散等过程时，达到平衡的条件称为化学平衡条件。相平衡条件可以看成是化学平衡的特殊情况。

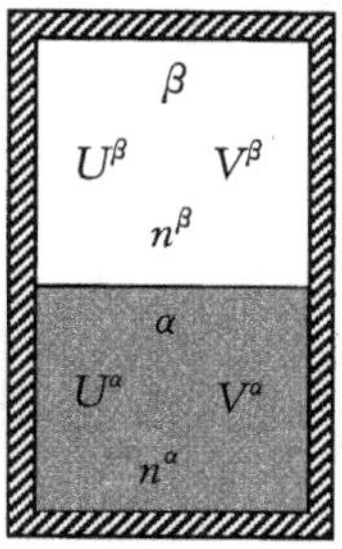

图 9-8
单元二相系统的平衡

下面我们应用熵判据，讨论单元复相系达到平衡时所要满足的条件。为此，我们考虑一个单元两相系统。假设该系统是一孤立系统，我们用 α 和 β 表示这两个相，用 U^α、V^α、n^α 和 U^β、V^β、n^β 分别表示 α 相和 β 相的内能、体积和摩尔数，如图 9-8 所示。该系统的总内能、总体积和总摩尔数在过程中应保持恒定，即

$$U^\alpha+U^\beta=\text{常数},\qquad V^\alpha+V^\beta=\text{常数},\qquad n^\alpha+n^\beta=\text{常数},\tag{9.4.11}$$

设想系统发生一个虚变动，在该变动中，α 相和 β 相的内能、体积和摩尔数分别发生改变 δU^α、δV^α、δn^α 和 δU^β、δV^β、δn^β。对孤立系，由(9.4.11)两边求微分，可得

$$\delta U^\alpha+\delta U^\beta=0,\qquad \delta V^\alpha+\delta V^\beta=0,\qquad \delta n^\alpha+\delta n^\beta=0,\tag{9.4.12}$$

因而

$$\delta U^\alpha=-\delta U^\beta,\qquad \delta V^\alpha=-\delta V^\beta,\qquad \delta n^\alpha=-\delta n^\beta,\tag{9.4.13}$$

由(9.3.6)式可得，两相的熵变分别为

$$\begin{aligned}\delta S^\alpha&=\frac{\delta U^\alpha}{T^\alpha}+\frac{p^\alpha}{T^\alpha}\delta V^\alpha-\frac{\mu^\alpha}{T^\alpha}\delta n_\alpha\\ \delta S^\beta&=\frac{\delta U^\beta}{T^\beta}+\frac{p^\beta}{T^\beta}\delta V^\beta-\frac{\mu^\beta}{T^\beta}\delta n_\beta,\end{aligned}\tag{9.4.14}$$

根据熵的广延性质及(9.4.13)式可知，整个系统的熵变为

$$\delta S=\delta S^\alpha+\delta S^\beta=\left(\frac{1}{T^\alpha}-\frac{1}{T^\beta}\right)\delta U^\alpha+\left(\frac{p^\alpha}{T^\alpha}-\frac{p^\beta}{T^\beta}\right)\delta V^\alpha-\left(\frac{\mu^\alpha}{T^\alpha}-\frac{\mu^\beta}{T^\beta}\right)\delta n^\alpha.\tag{9.4.15}$$

当整个系统达到平衡时，系统的熵有最大值，故必然有

$$\delta S=0.$$

在(9.4.15)式中，因为 δU^α、δV^α、δn^α 是可以独立改变的量，上式要求

$$\frac{1}{T^\alpha}-\frac{1}{T^\beta}=0,\qquad \frac{p^\alpha}{T^\alpha}-\frac{p^\beta}{T^\beta}=0,\qquad \frac{\mu^\alpha}{T^\alpha}-\frac{\mu^\beta}{T^\beta}=0,\tag{9.4.16}$$

由此可得

$$\begin{aligned}T^\alpha&=T^\beta&&\text{(热平衡条件)},\\ p^\alpha&=p^\beta&&\text{(力学平衡条件)},\\ \mu^\alpha&=\mu^\beta&&\text{(相平衡条件)},\end{aligned}\tag{9.4.17}$$

(9.4.17)式指出，整个系统达到平衡时，两相的温度、压强和化学势必须相等。这就是单

元复相系统达到平衡时所要满足的平衡条件，它们分别称为热平衡条件、力学平衡条件和相平衡条件。应指出的是，在(9.4.17)式中忽略了两相分界面是曲面时，对力学平衡条件的影响，关于这点，我们将在§9.9中详细讨论。

如果(9.4.17)式未能满足，则上述的复相系将朝着熵增加的方向发生变化，下面从三个方面进行分析讨论。

1. 如果系统已经达到力学平衡和相平衡，但没有达到热平衡，此时，在系统内部将发生热传导过程。设 $T^\alpha > T^\beta$，由(9.4.15)式有

$$\delta S = \left(\frac{1}{T^\alpha} - \frac{1}{T^\beta}\right)\delta U^\alpha > 0,$$

因

$$T^\alpha > T^\beta, \qquad \frac{1}{T^\alpha} - \frac{1}{T^\beta} < 0,$$

所以

$$\delta U^\alpha < 0.$$

由此可知，能量将从高温相朝低温相进行传递。

2. 如果系统已经达到热平衡和相平衡，但没有达到力学平衡，此时，在系统内部将发生力学过程。设 $p^\alpha > p^\beta$，由(9.4.15)式有

$$\delta S = \left(\frac{p^\alpha}{T^\alpha} - \frac{p^\beta}{T^\beta}\right)\delta V^\alpha$$

$$= \frac{1}{T^\alpha}(p^\alpha - p^\beta)\delta V^\alpha > 0,$$

因

$$p^\alpha - p^\beta > 0,$$

则

$$\delta V^\alpha > 0.$$

由此可知，压强大的相将膨胀，压强小的相将被压缩。

3. 如果系统已经达到热平衡和力学平衡，但没有达到相平衡，此时，在系统内部将发生相变过程。设 $\mu^\alpha > \mu^\beta$，由(9.4.15)式有

$$\delta S = -\left(\frac{\mu^\alpha}{T^\alpha} - \frac{\mu^\beta}{T^\beta}\right)\delta n^\alpha = -\frac{1}{T^\alpha}(\mu^\alpha - \mu^\beta)\delta n^\alpha > 0,$$

因

$$\mu^\alpha - \mu^\beta > 0,$$

由上式可得

$$\delta n^\alpha < 0.$$

由此可知，物质将从化学势高的相转变到化学势低的相去，正如水从高处流向低处一样，这也是我们将 μ 称为化学势的原因。

三、平衡的稳定性条件

为了保证平衡状态的稳定性，系统除应满足(9.4.17)式表达的平衡条件外，还应满足平衡的稳定性条件。根据 $(\delta^2 S)_{U,V,n} < 0$，可以导出热平衡、力学平衡及相平衡的稳定性条件为

$$C_V > 0, \qquad \left(\frac{\partial p}{\partial V}\right)_T < 0, \qquad \left(\frac{\partial \mu}{\partial n}\right)_{T,p} > 0. \tag{9.4.18}$$

上式中 $C_V>0$ 称为热平衡的稳定性条件，$\left(\frac{\partial p}{\partial V}\right)_T<0$ 或 $\kappa=-\frac{1}{V}\left(\frac{\partial V}{\partial p}\right)_T>0$ 称为力学平衡的稳定性条件，而 $\left(\frac{\partial \mu}{\partial n}\right)_{T,p}>0$ 称为相平衡的稳定性条件。关于这些，可分别作如下说明：

设 T 代表系统的温度，$T^{(e)}$ 代表外界的温度，当系统和外界达到热平衡时有 $T=T^{(e)}$，假设由于系统内部的涨落，使得 $T>T^{(e)}$，此时将有热量从系统传向外界，即 $(\mathrm{d}Q)_V<0$，由热平衡的稳定性条件要求 $C_V=\left(\frac{\mathrm{d}Q}{\mathrm{d}T}\right)_V>0$，则系统的温度变化 $\mathrm{d}T<0$，即传热的结果，将导致系统的温度降低，从而恢复原来的热平衡。

同样，如果设 p 为系统的压强，$p^{(e)}$ 为外界的压强，当系统和外界达到力学平衡时应有 $p=p^{(e)}$。假设由于系统内部的涨落，使系统的压强 p 稍高于外界压强，这时系统的体积将会发生膨胀，即 $(\mathrm{d}V)_T>0$，由力学平衡的稳定性条件要求 $\left(\frac{\partial p}{\partial V}\right)_T<0$，可得 $(\mathrm{d}p)_T<0$，即膨胀的结果，将导致系统压强的降低，从而恢复原来的力学平衡。关于相平衡的稳定性条件 $\left(\frac{\partial \mu}{\partial n}\right)_{T,p}>0$，也可作类似讨论，这点留给读者自己去分析。显然，如果(9.4.18)式不被满足，上述三个平衡将不可能保持稳定，在此不再赘述。

［例题 1］ 从熵判据出发，证明单元二相系热平衡和力学平衡的稳定性条件分别为

$$C_V>0,\qquad \left(\frac{\partial p}{\partial V}\right)_T<0.$$

［解］ 设孤立系由 A 和 B 两部分组成，根据熵判据的平衡稳定性条件有

$$\delta^2 S_0=\delta^2 S_A+\delta^2 S_B<0,$$

设 A 为系统，B 为外界。为了简单起见，我们可认为外界比系统大得多，在系统与外界相互作用而破坏平衡时，外界对平衡态的偏离很小，$\delta^2 S_B$ 可忽略，$\delta^2 S_A$ 可写为 $\delta^2 S$。此时系统平衡的稳定性条件可简化为

$$\delta^2 S<0,$$

对于单元系，(9.3.6)式可改写为

$$\delta S=\frac{1}{T}\delta U+\frac{p}{T}\delta V-\frac{\mu}{T}\delta n,$$

将上式再微分一次，得

$$\begin{aligned}\delta^2 S=&\frac{\partial}{\partial U}\left(\frac{1}{T}\right)(\delta U)^2+\frac{\partial}{\partial V}\left(\frac{1}{T}\right)\delta U\delta V+\frac{\partial}{\partial n}\left(\frac{1}{T}\right)\delta U\delta n\\&+\frac{\partial}{\partial U}\left(\frac{p}{T}\right)\delta U\delta V+\frac{\partial}{\partial V}\left(\frac{p}{T}\right)(\delta V)^2+\frac{\partial}{\partial n}\left(\frac{p}{T}\right)\delta U\delta n\\&-\frac{\partial}{\partial U}\left(\frac{\mu}{T}\right)\delta U\delta n-\frac{\partial}{\partial V}\left(\frac{\mu}{T}\right)\delta V\delta n-\frac{\partial}{\partial n}\left(\frac{\mu}{T}\right)(\delta n)^2<0.\end{aligned}$$

由于 $\delta^2 S<0$，则上式为负定二次型，根据线性代数可知(参考附录Ⅲ)，其系数行列式的一阶、二阶主子式应满足

$$\Delta_1=\frac{\partial}{\partial U}\left(\frac{1}{T}\right)<0,\tag{1}$$

$$\Delta_2=\begin{vmatrix}\frac{\partial}{\partial U}\left(\frac{1}{T}\right) & \frac{\partial}{\partial V}\left(\frac{1}{T}\right)\\ \frac{\partial}{\partial U}\left(\frac{p}{T}\right) & \frac{\partial}{\partial V}\left(\frac{p}{T}\right)\end{vmatrix}>0,\tag{2}$$

由(1)式可得

$$\Delta_1=-\frac{1}{T^2}\left(\frac{\partial T}{\partial U}\right)_{V,n}=-\frac{1}{T^2 C_V}<0,$$

为满足此式，必有 $C_V>0$，此即为(9.4.18)式中的第一式。由(2)式得

$$\Delta_2=-\frac{1}{T^3}\begin{vmatrix}\frac{\partial T}{\partial U} & \frac{\partial T}{\partial V}\\ \frac{\partial p}{\partial U} & \frac{\partial p}{\partial V}\end{vmatrix}=-\frac{1}{T^3}\frac{\partial(T,p)}{\partial(U,V)}^{①}=-\frac{1}{T^3}\frac{\frac{\partial(T,p)}{\partial(T,V)}}{\frac{\partial(U,V)}{\partial(T,V)}}$$

$$=-\frac{1}{T^3}\left(\frac{\partial p}{\partial V}\right)_T\Big/\left(\frac{\partial U}{\partial T}\right)_V=-\frac{1}{T^3C_V}\left(\frac{\partial p}{\partial V}\right)_T>0,$$

由此可得 $\left(\frac{\partial p}{\partial V}\right)_T<0$，此即为(9.4.18)式中的第二式。

由上面的证明可见，单元系热平衡和力学平衡的稳定性条件分别为

$$C_V>0,\qquad \left(\frac{\partial p}{\partial V}\right)_T<0.$$

[例题 2] 试从自由焓判据出发，证明两相系统相平衡的稳定性条件为 $\left(\frac{\partial\mu}{\partial n}\right)_{T,p}>0$

[解] 设我们所研究的系统是由 α 与 β 相组成，两相之间已达到热平衡与力学平衡，即两相的温度相等，压强相等。由于相变引起的系统的自由焓的变化为

$$\delta G=\delta G^\alpha+\delta G^\beta,$$

由(9.3.2)式有 $\delta G^\alpha=\mu^\alpha\delta n^\alpha$，$\delta G^\beta=\mu^\beta\delta n^\beta$ 代入上式可得

$$\delta G=\mu^\alpha\delta n^\alpha+\mu^\beta\delta n^\beta,$$

对上式再微分一次，由(9.4.10)式可得

$$\delta^2G=\left(\frac{\partial\mu^\alpha}{\partial n^\alpha}\right)_{T,p}(\delta n^\alpha)^2+\left(\frac{\partial\mu^\beta}{\partial n^\beta}\right)_{T,p}(\delta n^\beta)^2>0,$$

考虑上述两相系统是封闭系，故 $\delta n^\beta=-\delta n^\alpha$，$(\delta n^\beta)^2=(\delta n^\alpha)^2$，代入上式，则

$$\delta^2G=\left[\left(\frac{\partial\mu^\alpha}{\partial n^\alpha}\right)_{T,p}+\left(\frac{\partial\mu^\beta}{\partial n^\beta}\right)_{T,p}\right](\delta n^\alpha)^2>0,$$

因为 $(\delta n^\alpha)^2>0$，由此可得相平衡的稳定条件为

$$\left(\frac{\partial\mu}{\partial n}\right)_{T,p}>0.$$

我们知道，在等温、等压的条件下，两相平衡时有 $\mu^\alpha=\mu^\beta$，此时如果由于涨落，使 β 相的化学势高于 α 相的化学势，即 $\mu^\beta>\mu^\alpha$，则必将有粒子从 β 相转入 α 相，即 $(\delta n^\beta)_{T,p}<0$，由上式可知，$(\delta\mu^\beta)_{T,p}<0$，即随着粒子从 β 相转入 α 相，β 相的化学势也随之降低，最后消除两相化学势之差，于是系统重新回到平衡态。

§9.5 单元复相系的平衡性质

一、相平衡曲线 相图

为了加深对自由焓判据的理解，下面我们首先用自由焓判据讨论单元两相系的平衡条件。设所研究的系统由 α 相与 β 相组成，其中 α 相的摩尔数为 n^α，β 相的摩尔数为 n^β，如图9-9所示，它们都处于温度为 T，压强为 p 的状态下，即两相之间已经达到热平衡及力学平衡。根据自由焓判据，该系统达到平衡时，总的自由焓应取最小值，自由焓的一级微分等于零，即

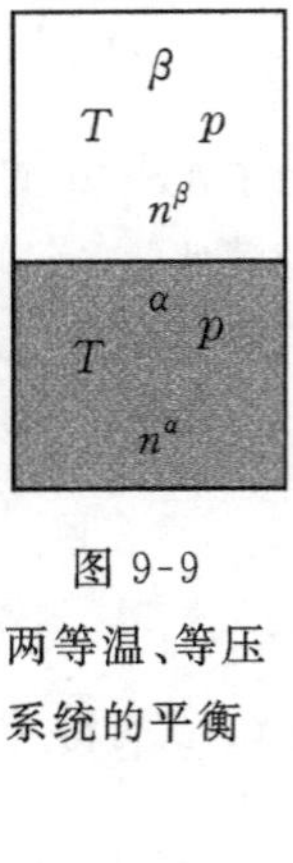

图 9-9
两等温、等压系统的平衡

$$\delta G=\delta G^\alpha+\delta G^\beta=0,$$

由(9.3.2)式可知，在等温、等压条件下有

① 此处利用了雅可比(Jacobi)行列式，参看附录Ⅲ。

$$\delta G^{\alpha} = \mu^{\alpha}\delta n^{\alpha},$$
$$\delta G^{\beta} = \mu^{\beta}\delta n^{\beta},$$

代入上式，可得

$$\delta G = \mu^{\alpha}\delta n^{\alpha} + \mu^{\beta}\delta n^{\beta} = 0. \tag{9.5.1}$$

考虑上述两相系统是一封闭系统，故 $n^{\alpha}+n^{\beta}=$常数，由此可得

$$\delta n^{\alpha} + \delta n^{\beta} = 0,$$

或者

$$\delta n^{\beta} = -\delta n^{\alpha}, \tag{9.5.2}$$

将(9.5.2)式代入(9.5.1)式，可得

$$\delta G = (\mu^{\alpha} - \mu^{\beta})\delta n^{\alpha} = 0, \tag{9.5.3}$$

式中 δn^{α} 是独立变量，故由上式可得两相平衡的条件是

$$\mu^{\alpha}(T,p) = \mu^{\beta}(T,p). \tag{9.5.4}$$

(9.5.4)式是单元两相系统的相平衡条件，在此条件下两相可以平衡共存。下面将根据此式讨论单元复相系统的平衡性质。

1. 相平衡曲线　二相图

由(9.5.4)式可以得出以下两点结论：

(1)上式说明两相之间不是在任意的温度和压强下都能平衡共存的，两相平衡共存时的温度和压强，必须满足(9.5.4)式，即两相平衡共存时的压强 p 是温度 T 的函数，

$$p = p(T). \tag{9.5.5}$$

(2)在满足(9.5.4)式的情况下，若有物质从一相转入另一相，即 $\delta n^{\alpha}\neq 0$ 时，由(9.5.3)式可知，此时系统的自由焓的变化

$$\delta G = (\mu^{\alpha} - \mu^{\beta})\delta n^{\alpha} = 0,$$

即系统的自由焓仍取极小值，两相的平衡不受破坏，所以该相变一般称为平衡相变。例如，在一个密闭容器中，当水和蒸气达到平衡共存时，如对蒸气进行等温压缩(或膨胀)，此时将有水蒸气凝结为水(或水汽化为水蒸气)，但水和蒸气两相仍平衡共存。由此可见，(9.5.4)式不仅表示相平衡的条件，而且表示平衡相变过程。

根据(9.5.4)式，在以压强 p 为纵轴，以温度 T 为横轴的直角坐标系中，可以画出一条曲线，如图 9-10 所示，该曲线称为相平衡曲线。显然，在曲线上任一点对应的压强和温度下，两相都可以平衡共存，而在曲线之外任一点对应的压强和温度下，由于两相化学势不相等，当系统处于图 9-10 中相平衡曲线左侧的 A 点所对应的压强和温度时，如 $\mu^{\alpha}<\mu^{\beta}$，此时只有 β 相的物质全部转入 α 相中，系统的自由焓才能最小，系统才能处于稳定的平衡态。因此，相平衡曲线左侧区域中，α 相是一稳定相。同样，当系统处于图中相平衡曲线右侧的 B 点所对应的压强和温度时，如 $\mu^{\alpha}>\mu^{\beta}$，则只有 α 相的物质全部转入 β 相中，系统的自由焓才能最小，系统才能处于稳定的平衡态。可见，在图 9-10 中相平衡曲线左右两侧的区域，是两个稳定的单相存在的区域。

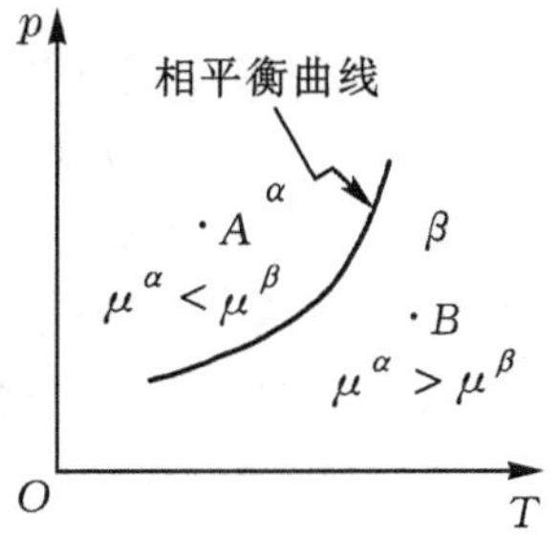

图 9-10　相平衡曲线

在图 9-10 中，若两相系统是气、液两相系统，相应的相平衡曲线称为汽化曲线，曲线左侧是液相存在的区域，而曲线右侧则是气相存在的区域，曲线上各点，气、液两相平衡共存。曲线上任一点对应的温度 T，就是在该点对应的压强 p 下液体的沸点，相应的压强

p,就是温度为 T 时的饱和蒸气压,由§9.2可知,它等于液面上的外压强。若两相系统是固、液两相系统,相平衡曲线称为熔解曲线,曲线左侧是固相存在的区域,曲线右侧是液相存在的区域,在曲线上,固液两相平衡共存。曲线上任一点的温度就是固相(或液相)在该点对应压强 p 下的熔点(或凝固点)。若两相系统是固、气两相系统,相平衡曲线称为升华曲线。曲线左侧是固相存在的区域,曲线右侧是气相存在的区域,在曲线上固、气两相平衡共存。曲线上任意一点对应的温度就是该固相在此点对应压强 p 下的升华点(或凝华点)。

由于上述的相平衡曲线把 p-T 平面分成了两个稳定的单相区域和一个两相平衡共存的区域,故一般将图9-10称为二相图。

2. 三相图　三相点

一个单元系,在不同的温度和压强范围内,可分别处于气相、液相和固相。如果分别把液气、固气和固液两相平衡共存的相平衡曲线都画在 p-T 图上,便可得出该单元系的三相图。图9-11是大多数纯物质三相图的示意图。图中 OC 为液气两相的相平衡曲线,即汽化曲线,OS 为固气两相的相平衡曲线,即升华曲线,OL 为固液两相的相平衡曲线,即熔解曲线。在 p-T 图上,三条曲线将 p-T 平面分为固、液、气三个单相存在的区域。汽化曲线的终点 C 称为临界点(参阅§9.7),当系统温度高于临界点的温度 T_C 时,物质只能以气相形式存在。

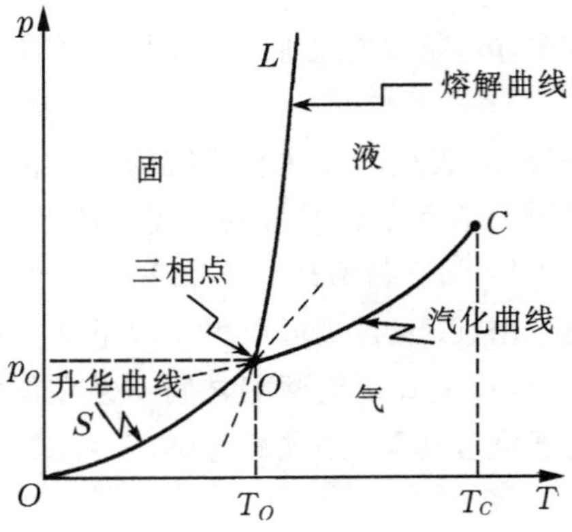

图9-11　三相图

三条曲线的交点 O,称为三相点,在该点固、液、气三相平衡共存。若以 α、β、γ 分别代表固、液、气三相,则在 O 点三相平衡共存的条件是

$$\left.\begin{aligned}T^\alpha &= T^\beta = T^\gamma\\ p^\alpha &= p^\beta = p^\gamma\\ \mu^\alpha(T,p) &= \mu^\beta(T,p) = \mu^\gamma(T,p)\end{aligned}\right\}\tag{9.5.6}$$

(9.5.6)式的第三式可写为

$$\mu^\alpha(T,p)=\mu^\beta(T,p),\qquad \mu^\beta(T,p)=\mu^\gamma(T,p),$$

这是有关在三相点处,物质的固、液、气三相平衡共存时,温度 T 与压强 p 应满足的两个方程。显然,联立求解上述方程组,就可得到该物质在三相点处的温度 T 和压强 p,可见三相点的温度和压强是完全确定的。图9-12和图9-13分别是水和 CO_2 的三相图,由图

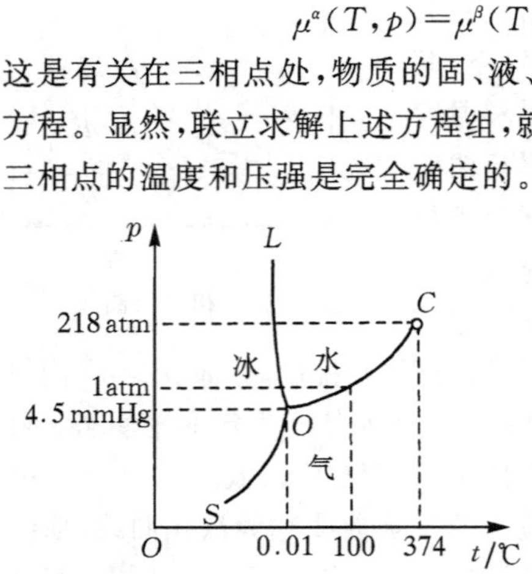

图9-12　水的三相图

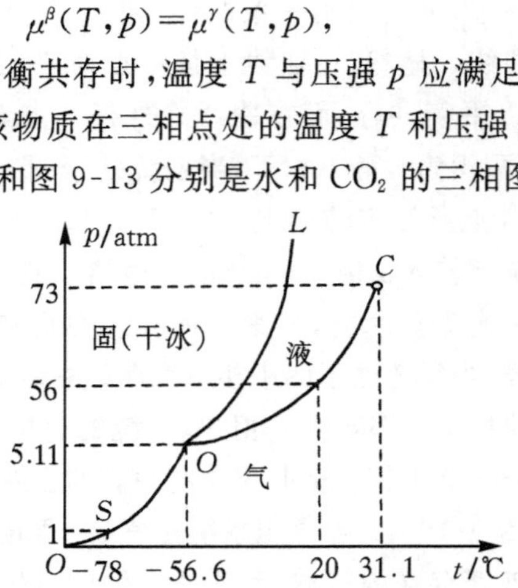

图9-13　二氧化碳的三相图

-12 可知，水的三相点的温度 $T_O=273.16\,\mathrm{K}$（或 $t_O=0.01℃$），$p_O=4.581\,\mathrm{mmHg}$。由图 9-13 可知，CO_2 在三相点的温度 $T_O=-56.5℃$，而 $p_O=5.11\,\mathrm{atm}$。

三相点通常被用来作为温标的标准温度点，其中水的三相点是国际温标中最基本的一个固定参考点。选三相点温度作为温标的固定点，比选用沸点和熔点作为固定点，其优越之处在于它的数值的确定，不依赖于压强的测量。只要在如图 9-14 所示的三相瓶中，使水的三相达到平衡共存，那么它的平衡温度就是三相点的温度。

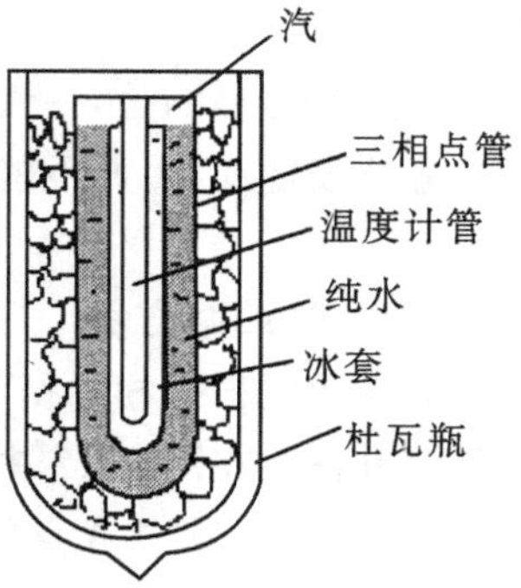

图 9-14 三相瓶

必须注意，有些物质的固态按不同的晶格可分为不同的相，如图 9-15 为水在高压下的相图。在高压下冰有九个不同的相，由图可见，每三个相只有一个三相点。又如硫的固态有单斜晶硫和正交晶硫两种结构，在同一压强下前者在较高的温度下出现。由图 9-16 可知，硫有六种两相平衡共存的曲线和三个三相共存的状态。大约在 $p=15\mathrm{atm}$ 和 $t=153℃$ 时，液态硫和两种固态硫同时出现。

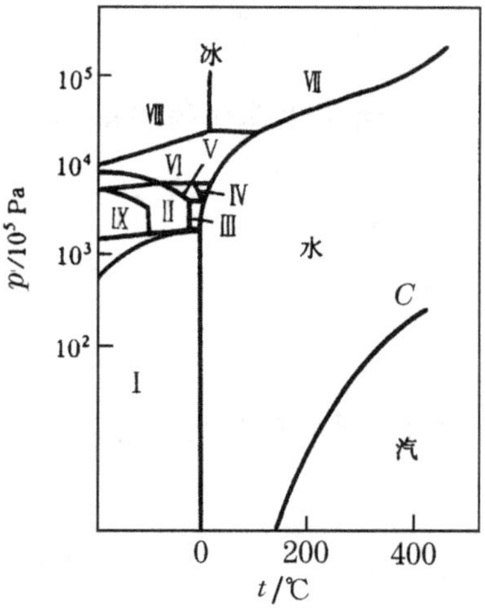

图 9-15 冰的相图

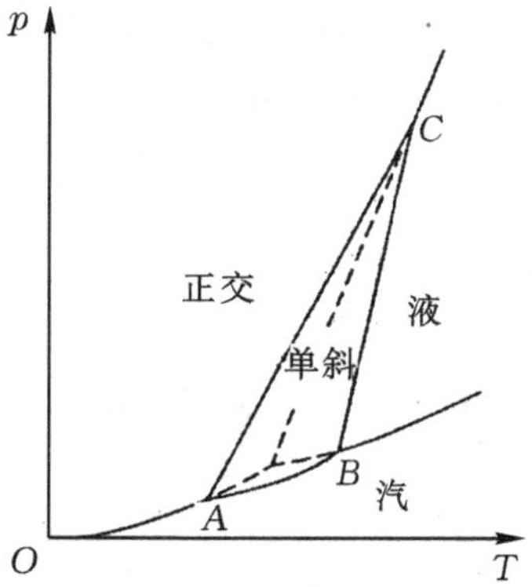

图 9-16 硫的相图

三相图可以帮助我们分析一种物质在某一压强和温度下的状态，以及当压强和温度变化时，它将朝什么方向进行相变。例如在室温下 CO_2 是贮存在高压钢筒内的，这时它处在气液两相平衡共存的状态。由图 9-13 可知，在 $t=20℃$ 时，钢筒内的压强约为 56 个大气压。使用时，把钢筒的阀门打开，钢筒内的气压，由 56 个大气压骤然减到 1 大气压，由图 9-13 可以看出，在此压强下，二氧化碳不可能处于液态，在室温下它只能处于气态。所以从钢筒喷出的液态二氧化碳就迅速汽化，在汽化过程中吸收大量的汽化热。这样，一部分液态 CO_2 的汽化将导致另一部分液态 CO_2 冷却，并凝固成干冰（即固态 CO_2），其温度低达 $-78℃$，用容器收集起来，便可充当冷却剂用。又如在图 9-12 中，在 $p=1\mathrm{atm}$ 下，水的沸点为 100℃，对于由水和饱和水蒸气组成的两相系，当其在维持两相平衡共存的条件下因放热而降温时，其饱和蒸气压也随之降低，系统的状态沿汽化曲线 OC 进行变化。到达三相点 O 时，若继续放热，则液相的水逐渐凝固为冰，并保持温度和压强不变，直至水全部凝固为冰。若继续放热，则其状态将沿升华曲线 OS 变化，系统变为由冰和蒸气组成的两相系统。冰和蒸气平衡时的压强仍有数百帕，例如在-10℃时平衡气压约为260 Pa，这说明在三相点以下，冰雪直接升华为气体，由此说明湿衣曝于寒气中可以晾干的事实。

最后应指出的是，一切物质的相图都是由实验测定的，因为热力学理论不能给出物质化学势的表达式，因而不能作出物质的理论相图，热力学理论只能求出相平衡曲线的斜率方程。

二、克拉珀龙方程

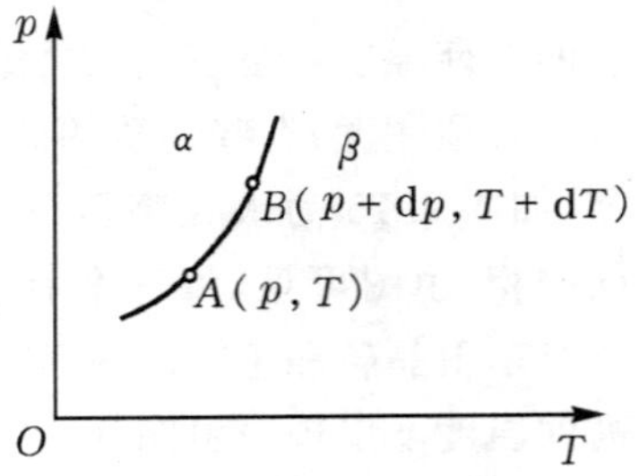

图 9-17

相平衡曲线上两个邻近点示意图

下面我们根据相平衡条件，推导两相系统相平衡曲线的斜率方程。在图9-17中所示的相平衡曲线上，取两个邻近点A和B，其中A点的压强为p，温度为T，B点的压强为$p+\mathrm{d}p$，温度为$T+\mathrm{d}T$。设两相系中的一相为α，另一相为β。根据相平衡条件有

$$\mu^{\alpha}(T,p)=\mu^{\beta}(T,p),$$

$$\mu^{\alpha}(T+\mathrm{d}T,p+\mathrm{d}p)=\mu^{\beta}(T+\mathrm{d}T,p+\mathrm{d}p),$$

二式相减可得

$$\mathrm{d}\mu^{\alpha}=\mathrm{d}\mu^{\beta}. \tag{9.5.7}$$

上式表明，在相平衡曲线上，由某一点变到另一邻近点时，两相化学势的变化必然相等。根据(9.3.5)式，上式可写为

$$-S_{\mathrm{m}}^{\alpha}\mathrm{d}T+V_{\mathrm{m}}^{\alpha}\mathrm{d}p=-S_{\mathrm{m}}^{\beta}\mathrm{d}T+V_{\mathrm{m}}^{\beta}\mathrm{d}p,$$

经整理后可得

$$\frac{\mathrm{d}p}{\mathrm{d}T}=\frac{S_{\mathrm{m}}^{\beta}-S_{\mathrm{m}}^{\alpha}}{V_{\mathrm{m}}^{\beta}-V_{\mathrm{m}}^{\alpha}} \tag{9.5.8}$$

若用$L_{\mathrm{m}}=T(S_{\mathrm{m}}^{\beta}-S_{\mathrm{m}}^{\alpha})$表示1摩尔$\alpha$相物质转变到$\beta$相时所吸收的相变潜热，则(9.5.8)式可改写为

$$\frac{\mathrm{d}p}{\mathrm{d}T}=\frac{L_{\mathrm{m}}}{T(V_{\mathrm{m}}^{\beta}-V_{\mathrm{m}}^{\alpha})}. \tag{9.5.9(a)}$$

上式中V_{m}表示1摩尔物质的体积。

若用$l=T(s^{\beta}-s^{\alpha})$表示1 kg α相物质转变到β相时所吸收的相变潜热，则(9.5.8)式可改写为

$$\frac{\mathrm{d}p}{\mathrm{d}T}=\frac{l}{T(v^{\beta}-v^{\alpha})}. \tag{9.5.9(b)}$$

式中v表示1 kg物质占有的体积，即物质的比容。(9.5.8)式、(9.5.9(a))式和(9.5.9.(b))式均称为克拉珀龙(Clapeyron B P E)方程。该方程是相平衡曲线的斜率所满足的方程，它给出了两相平衡共存时的压强随温度变化的关系。

［例题1］ 在三相点处，水的汽化热为$l_{\mathrm{v}}=2.54\times10^{6}$ J/kg，升华热为$l_{\mathrm{s}}=2.88\times10^{6}$ J/kg，气相的比容$v_{\mathrm{g}}=2.1\times10^{2}$ m^3/kg，液相的比容v_{l}及固相的比容v_{s}与v_{g}相比都可以忽略不计。试证明在三相点处，汽化曲线OC和升华曲线OS的斜率是不同的。

［解］ 根据(9.5.9(b))式，汽化曲线OC在O点的斜率为

$$\frac{\mathrm{d}p}{\mathrm{d}T}=\frac{l_{\mathrm{v}}}{T(v_{\mathrm{g}}-v_{\mathrm{l}})}\approx\frac{l_{\mathrm{v}}}{Tv_{\mathrm{g}}}=\frac{2.54\times10^{6}}{273\times2.1\times10^{2}}=44.3\,\mathrm{Pa/K}$$

$$=\frac{44.3\times760}{1.01325\times10^{5}}\,\mathrm{mmHg/K}=0.332\,\mathrm{mmHg/K},$$

升华曲线 OS 在 O 点的斜率为

$$\frac{\mathrm{d}p}{\mathrm{d}T}=\frac{l_s}{T(v_g-v_l)}\approx\frac{l_s}{Tv_g}=\frac{2.88\times10^6}{273\times2.1\times10^2}=50.24\,\mathrm{Pa/K}$$
$$=\frac{50.24\times760}{1.01325\times10^5}\,\mathrm{mmHg/K}=0.376\,\mathrm{mmHg/K}.$$

由此可见，在三相点 O 处，汽化曲线 OC 的斜率小于升华曲线 OS 的斜率。

[例题 2]　水从 99 ℃升高到 101 ℃时，饱和蒸气压从 733.7 mmHg 增大到 788.0 mmHg. 假定这时水蒸气可看作理想气体，求 100 ℃时水的汽化热。

解　根据(9.5.9(a))式有：

$$L_{m,v}=T\frac{\mathrm{d}p}{\mathrm{d}T}(V_{m,g}-V_{m,l})\approx T\frac{\mathrm{d}p}{\mathrm{d}T}V_{m,g},$$

因将水蒸气近似看作理想气体，所以对 1 摩尔气体有

$$V_{m,g}=\frac{RT}{p},$$

代入上式得

$$L_{m,v}=\frac{RT^2}{p}\frac{\mathrm{d}p}{\mathrm{d}T}=\frac{8.31\,\mathrm{J/mol\cdot K}\times373^2\,\mathrm{K}^2}{760\,\mathrm{mmHg}}\times\frac{(788.0-737.7)\,\mathrm{mmHg}}{(101-99)\,\mathrm{K}}$$
$$=4.13\times10^4\ \mathrm{J/mol}$$

则水的汽化热为

$$l_v=\frac{L_v}{\mu}=\frac{4.13\times10^4}{18\times10^{-3}}\,\mathrm{J/kg}=2.29\times10^6\ \mathrm{J/kg}.$$

三、沸点与压强的关系

下面，我们利用(9.5.9(b))式来考察液体的沸点随压强的变化关系。令 α 相为液相，β 相为气相。由于液相变为气相时要吸热，所以 $l_v>0$，又由于气相的比容 v^β 总是大于液相的比容 v^α，因此，由(9.5.9(b))式可知，对于汽化曲线有

$$\frac{\mathrm{d}p}{\mathrm{d}T}>0,$$

这说明液体的沸点随压强的增加而升高，随压强的减小而降低。例如，在 $p=1\,\mathrm{atm}$ 时，水的沸点 $T=373.15\,\mathrm{K}$，由实验测得水蒸气和水的比容分别为 $v^\beta=1.6730\,\mathrm{m^3/kg}$ 和 $v^\alpha=1.04346\times10^{-3}\ \mathrm{m^3/kg}$，水的汽化热 $l_v=5.3914\times10^2\ \mathrm{kcal/kg}$. 把这些数据代入(9.5.9(b))式，可得

$$\frac{\mathrm{d}p}{\mathrm{d}T}=\frac{l_v}{T(v^\beta-v^\alpha)}=0.8641\,\mathrm{kcal/m^3\cdot K},$$

因为

$$1\,\mathrm{kcal/m^3}=4.1858\times10^3\ \mathrm{N/m^2}$$
$$=\frac{4.1858\times10^3}{1.01325\times10^5}\,\mathrm{atm}=4.1311\times10^{-2}\ \mathrm{atm},\qquad(9.5.10)$$

所以

$$\frac{\mathrm{d}p}{\mathrm{d}T}=0.8641\times4.1311\times10^{-2}\ \mathrm{atm/K}$$
$$=0.0357\,\mathrm{atm/K},$$

实验测得的值为 0.0356 atm/K。可见，计算结果与实验测得的值符合很好。

大气压是随高度的增加而减小的，所以水的沸点也随海拔高度的增加而降低。在高

原地区，水的沸点低于 100℃，食物常常煮不熟，因此要使用压力锅来煮食物。压力锅盖可以旋紧而不漏气，因而锅内压力升高，水温可以升到 100℃以上，食物能较快地煮熟。在蒸气动力机里，为了提高热机效率，还可以通过提高锅炉内蒸气的压力，从而提高蒸气的温度。在低温技术中，常用真空泵抽去低温液体上方的蒸气，以降低蒸气压，从而使液体的沸点降低，以获得更低的温度。另外，利用 p-T 图上的汽化曲线，可以通过测量水的沸点来测得当地的大气压，再根据大气压随高度的变化规律，还可以间接地测量当地的海拔高度。

［例题 3］ 已知水在 100℃时的汽化热为 2.26×10^6 J/kg，大气压强随高度的变化规律为 $p=p_0\mathrm{e}^{-\mu gz/RT_0}$，$p_0$ 为 $z=0$ 处（即海平面）的大气压，z 是离海平面的高度。试问从海平面上升 1 千米，其沸点变化多少？设大气温度 $T_0=300$ K.

［解］ 在 § 9.2 中我们知道，液体沸腾的条件是其饱和蒸气压等于液面上方的大气压，由题设条件 $p=p_0\mathrm{e}^{-\mu gz/RT_0}$ 可得

$$\mathrm{d}p = p_0\mathrm{e}^{-\mu gz/RT_0}\left(-\frac{\mu g}{RT_0}\right)\mathrm{d}z = -\frac{p\mu g}{RT_0}\mathrm{d}z,$$

则

$$\frac{\mathrm{d}p}{\mathrm{d}z} = -\frac{p\mu g}{RT_0}, \tag{1}$$

(1)式表示大气压随高度的变化率。考虑

$$\frac{\mathrm{d}p}{\mathrm{d}T} = \frac{\mathrm{d}p}{\mathrm{d}z}\frac{\mathrm{d}z}{\mathrm{d}T},$$

将(1)式代入上式，可得

$$\frac{\mathrm{d}p}{\mathrm{d}T} = -\frac{p\mu g}{RT_0}\frac{\mathrm{d}z}{\mathrm{d}T}, \tag{2}$$

由(9.5.9(a))式可得

$$\frac{\mathrm{d}p}{\mathrm{d}T} = \frac{L_{\mathrm{m,v}}}{T(V_{\mathrm{m}}^{\beta}-V_{\mathrm{m}}^{\alpha})} \approx \frac{L_{\mathrm{m,v}}}{TV_{\mathrm{m}}^{\beta}},$$

V_{m}^{β} 为 1 摩尔饱和水蒸气的体积，当该蒸气可看作是理想气体时，则 $V_{\mathrm{m}}^{\beta}=\dfrac{RT}{p}$，代入上式可得

$$\frac{\mathrm{d}p}{\mathrm{d}T} = \frac{L_{\mathrm{m,v}}p}{RT^2} = \frac{2.26\times10^6\ \mu p}{RT^2}, \tag{3}$$

式中 μ 为水蒸气的摩尔质量。将(3)式代入(2)式，经整理后可得

$$\frac{\mathrm{d}T}{\mathrm{d}z} = -\frac{T^2 g}{2.26\times10^6\,T_0},$$

或

$$\Delta T = -\frac{T^2 g}{2.26\times10^6\,T_0}\Delta z = -\frac{373^2\times9.8\times10^3}{2.26\times10^6\times300} = -2.0\mathrm{K}.$$

式中 T 是海平面处水的沸点，ΔT 为海拔高度升高 $\Delta z=10^3$ m 时水的沸点的变化，即水的沸点降低 2.0K。

四、熔点与压强的关系

下面，我们应用(9.5.9(b))式再考察固体的熔点随压强的变化关系。令 α 相为固相，β 相为液相。由于固体熔解时要吸热，所以相变潜热 $l_m>0$，由(9.5.9)式可知，如 $v^{\beta}>v^{\alpha}$，则 $\dfrac{\mathrm{d}p}{\mathrm{d}T}>0$；$v^{\beta}<v^{\alpha}$，则 $\dfrac{\mathrm{d}p}{\mathrm{d}T}<0$。也就是说，如固体熔解时体积发生膨胀，则熔点随压强的增大而升高，反之，如熔解时体积缩小，则熔点随压强的增大而降低。

对大多数物质而言，熔解时体积都要膨胀，$v^{\beta}>v^{\alpha}$，因此，熔解曲线的斜率是正的，即

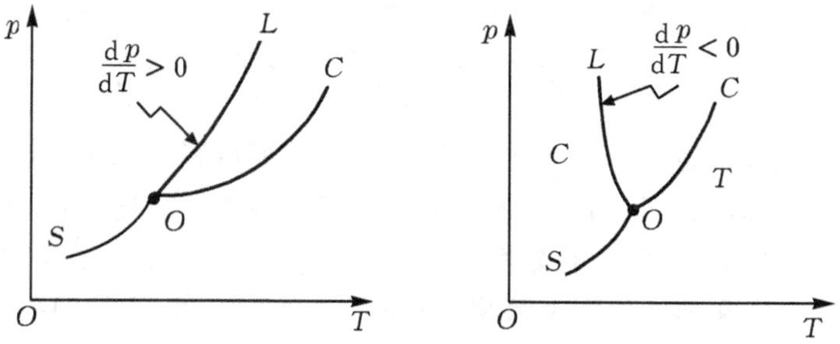

(a)压强增大，熔点升高　　(b)压强增大，熔点降低

图 9-18　固体熔点与压强的关系

熔点随压强的增大而升高，如图 9-18(a)所示。但像水和铋等物质则属于例外，它们在熔解时体积要收缩，$v^{\beta}<v^{\alpha}$，因此，熔解曲线的斜率是负的，这时，固体的熔点随着压强的增大而降低，如图 9-18(b)所示。例如，冰在 $p=1\ \text{atm}$ 时的熔点是 $T=273.15\ \text{K}$，实验测得在此情况下冰和水的比容分别是 $v^{\alpha}=1.0908\times10^{-3}\ \text{m}^3/\text{kg}$，$v^{\beta}=1.00021\times10^{-3}\ \text{m}^3/\text{kg}$，熔解热 $L_{\text{m}}=79.72\ \text{kcal/kg}$，由(9.5.9(b))式可得

$$\frac{\mathrm{d}T}{\mathrm{d}p}=\frac{T(v^{\beta}-v^{\alpha})}{L_{\text{m}}}=-\frac{273.15\times0.0906\times10^{-3}}{79.72}\ \frac{\text{K}}{\text{kcal/m}^3}$$

$$=-\frac{273.15\times0.0906}{79.72\times41.311}\ \frac{\text{K}}{\text{atm}}=-0.00752\ \text{K/atm}$$

上述计算中，应用了(9.5.10)式的结果。这个结果和实验测得的值 $-0.00752\ \text{K/atm}$ 符合得很好。由上述结果可见，每增加 1 大气压，冰的熔点才降低 0.00752 K，即熔点随压强的变化是很不显著的。

冰的熔点随压强的增大而降低的现象，可以由图 9-19 所示的实验显示出来。将一根钢丝跨在冰块上，下面挂一重物，我们就可以看到，钢丝会逐渐嵌入冰块，不断下陷，最后钢丝穿过冰块，而冰块并未切割成两半。这是因为在钢丝下面的冰受到较大的压力，熔点降低，冰熔化为水，使钢丝下陷；但已熔的水在钢丝上面不再受到它的压力，又重新凝固成冰。

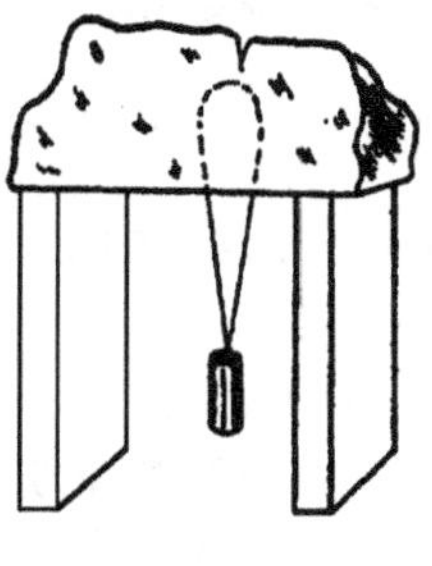

图 9-19
冰的熔点随压强的增大而降低

* 五、相变潜热与温度的关系

§9.2 中我们知道，液体的汽化热随温度的升高而减小，实际上不仅汽化热随温度变化，而且熔解热与升华也随温度的变化而变化。作为克拉珀龙方程的应用，下面我们讨论相变潜热与温度的关系。由(9.1.2)式有

$$l=h_2-h_1,$$

将上式对温度求微商，考虑两相平衡共存时有 $h=h[T,p(T)]$，则

$$\frac{\mathrm{d}l}{\mathrm{d}T}=\frac{\mathrm{d}h_2}{\mathrm{d}T}-\frac{\mathrm{d}h_1}{\mathrm{d}T}=\left[\left(\frac{\partial h_2}{\partial T}\right)_p+\left(\frac{\partial h_2}{\partial p}\right)_T\frac{\mathrm{d}p}{\mathrm{d}T}\right]-\left[\left(\frac{\partial h_1}{\partial T}\right)_p+\left(\frac{\partial h_1}{\partial p}\right)_T\frac{\mathrm{d}p}{\mathrm{d}T}\right].$$

由(4.1.14)式及(4.3.9)式可知

$$\left(\frac{\partial h}{\partial T}\right)_p=c_p\qquad\left(\frac{\partial h}{\partial p}\right)_T=v-T\left(\frac{\partial v}{\partial T}\right)_p.$$

c_p 为定压比热，将上述结果及(9.5.9(b))式代入上式，可得

$$\frac{\mathrm{d}l}{\mathrm{d}T}=c_p^{(2)}-c_p^{(1)}+\frac{l}{T}-\left[\left(\frac{\partial v_2}{\partial T}\right)_p-\left(\frac{\partial v_1}{\partial T}\right)_p\right]\frac{l}{v_2-v_1},\tag{9.5.11}$$

上式即为相变潜热随温度变化的公式。对于1摩尔的物质，上式可表达为

$$\frac{\mathrm{d}L_{\mathrm{m}}}{\mathrm{d}T}=C_{p,\mathrm{m}}^{(2)}-C_{p,\mathrm{m}}^{(1)}+\frac{L_{\mathrm{m}}}{T}-\left[\left(\frac{\partial V_{\mathrm{m}}^{(2)}}{\partial T}\right)_p-\left(\frac{\partial V_{\mathrm{m}}^{(1)}}{\partial T}\right)_p\right]\frac{L_{\mathrm{m}}}{V_{\mathrm{m}}^{(2)}-V_{\mathrm{m}}^{(1)}},\tag{9.5.12}$$

根据在一定温度和压强下各相的定压比热及其他数据，即可算出相变潜热随温度的变化。为了简化上式，我们引入两相平衡比热容的概念。所谓两相平衡比热容，即保持两相的平衡状态不受破坏，升高温度1℃时平衡相所需的热量。此时两相的压强和比容必随温度的变化而变化。设 $c_1^{(2)}$ 和 $c_2^{(1)}$ 分别表示第一相和第二相在互相平衡的条件下的比热容，则

$$c_1^{(2)}=T\frac{\mathrm{d}s_1}{\mathrm{d}T},\qquad c_2^{(1)}=T\frac{\mathrm{d}s_2}{\mathrm{d}T},\tag{9.5.13}$$

考虑在两相平衡共存时有

$$s=s[T,p(T)],$$

则有

$$\frac{\mathrm{d}s}{\mathrm{d}T}=\left(\frac{\partial s}{\partial T}\right)_p+\left(\frac{\partial s}{\partial p}\right)_T\frac{\mathrm{d}p}{\mathrm{d}T}=\frac{c_p}{T}-\left(\frac{\partial v}{\partial T}\right)_p\frac{\mathrm{d}p}{\mathrm{d}T},$$

将上式代入(9.5.13)式，可得

$$c_1^{(2)}=T\frac{\mathrm{d}s_1}{\mathrm{d}T}=c_p^{(1)}-T\left(\frac{\partial v_1}{\partial T}\right)_p\frac{\mathrm{d}p}{\mathrm{d}T}=c_p^{(1)}-\left(\frac{\partial v_1}{\partial T}\right)_p\frac{l}{v_2-v_1},$$

$$c_2^{(1)}=T\frac{\mathrm{d}s_2}{\mathrm{d}T}=c_p^{(2)}-T\left(\frac{\partial v_2}{\partial T}\right)_p\frac{\mathrm{d}p}{\mathrm{d}T}=c_p^{(2)}-\left(\frac{\partial v_2}{\partial T}\right)_p\frac{l}{v_2-v_1},$$

将上述两式相减，可得

$$c_2^{(1)}-c_1^{(2)}=c_p^{(2)}-c_p^{(1)}-\frac{l}{v_2-v_1}\left[\left(\frac{\partial v_2}{\partial T}\right)_p-\left(\frac{\partial v_1}{\partial T}\right)_p\right].\tag{9.5.14}$$

将(9.5.14)式代入(9.5.11)式，最后可得

$$\frac{\mathrm{d}l}{\mathrm{d}T}=c_2^{(1)}-c_1^{(2)}+\frac{l}{T}.\tag{9.5.15}$$

对于固液两相系统，考虑固相和液相的定压膨胀系数很小，此时(9.5.11)式中的第三项与(9.5.14)式中第二项的可以忽略不计。此时由(9.5.14)式可知，该两相系统的平衡比热容 $c_2^{(1)}$ 与 $c_1^{(2)}$ 可用定压比热 $c_p^{(2)}$ 与 $c_p^{(1)}$ 代替。但对于液气两相系统或者固气两相系统中的气相而言，平衡比热容和定压比热相差很大，下面我们从(9.5.11)式来推算饱和水蒸气在100℃时的相平衡比热容。

已知水在压强 $p=1\mathrm{atm}$，温度 $t=100$℃时，水与蒸气可以平衡共存，并组成两相系统。设相2代表水蒸气，相1代表水，令 $c_2^{(1)}$ 和 $c_1^{(2)}$ 分别代表相2和相1的相平衡比热容。下面先应用(9.5.11)式计算 $\frac{\mathrm{d}l}{\mathrm{d}T}$。

已知下列实验数据：$v_2-v_1\approx1.672\ \mathrm{m^3/kg}$，$l_v=2.257\times10^6\ \mathrm{J/kg}$，$c_p^{(2)}=1934\ \mathrm{J/(kg\cdot K)}$，$c_p^{(1)}=4237\ \mathrm{J/(kg\cdot K)}$，$\left(\frac{\partial v_2}{\partial T}\right)_p=4.813\times10^{-6}\ \mathrm{m^3/(kg\cdot K)}$，$\left(\frac{\partial v_1}{\partial T}\right)_p=0.784\times10^{-9}\ \mathrm{m^3/(kg\cdot K)}$，将这些数据代入(9.5.11)式可得

$$\frac{\mathrm{d}l}{\mathrm{d}T}=-2.74\times10^3\ \mathrm{J/(kg\cdot K)}$$

此值与实验符合。用定压比热 $c_p^{(1)}$ 代替水的相平衡比热容 $c_1^{(2)}$，并把上面的结果代入(9.5.15)式，最后可得蒸气的平衡比热容为

$$c_2^{(1)} = -4\,551\,\text{J}/(\text{kg}\cdot\text{K})$$

由此可见，饱和水蒸气的相平衡比热容为负值，对此，可作如下理解：由于使蒸气的温度升高是沿相平衡曲线进行的，因而在提高温度的同时，必须加大压强才能维持两相平衡。在图 9-20 中，a、c 是汽化曲线上的两个邻近点，因而 ac 过程，可看作是由 ab、bc 两个小过程组合而成。在 ab 过程中，蒸气被等压加热升温，同时从外界吸热 ΔQ；在 bc 过程中，蒸气被等温压缩，从外界得到了功，并放热 $\Delta Q'$。当 $\Delta Q'>\Delta Q$ 时，则在整个过程中蒸气温度升高了 ΔT，从外吸热 $\Delta Q'-\Delta Q<0$，故饱和蒸气的相平衡比热容 $c_2^{(1)}=\dfrac{\Delta Q'-\Delta Q}{\Delta T}<0$。

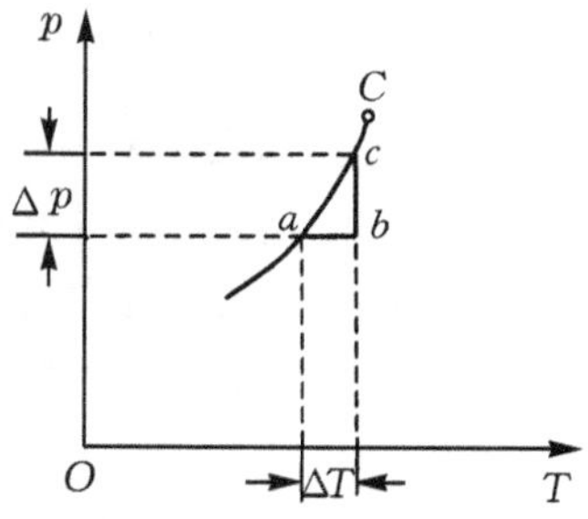

图 9-20
饱和水蒸气相平衡比热为负值

§9.6　蒸气压方程

物质的气相和它的液相或固相平衡时的蒸气称为饱和蒸气。实验指出，饱和蒸气压与温度有一定的依赖关系，该关系式 $p=p(T)$ 叫做蒸气压方程。根据实验数据的分析可以得出经验的蒸气压方程。根据热力学理论也可以导出与经验公式符合的理论的蒸气压方程。

一、经验的蒸气压方程

固体的饱和蒸气压只在熔点附近才可以测量，其蒸气压方程为

$$\lg p = -\frac{B}{T} + A. \tag{9.6.1}$$

例如，对于镁，在 700～739 开的范围内有

$$\lg p = -\frac{7527}{T} + 8.589,$$

对于锌，在 575～630 开的范围内有

$$\lg p = -\frac{6787}{T} + 8.972.$$

以上各式，压强 p 都以帕为单位。

对于大多数物质，气液两相平衡时的蒸气压方程都具有以下的形式

$$\lg p = A - \frac{B}{T} - C\lg T, \tag{9.6.2}$$

这个方程叫基尔霍夫方程。其中 A、B、C 是和物质性质及温度有关的常数，例如，对于汞：

在 15～270℃，　$\lg p = 17.36921 - \dfrac{3623.932}{T} - 2.367233\lg T$，

在 270℃～450℃，　$\lg p = 12.16577 - \dfrac{3271.245}{T} - 0.7020537\lg T$，

在 400～800℃，　$\lg p = 12.4984 - \dfrac{3308}{T} - 0.8\lg T$.

对于氦：

在 4.899～2.190 开，$\lg p=3.442-\frac{3.024}{T}+2.208\lg T$，

在 2.190 开以下，　$\lg p=4.160-\frac{3.859}{T}+0.922\lg T$.

二、理论蒸气压方程

从克拉珀龙方程可以推导出蒸气压方程的近似表达式。

液相和固相的摩尔体积，相对气相的摩尔体积来说，可以忽略，此时克拉珀龙方程(9.5.9(a))可近似地表达为

$$\frac{\mathrm{d}p}{\mathrm{d}T}=\frac{L_{\mathrm{m}}}{TV_{\mathrm{m}}^{\beta}},\tag{9.6.3}$$

假定气相遵从理想气体状态方程，则对于 1 摩尔气相物质而言，其摩尔体积为 $V_{\mathrm{m}}^{\beta}=\frac{RT}{p}$，代入(9.6.3)式，可得

$$\frac{\mathrm{d}p}{\mathrm{d}T}=\frac{pL_{\mathrm{m}}}{RT^2},$$

或者表达为

$$\frac{\mathrm{d}p}{p}=-\frac{L_{\mathrm{m}}}{R}\mathrm{d}\left(\frac{1}{T}\right),\tag{9.6.4}$$

当 L_{m} 可看成常数时，积分上式，可得

$$\ln p=-\frac{L_{\mathrm{m}}}{RT}+\text{const.}\tag{9.6.5}$$

这个方程形式与(9.6.1)式相同。

另外，考虑潜热 L_{m} 与温度有关，根据(9.5.12)式，将固相和液相的摩尔体积 $V_{\mathrm{m}}^{(1)}$ 及其对温度的偏导数$\left(\frac{\partial V_{\mathrm{m}}^{(1)}}{\partial T}\right)_p$略去，此时有

$$\frac{\mathrm{d}L_{\mathrm{m}}}{\mathrm{d}T}=C_{p,\mathrm{m}}^{(2)}-C_{p,\mathrm{m}}^{(1)}+\frac{L_{\mathrm{m}}}{T}-\left(\frac{\partial V_{\mathrm{m}}^{(2)}}{\partial T}\right)_p\frac{L_{\mathrm{m}}}{V_{\mathrm{m}}^{(2)}}.\tag{9.6.6}$$

同样假定气相遵从理想气体状态方程，对 1 摩尔气相物质，$V_{\mathrm{m}}^{(2)}=\frac{RT}{p}$，$-\left(\frac{\partial V_{\mathrm{m}}^{(2)}}{\partial T}\right)_p\frac{L_{\mathrm{m}}}{V_{\mathrm{m}}^{(2)}}=-\frac{L_{\mathrm{m}}}{T}$，代入上式，得

$$\frac{\mathrm{d}L_{\mathrm{m}}}{\mathrm{d}T}=C_{p,\mathrm{m}}^{(2)}-C_{p,\mathrm{m}}^{(1)},$$

假定定压摩尔热容 $C_{p,\mathrm{m}}$ 与温度无关，积分上式得

$$L_{\mathrm{m}}=L_{\mathrm{m0}}+(C_{p,\mathrm{m}}^{(2)}-C_{p,\mathrm{m}}^{(1)})T,$$

将上式代入与(9.6.4)式进行积分，可得

$$\ln p=-\frac{L_{\mathrm{m0}}}{RT}+\frac{C_{p,\mathrm{m}}^{(2)}-C_{p,\mathrm{m}}^{(1)}}{R}\ln T+A.\tag{9.6.7}$$

这个方程的形式与(9.6.2)式相同。

［**例题**］ 在 700K～739K 温度范围内，镁的蒸气压方程为

$$\lg p=-\frac{7527}{T}+8.589,$$

试根据上式求镁的升华热。

［解］（9.6.5）式可写为

$$\lg p = -\frac{L_{m,s}}{2.30RT} + \text{const},$$

将此式与上式比较，可得

$$L_{m,s} = 2.30R \times 7527 = 144\text{kJ/mol}.$$

§9.7　气液等温转变

实验指出，气液之间的相互转变，一般是通过改变系统的温度和压强来实现的，当压强保持恒定时，可以通过改变系统的温度来实现，而当温度保持恒定时，可以通过改变系统的压强来实现，当然也可以通过同时改变系统的温度和压强来实现。下面我们讨论实际气体在等温条件下，通过连续改变气体的压强，实现气液等温转变的过程。

一、安德鲁斯实验

1869年英国物理学家安德鲁斯（Andrews）最早从实验上系统地研究了实际气体的等温转变过程。在图9-21所示的实验中，他将一定量的CO_2气体充入气缸，为使过程等温地进行，他将整个气缸置入恒温水槽内。同时为测量气体的压强，他还在气缸上装有压强计。此时，通过缓慢地移动活塞以压缩CO_2气体，并记录在此过程中气体的各个压强及对应的体积，然后，在p-v图上（v表示比容）画出等温过程曲线，如图9-21中$OADBR$所示。下面对上述曲线中各段的物理意义进行分析。

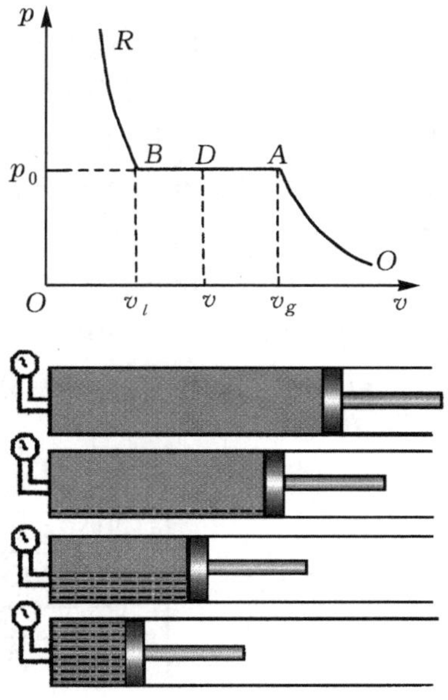

图9-21　安德鲁斯实验示意图

曲线OA段表示气体液化前对气体的等温压缩过程，由图可知，气体的压强随体积的减小而增大，与理想气体的等温线相似。当压强增加到A点所对应的压强p_0时，CO_2气体开始液化，故A点所对应的气体称为饱和蒸气，其比容为v_g。此时，如果活塞继续对系统进行压缩，则CO_2气体逐步减少，液态CO_2逐渐增多，在此过程中，系统的压强p_0保持不变，气液两相的总体积则由于气体数量的减少而减少。当压缩至B点时，CO_2气体全部液化，此时的液体称为饱和液体，对应的比容为v_l。综上所述可知，图中的水平线段ADB表示气液等温转变过程。考虑过程中每一状态，气液两相都是平衡共存的状态，这种平衡就是§9.4中所提到的随遇平衡。ADB过程中发生的气液等温转变，称为平衡相变，此处的压强p_0就是在这一温度下的饱和蒸气压。A点表示系统全部以饱和蒸气状态存在，故也称为干饱和蒸气，B点表示系统全部以处于该饱和蒸气压下的液体状态存在，B点对应的液体称为饱和液体，而AB之间的各点则表示气液两相平衡共存。

压缩至B点后，如果继续对系统进行压缩，此时，系统的体积变化很小，而压强迅速增大，说明系统的压缩系数很小。我们知道液体是不易压缩的，故曲线的BR段表示对液体的等温压缩过程。

在 ADB 的相变过程中，系统气、液二相的比容不变，但系统的总比容 v 随气液两相中各相所占的质量比例而改变。设系统在 D 点时液相的质量占总质量的百分比为 x，很容易证明这时系统的总比容 v 满足下式：

$$v=xv_l+(1-x)v_g \tag{9.7.1}$$ ①

图 9-22(b)中的竖直线段 $OABR$ 是上述等温线在 p-T 图上的投影，在 p-T 图上，OA 段表示气体的等温压缩过程，AB 点与图 9-22(a)中的水平线段 AB 相对应，而 BR 则对应液体的等温压缩过程。

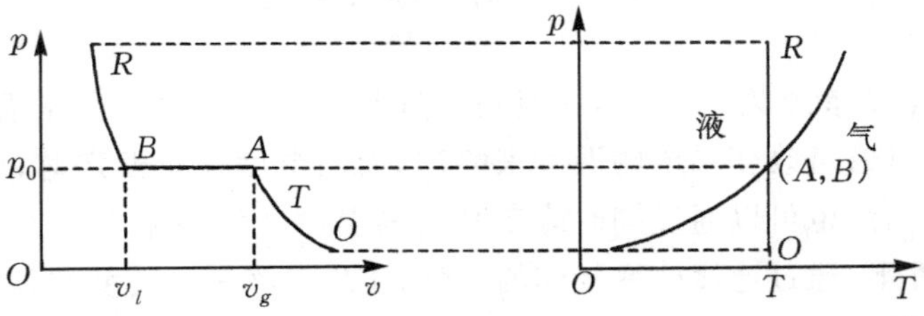

(a) p-v 图上的实验等温线　　(b) p-T 图上对应的等温线

图 9-22　CO_2 的一条实验等温线

实验表明，在 31.1℃以下的任一温度下，对 CO_2 气体作等温压缩时，所得等温线形状均与图 9-21 相似，不同之处在于温度越高，水平段 ADB 的位置越往上移，水平线段的长度越短，如图 9-23(a)所示。这一方面说明，温度越高，饱和蒸气压越大，同时说明，温度越高，饱和蒸气的比容 v_g 和饱和液体的比容 v_l 的差别越小。当温度升高到 $t_c=31.1$℃时，水平线段 AB 缩成一点，以 C 表示，此时有 $v_l=v_g$。C 点称为临界点，温度 t_c(或 T_c)称为临界温度，与该温度对应的等温线称为临界等温线，如图 9-23(a)所示。图 9-23(b)是 p-v 图在 p-T 图上的投影，p-T 图中的 C 点就是临界点。实验表明，对其他气体进行等温压缩时，各等温线的形状都与二氧化碳气体等温线的形状相似，只是临界温度不同罢了。

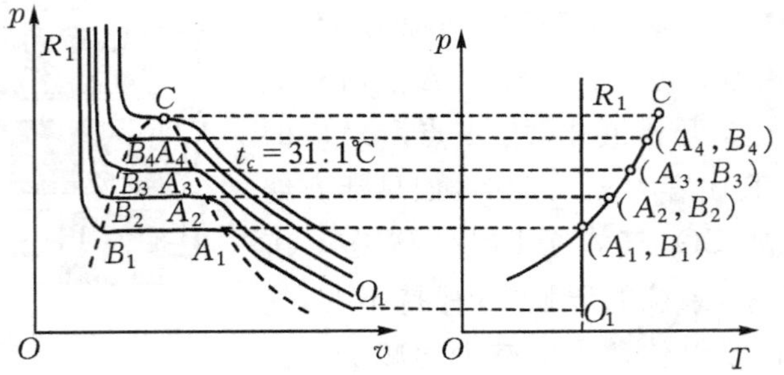

(a) p-v 图上的等温线族　　(b)汽化曲线

图 9-23　CO_2 实验等温线族

实验还表明，当气体的温度高于临界温度 T_c 时，等温线上不再出现水平线段，这表明在等温压缩过程中，不会出现气液平衡共存的状态，这时无论压强多大，气体也不会液化。

① 设在水平线段 AB 中的 D 点，系统的总比容为 v，系统的总质量为 M，其中液相的质量为 m，气相的质量为 $M-m$，则系统的总体积应满足：

$$Mv=mv_l+(M-m)v_g,\qquad v=xv_l+(1-x)v_g,\qquad x=\frac{m}{M}.$$

上述事实也说明，在图 9-23(b)中的 C 点，也是汽化曲线的终点。所以，要用等温压缩方法使气体液化，首先需使气体的温度降到临界温度 T_c 以下。表 9-5 列出了几种物质的临界温度。从表中可以看出，许多物质，如水、乙醚、氨、二氧化碳等物质的临界温度高于或接近于室温，在常温下进行等温压缩，就可使其液化。但有些物质，如氧、氮、氢、氦等气体的临界温度远远低于室温，所以在 19 世纪上半世纪时还没有办法使它们液化。当时，人们曾称这些气体为“永久气体”。当人们认识到物质具有临界温度这一事实后，1895 年林德等人通过气体的节流膨胀与绝热膨胀方法使空气的温度降低到临界温度以下，首先实现了空气的液化，并由此得到了液态氧、液态氮，氦是最后被液化的，它在 1908 年被液化。

表 9-5 临界温度 t_c

物质	水	乙醚	氨	CO_2	O_2	N_2	H_2	He
t_c(℃)	374.2	193.4	135.2	31.10	−118.8	−147.16	−239.95	−268.12

应指出的是，气体液化的方法是多种多样的，等温压缩只是其中一种可能的方法。在图 9-24 中，我们还可以设想物质原来处于气态 L，通过定容加热使其到达状态 M，然后再在定压下冷却到液态 N，在该过程中，物质始终以单相形式存在。因此，只要绕过临界点 C，就可以不经过两相平衡共存的阶段，而由气相连续地转变为液相。

在图9-24中，将一系列等温线中水平线段的两个端点依次连接，可得到用虚线表示的曲线 A_1、A_2、A_3、…、C 和 B_1、B_2、B_3、…、C，前者称为干饱和蒸气线，后者称为饱和液线，此二曲线和临界等温线一起，将 p-v 平面分成如图 9-24所示的三个区域，虚线下面的区域Ⅱ中的每一点都是气液两相平衡共存的状态，其中气相是饱和蒸气。饱和液线左侧和临界等温线中临界点以上左侧的区域Ⅲ中，每一点都是稳定的液相存在的区域。干饱和蒸气线右侧和临界等温线右上方的区域Ⅰ中的每一点都是稳定的气相存在的区域。由图 9-23(b)可知，在图 9-24 中的区域Ⅱ与汽化曲线相对应，区域Ⅲ与汽化曲线左侧区域相对应，而区域Ⅰ与汽化曲线右侧区域相对应。

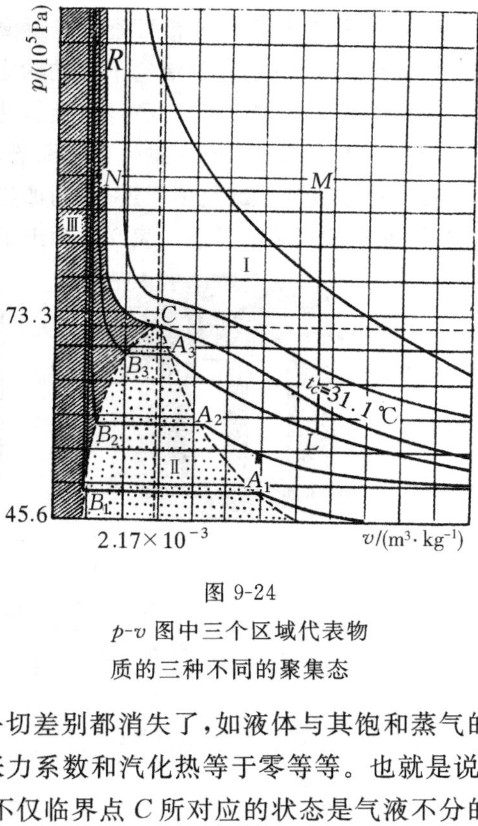

图 9-24

p-v 图中三个区域代表物质的三种不同的聚集态

二、物质的临界态

临界点 C 是临界等温线上的拐点，此点对应的状态称为临界态。在临界点气液两相间的一切差别都消失了，如液体与其饱和蒸气的比容相等，气液之间的分界面消失，液体的表面张力系数和汽化热等于零等等。也就是说，临界态对应的是气液不分的状态。应指出的是，不仅临界点 C 所对应的状态是气液不分的状态，而且在图 9-24 中临界等温线 CR 段各点对应的状态都是气液不分的状态。

临界点对应的压强和体积(或比容)分别称为临界压强和临界体积，并以 p_c 和 V_c(或临界比容 v_c)表示。由图 9-24 可以看出，临界压强 p_c 是气液两相平衡共存时的最大饱和蒸气压，而临界体积 V_c则是一定质量的饱和液体最大的体积，考虑临界体积 $V_c=Mv_c$，可

见临界比容 v_c 是饱和液体的最大比容。

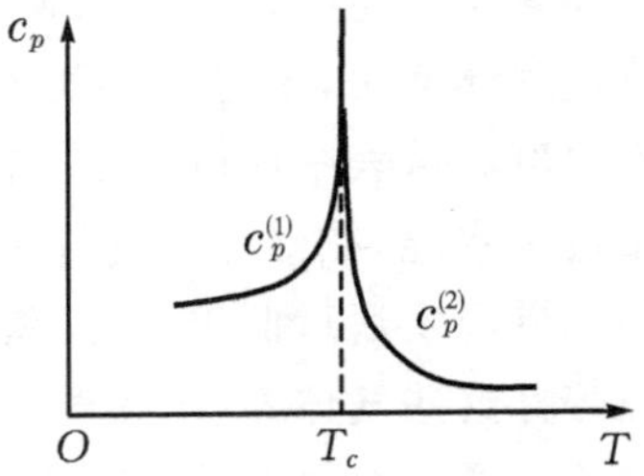

图 9-25
在临界点附近气液两相定压比热的奇异特性

气液两相在临界点 C 处发生的气液相变，与低于临界温度时的气液相变，其特征完全不同，此时系统的比容不发生变化，相变潜热为零。临界点是临界等温线上的一个拐点，因而具有水平的切线，在此点有 $\left(\frac{\partial p}{\partial v}\right)_T=0$，由此可知，系统的等温压缩系数 $\kappa=-\frac{1}{v}\left(\frac{\partial v}{\partial p}\right)_T$ 为无限大，此时偶然的压力起伏，也能导致显著的密度涨落。此外，系统的定压膨胀系数 $\alpha=\frac{1}{v}\left(\frac{\partial v}{\partial T}\right)_p$，定压比热 $c_p=T\left(\frac{\partial s}{\partial T}\right)_p$ 在临界点也为无限大，图 9-25 给出了在临界点系统定压比热的奇异特性，即当系统的温度趋于临界温度 T_c 时，气液两相的定压比热都趋于无限大。在 § 9.11 我们将知道，在临界点的气液相变属于二级相变。

物质的临界态可用临界管通过实验进行观察。如图 9-26 所示，在开有窗口的铁盒中挂着一个体积为 V 的坚固玻璃管，管中装入适量的乙醚，使其比容恰好等于乙醚的临界比容 v_c. 给铁盒加热，使乙醚温度逐渐升高，此时可见液体的弯月面略有上升，逐渐变得较为平坦。随着温度的升高，管中液面逐渐变得模糊，当达到乙醚的临界温度 $t_c=193.4$℃时，液气之间的界面完全消失，呈现液气不分的状态，这就是乙醚的临界态。这时管子稍微冷却，就可以观察到管中的物质突然变得不透明，并呈乳白色，这就是所谓的临界乳光现象，它是由于物质在临界点附近其密度发生显著涨落，并引起光产生强烈的散射所致。在上述实验中，如临界管中装入的乙醚过多或过少，则加热时随着温度的升高，乙醚逐渐以液态或气态充满临界管，而观察不到临界态。表 9-6 列出了几种物质的临界常数。

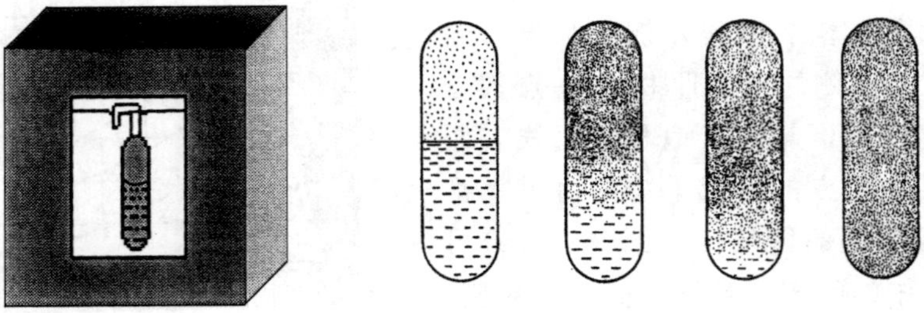

图 9-26 乙醚的临界实验

表 9-6 几种物质的临界常数

物质	临界温度(K)	临界压强(atm)	临界体积($m^3\cdot mol^{-1}$)
氢	33.3	12.80	0.065
氮	126.2	33.5	0.090
氧	154.8	50.1	0.078
二氧化碳	304.2	72.9	0.094
水	647.4	218.3	0.056
二氯二氟甲烷(氟利昂 12)	384.7	39.6	0.218
乙醚	467	35.0	

［例题 1］　将 1.0kg 温度为 250℃的水蒸气等温压缩，问

(1)能否全部液化？

(2)在压强多大时开始液化？

(3)从开始液化到全部液化外界作的功多大？已知在 $t=250$℃时水的饱和蒸气压 $p_0=4.0\times 10^6\,\mathrm{N/m^2}$，1.0 kg 水和 1.0 kg 水蒸气的体积分别为：$v_l=1.25\times10^{-3}\,\mathrm{m^3}$，$v_g=0.05005\,\mathrm{m^3}$。

［解］　(1)由表 9-4 可知，水的临界温度为 374.0℃，250℃在临界温度以下，所以可以用等温压缩的方法将水蒸气全部液化。

(2)当水蒸气压强增大到 $t=250$℃时的水的饱和蒸气压 p_0 时，水蒸气开始液化。

(3)由于水蒸气的液化过程是等压过程，故从开始液化到全部液化完时外界作的功 W 为

$$W=p_0(v_g-v_l)=4.0\times10^6\times0.049\mathrm{J}=2.0\times10^5\mathrm{J}.$$

［例题 2］　在 p-v 图和 p-T 图上表示下列过程：

(1)将水蒸气等压地冷却，直到开始出现液体。

(2)从饱和蒸气占总容积 60％的状态开始等容地加热，直到气体占容积的 100％.

(3)从气、液各占总质量的 50％的状态出发，保持温度不变地加热，直到系统的体积大于饱和蒸气的体积。

［解］　根据题意作图(如图 9-27).

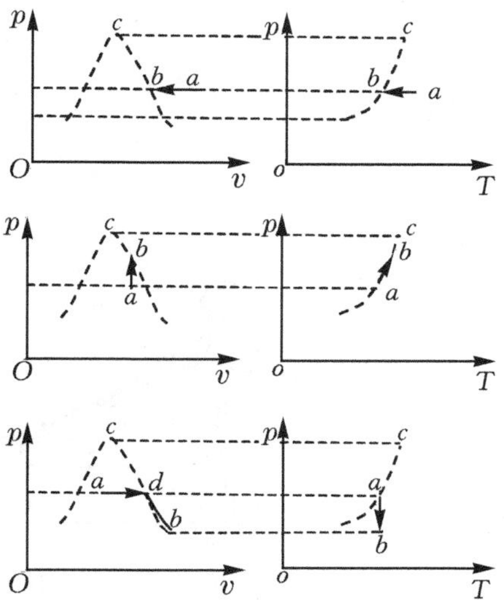

图 9-27

三个不同过程在 p-v 图及 p-T 图上对应的图线

［例题 3］　在上题第 3 问中，设已知该温度下水的最大比容(即饱和水的比容)为 1.16 cm³·g⁻¹，饱和蒸气的比容为 127.4 cm³·g⁻¹，又已知态 b 的体积为态 a 的体积的 4.67 倍，试求态 b 的比容。

［解］　根据题意，由公式(9.7.1)可得态 a 的比容为

$$v_a=v_g-x(v_g-v_l)=127.4-0.5\times(127.4-1.16)=64.3\,\mathrm{cm^3\cdot g^{-1}},$$

由此可得态 b 的比容为

$$v_b=4.67v_a=4.67\times64.3=300.3\,\mathrm{cm^3\cdot g^{-1}}.$$

［例题 4］　均匀物质在 A 相与 B 相的自由能 F_A 与 F_B 为 T,V 的函数，如图 9-28 所示，试说明在给定的温度下，处于相平衡的两个状态在 F_A 与 F_B 曲线的公切线上。

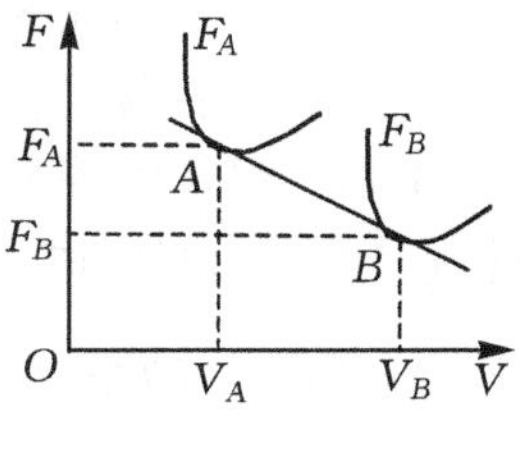

图 9-28

温度一定时，处于相平衡的两个状态在 F_A 与 F_B 曲线的公切线上

［解］　若 A、B 两相平衡共存，则两相的温度相等，压强相等，化学势相等，即

$$T_A=T_B=T,\qquad p_A=p_B=p,\qquad \mu_A=\mu_B=\mu,$$

根据(4.2.2)式可知，

$$p=-\left(\frac{\partial F}{\partial V}\right)_T,$$

即在一定温度下，压强 p 在数值上等于曲线 $F(V)$ 对 V 的变化率之负值。因而可得

$$p=-\left(\frac{\partial F_A}{\partial V}\right)_T=-\left(\frac{\partial F_B}{\partial V}\right)_T, \tag{1}$$

又根据 $\mu_A=\mu_B$，即 $F_A+pV_A=F_B+pV_B$(1 摩尔物质)，我们有：

$$p=-\frac{F_A-F_B}{V_A-V_B}. \tag{2}$$

方程(1)、(2)表明，能处于相平衡的两个状态在 F_A 和 F_B 的公切线上，如图 9-28 所示。

§9.8 范德瓦耳斯等温线

通过上节对 CO_2 的气液等温转变的研究，我们知道了一般实际气体实验等温线的特点。现在讨论由范德瓦耳斯方程出发，从理论上得出的实际气体等温线——范德瓦耳斯等温线，并将它与实验等温线进行对照，以检验范德瓦耳斯方程能在多大程度上正确地反映实际气体的气液相变的规律。

一、范德瓦耳斯等温线

将范德瓦耳斯方程

$$\left(p+\frac{a}{V_m^2}\right)(V_m-b)=RT,$$

改写成

$$V_m^3-\left(b+\frac{RT}{p}\right)V_m^2+\frac{a}{p}V_m-\frac{ab}{p}=0. \tag{9.8.1}$$

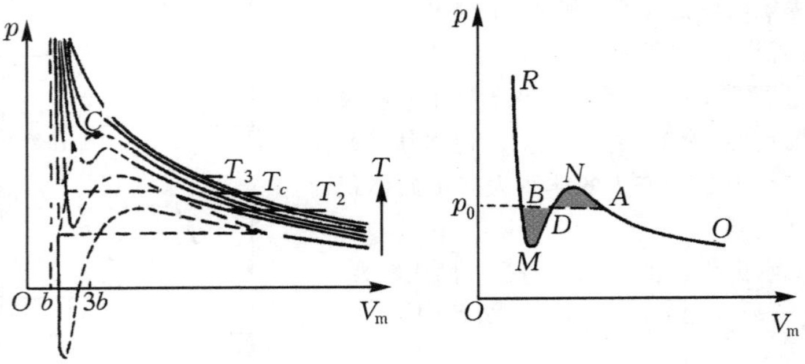

(a)范德瓦耳斯等温线族　　(b)等面积法则

图 9-29　范德瓦耳斯等温线

在温度 T 保持恒定的条件下，上式是 V_m 的三次代数方程，对应同一压强 p 值可以有三个不同的根(即三个不同的体积 V_m)。图 9-29(a)是根据(9.8.1)式画出的 CO_2 气体的范德瓦耳斯等温线族，与实验等温线(图 9-23(a))相比较，可以发现两者都有一条临界等温线，高于临界温度的等温线，两者比较相似。但是低于临界温度的等温线，两者却有显著的区别。图 9-29(b)画出了一条低于临界温度的范德瓦耳斯等温线。其中 OA 段和 BR 段满足力学平衡的稳定性条件 $\left(\frac{\partial p}{\partial V_m}\right)_T<0$，因此，这两段等温线代表稳定单相区。根据气体的等温压缩系数 κ 大，而液体的等温压缩系数小的特点，可以推知，OA 段代表稳定的气相，而 BR 段代表稳定的液相。上述结论和实验等温线是一致的，这说明范德瓦耳斯方程，能较好地描述气体和液体的状态。与实验等温线不同的是，以曲线 $ANDMB$ 代替了实验等温线中的水平线段 ADB。其中 NDM 段中任一点的斜率为正，即 $\left(\frac{\partial p}{\partial V_m}\right)_T>0$，表示当系统的温度一定时，压强增大，则体积也增大，故不满足力学平衡的稳定性条件 $\left(\frac{\partial p}{\partial V_m}\right)_T<0$(参阅(9.4.18)式)，所以实际上是不可能实现的状态。这就可以解释为什么实际的气液等温转变不能完全沿着范氏等温线进行。

图 9-29(b)中 AN 段和 MB 段满足力学平衡的稳定条件 $\left(\frac{\partial p}{\partial V_m}\right)_T<0$，它们所代表的

状态是实际存在的。对于 AN 段上的各点而言，由于其压强已超过该温度下的饱和蒸气压，而物质仍以气相存在，该气体称为过饱和蒸气（或称为过冷蒸气）。对于 MB 段上的各点而言，由于其温度已超过该压强下的沸点，而物质仍以液相存在，该液体称为过热液体。过饱和蒸气与过热液体状态都属于亚稳态，前者是由于蒸气中缺乏凝结核，因而仍保持气态，后者是由于液体中缺乏汽化核，因而仍保持液态，这些状态在实验上都是可以观察到的。这些状态对于较小的扰动是稳定的，若有较大的扰动，它们就会立刻转变成为更加稳定的气液两相平衡共存的状态，即相应于实验等温线的水平直线 ADB 段上对应的状态。由此可见，范氏方程还能描述“过冷”和“过热”这类现象，能够说明亚稳态的存在。

根据热力学理论，可以确定在范德瓦耳斯等温线中，代表稳定平衡状态的直线 ADB 的位置。设 ADB 代表实际的气液平衡相变过程，则有

$$\mu_A=\mu_B,$$

或

$$\mu_A-\mu_B=0, \tag{9.8.2}$$

另一方面，根据(9.3.5)式：$d\mu=-S_m dT+V_m dp$ 可知，当系统状态沿范氏等温线变化时，其化学势的变化由以下积分确定，即

$$(\Delta\mu)_T=\int(V_m dp)_T. \tag{9.8.3}$$

等式右边积分代表范氏等温线与 p 轴间的面积，此面积可正可负，由 dp 的符号决定。当上述积分沿着曲线 $ANDMB$ 进行时，根据(9.8.2)式及(9.8.3)式有

$$\mu_A-\mu_B=\int_{ANDMB}V_m dp=0,$$

上述积分可表达为

$$\begin{aligned}\int_{ANDMB}V_m dp&=\int_A^N V_m dp+\int_N^D V_m dp+\int_D^M V_m dp+\int_M^B V_m dp\\&=\left(\int_A^N V_m dp-\int_D^N V_m dp\right)+\left(-\int_M^D V_m dp+\int_M^B V_m dp\right)\\&=S_{ANDA}-S_{DMBD}=0,\end{aligned}$$

所以

$$S_{ANDA}=S_{DMBD}. \tag{9.8.4}$$

其中等式左边代表直线 AD 与曲线 AND 所围面积，等式右边代表直线 DB 和曲线 DMB 所围面积。

由此我们可得结论：在图 9-29(b)中，决定气液两相平衡共存状态的水平线段 ADB，应画得使面积 $ANDA$ 和面积 $DMBD$ 相等。由于这一法则首先由麦克斯威提出，故称这一法则为麦克斯威等面积法则。

二、临界参量

利用范氏方程还可以确定气体的临界参量。我们知道，临界点是临界等温线上的拐点，该点满足条件

$$\left(\frac{\partial p}{\partial V_m}\right)_T=0,$$

和

$$\left(\frac{\partial^2 p}{\partial V_m^2}\right)_T = 0,$$

将范德瓦耳斯方程代入上述二式，可得

$$\left(\frac{\partial p}{\partial V_m}\right)_T = -\frac{RT}{(V-b)^2} + \frac{2a}{V_m^3} = 0,$$

$$\left(\frac{\partial^2 p}{\partial V_m^2}\right)_T = \frac{2RT}{(V_m-b)^3} - \frac{6a}{V_m^4} = 0,$$

将上式与范德瓦耳斯方程联立求解，可得到临界点的态参量为

$$V_{mc} = 3b, \qquad T_c = 8a/27Rb, \qquad p_c = a/27b^2, \tag{9.8.5}$$

p_c、V_{mc}和 T_c 之间有以下关系：

$$RT_c/p_cV_{mc} = 8/3 = 2.667.$$

这一无量纲的比值叫临界系数，以 K_c 表示。根据范德瓦耳斯方程，这系数对于一切物质都相同，而且等于 2.667。但实际上，如表 9-7 所示，不同物质的 K_c 具有不同的值，而且与 2.667 相差很大，只有像氦和氢等最难液化的气体才比较接近这一数值，由此可以看出范德瓦耳斯方程的近似性。

表 9-7　几种气体的临界系数

气体	He	H_2	N_2	O_2	CO_2	H_2O	SO_2	C_6H_6
K_c	3.13	3.03	3.42	3.42	3.49	4.46	3.60	3.76

［例题 1］ 已知氦气的临界温度为 $T_c=5.3\,K$，临界压强为 $p_c=2.25\,atm$，试计算 1 摩尔氦气的范德瓦耳斯方程中常数 a 和常数 b。

［解］ 由(9.8.4)式可得

$$a = \frac{27R^2}{64}\frac{T_c^2}{p_c}, \qquad b = \frac{R}{8}\frac{T_c}{p_c},$$

所以

$$a = \frac{27\times(8.2\times10^{-5}\ m^3\cdot atm/mol\cdot K)^2}{64}\times\frac{(5.3\,K)^2}{2.25\,atm}$$

$$=2.8\times10^{-8}\ m^6\cdot atm/mol^2.$$

$$b=\frac{8.2\times10^{-5}\ m^3\cdot atm/mol\cdot K}{8}\frac{5.3\,K}{2.25\,atm}=24\times10^{-6}\ m^3/mol.$$

［例题 2］ 利用自由能判据证明，图 9-30 中范氏等温线上的 B 态与实验等温线上等容的 A 态相比，B 为亚稳态。

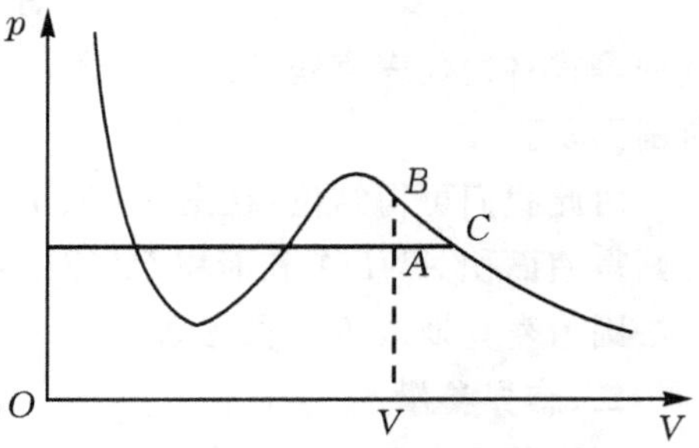

图 9-30

［解］ 由(4.2.2)式可知，在等温条件下自由能的变化为

$$dF=-p\,dV,$$

设 C 点的自由能为 F_C，则 B、A 两点的自由能可由上式积分求得，即

$$F_B=-\int_{V_C}^{V_B} p\,dV+F_C=\int_{V_B}^{V_C} p\,dV+F_C,$$

$$F_A=-p(V_B-V_C)+F_C=p(V_C-V_B)+F_C,$$

由此可得

$$F_B - F_A = \int_{V_B}^{V_C} p\,\mathrm{d}V - p(V_C - V_B) = \Delta S_{ABCA} > 0,$$

即

$$F_B > F_A.$$

由于 A、B 两态的体积、温度相等，根据自由能判据，在等温等容条件下，自由能最小的状态是稳定态，即 A 态是稳定态，而 B 态是亚稳态。

＊§9.9　液滴与蒸气的平衡　核心

前面讨论两相平衡条件时，没有考虑分界面形状的影响，因而得出的结果，只适用于分界面为平面时的情况。当分界面为曲面时，表面张力会对力学平衡条件和相平衡条件产生影响。下面以球形液滴与蒸气的平衡为例，讨论平衡条件的变化以及对相变过程的影响。

将液滴与其蒸气看作一个复合系统，如图 9-31 所示。设该复合系统已达到热平衡，且温度和体积保持不变，因而我们可应用自由能判据推求系统的力学平衡条件和相平衡条件。

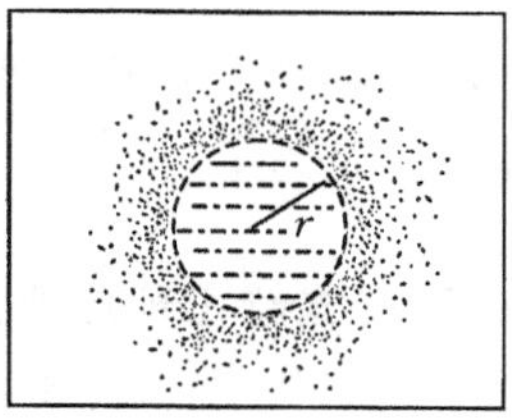

图 9-31
与蒸气平衡的液滴

用角标“1”代表液相，“2”代表气相，“3”代表两相的分界面，则整个系统的自由能为

$$F = F_1 + F_2 + F_3, \tag{9.9.1}$$

根据(9.4.7)式，当系统达到稳定平衡时，上式应满足

$$\delta F = \delta F_1 + \delta F_2 + \delta F_3 = 0, \tag{9.9.2}$$

就液相、气相及表面相而言，当温度保持不变时，根据(9.3.10)式和(4.4.3)式可得

$$\begin{aligned} \delta F_1 &= -p_1\delta V_1 + \mu_1\delta n_1, \\ \delta F_2 &= -p_2\delta V_2 + \mu_2\delta n_2, \\ \delta F_3 &= \sigma\delta A, \end{aligned} \tag{9.9.3}$$

将(9.9.3)式代入(9.9.2)式，并注意到总体积和总粒子数保持不变时有

$$\delta V_2 = -\delta V_1,$$
$$\delta n_2 = -\delta n_1,$$

则

$$-(p_1 - p_2)\delta V_1 + \sigma\,\delta A + (\mu_1 - \mu_2)\delta\,n_1 = 0, \tag{9.9.4}$$

式中 δV_1 和 δA 不是独立的。对球形液滴来说，因为

$$V_1 = \frac{4\pi}{3}r^3, \qquad A = 4\pi r^2,$$

所以

$$\delta V_1 = 4\pi r^2\delta r, \quad \delta A = 8\pi r\delta r,$$

由以上两式消去 δr，可得

$$\delta A = \frac{2}{r}\delta V_1. \tag{9.9.5}$$

将(9.9.5)式代入(9.9.4)式，得

$$-\left(p_1 - p_2 - \frac{2\sigma}{r}\right)\delta V_1 + (\mu_1 - \mu_2)\delta n_1 = 0.$$

由于 δV_1 和 δn_1 是独立变量，上式中 δV_1 和 δn_1 前的系数必为零，由此可得

$$p_1 = p_2 + \frac{2\sigma}{r}, \tag{9.9.6}$$

$$\mu_1(T,p_1) = \mu_2(T,p_2). \tag{9.9.7}$$

(9.9.6)式为蒸气与液滴达到平衡时应满足的力学平衡条件，它表明由于表面张力的存在，平衡时球形液滴内部的压强 p_1 比蒸气的压强 p_2 大$\frac{2\sigma}{r}$，$\frac{2\sigma}{r}$是液面的表面张力产生的附加压强。当 $r\to\infty$时，(9.9.6)式过渡到 $p_1=p_2$，而这正是汽液分界面为平面时的力学平衡条件。(9.9.7)式为相平衡条件，它表明平衡时，蒸气与液滴这两相的化学势仍然相等，但化学势中的压强不相等，其关系由(9.9.6)式确定。

现在讨论球形液面对饱和蒸气压的影响。已知平液面上的饱和蒸气压 p 与温度 T 的关系由

$$\mu_1(T,p)=\mu_2(T,p), \tag{9.9.8}$$

确定。对球形液面，设两相平衡时的蒸气压为 $p'(p'=p_2)$，由(9.9.6)式和(9.9.7)式可得

$$\mu_1\left(T,p'+\frac{2\sigma}{r}\right)=\mu_2(T,p'), \tag{9.9.9}$$

(9.9.9)式给出球形液面上的平衡蒸气压 p'与温度 T 和曲率半径 r 的关系。

现在利用(9.9.8)式和(9.9.9)式求球形液面上的平衡蒸气压 p'与平液面上平衡蒸气压 p 之间的关系。由于液体有不易压缩的性质，压强改变时液体的性质变化很小，所以可将液体的化学势 $\mu_1\left(T,p'+\frac{2\sigma}{r}\right)$在平液面上的压强 p 的邻域展开成泰勒(Taylor)级数，且只取一级近似，并注意到(9.3.5)式，得

$$\begin{aligned}\mu_1\left(T,p'+\frac{2\sigma}{r}\right)&=\mu_1(T,p)+\left(p'-p+\frac{2\sigma}{r}\right)\left(\frac{\partial\mu}{\partial p}\right)_T\\&=\mu_1(T,p)+\left(p'-p+\frac{2\sigma}{r}\right)v_1.\end{aligned} \tag{9.9.10}$$

对于气相的化学势，只有在$\frac{2\sigma}{r}\ll p$，即曲率半径引起的压强差很小时，才可作上述展开。为了适应一般情况，可将平液面与球形液面上的蒸气近似地看作理想气体，根据(4.1.26)式，蒸气的化学势分别可以写为

$$\mu_2(T,p) = RT[\varphi(T)+\ln p],$$
$$\mu_2(T,p') = RT[\varphi(T)+\ln p'],$$

两式相减得

$$\mu_2(T,p') = \mu_2(T,p)+RT\ln\frac{p'}{p}, \tag{9.9.11}$$

将(9.9.10)、(9.9.11)式代入(9.9.9)式，并利用(9.9.8)式，最后可得

$$\left(p'-p+\frac{2\sigma}{r}\right)v_1 = RT\ln\frac{p'}{p}. \tag{9.9.12}$$

在一般的实际问题中，通常 $p'-p\ll\frac{2\sigma}{r}$，所以上式可近似写为

$$\ln\frac{p'}{p} = \frac{2\sigma v_1}{RTr}. \tag{9.9.13}$$

这个公式即为球形液面上的平衡蒸气压 p'与平液面上的平衡蒸气压 p 及球形液面的曲

率半径 r 之间的关系。由(9.9.13)式可以看出，$p'>p$，而且 r 越小，p' 越大。下面以水为例说明 p' 随 r 的变化情况。

在 $T=291\,\mathrm{K}$，水的表面张力系数 $\sigma=0.073\,\mathrm{N\cdot m^{-1}}$，$v_1=18.016\times10^{-6}\,\mathrm{m^3\cdot mol^{-1}}$，由(9.9.13)式可得

$$\ln\frac{p'}{p}=\frac{1.087\times10^{-9}}{r},$$

由此式可得

$$r=10^{-7}\,\mathrm{m}\text{ 时},\qquad \frac{p'}{p}=1.011,$$

$$r=10^{-8}\,\mathrm{m}\text{ 时},\qquad \frac{p'}{p}=1.115,$$

$$r=10^{-9}\,\mathrm{m}\text{ 时},\qquad \frac{p'}{p}=2.966.$$

上述结果指出，液滴半径越小，与液滴平衡的蒸气压 p' 就越大，而且只有在 r 很小时，蒸气压 p' 与平液面上的饱和蒸气压 p 才有明显的差别。

根据(9.9.13)式可以求出与压强为 p' 的蒸气处于平衡的液滴的半径为

$$r_c=\frac{2\sigma v_1}{RT\ln\dfrac{p'}{p}},\tag{9.9.14}$$

r_c 称为临界半径，这是因为 $r>r_c$ 时，液滴要求的平衡蒸气压小于 p'，即 p' 对半径为 r 的液滴是过饱和的，所以蒸气将会凝结，使液滴不断长大；反之，当 $r<r_c$ 时，p' 对半径为 r 的液滴是未饱和的，液滴会不断蒸发，以至消失。即当蒸气压 p' 一定时，半径 r 大于或小于临界半径 r_c 的液滴都不能与蒸气平衡共存。

由上述讨论可见，当蒸气压 p' 大于同一温度下平液面上的饱和蒸气压 p 时，只有在蒸气内存在半径大于或等于与 T、p' 相对应的临界半径 r_c 的液滴时，才可能出现凝结现象。这种液滴起着凝结核心的作用，除上述的液滴可以作为凝结核之外，空气中的尘埃或带电微粒也可以作为凝结核。在通常情况下，蒸气中充满了尘埃微粒，它们的半径足够大，只要蒸气压 p' 少许超过 p 就会产生凝结现象。如果蒸气非常纯净，或者微粒的半径非常小，这时就会出现蒸气压 p' 超过 p 较多而不出现凝结的现象，形成过饱和蒸气。可见，过饱和蒸气的出现，是由于蒸气中缺少凝结核的缘故。

地球周围的大气层，厚度大约有 1000 千米，可分为对流层、同温层、电离层、逃逸层。其中对流层厚度大约有 6 千米～8 千米，各种复杂的气象变化都发生在对流层内。在对流层内，大气温度随高度的升高而降低，大约每上升 100 米降低 0.6℃。所以在地面附近的未饱和蒸气，上升到高空就会因温度的降低而达到饱和，并凝结成无数的细小水滴而形成云。在高空，由 0℃以上水滴形成的云称为暖云。云中水蒸气压强是一定的。当此水蒸气压对大液滴已饱和，而对小液滴离饱和还甚远时，小液滴就会不断地蒸发变小直至消失；而大液滴则因蒸气不断地在其上凝结而增大，直到大液滴的半径大于 200 微米时，才能降落下来形成雨。在高空，当温度低于 0℃时，云中水滴形成冰晶，这种云称为冷云。由冰晶和水滴组成的云称为混合云。在冷云和混合云中，由于与大小不同的冰晶和水滴平衡时的饱和蒸气压不同，使有些冰晶及水滴不断长大，最后落到云外就成为雪和雨。

夏天里，有时天空里黑云压顶但不下雨，对此可以根据具体情况采用不同方法进行人

工降雨。如果是冷云或混合云，可用人工方法在云内产生冰晶。一种方法是投入冷冻剂(如干冰)，使形成冷区，在此冷区内，水汽过饱和程度很大，水汽分子易于凝结，因此在干冰周围形成大量冰晶。当冰晶长大到一定大小之后就下落成雨。另一种方法是引入人工冰核，如碘化银粉末等。这样就可产生大量冰晶落下成雨。如果是暖云，因暖云降雨过程是大小水滴的兼并起决定作用。这时如果云中缺乏大水滴，可引入吸湿性核(如饱和食盐)或水滴(直径约 50 μm～100 μm)以促使降水的加速形成。

现在讨论液体和其中的蒸气泡的平衡问题。这个问题和前面的问题的不同之处，只是液面的曲率半径为负，所以只要将(9.9.6)和(9.9.13)式中的 r 换为 $-r$ 就可得出

$$p_2 = p_1 + \frac{2\sigma}{r}, \tag{9.9.15}$$

$$\ln\frac{p'}{p} = -\frac{2\sigma v_1}{RTr}. \tag{9.9.16}$$

(9.9.15)式为蒸气泡的力学平衡条件，它表明泡内的蒸气压 p_2 比液体的压强 p_1 大$\frac{2\sigma}{r}$才能维持气泡在液体中的力学平衡。由(9.9.16)式可以看出，$p'<p$，而且 r 越小，p'越小，上述结论与§9.2 中关于饱和蒸气压与液面形状的关系是完全一致的。

根据(9.9.15)式与(9.9.16)式可以说明液体的沸腾现象及过热现象。在§9.2 中我们知道，液体转变为气体的方式有两种，其一是蒸发，它可在任何温度下进行；其二是沸腾，它只能在一定的温度下发生。但从相变的角度来看，无论是平静的蒸发，还是激烈的沸腾，都是液相转变为气相的过程，只不过沸腾时，相变发生在以曲面为分界面的气液两相系统中，同时还伴随有一系列复杂的力学现象。

设在半径为 r 的气泡内，若实际的蒸气压 p''大于平衡压强 p'(即 $p''>p'$)，则气泡内的蒸气将凝结为液体，此时液体根本不可能沸腾。若实际的蒸气压 p''小于平衡气压 p'，(即 $p''<p'$)，则液体向气泡内蒸发，则气泡有可能存在和胀大，但气泡究竟能否存在和胀大，这还要由两相的力学平衡条件决定。由(9.9.15)式可知，只有当气泡内的蒸气压至少略大于 $p_1+\frac{2\sigma}{r}$时，气泡才能存在并胀大，液体才能沸腾。由以上分析可见，要使液体沸腾，必须一方面要求 $p''<p'$，另一方面要求 p''至少要满足 $p''\geqslant p_1+\frac{2\sigma}{r}$. 由于平衡压强 p'随气泡的曲率半径 r 变小而变小，所以对于很小的气泡而言，即使有 $p''<p'$，但也会有 $p''<p_1+\frac{2\sigma}{r}$，此时，这种气泡将会被液体压破，根本不可能存在。由此可见，只有当气泡的曲率半径 r 比较大时，上述的两个条件才可能同时被满足，液体才能沸腾，这种气泡通常由溶解在液体中的空气或其他的气体所构成，它们起了汽化核的作用。当液体非常纯净时，液体的温度往往加热到正常沸点以上还不沸腾，此时的液体称为过热液体，可见过热液体的出现，是由于液体内部缺少汽化核的缘故。

带电微粒对凝结和汽化有很大的影响，带电微粒作为凝结核时，可使临界半径减少很多，液滴容易形成，§9.2 中所讲的威尔逊云室就是利用这一原理设计的。高能带电粒子穿过饱和蒸气时，在其运动途径上会产生带电粒子，以此作为凝结核，形成小雾滴，就会显示出粒子的运动轨迹。与此类似，带电粒子穿过过热液体时，会在其途径上形成许多小气泡，产生汽化核，高能物理中的气泡室就是根据这一原理设计的。

§9.10　热　　管

热管是利用气液相变时，吸收或放出相变潜热而进行热量传递的新型传热元件，因其传热效率远高于银、铜等良导体，因而在核反应堆、航天技术、高能物理、军事工程、电机和电器、太阳能吸热器、化工和轻工、医疗技术等领域中得到广泛应用。其结构如图 9-32 所示。内壁镶以多层金属细丝或其他毛细管(被称为管芯)，管中充以适当的工作液体。当热管的一端受热而另一端被冷却时，液体在受热端吸热汽化，形成的蒸气流至另一端放热凝结。凝结后的液体因管芯的毛细管作用又渗回热端，如此不断循环，从而使热量从高温端不断传到低温端。由于液体的汽化热很大，故传热效率较高。

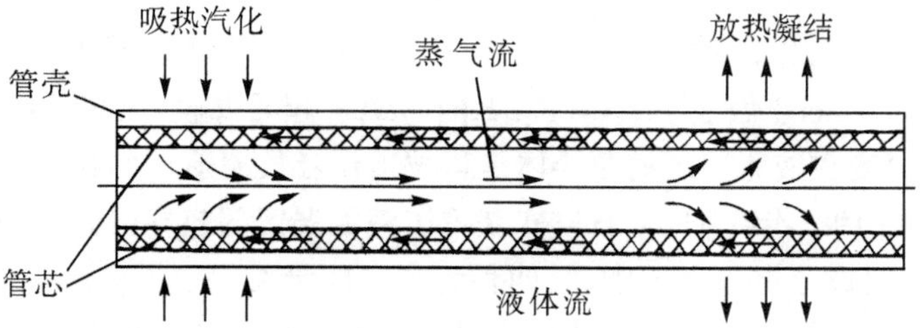

图 9-32　热管的基本结构

例如一根最简单的钠热管(不锈钢作外壳，不锈钢丝卷成管芯，钠为工作物质)的有效热导率超过 41.8 kJ · m^{-1} · s^{-1} · K^{-1}，而热的良导体铜的热导率仅为 0.38 kJ · m^{-1} · s^{-1} · K^{-1}。选用不同工作物质的热管可应用于不同的工作温度，其温度范围可从 70 K 覆盖到 2 300 K。热管结构简单，没有噪声，工作方便可靠，已被广泛用于核反应堆、电机和电器、太阳能利用、化工和轻工、航天、高能物理、军事工程、医疗技术。

热管也可被用来获得均衡的温度分布，如有一种称为“热开关”的热管。它的特点是当热源温度 T 高于工作液体的凝固点 T_m 时热管运行，当 $T<T_m$ 时热管停止工作。它与电路中的开关有类似的作用。随着各种新型热管的不断出现，传热技术可望发展成类似于电子线路的“热线路”。

*§9.11　二级相变

在§9.1 和§9.5 中我们知道，任何物质的固、液、气三相之间的相互转变，有两个共同的特征，即任意两相之间发生相变时，两相的化学势相等，但两相的比容不相等，有相变潜热发生，也就是说，两相的比容和比熵都发生了突变。实际上，除这类相变之外，后来在实验上还陆续发现了另一类相变，在这类相变中，既无相变潜热发生，又无体积的改变，如导体的超导态与正常态之间的转变，磁性物质的铁磁态与顺磁态之间的转变，合金的有序和无序的转变，HeⅠ和 HeⅡ之间的转变等。实验指出，发生这类相变时，另外一些量，如定压比热 c_p，等压膨胀系数 α 及等温压缩系数 κ 等发生突变，这类相变称为二级相变。下面首先讨论这些相变的例子。

一、二级相变的实例

1. 导体的正常态——超导态相变

我们知道，在常温下，一般的金属和合金等都有一定的电阻，这种状态称为正常态。所谓超导态,是指物体在低温下电阻完全消失的状态。实验发现,许多金属、合金及化合物都会出现超导态。如1911年,昂里斯在研究低温下金属的导电特性时发现,水银的电阻随温度的下降而下降,在稍高于4.2 K的温度时,水银的电阻为0.08Ω,但当温度低于4.2K时,水银的电阻突然消失(如图9-33所示)。在低温下能够发生正常态向超导态转变的物体称为超导体,超导体实现正常态—超导态的转变温度称为超导转变温度,或者叫做临界温度,以T_c表示。一般而言,超导体的转变温度越高,它的实用价值就越大。

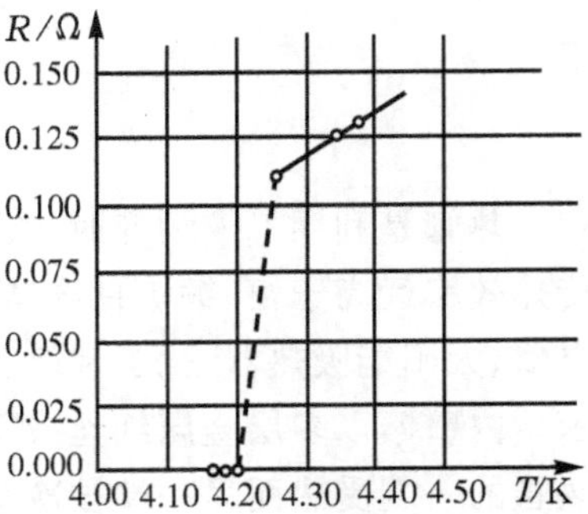

图 9-33

在4.2 K附近水银的R-T关系

近几十年来,各国科学家为寻找转变温度尽可能高的超导体做了大量的工作,却进展缓慢。自1911年昂尼斯发现水银的超导转变温度为4.2 K,直到1973年,Gavaler J做成了$T_c=23.2$ K的Na_2Ge超导薄膜,在62年的时间内只提高了19 K。获得转变温度在液氮温区的超导体是科技工作者长期追求的目标。中国科学院物理所赵忠贤科研组在1987年2月24日宣布获得了液氮温区的超导体。这种新的超导体材料是钡基氧化物,主要成分有钡、钇、铜、氧四种元素。测量结果表明,超导体起始转变温度在100 K以上(在110 K附近,电阻由线性变化过渡到非线性变化),超导体的中点转变温度为92.8 K,转变宽度(即正常电阻变化10%和90%所对应的温度之差)为4 K,超导转变过程中电阻下降了5个数量级,出现零电阻的温度是78.5 K。1987年3月又宣布获得了零电阻温度为114 K,在117 K出现明显抗磁效应的超导体。其主要成分是铊、钡、钙、铜、氧,材料性能稳定,工艺可以重复。这些成就,使我国在超导材料的研究方面处于世界先进行列。

典型的电阻—温度变化曲线如图9-34所示。图中标出了转变温度和零电阻温度。由图可见,当温度$T\to T_c$时,电阻$R\propto\rho\to 0$,电导率$\frac{1}{\rho}\to\infty$。

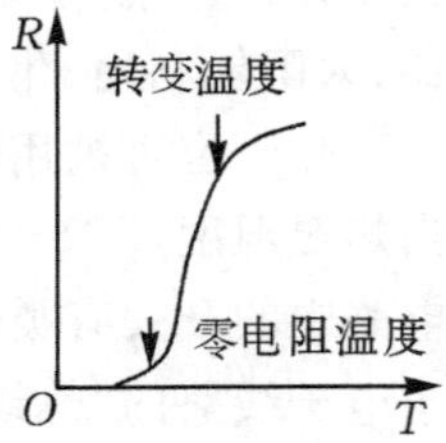

图 9-34

电阻温度变化曲线

实验上还发现,足够强的磁场能破坏超导体的超导性。对处于超导态的金属施加一外磁场,当磁场强度达到某一临界值H_c时,金属的超导性被破坏而转变为正常态。临界磁场强度H_c与超导体所处的温度T及材料有关,其近似表达式为

$$H_c(T)=H_c(0)\left(1-\frac{T^2}{T_c^2}\right), \tag{9.11.1}$$

式中$H_c(0)$表示超导体在绝对零度时的临界磁场。上式所表示的$H_c(T)$与T的关系,如图9-35中的曲线所示,图9-35即为超导体相图。实验表明,当$T<T_c$时,由外磁场导致的超导态一正常态相变有相变潜热发生,属一级相变,而无外磁场存在时,在$T=T_c$处发生的相变,没有潜热发生,但两种状态的比热却不同,属于二级相变。

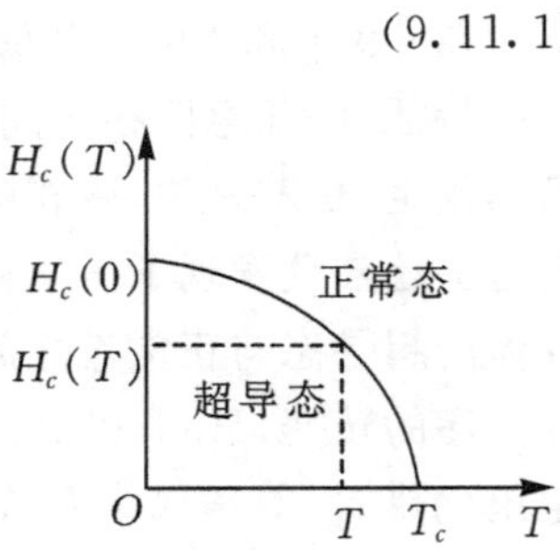

图 9-35

超导样品的H_c-T曲线

2. 氦Ⅰ一氦Ⅱ相变

氦(^{4}He)的相图如图9-36所示,其中AB是汽化曲线。氦的临界温度为5.25 K,当温度降低到该温度以下时,氦气开始液化。实验指出,当氦的

状态沿着汽化曲线由 A 变化到 B，即达到 λ 点时（该点对应的温度为 2.17 K，压强为 0.058 atm），将出现新的液相。人们把这种新的液相称为氦Ⅱ，而把 λ 点以上的液氦称为氦Ⅰ。氦Ⅰ具有普通液体的性质，氦Ⅱ的主要特性是超流动性，即能够流过毛细管或狭缝而不呈现粘滞性。实验表明，氦Ⅰ和氦Ⅱ在 λ 点的相变没有相变潜热发生，但比热发生突变。由此看来，这种相变属于二级相变。需要指出的是，在 λ 点比热的跃变并不是有限的，而是如图 9-37 所示的发散形式。由于 c_p-T 曲线形状类似希腊字母 λ，所以氦Ⅰ和氦Ⅱ在 λ 点的相变通常也称为“λ”相变。

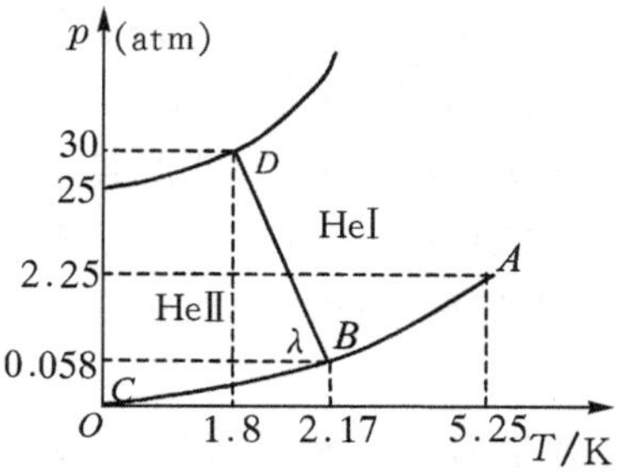

图 9-36　^{4}He 的相图

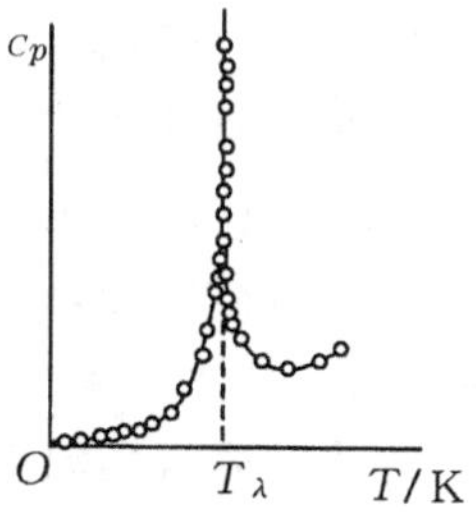

图 9-37　^{4}He 的定压比热随温度的变化曲线

3. 铁磁体—顺磁体相变

纯铁的固态在不同温度下会出现不同的固相，图 9-38 示出了铁的定压比热随温度的变化情况。在 906℃ 以下，1400℃ 以上，铁具有体心立方结构，称为 α 铁，而在这两个温度之间具有面心立方结构，称为 γ 铁，在 906℃ 和 1400℃ 时发生的 α 铁向 γ 铁的转变或者 γ 铁向 α 铁的转变是同素异晶转变，有相变潜热，属于一级相变，而 α 铁在居里（Curie）点 $T_c=770$℃ 时发生的铁磁—顺磁的相变（即在该温度以下具有铁磁性，而在该温度以上（包括 γ 铁）具有顺磁性），没有相变潜热和体积的突变，但比热出现如图 9-37 所示的尖锐的峰值。这种相变与氦Ⅰ—氦Ⅱ相变相似，也属二级相变，同样也称为 λ 相变。

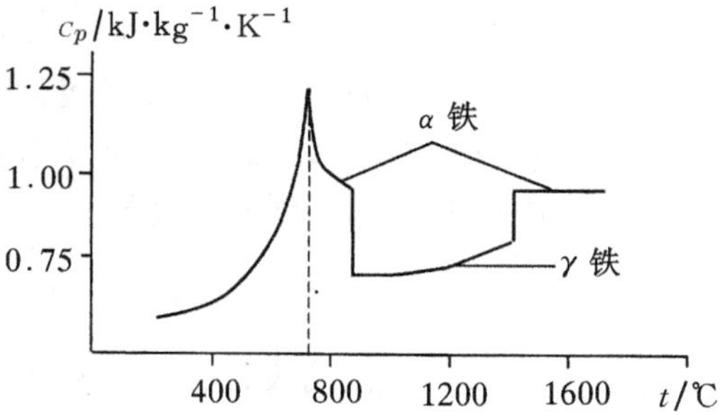

图 9-38　铁的定压比热随温度的变化曲线

4. 合金的有序与无序的相变

这种相变是合金中各原子在各晶格结点上出现的概率发生改变。现以铜锌合金为例进行说明。这种合金属于一种体心立方结构，在温度较低时，Cu 原子和 Zn 原子在点阵中按一定的规律排列，比如说 Zn 原子（以×表示）位于晶胞的顶点，Cu 原子（以○表示）位于晶胞的体心，也就是说 Zn 原子出现在顶点的概率为 1，出现在体心的概率为零；Cu 原子出现在顶点的概率为零，出现在体心的概率为 1，这是一种完全有序的状态，如图9-39(a)所示。当温度逐渐上升时，这种有规律的排列局部地受到破坏，Cu 原子和 Zn 原子在所有晶格结点上出现的概率都不等于零。当温度达到某一温度 T_c（约 742 K）

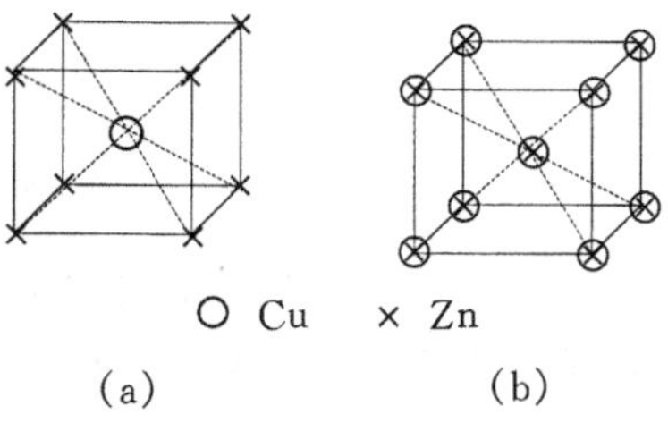

图 9-39　铜锌合金的有序、无序相变

时,Cu原子和Zn原子出现在顶点和体心的概率相等,如图9-39(b),这种状态是一种无序状态。上述的合金有序—无序转变温度 T_c 也叫做居里点,由于这种相变没有相变潜热,而比热的变化也类似于氦Ⅰ—氦Ⅱ相变,所以也被称为 λ 相变。

二、朗道二级相变理论

下面以顺磁—铁磁转变为例介绍朗道的二级相变的唯像理论。通过上面的讨论,我们知道磁性物质存在一定的临界温度(即居里温度) T_c,当温度 $T>T_c$ 时,磁性物质处于顺磁态,当温度 $T<T_c$ 时,物质处于铁磁态,在居里温度 T_c 时,可以发生顺磁到铁磁或者铁磁到顺磁的转变。铁磁状态的特征是在外磁场为零时,磁化强度不为零,该磁化强度称为"自发磁化强度",而顺磁态不存在"自发磁化强度"。现已查明,磁性物质"自发磁化强度"的起因是:磁性物质原子中一些电子的自旋磁矩,在没有外磁场时,可以实现有序排列,可见,磁性物质的铁磁态是一种有序态,而顺磁态是自旋磁矩的有序排列被破坏的无序态。由于铁磁态对称性低,而顺磁态对称性高,因此,上述的顺磁—铁磁相变与系统的对称性变化有关。

磁性物质的状态通常用温度 T,磁场强度 H,磁化强度 m 进行描述,其中磁场强度 H 是外参量,而磁化强度 m 是描述磁性物质内部状态的参量,是内参量,由于它表示了磁性物质自旋磁矩排列的有序化程度,故又称为序参量。

按朗道二级相变理论,当不存在外磁场时,系统的自由焓为

$$G=G(T,m), \tag{9.11.2}$$

在居里点以下,铁磁体的自发磁化强度随温度连续变化,在居里点,自发磁化强度为零,但在居里点附近($T<T_c$)自发磁化强度可看作是一个很小的参量,因此,在居里点 T_c 附近,可将自由焓按磁化强度 m 展成幂级数

$$G=G_0(T,0)+\alpha(T)\frac{m^2}{2}+\beta(T)\frac{m^4}{4}+\cdots, \tag{9.11.3}$$

出于对称性的考虑,认为自发磁化强度沿两个相反方向的排列是没有原则区别的。因此,在上述的展开式中不出现 m 的奇次幂。也就是说,系统的自由焓应与自发磁化强度的方向无关,式中系数 α、β 是温度 T 的函数。系统的平衡条件由自由焓的极小值来决定。根据(9.11.3)式求 $\left(\frac{\partial G}{\partial m}\right)_T=0$,可得

$$\left(\frac{\partial G}{\partial m}\right)_T=\alpha m+\beta m^3=0.$$

该方程有两个根:

$$m=0, \tag{9.11.4}$$

$$m_s^2=-\frac{\alpha}{\beta}\rightarrow m_s=\pm\sqrt{\frac{-\alpha}{\beta}}, \tag{9.11.5}$$

(9.11.4)与(9.11.5)二式分别对应顺磁态及铁磁态。系统平衡的稳定性条件由自由焓的二阶微商决定,下面再看 G 的二阶微商

$$\left(\frac{\partial^2 G}{\partial m^2}\right)_T=\alpha+3\beta m^2, \tag{9.11.6}$$

对 $m=0$ 的状态有

$$\left(\frac{\partial^2 G}{\partial m^2}\right)_T=\alpha, \tag{9.11.7}$$

对 $m^2=-\frac{\alpha}{\beta}$ 的状态有

$$\left(\frac{\partial^2 G}{\partial m^2}\right)_T=-2\alpha. \tag{9.11.8}$$

现对上述结果进行讨论：

1. 如果 $\alpha<0$，由(9.11.7)式可见，对 $m=0$ 的顺磁态，$\left(\frac{\partial^2 G}{\partial m^2}\right)_T=\alpha<0$，此时对应的自由焓 G 取极大值，故该状态不稳定；由(9.11.8)式可见，对 $m_s=\pm\sqrt{\frac{-\alpha}{\beta}}$ 的铁磁态而言，$\left(\frac{\partial^2 G}{\partial m^2}\right)_T=-2\alpha>0$，对应的自由焓取极小值，故该状态是稳定的，且当 $\beta>0$ 时，自由焓对应两个极小值。

2. 如果 $\alpha>0$，由(9.11.7)式可见，对 $m=0$ 的顺磁态，$\left(\frac{\partial^2 G}{\partial m^2}\right)_T=\alpha>0$，此时相应的自由焓 G 取极小值，该状态是稳定的；由(10.1.8)式可见，对 $m_s=\pm\sqrt{\frac{-\alpha}{\beta}}$ 的铁磁态而言，$\left(\frac{\partial^2 G}{\partial m^2}\right)_T=-2\alpha<0$，不满足平衡的稳定性条件，故该状态不稳定。

由以上讨论可见，$\alpha(T)=0$ 的状态是临界状态，该状态对应的温度就是居里温度 T_c，因此在居里点附近可假设

$$\alpha=\alpha'(T-T_c)+0(T-T_c), \tag{9.11.9}$$

其中 α' 为大于零的常数，在(9.11.5)式中，近似地用 $\beta(T_c)$ 代替 $\beta(T)$，则可得出 $T<T_c$ 时，在居里点附近自发磁化强度为

$$m_s=\sqrt{\frac{(T_c-T)\alpha'}{\beta}}=\left[\frac{\alpha' T_c}{\beta(T_c)}\right]^{\frac{1}{2}}\left(1-\frac{T}{T_c}\right)^{\frac{1}{2}}. \tag{9.11.10}$$

由(9.11.3)式还可得出，在顺磁范围内，$m_s=0$，其自由焓

$$G=G_0, \tag{9.11.11}$$

而在铁磁范围，$m_s^2=-\frac{\alpha}{\beta}$，其自由焓为

$$G=G_0-\frac{\alpha^2}{2\beta}, \tag{9.11.12}$$

上述讨论的结果可由图 9-40 表示。当 $\alpha>0$ 时，$G-m$ 曲线近似为已抛物线，$m=0$ 的态，即顺磁态的自由焓取极小值，故该状态是稳定态；当 $\alpha<0$ 时，$G-m$ 曲线有两个极小值，对应的 $m=\pm\sqrt{\frac{-\alpha}{\beta}}$，是铁磁态，该状态是稳定态，而 $m=0$ 的状态，即顺磁态的自由焓 G 取极大值，是不稳定态。$\alpha=0$ 时对应的状态是临界态。显然，当 α 由 $\alpha>0$ 转变到 $\alpha<0$ 时，在 $\alpha=0$ 处发生由顺磁态向铁磁态的转变；反之，当 α 由 $\alpha<0$ 转变到 $\alpha>0$ 时，在 $\alpha=0$ 处则发生铁磁态向顺磁态的转变。

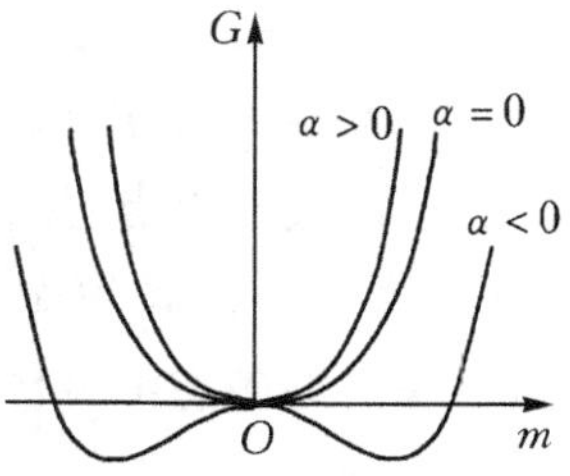

图 9-40
二级相变的自由焓曲线

下面讨论上述顺磁—铁磁态相变的性质。当 $\alpha=0$ 时，由(9.11.11)、(9.11.12)二式可得：

$$G_{顺} = G_{铁}, \quad (9.11.13)$$

由于 $G=n\mu$，故可得出在临界点有

$$\mu_{顺} = \mu_{铁}, \quad (9.11.14)$$

即在临界点处，顺磁态与铁磁态的化学势相等。此外，由于上述磁性状态的转变与系统的体积无关，故在临界点发生顺磁态向铁磁态转变，或者铁磁态向顺磁态转变时，系统的比容不发生突变。由(9.11.11)式及(9.11.12)式还可得出

$$S_{顺} = -\left(\frac{\partial G_{顺}}{\partial T}\right)_m = -\left(\frac{\partial G_{铁}}{\partial T}\right)_m = S_{铁},$$

考虑 $S=ns$，可见在临界点处系统磁性状态发生变化时，比熵也不发生突变。

下面讨论在临界点，当系统的磁性状态发生变化时，定压热容量的变化。在顺磁范围内有

$$C_{p顺} = T\left(\frac{\partial S_{顺}}{\partial T}\right)_p = -T\left(\frac{\partial^2 G_{顺}}{\partial T^2}\right)_p = -T\left(\frac{\partial^2 G_0}{\partial T^2}\right)_p,$$

在铁磁范围内有

$$C_{p铁} = T\left(\frac{\partial S_{铁}}{\partial T}\right)_p = -T\left(\frac{\partial^2 G_{铁}}{\partial T^2}\right)_p = -T\left(\frac{\partial^2 G_0}{\partial T^2}\right)_p + \frac{T}{2}\left[\frac{\partial^2\left(\frac{\alpha^2}{\beta}\right)}{\partial T^2}\right]_p,$$

可见在居里点，两相的定压热容量发生突变，ΔC_p 为

$$\Delta C_p = C_p(T_c-0) - C_p(T_c+0) = \frac{T_c}{2}\frac{\partial^2(\alpha^2/\beta)}{\partial T^2},$$

如果以 $\beta(T_c)$ 代替 $\beta(T)$，且 $\alpha=\alpha'(T-T_c)$，则

$$\Delta C_p = \frac{\alpha'^2 T_c}{\beta(T_c)}.$$

综上所述，可见上述系统的温度 T 由高于临界温度 T_c 过渡到低于临界温度 T_c，或者由低于临界温度 T_c 过渡到高于临界温度 T_c 时，在 $T=T_c$ 处，系统发生的由顺磁态向铁磁态转变，或者由铁磁态向顺磁态转变具有以下特点：

(1)在相变点两相的化学势连续，但与一级相变不同的是没有比容和比熵的突变，而只有定压比热等的突变，如图 9-41 所示，可见上述顺磁一铁磁相变属于二级相变。

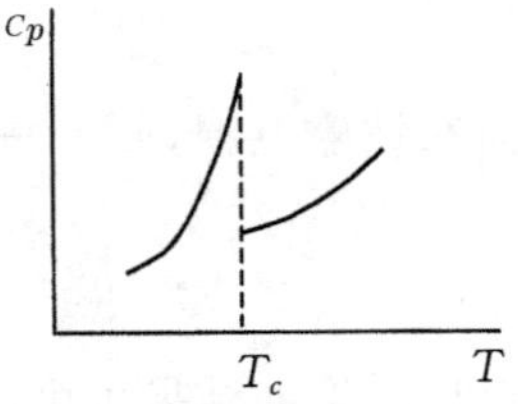

图 9-41
在相变点定压比热容发生突变

(2)在相变点两相的一切差别消失，两相成为同一状态，不像一级相变那样，在相变点，两个不同的相平衡共存。

(3)在临界点 T_c 以上，顺磁态是稳定的，在 T_c 以下，铁磁态是稳定的，刚过临界点，原来所处的状态失稳，并由于系统内部的涨落而转变到新的稳定态，例如，当温度 T 由大于 T_c 变到小于 T_c 时，原来的顺磁态由失稳到消失，并转变到新的稳定状态——铁磁态；反之，当温度 T 由小于 T_c 变到大于 T_c 时，原来的铁磁态由失稳到消失，并转变到新的稳定状态——顺磁态。

(4)原来的顺磁态，原子的自旋在空间的排列是无序的，朗道认为这是一种对称性最高的状态，当其转变到铁磁态时，系统中原子自旋在空间的排列有序，这是一种对称性较低的状态，我们将这种随着相变伴随着对称性的突变这一现象，称为对称性的“自发破缺”，但是从状态的转变来说，非但不是突变，而是一种连续变化，在相变时，表征系统内部

状态的序参量 m 是连续变化的，当系统从顺磁态转变到铁磁态时，参量 m 由 $m=0$ 的状态逐步地转变到 m 取有限值的状态，因此有时又将这种相变称为连续相变。以上特点在其他二级相变中均存在，我们不再进行讨论了。

三、厄伦菲斯特(Ehrenfest)关于相变的分类

首先对相变现象进行分类的是厄伦菲斯特，他在 1933 年提出一个理论，认为在相变点两相的化学势连续，但化学的一级偏导数(即比容、比熵)发生突变，如图 9-42(a)所示，称为一级相变。因为根据(9.3.5)式，图中的 s 和 v 分别为

$$s=-\left(\frac{\partial\mu}{\partial T}\right)_p,\qquad v=\left(\frac{\partial\mu}{\partial p}\right)_T,$$

由此可知，比容的突变 $\Delta v=(v_2-v_1)=\left(\frac{\partial\mu_2}{\partial p}\right)_T-\left(\frac{\partial\mu_1}{\partial p}\right)_T$，而比熵的突变 $\Delta s=s_2-s_1=\left(\frac{\partial\mu_2}{\partial T}\right)_p-\left(\frac{\partial\mu_1}{\partial T}\right)_p$，相变潜热 $l=T(s_2-s_1)$. 可见通常的气、液、固之间的相变及有外磁场时超导态与正常态的转变均属一级相变。

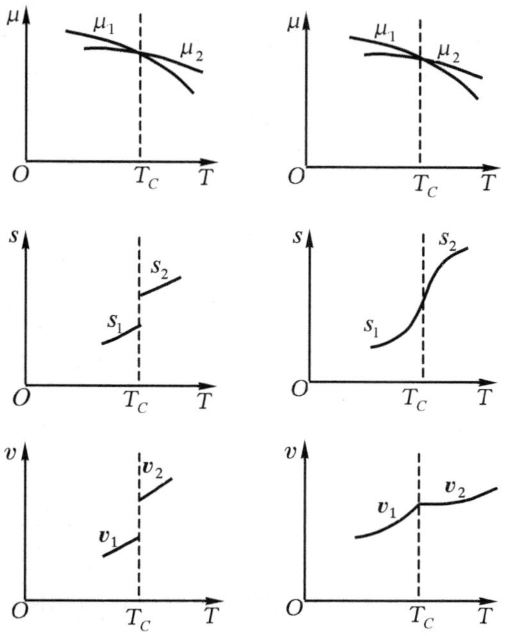

(a)一级相变　　(b)二级相变

图 9-42　一级相变与二级相变的特征

在相变点两相的化学势相等及化学势的一级偏导数连续，如图 9-42(b)所示，但化学势的二级偏导数(如 c_p、α、κ)发生突变，则称为二级相变。即此时有

$$\left.\begin{aligned}
&\mu_1=\mu_2\\
&\left(\frac{\partial\mu_1}{\partial T}\right)_p=\left(\frac{\partial\mu_2}{\partial T}\right)_p\qquad (s_1=s_2)\\
&\left(\frac{\partial\mu_1}{\partial p}\right)_T=\left(\frac{\partial\mu_2}{\partial p}\right)_T\qquad (v_1=v_2)\\
&\left(\frac{\partial^2\mu_1}{\partial T^2}\right)_p\neq\left(\frac{\partial^2\mu_2}{\partial T^2}\right)_p\qquad (c_{p1}\neq c_{p2})\\
&\frac{\partial^2\mu_1}{\partial T\partial p}\neq\frac{\partial^2\mu_2}{\partial T\partial p}\qquad (\alpha_1\neq\alpha_2)\\
&\left(\frac{\partial^2\mu_1}{\partial p^2}\right)_T\neq\left(\frac{\partial^2\mu_2}{\partial p^2}\right)_T\qquad (\kappa_1\neq\kappa_2)
\end{aligned}\right\}\tag{9.11.15}$$

其中后三式括号中的不等式是因为

$$\left(\frac{\partial^2\mu}{\partial T^2}\right)_p=-\left(\frac{\partial s}{\partial T}\right)_p=-\frac{c_p}{T},\tag{9.11.16}$$

$$\left(\frac{\partial\mu}{\partial T\partial p}\right)=\left(\frac{\partial v}{\partial T}\right)_p=\alpha v,\tag{9.11.17}$$

$$\left(\frac{\partial^2\mu}{\partial p^2}\right)_T=\left(\frac{\partial v}{\partial p}\right)_T=-\kappa v,\tag{9.11.18}$$

在 λ 点氦Ⅰ和氦Ⅱ的相变，在没有外磁场时的超导态与正常态相变，在临界点的气液相变

及大量的磁相变等都属于二级相变。

一般而言，在相变点两相的化学势及化学势的一级、二级、……，直到$(n-1)$级偏导数连续，但n级偏导数发生突变，称为n级相变。

一级相变的相平衡曲线的斜率由克拉珀龙方程(9.5.8)式给出。对于二级相变，由于$s_1=s_2$，$v_1=v_2$，克拉珀龙方程变为不定式，不能应用。为了确定二级相变的相平衡曲线的斜率，我们可应用洛比达法则。将(9.5.8)式右边的分子、分母分别对T求导，可得

$$\frac{\mathrm{d}p}{\mathrm{d}T}=\frac{\partial(s_2-s_1)/\partial T}{\partial(v_2-v_1)/\partial T}=\frac{c_{p2}-c_{p1}}{Tv(\alpha_2-\alpha_1)}=\frac{\Delta c_p}{Tv\Delta\alpha}, \tag{9.11.19}$$

式中$\Delta c_p=c_{p2}-c_{p1}$为两相定压比热的变化量，$\Delta\alpha=\alpha_2-\alpha_1$为两相等压膨胀系数的变化量。

将(9.5.5)式右边的分子分母分别对p求导，可得

$$\frac{\mathrm{d}p}{\mathrm{d}T}=\frac{\partial(s_2-s_1)/\partial p}{\partial(v_2-v_1)/\partial p}=\frac{\alpha_2-\alpha_1}{\kappa_2-\kappa_1}=\frac{\Delta\alpha}{\Delta\kappa}, \tag{9.11.20}$$

式中$\Delta\kappa=\kappa_2-\kappa_1$为两相等温压缩系数的变化量。(9.11.19)式和(9.11.20)式称为厄伦菲斯特方程。为了自恰，必有

$$\frac{\Delta c_p}{Tv\Delta\alpha}=\frac{\Delta\alpha}{\Delta\kappa}. \tag{9.11.21}$$

应指出的是，厄伦菲斯特的方程可用于讨论定压热容量、等压膨胀系数和等温压缩系数等突变为有限值的情况。在目前已知的相变中，只有导体的超导态和正常态在零磁场下的转变属于这种类型。在铁磁体与顺磁体的转变、合金的有序与无序的转变及HeⅠ和HeⅡ的转变中，热容量在相变点都是发散的，厄伦菲斯特的理论并不适用。后来梯泽(Tisza)发展了二级相变的理论，可用于讨论突变为无限的情况。还应指出的是，习惯上一般把二级以上的高阶相变，称为连续相变或临界现象，在目前已知的相变中，二级以上的相变很少，因此，在现代相变理论中，只需区别一级和二级相变。

*§9.12 化学平衡条件 质量作用定理

本节讨论多元系中各组元可以发生化学反应时，系统达到平衡的条件。为简单起见，本节只讨论多元单相系，且只有一个化学反应的情况。

一、多元单相系的化学平衡条件

首先说明如何表述一个化学反应，为此考虑以下两个反应。

对于氢和氧化合成水的反应为

$$2H_2+O_2\rightarrow 2H_2O,$$

在热力学中通常将上式写成等式：

$$2H_2O-2H_2-O_2=0. \tag{9.12.1}$$

对于碘和氢化合成碘化氢的反应

$$I_2+H_2\rightarrow 2HI,$$

上式也可写作

$$2HI-I_2-H_2=0, \tag{9.12.2}$$

或一般写为

$$\sum_i\nu_iA_i=0. \tag{9.12.3}$$

式中 A_i 表示第 i 组元的化学符号，ν_i 表示反应方程中 i 组元的反应系数。例如，对(9.12.1)式表示的化学反应，$A_1=H_2O, A_2=H_2, A_3=O_2, \nu_1=2, \nu_2=-2, \nu_3=-1$。对生成物 ν_i 为正，对反应物 ν_i 为负。一个化学反应，在一定条件下可以沿正方向（箭头所示的方向）进行，也可以沿逆方向进行。所以 ν_i 的正负有一定的任意性，但这并不影响下面得出的一般结论。

假定化学反应是在等温、等压条件下进行的（大多数反应是如此），当化学反应达到平衡时，自由焓有最小值，则根据自由焓判据，由表 9-4 第一式可得系统的平衡条件为

$$\delta G=\sum_i \mu_i \delta n_i=0, \tag{9.12.4}$$

上式中不同组元的摩尔数 $n_1, n_2, \cdots$ 不可能以任意方式彼此独立地改变，而要受到反应方程(9.12.3)式的约束，以氢和氧化合成水为例，若反应物中有 δn 摩尔的 O_2 起了反应，必同时有 $2\delta n$ 摩尔的 H_2 起反应，生成 $2\delta n$ 摩尔的 H_2O，故 δn_i 必须满足

$$\frac{\delta n_1}{\nu_1}=\frac{\delta n_2}{\nu_2}=\cdots=\frac{\delta n_k}{\nu_k}=\delta n,$$

式中 δn 为共同的比例系数。由此可得

$$\delta n_i=\nu_i \delta n, \tag{9.12.5}$$

将(9.12.5)式代入(9.12.4)式，得

$$\delta G=\delta n \sum_i \nu_i \mu_i=0, \tag{9.12.6}$$

式中 δn 是独立的，由此可得化学反应的平衡条件为

$$\sum_i \nu_i \mu_i=0. \tag{9.12.7}$$

如果平衡条件(9.12.6)式不满足，反应就要朝某一方向进行，不管是正方向还是逆方向，系统的自由焓都应减小，此时(9.12.6)式应变为

$$\delta G=\delta n \sum_i \nu_i \mu_i<0. \tag{9.12.8}$$

由此式可看出，若 $\sum_i \nu_i \mu_i<0$，则 $\delta n>0$，由(9.12.5)式可知，生成物摩尔数将增加，反应朝正方向进行；若 $\sum_i \nu_i \mu_i>0$，则 $\delta n<0$，生成物摩尔数将减少，反应朝逆方向进行。(9.12.7)式适用于任一多元单相系化学反应，无论该系统是气体还是液体，(9.12.7)式都普遍成立。

二、质量作用定理

下面，我们将(9.12.7)式应用于气相中进行的化学反应，并把各种气体都当成理想气体。为此，首先必须求得混合理想气体中任一组元的化学势 μ_i 的表达式。

1. 混合理想气体的化学势 μ_i

根据(4.1.26)式，我们知道纯理想气体的摩尔自由焓，即化学势 μ 为

$$\begin{aligned}\mu(T,p)&=RT[\ln p+\varphi(T)],\\ \varphi(T)&=\frac{h_0}{RT}-\int\frac{\mathrm{d}T}{RT^2}\int C_{p,\mathrm{m}}\mathrm{d}T-\frac{s_0'}{R}.\end{aligned} \tag{9.12.9}$$

为了能利用(9.12.9)式来计算混合理想气体的化学势 μ_i，我们考虑下面的实验。

很薄的铂金属片是一种半透膜，它可以让 H_2 分子通过，而不让 N_2 分子通过。用铂片将一容器分隔为相等的两半，如图 9-43 所示。开始时容器的左半部储有 1 大气压的 N_2，0.5 大气压的 H_2，容器的右半部储有 1.5 大气压的 H_2，两边的温度相同，如图 9-43

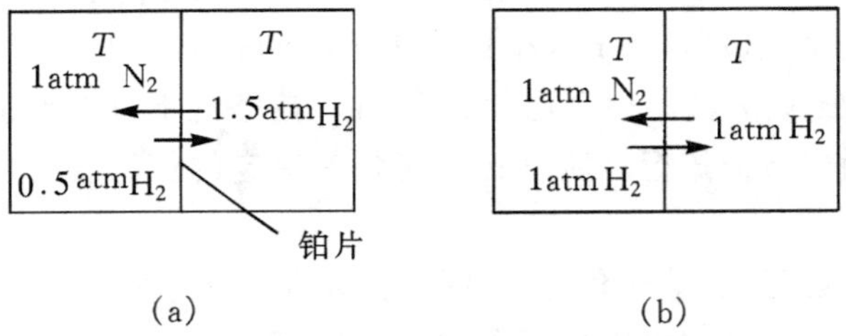

图 9-43 H_2 分子通过铂片而达到平衡

(a)所示。虽然这时两边的总压强相等，但 H_2 的分压不等，所以不能达到平衡。穿过铂金属片由右至左的 H_2 分子数大于由左至右的 H_2 分子数，直到左边混合气体中 H_2 的分压，与右边纯 H_2 的压强相等时为止，如图 9-43(b)所示。但这时两边的总压强并不相等。不过由于铂金属片能承受压强差，所以仍能处于力学平衡。由相平衡条件知，这时 H_2 在两边的化学势一定相等(要注意的是，因为 N_2 分子不能透过铂金属片，平衡时 N_2 的化学势不相等)。用 μ_i 表示左边混合理想气体中 i 组元(本实验中的 H_2)的化学势，用 μ'_i 表示右边纯理想气体 i 的化学势(或摩尔自由焓)，则有

$$\mu_i = \mu_i'(T_i, p_i), \tag{9.12.10}$$

要注意的是，上式右边括号中的 p_i 既是纯理想气体 i 的压强，也是混合理想气体中 i 组元的分压。将(9.12.9)式代入(9.12.10)式，可得混合理想气体中 i 组元化学势的表达式为

$$\mu_i = RT[\ln p_i + \varphi_i(T)], \tag{9.12.11}$$

$$\varphi_i(T) = \frac{h_{i0}}{RT} - \frac{s_{i0}}{R} - \int \frac{dT}{RT^2}\int C_{p,m}^{(i)} dT, \tag{9.12.12}$$

根据混合理想气体的道耳顿分压定理

$$p = \sum_i p_i = \sum_i n_i RT/V,$$

而

$$p_i = n_i RT/V,$$

$$\frac{p_i}{p} = \frac{n_i}{\sum_i n_i} = x_i,$$

$$p_i = x_i p, \tag{9.12.13}$$

x_i 为混合理想气体中，第 i 组元的摩尔浓度。将(9.12.13)式代入(9.12.11)式，可得

$$\mu_i = RT[\ln p + \ln x_i + \varphi_i(T)], \tag{9.12.14}$$

即混合理想气体中，i 组元的化学势是温度 T，压强 p 及浓度 x_i 的函数，即 $\mu_i = \mu_i(T, p, x_i)$.

2. 质量作用定理

将(9.12.11)式代入化学平衡条件(9.12.7)式，可得

$$RT\sum_i \nu_i[\ln p_i + \varphi_i(T)] = 0,$$

或

$$\sum_i \nu_i \ln p_i = -\sum_i \nu_i \varphi_i(T),$$

令

$$K_p(T) = e^{-\sum_i \nu_i \varphi_i(T)}, \tag{9.12.15}$$

$K_p(T)$称为**定压平衡常数**，它仅仅是温度的函数，则上述平衡条件可化为

$$\ln \prod_i p_i^{\nu_i} = \ln K_p(T),$$

或

$$\prod_i p_i^{\nu_i} = K_p(T), \tag{9.12.16}$$

(9.12.16)式称为质量作用定理，其中 p_i 是化学反应达到平衡时，混合理想气体中 i 组元

的分压，ν_i 是化学反应式中 i 组元的反应系数。若已知平衡常数（一般可查表，也可用统计物理的方法计算），由(9.12.16)式可求得平衡时各组元分压之间的关系。

将(9.12.13)式代入(9.12.16)式，可得

$$\prod_i (x_i p)^{\nu_i} = K_p(T),$$

或者

$$\prod_i x_i^{\nu_i} = K(T,p), \tag{9.12.17}$$

其中

$$K(T,p) = K_p(T) p^{-\sum_i \nu_i}. \tag{9.12.18}$$

称**化学平衡常数**，它是温度和压强的函数，(9.12.17)式是质量作用定律的另一表达式。该式给出了化学反应平衡时，各组元的浓度之间应满足的关系。因反应生成物的 ν_i 为正，参加反应的反应物 ν_i 为负。由(9.12.17)式可见，当平衡常数增大时，反应朝增大生成物浓度的方向进行，即向化学反应的正方向进行；当平衡常数减小时，反应朝增大反应物浓度方向进行，即按化学反应的逆方向进行。因此，通过控制平衡常数，可以控制化学反应朝所希望的方向进行。

[例题 1]　考虑反应 $2NH_3 - 3H_2 - N_2 = 0$，用脚标 1,2,3 分别代表 NH_3、H_2 和 N_2，则有 $\nu_1 = 2$，$\nu_2 = -3$，$\nu_3 = -1$，根据(9.12.16)式、(9.12.17)式和(9.12.18)式可分别得到上述反应达到平衡时，各组元的分压及浓度所满足的关系为

$$p_1^2 / p_2^3 p_3 = K_p(T),$$

$$x_1^2 / x_2^3 x_3 = K_p(T) p^{-(2-3-1)} = K_p(T) p^2 = K(T,p).$$

[例题 2]　考虑反应 $2HI - H_2 - I_2 = 0$，用脚标 1,2,3 分别代表 HI、H_2 和 I_2，则有 $\nu_1 = 2$，$\nu_2 = -1$，$\nu_3 = -1$。根据(9.12.16)式、(9.12.17)式和(9.12.18)式可得

$$p_1^2 / p_2 p_3 = K_p(T),$$

$$x_1^2 / x_2 x_3 = K_p(T).$$

从以上两个例子可以看到，若反应前后总摩尔数不相等，则反应平衡时生成物摩尔浓度和反应物摩尔浓度乘积之比依赖于温度和压强（或化学平衡常数）。反之，若反应前后总摩尔数守恒，则反应平衡对生成物摩尔浓度与反应物摩尔浓度乘积之比，仅与温度（或定压平衡常数）有关。

最后简单讨论化学平衡常数 $K(T,p)$ 对 p，和定压平衡常数对 T 的依赖关系。

由(9.12.18)式可得

$$\ln K(T,p) = \ln K_p(T) - \sum_i \nu_i \ln p,$$

$$(\partial \ln K(T,p)/\partial p)_T = -\sum_i \nu_i / p, \tag{9.12.19}$$

对于[例题 1]中的反应，$\sum \nu_i = -2$，则有

$$(\partial \ln K(T,p)/\partial p)_T > 0,$$

即增大压强时，$K(T,p)$ 随之增大，而由[例题 1]的结果知道，这样可提高 NH_3 的产量。

将(9.12.15)式两边取对数后，可得

$$\mathrm{d}\ln K_p(T)/\mathrm{d}T = -\sum \nu_i \frac{\mathrm{d}\varphi_i(T)}{\mathrm{d}T},$$

$$\frac{\mathrm{d}\varphi_i(T)}{\mathrm{d}T} = -\frac{h_{io}}{RT^2} - \frac{\int c_{pi}\,\mathrm{d}T}{RT^2} = -\frac{1}{RT^2}\left(h_{io} + \int c_{pi}\,\mathrm{d}T\right) = -\frac{h_i}{RT^2},$$

其中 h_i 为组元 i 的摩尔焓，所以

$$\mathrm{d}\ln K_p(T)/\mathrm{d}T=\frac{\sum\nu_i h_i}{RT^2}=\frac{\Delta H}{RT^2}.$$

化学反应一般是在等温、等压下进行的，故在化学反应中所吸收的热量 Q_p 称为化学反应热，它等于化学反应中焓的变化，即

$$Q_p=\Delta H=\sum_i\nu_i h_i,$$

故有
$$\mathrm{d}\ln K_p(T)/\mathrm{d}T=\frac{Q_p}{KT^2},\tag{9.12.20}$$

例如，水的分解是吸热反应，$Q_p>0$，所以 $\mathrm{d}\ln K_p(T)/\mathrm{d}T>0$，由此可知，当升高温度时，$K_p(T)$增大，反应朝增大生成物浓度的方向进行，故水的分解量增多。

本章提要

一、一级相变的普遍特征、相变潜热

1. 单元系固、液、气之间的转变过程具有两个共同特征：第一，物质发生相变时，体积要发生显著变化；第二，相变时要吸收或放出相变潜热。

2. 相变潜热：单位质量物质从一相转变为同温度的另一相时所吸收或放出的热量。根据热力学第一定律，相变潜热 l 为

$$l=u_2-u_1+p(v_2-v_1),$$

u_2-u_1 称为内潜热，$p(v_2-v_1)$称为外潜热。

二、物质三态变化

1. 固液相变

(1)熔解与结晶：物质从固相转变为液相的过程称为熔解，从液相转变为固相的过程称为结晶或凝固。

(2)熔点、熔解热

在一定压强下，固体(晶体)温度升高到一定温度时才开始熔解，此温度称为熔点，以 T_m 表示。在熔点温度下，单位质量的固体转变为同温度的液体时所吸收的相变潜热称为熔解热，反之，在结晶过程中要放出结晶热。熔解热以 L_m 表示。

过冷液体：由于缺少结晶核，当熔液温度低于熔点仍不结晶的液体称为过冷液体，它是一种亚稳态。

2. 液气相变

(1)汽化与凝结：物质由液相转变成气相的过程称为汽化，相反的过程称为液化或凝结。液体汽化过程中吸收的相变潜热称为汽化热，以 l_v 表示。

(2)蒸发、饱和蒸气压

蒸发：发生在液体表面的汽化过程称为蒸发。

饱和蒸气：在密闭容器中，液气两相达到平衡时的蒸气称为饱和蒸气，相应的蒸气压强，称为饱和蒸气压。饱和蒸气压的大小与温度有关，与液体性质有关，与气液分界面的形状有关，与蒸气的体积无关，与该体积中有无其他气体无关。

过饱和蒸气：由于缺少凝结核，有时蒸气压超过平液面上饱和蒸气压几倍以上仍不凝结的蒸气称为过饱和蒸气，它是一种亚稳态。

(3)沸腾　在一定的外界压强下，当液体加热到一定温度时，从液体内部和器壁上涌现出大量气泡，整个液体剧烈汽化，这种现象称作沸腾，相应的温度称为沸点。

沸腾条件：液体的饱和蒸气压等于液面上的外压强。

过热液体：当液体内部缺少汽化核时，液体温度加热至沸点以上仍不沸腾的液体，称为过热液体，它

是一种亚稳态。

3. 固气相变

(1)升华与凝华 物质从固相直接转变为气相的过程称为升华,相反的过程称为凝华。

(2)升华热 单位质量的固体,转变成同温度的气体所吸收的相变潜热,称为升华热,反之,在凝华过程中要放出凝华热,升华热以 l_s 表示。

在三相点有:$l_s = l_m + l_v$

三、开放系热力学基本等式

$$dU = TdS - pdV + \sum_i \mu_i dn_i,$$

$$dF = -SdT - pdV + \sum_i \mu_i dn_i,$$

$$dH = TdS + Vdp + \sum_i \mu_i dn_i,$$

$$dG = -SdT + Vdp + \sum_i \mu_i dn_i,$$

$$d\Omega = -SdT - pdV - \sum_i n_i d\mu_i.$$

四、平衡判据

1. 熵判据:孤立系统(系统的内能和体积不变),对各种可能的变动,平衡态的熵最大。数学表达式为

$$(\delta S)_{U,V} = 0, \qquad (\delta^2 S)_{U,V} < 0.$$

2. 自由能判据:一个系统在温度和体积不变的情况下,对各种可能的变动,平衡态的自由能最小。数学表达式为

$$(\delta F)_{T,V} = 0, \qquad (\delta^2 F)_{T,V} > 0.$$

3. 自由焓判据:一个系统在温度和压强不变的情况下,对各种可能的变动,平衡态的自由焓最小。其数学表达式为

$$(\delta G)_{T,p} = 0, \qquad (\delta^2 G)_{T,p} > 0.$$

五、平衡条件和平衡的稳定性条件

1. 平衡条件

$T^\alpha = T^\beta = T$ (热平衡条件),

$p^\alpha = p^\beta = p$ (力学平衡条件),

$\mu^\alpha = \mu^\beta = \mu$ (相平衡条件).

2. 平衡的稳定性条件

$C_V > 0$ (热平衡稳定性条件),

$\left(\frac{\partial p}{\partial V}\right)_T < 0$ (力学平衡稳定性条件),

$\left(\frac{\partial \mu}{\partial n}\right)_{T,p} > 0$ (相平衡稳定性条件)。

六、单元二相系的平衡

1. 相平衡曲线表示两相平衡共存时压强与温度的关系,若其中一相为气相,则表示饱和蒸气压与温度的关系。

2. 相平衡曲线的斜率方程——克拉珀龙方程

$$\frac{dp}{dT} = \frac{s_m^\beta - s_m^\alpha}{v_m^\beta - v_m^\alpha} = \frac{L_m}{T(v_m^\beta - v_m^\alpha)}.$$

3. 蒸气压方程

(1) 经验蒸气压方程

(a)在熔点附近与固相平衡的饱和蒸气的蒸气压方程

$$\lg p = A - \frac{B}{T},$$

(b)与液相平衡的饱和蒸气的蒸气压方程

$$\lg p = A - \frac{B}{T} - C\lg T \qquad (\text{基尔霍夫方程}).$$

(2) 理论蒸气压方程

(a)l 与 T 无关

$$\ln p = -\frac{l}{RT} + A,$$

(b)考虑 l 与 T 有关

$$\ln p = -\frac{l_0}{RT} + \frac{c_{p,m}^{(2)} - c_{p,m}^{(1)}}{R}\ln T + A.$$

七、气液相变

1. 实际气体的等温转变

(1) 气液等温转变要经过气液两相平衡共存阶段才能由气相转变为液相。

(2) 临界点、临界参量

临界点 C 是临界等温线上的拐点，在该点气液两相的比容相等。临界点对应的状态参量 p_c、v_c、T_c 分别称为临界压强、临界比容和临界温度。

(3) 临界态

在临界点 C 所对应的状态称为临界态，此时气液之间的一切差别消失，气液分界面不再存在。在临界点发生气液相变时，由于没有比容突变，也不吸收相变潜热，即没有比熵突变，该相变属二级相变。

2. 范德瓦耳斯等温线

(1)范氏等温线能较好地描述气相和液相的状态。

(2)可以说明过饱和蒸气和过热液体两种亚稳态的存在。

(3)可以求出临界参量

$$V_{mc} = 3b, \qquad T_c = \frac{8a}{27Rb}, \qquad p_c = \frac{a}{27b^2}.$$

*3. 球形液面对平衡条件的影响

(1) 热平衡条件不变

(2) 力学平衡条件为： $p_1 = p_2 \pm \dfrac{2\sigma}{r}$

(3) 相平衡条件为： $\mu_1(T, p_1) = \mu_2(T, p_2)$

*4. 平衡蒸气压 p' 与液滴(或气泡)半径的关系

$$\ln\frac{p'}{p} = \pm\frac{2\sigma v_1}{RTr},$$

此式表明，在一定的温度下

(1) 凸液面上的平衡蒸气压大于平液面上的饱和蒸气压；

(3) 凹液上的平衡蒸气压小于平液面上的饱和蒸气压；

(3) r 越小，凸液面 p' 越大，而凹液面 p' 越小。

*5. 过饱和蒸气的出现是因为缺少凝结核，过热液体的出现是因为缺少汽化核。

八、二级相变

1. 特征是：相变时两相的化学势相等和化学势的一级偏导数连续，但二级偏导数有突变，即 $\mu_1 = \mu_2$，$v_1 = v_2$，$s_1 = s_2$，$c_{p1} \neq c_{p2}$，$\alpha_1 \neq \alpha_2$，$\kappa_1 \neq \kappa_2$.

2. 相平衡曲线的斜率方程——厄伦菲斯特方程

$$\frac{\mathrm{d}p}{\mathrm{d}T} = \frac{\Delta c_p}{Tv\Delta\alpha} \quad \text{或} \quad \frac{\mathrm{d}p}{\mathrm{d}T} = \frac{\Delta\alpha}{\Delta\kappa}.$$

3. 二级相变的例子有：无外磁场时导体的超导态—正常态相变；氦Ⅰ—氦Ⅱ相变；铁磁体—顺磁体相变；合金的有序—无序相变。其中只有第一个例子遵从厄伦菲斯特方程，而其他三个例子，由于比热在相变点的突变具有发散的形式，不遵从厄伦菲斯特方程。

*九　化学平衡条件

1. 对于多元单相系化学反应，$\sum_i \nu_i A_i = 0$，其平衡条件为

$$\sum_i \nu_i \mu_i = 0.$$

2. 质量作用定理(化学反应平衡条件对理想气体的具体化)：

$$\prod_i p_i^{\nu_i} = K_p(T),$$

$K_p(T)$称为定压平衡常数，上式表明反应平衡时，各组元的分压强之间应满足的关系。

$$\prod_i x_i^{\nu_i} = K(T,p),$$

$K(T,p)$称为化学平衡常数，上式表明反应达到平衡时，各组元的浓度之间应满足的关系。

思 考 题

1. 什么叫元？什么叫相？相与物态的含义有何不同？设一个容器中有冰、盐水、水蒸气及空气，问其中有几个元，几个相？

2. 何谓单元复相系？试举例说明。

3. 单元系一级相变有什么普遍特征？

4. 何谓内潜热与外潜热？怎样由态函数焓计算潜热？

5. 影响蒸发速度的因素有哪些？怎样从微观观点加以解释？

6. 液体沸腾的条件是什么？它与蒸发有何异同？什么是过热液体？在怎样的情况下会出现过热液体？

7. 什么是饱和蒸气？饱和蒸气压的大小与哪些因素有关？什么是过饱和蒸气？过饱和蒸气出现的条件是什么？

8. 试分别说明熵判据、自由能判据和自由焓判据适用的条件是什么？如何用熵判据推导一个单元二相系统的热平衡、力学平衡及相平衡的条件？

9. 怎样理解热平衡的稳定性条件 $C_V>0$ 及力学平衡的稳定性条件 $\left(\frac{\partial p}{\partial V}\right)<0$？

10. 用克拉珀龙方程说明：

(1) 液体的沸点与压强的关系；

(2) 固体的熔点与压强的关系。

11. 何谓气液二相图？汽化曲线有何特点？

12. 设在温度 $T(T<T_c)$时将气体进行等温压缩，当压缩到部分气体转变成液体时，即当物质处在 p-v 图中区域Ⅱ所表示的状态时(见图 9-24)，然后升高温度，但始终处在区域Ⅱ中，一直升高到临界温度 T_c，以后在等压的条件下继续升高温度，使其处于区域Ⅰ所示的状态，试将整个过程用 p-T 图表示出来。

13. 当水处于三相点时，在下列情况下物态将如何变化？(1)增大压强；(2)减小压强；(3)升高温度；(4)降低温度。如果不是水，而是 CO_2，则结果又如何呢？

14. 由 CO_2 的三相图(图 9-13)，回答下列问题：

(1) 5 atm 和 −80℃时，CO_2 处在什么状态？

(2) 1000 atm 和 40℃时，CO_2 处在什么状态？

(3) 10 atm 下缓慢冷却至 −100℃，能获得干冰吗？

15. 某些物质如果熔解时体积增大，用哪些方法可使它重新凝固？

16. 用什么方法可以使纯净的冰在0℃以下才熔解？

习　　题

1. 证明下列各平衡判据(假设 $S>0$)：

(1) 在 S 和 V 不变的情况下，平衡态的 U 最小。

(2) 在 F 及 V 不变的情况下，平衡态的 T 最小。

(3) 在 G 和 T 不变的情况下，平衡态的 p 最大。

(4) 在 U 和 S 不变的情况下，平衡态的 V 最小。

2. 写出以 T、V 和 n 为自变量的热力学基本等式，并证明

(1) $-\left(\frac{\partial p}{\partial n}\right)_{T,V}=\left(\frac{\partial \mu_i}{\partial V}\right)_{T,n}$，

(2) $-\left(\frac{\partial S}{\partial n}\right)_{T,V}=\left(\frac{\partial \mu_i}{\partial T}\right)_{V,n}$.

[提示：根据全微分条件证明]

3. 对克拉珀龙方程描述的相变过程，证明：

(1)摩尔内能的变化为

$$u_2-u_1=l\left(1-\frac{\mathrm{d}\ln T}{\mathrm{d}\ln p}\right);$$

(2)若把一相看作理想气体，另一相为凝聚相，则上式变为

$$u_2-u_1=l\left(1-\frac{RT}{l}\right).$$

4. 设一物质的气相可看作理想气体，液相的比容与气相比较可以忽略。

(1)证明蒸气的“两相平衡膨胀系数”为

$$\frac{1}{V}\frac{\mathrm{d}V}{\mathrm{d}T}=\frac{1}{T}\left(1-\frac{l}{RT}\right);$$

(2)温度在什么条件下，$\frac{\mathrm{d}V}{\mathrm{d}T}<0$？为什么？

5. 同上题，证明蒸气的“两相平衡热容量”为

$$c=c_p-\frac{l}{T}.$$

6. 在大气压强 $p_0=1.013\times10^5\ \mathrm{N/m^2}$ 下，4.0×10^{-3} kg 酒精沸腾化为蒸气。已知酒精蒸气比容为 $0.607\ \mathrm{m^3/kg}$，酒精的汽化热为 $l=8.63\times10^5$ J/kg，酒精的比容 v_1 与酒精蒸气比容 v_2 相比可以忽略不计，求酒精内能的变化。

7. 压强为 760 mmHg 时水在100℃沸腾，此时水的汽化热为 2.26×10^6 J/kg，比容为 $1.671\ \mathrm{m^3/kg}$，求压强为 770 mmHg 时水的沸点。

8. 接近100℃时，水的沸点每当压强增大 3 mmHg 时升高 0.11℃，求水的汽化热。

9. 要使冰的熔点降低1℃，需要加多大的压力？已知冰的熔解热为 $l=3.34\times10^5$ J/kg，冰的比容为 $1.0905\times10^{-3}\ \mathrm{m^3/kg}$，水的比容为 $1.000\times10^{-3}\ \mathrm{m^3/kg}$.

10. 已知在100℃时水的饱和蒸气压为 $9.81\times10^4\ \mathrm{N/m^2}$，由(9.6.5)式求15℃时水的饱和蒸气压。

11. 假定蒸气可看作理想气体，由下表所列数据计算－20℃时冰的升华热。

温度(℃)	－19.5	－20.0	－20.5
蒸气压(mmHg)	0.808	0.770	0.734

12. 假定蒸气可看作理想气体，由下表所列数据计算27℃时水的汽化热。

温度(℃)	27.1	27.0	26.9
蒸气压(mmHg)	26.905	26.747	26.590

13. 固态氨的蒸气压方程和液态氨的蒸气压方程分别为

$$\ln p = 23.3 - \frac{3754}{T};$$

和

$$\ln p = 19.49 - \frac{3063}{T},$$

式中 p 是以 mmHg 表示的蒸气压。求：

(1)三相点的压强和温度；

(2)三相点处汽化热和升华热。

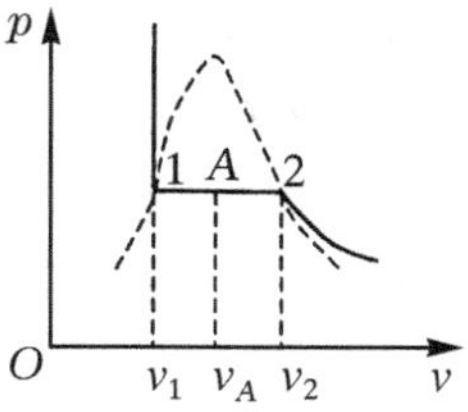

图 9-44

14. 1 摩尔的某种物质，处于气液两相共存的状态 A，如图 9-44 所示。设其中液相的质量为 x_1，气相的质量为 x_2，试证明杠杆法则

$$\frac{x_1}{x_2} = \frac{v_2 - v_A}{v_A - v_1}.$$

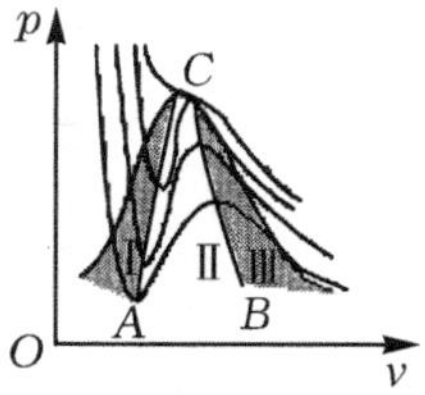

图 9-45

15. 在范氏气体的 p-v 图上，等温线的极大点和极小点连成一条曲线 ACB(如图 9-45)，证明这条曲线的方程为

$$pv^3 = a(v - 2b),$$

并说明在这条曲线分割出的区域Ⅰ、Ⅱ、Ⅲ中，物质处于什么状态。

16. 灰锡和白锡在一个大气压下的相变温度是 291 K，低于此温度灰锡是稳定的，在此转变中焓的变化是 535 卡/摩尔；灰锡和白锡的密度分别为 5.57 克/厘米^3 和 7.30 克/厘米^3，相对原子质量是 118.7，如果系统是在 100 大气压，相变温度改变是多少？

17. 一密封容器的体积为 $V=6.0\times10^{-3}\ \mathrm{m^3}$，其中水的温度为 $T_1=393\ \mathrm{K}$，相应的饱和蒸气压为 $p_1=1.96\times10^5\ \mathrm{N/m^2}$。如在其中喷进 10℃的水后，容器内温度降至 $T_2=373\ \mathrm{K}$，而饱和蒸气压也降至 $p_2=9.81\times10^4\ \mathrm{Pa}$，已知水的比热 $c=4.186\times10^3\ \mathrm{J\cdot kg^{-1}\cdot K^{-1}}$，水蒸气的摩尔定容热容量 $C_V=3R$，T_2、p_2 时的汽化热 $l=2.26\times10^6\ \mathrm{J\cdot kg^{-1}}$. 试问此过程中有多少质量的原蒸气凝结成水？

18. 地球深处 35 km 到 2 900 km 之间的区域为固态地幔，地幔的主要成分是固态硅酸盐。设硅酸盐的熔解热为 L_m，其液态密度与固态密度之比为 α. 试求地幔中硅酸盐岩石的熔点随 r 的变化率，r 是岩石与地心的距离。已知地幔较上部某处的 $T_m=1\,573\mathrm{K}$，$\alpha=0.9$，$L_m=10^5\ \mathrm{cal\cdot kg^{-1}}$. 试估算以该处往地心深入 1 000 m 后，$T_m$ 变化了多少？

19. 冰、水和水蒸气各 1 g 在一封闭的容器中处于热平衡，压强为 4.58 mmHg，温度为 0.01℃. 对此系统加热 60 cal，总体积保持不变，准确到 2%，试计算出系统再达到平衡后冰、水及水蒸气的质量。

*20. 学习用计算机进行画图：已知 1 摩尔气体的范德瓦耳斯方程为

$$\left(p+\frac{a}{V_{\mathrm{m}}^2}\right)(V_{\mathrm{m}}-b)=RT.$$

对 CO_2 气体，$a=3.592\ \mathrm{atm\cdot L^2\cdot mol^{-1}}$，$b=0.042\,67\ \mathrm{L\cdot mol^{-1}}$，试用 Mathematica 中的画图函数画出该气体温度分别为 243 K、263 K、283 K、304 K 及 400 K 时的等温曲线，并分析这些等温线随着温度的升高，其极大值与极小值之间变化的规律。当 $T=304$ K 时的等温线(CO_2 的临界等温线)有什么特点？当温度高于 304 K 时的等温线有什么特点？

*21. 液体 A、B 互不相溶，它们的饱和蒸气压 p 与温度 T 的关系为

$$\ln\frac{p_i}{p_0}=\frac{a_i}{T}+b_i,\ i=\mathrm{A}\ 或\ B,$$

其中 p_0 是标准大气压，a、b 是由液体的性质确定的常数。测出两个温度的 $\frac{p_i}{p_0}$ 值如下：

$$40℃，\frac{p_A}{p_0}=0.284，\quad \frac{p_B}{p_0}=0.07278，$$

$$90℃，\frac{p_A}{p_0}=1.476，\quad \frac{p_B}{p_0}=0.6918.$$

(1) 在外部压强为 p_0 时，试分别求液体 A 和 B 的沸点。

(2) 现将 100 克液体 A 和 100 克液体 B 先后注入容器内，并在 B 的表面覆盖上一薄层非挥发性的液体 C，C 与 A、B 互不相溶，C 的作用是防止 B 的自由蒸发。如图 9-46(a)中各液层都不厚，因此液体内因重力产生的压强均可忽略。已知液体 A、B 的摩尔质量之比为 $\gamma=\frac{\mu_A}{\mu_B}=8$.

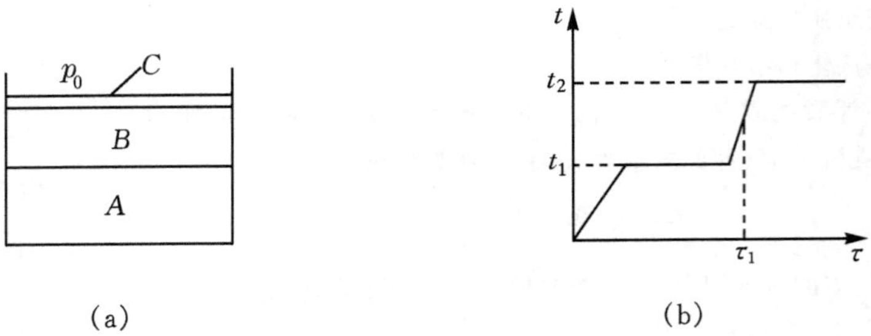

图 9-46

缓慢而持续地加热容器，液体的温度 t(摄氏温度)随时间 τ 的变化关系如图 9-46(b) 所示。试求图(b)中的温度 t_1 和 t_2(精确到 1℃)，以及在 τ_1 时刻液体 A 和液体 B 的质量(精确到 0.1 克)。

提示：ⅰ)求液体的沸点时，要考虑液体沸腾的条件；ⅱ)求 t_1 时请借助 Mathematica 求解超越方程：$y(t_1)=\exp\left(\frac{a_A}{t_0+t_1}+b_A\right)+\exp\left(\frac{a_B}{t_0+t_1}+b_B\right)=1$，此处 $t_0=273.15$.

第十章 气体内的输运过程

在第五章和第六章所讨论的都是气体在平衡态下的性质。实际上，在许多问题中都牵涉到气体在非平衡态下的变化过程。例如，当气体各处密度不均匀时发生的扩散过程，温度不均匀时发生的热传导过程以及气体各层流速不均匀时发生的粘滞过程，就是典型的由非平衡态趋向平衡态的变化过程。由于在上述三种过程中分别引起质量(或粒子)的输运、能量的输运及动量的输运，因此通常称这三种过程为输运过程。

研究输运过程时必须考虑分子间的相互作用对运动情况的影响，即分子间的碰撞机构。在本章中，我们将把分子看作刚球，把分子间的碰撞机构简化为刚球的弹性碰撞，从而引入平均自由程的概念；在引入这种简化模型的基础上，从分子运动论的观点推导输运过程的基本规律，并确定扩散系数、导热系数和粘滞系数等宏观常数与一些反映气体状态及结构的参量之间的关系。

用平均自由程法处理输运过程是不够严格的，所得的结果也不够准确。但是，这种简单理论却能把输运过程的物理实质显示得比较清楚，而且还能给出一些与实验近似符合的重要结论。

§10.1 输运过程的宏观规律

从表面看来，气体的粘滞现象、热传导现象和扩散现象好像互不相关，实际上这三种现象具有共同的宏观特征和微观机构。因此，在本节中将集中介绍这三种现象的宏观规律，在下节中再从分子运动论的观点统一地阐明它们的微观实质。

一、粘滞现象的宏观规律

在第八章中我们曾讨论过液体的粘滞现象，实际上气体中也存在着粘滞现象，并且遵从和液体相同的宏观规律。为具体起见，设气体处在两个平板之间。当两平板在平行于 xOy 的平面内，沿 y 轴正方向以相对速度 $\boldsymbol{u}$ 作相对运动时，二板之间的气体因受到粘滞力的作用，将在平行于 xOy 的平面内，沿着 y 轴正方向流动。当气体的流速比较小时，可

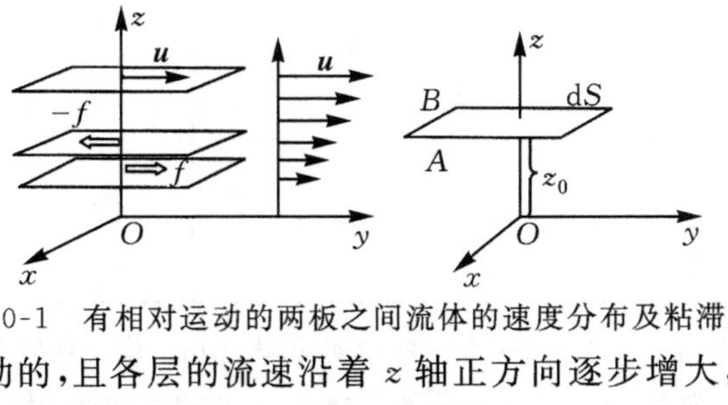

图 10-1 有相对运动的两板之间流体的速度分布及粘滞力

以认为气体是分层流动的，且各层的流速沿着 z 轴正方向逐步增大，如图 10-1 所示。由于相邻两层流体之间存在着相对运动，因此相邻两层气体通过平行于 xOy 的截面互施作用；力的作用使流动慢的气层加速，使流动快的气层减速，这种力称为内摩擦力，或者叫做

粘滞力。在 $z=z_0$ 处垂直于 z 轴作一截面 $\mathrm{d}S$，将气体分成 A、B 两部分，则 A 部将施于 B 部一平行于 y 轴负方向的力，而 B 部将施于 A 部一大小相等、方向相反的力。根据对实验结果的分析可以确定，如以 f 表示 A、B 部分相互作用的粘滞力的大小，以 $\mathrm{d}S$ 表示所取的截面面积，以 $\left(\frac{\mathrm{d}u}{\mathrm{d}z}\right)_{z_0}$ 表示截面所在处的速度梯度，则

$$f=\eta\left(\frac{\mathrm{d}u}{\mathrm{d}z}\right)_{z_0}\mathrm{d}S. \tag{10.1.1}$$

上式叫做牛顿(Newton)粘滞定律，式中的比例系数 η 叫做粘滞系数，它与气体的性质和状态有关，其单位为帕·秒(Pa·s)。

粘滞现象的基本规律还可用另一种形式来表达。从效果上看，粘滞力的作用将使 B 部的流动动量减小，使 A 部的流动动量加大。如以 $\mathrm{d}K$ 表示在时间 $\mathrm{d}t$ 内通过截面积 $\mathrm{d}S$ 沿 z 轴正方向输运的动量，即由 A 部传递给 B 部的动量，则根据动量定理 $\mathrm{d}K=f\mathrm{d}t$，(10.1.1)式可写作

$$\mathrm{d}K=-\eta\left(\frac{\mathrm{d}u}{\mathrm{d}z}\right)_{z_0}\mathrm{d}S\mathrm{d}t. \tag{10.1.2}$$

因为动量是沿着流速减小的方向输运的，若 $\left(\frac{\mathrm{d}u}{\mathrm{d}z}\right)_{z_0}>0$ 则 $\mathrm{d}K<0$，而粘滞系数总是正的，所以应加一负号，表示动量沿着速度减小的方向输运。

另外，如以 J_p 表示单位时间内，通过单位面积截面沿着 z 轴正方向输运的动量，即 $J_p=\frac{\mathrm{d}K}{\mathrm{d}S\mathrm{d}t}$，以 ∇u 表示气体在截面 $\mathrm{d}S$ 处的速度梯度，则(10.1.2)式还可以表示为

$$\boldsymbol{J}_p=-\eta\nabla u. \tag{10.1.3}$$

$\boldsymbol{J}_p$ 称为动量流密度，它是一个矢量，其方向与速度梯度的方向相反。表 10-1 给出了一些气体的粘滞系数，由该表可知，气体的粘滞系数随温度的升高而增大，在§8.4 中我们知道液体的粘滞系数随温度的升高而减小。气体和液体的这种差别在于产生粘滞现象的微观本质不同，关于这点，将在后面详细说明。

表 10-1 一些气体的粘滞系数

气体	t(℃)	η(10^{-5} Pa·s)	气体	t(℃)	η(10^{-5} Pa·s)
空气	20	1.82	氢	20	0.89
	671	4.0		251	1.3
水蒸气	0	0.9	氦	20	1.96
	100	1.27			
CO_2	20	1.47	CH_4	20	1.10
	302	2.7			

［例题 1］ 图 10-2 为测量气体粘滞系数 η 的粘度计，内圆筒沿轴线悬挂在细丝 C 的下方，其外径为 R，长为 L。外面是一内径为 $R+\delta$，长为 L 的同轴圆筒 A，A 以角速度 ω 绕轴旋转。由于气体的粘滞作用，内筒将受到一力矩作用而产生转动，直到与细丝 C 产生的扭转力矩 G 相平衡为止。G 可由粘附在细丝 C 上的小镜 M 的反射光的偏转角度确定。试证当 $\delta\ll R$ 时，力矩 G 和气体的粘滞系数 η 的关系为

$$G=2\pi\eta R^3L\omega/\delta.$$

［解］ 当力矩达到平衡时，内圆筒静止不动，外圆筒仍以角速度 ω 匀速转动。由于圆筒壁对气体有吸附作用，靠近器壁的一薄层气体具有和圆筒壁相同的运动速度。即两圆筒之间的气体以不同的速度运动，从内($r=R$)到外($r=R+\delta$)，速度从 0 增加到 $u=\omega(R+\delta)$。当 δ 很小，ω 不大时，气体运动的速度梯度可近似认为是常数，且为$\frac{u}{\delta}$，由(10.1.1)式可得作用在内圆筒上的力矩为

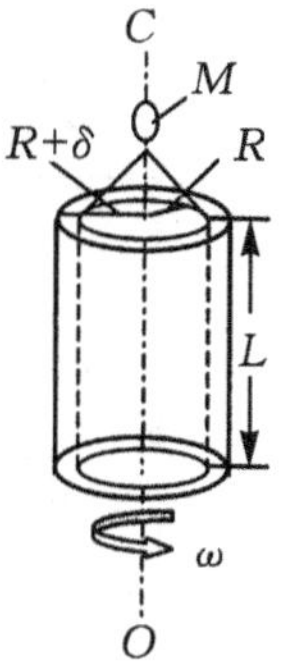

图 10-2

旋转式气体粘度计

$$\begin{aligned}G&=f\cdot R=\eta\cdot\frac{u}{\delta}\cdot 2\pi R\cdot L\cdot R\\&=\eta\cdot\frac{\omega(R+\delta)}{\delta}\cdot 2\pi R^2\cdot L\\&\approx 2\pi\eta R^3L\omega/\delta,\end{aligned}$$

由此可得气体的粘滞系数为

$$\eta=\frac{G\delta}{2\pi R^3L\omega}.$$

上式提供了一种测量气体粘滞系数的方法。

二、热传导现象的宏观规律

我们知道，当固体和液体内各部分的温度分布不均匀时，将有热量从温度高处向温度低处进行传递。同样，当气体内各处的温度分布不均匀时，也会有热量从温度高处向温度低处进行传递，这种现象叫做热传导现象。为具体起见，设在一柱型容器内装有某种理想气体，容器上下两端面分别与温度为 T_2 及 T_1 的两个热源相接触，如图 10-3 所示。这时就会有热量通过气体进行传递。设 $T_2>T_1$，即在气体内部温度沿 z 轴正方向逐渐升高。如果在 $z=z_0$ 处垂直于 z 轴取一截面 dS，将气体分成 A、B 两部分，则热量将通过 dS 由 B 部传递到 A 部。如以$\text{đ}Q$表示在时间 dt 内通过截面 dS 沿 z 轴正方向传递的热量，以$\left(\frac{\mathrm{d}T}{\mathrm{d}z}\right)_{z_0}$ 表示截面 dS 所在处的温度梯度，实验发现，热量$\text{đ}Q$ 的大小除与截面 dS 成正比，与时间 dt 成正比之外，还与温度梯度$\left(\frac{\mathrm{d}T}{\mathrm{d}z}\right)_{z_0}$ 成正比。故热传导的基本规律可表达为

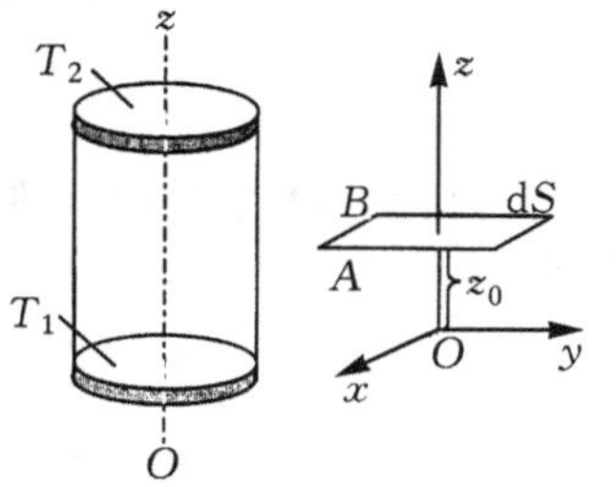

图 10-3

圆柱体内气体温度沿 z 轴正方向增加

$$\text{đ}Q=-\kappa\left(\frac{\mathrm{d}T}{\mathrm{d}z}\right)_{z_0}\mathrm{d}S\mathrm{d}t,\qquad(10.1.4)$$

式中的比例系数 κ 叫做气体的导热系数，其单位为瓦·米$^{-1}$·开$^{-1}$(W·m^{-1}·K^{-1})，负号表示热量沿温度减小的方向输运。(10.1.4)式叫做傅里叶(Fourier)定律。

上式中，如果令 $J_q=\frac{\text{đ}Q}{\mathrm{d}S\mathrm{d}t}$表示单位时间内沿 z 轴正方向通过单位面积的热量，以∇T 表示气体在截面 dS 处的温度梯度，则上式还可表达为

$$\boldsymbol{J}_q=-\kappa\nabla T,\qquad(10.1.5)$$

$\boldsymbol{J}_q$ 称为热流密度，它是一个矢量，其方向与温度梯度的方向相反。表 10-2 给出了一些气体的导热系数，由表可知，气体的导热系数与气体的种类有关，与气体的温度有关，并随着气体温度的升高而增大。

表 10-2 一些气体的导热系数

气体	t(℃)	κ($W\cdot m^{-1}\cdot K^{-1}$)	气体	t(℃)	κ($W\cdot m^{-1}\cdot K^{-1}$)
空气	−14	0.018	氢	−123	0.098
	38	0.027		175	0.251
水蒸气	100	0.0245	氧	−123	0.0137
				175	0.038
氦	−130	0.093			
	93	0.169			

［例题 2］ 有一半径为 b 的长圆筒形容器，沿着它的轴线上有一根半径为 a、单位长度电阻为 R 的圆柱形导线，导线与容器的长度均为 L（如图 10-4 所示），圆柱形圆筒维持在恒定的温度下，圆筒内充有被测气体。当金属导线内通以电流 I 并达到稳定态时，测出导线与容器壁间的温度差 ΔT。在稳定态下，导线与容器壁间的温度分布与时间无关，试问待测气体的导热系数 κ 是多少？

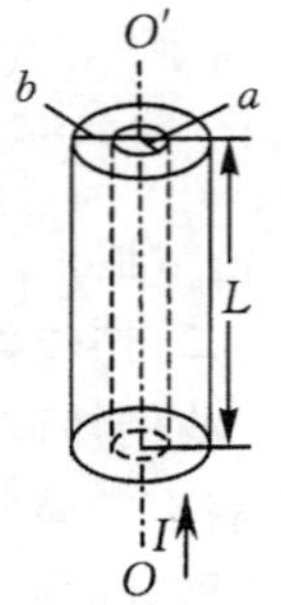

图 10-4 气体导热系数测定装置

［解］ 由(10.1.5)式可得热流密度

$$\boldsymbol{J}_q=-\kappa\frac{\mathrm{d}T}{\mathrm{d}r},$$

在半径为 r 的圆柱面上单位时间通过的总热量为 Q，在 $r\sim r+\mathrm{d}r$ 圆筒形薄层气体中的温度梯度为 $\mathrm{d}T/\mathrm{d}r$，则

$$Q=-\kappa\frac{\mathrm{d}T}{\mathrm{d}r}\cdot 2\pi rL,$$

在稳定态下，不同 r 处的 Q 均相同，由上式可得

$$\mathrm{d}T=-\frac{Q}{2\pi\kappa L}\cdot\frac{\mathrm{d}r}{r},$$

从 a 积分到 b，则

$$\Delta T=-\frac{Q}{2\pi\kappa L}\ln\frac{b}{a},$$

因为 $Q=I^2RL$，代入上式可得导热系数为

$$\kappa=-\frac{I^2R\ln\dfrac{b}{a}}{2\pi\Delta T}.$$

其中 $\Delta T=T_b-T_a<0$，所以 $\kappa>0$。此例题提供了测量气体导热系数的一种方法。

三、扩散现象的宏观规律

在混合气体内部，当某种气体的密度不均匀时，则这种气体分子将从密度高的地方移向密度低的地方，这种现象叫做扩散现象。例如从液面蒸发出来的水汽分子不断地散播开来，就是依靠扩散。扩散过程的进行一般比较复杂，单就一种气体来说，在温度均匀的情况下，密度的不均匀将导致压强的不均匀，从而产生宏观气流，这样，在气体内发生的主要就不是扩散过程。就两种不同的分子组成的混合气体来说，也只有在保持温度和总压强处处均匀的情况下，才可能发生单纯的扩散过程。两种不同气体之间的扩散称为互扩散，但由于发生互扩散的两种气体分子的大小、形状不同，它们的扩散速率也可能不同，所以互扩散仍是比较复杂的过程。为了简单起见，我们只研究一种最简单的情形：两种气体分子的化学成分相同，但其中一种分子具有放射性（例如，两种气体都是二氧化碳，但两种气体分子中的碳原子却是不同的同位素，一种是 ^{12}C，一种是 ^{14}C，后者具有放射性），它们的温度和压强都相同，放置在同一容器中，中间用隔板隔开（见图 10-5(a)）。若将隔板抽去，扩散就开始进行，这种扩散称为自扩散。在设想的情况下，气体总的密度各处一样，各部分的压强处处均匀，所以不产生宏观气流，又因温度均匀，分子量相近，所以两种分子的平均速率接近相等。这样，每种气体将因其本身密度的不均匀而进行单纯的扩散（见图 10-5(b)），这种扩散称为自扩散。下面，我们就来讨论在自扩散中，其中任一种气体（如具有放射性的二氧化碳气体）的扩散规律。

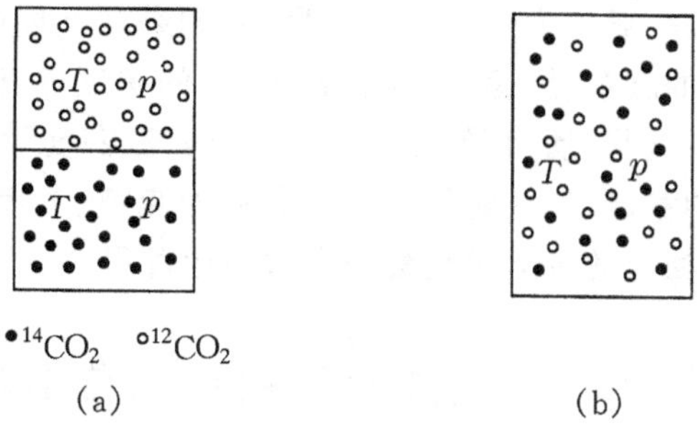

图 10-5　CO_2 气体的自扩散

扩散的基本规律在形式上与粘滞现象及热传导现象相似。设该气体的密度沿 z 轴正方向逐渐加大，如在 $z=z_0$ 处垂直于 z 轴取一截面 dS 将气体分成 A、B 两部分（图 10-6），则气体将从 B 部扩散到 A 部，在时间 dt 内沿 z 轴正方向穿过 dS 的气体的质量为

$$dM = -D\left(\frac{d\rho}{dz}\right)_{z_0} dSdt, \qquad (10.1.6)$$

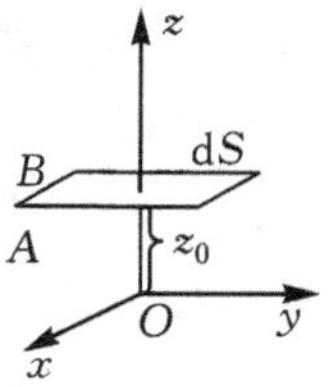

图 10-6
气体密度沿 z 轴正方向增加

式中 $\left(\frac{d\rho}{dz}\right)_{z_0}$ 表示在 $z=z_0$ 处气体的密度梯度。比例系数 D 叫做气体的扩散系数，其单位为米^2 · 秒$^{-1}$（$m^2 \cdot s^{-1}$），负号的意义同前。(10.1.6)式叫做斐克(Fick)定律。需要特别指出的是，这个定律对任意两种不同气体（如氧和氮）的互扩散过程同样适用。对于互扩散过程，上式可表达为

$$dM_i = -D\left(\frac{d\rho_i}{dz}\right)_{z_0} dSdt, \qquad (10.1.7)$$

式中 dM_i 表示在 dt 时间内，沿 z 轴正方向穿过截面 dS 的 i 组元气体的质量。

另外，如果用分子的质量 m_i 除上式两边，可得

$$dN_i = -D\left(\frac{dn_i}{dz}\right)_{z_0} dSdt, \qquad (10.1.8)$$

dN_i 表示在 dt 时间内，沿 z 轴正方向通过截面 dS 的第 i 组元的分子数。如果令 $C_i=\frac{n_i}{n}$ 表示 i 组元的浓度，则 $n_i=nC_i$，代入上式可得

$$dN_i = -Dn\left(\frac{dC_i}{dz}\right)_{z_0} dSdt, \qquad (10.1.9)$$

上式中，考虑 $J_i=\frac{dN_i}{dSdt}$ 表示单位时间内沿 z 轴正方向通过单位面积的粒子数，∇C_i 是 i 组元的浓度梯度，则上式还可表达为

$$\boldsymbol{J}_i = -Dn\nabla C_i, \qquad (10.1.10)$$

$\boldsymbol{J}_i$ 为 i 组元的粒子流密度，它也是矢量，其方向与浓度梯度的方向相反。

由以上的讨论可见，上述三种现象具有共同的宏观特征。这些现象的发生都是由于气体内部存在着某种不均匀性，(10.1.3)、(10.1.5)和(10.1.10)三式右端的梯度正是对这些不均匀性的定量描述，在不可逆过程热力学中，将这些梯度称为"动力"，而各式左端的"流密度"表示的乃是消除这些不均匀性的倾向。虽然上述三种过程统称为输运过程，但由于系统所处的条件不同，上述三种过程进行的结果是截然不同的。对于孤立系统，当其对平衡态稍有偏离时，这些"流密度"将使系统从不均匀逐步趋于均匀，从非平衡态逐步达到平衡态，这样的过程一般称为弛豫过程。另外，如果在上述的三种过程中，系统依靠外部的条件来维持相应的宏观量(速度、温度和密度)的梯度，这时系统不再是孤立系，而是封闭系或者开放系，在这些"动力"的作用下，相应的"流密度"并不能使系统最终达到平衡态，而是达到非平衡的稳定态，此时气体内部各处的流速、温度及密度的分布只是坐标的函数，而与时间无关，相应的输运过程称为定常输运过程。

§10.2 气体分子的平均自由程

分子间的碰撞不仅对于研究理想气体平衡态下的性质方面起着重要的作用，这在能均分定理的讨论中已经看得很清楚，下面我们还将看到，它在处理非平衡现象当中也起着重要的作用。实际上，气体中输运过程进行的快慢，与分子间的碰撞密切相关。我们知道，在室温条件下空气分子的平均速率约为400m/s，而声速约为300m/s，两者具有相同的数量级。如果在教室的讲台上打开一瓶香水，似乎一瞬间整个教室就可以闻到，但实际上坐在后排的同学要很长的时间才能闻到。克劳修斯认为分子虽小，但不是一个几何点，它有一定的体积，因而，分子在飞行过程中不断地和其他的分子发生碰撞，使其沿着一条迂回曲折的路线前进，如在图10-7中分子从A点移动到B点时那样。实际上，气体的扩散、热传导等过程进行的快慢都取决于分子间碰撞的频繁程度。

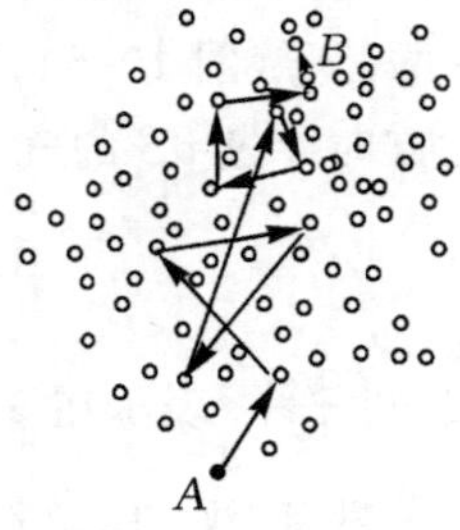

图10-7
分子间的碰撞与自由程

一、分子的碰撞截面

我们知道分子是一个复杂的带电系统，它并没有一个明确的边界，即没有确切的大小。我们通常把两个分子在碰撞过程中质心间最小距离的平均值称为分子的有效直径，以d表示。为了形象地讨论碰撞过程，常常引进碰撞截面的概念。

为简单起见，先假设分子是直径为d的刚性小球，分子间的碰撞就是弹性刚球的碰

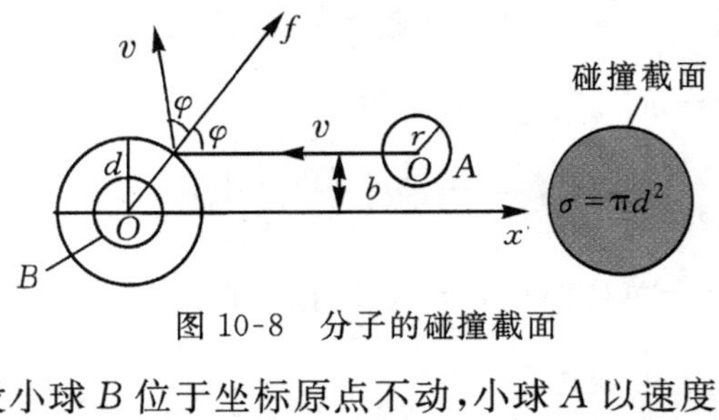

图10-8 分子的碰撞截面

撞，如图10-8所示。设小球B位于坐标原点不动，小球A以速度v沿x轴负方向向B运动。小球A的球心与x轴间的距离b称为瞄准距离。从图中不难看出，当$b<d$时，A与B一定相碰，当$b>d$时，A与B不能相碰。碰撞之后，A、B的运动情况也与b有关，当b

$=0$ 时，A 与 B 发生正碰撞，碰撞后，小球 A 沿着 x 轴正方向运动；如果 $b>0$ 则碰撞后，A 的运动方向与 x 轴方向有一夹角 $\Psi(\Psi=2\varphi)$，且 Ψ 角的大小将随着 b 的增大而增加。当 $b=d$ 时，A 将沿着直线运动，此时 $\Psi=\pi$。当 $b>d$ 时，A 与 B 不发生碰撞，Ψ 仍为 π。所以，b 取 $0\sim d$ 之间的不同值时，相应地 Ψ 从 0 变到 π。由此可见，若 A 的运动对准以 B 的球心为中心、以 d 为半径的圆形截面积 $\sigma=\pi d^2$，则小球 A 必定与小球 B 相碰。所以 $\sigma=\pi d^2$ 称为碰撞截面。若小球 A 与 B 的半径不同，分别以 r_a 和 r_b 表示，则它们的碰撞截面为

$$\sigma=\pi(r_a+r_b)^2, \tag{10.2.1}$$

可见两小球的碰撞与两小球的半径有关。

由于分子间除极其靠近时相互间存在排斥作用外，还存在着吸引作用，正是这种吸引作用，使得两分子的碰撞还与它们的相对运动的速率有关，速率越大，碰撞的机会越小，速率越小，碰撞的机会越大。这是因为在图 10-8 中，当 A 的速率较小时，A 运动到 B 时所需的时间 Δt 越大，则 A 在 B 的吸引作用下，在垂直于 x 轴方向向下移动的距离 Δy 也越大，当 $\Delta y>b-d$ 时，这两个分子就必定相碰。反之，当 A 的速率较大时，Δt 就小，则 Δy 就小，当 $\Delta y<b-d$ 时，这两个分子仍不能相碰。所以当 $b>d$ 时，分子之间是否相碰，决定于它们之间的相互作用及相对速率的大小。

二、分子的平均自由程和碰撞频率

每个分子在任意两次连续碰撞之间所通过的路程称为自由路程，自由路程的长短和所需时间的多少，具有偶然性。对于研究气体的性质和规律，特别重要的是，分子在连续两次碰撞之间所通过的自由路程的平均值，以及每个分子平均在单位时间内与其他分子相碰的次数，前者称为平均自由程，以 $\bar{\lambda}$ 表示；后者称为碰撞频率，以 $\bar{z}$ 表示。平均自由程 $\bar{\lambda}$ 和碰撞频率 $\bar{z}$ 的大小反映了分子间碰撞的频繁程度。显然，在分子平均速率一定的情况下，分子间碰撞越频繁，$\bar{z}$ 就越大，而 $\bar{\lambda}$ 就越小。

平均自由程 $\bar{\lambda}$ 和碰撞频率 $\bar{z}$ 之间存在着简单的关系。如果用 $\bar{v}$ 表示分子的平均速率，则在任意一段时间 t 内，分子所通过的路程为 $\bar{v}t$，而分子的碰撞次数，也就是整个路程被折成的段数为 $\bar{z}t$，因此根据定义，平均自由程为

$$\bar{\lambda}=\frac{\bar{v}t}{\bar{z}t}=\frac{\bar{v}}{\bar{z}}, \tag{10.2.2}$$

平均自由程 $\bar{\lambda}$ 和碰撞频率 $\bar{z}$ 的大小是由气体的性质和状态决定的，下面来确定它们与哪些因素有关。

为了确定碰撞频率 $\bar{z}$，我们可以设想“跟踪”一个分子，比如说分子 A。数一数分子 A 在一段时间 t 内与多少个分子相碰。对于碰撞来说，重要的是分子间的相对运动，所以为了简单起见，我们假设分子 A 以平均相对速率 $\bar{u}$ 运动，这样就可认为其他分子都静止不动。在分子 A 的运动过程中，显然只有中心与 A 的中心之间相距小于或等于分子有效直径的那些分子才可能与 A 相碰。因此，为了确定在一段时间内有多少个分子与 A 相碰，可设想以 A 的中心的运动轨迹为轴线，以分子的有效直径 d 为半径作一个曲折的圆柱体（见图 10-9）。这样，凡是中心在此圆柱体内的分子都会与 A 相碰。圆柱体的截面积 $\sigma=\pi d^2$，就是分子的碰撞

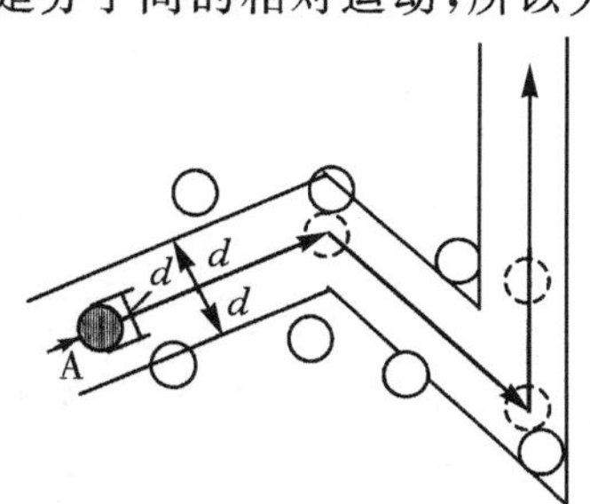

图 10-9
分子碰撞频率与碰撞截面

截面。

在时间 t 内，A 所走过的路程为 $\bar{u}t$，相应的圆柱体的体积为 $\sigma\bar{u}t$，如果以 n 表示气体单位体积内的分子数，则在此圆柱体内的总分子数，亦即 A 与其他分子的碰撞次数为 $n\sigma\bar{u}t$，因此，碰撞频率为

$$\bar{z}=\frac{n\sigma\bar{u}t}{t}=\sigma\bar{u}n,\tag{10.2.3}$$

将(10.2.3)式代入(10.2.2)式，可得

$$\bar{\lambda}=\frac{\bar{v}}{\sigma\bar{u}n},\tag{10.2.4}$$

下面求 $\bar{v}$ 与 $\bar{u}$ 之比。

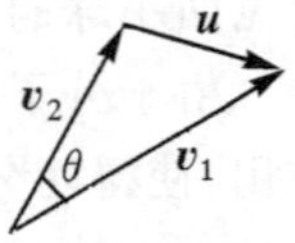

图 10-10 分子运动的相对速度

在图 10-10 中，设相互碰撞的两分子的速度分别为　和　其间夹角为 θ，相对速度 $\boldsymbol{u}$ 等于两者矢量差，即 $\boldsymbol{u}=$　　，按三角关系，有

$$u^2=v_1{}^2+v_2{}^2-2v_1v_2\cos\theta,$$

取统计平均值可得

$$\overline{u^2}=\overline{v_1{}^2}+\overline{v_2{}^2}-\overline{2v_1v_2\cos\theta},$$

因 $\overline{v_1{}^2}=\overline{v_2{}^2}=\overline{v^2}$，$\overline{v_1v_2\cos\theta}=0$（两分子运动方向是随机的），故代入上式可得

$$\overline{u^2}=2\,\overline{v^2},$$

由此可得

$$\frac{\sqrt{\overline{v^2}}}{\sqrt{\overline{u^2}}}\approx\frac{\bar{v}}{\bar{u}}=\frac{1}{\sqrt{2}},$$

则此时(10.2.3)式化为

$$\bar{z}=\sqrt{2}\sigma\bar{v}n=\sqrt{2}\pi d^2\bar{v}n,\tag{10.2.5}$$

相应地(10.2.4)式可分为

$$\bar{\lambda}=\frac{1}{\sqrt{2}\sigma n}=\frac{1}{\sqrt{2}\pi d^2n},\tag{10.2.6}$$

上式说明，平均自由程 $\bar{\lambda}$ 与分子碰撞截面及单位体积内的分子数 n 成反比，而与平均速率无关。

因为 $p=nkT$，所以(10.2.6)式还可写作

$$\bar{\lambda}=\frac{kT}{\sqrt{2}\sigma p}=\frac{kT}{\sqrt{2}\pi d^2p}.\tag{10.2.7}$$

这说明，当温度恒定时，平均自由程与气体的压强成反比。

[例题 1] 计算空气分子在标准状态下的平均自由程和碰撞频率。取分子的有效直径 $d=3.5\times10^{-10}\,\mathrm{m}$，已知空气的平均分子量为 29。

[解] 已知 $T=273\,\mathrm{K}$，$p=1.0\,\mathrm{atm}\approx1.01\times10^5\,\mathrm{N/m^2}$，$d=3.5\times10^{-10}\,\mathrm{m}$，$k=1.38\times10^{-23}\,\mathrm{J/K}$，代入(10.2.7)式即得

$$\bar{\lambda}=\frac{kT}{\sqrt{2}\pi d^2p}=\frac{1.38\times10^{-23}\times273}{1.41\times3.14\times(3.5\times10^{-10})^2\times1.01\times10^5}\,\mathrm{m}=6.9\times10^{-8}\,\mathrm{m}.$$

我们知道，分子有效直径的数量级为 $10^{-10}\,\mathrm{m}$，在标准状态下，空气分子的平均自由程 $\bar{\lambda}$ 约为其有效直径 d 的 200 倍，即 $\bar{\lambda}\gg d$，可见气体是足够稀薄的。

已知空气的平均摩尔质量为 $29\times10^{-3}\,\mathrm{kg/mol}$，代入 $\bar{v}=\sqrt{\dfrac{8RT}{\pi\mu}}$，可求出空气分子在标准状态下的

平均速率为 $\overline{v}=448\,\mathrm{m/s}$。将 $\overline{v}$ 和 $\overline{\lambda}$ 代入(10.2.2)式，可求出空气分子的碰撞频率为

$$\overline{z}=\frac{\overline{v}}{\overline{\lambda}}=\frac{448}{6.9\times10^{-8}}\ \mathrm{s}^{-1}=6.5\times10^{9}\ \mathrm{s}^{-1}.$$

即平均地讲，每个分子每秒与其他分子碰撞 65 亿次。

分子的平均自由程和有效直径的确定，需要用到下节所讲的输运过程的实验结果。下面，我们提供一些数据。表 10-3 给出几种气体在标准状态下的平均自由程和有效直径，前者的数量级为 $10^{-7}\,\mathrm{m}$，后者的数量级为 $10^{-10}\,\mathrm{m}$。表 10-4 给出了在 0℃时，不同压强下空气分子的平均自由程。

表 10-3　标准状态下几种气体的 $\overline{\lambda}$ 和 d

气体	$\overline{\lambda}(10^{-7}\,\mathrm{m})$	$d(10^{-10}\,\mathrm{m})$
氢(H_2)	1.123	2.7
氮(N_2)	0.599	3.7
氧(O_2)	0.547	3.6
氦(He)	1.798	2.2
氩(Ar)	0.666	3.2

表 10-4　在 0℃，不同压强下空气的 $\overline{\lambda}$

气体(mmHg)	$\overline{\lambda}(\mathrm{m})$
760	7×10^{-8}
1	5×10^{-5}
10^{-2}	5×10^{-3}
10^{-4}	5×10^{-1}
10^{-6}	50

三、分子按自由程的分布

分子在任意两次连续碰撞之间所通过的自由程有长有短，有的比平均自由程 $\overline{\lambda}$ 长，有的比 $\overline{\lambda}$ 短。现在进一步研究，在全部分子中，自由程介于任一给定长度区间 $x\sim x+\mathrm{d}x$ 内的分子有多少，即研究分子按自由程的分布。

设想在某一时刻有一组分子，共 N_0 个，它们在以后的运动中将与组外的其他分子相碰，每发生一次碰撞，这组的分子就减少一个。设这组分子通过路程 x 时还剩下 N 个，而在下一段路程 $\mathrm{d}x$ 上，又减少了 $\mathrm{d}N$ 个($-\mathrm{d}N$ 表示 N 的减少量)。下面来确定 N 和 $\mathrm{d}N$。

设分子的平均自由程为 $\overline{\lambda}$，则在单位长度的路程上，每个分子平均碰撞$1/\overline{\lambda}$，在长度为 $\mathrm{d}x$ 的路程上，每个分子平均碰撞 $\mathrm{d}x/\overline{\lambda}$ 次，而 N 个分子在 $\mathrm{d}x$ 长的路程上平均碰撞 $N\mathrm{d}x/\overline{\lambda}$ 次，因此，分子数的减少量为

$$-\mathrm{d}N=\frac{1}{\overline{\lambda}}N\mathrm{d}x,\tag{10.2.8}$$

或

$$\frac{-\mathrm{d}N}{N}=\frac{\mathrm{d}x}{\overline{\lambda}},$$

取不定积分，即得

$$\ln N=-\frac{x}{\overline{\lambda}}+C,$$

C 为积分常数。按假设，当 $x=0$ 时，$N=N_0$，代入上式可求出 $\ln N_0=C$.

这样，上式就可写作

$$\ln\frac{N}{N_0}=-\frac{x}{\overline{\lambda}},$$

把对数式化为指数式，可得

$$N=N_0\mathrm{e}^{-x/\overline{\lambda}},\tag{10.2.9}$$

式中 N 表示在 N_0 个分子中，自由程大于 x 的分子数。将上式代入(10.2.8)式，即得

$$-\mathrm{d}N=\frac{1}{\bar{\lambda}}N_0\mathrm{e}^{-x/\bar{\lambda}}\mathrm{d}x, \tag{10.2.10}$$

显然，$\mathrm{d}N$ 表示自由程介于区间 $x\sim x+\mathrm{d}x$ 内的分子数。(10.2.9)和(10.2.10)两式就是分子按自由程分布的规律。

[例题 2] 在 N_0 个分子中，自由程大于和小于 $\bar{\lambda}$ 的分子各有多少？

[解] 已知 $x=\bar{\lambda}$，代入(10.2.9)式即可求出自由程大于 $\bar{\lambda}$ 的分子数为：

$$N=N_0\mathrm{e}^{-1}\approx\frac{N_0}{2.7}\approx 0.37N_0,$$

自由程小于 $\bar{\lambda}$ 的分子数则为

$$N'=N_0-N\approx 0.63N_0.$$

[例题 3] 试计算一摩尔理想气体中，分子自由程在 λ_1 和 λ_2 之间的分子数及在此间隔内的分子自由程平均值。

[解] 由(10.2.9)式可得

$$N_1=N_0\mathrm{e}^{-\lambda_1/\bar{\lambda}},$$

$$N_2=N_0\mathrm{e}^{-\lambda_2/\bar{\lambda}},$$

由此可得

$$\Delta N=N_1-N_2=N_0(\mathrm{e}^{-\lambda_1/\bar{\lambda}}-\mathrm{e}^{-\lambda_2/\bar{\lambda}}),$$

在 $\lambda_1\sim\lambda_2$ 的分子平均自由程为

$$\bar{l}=\frac{N_0\int_{\lambda_1}^{\lambda_2}\frac{1}{\bar{\lambda}}x\mathrm{e}^{-x/\bar{\lambda}}\mathrm{d}x}{\Delta N}=\frac{N_0\int_{\lambda_1}^{\lambda_2}\frac{1}{\bar{\lambda}}x\mathrm{e}^{-x/\bar{\lambda}}\mathrm{d}x}{N_0(\mathrm{e}^{-\lambda_1/\bar{\lambda}}-\mathrm{e}^{-\lambda_2/\bar{\lambda}})}=\bar{\lambda}+\frac{\lambda_1\mathrm{e}^{-\lambda_1/\bar{\lambda}}-\lambda_2\mathrm{e}^{-\lambda_2/\bar{\lambda}}}{\mathrm{e}^{-\lambda_1/\bar{\lambda}}-\mathrm{e}^{-\lambda_2/\bar{\lambda}}}.$$

[例题 4] 设混合气体由 A、B 两种分子组成，它们的数密度分别为 n_A 和 n_B，分子质量分别为 m_A 和 m_B，半径分别为 r_A 和 r_B，气体处在温度为 T 的热平衡态。试求这种气体分子的碰撞频率和平均自由程。

[解] 因为 A 种气体内任一分子，在单位时间内与其他分子的碰撞次数，应等于该分子与同种分子 A 的碰撞次数及与 B 种分子碰撞次数之和。即

$$\overline{Z_A}=\overline{Z_{AA}}+\overline{Z_{AB}}.$$

由(10.2.5)式得

$$\overline{Z_{AA}}=\sqrt{2}\pi d_A^2\,\overline{v_A}\,n_A=\sqrt{2}\pi(2r_A)^2\,n_A\sqrt{\frac{8kT}{\pi m_A}}=4\sqrt{2}\pi r_A^2 n_A\sqrt{\frac{8kT}{\pi m_A}},$$

$$\overline{Z_{AB}}=\sigma_{AB}n_B\,\overline{u_{AB}},$$

式中 $\sigma_{AB}=\pi(r_A+r_B)^2$ 为两个半径不同的分子相碰时的碰撞截面，$\overline{u_{AB}}$ 是一个 A 种分子相对 B 种分子的平均相对速度，根据图 10-10 可得

$$u_{AB}^2=v_A^2+v_B^2-2v_Av_B\cos\theta,$$

$$\overline{u_{AB}^2}=\overline{u_A^2}+\overline{u_B^2}-2\,\overline{v_Av_B\cos\theta}=\overline{u_A^2}+\overline{u_B^2}.$$

由上式可得

$$\overline{u_{AB}}\approx\sqrt{\overline{u_{AB}^2}}=\sqrt{\overline{u_A^2}+\overline{u_B^2}}\approx\sqrt{\frac{8kT}{\pi}\left(\frac{1}{m_A}+\frac{1}{m_B}\right)},$$

所以

$$\overline{Z_A}=4\sqrt{2}\pi r_A^2 n_A\sqrt{\frac{8kT}{\pi m_A}}+\pi(r_A+r_B)^2 n_B\sqrt{\frac{8kT}{\pi}\left(\frac{1}{m_A}+\frac{1}{m_B}\right)}.$$

同理，B 种气体分子的碰撞频率 $\overline{z_B}$ 为

$$\overline{Z_B}=\overline{Z_{BB}}+\overline{Z_{BA}}=4\sqrt{2}\pi r_B^2\sqrt{\frac{8kT}{\pi m_B}}+\pi(r_A+r_B)^2 n_A\sqrt{\frac{8kT}{\pi}\left(\frac{1}{m_A}+\frac{1}{m_B}\right)}.$$

由于平均自由程：$\bar{\lambda}=\dfrac{\bar{v}}{\bar{z}}$，所以有

$$\overline{\lambda_A}=\frac{\overline{v_A}}{\overline{z_A}}=\frac{1}{4\sqrt{2}\pi r_A^2 n_A+\pi(r_A+r_B)^2 n_B\sqrt{1+\dfrac{m_A}{m_B}}},$$

$$\overline{\lambda_B}=\frac{\overline{v_B}}{\overline{z_B}}=\frac{1}{4\sqrt{2}\pi r_B^2 n_B+\pi(r_A+r_B)^2 n_A\sqrt{1+\dfrac{m_B}{m_A}}}.$$

§ 10.3　输运过程的微观解释

气体内部之所以会发生输运过程，首先是由于分子不停的热运动。当气体内存在着某种不均匀性时，一般地说，各处的分子就具有不同的特点。例如，当气体的温度不均匀时，各处的分子就具有与该处温度相对应的平均能量。热运动使分子由一处转移到另一处，结果就使各处具有不同特点的分子不断地混合起来。因此，原来存在着某种不均匀性的气体，由于各处分子的这种不断地相互“搅拌”，就会逐渐趋于均匀一致。

值得指出的是，分子的热运动虽然是引起气体内输运过程的一个重要因素，但却不是唯一的因素。在研究输运过程时，我们还必须注意到另一个重要因素，即分子间的相互碰撞。碰撞使分子沿着迂回曲折的路线运动，因而直接影响着分子巡回各处的效率。分子间的碰撞越频繁，分子运动所循的路线就越曲折，分子由一处转移到另一处所需的时间也就越长，分子的“搅拌”就进行得越缓慢。因此，分子间相互碰撞的频繁程度直接决定着输运过程的强弱。

一、粘滞现象的微观解释

从分子运动论的观点看来，当气体流动时，每个分子除了具有热运动动量外，还附加有定向运动动量。如果用 m 表示分子的质量，u 表示气体的流速，则每个分子的定向运动动量为 mu。按照前面的假设，气体的流速沿 z 轴的正方向增大，所以截面 $\mathrm{d}S$ 以下 A 部分子的定向动量小，而截面以上 B 部分子的定向动量大。由于热运动，A、B 两部分的分子不断地交换，A 部分子带着较小的定向动量转移到 B 部，B 部分子带着较大的定向动量转移到 A 部。结果 A 部总的流动动量增大，而 B 部的则减小，其效果在宏观上相当于 A、B 两部分互施粘滞力，因此，粘滞现象是由于气体内定向动量输运的结果。

为了推导出粘滞现象的宏观规律，我们来计算在一段时间 $\mathrm{d}t$ 内由于热运动和碰撞所引起的定向动量的输运。在时间 $\mathrm{d}t$ 内，沿 z 轴正方向输运的总动量 $\mathrm{d}K$ 就等于 A、B 两部分在这段时间内交换的分子对数，乘以每交换一对分子所引起的动量改变。

下面首先计算在时间 $\mathrm{d}t$ 内，由 A 部通过 $\mathrm{d}S$ 面移到 B 部的分子数。实际上，A 部的分子是沿着一切可能的方向移到 B 部的。为了使计算简单起见，我们可以根据分子热运动的无规则性作一简化假设：设分子等分成三队，其中一队平行于 z 轴运动，另两队分别平行于 x 轴和 y 轴运动，显然，有意义的只是第一队中通过 $\mathrm{d}S$ 面向上运动的一半，这就是说，包含在任一体积内的所有分子中，平行于 z 轴向上运动的只占总数的 1/6，为了求出在时间 $\mathrm{d}t$ 内通过 $\mathrm{d}S$ 面的分子数，我们可用 $\mathrm{d}S$ 为顶，作一高度为 $\bar{v}\mathrm{d}t$ 的柱体（见图10-11(a)）。显然，在任一时刻，在这个柱体内平行于 z 轴向上运动的分子，经过时间 $\mathrm{d}t$ 后都能通过 $\mathrm{d}S$。它们的

数目就等于包含在这柱体内的分子总数的 1/6。如果用 n 表示单位体积内的分子数，则在时间 dt 内由 A 部通过 dS 面移到 B 部的分子数 $dN=\frac{1}{6}n\bar{v}dSdt$。

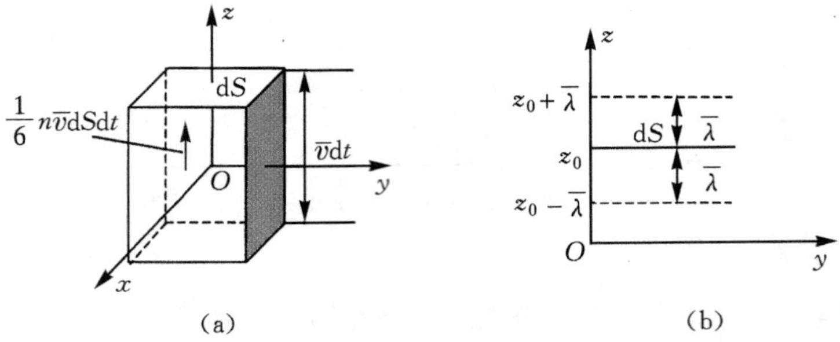

图 10-11　分子输运

由于气体各部分具有相同的温度和分子数密度，所以根据同样的道理，在这段时间内有同样多的分子由 B 部移到 A 部，即 A、B 两部分交换的分子数目相同。因此，在时间 dt 内通过 dS 面交换的分子对数为

$$dN=\frac{1}{6}n\bar{v}dSdt. \tag{10.3.1}$$

其次，我们来计算 A、B 两部分每交换一对分子所输运的动量。由于 A、B 两部分分子的定向动量不同，所以每交换一对分子，A 部就得到一定的动量，而 B 部就失去一定的动量，如果用 dk 表示交换一对分子沿 z 轴正方向输运的动量，则

$$dk = (A\text{ 部分子的定向动量}) - (B\text{ 部分子的定向动量})。$$

根据给定的条件，流速是沿 z 轴正方向逐渐增大的，所以不论对 A 部或是对 B 部来说，处在不同气层内分子的定向动量仍然是不同的。因此，要具体计算出 dk 就必须解决一个问题：由 A 部转移到 B 部（或由 B 部转移到 A 部）的分子究竟具有多大的定向动量？

平衡态的建立和维持是分子间相互碰撞的结果。说得更具体一些，设想把几个分子注入温度为 T 的气体中，则不管它们原来的速率如何，最后它们必然变得与其他分子无从区别，可以说它们被“同化”了。它们所以会被“同化”而获得集体的特点，正是由于与其他分子碰撞的结果。根据这样的事实，在输运过程的简单理论中，解决分子带多大定向动量的问题，依靠一个基本的简化设想，即：分子受一次碰撞就被完全“同化”。这就是说，当任一分子在运动过程中与某一气层中的其他分子发生碰撞时，它就舍弃掉原来的定向动量，而获得受碰处的定向动量。

根据这个假设，我们可以认为 A、B 两部分所交换的分子都具有通过 dS 面前最后一次受碰处的定向动量。显然，各个分子通过 dS 面前最后一次受碰的位置是不相同的。但就大量分子的平均效果来讲，可以粗略地认为分子最后一次受碰处与 dS 的距离为平均自由程（图 10-11(b)）。因此，可以将上式具体写作

$$dk = mu_{z_0-\bar{\lambda}} - mu_{z_0+\bar{\lambda}},$$

式中 $u_{z_0-\bar{\lambda}}$ 和 $u_{z_0+\bar{\lambda}}$ 分别表示气体在 $z=z_0-\bar{\lambda}$ 和 $z=z_0+\bar{\lambda}$ 处的流速。

如果以 $\left(\frac{du}{dz}\right)_{z_0}$ 表示 $z=z_0$ 处的速度梯度，显然 $u_{z_0-\bar{\lambda}}-u_{z_0+\bar{\lambda}}=-2\bar{\lambda}\left(\frac{du}{dz}\right)_{z_0}$，

代入前式，即得

$$dk=-m\cdot 2\bar{\lambda}\left(\frac{du}{dz}\right)_{z_0}, \tag{10.3.2}$$

将(10.3.1)和(10.3.2)两式相乘，就得到在时间 dt 内通过 dS 面沿 z 轴正方向输运的总

动量　　$dK=-\frac{1}{3}\overline{nmv}\,\bar{\lambda}\left(\frac{du}{dz}\right)_{z_0}dSdt=-\frac{1}{3}\rho\bar{v}\,\bar{\lambda}\left(\frac{du}{dz}\right)_{z_0}dSdt$，

式中 $\rho=nm$ 为气体的密度。这样，我们就从分子运动论的观点导出了粘滞现象的宏观规律，把这个结果与(10.1.2)式相比，可得

$$\eta=\frac{1}{3}\rho\bar{v}\,\bar{\lambda},\tag{10.3.3}$$

可见，气体的粘滞系数与 ρ、$\bar{v}$、$\bar{\lambda}$ 有关，因而决定于气体的性质和状态。

上面，我们从分子运动论的观点推算了气体相邻两流层之间沿切线方向的粘滞力。用类似的方法可以求出气体内通过任一截面两边气体相互作用的垂直压强。从微观的角度看来，理想气体内部的压强实质上是由垂直于截面方向的热运动动量交换所引起的。设想在处于平衡态的气体内，任意取一截面 dS 把气体分为 A、B 两部分(见图 10-12)，则在时间 dt 内通过 dS 面，A、B 两部分交换的分子对数为$\frac{1}{6}n\bar{v}dSdt$。每交换一对分子，就 A 部来说，失去一个从左向右运动的分子，获得一个从右向左运动的分子，因而平均地讲分子热运动动量将改变 $2m\bar{v}$，动量改变的方向是垂直于 dS 面指向 A 部的，因此，在时间 dt 内通过 dS 面 A 部总动量改变为

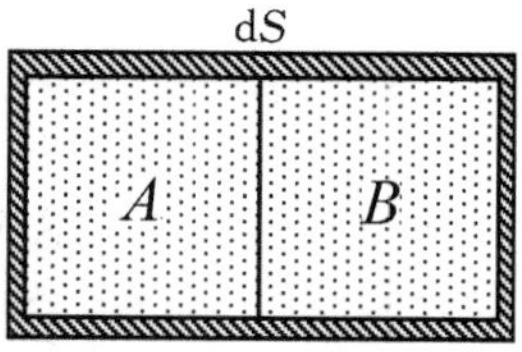

图 10-12
理想气体内部压强的微观解释

$$dK=\frac{1}{6}n\bar{v}dSdt\cdot 2m\bar{v},$$

根据压强的定义，可得

$$p=\frac{dK}{dSdt}=\frac{2}{3}n\left(\frac{1}{2}m\,\overline{v^2}\right).$$

从宏观上看，这就是通过 dS 面 B 部施于 A 部的压强。同理，A 部施于 B 部的压强有同样的结果。上式是粗略地把分子的速率按 $\bar{v}$ 计算求得的，如果考虑到分子按速度的分布，最后求平均，则得

$$p=\frac{2}{3}n\left(\frac{1}{2}m\,\overline{v^2}\right).$$

这就是§6.3例2中得到的理想气体压强公式。

二、热传导现象的微观解释

从分子运动论的观点看来，A 部的温度低，分子的平均热运动能量小；B 部的温度高，分子的平均热运动能量大。由于热运动，A、B 两部分不断交换分子，结果使一部分热运动能量从 B 部输运到 A 部，这就形成了宏观上热量的传递。

用上述类似的方法，可以推导出热传导的宏观规律。设 A 部的温度为 T_A，B 部的温度为 T_B。在温度差不很大的情况下，我们可近似地认为 $n_A\overline{v_A}=n_B\overline{v_B}=n\bar{v}$。因此，在时间 dt 内通过 dS 面，A、B 两部分交换的分子对数为$\frac{1}{6}n\bar{v}dSdt$。如§6.5中指出，根据能量均分定理，A 部分子的平均热运动能量为$\frac{1}{2}(t+r+2s)kT_A$，B 部分子的平均热运动能量为$\frac{1}{2}(t+r+2s)kT_B$。因此，每交换一对分子，沿 z 轴正方向输运的能量为

$$\frac{1}{2}(t+r+2s)kT_A-\frac{1}{2}(t+r+2s)kT_B,$$

而在时间 dt 内通过 dS 面输运的总能量，即沿 z 轴正方向传递的热量为

$$\text{đ}Q=\frac{1}{6}n\bar{v}\mathrm{d}S\mathrm{d}t\cdot\frac{(t+r+2s)}{2}k(T_A-T_B),$$

用温度梯度表示温度差，则有 $T_A-T_B=-2\bar{\lambda}\left(\frac{\mathrm{d}T}{\mathrm{d}z}\right)_{z_0}$，

因此，$\text{đ}Q=-\frac{1}{3}n\bar{v}\bar{\lambda}\,\frac{(t+r+2s)}{2}k\left(\frac{\mathrm{d}T}{\mathrm{d}z}\right)_{z_0}\mathrm{d}S\mathrm{d}t$，

与热传导的宏观规律(10.1.4)式相比，可得导热系数为

$$\kappa=\frac{1}{3}n\bar{v}\bar{\lambda}\,\frac{(t+r+2s)}{2}k. \tag{10.3.4}$$

如§6.5中指出，气体的定容热容量为 $C_V=\frac{\mathrm{d}U}{\mathrm{d}T}=\frac{(t+r+2s)}{2}Nk$，

而定容比热为 $c_v=\frac{C_V}{M}=\frac{(t+r+2s)Nk/2}{M}=\frac{\frac{1}{2}(t+r+2s)k}{m}$，

式中 M 为气体的质量，N 为分子数，m 为分子的质量。把这个关系代入(10.3.4)式，可得导热系数为

$$\kappa=\frac{1}{3}\rho\bar{v}\bar{\lambda}c_v. \tag{10.3.5}$$

三、扩散现象的微观解释

从分子运动论的观点看来，A 部的密度小，单位体积内的分子少；B 部的密度大，单位体积内的分子多。因此，在相同的时间内，由 A 部转移到 B 部的分子少，而由 B 部转移到 A 部的分子多，这就形成了宏观上物质的输运，从而引起扩散现象。

参照上面关于粘滞现象和热传导现象的讨论，可以确定，在时间 $\mathrm{d}t$ 内通过 $\mathrm{d}S$ 面沿 z 轴正方向输运的气体的质量为

$$\begin{aligned}\mathrm{d}M&=m\left(\frac{1}{6}n_A\bar{v}\mathrm{d}S\mathrm{d}t-\frac{1}{6}n_B\bar{v}\mathrm{d}S\mathrm{d}t\right)=\frac{1}{6}\bar{v}\mathrm{d}S\mathrm{d}t(\rho_A-\rho_B)\\&=-\frac{1}{6}\bar{v}\mathrm{d}S\mathrm{d}t\cdot2\bar{\lambda}\left(\frac{\mathrm{d}\rho}{\mathrm{d}z}\right)_{z_0}=-\frac{1}{3}\bar{v}\,\bar{\lambda}\left(\frac{\mathrm{d}\rho}{\mathrm{d}z}\right)_{z_0}\mathrm{d}S\mathrm{d}t.\end{aligned}$$

将上式与宏观规律(10.1.6)式相比，可得扩散系数为

$$D=\frac{1}{3}\bar{v}\bar{\lambda}. \tag{10.3.6}$$

四、理论结果与实验的比较

下面，我们从几方面将理论结果与实验相比较。

1. *η、κ 和 D 与气体状态参量的关系*

将 $\rho=mn$，$\bar{v}=\sqrt{\frac{8kT}{\pi m}}$，$\bar{\lambda}=\frac{1}{\sqrt{2}\sigma n}$，$n=\frac{p}{kT}$ 代入(10.3.3)式、(10.3.5)式和(10.3.6)式，可得

$$\eta=\frac{1}{3}\rho\bar{v}\bar{\lambda}=\frac{1}{3}\sqrt{\frac{4km}{\pi}}\,\frac{T^{1/2}}{\sigma}, \tag{10.3.7}$$

$$\kappa=\frac{1}{3}\rho\bar{v}\bar{\lambda}c_v=\frac{1}{3}\sqrt{\frac{4km}{\pi}}c_v\,\frac{T^{1/2}}{\sigma}, \tag{10.3.8}$$

$$D=\frac{1}{3}\bar{v}\bar{\lambda}=\frac{1}{3}\sqrt{\frac{4kT}{\pi m}}\,\frac{1}{\sigma n}=\frac{1}{3}\sqrt{\frac{4k^3}{\pi m}}\,\frac{T^{3/2}}{\sigma p}. \tag{10.3.9}$$

从以上三式可以看出，在一定的温度下，粘滞系数 η 和导热系数 κ 与压强 p 或单位体积内

的分子数 n 无关；扩散系数 D 与 p 或 n 成反比。η 与 p 无关的结论最初是由麦克斯韦从理论上推出的，乍看起来很难理解，因为当 p 降低时，n 减小，$\mathrm{d}S$ 面两边交换的分子对数减少，因而 η 似乎应减少。但是，麦克斯韦、迈尔(Mayer)等曾在几个 mmHg 到几个 atm 的压强范围内做实验，证实了这个推论，这对气体分子运动论的建立起了重要作用。实际上，η 和 κ 与 p 无关的结论可以这样理解：当 p 降低时，n 减小，通过 $\mathrm{d}S$ 面两边交换的分子对数确实减少；但同时，分子的平均自由程加大，两边的分子能够从相距更远的气层无碰撞地通过 $\mathrm{d}S$ 面，因而，每交换一对分子所输运的动量或者能量更大。由于存在着这两种相反的作用，结果 η 和 κ 都与 p 无关。在一定的温度下，D 与 p 成反比的推论也同样可由分子热运动和分子间碰撞所起的作用予以解释。

从以上三式还可看出，在一定的压强下，η、κ 和 D 都随温度 T 的升高而加大；η 和 κ 与 $T^{1/2}$ 成正比，D 与 $T^{3/2}$ 成正比。根据实验结果，当 T 升高时，η、κ 和 D 的增大都比理论预期的结果更加显著；η、κ 约与 $T^{0.7}$ 成正比，D 约与 $T^{1.75}$ 至 T^2 成正比。理论结果所以与实验有偏差，是因为在上述简单理论中，我们把分子看作了刚球，认为它们的碰撞截面 σ 不随温度 T 而改变，这是与实验不尽相符的。如前所说，两个分子除了在极接近时有很强的斥力作用外，在比较接近时还有较弱的引力作用。在一定的温度下，引力作用将使分子的碰撞频率增大，即使分子的有效碰撞截面 σ 加大；而当温度升高时，随着分子平均速率的加大，引力对碰撞频率的影响减弱，有效碰撞截面因而减小。显然，考虑到 σ 随着温度 T 升高而略有减小，就可定性地理解上述实验结果。

2. η、κ 和 D 之间的关系

根据上述简单理论，η、κ 和 D 之间存在着简单的关系，由(10.3.3)式和(10.3.5)式，可得

$$\frac{\kappa}{\eta}=c_v \text{ 或 } \frac{\kappa}{\eta c_v}=1, \qquad (10.3.10)$$

而由(10.3.3)式和(10.3.6)式，可得

$$\frac{D}{\eta}=\frac{1}{\rho} \text{ 或 } \frac{D\rho}{\eta}=1, \qquad (10.3.11)$$

根据实验结果，$\frac{\kappa}{\eta c_v}$介于 1.3 到 2.5 之间，具体数值都因气体的不同而异。这个事实说明，(10.3.3)、(10.3.5)和(10.3.6)三式中的系数实验上都并不等于1/3，而且都与气体的性质有关。在上述简单理论中，除了用到刚球模型外，还作了许多简化假设，例如：未考虑分子按速率的分布，认为所有的分子都以相同的速率 $\bar{v}$ 运动，都具有相同的自由程 $\bar{\lambda}$；认为分子受到一次碰撞就被完全“同化”，等等，所有这些都是与实际情况有出入的。因此，在上述理论结果中出现的系数 1/3 本来就是粗略的、不可靠的。

$\frac{\kappa}{\eta c_v}$的理论值与实验值的偏差所以很大，一个重要的原因就是在上述理论中未考虑分子按速率的分布。实际上，分子的速率有大有小，而且速率大的分子通过任一截面 $\mathrm{d}S$ 的机会要比速率小的分子多。在热传导过程中，更多的速率大的分子通过 $\mathrm{d}S$ 面，同时将输运更多的热运动能量，而在粘滞现象中，更多的速率大的分子通过 $\mathrm{d}S$ 面并不输运更多的定向动量。由此可理解，$\frac{\kappa}{\eta}$的实验值将大于(10.3.10)式所确定的理论值。

3. η、κ 和 D 的数量级

[例题]　试估算在15℃时氮气的粘滞系数，氮分子的有效直径取 $d=3.8\times10^{-10}$ m，已知氮的相对分子质量为28。

[解]　根据(10.3.7)式，粘滞系数　$\eta=\frac{1}{3}\rho\bar{v}\bar{\lambda}=\frac{1}{3}\sqrt{\frac{4mkT}{\pi}}\frac{1}{\pi d^2}$，

氮的相对分子质量为28，所以氮分子的质量为　$m=\frac{28\times10^{-3}}{6.02\times10^{23}}\text{kg}=4.6\times10^{-26}\text{kg}$，

已知 $T=288\text{K}$，$d=3.8\times10^{-10}$ m，$k=1.38\times10^{-23}\text{J}\cdot\text{K}^{-1}$，代入上式即得

$$\eta=\frac{1}{3}\sqrt{\frac{4mkT}{\pi^3}}\frac{1}{d^2}=\frac{1}{3}\sqrt{\frac{4\times4.6\times10^{-26}\times1.38\times10^{-23}\times288}{(3.14)^3}}\times\frac{1}{(3.8\times10^{-10})^2}$$
$$=1.1\times10^{-5}(\text{N}\cdot\text{s}\cdot\text{m}^{-2}).$$

实验测得在15℃时，氮气的粘滞系数为 $1.73\times10^{-5}\text{N}\cdot\text{s}\cdot\text{m}^{-2}$。

从这个例题可看出，η 的理论值与实验值的数量级相同，对于 κ 和 D 的情况也是这样。因此，根据上述输运过程的简单理论还可估计 η、κ 和 D 的数量级。

五、低压下的热传导和粘滞现象

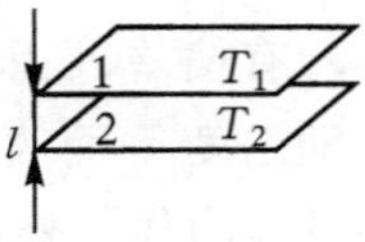

图 10-13
低压下分子的输运过程

上面得到的导热系数 κ 和粘滞系数 η 与压强 p 无关的结论，仅在常压下成立。实验指出，当气体的压强很低时，κ 和 η 都与 p 成正比。

如图10-13所示，设有两块平行的板1和2，它们之间的距离为 l，温度分别保持在 T_1 和 T_2，并设 $T_1>T_2$。当两板间气体的压强很低，以致分子的平均自由程 $\bar{\lambda}$ 等于或大于 l 时，气体热传导的机构与上面讲的有所不同。在这种情形下，任一分子与板1相碰时就获得与温度 T_1 相对应的平均热运动能量 $\overline{\varepsilon_1}$，然后这个分子将无碰撞地跑到板2，与板2相碰，能量变为与温度 T_2 相对应的平均热运动能量 $\overline{\varepsilon_2}$，即将一部分能量传递给板2。分子就这样彼此无碰撞地往返于两板之间，不断地将能量由板1输运到板2。如果继续降低压强，则单位体积内的分子数 n 将减小，即参与输运能量的分子数将减少，而分子的自由路程仍被限制为两板间的距离 l，即分子仍旧彼此无碰撞地往返于两板之间，所以气体的导热性能将减弱。由此可见，当气体的压强很低，分子的平均自由程实际上被限制为两板间的距离时，气体的导热系数将随压强的降低而减小，即与压强成正比。

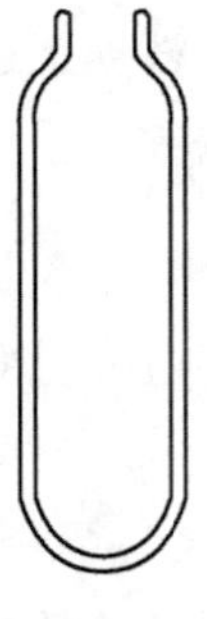

图 10-14
杜瓦瓶示意图

根据类似的道理可以说明，当压强很低时，气体的粘滞系数对压强的依赖关系。

杜瓦瓶(即热水瓶胆，见图10-14)就是根据低压下气体导热性随压强的降低而减弱的原理制成的。杜瓦瓶是具有双层薄壁的玻璃容器，两壁间的空气被抽得很稀薄，以使参与输运热运动能量的分子减少，而且使分子的平均自由程大于两壁间的距离。这样，杜瓦瓶就具有良好的隔热作用，从而可用来贮存热水或各种液态气体。

本 章 提 要

一、平均自由程 $\bar{\lambda}$：分子在连续两次碰撞之间所通过的自由路程的平均值。

$$\bar{\lambda}=\bar{v}\bar{\tau}=\frac{\bar{v}}{\bar{z}},$$

$\bar{v}$——平均速率；$\bar{\tau}$——平均自由飞行时间；$\bar{z}$——碰撞频率。

二、平均自由程公式：

1.
$$\bar{\lambda}=\frac{1}{\sqrt{2}\sigma n}=\frac{1}{\sqrt{2}\pi d^2 n}.$$

n——分子数密度；σ——分子碰撞截面；d——分子的有效直径。

2. 自由程分布律

$$N = N_0 \mathrm{e}^{-x/\bar{\lambda}},$$

N_0 为 $x=0$ 处的分子数；N 为自由程大于 x 的分子数。

三、输运过程的宏观规律、输运系数公式

宏观规律	初级气体分子动力论	
	输运系数公式	与态参量的关系
牛顿粘滞定律 $\mathrm{d}K=-\eta\left(\frac{\mathrm{d}u}{\mathrm{d}z}\right)_{z_0}\Delta S\mathrm{d}t(\boldsymbol{J}_p=-\eta\nabla u)$	$\eta=\frac{1}{3}\rho\bar{v}\bar{\lambda}$	$\eta\propto T^{1/2}$，与 p 无关 （稀薄气体，$\eta\propto p$）
傅利叶定律 $\bar{\mathrm{d}}Q=-\kappa\left(\frac{\mathrm{d}T}{\mathrm{d}z}\right)_{z_0}\mathrm{d}S\mathrm{d}t(\boldsymbol{J}_q=-\kappa\nabla T)$	$\kappa=\frac{1}{3}\rho\bar{v}\bar{\lambda}c_v$	$\kappa\propto T^{1/2}$，与 p 无关 （稀薄气体，$\kappa\propto p$）
斐克定律 $\mathrm{d}M=-D\left(\frac{\mathrm{d}\rho}{\mathrm{d}z}\right)_{z_0}\mathrm{d}S\mathrm{d}t(\boldsymbol{J}_i=-Dn\nabla C_i)$	$D=\frac{1}{3}\bar{v}\bar{\lambda}$	$D\propto T^{3/2}/p$， （稀薄气体，D 与 p 无关）

思　考　题

1. 何谓自由程和平均自由程？平均自由程与气体的状态以及分子本身的性质有何关系？在计算平均自由程时，哪里体现了统计平均？

2. 容器内贮有一定量的气体，保持容积不变，使气体的温度升高，则分子的碰撞频率和平均自由程各怎样变化？

3. 理想气体定压膨胀时，分子的平均自由程和碰撞频率与温度的关系如何？

4. 用哪些办法可以使气体分子的碰撞频率减小？

5. 容器内贮有 1 摩尔的气体，设分子的碰撞频率为 $\bar{z}$，问容器内所有分子在一秒内总共相碰多少次？

6. 如果认为两个分子在离开一定距离时，相互间存在一有心力作用，则这时分子的有效直径、碰撞截面和平均自由程等概念是否还有意义？

7. 如果把分子看作相互间有引力作用的刚球（苏则朗模型），则分子的碰撞截面和平均自由程如何随温度变化？

8. 混合气体由两种分子组成，其有效直径分别为 d_1 和 d_2。如果考虑这两种分子的相互碰撞，则碰撞截面为多大？平均自由程为多大？

9. 三种输运过程遵从怎样的宏观规律？它们有哪些共同的特征？阐明三个梯度和三个输运系数的物理意义。

10. 在讨论三种输运过程的微观理论时，我们作了哪些简化假设？提出这些假设的根据是什么？

11. 分子热运动和分子间的碰撞在输运过程中各起什么作用？哪些物理量体现了它们的作用？

12. 伍分硬币的一面刻印着国徽，另一面刻印着伍分的字样。如果把一枚硬币向地面投掷，则出现国徽一面和字样一面（朝上）的几率各是 1/2。在某一次投掷后，问：

(1) 平均地讲，需投掷几次才会出现国徽？

(2) 平均地讲，自上一次出现国徽到这一次投掷，其间投掷的次数是几？

(3) 如果这一次出现的刚好是国徽，则平均地讲需投掷几次，才会再出现国徽？

13. 考虑分子间的碰撞，设平均自由程为$\bar{\lambda}$。在任一时刻t考察某个分子A，问：

(1) 平均地讲，分子A需通过多长的路程才会与另一分子相碰？

(2) 自上一次受碰到时刻t，平均地讲，分子A通过了多长的路程？

(3) 如果在时刻t分子A刚好与其他分子碰过一次，则平均地讲，分子A需通过多长的路程才会与另一分子相碰？

14. 从微观的角度推导输运过程的宏观规律时，我们假定就平均效果而言，A、B两部分的分子在通过dS面前最后一次受碰处都与dS相距$\bar{\lambda}$。这实质上是认为通过dS面的分子无碰撞地通过了$2\bar{\lambda}$的路程。有人说“这种算法是不正确的，既然分子的平均自由程是$\bar{\lambda}$，则A、B两部的分子通过dS面前最后一次受碰就应取在与dS相距$\frac{1}{2}\bar{\lambda}$处”。你是否同意这种看法？如果不同意，应怎样说服他？

15. 有一空心的圆柱体，内外表面温度不同，问在柱层中不同半径处的温度梯度是否相同？

16. η,κ和D与气体的压强各有什么关系？试从物理道理上说明这些关系。

17. 一定量气体先经过等容过程，使其温度升高一倍，再经过等温过程使其体积膨胀为原来的二倍。问后来的$\bar{\lambda}$、η、κ、D(平均自由程、粘滞系数、热传导系数、扩散系数)各为原来的多少倍？

习 题

1. 氢气在1.0atm，15℃时的平均自由程为1.8×10^{-7} m，求氢分子的有效直径。

2. 氮分子的有效直径为3.8×10^{-10} m，求其在标准状态下的平均自由程和连续两次碰撞间的平均时间。

3. 氧分子的有效直径为3.6×10^{-10} m，求其碰撞频率。已知：

(1) 氧气的温度为300 K，压强为1.0 atm；

(2) 氧气的温度为300 K，压强为1.0×10^{-6} atm。

4. 某种气体分子在25 ℃时的平均自由程为2.63×10^{-7} m。

(1) 已知分子的有效直径为2.6×10^{-10} m，求气体的压强。

(2) 求分子在1.0 m的路程上与其他分子的碰撞次数。

5. 若在1.0 atm下，氧分子的平均自由程为6.8×10^{-8} m，在什么压强下，其平均自由程为1.0 mm？设温度保持不变。

6. 电子管的真空度约1.0×10^{-5} mmHg，设气体分子的有效直径为3.0×10^{-10} m，求27 ℃时单位体积内的分子数、平均自由程和碰撞频率。

7. 今测得温度为15 ℃、压强为76 cmHg时氩分子和氖分子的平均自由程分别为$\bar{\lambda}_{Ar}=6.7\times10^{-8}$ m和$\bar{\lambda}_{Ne}=13.2\times10^{-8}$ m，问：

(1) 氩分子和氖分子的有效直径之比是多少？

(2) $t=20$ ℃、$p=15$ cmHg时，$\bar{\lambda}_{Ar}$为多大？

(3) $t=-40$ ℃、$p=75$ cmHg时，$\bar{\lambda}_{Ne}$为多大？

8. 在气体放电管中，电子不断与气体分子相碰。因电子的速率远远大于气体分子的平均速率，所以后者可认为是静止不动的。设电子的“有效直径”比起气体分子的有效直径d来可以忽略不计。

(1) 电子与气体分子的碰撞截面σ为多大？

(2) 证明：电子与气体分子碰撞的平均自由程为$\bar{\lambda}_e=\frac{1}{\sigma n}$。$n$为气体分子的数密度。

*9. 设气体分子的平均自由程为$\bar{\lambda}$，试证明：一个分子在连续两次碰撞之间所走路程至少为x的几率是$e^{-x/\bar{\lambda}}$。

*10. 某种气体分子的平均自由程为 10cm。在 10000 段自由程中，(1) 有多少段长于 10cm? (2) 有多少段长于 50cm? (3) 有多少段长于 5cm 而短于 10cm? (4) 有多少段长度在 9.9cm 到 10cm? (5) 有多少段长度刚好为 10cm?

*11. 某一时刻氧气中有一组分子都刚与其他分子碰撞过。问经多长时间后其中还能保留一半未与其他分子相碰。设氧分子都以平均速率运动，氧气的温度为 300 K，在给定的压强下氧分子的平均自由程为 2.0 cm。

*12. 需将阴极射线管抽到多高的真空度(用 mmHg 表示)，才能保证从阴极发射出来的电子有 90%能达到 20cm 远处的阳极，而在途中不与空气分子相碰?

*13. 由电子枪发出一束电子射入压强为 p 的气体。在电子枪前相距 x 处放置一收集电极，用来测定能自由通过(即不与气体分子相碰)这段距离的电子数。已知电子枪发射的电子流强度为 100 μA(微安)，当气压 $p=100\ \mathrm{N/m^2}$，$x=10$ cm 时，到达收集极的电子流强度为 37 μA。

(1) 电子的平均自由程为多大?

(2) 当气压降到 50 $\mathrm{N/m^2}$ 时，到达收集极的电子流强度为多大?

14. 今测得氮气在 0℃时的粘滞系数为 $16.6\times10^{-6}\ \mathrm{N\cdot s\cdot m^{-2}}$，计算氮分子的有效直径。已知氮的相对分子质量为 28。

15. 今测得氮气在 0℃ 时的导热系数为 $23.7\times10^{-3}\ \mathrm{W\cdot m^{-1}\cdot K^{-1}}$，定容摩尔热容量为 20.9 $\mathrm{J\cdot mol^{-1}\cdot K^{-1}}$，试计算氮分子的有效直径。

16. 氧气在标准状态下的扩散系数为 $1.0\times10^{-5}\ \mathrm{m^2\cdot s^{-1}}$，求氧分子的平均自由程。

17. 已知氦气和氩气的相对原子质量分别为 4 和 40，它们在标准状态下的粘滞系数分别为 $\eta_{\mathrm{He}}=18.8\times10^{-6}\ \mathrm{N\cdot s\cdot m^{-2}}$ 和 $\eta_{\mathrm{Ar}}=21.0\times10^{-6}\ \mathrm{N\cdot s\cdot m^{-2}}$，求：

(1) 氩分子与氦分子的碰撞截面之比 $\sigma_{\mathrm{Ar}}/\sigma_{\mathrm{He}}$；

(2) 氩气与氦气的导热系数之比 $\kappa_{\mathrm{Ar}}/\kappa_{\mathrm{He}}$；

(3) 氩气与氦气的扩散系数之比 $D_{\mathrm{Ar}}/D_{\mathrm{He}}$。

18. 一长为 2 m、截面积为 $10^{-4}\ \mathrm{m^2}$ 的管子里贮有标准状态下的 CO_2 气，一半 CO_2 分子中的 C 原子是放射性同位素 ^{14}C。在 $t=0$ 时，放射性分子密集在管子的左端，其分子数密度沿着管子均匀地减小，到右端减为零。

(1) 开始时，放射性气体的密度梯度是多大?

(2) 开始时，每秒有多少个放射性分子通过管子中点的横截面从左侧移往右侧?

(3) 有多少个从右侧移往左侧?

(4) 开始时，每秒通过管子横截面扩散的放射性气体为多少克?

19. 将一圆柱体沿轴悬挂在金属丝上，在圆柱体外面套上一个共轴的圆筒，两者之间充以空气。当圆筒以一定的角速度转动时，由于空气的粘滞作用，圆柱体将受到一力矩 G。由悬丝的扭转程度可测定此力矩，从而求出空气的粘滞系数。设圆柱体的半径为 R，圆筒的内半径为 $R+\delta(\delta\ll R)$，两者的长度均为 L，圆筒的角速度为 ω，试证明：$G=2\pi\eta R^3L\omega/\delta$，$\eta$ 是待测的粘滞系数。

20. 两个长为 100 cm、半径分别为 10.0 cm 和 10.5 cm 的共轴圆筒套在一起，其间充满氢气。若氢气的粘滞系数 $\eta=8.7\times10^{-6}\ \mathrm{N\cdot s\cdot m^{-2}}$，问外筒的转速多大时才能使不动的内筒受到 107 dyn 的作用力。

*21. 两个长圆筒共轴套在一起，两筒的长度均为 L，内筒和外筒的半径分别为 R_1 和 R_2。内筒和外筒分别保持在恒定的温度 T_1 和 T_2，且 $T_1>T_2$。已知两筒间空气的导热系数为 κ，试证明：每秒由内筒通过空气传到外筒的热量为

$$Q=\frac{2\pi\kappa L}{\ln\dfrac{R_2}{R_1}}(T_1-T_2).$$

*第十一章　不可逆过程热力学简介

在这一章里，将介绍不可逆过程热力学。首先讨论熵流、熵产生及熵密度产生率，然后给出对求解不可逆过程问题很有用处的昂色格倒易关系，并以温差电效应等为例，介绍不可逆过程热力学处理问题的方法及最小熵产生原理。最后介绍耗散结构及其对生命现象的应用。

§11.1　局域平衡概念　熵流与熵产生

前面第一至第四章，主要讨论平衡态或可逆过程热力学问题。对于不可逆过程热力学，我们仅根据热力学第二定律建立了一些热力学不等式，用来判断过程进行的方向。至于不可逆过程本身，我们还未进行讨论。但是，在自然界中发生的一切实际的自发的宏观过程都是不可逆过程，所以有必要把热力学的方法进一步推广到非平衡态的情况。

对处于非平衡态的系统，按离开平衡态的远近，可把非平衡态分为近平衡区和远离平衡区两类非平衡态，其相应的过程分别称为线性和非线性不可逆过程。在本章中，我们重点讨论近平衡区的线性不可逆过程，对于远离平衡区的非线性不可逆过程只作简单介绍。

一、局域平衡概念

我们知道，对于描述热力学系统状态的状态参量和热力学函数都是一些与平衡态相联系的物理量，当系统处于非平衡态时，我们又如何描述该系统的状态呢？这时，我们可以引入局域平衡的概念。

设系统由几种粒子(即几种组元)组成，该系统处于非平衡态。此时，若把系统分成很多小的区域，每一小区域从宏观上看起来是无限小，但从微观上看起来仍然是含有大量粒子的宏观系统。这种宏观小微观大的小区域在每一时刻都可以认为处于热力学平衡态，称为局域平衡。此时可以用热力学参量 T(温度)、p(压强)、C_k(k 组元的浓度)来描述其状态，只是 T、p、C_k 等都随时间变化，是时间 t 的函数。另外，在同一时刻，由于不同的小区域，T、p、C_k 等不相同，因而它们又是空间坐标 x、y、z 的函数。一般地可以将上述参量写成 $T=T(\boldsymbol{r},t)$，$p=p(\boldsymbol{r},t)$，$C_k=C_k(\boldsymbol{r},t)$。

上述的状态参量 T、p、C_k 均为强度量，对于广延量，如熵 S、内能 U 等，根据可加性，可通过各部分的相应量求和而得到，如系统的熵和内能分别为

$$S_{总} = \int s\mathrm{d}V, \qquad U_{总} = \int u\mathrm{d}V, \tag{11.1.1}$$

其中 s、u 为每个小区域的熵密度和内能密度。

同时，还可进一步地假设这些局部热力学量的变化仍然遵从热力学基本等式

$$T\mathrm{d}S_v = \mathrm{d}U_v + p\mathrm{d}V - \sum_i \mu_i \mathrm{d}N_i, \tag{11.1.2}$$

式中各量均属同一小区域，其中 N_i 为第 i 组元的粒子数，μ_i 为第 i 组元中粒子的化学势。

二、熵流与熵产生

在不可逆过程中讨论的系统，如激光、化学反应、生命系统等都是非平衡的开放系统，按照热力学第二定律，整个系统在不可逆元过程中熵的变化满足不等式

$$dS_{总} > \frac{dQ}{T},$$

式中 T 为与系统交换热量dQ 的热源温度，$dS_{总}$ 是整个系统熵的变化。比利时学派普里高津(Prigogine)将$\frac{dQ}{T}$写为 d_eS，表示由于系统与环境交换物质与能量而引起的系统熵的变化，称为熵流，则上式可写为

$$dS_{总} > d_eS, \tag{11.1.3}$$

此式表示在不可逆过程中，非平衡系统总熵的变化大于熵流 d_eS，其原因是在非平衡系统内部还存在着不可逆过程(如热传导、热扩散、电流……)引起的熵产生 d_iS，(11.1.3)式右边加上不可逆过程引起的熵的产生项，则上式可写为

$$dS_{总} = deS + d_iS, \tag{11.1.4}$$

将(11.1.4)式代入(11.1.3)式可得

$$d_iS > 0. \tag{11.1.5}$$

这说明在不可逆过程中，系统的熵产生是恒正的。单位时间内系统的熵产生称为熵产生率，在系统的某一体积元中单位体积的熵产生率称为局域熵密度产生率，简称为熵密度产生率。

三、输运过程中的熵密度产生率

下面计算几种重要耗散过程中的熵密度产生率。

1. 热传导过程的熵密度产生率

设所研究的系统为一均匀的各向同性的固体，固体内只存在由于各处温度的不均匀而引起的热传导过程，系统内没有物质的迁移，也不对外作功(体积 V 恒定)。在系统内取一固定的体积元 $dV=dxdydz$，考虑该体积元已达局域平衡，由(11.1.2)式可得

$$TdS_v = dU_v,$$

将上式对时间求导数，这时上式可写为

$$T\frac{\partial S_v}{\partial t} = \frac{\partial U_v}{\partial t},$$

或

$$\frac{\partial S_v}{\partial t} = \frac{1}{T}\frac{\partial U_v}{\partial t}, \tag{11.1.6}$$

$\frac{\partial S_v}{\partial t}$为上述体积元中熵的变化率。

令 $\boldsymbol{J}_q$ 表示系统中的热流密度，在图 11-1 中，在单位时间内通过 x 处界面进入体积元的热量为 $J_{qx}dydz$，通过 $x+dx$ 界面从体积元中传出的热量为$(J_{qx}+\frac{\partial J_{qx}}{\partial x}dx)dydz$，所以在单位时间内通过这一对界面进入 dV 中的净热量为

$$-\frac{\partial J_{qx}}{\partial x}dxdydz = -\frac{\partial J_{qx}}{\partial x}dV,$$

同样，也可以求出在单位时间内通过其他两对界面进入 dV

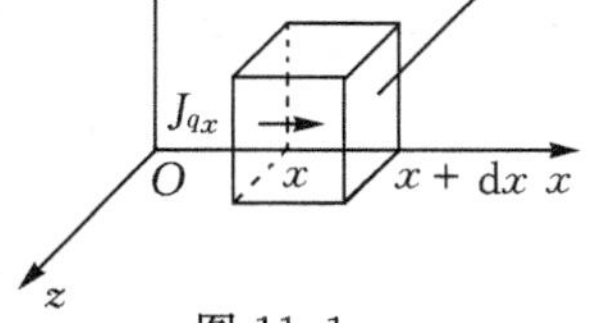

图 11-1
系统内温度分布不均匀引起的热传导

的净热量。于是可以得出，在单位时间内通过整个界面进入 dV 的净热量为

$$-\left(\frac{\partial J_{qx}}{\partial x}+\frac{\partial J_{qy}}{\partial y}+\frac{\partial J_{qz}}{\partial z}\right)dV=-\nabla\cdot\boldsymbol{J}_q dV,$$

$\nabla\cdot\boldsymbol{J}_q$ 称为热流密度的散度，$-\nabla\cdot\boldsymbol{J}_q$ 表示单位时间内进入单位体积中的净热量。根据能量守恒定律，上式必等于该体积元中内能的增加，即

$$\frac{\partial U_v}{\partial t}=\frac{\partial u}{\partial t}dV=-\nabla\cdot\boldsymbol{J}_q dV, \tag{11.1.7}$$

由上式可得

$$\frac{\partial u}{\partial t}+\nabla\cdot\boldsymbol{J}_q=0, \tag{11.1.8}$$

u 为系统的内能密度，(11.1.8)式为内能密度满足的连续性方程。将(11.1.7)式代入(11.1.6)式，并令 $S_v=s dV$，s 为小体积元 dV 中的熵密度，则可得

$$\frac{\partial s}{\partial t}=-\frac{1}{T}\nabla\cdot\boldsymbol{J}_q, \tag{11.1.9}$$

利用矢量微分公式可得

$$\frac{1}{T}\nabla\cdot\boldsymbol{J}_q=\nabla\cdot\left(\frac{\boldsymbol{J}_q}{T}\right)-\boldsymbol{J}_q\cdot\nabla\left(\frac{1}{T}\right),$$

于是可将(11.1.9)式改写为

$$\frac{\partial s}{\partial t}=-\nabla\cdot\left(\frac{\boldsymbol{J}_q}{T}\right)+\boldsymbol{J}_q\cdot\nabla\left(\frac{1}{T}\right), \tag{11.1.10}$$

考虑 $\boldsymbol{J}_s=\frac{\boldsymbol{J}_q}{T}$ 为熵流密度，则上式中第一项为热量从体积元外流入而引起的熵密度增加率，第二项为体积元内由于温度不均匀导致的热传导过程引起的熵密度产生率，并以 θ 表示，则有

$$\theta=\boldsymbol{J}_q\cdot\nabla\left(\frac{1}{T}\right), \tag{11.1.11}$$

我们知道，热流密度 $\boldsymbol{J}_q$ 是由温度的不均匀性引起的，因此把 $\nabla\left(\frac{1}{T}\right)$ 称为热流动力，以 $\boldsymbol{X}_q$ 表示，于是(11.1.11)式可写为

$$\theta=\boldsymbol{J}_q\cdot\boldsymbol{X}_q, \tag{11.1.12}$$

上式表明，在热传导过程中，熵密度产生率等于热流密度和热流动力的乘积。

2. *扩散过程的熵密度产生率*

为简单起见，假定系统内各处温度均匀、压强均匀，因此不存在热传导现象和系统内各部分间的宏观流动，系统的体积 V 保持恒定，在系统内只存在由于各组元浓度的不均匀而引起的扩散现象，此时，由(11.1.2)式可得

$$\frac{\partial S_v}{\partial t}=-\sum_i\frac{\mu_i}{T}\frac{\partial N_i}{\partial t}. \tag{11.1.13}$$

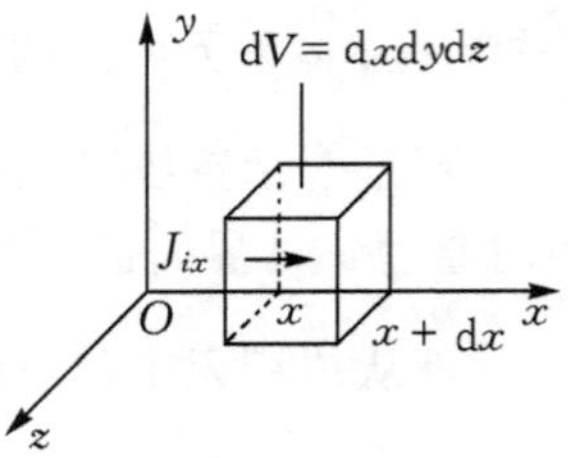

图 11-2 各组元浓度不均匀引起的扩散

令 $\boldsymbol{J}_i$ 表示系统中第 i 组元的粒子流密度，在图 11-2 中，单位时间内通过 x 处界面进入体积元的第 i 组元的粒子数为 $J_{ix}dydz$，通过 $x+dx$ 界面从体积元中流出的第 i 组元的粒子数为

$\left(J_{ix}+\frac{\partial J_{ix}}{\partial x}dx\right)dydz$。在单位时间内通过这一对界面进入 dV 中的第 i 组元的净粒子数为

$$-\frac{\partial J_{ix}}{\partial x}dxdydz=-\frac{\partial J_{ix}}{\partial x}dV,$$

同样，也可以求出在单位时间内通过其他两对界面进入 dV 的第 i 组元的净粒子数。于是可以得出，在单位时间内通过整个界面进入 dV 的第 i 组元的净粒子数为

$$-\left(\frac{\partial J_{ix}}{\partial x}+\frac{\partial J_{iy}}{\partial y}+\frac{\partial J_{iz}}{\partial z}\right)dxdydz=-\nabla\cdot\boldsymbol{J}_i dV,$$

$\nabla\cdot\boldsymbol{J}_i$ 称为第 i 组元的粒子流密度的散度，$-\nabla\cdot\boldsymbol{J}_i$ 表示单位时间内进入单位体积中第 i 组元的粒子数。根据物质守恒定律，上式必等于单位时间内，第 i 组元粒子数的增加，即

$$\frac{\partial N_i}{\partial t}=\frac{\partial n_i}{\partial t}dV=-\nabla\cdot\boldsymbol{J}_i dV,\tag{11.1.14}$$

n_i 为系统中第 i 组元的粒子数密度，由上式可得

$$\frac{\partial n_i}{\partial t}+\nabla\cdot\boldsymbol{J}_i=0,\tag{11.1.15}$$

(11.1.15)式为粒子数密度满足的连续性方程。将(11.1.14)式代入(11.1.13)式，并令 $S_v=sdV$，其中 s 为小体积元 dV 中的熵密度。此时，上式可写为

$$\frac{\partial s}{\partial t}=\sum_i\frac{\mu_i}{T}\nabla\cdot\boldsymbol{J}_i.\tag{11.1.16}$$

利用矢量的微分公式：$\nabla\cdot\left(\frac{\mu_i}{T}\boldsymbol{J}_i\right)=\frac{\mu_i}{T}\nabla\cdot\boldsymbol{J}_i+\boldsymbol{J}_i\cdot\nabla\left(\frac{\mu_i}{T}\right)$,

$$\frac{\mu_i}{T}\nabla\cdot\boldsymbol{J}_i=\nabla\cdot\left(\frac{\mu_i\boldsymbol{J}_i}{T}\right)-\boldsymbol{J}_i\cdot\nabla\left(\frac{\mu_i}{T}\right),$$

考虑系统内各处温度均匀，故上式可写为

$$\frac{\mu_i}{T}\nabla\cdot\boldsymbol{J}_i=\nabla\cdot\left(\frac{\mu_i\boldsymbol{J}_i}{T}\right)-\frac{\boldsymbol{J}_i}{T}\cdot\nabla\mu_i,$$

将此式代入(11.1.16)式，则

$$\frac{\partial s}{\partial t}=\sum_i\nabla\cdot\left(\frac{\mu_i\boldsymbol{J}_i}{T}\right)-\sum_i\frac{\boldsymbol{J}_i}{T}\cdot\nabla\mu_i,\tag{11.1.17}$$

考虑式中 $\boldsymbol{J}_{is}=\frac{\mu_i J_i}{T}$ 为第 i 组元粒子流引起的熵流密度，则第一项为各种粒子从体积元外流入而引起的熵密度增加率，第二项为体积元内存在化学不均匀导致的扩散过程而引起的熵密度产生率，故有

$$\theta=\sum_i\theta_i=-\sum_i\frac{\boldsymbol{J}_i}{T}\cdot\nabla\mu_i,\tag{11.1.18}$$

$\theta_i=-\frac{\boldsymbol{J}_i}{T}\cdot\nabla\mu_i$ 是 i 组元物质由于扩散引起的熵密度产生率，其中 $\boldsymbol{J}_i$ 是 i 组元的粒子流密度，$-\frac{1}{T}\nabla\mu_i$ 是引起粒子流的动力，以 $\boldsymbol{X}_i$ 表示，则

$$\theta_i=\boldsymbol{J}_i\cdot\boldsymbol{X}_i,\qquad\theta=\sum_i\boldsymbol{J}_i\cdot\boldsymbol{X}_i,\tag{11.1.19}$$

(11.1.19)式表明，在扩散过程中，熵密度产生率等于各种粒子流密度与引起粒子流的动力的乘积。

3. *系统在温度不均匀，同时物质性质(如化学性质和电学性质)也不均匀时的熵密度*

产生率

当系统的温度不均匀及物质性质也不均匀时，在系统内除了发生热传导过程外，同时还有物质迁移过程发生。在系统内取一小体积元，此时该体积元中内能密度满足的连续方程为

$$\frac{\partial u}{\partial t}+\nabla\cdot\boldsymbol{J}_u=0,\tag{11.1.20}$$

其中 $\boldsymbol{J}_u$ 为内能流密度。在这种情况下，$\boldsymbol{J}_u$ 由两部分组成，其一是热流密度 $\boldsymbol{J}_q$；其二是粒子流所携带的能流密度。(11.1.2)式告诉我们，当 i 组元的粒子数增加 $\mathrm{d}N_i$ 时，内能的增加为 $\mu_i\mathrm{d}N_i$，因此各种粒子流所携带的总能流密度为 $\sum\limits_i\mu_i\boldsymbol{J}_i$，所以

$$\boldsymbol{J}_u=\boldsymbol{J}_q+\sum_i\mu_i\boldsymbol{J}_i.\tag{11.1.21}$$

根据(11.1.2)式，在忽略体积的变化时，可得熵密度的增加率为

$$\frac{\partial s}{\partial t}=\frac{1}{T}\frac{\partial u}{\partial t}-\sum_i\frac{\mu_i}{T}\frac{\partial n_i}{\partial t},\tag{11.1.22}$$

将(11.1.21)式代入(11.1.20)式可得

$$\frac{\partial u}{\partial t}=-\nabla\cdot\boldsymbol{J}_q-\sum_i\nabla\cdot(\mu_i\boldsymbol{J}_i),\tag{11.1.23}$$

将(11.1.23)式及(11.1.15)式代入(11.1.22)式可得

$$\begin{aligned}\frac{\partial s}{\partial t}&=-\frac{1}{T}\nabla\cdot\boldsymbol{J}_q-\frac{1}{T}\sum_i\nabla\cdot(\mu_i\boldsymbol{J}_i)+\sum_i\frac{\mu_i}{T}\nabla\cdot\boldsymbol{J}_i\\&=-\nabla\cdot\left(\frac{\boldsymbol{J}_q}{T}\right)+\boldsymbol{J}_q\cdot\nabla\left(\frac{1}{T}\right)-\sum_i\frac{\boldsymbol{J}_i}{T}\cdot\nabla\mu_i.\end{aligned}\tag{11.1.24}$$

式中第一项是热流引起的熵密度增加率，第二项是小体积元内部热传导过程引起的熵密度产生率，第三项是物质迁移过程引起的熵密度产生率。可见热传导和物质迁移过程引起的熵密度产生率为

$$\theta=\boldsymbol{J}_q\cdot\nabla\left(\frac{1}{T}\right)-\sum_i\frac{\boldsymbol{J}_i}{T}\cdot\nabla\mu_i=\boldsymbol{J}_q\cdot\boldsymbol{X}_q+\sum_i\boldsymbol{J}_i\cdot\boldsymbol{X}_i,\tag{11.1.25}$$

式中 $\boldsymbol{X}_q=\nabla\left(\frac{1}{T}\right)$，$\boldsymbol{X}_i=-\left(\frac{1}{T}\nabla\mu_i\right)$，分别称为热流动力和粒子流动力。

通过以上几个例子的分析可以看出，熵密度产生率可以写成每种不可逆过程的流密度与相应动力的乘积之和。推广到多个不可逆过程同时存在的普遍情况，则熵密度产生率一般可以写为

$$\theta=\sum_k\boldsymbol{J}_k\cdot\boldsymbol{X}_k,\tag{11.1.26}$$

系统总的熵产生率 P 为

$$P=\int\theta\mathrm{d}V=\int\sum_k\boldsymbol{J}_k\cdot\boldsymbol{X}_k\mathrm{d}V,\tag{11.1.27}$$

由于系统的总熵产生率是恒正的，可以推知，局域熵密度产生率 θ 也必定是恒正的。

§11.2 线性不可逆过程 昂色格倒易关系

一、线性不可逆过程中的熵密度产生率

在(11.1.26)式中，$\boldsymbol{J}_k$ 应包括各种不可逆过程中的流密度，如热传导过程中的热流密

度 $\boldsymbol{J}_q$，扩散过程中的粒子流密度 $\boldsymbol{J}_i$，导电过程中的电流密度 $\boldsymbol{j}_e$ 等。既然“流”是由“力”所引起，那么在“流”与“力”之间必然存在着一定的关系。当非平衡系统偏离平衡态不太远时，也就是引起不可逆过程流的“动力”，如温度梯度、浓度梯度等比较弱时，不可逆过程中的流和力之间遵从线性关系，该过程称为线性不可逆过程，这正是我们把近平衡区的不可逆过程称为线性不可逆过程的原因。事实上，在上一章中，我们对流和动力之间的线性关系，已建立了一些经验规律。

对热传导过程，在(10.1.5)式中，傅里叶(Fourier)定律给出热流密度与温度梯度成正比，即

$$\boldsymbol{J}_q = -\kappa \nabla T, \tag{11.2.1}$$

式中 κ 为导热系数。

对扩散过程，在(10.1.10)式中，根据斐克(Fick)定律，粒子流密度与浓度梯度成正比，即

$$\boldsymbol{J}_i = -Dn \nabla C_i, \tag{11.2.2}$$

式中 D 为扩散系数。

对导电过程，根据欧姆(Ohm G S)定律，电流密度与电场强度(或电势梯度)成正比，即

$$\boldsymbol{j}_e = \sigma \boldsymbol{E} = -\sigma \nabla U. \tag{11.2.3}$$

式中 σ 为电导率，在上面的几个例子中，如果用 $\boldsymbol{J}$ 表示流密度，以 $\boldsymbol{X}$ 表示引起流的动力，则可以将这些经验定律表达成统一的形式：

$$\boldsymbol{J} = L\boldsymbol{X}. \tag{11.2.4}$$

下面讨论在上述各线性不可逆过程中的熵密度产生率。在(11.1.26)式中已经给出

$$\theta = \sum_k \boldsymbol{J}_k \cdot \boldsymbol{X}_k,$$

这表明熵密度产生率是不可逆过程中“流”与“动力”的结合(或者说不可逆过程中原因与结果的结合)，下面讨论上述各过程中的熵密度产生率。

对热传导过程，根据(11.1.11)式有

$$\theta = \boldsymbol{J}_q \cdot \nabla\left(\frac{1}{T}\right) = -\frac{1}{T^2}(\boldsymbol{J}_q \cdot \nabla T),$$

将(11.2.1)式代入上式，可得

$$\theta = \frac{\kappa}{T^2}(\nabla T)^2 > 0. \tag{11.2.5}$$

对扩散过程，根据(11.1.18)式，如果只考虑第 i 组元的扩散，则

$$\theta_i = -\frac{\boldsymbol{J}_i}{T} \cdot \nabla \mu_i, \tag{11.2.6}$$

如果系统是混合理想气体，根据(9.12.11)式，组元 i 分子的化学势可以写为：

$$\begin{aligned}\mu_i &= kT[\varphi_i(T) + \ln p_i] \\ &= kT[\varphi_i(T) + \ln p + \ln C_i],\end{aligned}$$

式中 $C_i = \dfrac{p_i}{p}$，是混合理想气体中，第 i 组元气体的浓度，显然，在浓度不均匀的情况下，$C_i = C_i(\boldsymbol{r}, t)$。对单纯的扩散现象，我们已假定系统内各处的温度、压强都相同，并保持恒定，故由上式可得

$$\nabla \mu_i = kT \nabla \ln C_i = kT \frac{1}{C_i} \nabla C_i, \tag{11.2.7}$$

将$\nabla \mu_i$代入(11.2.6)式,可得

$$\theta_i = -\frac{k}{C_i}(\boldsymbol{J}_i \cdot \nabla C_i),$$

再将(11.2.2)式代入上式,可得

$$\theta_i = \frac{knD}{C_i}(\nabla C_i)^2 > 0,$$

显然

$$\theta = \sum_i \theta_i = \sum_i \frac{knD}{C_i}(\nabla C_i)^2 > 0. \tag{11.2.8}$$

对于由两种不同的理想气体进行的互扩散过程而言,可以令$C_1 = C, C_2 = 1 - C$,代入上式,可得

$$\begin{aligned}\theta &= \frac{knD}{C}(\nabla C)^2 + \frac{knD}{1-C}[\nabla(1-C)]^2 \\ &= \frac{knD}{C(1-C)}(\nabla C)^2.\end{aligned} \tag{11.2.9}$$

二、昂色格倒易关系

应指出的是,(11.2.4)式只对单纯的一种不可逆过程适用。在一般的情况下,系统内可能有几种不可逆过程同时存在。此时,系统内便有几种动力和几种流,这些动力之间会互相影响,出现交叉效应,致使一种流可以与几种动力有关。例如在温度梯度和浓度梯度同时存在时,温度梯度不仅可以引起热流,也可以引起粒子流,称为**热扩散**;浓度梯度不仅可以引起粒子流,也可引起热流,称为杜伏(Dufour)效应。所以在一般情况下,流与动力之间的普遍关系应表达为

$$\boldsymbol{J}_K = \sum_l L_{Kl} \boldsymbol{X}_l, \tag{11.2.10}$$

(11.2.10)式称为**动力方程**,它是一个唯象方程。式中L_{Kl}称为唯象系数或动力系数,当$K=l$时,唯象函数$L_{11}, L_{22}, \cdots$称为自唯象系数(如前面的导热系数、扩散系数等);当$K \neq l$时,唯象系数$L_{12}, L_{21}, \cdots$称为互唯象系数,它反映了不可逆过程之间的交叉效应。

流和动力的选择不是唯一的,例如对热传导过程,(11.1.10)式中,选$\nabla\left(\frac{1}{T}\right)$作为动力,在(11.2.1)式中,选$\nabla T$作为动力。统计物理证明①,如果适当选择流和动力,使熵密度产生率为(11.1.26)式的形式,则互唯象系数可满足以下关系

$$L_{Kl} = L_{lK}, \tag{11.2.11}$$

这个关系是昂色格(Onsager)在1931年发现的,称为**昂色格倒易关系**,它反映了交叉效应之间的对称性。昂色格倒易关系是线性不可逆过程热力学的一个基本关系,利用它可以将唯象系数的个数减少一半,对于求解线性不可逆过程的问题很有用。另外,上述的倒易关系给出了许多系数之间的联系,这种联系的获得,在研究工作中也是十分重要的。因为有些系数容易测量或容易计算,而另一些系数不易测量或不易计算。有了上述系数之间的联系,就可以从已测得的系数或已计算出的系数,得到未知的系数。

---

① 参看 Л·Д 朗道 E.M. 栗弗席兹著.统计物理学.第12章§119。

§11.3　昂色格原理的应用

一、温差电效应

实验表明，在导体中，若有温度梯度存在，不仅会引起热流，而且还会引起电流，并导致电势梯度；反之，若有电势梯度存在，不仅会引起电流，还会引起热流，二者相互影响，这一效应称为温差电效应。实验上观察到的温差电效应有以下三种。

1. 塞贝克(Seebeck T)效应

将两种不同的导体 A 和 B 焊接在一起组成一闭合回路，如图 11-3 所示。实验表明，当两个接头处的温度不同时，回路中便产生电动势，实验发现，电动势 $\mathrm{d}U$ 与回路两接头处的温差 $\mathrm{d}T$ 成正比，即

$$\mathrm{d}U = \alpha_{AB}\mathrm{d}T, \tag{11.3.1}$$

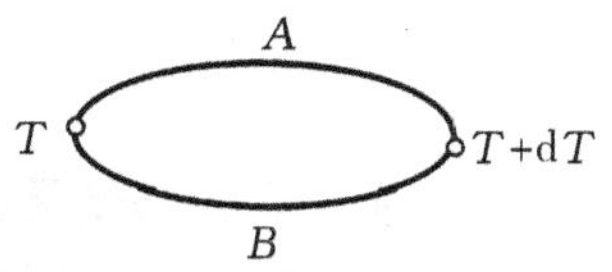

图 11-3　温差电效应

α_{AB} 称为温差电动势系数，它与两导体的材料性质及温度有关。

2. 珀尔帖(Peltier)效应

实验表明，当电流通过两种不同的导体组成的回路时，则在一个接头处吸热，在另一接头处放热。若将电流反向时，则原来的吸热接头变成放热，放热接头变成吸热，如图 11-4 所示。若以 $\boldsymbol{j}_e$ 表示电流沿顺时针方向流动时的电流密度，$\boldsymbol{J}_{q\pi}$ 表示珀尔帖效应引起的热流密度，实验表明

$$\boldsymbol{J}_{q\pi} = \pi_{AB}\boldsymbol{j}_e, \tag{11.3.2}$$

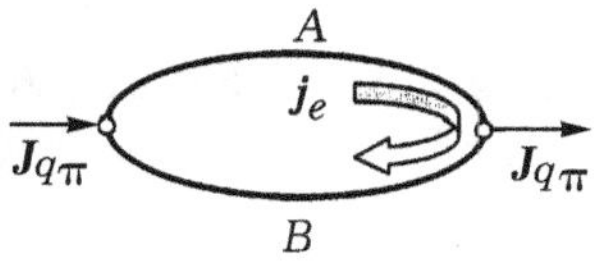

图 11-4　珀尔帖效应

式中 π_{AB} 为 A、B 两种导体的珀尔帖系数，其大小与两种导体材料的性质及温度有关。

3. 汤姆逊效应

实验发现，如果在导体中各处的温度不同，则当电流沿某一方向通过时，在导体中除产生焦耳热外，还放出(或吸收)一种附加的热量，称为汤姆逊热，如图 11-5 所示。设通过金属 A 的电流密度为 $\boldsymbol{j}_e$，其温度梯度为 ∇T，则单位时间内，在单位体积的导体中放出的汤姆逊热为

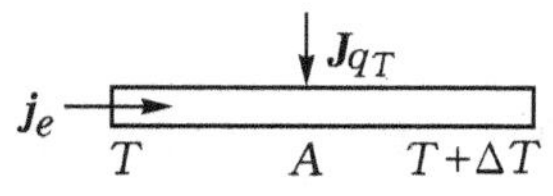

图 11-5　汤姆逊效应

$$J_{qT} = -\tau_A \boldsymbol{j}_e \cdot \nabla T, \tag{11.3.3}$$

其中 τ_A 称为金属 A 的汤姆逊系数，它也与金属材料的性质及温度有关。

应指出的是，上述三种温差电效应都是可逆的，如在珀尔帖效应和汤姆逊效应中，当电流改变方向时，原来的吸热效应变为放热效应，原来的放热效应变成吸热效应。但是，由于在发生上述效应的同时，不可避免地伴随有热传导和焦耳热这两个不可逆过程，因而整个温差电现象仍然是不可逆的，必须用不可逆过程热力学理论进行讨论。

二、温差电现象中的动力方程

在电路中取一小体积元，其中粒子数密度及内能密度的变化率遵从连续方程(11.1.15)式及(11.1.8)式，同时(11.1.21)式仍然成立，在仅有一种带电粒子的情况下，应将通常的化学势 μ 代换成带电粒子的电化学势 μ_e，

$$\mu_e = \mu + eU, \tag{11.3.4}$$

式中 e 为粒子所带的电荷，这是因为粒子迁移时除了携带通常的化学势之外，还携带静电

能 eU,在这种情况下,根据(11.1.25)式,熵密度产生率应为

$$\theta=\boldsymbol{J}_q\cdot\nabla\left(\frac{1}{T}\right)-\frac{\boldsymbol{J}_e}{T}\cdot\nabla\mu_e, \tag{11.3.5}$$

式中 $\boldsymbol{J}_q$ 为热流密度,$\boldsymbol{J}_e$ 为带电粒子流密度。与 $\boldsymbol{J}_q$ 和 $\boldsymbol{J}_e$ 相应的动力分别为 $\nabla\left(\frac{1}{T}\right)$ 和 $-\frac{1}{T}\nabla\mu_e$,根据(11.2.11)式,可得动力方程

$$\boldsymbol{J}_e=-L_{11}\frac{1}{T}\nabla\mu_e+L_{12}\nabla\left(\frac{1}{T}\right), \tag{11.3.6}$$

$$\boldsymbol{J}_q=-L_{12}\frac{1}{T}\nabla\mu_e+L_{22}\nabla\left(\frac{1}{T}\right), \tag{11.3.7}$$

式中已经用了昂色格倒易关系 $L_{21}=L_{12}$。

三、对温差电效应的讨论

1. 温差电动势 ΔU

下面首先寻求唯象系数与经验常数间的关系。

在导体的温度和化学性质都均匀的情况下,$\nabla\left(\frac{1}{T}\right)=0$,$\nabla\mu=0$,由(11.3.4)式可得 $\nabla\mu_e=e\nabla U$。根据(11.3.6)式,电流密度为

$$\boldsymbol{j}_e=e\boldsymbol{J}_e=-\frac{e^2L_{11}}{T}\nabla U, \tag{11.3.8}$$

将此式与(11.2.3)式相比,可得出电导率与唯象系数 L_{11} 的关系为

$$\sigma=\frac{e^2L_{11}}{T}. \tag{11.3.9}$$

在导体中无电流的情况下,令(11.3.6)式中的 $\boldsymbol{J}_e=0$,可得

$$\nabla\mu_e=-\frac{L_{12}}{TL_{11}}\nabla T, \tag{11.3.10}$$

将此式代入(11.3.7)式,可得

$$\boldsymbol{J}_q=-\frac{1}{T^2}\left(L_{22}-\frac{L_{12}^2}{L_{11}}\right)\nabla T, \tag{11.3.11}$$

将(11.3.11)式和(11.2.1)式相比,可得导热系数与唯象系数的关系为

$$\kappa=\frac{1}{T^2}\left(L_{22}-\frac{L_{12}^2}{L_{11}}\right). \tag{11.3.12}$$

温差电动势是回路中不存在电流时的电动势,对(11.3.10)式两边沿图11-3所示的回路按顺时针方向求环积分(设高、低温接头的温度分别为 T_2 和 T_1)

$$\text{左端}=\oint\nabla\mu_e\cdot\mathrm{d}l=\oint\nabla\mu\cdot\mathrm{d}l+e\oint\nabla U\cdot\mathrm{d}l=\oint\mathrm{d}\mu+e\oint\mathrm{d}U=e\Delta U,$$

$$\text{右端}=-\oint\frac{L_{12}}{TL_{11}}\nabla T\cdot\mathrm{d}l=-\oint\frac{L_{12}}{TL_{11}}\mathrm{d}T=\int_{T_1}^{T_2}\left\{\left[\frac{L_{12}}{TL_{11}}\right]_B-\left[\frac{L_{12}}{TL_{11}}\right]_A\right\}\mathrm{d}T,$$

令上两式相等,则可得出回路中的电动势为

$$\Delta U=\int\left\{\left[\frac{L_{12}}{eTL_{11}}\right]_B-\left[\frac{L_{12}}{eTL_{11}}\right]_A\right\}\mathrm{d}T, \tag{11.3.13}$$

由(11.3.13)式可以看出,单位温差引起的电动势,即温差电动势系数为

$$\alpha_{AB}=\left[\frac{L_{12}}{eTL_{11}}\right]_B-\left[\frac{L_{12}}{eTL_{11}}\right]_A, \tag{11.3.14}$$

上式表示温差电动势系数与唯象系数的关系。如果定义每一导体的绝对温差电动势为

$$\alpha=\frac{L_{12}}{eTL_{11}}, \tag{11.3.15}$$

则(11.3.14)式可表达为

$$\alpha_{AB}=\alpha_B-\alpha_A. \tag{11.3.16}$$

2. 珀尔帖效应

现在讨论珀尔帖效应。由(11.3.6)式解出$\nabla\mu_e$，得

$$\nabla\mu_e=-\frac{T}{L_{11}}\boldsymbol{J}_e-\frac{L_{12}}{TL_{11}}\nabla T, \tag{11.3.17}$$

将(11.3.17)式代入(11.3.7)式，得

$$\boldsymbol{J}_q=\frac{L_{12}}{L_{11}}\boldsymbol{J}_e+\frac{1}{T^2}\left(\frac{L_{12}^2}{L_{11}}-L_{22}\right)\nabla T=\frac{L_{12}}{L_{11}}\boldsymbol{J}_e-\kappa\nabla T=\frac{L_{12}}{eL_{11}}\boldsymbol{j}_e-\kappa\nabla T, \tag{11.3.18}$$

式中第二项是热传导引起的热流密度，第一项就是珀尔帖热流密度，它对每个导体都适用，因此可以定义每一导体的珀尔帖系数为

$$\pi=\frac{L_{12}}{eL_{11}}=T\alpha, \tag{11.3.19}$$

上式中的最后一步应用了(11.3.15)式。在两导体接头处，珀尔帖热流密度等于接头两端的珀尔帖热流密度之差，于是可得

$$\boldsymbol{J}_{q\pi}=(\pi_B-\pi_A)\boldsymbol{j}_e=T(\alpha_B-\alpha_A)\boldsymbol{j}_e, \tag{11.3.20}$$

将(11.3.20)式与(11.3.2)式相比，可得

$$\pi_{AB}=(\pi_B-\pi_A)=T(\alpha_B-\alpha_A). \tag{11.3.21}$$

(11.3.19)式和(11.3.21)式给出珀尔帖系数与绝对温差电动势系数间的关系，称为汤姆逊第二关系。

3. 汤姆逊效应

对于汤姆逊效应可利用能量守恒定律进行分析。由(11.1.20)式、(11.1.21)式和(11.3.4)式，得

$$\frac{\partial u}{\partial t}=-\nabla\cdot\boldsymbol{J}_u=-\nabla\cdot(\boldsymbol{J}_q+\mu_e\boldsymbol{J}_e)=-\nabla\cdot\boldsymbol{J}_q-\boldsymbol{J}_e\cdot\nabla\mu_e, \tag{11.3.22}$$

式中应用了电流的稳恒条件：$\nabla\cdot\boldsymbol{J}_e=0$。将(11.3.17)式和(11.3.18)式代入(11.3.22)式，得

$$\begin{aligned}\frac{\partial u}{\partial t}&=\nabla\cdot(\kappa\nabla T)-\nabla\cdot\left(\frac{L_{12}}{L_{11}}\cdot\boldsymbol{J}_e\right)+\frac{T}{L_{11}}\boldsymbol{J}_e^2+\frac{L_{12}}{TL_{11}}\boldsymbol{J}_e\cdot\nabla T\\&=\nabla\cdot(\kappa\nabla T)+\frac{T}{L_{11}}\boldsymbol{J}_e^2+\left[\frac{L_{12}}{TL_{11}}-\frac{\mathrm{d}}{\mathrm{d}T}\left(\frac{L_{12}}{L_{11}}\right)\right]\boldsymbol{J}_e\cdot\nabla T\\&=\nabla\cdot(\kappa\nabla T)+\frac{T}{L_{11}}\boldsymbol{J}_e^2-\left[\frac{\mathrm{d}}{\mathrm{d}T}\left(\frac{L_{12}}{L_{11}}\right)-\frac{L_{12}}{TL_{11}}\right]\frac{1}{e}\boldsymbol{j}_e\cdot\nabla T,\end{aligned} \tag{11.3.23}$$

式中第一项为热传导流入的热量，第二项为焦耳热，第三项即为汤姆逊热，与(11.3.3)式比较，可得汤姆逊系数为

$$\tau=\left[\frac{\mathrm{d}}{\mathrm{d}T}\left(\frac{L_{12}}{L_{11}}\right)-\frac{L_{12}}{TL_{11}}\right]\frac{1}{e}=\frac{\mathrm{d}\pi}{\mathrm{d}T}-\alpha, \tag{11.3.24}$$

(11.3.24)式表明，τ、π、α 三个经验系数之间的关系。将上式用到两种导体的组合情况，即可得

$$\tau_B-\tau_A=\frac{\mathrm{d}\pi_{AB}}{\mathrm{d}T}-(\alpha_B-\alpha_A). \tag{11.3.25}$$

(11.3.24)式和(11.3.25)式称为汤姆逊第一关系。

将(11.3.19)式代入(11.3.24)式，还可得出汤姆逊系数与绝对温差电动势系数间的关系

$$\tau=T\frac{\mathrm{d}\alpha}{\mathrm{d}T}, \tag{11.3.26}$$

上面导出的各种经验系数间的关系已为实验所证实，这说明了不可逆过程热力学理论的正确性。

从以上的讨论可以看出，不可逆过程处理问题的大致步骤为：

(1)应用热力学基本理论找出熵密度产生率的表达式，确定流密度和动力的表达式；

(2)写出动力方程，并利用昂色格关系减少唯象系数的数目；

(3)分析一些物理效应，求出唯象系数与经验系数间的关系；

(4)进一步分析其他物理效应，找出各种经验系数间的关系，即各种物理效应间的联系。

§11.4 最小熵产生原理

一、最小熵产生原理

在一定条件下，处于线性区的非平衡态可以是稳定态。例如在一根导热的金属棒两端间，靠外界维持恒定的温差，使棒上沿温度 T 增加的方向建立起一个确定的温度梯度，同时由于金属中带电粒子的热扩散，经过一定的时间后，还将建立起一个确定的电势梯度。此时棒中各处的温度的分布与电势的分布不再随时间改变，棒中电流为零，但在棒中有稳定的热流存在，这就是一种最常见的非平衡定态。下面我们结合温差电效应来证明，上述的定态是熵产生率最小的状态。

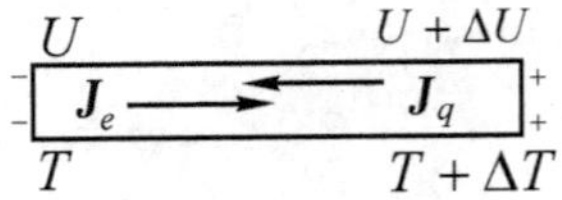

图 11-6
金属棒中温度分布与电势分布不随时间变化

根据(11.2.11)式，在金属棒两端维持一定温差的条件下，由于热扩散，在金属棒中形成的热流密度$\boldsymbol{J}_q$及带电粒子流密度$\boldsymbol{J}_e$(如图 11-6 所示)，满足下列动力学方程：

$$\boldsymbol{J}_q=L_{11}\nabla\left(\frac{1}{T}\right)-L_{12}\frac{1}{T}\nabla\mu_e,$$

$$\boldsymbol{J}_e=L_{21}\nabla\left(\frac{1}{T}\right)-L_{22}\frac{1}{T}\nabla\mu_e,$$

令$\boldsymbol{J}_1=\boldsymbol{J}_q$，$\boldsymbol{J}_2=\boldsymbol{J}_e$，$\boldsymbol{X}_1=\nabla\left(\frac{1}{T}\right)$，$\boldsymbol{X}_2=-\frac{1}{T}\nabla\mu_e$，则上式可改写为

$$\boldsymbol{J}_1=L_{11}\boldsymbol{X}_1+L_{12}\boldsymbol{X}_2, \tag{11.4.1}$$

$$\boldsymbol{J}_2=L_{21}\boldsymbol{X}_1+L_{22}\boldsymbol{X}_2, \tag{11.4.2}$$

根据(11.1.26)式，熵密度产生率 θ 为

$$\theta=\boldsymbol{J}_1\cdot\boldsymbol{X}_1+\boldsymbol{J}_2\cdot\boldsymbol{X}_2,$$

将(11.4.1)式及(11.4.2)式代入上式，可得

$$\theta = L_{11}\boldsymbol{X}_1^2 + 2L_{12}\boldsymbol{X}_1\boldsymbol{X}_2 + L_{22}\boldsymbol{X}_2^2 > 0, \tag{11.4.3}$$

在上式中已用到昂色格倒易关系：$L_{12}=L_{21}$。当棒中的温度梯度，即 $\boldsymbol{X}_1=\nabla\left(\frac{1}{T}\right)=-\frac{1}{T^2}\nabla T$ 保持一定时，求上式对 $\boldsymbol{X}_2$ 的导数，可得

$$\frac{\mathrm{d}\theta}{\mathrm{d}\boldsymbol{X}_2} = 2(L_{12}\boldsymbol{X}_1 + L_{22}\boldsymbol{X}_2) = 2\boldsymbol{J}_2, \tag{11.4.4}$$

显然，当金属棒中的带电粒子的热扩散达到平衡时，有 $\boldsymbol{J}_2=\boldsymbol{J}_e=0$，则

$$\frac{\mathrm{d}\theta}{\mathrm{d}\boldsymbol{X}_2} = 0. \tag{11.4.5}$$

上式说明当系统达到定态时，系统的熵密度产生率具有极值，又因为

$$\frac{\mathrm{d}^2\theta}{\mathrm{d}\boldsymbol{X}_2^2} = 2L_{22}{}^{①} > 0, \tag{11.4.6}$$

因而该极值不可能是极大值，而是极小值，相应地系统的总熵产生率 $P=\int\theta\mathrm{d}V$ 也是极小值。由此可得结论：一个处于近平衡区的非平衡系统，与外界环境控制条件相适应的定态具有最小熵产生率，这一结论是普利高津于 1945 年确立的，称为**最小熵产生原理**。

为了进一步加深对上述原理的理解，下面考虑对上述定态有一偏离的情况。假设在定态时，金属棒中的动力 $\boldsymbol{X}_1=\boldsymbol{X}_1^0$，$\boldsymbol{X}_2=\boldsymbol{X}_2^0$，在 $\boldsymbol{X}_1$ 保持一定的条件下，对上述定态产生一偏离时有

$$\boldsymbol{X}_2 = \boldsymbol{X}_2^0 + \delta\boldsymbol{X}_2, \tag{11.4.7}$$

将(11.4.7)式代入(11.4.3)式，可得

$$\begin{aligned}\theta &= L_{11}\boldsymbol{X}_1^{0^2} + 2L_{12}\boldsymbol{X}_1^0(\boldsymbol{X}_2^0+\delta\boldsymbol{X}_2) + L_{22}(\boldsymbol{X}_2^0+\delta\boldsymbol{X}_2)^2 \\ &= (L_{11}\boldsymbol{X}_1^{0^2} + 2L_{12}\boldsymbol{X}_1^0\boldsymbol{X}_2^0 + L_{22}\boldsymbol{X}_2^{0^2}) + 2(L_{12}\boldsymbol{X}_1^0 + L_{22}\boldsymbol{X}_2^0)\delta\boldsymbol{X}_2 + L_{22}(\delta\boldsymbol{X}_2)^2.\end{aligned}$$

由(11.4.3)式可知，上式中的第一项为最小熵产生率，以 θ^0 表示，根据(11.4.2)式及昂色格倒易关系和定态条件可知，上式第二项应为

$$2(L_{21}\boldsymbol{X}_1^0 + L_{22}\boldsymbol{X}_2^0)\delta\boldsymbol{X}_2 = 2\boldsymbol{J}_2^0\delta\boldsymbol{X}_2 = 0,$$

故上式最后可写为

$$\theta = \theta^0 + \boldsymbol{L}_{22}(\delta\boldsymbol{X}_2)^2 > \theta^0,$$

由此可得结论：无论上述系统对定态的偏离 $\delta\boldsymbol{X}_2$ 是正还是负，该态的熵密度产生率总是大于定态时的熵密度产生率。相应地上述系统在非定态时的总熵产生率 P，总是大于定态时的总熵产生率 P_0。因此，定态时系统的熵密度产生率及总熵产生率最小。

二、线性区耗散结构之不可能

下面我们还要进一步地说明，在近平衡态线性非平衡区域内，上述定态是稳定的，对

---

① 由(11.4.3)式可得系数行列式为 $\begin{vmatrix} L_{11} & L_{12} \\ L_{21} & L_{22}\end{vmatrix}$，根据正定二次型的充分与必要条件和昂色格倒易关系可得

$$\Delta_1 = L_{11} > 0,$$

$$\Delta_2 = \begin{vmatrix} L_{11} L_{12} \\ L_{21} L_{22}\end{vmatrix} = L_{11}L_{22} - L_{12}L_{21} = L_{11}L_{22} - (L_{12})^2 > 0,$$

$$\therefore L_{22} > 0.$$

它的任何小的偏离都会自动衰减到零。

我们知道，对于输运过程，“动力”一般是指某个物理量（如温度、浓度、电势等）的梯度，而“流”是指该物理量的梯度引起的相应的流密度（如热流密度、系统中某化学组元的粒子流密度、电流密度等）。在近平衡态线性非平衡区域中，若线性律 $\boldsymbol{J}=L\boldsymbol{X}$ 成立，则当系统中某个“动力”（如温度梯度、浓度梯度、电势梯度等）$\boldsymbol{X}$ 的扰动 $\delta\boldsymbol{X}$ 为正，则相应的“流”（如热流密度、粒子流密度、电流密度等）的扰动 $\delta\boldsymbol{J}$ 也为正，于是由此引起的能量流或物质流等从系统内流出的多，流入的少，结果引起该“动力”$\boldsymbol{X}$ 减弱，$\boldsymbol{X}$ 的扰动 $\delta\boldsymbol{X}$ 减小，同理当 $\boldsymbol{X}$ 的扰动 $\delta\boldsymbol{X}$ 为负时，则相应的“流”的扰动 $\delta\boldsymbol{J}$ 也为负，于是由此引起的能量流或粒子流等从系统内流出的少，流入的多，结果引起该“动力”$\boldsymbol{X}$ 增强，扰动 $\delta\boldsymbol{X}$ 变小。总之，无论哪种情况，系统中任何“动力”$\boldsymbol{X}$ 产生的偏离定态的扰动，其后果总是使该扰动 $\delta\boldsymbol{X}\to 0$，并使系统最终回到原来的定态。换句话说，处于近平衡态线性非平衡区的系统，其定常耗散过程是稳定的，不会因涨落而形成空间不均匀的结构。

§11.5 耗散结构

一、两种对立的演化观

通过前面可逆过程热力学与线性不可逆过程热力学理论的学习，使我们对于热力学理论关于发展、演化的基本观点有了较为深刻的认识。根据开尔文（Kelvin L）和克劳修斯（Clausius R）在 19 世纪 50 年代创立的热力学第二定律，在自然界中与热现象有关的一切自发过程（即孤立系内发生的各种过程），如由于温度不均匀而发生的热传导过程；由于密度不均匀而发生的扩散过程；由于压力不均匀而发生的力学过程，还有相变过程、化学反应过程等。上述这些过程进行的结果都毫无例外地导致平衡。因此在可逆过程热力学中，平衡态可以看成是一切自发过程的终结和归宿。对孤立系而言，平衡态是熵最大的状态。熵是系统混乱度的量度，熵最大意味着系统的混乱度最大，有序度最小。因此，根据热力学第二定律，孤立系内发生的一切热力学过程进行的总的趋势是从有序走向无序，从整齐走向混乱的过程。

比利时学派普里高津（Prigogine I）在 1945 年发表的最小熵产生原理指出，在一定外界条件下，处于近平衡态线性非平衡区域中的非平衡态开放系统，总是朝着熵产生率减小的方向变化，直到定态。此时系统的熵产生率不再随时间变化，定态时的熵产生率处于最小值。§11.4 告诉我们，当系统一旦处于定态时，对该状态的任何小的扰动，将不会破坏这一状态的稳定性。

从以上讨论可以看出，无论是热力学第二定律，还是最小熵产生原理，它们给人的共同印象是：似乎任何热力学系统，无论是孤立系，或者是处于非平衡态的开放系，最终总要趋向一个稳定不变的、在时空上均匀、无结构的状态。但是，当我们把眼光转向自然界、人类社会乃至整个宇宙时，我们将会发现摆在我们面前的并不是一个死寂的世界，而是一个朝气蓬勃的世界，是一个从低级向高级、从简单到复杂、从无序向有序发展、演化的世界。实际上，宇宙间各种复杂形态的物质，毫无例外地都是从宇宙早期没有这些复杂物质的简单状态演化而来的。

在自然界中，生命的起源和发展就是这种演化的产物。地球上的生命大约起源于 30 多亿年前，即地球形成后 10～15 亿年间。按当代生物学的认识，蛋白质和核酸是生命的主要物质基础，其中蛋白质由 20 种氨基酸组成，核酸分为核糖核酸（RNA）和脱氧核糖核酸（DNA）两类，其结构单位是核苷酸。核酸控制蛋白质的合成，蛋白质的催化作用又控制着核酸的代谢作用。在大约 30 多亿年前，作为构成生物所需的简单有机化合物，如氨基酸、糖、嘌呤、嘧啶、核苷酸等，在生物出现之前，就已经在地球表面的原始大气和海洋中合成了。

氨基酸等一类简单化合物，在一定的环境条件下结合成为复杂的有机物，如蛋白质、核酸、脂肪、多糖等。复杂有机物进一步结合成生物大分子之后，又演化成原始的单细胞生物。以后原始单细胞生物的演化分为两支：一支演化为菌藻类植物，直到今天的种子植物和苔藓植物。另一支演化为原生动物，以后这些原生动物在结构和功能方面逐步完善，大约在 10 亿年前，这些原始的单细胞生物开始向多细胞生物演变。海洋里先产生了无脊椎动物，距今 4 亿年前有了鱼类，3.5 亿年前出现了两栖类，动物开始从海洋向陆地进军。2 亿多年前以后是爬行类的世界，侏罗纪里不可一世的恐龙突然于 6500 万年前灭绝了，此后哺乳动物兴旺起来，大约 400 万年前有了原始人类。在生命的起源和不断演化过程中，经历了一系列从简单到复杂，从低级到高级，从无序到有序的突变过程，这就是达尔文的生物进化论。

如果将我们的眼光再移向非生物世界，从天体的形成，直到原子世界的各个层次上，我们同样都可以看到系统从简单到复杂，从低级到高级，从无序到有序的演化实例。例如，在银河系中的红外星，就是由星际云[①]在引力作用下收缩而成的早期原始恒星，其表面温度在 1000K 以下。因其主要发射红外光而被称为**红外星**。当红外星在引力作用下进一步收缩时，星体内部温度逐步升高。当温度达到 10^7K 数量级时，该恒星就演变成**主序星**。在主序星内部可发生氢聚变成氦的热核反应。它有两个反应序列，其中一个称为质子—质子循环，反应方程式为

$$ {}^1_1\mathrm{H} + {}^1_1\mathrm{H} \rightarrow {}^2_1\mathrm{D} + e^+ + \nu \qquad (1)$$

$$ {}^2_1\mathrm{D} + {}^1_1\mathrm{H} \rightarrow {}^3_2\mathrm{He} \qquad (2)$$

$$ {}^3_2\mathrm{He} + {}^3_2\mathrm{He} \rightarrow {}^4_2\mathrm{He} + 2\,{}^1_1\mathrm{H} \qquad (3)$$

其中 ν 为中微子，${}^1_1\mathrm{D}$ 为氘。将(1)、(2)二式分别乘 2 后与(3)式相加，即可得

$$ 4\,{}^1_1\mathrm{H} \rightarrow {}^4_2\mathrm{H} + 2e^+ + 2\nu $$

反应中共释放出 26MeV 的能量。

当主序星中心部分的氢消耗殆尽时，在中心形成一个氦芯。随着氦芯的逐步扩大，恒星半径逐步变大，亮度逐步增加，恒星中温度进一步升高。当中心温度达 10^8K 时，可发生氦的“燃烧”核反应

$$ {}^4_2\mathrm{He} + {}^4_2\mathrm{He} \rightarrow {}^8_4\mathrm{Be} $$

这时恒星称为**巨星**。如果中心温度足够高，氦核还可以聚变成碳，并通过进一步的核聚变生成氧、氖以及其他一些元素。一颗大的恒星可以产生必要的内部温度——可达 10^9K 以上，从而使上面的一系列核反应得以进行。这条核燃烧链终止于元素铁。合成比铁更重的元素的核聚变实际上要消耗能量，而不是释放能量。因此，当恒星合成了一个铁核，它的末日便将来临。恒星中心区一旦不能再产生热能，引力必然会占上风，并在引力作用

---

① 星际云是指宇宙中某些密度高的尘埃与气体所组成的天体，有的星际云甚至可以用肉眼看到。星际云的半径为 10～30 光年，密度约为 10^7 氢原子/米^3，其质量约为 10^2～10^3 个太阳质量。

下剧烈压缩，最后演变成一颗中子星或一个黑洞。对于小质量或中等质量的恒星最终也不可避免地在引力作用下被压缩至小的行星那么大为止，恒星变成天文学家称之为白矮星的天体。

关于宇宙演化的问题，在20世纪20年代，天文学家埃德温·哈勃(Edwin Hubble)根据遥远星系颜色的红移现象，得出了宇宙正在膨胀的结论，哈勃的这一重大发现奠定了现代宇宙学的基础。1948年，核物理学家兼天文学家伽莫夫(Gamow G)和他的合作者，首先建立了热大爆炸的观念，并认为现今的宇宙大约是一二百亿年前大爆炸的产物。自从20世纪60年代后期发现均匀的2.7K宇宙背景辐射以来，大爆炸宇宙理论逐渐被人们所接受。按照这个观点，宇宙早期的温度极高，密度极大，其物质成分也是简单的，主要包含极高温度的辐射和某些种类的粒子。自宇宙大爆炸以来一直在膨胀，随之密度减小，温度下降，2.7K宇宙背景辐射实际上是宇宙早期的遗迹。与热寂论的预言不同，大爆炸宇宙理论认为，宇宙演化的方向是物质从均匀无结构的状态，演化到非均匀的有结构的状态，从温度均匀状态，演化到非均匀的状态，今天我们所看到的恒星、星系、星系团、超星系团等都是宇宙演化的产物。

通过上述讨论，使我们看到，尽管经典热力学和生物学、现代宇宙学都在讲发展、变化，但二者却具有迥然不同的方向，一个是退化，一个是进化。在下面的讨论中我们将会看到，对于一个远离平衡态的非平衡开放系统而言，热力学系统的演化方向将与生物发展的方向，即达尔文的进化论统一起来。

二、耗散结构

我们在分析自然界中各种演化过程时，将会看到系统的任何突变实际上都是以一定的渐变过程为基础的。对于一个处在离平衡态不太远的线性非平衡区域中的非平衡的开放系统，熵产生率达到极小值的状态——非平衡定态，实际上是一个特殊的均匀的无结构的状态。当我们把眼光移向远离平衡的非线性非平衡区域时，将会看到一系列突变现象，出现许多有序的结构，I. 普利高津将它们称为耗散结构。因为要维持这一结构，外界需要不断地提供能量或物质。耗散结构的发现，使热力学理论对系统演化的观点与进化论得以统一，下面我们举例予以说明。

1. 贝纳尔对流(Benard convection)

法国学者贝纳尔(Bennard)在1900年研究了热对流现象，他在一水平放置的扁平圆形容器内充满一薄层液体，开始时液体各部分的温度相等，处于热平衡状态。然后保持液面的温度 T_1 一定，从容器的底部徐徐均匀加热，系统从平衡态转变成非平衡态，如图11-7所示。当液面上下温差 $\Delta T=T_2-T_1$ 比较小时(即系统离开平衡态不太远)，除了有热量从下向上通过分子间的碰撞进行传递外，液体没有任何宏观的运动，在时空上表现为一种均匀的无结构的状态。当液体上下温差达到并超过某一临界值，即 $\Delta T=T_2-T_1\geqslant\Delta T_c$ 时，从上面俯视容器，发现原来静止的液体中会突然出现许多规则的六角形格子组成的宏观对流图案，这就是所谓的贝纳尔对流。图11-8(a)是现代用硅油做实验时拍摄的照片。照片中每个小六角形中心较暗处液块向上浮，边缘较暗处，液块向下沉，在两者之间较明亮的环状区域里，作水平运动。从纵剖面可看到，流体在作一个个小环流，相邻环流方向相反，如图11-8(b)所示。这种规则的水花结构也称为贝纳尔水花，它是一种空间的耗散结构。

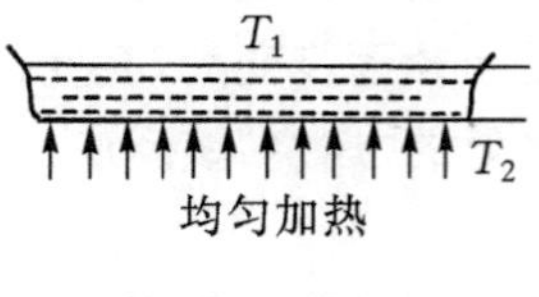

图11-7 贝纳尔对流实验

1916 年英国物理学家瑞利(Lord Rayleigh)对类似于贝纳尔水花的热对流装置进行了研究，他发现：(1)当 $\Delta T \geqslant \Delta T_c$ 时，系统的稳定性遭到严重破坏，这时若由于涨落使某处流体密度减小，所受浮力大于重力而上升，另一处的液体由于密度增大，所受的重力大于浮力而下沉，如此一上一下，再配以底部与顶部流体的水平反向流动，即可形成环流。且在一个环流形成时，整个流体的环流图案同时形成，好像各部分之间可互通信息，接到命令后统一行动似的，我们把这类现象称为自组织现象，把这种多边形图案称为空间有序结构，或称为自组织结构。(2)贝纳尔有序结构能否出现，主要决定于使系统稳定性受到破坏的外部因素(如重力、浮力与温度差)和使系统趋于稳定的因素——耗散(如液体的黏性、热传导)这两者相互竞争中何者占优势。在容器形状及流体种类一定，且 $\Delta T \geqslant \Delta T_c$ 时，不稳定因素就会对微小的涨落进行不断的"放大"，并形成有序结构，而且只要外部条件不变，这种有序结构就能稳定地存在下去。

(a)　贝纳尔对流图案

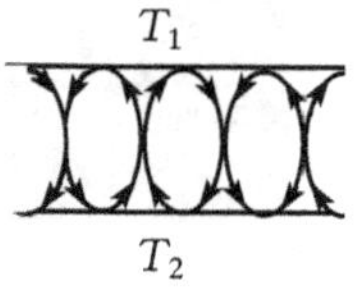

(b)流体中的对流环流

图 11-8

2. 化学振荡

实验指出，非平衡态的有序结构不仅可出现在空间，也可发生在时间尺度上。在 1921 年布雷(Bray W C)在一次偶然的实验中发现，在过氧化氢与碘酸盐的反应中，某些组分的浓度会随时间忽高忽低作周期性变化。1958 年苏联化学家贝洛索夫(Belousov)应用金属铈离子作催化剂进行了柠檬酸的溴酸氧化实验，1964 年苏联的另一位年轻的生物物理学家扎包庭斯基(Zhabotinski)等人对此实验加以改进，用丙二酸代替柠檬酸，在控制某些外部条件，使反应条件远离平衡态适当距离时，可以发现上述两个实验中的反应介质浓度会随时间作周期性的变化，从而使介质的颜色，前者在黄色和无色之间，后者在红色和蓝色之间发生周期性的振荡，这种化学振荡称为化学钟，该反应常被称为 B-Z 反应或 B-Z 振荡。图 11-9 所示的是费尔得、诺易斯等人在实验中测得的典型的铈离子浓度的振

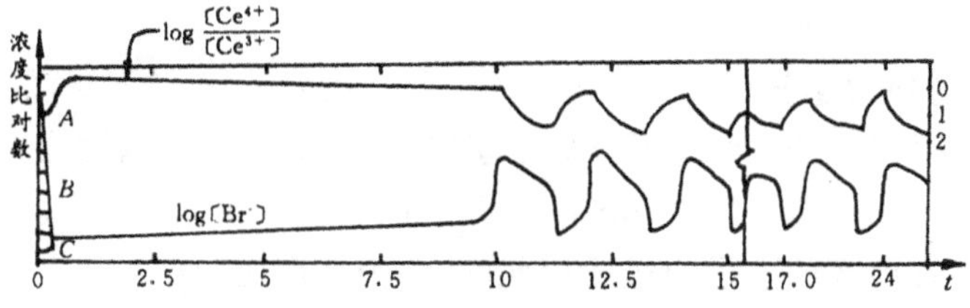

图 11-9　化学振荡

荡曲线。从图中明显地看出，$\log[Br^-]$及 $\log[Ce^{4+}]/[Ce^{3+}]$随时间周期性地变化。其周期为 30 秒，周期性变化可维持 50 分钟。若系统是在开放条件下发生的振荡现象，则可以长久地维持下去。振荡现象的明确性、稳定性及其再现性，同时存在着起始浓度的临界阈值，都表明这个化学振荡属于"时间耗散结构"。这种时间上的耗散结构，在生物学和物理学中都有许多典型的事例，如在某些地区动物或植物的数量随时间发生周期性变化，在物

理学中的激光等。

继发现化学振荡后，扎伊金(Zaikin A N)和扎包庭斯基又发现在某种远离平衡的条件下，系统的空间浓度分布并不总是均匀的，会出现浓度花纹。在某些条件下会成为同心圆，如图 11-10 所示的波状靶图，称为化学波，因为它能像波那样向外扩散。靶图波在向外传播时不衰减，但相遇时会湮灭，这种化学波是一种时空有序结构。1971 年瑞典人温弗里(Winfree A T)发现另一种化学波——化学螺旋波，如图 11-11 所示。螺旋波的周期为 60 秒，传播速度为3.3mm/min，化学波属于一种“时空耗散结构”。

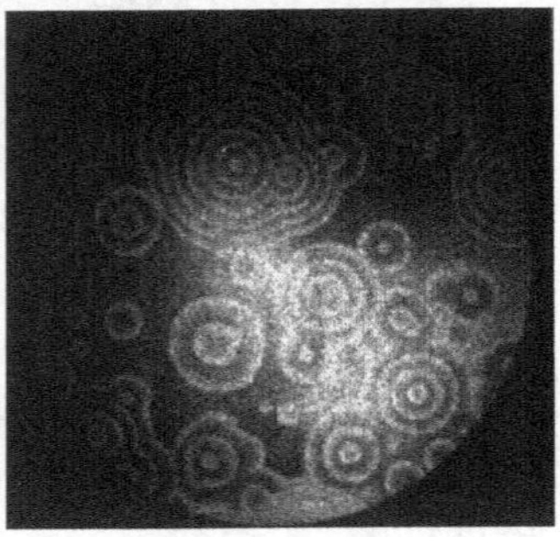

图 11-10 化学靶图

图 11-11 化学螺旋波

上面列举的各种耗散结构，归纳起来有以下一些特征：

(1)耗散结构发生在远离平衡的开放系统中(力学的、物理的、化学的、生物的，乃至社会的、经济的系统)，系统在与外界环境不断交换物质和能量的过程中，通过物质和能量的耗散过程和内部的非线性动力学机制，形成和维持这一宏观的时空有序结构。

(2)耗散结构的出现实际上是一种非平衡相变，其发生的条件是某种控制参量(如贝纳尔对流中的温差、反应——扩散系统中反应物的浓度、温度等)达到某一临界值。

(3)在临界点上下，耗散结构的产生与消失都是突然发生的，没有滞后现象。在临界点以上，耗散结构是稳定的，不会被一般小的涨落和微扰所破坏。

(4)不同的系统，尽管其物质结构和形态特性上存在着巨大的差别，但在临界点的行为却表现了极大的相似性，如在相变之前，系统在时空上是一种均匀的无结构的状态，这是一种对称性高的状态。而耗散结构具有时空结构，它是一种对称性低的状态，即系统在相变前后发生了对称性破缺。

三、耗散结构的热力学基础

在§11.1 中我们已经知道，对于非孤立系统，其熵的变化可以写为

$$dS = d_iS + d_eS, \tag{11.5.1}$$

其中 d_iS 是由于系统内部的不可逆过程引起的，称为熵产生，且

$$d_iS \geqslant 0, \tag{11.5.2}$$

而 d_eS 则是由于系统和外界交换物质和能量引起的，称为熵流。

对于孤立系，系统与外界没有任何物质和能量的交换，此时熵流 $d_eS=0$，由(11.5.1)式和(11.5.2)式有

$$dS = d_iS \geqslant 0, \tag{11.5.3}$$

这就是熵增加原理的表达式。

对于封闭系或者开放系，(11.5.1)式仍然成立，但(11.5.3)式不再成立。因此(11.5.1)式是一普遍表达式，它适用于任何宏观系统。孤立系与非孤立系之间的差别就

表现在熵流 d_eS 上，它表示系统与外界环境之间由于物质和能量的交换，对系统熵的变化造成的影响。一般而言，熵流 d_eS 可以为正，也可以为负。

我们知道，熵是系统无序程度的量度，即熵越大，越无序；熵越小，越有序。由(11.5.1)式可见，对于封闭系或开放系，要使系统的熵减小，或者说，要使系统进入比原来更加有序的状态，出现耗散结构，就必须由外界向系统提供足够的“负熵流”，从而使

$$dS = d_iS + d_eS < 0, \tag{11.5.4}$$

因此，对于一个封闭系或开放系，存在着从无序到有序转化的可能性。例如，由冰和水组成的二相系统，在平衡共存的条件下，当其向外界继续放热时，将有一部分水继续结冰，此时 $d_eS<0$，此外，平衡相变过程是可逆过程，故 $d_iS=0$，由上式可知，系统的熵变

$$dS < 0,$$

即系统的熵减小，有序度增大。

下面我们讨论(11.5.1)式对生命系统的应用。

在自然界中，生物是由各种细胞按精确的规律组成的高度有序的组织系统。例如，人的大脑是由 150 亿个神经细胞组成的一个极其精密、极其有序的组织。每一个生物细胞中也有非常奇特的有序结构，它至少含有一个 DNA(脱氧核糖核酸)或 RNA(核糖核酸)分子。根据克里克—沃森(Crick—Watson) DNA 双螺旋模型(图 11-12)，一个 DNA 分子可能由 10^8 到 10^{10} 个原子组成，这些原子中的一部分构成了四种不同的核苷酸碱基，它们分别称为腺嘌呤(A)、胸腺嘧啶(T)、鸟嘌呤(G)和胞嘧啶(C)。在一个 DNA 分子中，这四种碱基都与糖基 S 相连，而 S 又与磷酸基 P 交替结合组成长链。每个 DNA 分子中有两个这样的长链，它们靠 A 和 T 以及 C 和 G 间的氢链结合在一起并绕成螺旋状。由于 A 只与 T 配对，C 只与 G 配对，因而两股长链是互补的。只要一股链的碱基顺序被确定

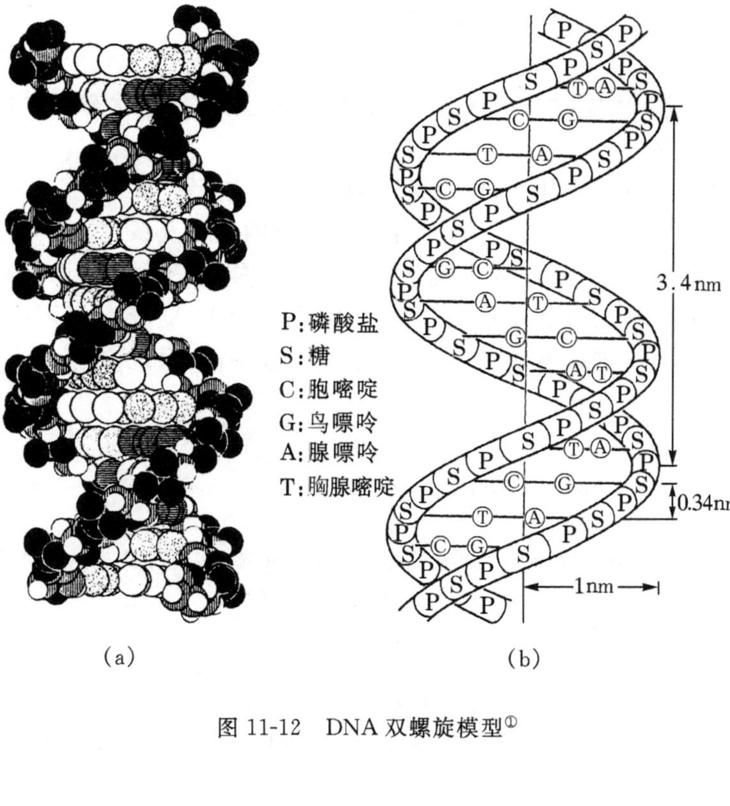

(a)　　(b)

图 11-12　DNA 双螺旋模型①

之后，另一股链的碱基顺序也就被确定了下来。这对于 DNA 复制、遗传信息的稳定性和遗传功能等有着极为重要的意义。

按各种有机体的不同，长链中的 A－T 对和 C－G 对可以多达 $10^6 \sim 10^9$，它们都按一定的顺序排列着，犹如密码，记载着生物的千姿百态的遗传性状。[①]

以上是生物在分子水平上空间有序的例子。实际上，在生命过程中，从分子和细胞，直到有机个体和群体的不同水平上，无论在空间上还是在时间上，都呈现出了高度有序的现象。例如，许多树叶、花朵和各种动物的皮毛等，常呈现出漂亮的规则图案。生命过程中还常表现出随时间作周期性变化的振荡行为。

上述生物有机体呈现出的这种高度有序的时空结构的热力学基础是什么呢？

我们知道，任何生物体都是一个与周围环境存在着物质交换和能量交换的开放系统。它要时时刻刻地进行呼吸，从外界吸收氧气，排出二氧化碳气，此外，它还要从外界摄取食物和水分，排出粪便和尿液等。任何生物体必须是一个远离平衡的非平衡系统，因为任何生物在生命活动中，从食物的发酵到从事各种运动、奔走和人们的劳作等都要产生热量，这是一个能量的耗散过程，在耗散过程中生物体内的熵不断增加，高熵意味着无序、混乱。当熵达到极大值时，系统将达到热平衡，对于生命来说，热平衡态就是死亡。因此，作为一个活的生物体，必须远离热平衡，并使自己的身体保持低熵状态。实际上生物体正是通过摄入高能低熵的物质（碳水化合物[②]、净水等），排泄低能高熵的物质（CO_2、水汽、尿液和粪便等）而形成负熵流，此时，在（11.5.1）式中

$$d_e S < 0,$$

显然，只要 $|d_e S| > d_i S$，就可以保证生物在生命活动中的熵变 $dS<0$，从而使自己处于低熵状态。正如量子力学的创始人之一薛定谔（Schrödinger E）在《生命是什么》[③]这本小册子中所指出的："生命之所以能存在，就在于从环境中不断得到'负熵'。"他还说："有机体是依赖负熵为生的。"这就是生命的热力学基础。

四、分支理论简介

前面讨论过的系统的热力学平衡态、非平衡定态及耗散结构状态等的关系，可通过下列的分支理论进行说明。

系统的动力学行为可以用图 11-13 表示：横坐标 λ 表示外界对系统的控制参量，它的大小表示外界对系统的影响的程度及系统偏离平衡态的程度；纵坐标 x 表示系统定态的某个参量，不同的 x 值表示不同的定态。图中与 λ_0 对应的 x_0 表示平衡态，随着 λ 偏离 λ_0，x 值也就偏离平衡态值 x_0。在 λ 偏离 λ_0 较小时，系统

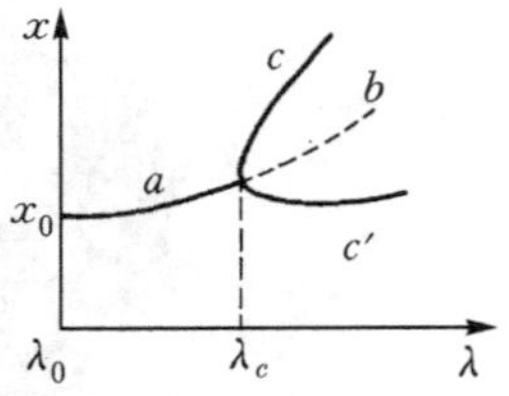

图 11-13 一级分支

① 选自 Alonso M & Finn E J. *Fundamental University Physics*. Vol. 1 Mechanics. Addison－Wesley Publishing Company，1980.

② 在 §2.7 和 §4.7 中，我们通过例题讨论了绿色植物在光合作用下产生的化学反应：

$$6CO_2 + 6H_2O \rightarrow C_6H_{12}O_6 + 6O_2$$

上述反应中，25℃时的摩尔反应焓和摩尔熵变分别为

$$\Delta h = 2802 kJ/mol, \Delta s = -585.8 J/mol$$

$\Delta h > 0$，表示这反应是吸热的，即生成物（葡萄糖）带有较高的化学能；$\Delta s < 0$，表示生成物是低熵的。

③ 薛定谔．生命是什么——活细胞的物理学观．中译本，上海：上海人民出版社，1973 年．

的状态很类似于平衡态，并具有稳定性，称为非平衡定态。在图 11-13 中表示这种非平衡定态的点形成的线段 a，称为热力学分支。

当 $\lambda \geq \lambda_c$ 时，例如在贝纳尔对流的实验中，当流体的温度梯度达到并超过某一定值时，或者当激光器的输入功率达到并超过某一定值时，曲线 a 的延伸线 b 上各非平衡定态将变得不稳定，一个很小的扰动就可以引起系统的突变，使系统的状态离开热力学分支而跃迁到另外两个稳定的分支 c 或 c' 上去，它们的每一点可能对应于某种时空有序状态，称为耗散结构分支。在 $\lambda=\lambda_c$ 处，热力学分支开始分叉，这种现象称为分叉现象或分支现象，分叉的数目和行为，决定于系统的动力学性质。

在分叉之前，系统的状态保持空间均匀性或时间反演不变性，因而具有高度的时空对称性；超过分支点后，耗散结构对应于某种时空有序状态，从而破坏了系统原来的对称性。因此，这类现象也叫做对称性破缺不稳定现象。耗散性的直接体现是，宏观运动规律破坏了时间反演不变性；而突变现象的一个特点是对称性的自发破缺，因而可以从均匀系统产生有序结构。值得注意的是，虽然产生突变的系统的具体性质可以很不相同，但在突变点附近的行为却具有很多共同之处，例如涨落特别大，相同的临界指数等等。

分支理论进一步指出，随着控制参量的进一步改变，各稳定的分支又会变得不稳定，从而导致二级分支或高维分支现象，如图 11-14 所示。高级分支现象表明，某些系统在远离平衡态时可能又有多种有序结构，从而使系统表现出复杂的时空行为。在系统偏离平衡态足够远时，分支越来越多，于是系统可以有越来越多的相互不同的可能的耗散结构。由于系统处于哪种耗散结构完全是随机的，因此系统的瞬时状态是不可预测的。在这种情况下，系统又进入了一种无序的状态，称为混沌状态。

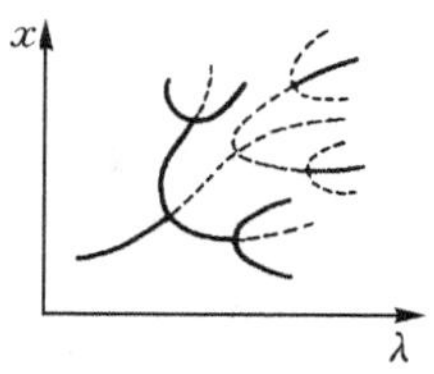

图 11-14　高维分支

在混沌状态，无序所涉及的空间和时间尺度具有宏观的量级；而在热力学的无序状态中，空间和时间的特征大小具有分子的特征量级。从这种观点看，生命是存在于这两种无序之间的一种有序，它必须处在远离平衡的非平衡条件下，但又不能过于远离平衡，否则混沌无序的出现将完全破坏生物有序。弄清这些现象的起因和规律，无疑对于认识我们所赖以生存的这个无序而又有序的世界是重要的。

本 章 提 要

一、局域平衡

当系统偏离平衡不太远时，可将系统分为许多宏观小微观大的部分，使每一部分都可近似地看作处于平衡状态，即称为局域平衡，对于局域平衡，热力学基本等式

$$T\mathrm{d}S_v = \mathrm{d}U_v + P\mathrm{d}V - \sum_i \mu_i \mathrm{d}N_i$$

仍然成立，这是一个基本假定，它的正确性由理论得出的结果与实验相符来验证。

二、局域熵密度产生率

单位时间内，某一小体积元中单位体积的熵产生称为局域熵密度产生率。对于一个单纯的不可逆过程，其表示式为

$$\theta = \boldsymbol{J} \cdot \boldsymbol{X},$$

式中 $\boldsymbol{J}$ 称为流密度，$\boldsymbol{X}$ 称为动力。当多个不可逆过程在系统内同时存在时，局域熵密度产生率可表示为

$$\theta = \sum_K \boldsymbol{J}_K \cdot \boldsymbol{X}_K.$$

三、动力方程

在偏离平衡态不太远的情况下，流密度和动力成线性关系。当系统中只有一种不可逆过程时，流密度和动力的关系为

$$\boldsymbol{J} = L\boldsymbol{X},$$

其中包括傅里叶定律、斐克定律、欧姆定律等。当系统内同时存在有几种不可逆过程时，各种流密度和动力间的关系可表示为

$$\boldsymbol{J}_K = \sum_l L_{Kl}\boldsymbol{X}_l,$$

此式称为动力方程。式中 L_{Kl} 称为唯象系数，当 $K=l$ 时称为自唯象系数，当 $K\neq l$ 时称为互唯象系数。

四、昂色格倒易关系

对动力和流密度作适当选择，可使动力方程中的互唯象系数满足以下关系

$$L_{Kl} = L_{lK}.$$

该式称为昂色格倒易关系，昂色格倒易关系可使互唯象系数减少一半。

五、温差电效应

1. 塞贝克效应：在两种不同的导体组成的回路中，温差电动势与两接头处的温差成正比，即

$$\mathrm{d}U = \alpha_{AB}\,\mathrm{d}T.$$

2. 珀尔帖效应：当电流通过两种不同的导体组成的回路时，从接头处吸收或放出的热量称为珀尔帖热。珀尔帖热流密度与电流密度成正比，即

$$\boldsymbol{J}_{q\pi} = \pi_{AB}\boldsymbol{j}_e.$$

3. 汤姆逊效应：电流通过温度不均匀的导体时，除了产生焦耳热以外，还放出（或吸收）一种附加的热量——汤姆逊热。汤姆逊热密度与电流密度、温度梯度成正比，即

$$\boldsymbol{J}_{qT} = -\tau_A\boldsymbol{j}\cdot\nabla T.$$

4. 温差电效应的基本关系。利用不可逆过程的热力学理论，可以求出温差电效应各系数之间的关系

$$\tau_B - \tau_A = \frac{\mathrm{d}\pi_{AB}}{\mathrm{d}T} - \alpha_{AB},$$

$$\tau = T\frac{\mathrm{d}\alpha}{\mathrm{d}T}.$$

它们分别称为汤姆逊第一和第二关系。

六、最小熵产生原理与耗散结构

1. 最小熵产生原理：处于近平衡区的非平衡系统，与外界环境控制条件相适应的非平衡定态，其熵产生率具有最小值。

2. 耗散结构：对于远离平衡的开放系统，在与外界环境交换物质和能量的过程中，通过能量的耗散过程和系统内部的非线性动力学机制，形成和维持的某一宏观的时空有序结构，这一结构称为耗散结构。

3. 耗散结构的热力学基础：当外界向系统提供足够的“负熵流”时，则有

$$\mathrm{d}S = \mathrm{d}_iS + \mathrm{d}_eS < 0,$$

此时系统从相对无序的状态向相对有序的状态变化，从而有可能使系统形成有序的时空结构，即耗散结构。

思　考　题

1. 什么是局域平衡？局域熵与系统整体的熵是何关系？

2. 什么是熵流？什么是熵产生？它们分别与哪些因素有关？

3. 系统在某一元过程中总的熵产生与熵流及熵产生有何关系？

4. 什么是熵密度产生率？在热传导及热扩散过程中熵密度产生率的表达式是怎样的？与各种流密度及相应的动力满足的一般关系是怎样的？

5. 在线性不可逆过程中，昂色格倒易关系是怎样的？它有什么理论意义及实际意义？

6. 什么是非平衡定态？它与热力学平衡态有何区别？

7. 什么是最小熵产生原理？它适用的范围是什么？

8. 怎样理解在近平衡态线性非平衡区域内，非平衡定态是稳定的，不可能因涨落而形成耗散结构？

9. 什么是耗散结构？它出现的条件是什么？耗散结构具有哪些特征？

10. 线性不可逆过程的流和力之间遵从

$$\boldsymbol{J}_K = \sum_l L_{Kl}\boldsymbol{X}_l, \qquad (l, K = 1, 2, \cdots, n).$$

利用熵密度产生率的恒正条件，证明：当 $n=2$ 时，唯象系数必须满足下列条件

$$L_{11} > 0, \qquad L_{22} > 0,$$

$$(L_{12} + L_{21})^2 < 4L_{11}L_{22}.$$

11. 设 $\boldsymbol{J}_u$ 代表能流密度，$\boldsymbol{J}_M$ 代表质量流密度，其相应的动力分别为 $\boldsymbol{X}_u$ 与 $\boldsymbol{X}_M$，若选择 $\boldsymbol{J}'_u$ 及 $\boldsymbol{J}'_M$ 作为新的流，它们与 $\boldsymbol{J}_u$、$\boldsymbol{J}_M$ 的关系为

$$\boldsymbol{J}'_u = \boldsymbol{J}_u - \mu\boldsymbol{J}_M, \qquad \boldsymbol{J}'_M = \boldsymbol{J}_M.$$

证明此时对应的新的动力分别为

$$\boldsymbol{X}'_u = \boldsymbol{X}_u, \qquad \boldsymbol{X}'_M = \boldsymbol{X}_M + \mu\boldsymbol{X}_u.$$

式中 μ 为化学势。

12. 一闭合电路中有一直流电源，使电路中存在一稳恒电流。假设电路中各点的温度相同，且电流通过导体时，其体积变化可忽略不计。证明电流引起的局域熵产生率为 $-\boldsymbol{j}\cdot\nabla U$，其中 j 为电流密度，U 为电源引起的各点的电势。

13. 带电量为 q 的相同粒子组成一流体，其内部存在温度与化学势梯度，但无化学反应，且体积恒定。因外电场的作用，在流体的不同地点形成一电势分布。试从局域平衡的热力学基本方程出发，导出熵平衡方程 $\frac{\partial S_v}{\partial t} = -\nabla\cdot\boldsymbol{J}_s + \sigma$，从而给出 $\boldsymbol{J}_s$ 及 σ 的表达式。

附录Ⅰ 常用物理常量(1986年推荐值)

物理量	符号	数 值	相对不确定度 (10^{-6})
真空光速	c	$299792458 \mathrm{m \cdot s^{-1}}$	(精确)
真空磁导率	μ_0	$4\pi \times 10^{-7} \mathrm{N \cdot A^{-2}}$	(精确)
介电常数	ε_0	$8.854187817\cdots \times 10^{-12} \mathrm{F \cdot m^{-1}}$	(精确)
引力常数	G	$6.67259(85) \times 10^{-11} \mathrm{m^3 \cdot kg^{-1} \cdot s^{-2}}$	128
普朗克常量	h	$6.6260755(40) \times 10^{-34} \mathrm{J \cdot s}$	0.60
		$4.1356692(12) \times 10^{-15} \mathrm{eV \cdot s}$	0.30
	$\hbar = \dfrac{h}{2\pi}$	$1.05457266(63) \times 10^{-34} \mathrm{J \cdot s}$	0.60
		$6.5821220(20) \times 10^{-16} \mathrm{eV \cdot s}$	0.30
普朗克质量	m_p	$2.17671(14) \times 10^{-8} \mathrm{kg}$	64
普朗克长度	l_p	$1.61605(10) \times 10^{-35} \mathrm{m}$	64
普朗克时间	t_p	$5.39056(34) \times 10^{-44} \mathrm{s}$	64
阿伏伽德罗常量	N_A	$6.0221367(36) \times 10^{23} \mathrm{mol^{-1}}$	0.59
原子质量单位	u	$1.6605402(10) \times 10^{-27} \mathrm{kg}$	0.59
		$931.49432(28) \mathrm{MeV}$	0.30
摩尔气体常数	R	$8.314510(70) \mathrm{J \cdot mol^{-1} \cdot K^{-1}}$	8.4
玻耳兹曼常量	k_B	$1.380658(12) \times 10^{-23} \mathrm{J \cdot K^{-1}}$	8.5
		$8.617385(73) \times 10^{-5} \mathrm{eV \cdot K^{-1}}$	8.4
	k_B/h	$2.083674(18) \times 10^{10} \mathrm{Hz \cdot K^{-1}}$	8.4
	k_B/hc	$69.50387(59) \mathrm{m^{-1} \cdot K^{-1}}$	8.4
摩尔体积(STP)	V_m	$22414.10(19) \mathrm{cm^3 \cdot mol^{-1}}$	8.4
斯特藩—玻耳兹曼常量	σ	$5.67054(19) \times 10^{-8} \mathrm{W \cdot m^{-2} \cdot K^{-4}}$	34
电子伏	eV	$1.60217733(49) \times 10^{-19} \mathrm{J}$	0.30
标准大气压	atm	$101325 \mathrm{Pa}$	(精确)
标准重力加速度	g_n	$9.80665 \mathrm{m \cdot s^{-2}}$	(精确)
基本电荷	e	$1.60217733(49) \times 10^{-19} \mathrm{C}$	0.30
磁通量子	$\Phi_0 = \dfrac{h}{2e}$	$2.06783461(61) \times 10^{-15} \mathrm{Wb}$	0.30
量子霍尔电导	e^2/h	$3.87404614(17) \times 10^{-5} \mathrm{s}$	0.30

玻尔磁子	μ_B	$9.2740154(31)\times10^{-24}$ J·T^{-1}	0.34
		$5.78838263(52)\times10^{-5}$ eV·T^{-1}	0.089
核磁子	μ_N	$5.0507866(17)\times10^{-27}$ J·T^{-1}	0.34
		$3.15245166(28)\times10^{-8}$ eV·T^{-1}	0.089
精细结构常数	α		
	α^{-1}	137.0359895(61)	0.045
里德伯常量	R_∞	10973731.534(13) m^{-1}	0.0012
	$R_\infty C$	3.2898419499(39) Hz	0.0012
	$R_\infty hc$	2.1798741(13) J	0.60
		13.6056981(40) eV	0.30
玻尔半径	a_0	$0.529177249(24)\times10^{-10}$ m	0.045

电子质量	m_e	$9.1093897(54)\times10^{-31}$ kg	0.59
		$5.48579903(13)\times10^{-4}$ u	0.023
		0.51099906(15) MeV	0.30
经典电子半径	r_e	$2.81794092(38)\times10^{-15}$ m	0.13
电子磁矩	μ_e	$9.2847701(31)\times10^{-24}$ J·T^{-1}	0.34
	μ_e/μ_B	1.001159652193(10)	1×10^{-5}

μ 子质量	m_μ	$1.8835327(11)\times10^{-28}$ kg	0.01
		0.113428913(17) u	0.15
		105.658389(34) MeV	0.32
μ 子电子质量比	m_μ/m_e	206.768262(30)	0.15
质子质量	m_p	$1.6726231(10)\times10^{-27}$ kg	0.59
		1.007276470(12) u	0.012
		938.27231(28) MeV	0.30
质子磁矩	μ_p/μ_N	2.792847386(63)	0.023
中子质量	m_n	$1.6749286(10)\times10^{-27}$ kg	0.59
		1.008664904(14) u	0.014
		939.56563(28) MeV	0.30
中子磁矩	μ_n/μ_N	1.91304275(45)	0.024
氘核质量	m_d	$3.3435860(20)\times10^{-27}$ kg	0.59
		2.013553214(24) u	0.012
		1875.61339(57) MeV	0.30

* 数值栏中圆括弧内的数字，是所引数值最后位数中的标准误差(即方均根误差)。

附录Ⅱ 物理量的单位

一、国际单位制(SI)的基本单位

物理量	名称	代号
长度	米	m
质量	千克	kg
时间	秒	s
电流强度	安培	A
热力学温度	开尔文	K
物质的量	摩尔	mol
发光强度	坎德拉	cd

二、本书主要物理量的国际制单位名称及代号

物理量	名称	代号
面积	平方米	m^2
体积	立方米	m^3
摩尔体积	立方米每摩尔	m^3/mol
比容	立方米每千克	m^3/kg
频率	赫兹	Hz(1/s)
密度	千克每立方米	kg/m^3
摩尔质量	千克每摩尔	kg/mol
速度	米每秒	m/s
角速度	弧度每秒	rad/s
力	牛顿	N
压强	帕斯卡	Pa(N/m^2)
表面张力	牛顿每米	N/m
冲量、动量	牛顿秒	N·s
功、能量、热量、焓	焦耳	J(N·m)
摩尔内能、摩尔焓	焦耳每摩尔	J/mol
功率	瓦特	W(J/s)
热容量、熵	焦耳每开尔文	J/K
摩尔热容量、摩尔熵	焦耳每摩尔开尔文	J/(mol·K)
比热	焦耳每千克开尔文	J/(kg·K)
粘滞系数	牛顿秒每平方米	$N\cdot s/m^2$
导热系数	瓦特每米开尔文	W/(m·K)
扩散系数	平方米每秒	m^2/s
电量	库仑	C(A·s)
电压、电动势	伏特	V(W/A)
电阻	欧姆	Ω(V/A)

三、本书用到的国际单位制外的单位

物理量	名称	代号	相当于国际制单位的数值
长度	厘米	cm	$1\text{cm}=10^{-2}\text{m}$
	埃	Å	$1\text{Å}=10^{-10}\text{m}$
质量	克	g	$1\text{g}=10^{-3}\text{kg}$
温度	摄氏度	℃	1℃=1K
面积	平方厘米	cm^2	$1\text{cm}^2=10^{-4}\text{m}^2$
体积	立方厘米	cm^3	$1\text{cm}^3=10^{-6}\text{m}^3$
	升	L	$1\text{L}=10^{-3}\text{m}^3$
密度	克每立方厘米	g/cm^3	$1\text{g/cm}^3=10^3\text{kg/m}^3$
速率	厘米每秒	cm/s	$1\text{cm/s}=10^{-2}\text{m/s}$
力	达因	dyn	$1\text{dyn}=10^{-5}\text{N}$
	千克力	kgf	1kgf=9.80665N
压强	标准大气压	atm	1atm=101325Pa
	巴	bar	$1\text{bar}=10^5\text{Pa}$
	厘米汞	cmHg	1cmHg=(101325/76)Pa
	毫米汞	mmHg	1mmHg=(101325/760)Pa
	乇	torr	1torr=(101325/760)Pa
能量、热量	尔格	erg	$1\text{erg}=10^{-7}\text{J}$
	电子伏特	eV	$1\text{eV}=1.60217733(49)\times10^{-19}\text{J}$
	卡(热化学卡)	cal	1cal=4.1840J

附录Ⅲ　与本书有关的几个数学问题

1. 偏导数公式

若 x,y,z 三个量之间有函数关系

$$f(x,y,z)=0,$$

则

$$\left(\frac{\partial z}{\partial x}\right)_y=\frac{1}{\left(\frac{\partial x}{\partial z}\right)_y};\tag{Ⅲ.1}$$

$$\left(\frac{\partial z}{\partial x}\right)_y\left(\frac{\partial x}{\partial y}\right)_z+\left(\frac{\partial z}{\partial y}\right)_x=0;\tag{Ⅲ.2}$$

$$\left(\frac{\partial z}{\partial x}\right)_y\left(\frac{\partial x}{\partial y}\right)_z\left(\frac{\partial y}{\partial z}\right)_x=-1;\tag{Ⅲ.3}$$

2. 雅可比行列式

设 U,V 是自变量 x,y 的函数,即

$$U=U(x,y);\qquad V=V(x,y).$$

则可将行列式 $\begin{vmatrix} \dfrac{\partial U}{\partial x} & \dfrac{\partial U}{\partial y} \\ \dfrac{\partial V}{\partial x} & \dfrac{\partial V}{\partial y} \end{vmatrix}$ 用记号 $\dfrac{\partial(U,V)}{\partial(x,y)}$ 表示之，并称为函数行列式或雅可比行列式。它有下列性质：

$$\left(\frac{\partial U}{\partial x}\right)_y = \frac{\partial(U,y)}{\partial(x,y)}; \tag{Ⅲ.4}$$

$$\frac{\partial(U,V)}{\partial(x,y)} = -\frac{\partial(V,U)}{\partial(x,y)}; \tag{Ⅲ.5}$$

$$\frac{\partial(U,V)}{\partial(x,y)} = \frac{\partial(U,V)}{\partial(\xi,\zeta)} \cdot \frac{\partial(\xi,\zeta)}{\partial(x,y)}; \tag{Ⅲ.6}$$

$$\frac{\partial(U,V)}{\partial(x,y)} = \frac{1}{\dfrac{\partial(x,y)}{\partial(U,V)}}. \tag{Ⅲ.7}$$

3. 正定、负定二次型的性质

(1)若几个变量的一个实二次型

$$\Phi = \sum_{i=1}^{n}\sum_{j=1}^{n} a_{ij}x_i x_j, \tag{Ⅲ.8}$$

经过一实线性变换，可化为 n 个平方和，即

$$\Phi = \sum_{k=1}^{n} \mu_k X_k^2, \tag{Ⅲ.9}$$

其中 X_k 为几个实变量 x_i 的线性组合，μ_k 为实系数。

若 $\mu_k>0$，则对 x_i 所有的实数值，Φ 都取正值，仅当全部的 x_i 都是零时，Φ 才等于零。此种情况称 Φ 为正定二次型。

若 $\mu_k<0$，则对 x_i 所有的实数值，Φ 都取负值，仅当全部的 x_i 都是零时，Φ 才等于零。此种情况称 Φ 为负定二次型。

若 μ_k 有正有负，Φ 可取正值或负值，则称此种情况下的 Φ 为不定二次型。

(2)二次型(Ⅲ.8)中的系数 a_{ij} 组成的行列式是 $A=|a_{ij}|$。位于 A 的左上角的 $1,2,\cdots,n$ 阶子式

$$\Delta_1 = a_{11};\quad \Delta_2 = \begin{vmatrix} a_{11} & a_{12} \\ a_{21} & a_{22} \end{vmatrix};\cdots;\quad \Delta_k = \begin{vmatrix} a_{11} & a_{12} & \cdots & a_{1k} \\ \cdots & \cdots & & \cdots \\ \cdots & \cdots & & \cdots \\ a_{k1} & a_{k2} & \cdots & a_{kk} \end{vmatrix}$$

称为二次型 Φ 的主子式。

(3)二次型(Ⅲ.8)是正定的充分与必要条件是它的一切主子式都大于零。即

$$\Delta_k > 0,\qquad (k=1,2,\cdots,n). \tag{Ⅲ.10}$$

(4)二次型(Ⅲ.8)是负定的充分与必要条件是

$$\Delta_k = \begin{cases} >0, & (k\ 取偶数); \\ <0, & (k\ 取奇数). \end{cases} \tag{Ⅲ.11}$$

4. Γ 函数的定义是

$$\Gamma(n) = \int_0^\infty e^{-x}x^{n-1}\,dx.$$

Γ 函数的性质是

$$\Gamma(n)=(n-1)\Gamma(n-1)=(n-1)(n-2)\cdots 2\times 1\Gamma(1)=(n-1)!; \tag{Ⅲ.12}$$

$$\Gamma\left(n+\frac{1}{2}\right)=\left(n-\frac{1}{2}\right)\left(n-\frac{3}{2}\right)\cdots\frac{3}{2}\times\frac{1}{2}\Gamma\left(\frac{1}{2}\right); \tag{Ⅲ.13}$$

$$\Gamma\left(\frac{1}{2}\right)=\int_0^\infty e^{-x}x^{-\frac{1}{2}}\,dx=2\int_0^\infty e^{-y^2}\,dy=\sqrt{\pi}. \tag{Ⅲ.14}$$

习 题 答 案

第一章 温度

1. (1)8.4cm;(2)107℃.

2. (1)-204.66℃;(2)1.06×10^5Pa.

3. 272.95K.

4. 67.7℃;34.4℃;11.8℃$\leqslant t\leqslant$23.5℃.

5. 373.15K.

6. (1)-25mV,20mV,0mV,-25mV.

(2)$a=6.67$℃·mV^{-1},$b=0$.

(3)-166.67℃,133.3℃,0,-166.67℃.

(4)两者只有在冰点及汽点处温标的温度值一致,t 随 $\mathscr{E}$ 作非线性变化,t^* 随 $\mathscr{E}$ 作线性变化.

7. $A=0.392\times10^{-2}$℃$^{-1}$;

$B=-0.5919\times10^{-6}$℃$^{-2}$.

8. 751mmHg.

9. 9.6 天.

10. (1)3.55cm,(2)大气压 $p_0=50$cmHg.

11. 970(升).

12. 31.4 克($g\approx10\text{m/s}^2$).

13. 262 次.

14. 224.4mmHg.

15. 0.089kg/m^3.

16. 0.67 分.

17. 709K.

18. $p=3.5$atm,$p_{N_2}=2.5$atm,$p_{O_2}=1$atm.

19. CO_2 的内压强分别为 7.159×10^{-3} atm,71.59atm,7158.8atm.

H_2 的内压强分别为 4.87×10^{-4} atm,4.871atm,487.1atm.

20. 341.71K.

21. 398.10K.

22. 25.35atm.

23. $V=\dfrac{3}{4}aT^4-p+V_0$.

24. $9\times10^{-7}\text{K}^{-1}$.

25. $\approx$578atm.

26. $\kappa=\dfrac{1}{p}$,$\alpha=\dfrac{1}{T}$.

27. $pV=nRT-\dfrac{1}{2}ap^2$.

28. (略).

29. $\alpha=\dfrac{1}{V}\left(\dfrac{\partial V}{\partial T}\right)_p=\dfrac{1}{T}$,

$\kappa=\dfrac{1}{p(1+Bp)}$.

$\lim\limits_{p\to0}\kappa=\dfrac{1}{p}$.

30. $pV=CT$.

* **31.** $V_1\approx0.0759$L;$V_2\approx0.1564$L;

$V_3\approx0.2580$L.

第二章 热力学第一定律

1. $RT\ln\dfrac{V_{m2}-b}{V_{m1}-b}+a\dfrac{V_{m1}-V_{m2}}{V_{m1}V_{m2}}$.

2. (1)$RT\ln\dfrac{V_{m,f}-b}{V_{m,i}-b}$,

(2)$RT\ln\dfrac{V_{m,f}}{V_{m,i}}+BRT\left(\dfrac{1}{V_{m,f}}-\dfrac{1}{V_{m,i}}\right)$.

3. (略)

4. 33.1J·mol^{-1}.

5. (1)1.176×10^5cal,(2)1.598×10^5cal.

6. (1)$RT\ln\dfrac{V_{m2}-b}{V_{m1}-b}+\dfrac{a}{V_{m2}}-\dfrac{1}{V_{m1}}$,

(2)$c\Delta T$.

7. -2444.41kJ·kg^{-1}.

8. 2.4696×10^7J·mol^{-1}.

9. (1)$h=cT+v_0p+bp^2$,

(2)$C_{p,m}=c$,

$C_{V,m}=c-\dfrac{a}{b}V_m+\dfrac{a}{b}V_{m0}+\dfrac{2a^2}{b}T$.

10. $-46\,190.5$J·mol^{-1} 反应放热.

11. (1)体积不变,气体内能改变,吸热,外界作功分别为 $75R$、$75R$、0,即 623.25J、623.25J、0.

(2)压强不变,气体内能改变,吸热,外界作功分别为 $75R$、$125R$、$-50R$,即 623.25J、1.04×10^3J、-415.5J.

(3)绝热,气体内能改变,吸热,外界作功分别为 $75R$、0、$-75R$,即 623.25J、0、-623.25J.

12. (1)等温过程,气体内能改变,吸热,外界作功分别为 0、-786.24J、786.24J.

(2)绝热过程，气体内能改变，吸热，外界作功分别为906J、0、906J.

(3)等压过程，气体内能改变，吸热，外界作功分别为 -1.418×10^3 J、-1.985×10^3 J、5.67×10^2 J.

13. 曲线应是斜率为 $-z$ 的直线，故可根据该直线的斜率确定 z.

(1)等温过程 $z=1$.

(2)等压过程 $z=0$，平行于横轴.

(3)等容过程 $z=\infty$，平行于纵轴.

(4)绝热过程 $z=\gamma$.

14. (1) $z=1.2$，(2) -63J，(3)63J，(4)126J.

15. 1.11×10^4 J.

16. $p=0.9$atm，$V=12$L，$T=265.3$K.

17. (1) -937.82J，(2) -1435J.

18. $Q_1=2.51\times10^4$ J，$Q_2=6.29\times10^3$ J.

19. (略).

20. (略).

21. (1) $\begin{cases} Q_B=46.7\text{cal}, & \Delta T_B=6.7\text{K}, \\ Q_A=33.3\text{cal}, & \Delta T_A=6.7\text{K}. \end{cases}$

(2) $\begin{cases} Q_A=80\text{cal}, & \Delta T_A=11.5\text{K}, \\ Q_B=0, & \Delta T_B=0. \end{cases}$

22. (略).

23. 695m.

26. (1) nRT_0，(2) $\frac{3}{2}T_0$，(3) $\frac{21}{4}T_0$，

(4) $\frac{19}{2}nRT_0$.

27. (1)60cal，(2)放热 70cal，

(3) $\Delta Q_{ad}=50$cal，$\Delta Q_{db}=10$cal.

28. (1)694J，(2)7941J，8.8%.

29. (略).

30. (略).

31. 320K.

32. 47%.

33. (1) $p_2=5$atm，$p_3=1.434$atm，$p_4=2.868$atm，$V_3=48.8$L，$V_4=24.4$L.

(2)2107J. (3)7022J. (4)30%.

34. (1)398K，(2)31.4%.

35. (1) $A\to B$ 吸热，$B\to C$ 放热.

(2) $p_C=\left(\frac{V_1}{V_2}\right)^{\gamma}p_A$，

$T_C=\left(\frac{V_1}{V_2}\right)^{\gamma-1}T_1$，$V_1=V_2$.

(3)不是. (4) $\eta=1-\dfrac{1-\left(\frac{V_1}{V_2}\right)^{\gamma-1}}{(\gamma-1)\ln\frac{V_2}{V_1}}$.

36. (1)314J，(2)1157J 不是.

37. 0.065 秒.

38. (略).

第三章 热力学第二定律

1. 12.52kJ.

2. 6.25×10^4 kJ.

3. (1)473K，(2)42.3%.

4. (1) $T_2=T_1+\frac{1}{2}\left[\frac{p_0}{\alpha}-\sqrt{\left(\frac{p_0}{\alpha}\right)^2+\frac{4p_0T_1}{\alpha}}\right]$，

(2) $T_1=311.26$K 或 $t_{1\max}=38.26$℃，

(3) $T_1'=274.74$K 或 $t_1'=1.74$℃.

5. $\Delta T=93$K.

6. 22.88kg·h^{-1}.

7. (1)66.7W；(2)600J.

8. 76 074.01 J·K^{-1}.

9. (1)0；(2)5.8J·K^{-1}.

10. (1) $\Delta S=R\ln2=5.76$J·mol^{-1}·K^{-1}；

(2)5.76J·mol^{-1}·K^{-1}；

(3)5.76J·mol^{-1}·K^{-1}.

11. (略).

12. $$\Delta S=\rho c\int_0^L\int_{T_1}^{\frac{1}{2}(T_1+T_2)}\frac{\mathrm{d}T}{T}\mathrm{d}L$$

$$=\rho cL\left[\ln\frac{T_1+T_2}{2}-\frac{1}{T_2-T_1}(T_2\ln T_2-T_1\ln T_1)+1\right]$$

[ρ、c、L 分别为杆的线密度、比热、长度].

13. $\frac{4}{3}bVT^3+S_0$.

14. (略).

15. (1)350K，

(2) $\Delta S=R\left(\ln\frac{350}{300}+\ln\frac{350}{400}\right)$

$=0.17$J/K，

(3)(略).

16. (略).

17. (略).

18. $W_{\max}=mc_pT_0\ln\frac{T_0}{T_1}+mc_p(T_1-T_0)$；

$W_{\min}=mc_pT_0\ln\frac{T_0}{T_2'}+mc_p(T_2'-T_0)$.

第四章 热力学函数及其应用

1. (略).

2. $u(T,V_m)=\int C_{V,m}\mathrm{d}T-\frac{a}{V_m}+U_0$;

$f(T,V_m)=-T\int\frac{\mathrm{d}T}{T^2}\cdot\int C_{V,m}\mathrm{d}T-RT\ln(V_m-b)-\frac{a}{V_m}+u_0-TS_0$.

3.—6. (略). **7.—12.** (略).

13. $Q=-\frac{aV}{T}\frac{\mu_0H^2}{2}$.

14.—18. (略).

19. $T_{i\max}\approx866.4\text{K}$; $T_{i1}\approx641.94\text{K}$;

$T_{i2}\approx193.49(\text{K})$.

第五章 气体分子运动论

1. $3.2\times10^3\,\text{cm}^{-3}$.

2. 5.5×10^6个.

3. 1.88×10^{18}个.

4. 2.33×10^{-2}(Pa).

5. (1)$2.45\times10^{25}\,\text{m}^{-3}$, (2)$1.3\text{kg}\cdot\text{m}^{-3}$,

(3)$5.3\times10^{-26}\,\text{kg}$, (4)$3.44\times10^{-9}\,\text{m}$,

(5)$6.21\times10^{-21}\,\text{J}$.

6. $\bar{\varepsilon}=3.88\times10^{-2}\,\text{eV}$, $T=7.73\times10^6\,\text{K}$.

7. 301K.

8. $5.44\times10^{-21}\,\text{J}$.

9. $\Delta T=6.42\text{K}$, $\Delta p=0.66\text{atm}$.

10. $\sqrt{\overline{v^2}_{H_2}}=1.93\times10^3\,\text{m/s}$.

$\sqrt{\overline{v^2}_{O_2}}=4.83\times10^2\,\text{m/s}$.

$\sqrt{\overline{v^2}_{Hg}}=1.93\times10^2\,\text{m/s}$.

11. (1)$\sqrt{\overline{v^2}}=48.54\text{m/s}$,

(2)$28.88\text{g}\cdot\text{mol}^{-1}$ 空气.

12. 当$\sqrt{\overline{v^2}}=11.2\text{km}\cdot\text{s}^{-1}$时,

$T_{H_2}=1.01\times10^4\,\text{K}$, $T_{O_2}=1.61\times10^5\,\text{K}$.

当$\sqrt{\overline{v^2}}=2.4\text{km}\cdot\text{s}^{-1}$时,

$T'_{H_2}=4.62\times10^2\,\text{K}$,

$T'_{O_2}=7.39\times10^3\,\text{K}$.

13. (1)$\Delta t_i=\frac{2L}{v_i}$;

(2)$2mv_i\times\frac{v_i}{2L}$;

(3)$p=\frac{1}{3}n_0m\overline{v^2}$.

14. $\Gamma=\frac{1}{6}n_0\bar{v}$.

15. $2.93\times10^{-8}\,\text{cm}$.

16. $V\to0.039131$, $d=4.99\times10^{-8}\,\text{cm}$,

$\Delta p=907.8\text{atm}$.

17. (1)$V_1=(L-d)^3$,

(2)$V_2=V_1-\frac{4}{3}\pi d^3$,

(3)$V_{N_A}=V_1-(N_A-1)\frac{4}{3}\pi d^3$,

(4)$\bar{V}=V-4N_0\frac{4}{3}\pi\left(\frac{d}{2}\right)^3$,

$b=4N_A\times\frac{4}{3}\pi\left(\frac{d}{2}\right)^3$.

第六章 气体在平衡态下的统计分布规律

1. (1)$\bar{v}=3.18\text{m/s}$,

(2)$\sqrt{\overline{v^2}}=3.37\text{m/s}$,

(3)$v_p=4.00\text{m/s}$.

2. $v_p=3.95\times10^2\,\text{m/s}$, $\bar{v}=4.46\times10^2\,\text{m/s}$.

$\sqrt{\overline{v^2}}=4.83\times10^2\,\text{m/s}$.

3. $2.28\times10^2\,\text{m/s}$, $1.02\times10^3\,\text{m/s}$,

$7.21\times10^3\,\text{m/s}$.

4. $\frac{3\pi}{8}=1.178$.

5. $\Delta n=4.96\times10^{16}\,\text{cm}^{-3}$.

6. 0.9692.

7. (1)0.83%, (2)0.21%, (3)8.9×10^{-7}%.

8. (略).

9. $\overline{\frac{1}{v}}=\frac{4}{\pi\bar{v}}$.

10. (1)$1.98\times10^2\,\text{m/s}$, (2)$1.32\times10^{-2}\,\text{g}$.

11. (略).

12. (2)$C=\frac{1}{v_0}$, (3)$\bar{v}=\frac{v_0}{2}$.

13. (1)$a=\frac{2N}{3v_0}$, (2)$\frac{1}{3}N$, (3)$\frac{11}{9}v_0$.

14. (略).

15. (1)$2.07\times10^{19}\,\text{cm}^{-3}\cdot\text{s}^{-1}$

(2)$3.43\times10^{23}\,\text{cm}^{-2}\cdot\text{s}^{-1}$

(3)当蒸汽达到饱和时,逸出分子数等于返回分子数,即单位时间,从单位面积逸出分子数为 3.43×10^{23}

(4)$\overline{\varepsilon_k}=7.72\times10^{-21}\,\text{J}$

$\varepsilon_{逸}=6.73\times10^{-20}\,\text{J}$

即 $\varepsilon_{逸}>\overline{\varepsilon_k}$

16. 6.7×10^{-9}kg.

17. 2232 级.

18. $\bar{v}_{束}=\sqrt{\dfrac{9\pi kT}{8m}}$

$\approx1.88\sqrt{\dfrac{kT}{m}}>1.59\sqrt{\dfrac{kT}{m}}.$

19. (略).

20. (略).

21. 0.235%.

22. (1)0.57N,(2)0.046N.

***23.** $\dfrac{n}{4}\bar{v}+\dfrac{nv_p}{2\sqrt{\pi}}\left[e^{-\frac{v^2}{v_p^2}}\left(\dfrac{v^2}{v_p^2}+1\right)-1\right].$

24. 1.96km.

25. 2.0km. 相当于地面上 39.9km 处的大气压,即 $z=39.9$ km.

26. 2.3×10^3 m.

27. $\varepsilon_p=\dfrac{1}{2}kT,\bar{\varepsilon}=\dfrac{3}{2}kT.$

28. $E_{平}=3.74\times10^3\ \text{J}\cdot\text{mol}^{-1}$,

$E_{转}=2.49\times10^3\ \text{J}\cdot\text{mol}^{-1}$.

29. 1mol $U_{H_2}=U_{N_2}=6.23\times10^3\ \text{J}\cdot\text{mol}^{-1}$.

1 克 H_2 $U_{H_2}=3.12\times10^3\ \text{J}\cdot\text{g}^{-1}$.

1 克 N_2 $U_{N_2}=2.2\times10^2\ \text{J}\cdot\text{g}^{-1}$.

30. $5.86\text{J}\cdot\text{g}^{-1}\cdot\text{K}^{-1}$.

31. 6.6×10^{-23}g,39.7.

32. (1)$t=3,r=3,s=6$,

(2)$C_{V,m}=9$ $R=17.9$ cal·mol^{-1}·K^{-1}.

***33.** (1)$\bar{v}\approx362.35\text{m}\cdot\text{s}^{-1}$;

$\sqrt{\overline{v^2}}=393.29\text{m}\cdot\text{s}^{-1}$

(2) $\dfrac{\Delta N_{0\sim v_p}}{N}\approx0.4276$;

$\dfrac{\Delta N_{0\sim\bar{v}}}{N}\approx0.5336$;

$\dfrac{\Delta N_{0\sim v_{rms}}}{N}\approx0.6084$

(3) 14.62%

第七章 固体

1. (1)a^3;(2)2;(3)$\dfrac{\sqrt{3}}{2}a$;(4)8;

(5)$\dfrac{a^3}{2}$;1 个结点.

2. (略).

3. (略).

4. $2.50\times10^{-109}\ \text{J}\cdot\text{m}^{9.4}$.

5. $7.25\times10^5\ \text{J}\cdot\text{mol}^{-1}$.

6. $m=10.1$.

7. (1)$r'_0=\left(\dfrac{1}{4}\right)^{\frac{1}{m-1}}r_0$,

(2)$\kappa'_S=4^{\frac{m-3}{1-m}}\kappa_S$.

(3)$E'_{p0}=4^{\frac{m}{m-1}}E_{p0}$.

8. (略).

9. (1)1.64×10^{-17},

(2)$1.53\times10^{-33}\ \text{m}^2/\text{s}$.

第八章 液体

1. 2.175×10^8J.

2. 7.25×10^{-2}N/m.

3. $1.292\times10^5\ \text{N/m}^2$.

4. $1.266\times10^4\ \text{N/m}^2$.

5. 5.3×10^{-5}m.

6. 25.45N.

7. 0.22m.

8. 2.98×10^{-2}m.

9. 0.025m.

10. (1)0.713m,(2)0.960×10^5Pa,

(3)2.06×10^{-2}m.

11. 0.174m.

第九章 相变

1.—5. (略).

6. 3.2×10^3J.

7. 373.4K.

8. $2.26\times10^6\ \text{J}\cdot\text{kg}^{-1}$.

9. 1.35×10^7Pa.

10. 2.04×10^3Pa.

11. $5.11\times10^4\ \text{J}\cdot\text{mol}^{-1}$.

12. $4.40\times10^4\ \text{J}\cdot\text{mol}^{-1}$.

13. (1)44.63mmHg,195.20K,

(2)汽化热 $2.55\times10^4\ \text{J}\cdot\text{mol}^{-1}$,

(3)升华热 $3.12\times10^4\ \text{J}\cdot\text{mol}^{-1}$.

14. (略).

15. (略).

16. $\Delta T=-5.67$K.

17. 4.68×10^{-5} kg.

18. $\frac{\mathrm{d}T_m}{\mathrm{d}r}=\frac{\alpha-1}{\alpha}\frac{T_m}{l_m}g\frac{r}{R}$;

$\Delta T_m\approx\frac{\alpha-1}{\alpha}\frac{T_m}{l_m}g\Delta r=4$℃.

19. 设 x、y、z 分别代表冰、水及水蒸气的质量,平衡后有 $x\approx0.25$g,$y\approx1.75$g,$z\approx1$g.

* **20.** (略).

* **21.** $T_{bA}=349.95$K 或 $t_{bA}=77$℃;$T_{bB}=372.89$K 或 $t_{bB}=99.74$℃≈100℃;$t_1\approx67$℃.

第十章 气体内的输运过程

1. 2.74×10^{-10} m.

2. 5.81×10^{-8} m,1.28×10^{-10} s.

3. (1)$6.25\times10^{9}\,\mathrm{s}^{-1}$,(2)$6.25\times10^{3}\,\mathrm{s}^{-1}$.

4. (1)5.2×10^{4} Pa,(2)3.8×10^{6} 次.

5. 6.8×10^{-5} atm.

6. $n=3.2\times10^{17}\,\mathrm{m}^{-3}$,$\bar{\lambda}=7.8$m,$\bar{z}=60\,\mathrm{s}^{-1}$.

7. (1)1.40,(2)3.5×10^{-7} m,

(3)$1.1\mathrm{m}\times10^{-7}$ m.

8. (1)$\pi d^2/4$,(2)(略).

9. (略).

10. (1)3679 段,(2)67 段,

(3)2387 段,(4)37 段.

11. 3.1×10^{-5} s.

12. 2.3×10^{-4} mmHg 或 3.1×10^{-2} Pa.

13. (1)10cm,(2)61μA.

14. 3.08×10^{-10} m.

15. 2.23×10^{-10} m.

16. 7.06×10^{-8} m.

17. (1)2.83,(2)0.11,(3)0.11.

18. (1)$-1.03\times10^{3}\,\mathrm{g}\cdot\mathrm{m}^{-4}$,

(2)$(11.9\times10^{22}+4.6\times10^{15})\,\mathrm{s}^{-1}$,

(3)$(11.9\times10^{22}-4.6\times10^{15})\,\mathrm{s}^{-1}$,

(4)$7.03\times10^{-7}\,\mathrm{g}\cdot\mathrm{s}^{-1}$.

19. (略).

20. 9.79 弧·秒$^{-1}$.

21. (略).

参考书目

[1] 李椿等编．热学．北京:高等教育出版社,1978.
[2] 熊吟涛等编．热力学．北京:高等教育出版社,1978.
[3] 王竹溪．热力学简程．北京:人民教育出版社,1979.
[4] 格鲁脱著．不可逆过程热力学．北京:科学出版社,1960.
[5] 刘连寿等编．理论物理简明教程．武汉:华中师范大学出版社,1986.
[5] 赵凯华等编．热学．北京:高等教育出版社,1998.
[6] 秦允豪编．热学．北京:高等教育出版社,1999．
[7] 李洪芳．热学．北京:高等教育出版社,2001．
[8] 龚昌德．热力学统计物理．北京:高等教育出版社,1982.
[9] 张玉民等编．热学．北京:高等教育出版社,1991.
[10] 黄淑清等编．热学教程．北京:高等教育出版社,1985.
[11] 陈仁烈．统计物理引论．北京:人民教育出版社,1978.
[12] C. Kittel. 热物理学．北京:人民教育出版社,1981.
[13] 吴大猷．热力学气体分子运动论及统计物理．北京:科学出版社,1983.
[14] 钟云霄编．热力学与统计物理．北京:科学出版社,1988.
[15] 朗道等编,杨训恺等译．统计物理学．北京:人民教育出版社,1964.
[16] 郭治安等编．协同学入门．成都:四川人民出版社,1988.
[17] 姚允斌等编．物理化学教程．长沙:湖南教育出版社,1984.
[18] 温伯格(美)著,冼鼎钧译．最初三分钟宇宙起源的现代观点．北京:科学出版社,1981.
[19] 俞允强编．大爆炸宇宙学．北京:高等教育出版社,1995.
[20] F. MANDL,范印哲译．北京:人民教育出版社,1981.
[21] 久保亮五．热力学．北京:人民教育出版社,1982.
[22] 蔡绍洪等编．耗散结构与非平衡相变原理及应用．贵阳:贵州科技出版社,1998.
[23] 卓崇培编．非线性物理学．天津:天津科技出版社,1996.
[24] 湛垦华、沈小峰等编．普里高津与耗散结构理论．西安:陕西科技出版社,1998.
[25] 于渌、郝柏林著．相变和临界现象．北京:科学出版社,1984.
[26] H. 哈肯著,郭治安译．高等协同学．北京:科学出版社,1989.
[27] 戴乐山等编．温度计量．北京:中国标准出版社,1984.